理解深度学习

[美] 西蒙 • J. D. 普林斯(Simon J. D. Prince)　著
张亚东　马　壮　译

清華大學出版社
北　京

北京市版权局著作权合同登记号　图字：01-2024-5730
Simon J.D. Prince
Understanding Deep Learning
EISBN: 9780262048644

图书在版编目(CIP)数据

理解深度学习/(美) 西蒙·J.D.普林斯(Simon J. D. Prince)著；张亚东, 马壮译. -- 北京 : 清华大学出版社, 2025. 6（2025.10重印）.
ISBN 978-7-302-69330-7

I. TP181

中国国家版本馆CIP数据核字第2025MR5980号

责任编辑：王　军
封面设计：高娟妮
版式设计：恒复文化
责任校对：成凤进
责任印制：刘　菲

出版发行：清华大学出版社
网　　址：https://www.tup.com.cn，https://www.wqxuetang.com
地　　址：北京清华大学学研大厦 A 座　　邮　　编：100084
社 总 机：010-83470000　　邮　　购：010-62786544
投稿与读者服务：010-62776969，c-service@tup.tsinghua.edu.cn
质 量 反 馈：010-62772015，zhiliang@tup.tsinghua.edu.cn
印 装 者：大厂回族自治县彩虹印刷有限公司
经　　销：全国新华书店
开　　本：170mm×240mm　　印　　张：29.25　　字　　数：574 千字
版　　次：2025 年 7 月第 1 版　　印　　次：2025 年10月第 2 次印刷
定　　价：188.00 元

产品编号：104408-01

行业名家力荐

人工智能的发展浩荡前行，累计出现过三次大的浪潮。第一次浪潮的符号主义困于逻辑的桎梏，第二次浪潮的连接主义受限于数据的藩篱，而作为第三次浪潮的深度学习技术则散发出魅力，为学术和产业界追捧，并持续酝酿、发酵及推动更猛烈的智能革命，被人们誉为第四次浪潮的大语言模型也正是基于深度学习。

由Simon J. D. Prince所著并由张亚东、马壮翻译的《理解深度学习》一书，从基础概念到核心技术再到最新进展，以全局视角系统性地梳理了深度学习的技术及应用发展全景，同时匹配了代码资源，是学术界和工业界有志于从事深度学习技术研究的新人上手实践不可多得的案头读物。

全书围绕深度神经网络的设计与应用展开，开篇聚焦网络训练策略以及性能评估，以奠定相关基础；继而深入解析卷积神经网络、残差连接与Transformer等关键架构的创新原理及其在各类任务中的适用性；随后剖析生成式对抗网络、变分自编码器、标准化流与扩散模型等现代生成机制，并概述深度强化学习的核心思想；结尾则从理论层面探讨深度网络的可训练性、泛化能力与参数冗余等基础问题，并从伦理角度反思深度学习技术的社会影响，内容上兼具理论深度与实践广度。

Simon教授因其具有工业界和学术界的双重经历，或许更了解那些苦于既不掌握技术细节，又难以动手实践的读者的困扰，因此本书写作风格深入浅出，配有大量的图与表以清楚地解释原本晦涩的概念，偶尔出现的公式看似枯燥，实际是有高等数学和线性代数基础读者可以轻松掌握的，也绝对是理论的有力补充。

深度学习技术及其应用已深入我们的工作与生活，如果你希望能够在这样一个智能革命的时代做一个弄潮儿，从这本书开始是个不错的选择。

李鑫
科大讯飞AI研究院副院长，科研部部长在AI技术飞速演进的今天，我们正迎来“从模型走向应用”的时代。无论是产业数字化升级，还是开发者的新一轮创业浪潮，人工智能的落地能力，正在成为一家公司能否穿越周期的关键变量。极客邦科技在 2025 年将“AI 应用落地”定为年度主题，正是基于这样的判断：时代的新窗口已经打开，技术理解力决定了实践行动力。

在这个背景下，我非常高兴看到Simon J.D. Prince的经典著作Understanding Deep Learning推出中文版《理解深度学习》。这本书并不只是一本理论教材，它是一部帮助读者“真正理解”深度学习的入门指南。在我们长期运营InfoQ极客传媒、极客时间和TGO鲲鹏会的过程中，经常听到工程师、架构师和CTO们吐槽：“讲 Transformer 的人太多，能讲明白的人太少；讲推理框架的人不少，但从头带你理解原理的人几乎没有。”而这本书，恰恰解决了这样的问题。

《理解深度学习》不是快餐式教学，而是一场系统思维的启蒙。它通过严谨而通俗的语言，从线性代数、概率基础一步步引导你走进深度神经网络的世界。与市面上许多“照公式堆概念”的 AI 教程不同，本书强调WHY胜于WHAT，强调“理解”胜于“记忆”。它告诉我们，只有真正明白深度学习是如何工作的，才可能在未来的工程场景中创造出具有价值的应用。

对我个人而言，本书的意义不仅在于技术层面，更在于方法论上的启发。它体现了极客邦科技在内容和教育产品设计中始终坚持的价值观：技术的传播，应该是“实践驱动”的，应该追求可理解、可推理、可迁移，而不仅仅是堆叠信息。

随着AIGC、Agent、Agentic AI等技术生态加速演进，我们越来越看到，未来的开发者既要“理解底层”，又要“善用高阶工具”；既要具备对模型机制的抽象理解，也要能把技术变成具体的生产力。这本书，是打好底层认知根基的首选。

最后，我想特别感谢清华大学出版社引进这本作品。在喧嚣的当下，需要有人静下心来，从底层逻辑入手，抽丝剥茧，为世人排除通往未来的道路上的重重障碍。所以说，《理解深度学习》不仅是一本技术书籍，更是一把钥匙，帮助我们打开AI世界的思维之门。我相信，对于每一个想在 AI 应用时代中抓住机会的读者来说，这都将是一次重要的认知启程。

霍太稳
极客邦科技创始人兼CEO

《理解深度学习》是一本来自MIT的重磅教材，结构清晰，内容全面覆盖人工智能领域从基础到前沿的各种关键主题。作者是一位在学术界和工业界都有贡献的计算机科学家。他以直观的方式讲解复杂概念，同时结合了数学推导和可视化图示，帮助读者实现理论与实践的对接。无论是初学者，还是希望系统梳理AI知识的从业者，都能从中受益。

李烨

微软AI亚太区首席应用科学家

由深度学习引领的人工智能技术正在为各行各业带来巨大的范式创新。《理解深度学习》一书以精炼的文笔对深度学习这一复杂的理论体系抽丝剥茧，简明不失深刻，前沿不失实用，是系统掌握深度学习的佳作。

李建忠

全球机器学习技术大会主席，CSDN高级副总裁

《理解深度学习》是一部极具时代价值的经典教材。与传统教材不同，Simon J.D. Prince教授巧妙地在理论深度与实用性之间找到了平衡点，既避免了纯理论的晦涩，又不陷入代码实现的琐碎细节。我尤其欣赏本书对Transformer和扩散模型等前沿架构的深入剖析，这正是当前大模型技术的核心基石。书中通过精心设计的图表和直观解释，将复杂概念化繁为简，让读者真正"理解"而非仅仅"使用"深度学习。张亚东、马壮两位专家的翻译精准流畅，既保留原著的学术精髓，又贴合中文表达，有专门的章节探讨AI伦理与社会责任。对想在飞速迭代的AI浪潮中抓住技术本质的中文读者，本书是首选的入门与进阶指南。

王昊奋

OpenKG轮值主席，同济大学特聘研究员

在人工智能重塑人类文明边界的今天，Simon教授的《理解深度学习》犹如一盏明灯，既照亮了技术进化的底层逻辑，又烛照了伦理思考的精神维度。这部权威著作完美平衡了学术深度与教学温度，堪称深度学习领域的"概念罗盘"。无论你是渴望夯实理论根基的开发者，还是探寻智能本质的思想者，都能在这部兼具学术严谨性与思维启发性的作品中获得双重提升。在这个算法重构世界的时代，本书不仅是通向技术内核的通行证，更是一份关于智能文明的责任宣言。正如作者的观点："我们或许尚未真正理解深度学习，但绝不能停止理解它的努力。"这部著作，正是这场认知远征的最佳向导。

茹炳晟
腾讯Tech Lead，腾讯研究院特约研究员，
中国计算机学会CCF TF研发效能SIG主席

作为一名长期致力于集成电路领域教学与研究的教育工作者，我非常荣幸地向各位郑重推荐这本名为《理解深度学习》的优秀著作。

集成电路是现代科技的基石，尤其在人工智能时代，高性能、低功耗的芯片更是驱动AI技术发展的核心引擎。深度学习作为人工智能领域的核心技术之一，正以前所未有的速度渗透到集成电路的各个环节，从面向AI应用的芯片架构设计、智能化的设计、自动化工具开发，到利用AI进行电路性能优化和故障诊断，再到基于新型存储器实现高效的AI计算，都展现出巨大潜力。可以预见，未来的集成电路发展将更加紧密地契合AI领域的需求。

《理解深度学习》一书系统而深入地介绍了深度学习的基本原理和核心架构，如卷积神经网络、循环神经网络，以及近年来备受瞩目的生成式对抗网络、扩散模型和Transformer等。这些内容不仅能帮助集成电路领域的学生和研究人员快速掌握深度学习的关键技术，更能启发工程师们思考如何设计出更高效、更智能的芯片，以满足日益增长的AI算力需求，并探索将这些先进的算法直接部署到芯片上的可能性，实现软硬件的深度融合。

我相信，这本书的出版将成为连接集成电路领域与深度学习领域的桥梁，促进跨学科的交流与合作，加速人工智能技术在集成电路领域的创新应用，并推动设计出更智能、更强大的AI芯片。我诚挚地希望《理解深度学习》能够成为你探索人工智能奥秘、赋能集成电路事业的得力助手。

叶乐
北京大学集成电路学院/博雅教授

作为多年从事人工智能领域研究的教育工作者，我非常荣幸能为《理解深度学习》这本杰出的著作撰写推荐序。

作为人工智能领域的核心技术，深度学习(尤其是大语言模型)近年来取得了令人瞩目的成就，深刻地改变了我们的生活和工作方式。然而，深度学习的理论基础和内部机制相对复杂，对于初学者来说，往往存在一定的学习门槛。

《理解深度学习》这本书的出现，恰好弥补了这一缺憾。本书以清晰易懂的语言，深入浅出地介绍了深度学习(包括大语言模型)的基本概念、原理和方法。作者通过丰富的、深入浅出的讲解，让零基础的读者也能像搭积木一样，一步步掌握深度学习的核心魔法，并逐步掌握深度学习的核心技术。

本书的亮点总结如下。

- 系统全面的知识体系：本书涵盖深度学习的各个方面，从基础知识到各类模型应用方向，构建了一个完整的知识体系，帮助读者全面了解深度学习。
- 深入浅出的讲解方式：作者采用通俗易懂的语言，配合丰富的图表和公式，将复杂的概念和理论转化为易于理解的知识，降低了学习难度。
- 理论与实践相结合：本书不仅介绍了深度学习的理论知识，还提供了一定量的习题，帮助读者更好地掌握所学知识和理论。

本书的中文翻译版，更是为广大中文读者提供了一个便捷的学习途径。我相信，无论是初学者还是专业人士，都能从本书中获益匪浅。

我强烈推荐《理解深度学习》这本书，相信它将成为你学习深度学习的得力助手。

郭艳卿
大连理工大学未来技术学院/人工智能学院副院长

译者序

尊敬的读者：

首先，由衷地感谢你拿起我翻译的这本《理解深度学习》(Understanding Deep Learning)。作为本书的译者，能将这本杰作呈现在中文读者面前，我备感荣幸，内心充满感激之情。

我要向本书的作者西蒙·J. D.普林斯教授致以最诚挚的谢意。感谢他创作了这样一本深入浅出、系统全面、充满洞见的深度学习著作。本书不仅揭开了深度学习的神秘面纱，更以清晰的逻辑和丰富的实例，引导读者逐步理解和掌握这一前沿技术的核心概念和应用方法。在翻译过程中，我一次次地被作者的深刻思考所折服，也愈发体会到这本书对于想要入门或深入理解深度学习、大模型学习的读者来说，是多么宝贵和不可或缺。

感谢编辑王军老师，一次偶遇让我有了圆梦的机会！深度学习(尤其是大语言模型)作为人工智能领域的核心驱动力，正深刻改变着世界。将这样一本优秀的著作译成中文，使其能够惠及广大的中文读者，帮助朋友们理解并掌握这方面的相关原理与技术，是我的荣幸。

翻译过程既是一次充满挑战的智力探险，也是一段收获满满的学习之旅。我力求在忠实原文的基础上，尽可能地使译文流畅自然，易于理解。确保术语的准确性和表达的规范性，尽量保证精准翻译每个细节。如果有任何不确切或者谬误之处，请原谅译者的才具不足。

在此，衷心感谢在本书翻译和出版过程中给予我帮助和支持的所有朋友们。感谢付裕从头到尾给予的指点与支持。感谢合作译者马壮的支持，他完成了另一半的翻译工作。感谢朋友王志晨校对了每一句中文，让工科背景人的译作也向“信、达、雅”靠近了！感谢所有为本书的出版辛勤付出的其他人士，使得本书的中文版能以高质量的面貌呈现在大家面前。

感谢UV、tomsheep、Brady对本书翻译错误的热心指正。

衷心希望本书能帮助更多读者踏入深度学习、大语言模型的大门，理解其精髓，掌握其应用，并在未来的学习和工作中取得更大成就。如果我能为中国的深度学习技术发展贡献绵薄之力，那将是我最大的荣幸。

愿你在AI技术这一激动人心的探索之旅中，收获满满！

译者　张亚东

无论是在求学阶段，还是在步入职场后，很多人都会向我提出这样一个问题："我准备进入人工智能领域进行学习或研究，你能推荐一些合适的学习资料吗？"

在当今这个信息爆炸的时代，获取学习资料的渠道并不匮乏，各类书籍和视频资源可谓琳琅满目。但我始终没有找到一本合适的"人工智能入门指南"。一部分书籍罗列了许多新颖的算法，但缺乏深入剖析，浮于表面；它们更适合作为科普读物，对于希望深入学习的读者来说，内容深度是远远不够的。一部分书籍从最基础的数学原理入手，详细列出相关公式，但学习门槛较高；而且即便完全掌握了这些原理，若想将算法落地，仍需要补充对应的编程技能。还有一部分书籍侧重实践应用，提供了大量示例代码和详细讲解，却容易让读者陷入"知其然"而"不知其所以然"的困境。

直到阅读了亚东老师推荐的Understanding Deep Learning后，我意识到终于找到理想的"指南书"了。本书从最基础的浅层神经网络入手，逐步深入，直至扩散模型，内容包罗万象。在基础模型章节中，Simon教授对每个问题的建模和公式推导都进行了细致入微的讲解；在高级模型章节中，阐述原理，还深入探讨模型的应用场景及前沿研究趋势。如果你潜心研读每一章节、每一个公式，会发现Simon教授倾注了大量心血，力求将复杂的概念以最清晰的方式呈现给读者。深度学习的难点之一在于如何理解高维空间中的问题，Simon教授通过降维和可视化手段，将梯度下降、迭代求解等抽象过程直观展现出来，极大地降低了理解门槛。本书讲解算法原理，还附有每个模型的Python Notebook源代码。无论你是具备一定数学基础的本科生，还是希望深入了解人工智能技术的软件工程师，本书都是你的最佳选择。

非常感谢亚东老师让我参与本书的翻译工作。翻译不仅是将文字从一种语言转换为另一种语言的过程，更是一次重构和深化知识体系的宝贵机会。在翻译过程中，原本零散的知识碎片被重新串联起来，形成更完整的知识框架，这对我来说是一次极为珍贵的经历。

由于时间仓促且本人学识有限，译文中难免存在疏漏与不足之处，恳请各位读者批评指正。同时，建议有能力的读者直接阅读Simon教授的原文，相信你一定会从中获得更多启发与收获。

译者　马壮

序言

这是一本最新的权威深度学习入门书籍，内容通俗易懂。本书涵盖从机器学习基础知识到高级模型的全部内容，精选了机器学习领域的核心要点和前沿课题，并直观地凝练了知识要点。

- 涵盖前沿课题，如 Transformer 和扩散模型。
- 用通俗易懂的语言阐述复杂的概念，并辅以数学公式和可视化图表。
- 使读者能够实现简单的模型。
- 提供了全面的在线资料，含 Python Notebook 中的编程练习。
- 适合任何具有应用数学基础的人学习。

Simon J. D. Prince 是巴斯大学计算机科学系荣誉教授，是《计算机视觉：模型、学习和推断》一书的作者。他是一位专注于人工智能和深度学习研究的科学家，曾在Borealis AI 等公司担任研究员。

这是一部学术与视觉双重精妙的杰作。它以简洁而清晰的方式传递核心思想，并通过精心设计的插图加以诠释，堪称当今最出色的深度学习入门著作。

——Kevin Murphy

Google DeepMind研究科学家

*Probabilistic Machine learning: Advanced Topics*作者

前言

在学术界，深度学习的发展史极不寻常。一小群科学家坚持不懈地在一个看似没有前途的领域工作了25年，最终使一个领域发生了技术革命并极大地影响了人类社会。研究者持续探究学术界或工程界中深奥且难以解决的问题，通常情况下这些问题无法得到根本性解决。但深度学习领域是个例外，尽管广泛的怀疑仍然存在，但Yoshua Bengio、Geoff Hinton 和Yann LeCun 等人的系统性努力最终取得了成效。

本书的书名是“理解深度学习”，这意味着它更关注深度学习背后的原理，而不侧重于编程实现或实际应用。本书的前半部分介绍深度学习模型并讨论了如何训练它们，评估它们的表现并做出改进。后半部分讨论专用于图像、文本、图数据的模型架构。只要学习过线性代数、微积分和概率论的二年级本科生都能掌握这些章节的知识。对于后续涉及生成模型和强化学习的章节，则需要更多的概率论和微积分知识，它们面向更高年级的学生。

这个书名在一定程度上也是一个玩笑——在撰写本书时，没有人能够真正理解深度学习。目前深度神经网络学习的分段线性函数的数量比宇宙中的原子数还多，可用远少于模型参数数量的样本进行训练。现在我们既无法找到可靠地拟合这些函数的方法，又不能保证能很好地描述新数据。第20章讨论了上述问题和其他尚未完全理解的问题。无论如何，深度学习都将或好或坏地改变这个世界。最后一章讨论了人工智能伦理，并呼吁从业者更多地考虑所从事的工作带来的伦理问题。

本书配套资源丰富，提供教师课件、习题及Python Notebook编程练习。

你的时间是宝贵的，为了保证你能高效理解深度学习相关知识，本书的内容都经过我的精心整理。每一章都对最基本思路进行简明描述，并附有插图。附录回顾了所有数学原理。对于希望深入研究的读者，可认真研究每章列出的问题、Python Notebook资源和背景说明。

致谢

本书的出版离不开以下人士的无私帮助和建议：Kathryn Hume、Kevin Murphy、Christopher Bishop、Peng Xu、Yann Dubois、Justin Domke、Chris Fletcher、Yanshuai Cao、Wendy Tay、Corey Toler-Franklin、Dmytro Mishkin、Guy McCusker、Daniel Worrall、Paul McIlroy、Roy Amoyal、Austin Anderson、Romero Barata de Morais、Gabriel Harrison、Peter Ball、Alf Muir、David Bryson、Vedika Parulkar、Patryk Lietzau、Jessica Nicholson、Alexa Huxley、Oisin Mac Aodha、Giuseppe Castiglione、Josh Akylbekov、Alex Gougoulaki、Joshua Omilabu、Alister Guenther、Joe Goodier、Logan Wade、Joshua Guenther、Kylan Tobin、Benedict Ellett、Jad Araj、Andrew Glennerster、Giorgos Sfikas、Diya Vibhakar、Sam Mansat-Bhattacharyya、Ben Ross、Ivor Simpson、Gaurang Aggarwal、Shakeel Sheikh、Jacob Horton、Felix Rammell、Sasha Luccioni、Akshil Patel、Mark Hudson、Alessandro Gentilini、Kevin Mercier、Krzysztof Lichocki、Chuck Krapf、Brian Ha、Chris Kang、Leonardo Viotti、Kai Li、Himan Abdollahpouri、Ari Pakman、Giuseppe Antonio Di Luna、Dan Oneață、Conrad Whiteley、Joseph Santarcangelo、Brad Shook、Gabriel Brostow、Lei He、Ali Satvaty、Romain Sabathé、Qiang Zhou、Prasanna Vigneswaran、Siqi Zheng、Stephan Grein、Jonas Klesen、Giovanni Stilo、Huang Bokai、Bernhard Pfahringer、Joseph Santarcangelo、Kevin McGuinness、Qiang Sun、Zakaria Lotfi、Yifei Lin、Sylvain Bouix、Alex Pitt、Stephane Chretien、Robin Liu、Bian Li、Adam Jones、Marcin Świerkot、Tommy Löfstedt、Eugen Hotaj、Fernando Flores Mangas、Tony Polichroniadis、Pietro Monticone、Rohan Deepak Ajwani、Menashe Yarden Einy、Robert Gevorgyan、Thilo Stadelmann、Gui JieMiao、Botao Zhu、Mohamed Elabbas、Satya Krishna Gorti、James Elder、Helio Perroni Filho、Xiaochao Qu、Jaekang Shin、Joshua Evans、Robert Dobson、Shibo Wang、Edoardo Zorzi、

Joseph Santarcangelo、Stanisław Jastrzębski、Pieris Kalligeros、Matt Hewitt和Zvika Haramaty.

感谢 Daniyar Turmukhambetov、Amedeo Buonanno、Tyler Mills、Andrea Panizza和Bernhard Pfahringer 对多个章节给出的详细修改建议。尤其感谢Andrew Fitzgibbon和Konstantinos Derpanis 通读全书，你们的热情使我有动力完成本书的撰写工作。同时，感谢Neill Campbell和Özgür Şimşek邀请我到巴斯大学讲课，在那里我基于这些材料第一次开设了一门课程。最后，尤其感谢编辑 Elizabeth Swayze 提出的中肯建议。

第12章(Transformer)和第17章(变分自编码器)最初发布在Borealis AI的博客中，改编后的版本在获得许可的情况下在此转载。非常感谢他们对我工作的支持。第16章(标准化流)大致基于Kobyzev等人在2002年发表的文章，我是该文章的合著者。我很幸运能够和来自达尔豪斯大学的Travis LaCroix合作撰写第21章。他既有趣又平易近人，他承担了大部分工作。

目录

第1章

引言

人工智能(artificial intelligence，AI)是一种旨在构建模拟人类智能行为的系统。它涵盖了多种方法，包括基于逻辑、搜索和概率推理的方法。机器学习是AI的一个子集，通过将数学模型拟合到观察到的数据上来学习做出决策。这一领域已经经历了爆炸性增长，导致现在机器学习几乎被误认为AI的同义词了。

深度神经网络是一种机器学习模型，当它拟合到数据时，被称为深度学习。在撰写本书时，深度网络是最强大、最实用的机器学习模型，经常出现在日常生活中。例如，使用自然语言处理算法翻译文本、使用计算机视觉系统在互联网上搜索特定物体的图像，或者通过语音识别界面与数字助手对话，都是司空见惯的事。所有这些应用都是由深度学习驱动的。

本书旨在帮助那些刚接触这个领域的读者理解深度学习背后的原理。本书既不追求理论化(没有数学上的证明过程)，也不追求极致的实用化(几乎没有代码)。目标是解释深度学习的核心思想；读完本书后，读者能够将深度学习应用于那些没有现成的成功方法的新场景中。

机器学习方法大致可以分为三个领域：监督学习、无监督学习和强化学习。在撰写本书时，这三个领域的前沿方法都依赖于深度学习(图1.1)。本章对这三个领域进行了概述，这种分类也大致反映了本书的结构。无论我们喜欢与否，深度学习都将改变世界，但这种改变并不全是积极的。因此，本章还将简要介绍AI伦理。最后，将提供一些如何充分利用本书的建议。

1.1 监督学习

监督学习模型定义了从输入数据到输出预测的映射。接下来将讨论输入、输出、模型本身，以及“学习”这个动作对一个模型究竟意味着什么。

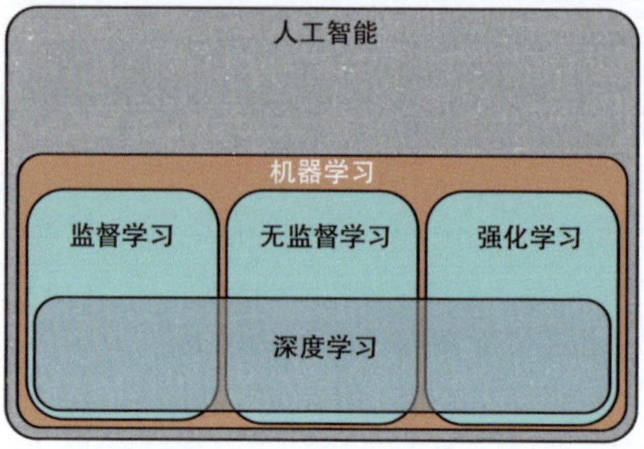

图1.1 机器学习是人工智能中的一个子领域，将数学模型拟合到观测数据上。机器学习大致可分为监督学习、无监督学习和强化学习。深度神经网络对这些领域的每一个都有贡献

1.1.1 回归和分类问题

图1.2展示了几个回归和分类问题。在每个案例中，都有一个有意义的实际输入(句子、声音文件、图片等)，并将其编码为一个数字向量。这个向量构成了模型的输入。模型将输入映射到一个输出向量，然后将其“转换”并返回一个有意义的实际预测。目前，我们专注于输入和输出，并将模型视为黑盒，它接收一个数字向量并返回另一个数字向量。

图1.2(a)中的模型基于输入特征(如房屋的平方英尺数和卧室数量)预测房价。因为模型返回一个连续数字(而不是一个类别分配)，所以这是回归问题。相比之下，图1.2(b)中的模型以一个分子的化学结构为输入，并预测它的凝固点和沸点。因为它预测不止一个数字，所以是多元回归问题。

图1.2(c)中的模型接收一个包含餐厅评论的文本字符串作为输入，并预测评论是正面的还是负面的。因为模型试图将输入分配到两个类别中的一个，所以这是二元分类问题。输出向量包含输入属于每个类别的概率。图1.2(d)和1.2(e)展示了多分类问题。这里，模型将输入分配到N>2个类别中的一个。在图1.2(d)的案例中，输入是一个音频文件，模型预测它包含的音乐类型。在图1.2(e)的案例中，输入是一张图片，模型预测它包含的物体。每种情况下，模型都返回一个大小为N的向量，其中包含N个类别的概率。

1.1.2　输入

图1.2中的输入数据的类型差异很大。在房价预测例子中，输入的是包含了表征房屋特征值的固定长度的向量。这是一组表格数据，因为这组数据没有内部结构；如果我们改变输入的顺序并构建一个新模型，我们希望模型的预测结果保持不变。

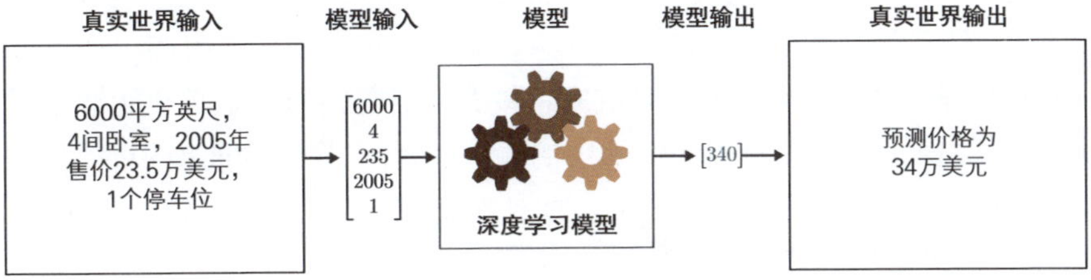

(a) 该回归模型接收一组描述属性的数字，并预测其价格

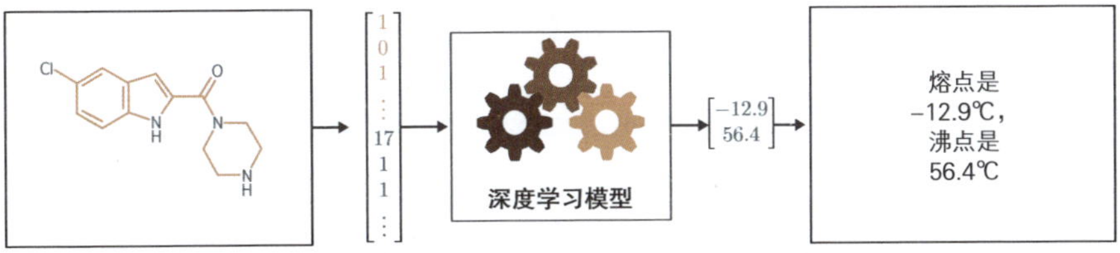

(b) 该多元回归模型接收化学分子的结构，并预测其凝固点和沸点

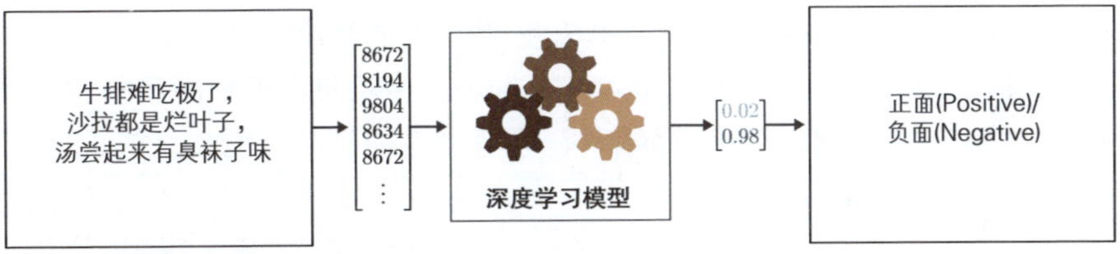

(c) 该二元分类模型接收一条餐厅评论，并将其分类为正面或负面

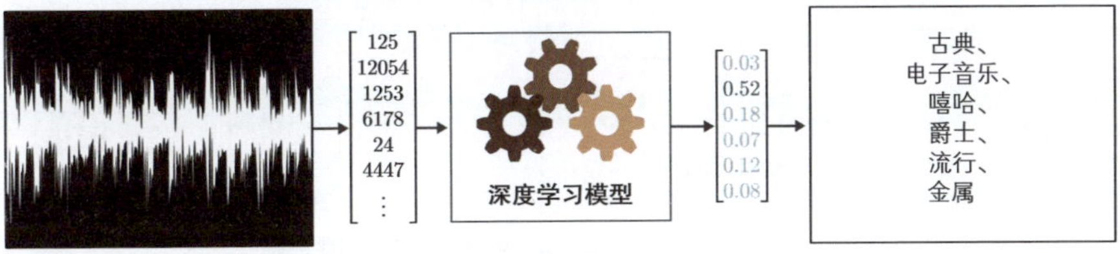

(d) 该多类别分类问题将一段音频片段归类为N个类型之一

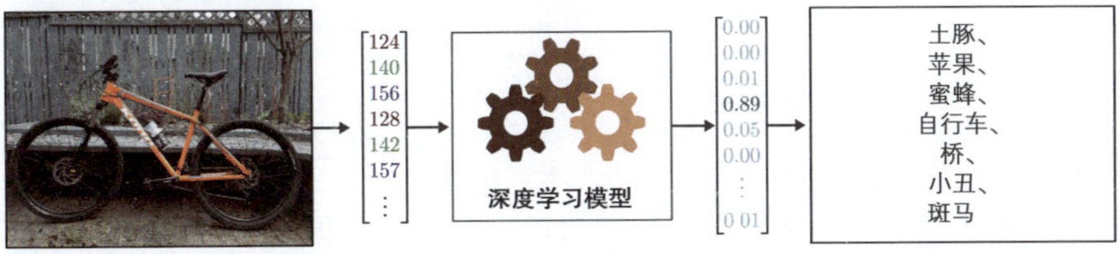

(e) 第二个多类别分类问题，模型根据图像可能包含的N种物体之一对其进行分类

图1.2　回归和分类问题

相反，在餐厅评论的例子中，输入是一段文字。输入的长度可能根据评论中的单词数量而变化，在该例中输入顺序就很重要；“我的妻子吃了鸡肉”与“鸡肉吃了我的妻子”的含义完全不同。文本必须在传递给模型之前编码成数字形式。在该例中，使用大小为10 000的固定词汇表，并简单地将单词的索引串联起来。

对于音乐分类的例子，输入向量可能是固定大小的(如10秒的片段)，但维度非常高(包含许多条目)。数字音频通常以44.1kHz的频率采样并用16位整数表示，因此10秒的片段将由441 000个整数组成。显然，监督学习模型必须能够处理相当庞大的输入数据。在图像分类的例子中的输入(由每个像素处的RGB值组成)也很庞大。此外，它的结构天然是二维的；即使在输入向量中不相邻，上下相邻的两个像素也是密切相关的。

最后，考虑预测分子的凝固点和沸点的模型输入。一个分子可能包含不同数量的原子。另外，这些原子还可通过不同方式进行连接。所以这种情况下，模型必须同时将分子的几何结构和组成分子的原子作为输入。

1.1.3 机器学习模型

到目前为止，我们可将机器学习模型视作黑盒，它接收输入向量并返回输出向量。但这个黑盒里面究竟是什么呢？联想一下根据年龄预测孩子身高的模型(图1.3)。机器学习模型是一个数学函数，它描述了平均身高如何随年龄变化(图1.3中的青色曲线)。将年龄代入这个函数时，它就会返回身高。例如，如果年龄是10岁，预测身高将是139厘米。

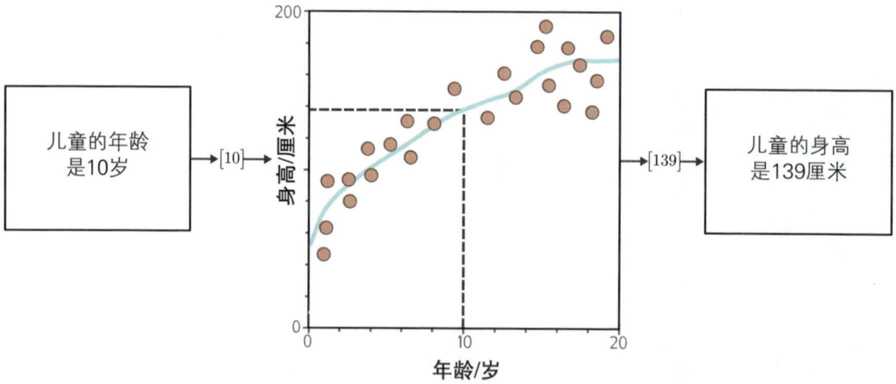

图1.3 机器学习模型。该模型代表了一系列关系，将输入(儿童的年龄)与输出(儿童的身高)关联在一起。具体关系是通过训练数据集来选择的，这些训练数据由输入/输出对(橙色点)组成。当我们训练模型时，会在可能的关系中搜索一个能很好地描述数据的关系。这里，训练后的模型是青色曲线，可用来计算任何年龄的儿童的身高

更准确地说，该模型表示一系列将输入映射到输出的函数(即，不同的青色曲线族)。特定的函数(曲线)是使用训练数据(输入/输出对)选择的。在图1.3中，这些对用橙色点表示，可以看到用该模型(即青线)来描述这些数据就非常合理。当谈论训练或拟合一个模型时，我们的意思是在可能的函数(可能的青色曲线)之间搜索，来找到那个可以最准确地描述训练数据的函数。

因此，图1.2中的模型需要用标记的"输入/输出对"进行训练。例如，音乐分类模型需要大量音频片段，其中人类专家已经标记了每个片段的流派。这些输入/输出对在训练过程中扮演教师或监督者的角色，由此产生了"监督学习"这个术语。

1.1.4　深度神经网络

本书将重点介绍深度神经网络，这是一种特别实用的机器学习模型，也是函数，可以表示输入和输出之间极其广泛的关系族，并可通过遍历这个关系族找到训练数据之间的关系。

深度神经网络可以处理非常大、长度可变且包含各种内部结构的输入。它们可以输出单个实数值(回归)、多个数值(多元回归)或两个及更多类别的概率(分别为二元分类和多元分类)。正如我们将在下一节看到的，它们的输出也可能非常大、长度可变且包含内部结构。想象具有这些性质的函数可能十分困难，但你现在应该尝试暂时放下怀疑。

1.1.5　结构化输出

图1.4(a)描绘了一个用于语义分割的多元分类模型。这里，输入图像的每个像素都被分配一个二元标签，指示它属于牛本身还是属于背景。图1.4(b)展示了一个单目深度估计模型，该模型的输入是一幅街景图像，输出是每个像素的深度。这两种情况下，输出都是高维且结构化的。然而，这种结构与输入密切相关，并且可供利用；如果一个像素被标记为"牛"，那么与其具有相似RGB值的邻居可能也有相同的标签。

图1.4(c)~(e)描绘了三组具有复杂结构的输出但与输入联系不那么密切的模型。图1.4(c)展示的模型的输入是音频文件，输出是该文件中语音的文字转录。图1.4(d)是翻译模型，输入是中文文本，而输出是法文文本。图1.4(e)描述了一种极具挑战性的任务，其输入是描述性文本，而模型的输出是必须与此描述相符的图像。

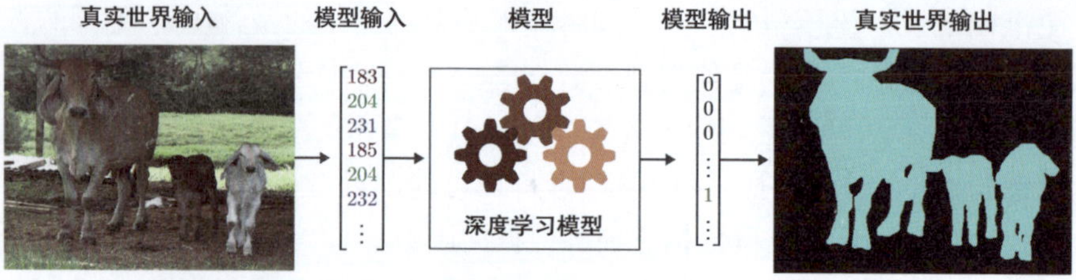

(a) 这个语义分割模型将RGB图像映射到一个二值图像，指示每个像素属于背景还是牛(Noh等，2015)

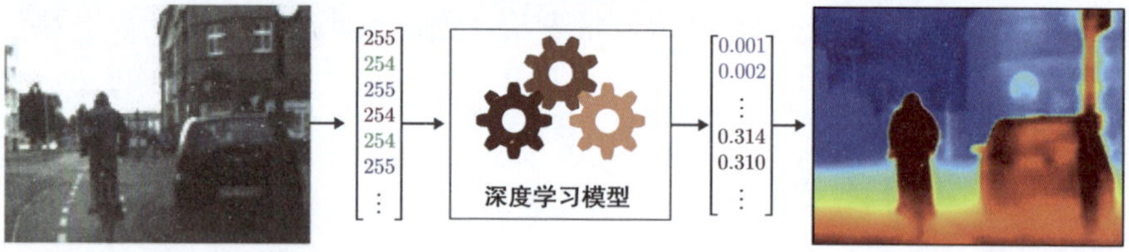

(b) 这个单目深度估计模型将RGB图像映射到一个输出图像，其中每个像素代表深度(Cordts等，2016)

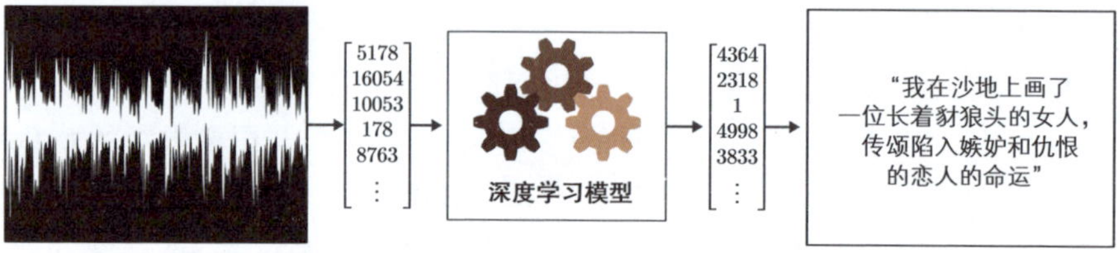

(c) 这个音频转录模型将音频样本映射到文字转录

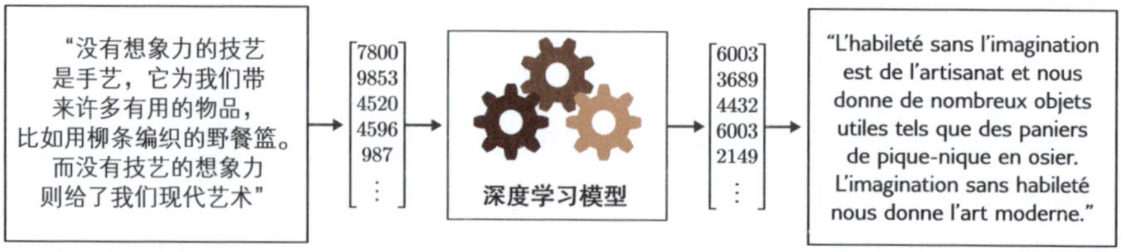

(d) 这个翻译模型将中文文本映射为法文文本

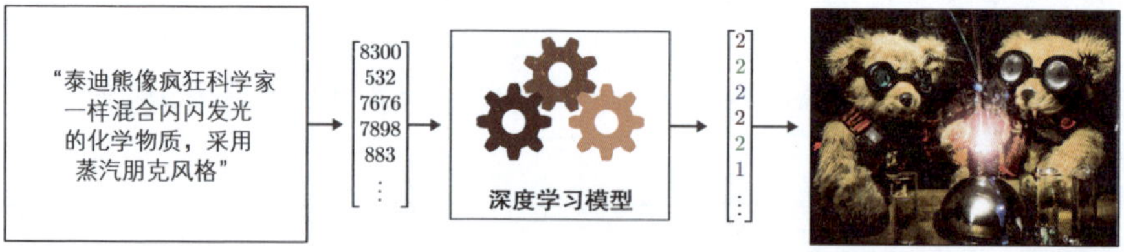

(e) 这个图像合成模型将标题映射到图像

图1.4 具有结构化输出的监督学习任务。在每个案例中，输出都有复杂的内部结构或语法。某些情况下，许多输出与输入兼容

原则上，后三个任务都可在标准的监督学习框架下实现，但由于下面两个原因使它们变得更加困难。首先，输出可能确实是模糊的；从一个中文句子到法文句子有多种有效的翻译方式，任何标题都可能与多种图像相符。其次，输出包含

相当多的结构；并不是所有单词或字符都能构成有效的中文和法文句子，也不是所有的RGB的组合都能构成合理的图像。除了学习映射，我们还必须遵循输出的“语法”。

幸运的是，这种“语法”可在不需要输出标签的情况下进行学习。例如，可通过学习大量文本数据的统计信息来学习如何形成有效的中文句子。这为后文中的无监督学习模型打下了基础。

1.2 无监督学习

不使用输入数据对应的输出数据标签来构建模型的过程称为无监督学习；没有输出标签意味着没有“监督”。无监督学习的目标并非是学习从输入到输出的映射，而是描述或理解输入数据的结构。就像监督学习一样，数据可能具有非常不同的特征：可能是离散的或连续的，低维的或高维的，长度固定的或可变的。

1.2.1 生成模型

本书关注的是生成无监督模型，这类模型能合成新的数据样本，这些样本在统计学上与训练数据无法区分。一些生成模型明确描述了输入数据的概率分布，并从这个分布中采样生成新的样本。另一些模型只是学习生成新样本的机制，而不是描述它们的分布。

最先进的生成模型可以合成极其逼真但与训练样本不同的样本。它们在生成图像(图1.5)和文本(图1.6)方面特别成功。它们还可以在一定约束条件下合成数据，即预先设定某些输出(称为条件生成)，例如图像修复(图1.7)和文本补全(图1.8)。事实上，现代文本生成模型如此强大，以至于它们看起来是智能的。给定一段文本然后提出一个问题，模型通常可以通过生成文档最可能的结尾部分来“填补”缺失的答案。然而，实际上，模型只是了解语言的统计信息，并不理解答案的意义。

图1.5 针对图像的生成模型。左边两张图像是由训练有猫图片的模型生成的。这些不是真实的猫，而是概率模型的样本。右边两张图像是由训练有建筑物图像的模型生成的(Karras等，2020b)

The moon had risen by the time I reached the edge of the forest, and the light that filtered through the trees was silver and cold. I shivered, though I was not cold, and quickened my pace. I had never been so far from the village before, and I was not sure what to expect. I had been walking for hours, and I was tired and hungry. I had left in such a hurry that I had not thought to pack any food, and I had not thought to bring a weapon. I was unarmed and alone in a strange place, and I did not know what I was doing.

I had been walking for so long that I had lost all sense of time, and I had no idea how far I had come. I only knew that I had to keep going. I had to find her. I was getting close. I could feel it. She was nearby, and she was in trouble. I had to find her and help her, before it was too late.

图1.6 文本数据生成模型合成的短篇故事。该模型描述了一个概率分布，为每个输出字符串分配一个概率。从模型中抽样可以创建遵循训练数据(这里是短篇故事)统计特征但之前从未见过的字符串

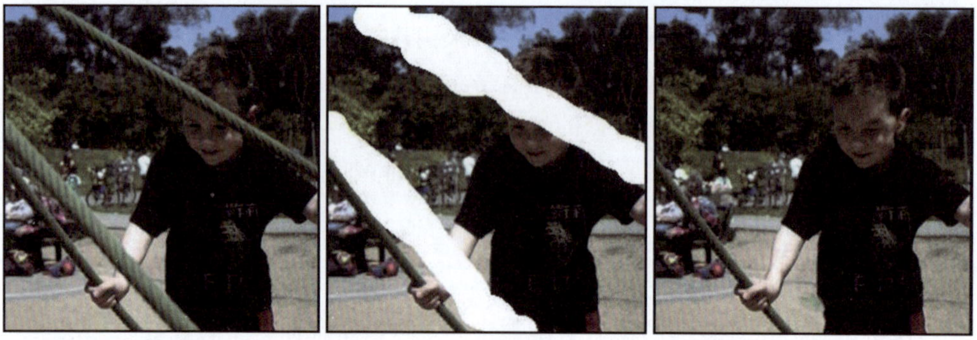

图1.7 图像修复。在原始图像(左)中，男孩被金属电缆遮挡。这些不希望出现的区域(中)被移除，生成模型合成了一个新图像(右)，在这个过程中保持剩余像素不变(Saharia等，2022a)

I was a little nervous before my first lecture at the University of Bath. It seemed like there were hundreds of students and they looked intimidating. I stepped up to the lectern and was about to speak when something bizarre happened.

Suddenly, the room was filled with a deafening noise, like a giant roar. It was so loud that I couldn't hear anything else and I had to cover my ears. I could see the students looking around, confused and frightened. Then, as quickly as it had started, the noise stopped and the room was silent again.

I stood there for a few moments, trying to make sense of what had just happened. Then I realized that the students were all staring at me, waiting for me to say something. I tried to think of something witty or clever to say, but my mind was blank. So I just said, "Well, that was strange,' and then I started my lecture.

图1.8 条件文本合成。给定一段初始文本(黑色部分)，文本的生成模型可以通过合成“缺失”的剩余部分来可信地延续字符串。由GPT3生成(Brown等，2020)

1.2.2　潜变量

一些(但并非全部)生成模型利用了这样一个观察结果：数据的内在维度可能比观察到的变量维度总数所暗示的要少。例如，有效且有意义的英语句子数量远少于通过随机抽取单词并排列组合生成的字符串数量。同样，真实世界的图像只是通过对每个像素随机抽取 RGB 值而创建的图像中极少的一部分，这是因为图像是由物理过程产生的(见图1.9)。

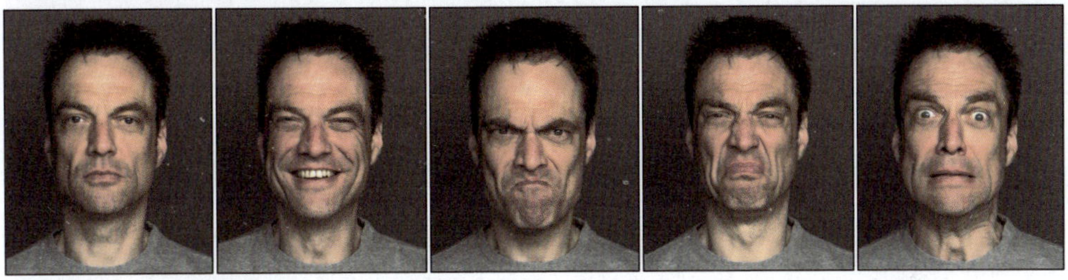

图1.9　人脸的变化。人脸大约有42块肌肉，因此可用大约42个数字来描述同一个人在相同光照下的图像中的大部分变化。一般来说，图像、音乐和文本的数据集可以用较少的潜变量来描述，尽管将这些变量与特定的物理机制联系起来通常更困难。图片来自Dynamic FACES数据库(Holland等，2019)

这引出了一个观点，即可用更少数量的潜变量来描述每个数据样本。这里，深度学习的作用是描述这些潜变量与数据之间的映射。获得的潜变量可以有一个简单的概率分布。通过从这个分布中抽样并传递给深度学习模型，可以创建新的样本(图1.10)。

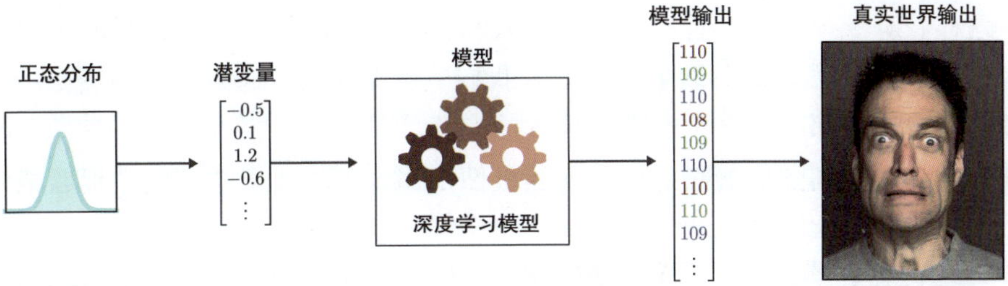

图1.10　潜变量。许多生成模型使用深度学习模型来描述低维“潜”变量与观察到的高维数据之间的关系。潜变量具有简单的概率分布。因此，可通过从潜变量的简单分布中采样，然后使用深度学习模型将样本映射到观察数据空间来生成新的样本

这些模型开启了操纵真实数据的全新方法。例如，考虑找出支撑两个真实样本的潜变量。可通过在它们的潜在表示之间插值，并将中间位置映射回数据空间来实现这些样本之间的插值(图1.11)。

图1.11 图像插值。在每一行中，左右的图像是真实的，中间的三个图像代表由生成模型创建的一系列插值。这些插值的基础生成模型已经学会所有图像都可以由一组潜变量创建。通过找到这两个真实图像的潜变量，在它们之间插值，然后使用这些中间变量创建新图像，从而生成视觉上可信又混合了两个原始图像特征的中间结果(Sauer等，2022；Ramesh等，2022)

1.2.3 联系监督学习和无监督学习

具有潜变量的生成模型也可促进监督学习模型的发展，特别是在输出具有结构时(见图1.4)。例如，考虑学习如何预测与标题对应的图像。可以不直接将文本输入映射到图像上，而是学习解释文本的潜变量与解释图像的潜变量之间的关系。

这样做有三个优点。首先，由于输入和输出的维度较低，我们可能需要更少的文本/图像对来学习这种映射。其次，我们更可能生成看起来合理的图像；任何合理的潜变量值都应该产生像合理样本的东西。最后，如果在两组潜变量之间的映射或从潜变量到图像的映射中引入随机性，那么可生成多个都能被标题很好地描述的图像(见图1.12)。

图1.12 由标题“时代广场上玩滑板的泰迪熊”生成的多幅图像。由DALL-E 2生成(Ramesh等，2022)

1.3 强化学习

机器学习的最后一个领域是强化学习。这一范式引入了“代理”概念，代理存在于一个世界中，可在每个时间步骤执行特定的动作。这些动作会改变系统的状态，但这种改变并不总是确定的。执行动作也会产生奖励，强化学习的目标是让“代理”学会选择能带来高奖励的动作。

一个难点是奖励可能在动作执行后一段时间才出现，因此奖励与动作的关联并不直接。这称为时间信用分配问题。随着代理的学习，它必须在探索和利用已有知识之间进行权衡；也许代理已经学会了如何获得适度的奖励；它应该遵循这种策略(利用已知知识)，还是应该尝试用不同的动作来检验是否有进一步提升的可能性(探索其他机会)？

两个例子

第一个例子考虑训练一个人形机器人的移动。机器人在任何时候都可执行有限数量的动作(移动各个关节)，这些动作会改变机器人的世界状态(它的姿势)。我们可能会因为机器人到达障碍赛中的检查点奖励它。要到达每个检查点，它必须执行许多动作，且当它收到奖励时，不清楚哪些动作与奖励有关，哪些是无关的。这就是时间信用分配问题的一个例子。

第二个例子是学习下棋。同样，代理在任何时候都有一组有效的动作(移动棋子)。然而，这些动作以非确定方式改变系统状态；对于选择的任何动作，对手都可能做出许多不同的反馈。这里，可能会在吃掉棋子时设置奖励，或仅在游戏结束时获得单一奖励来设置奖励结构。在后一种情况下，时间信用分配问题是极端的；系统必须学习它所执行的大量动作，并了解哪些对成功或失败起到了关键作用。

探索-利用权衡在这两个例子中也很明显。机器人可能已经发现，它可以通过侧卧并用一条腿推的方式向前移动。这种策略会推动机器人，并带来奖励，但比最佳解决方案(双腿平衡行走)要慢得多。因此，它面临着两种选择：利用它已经知道的东西(如何笨拙地滑过地板)或探索更多的动作空间(可能加快移动速度)。同样，在国际象棋的例子中，代理可能学会了一系列合理的开局。它应该利用这些知识还是探索不同的开局顺序？

或许，深度学习如何融入强化学习框架并不明显。有几种可能的方法，但一种技术是使用深度网络构建从观察到的世界状态到动作的映射。这称为策略网络。在机器人例子中，策略网络将学习从其传感器测量数据到关节运动的映射。在国际象棋例子中，策略网络将学习从棋盘的当前状态到移动选择的映射(图1.13)。

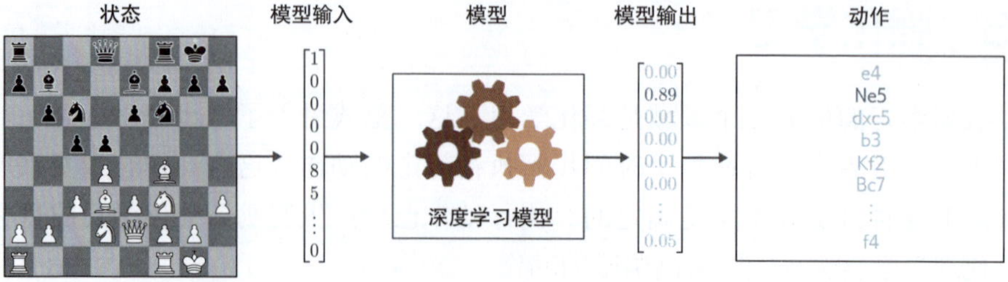

图1.13 强化学习的策略网络。将深度神经网络融入强化学习的一种方法是使用它们定义从状态(棋盘上的位置)到动作(可能的移动)的映射。这种映射被称为策略(Pablok，2017)

1.4 伦理学

不讨论人工智能的伦理影响将是不负责任的。这种强大的技术将至少像电力、内燃机、晶体管或互联网那样改变世界。在医疗保健、设计、娱乐、交通、教育和几乎所有商业领域，存在巨大的潜在好处。然而，科学家和工程师对他们工作的成果往往过于乐观，而人工智能(AI)潜在的危害却同样巨大。以下几段将重点阐述五个令人担忧的问题。

(1) 偏见与公平。如果我们基于历史数据，训练一个系统来预测个人的薪资水平，那么这个系统将复制历史上的偏见；例如，它可能预测女性应该比男性获得更低的薪酬。已经有几个此类案例成为国际新闻：一个用于超分辨率人脸图像的AI系统使非白人看起来更白；一个用于生成图像的系统在被要求合成律师的图片时只生成了男性的图片。AI算法决策的不慎应用，可能加剧或加深现有的偏见(Binns，2018)。

(2) 可解释性。深度学习系统可以做出决策，但是我们通常无法确切知道它是如何做出的，或者是基于哪些信息的。它们可能包含数十亿个参数，我们无法仅通过检查参数来理解它们的工作方式。这催生了可解释人工智能这一子领域。在这个领域，可进行局部解释；我们无法解释整个系统，但可以产生一个可解释的描述，说明如何做出了特定决策。然而，构建完全透明的复杂决策系统，使开发者和使用者都能完全理解其运作方式，目前仍是一个未知领域(Grennan等，2022)。

(3) 武器化AI。所有重要的技术都直接或间接地应用于战争。可悲的是，暴力冲突似乎是人类行为的一个不可避免的特征。人工智能无疑是有史以来人类构建的最强大的技术，并且无疑会在军事领域中得到广泛应用。事实上，这已经发生了(Heikkilä，2022)。

(4) 权力集中。世界上最强大的公司之所以大举投资人工智能，并非出于改善人类境况的善意。他们知道这些技术将带来巨额利润。像任何先进技术一样，深度学习可能将权力集中在控制它的少数组织手中。自动化目前由人类完成的工作，将改变经济环境，对技能较少的低薪工人的生计产生不成比例的影响。乐观主义者认为，类似的颠覆事件在工业革命期间也曾发生过，并导致了工作时间的缩短。事实是，我们根本无法预知大规模采用人工智能会对社会产生哪些影响(David，2015)。

(5) 生存威胁。对人类构成重大生存威胁的因素都源于科技。气候变化是由工业化驱动的。核武器来自物理研究。由于交通、农业和建筑领域的创新使人口更加庞大、人群更密集和人与人之间的联系更加紧密，大流行病也更容易发生并更迅速传播。AI带来了新的生存威胁。我们应该非常谨慎地构建比人类更强大和更可扩展的系统。在最乐观的情况下，AI将把巨大的权力交到所有者手中。在最悲观的情况下，我们将无法控制它，甚至无法理解它的动机(Tegmark，2018)。

这个列表远未详尽。人工智能还可能导致监控、虚假信息、隐私侵犯、欺诈和金融市场操纵，训练人工智能系统所需的能源也会加剧气候变化。此外，这些担忧并非臆测；已经有很多违背伦理的人工智能应用案例(Dao，2021)。此外，互联网的近期历史表明，新技术会以意想不到的方式造成伤害。20世纪80年代和90年代网络普及之初，人们无法预测之后会出现假新闻、垃圾邮件、网络骚扰、欺诈、网络欺凌、政治操纵、泄露个人信息、网络激进化和报复色情的泛滥。

所有研究人工智能的人士都应该思考科学家对其技术应用负有多大责任。我们应该考虑到资本是推动人工智能发展的主要力量，针对法律进步和社会福祉的部署可能会大大滞后。科学家和工程师应该思考是否可能控制这个领域的进步并减少潜在的危害。应该考虑愿意为哪种类型的组织工作，组织对减少人工智能潜在危害的承诺有多认真？他们只是在“洗白”道德以降低声誉风险，还是真的在实施机制阻止可疑的项目？

鼓励所有读者进一步调查这些问题。网站https://ethics-of-ai.mooc.fi/上的在线课程是一个有用的入门资源。如果你使用本书授课，那么鼓励你与学生讨论这些问题。如果你是参加没有讨论这些问题的课程的学生，那么请游说你的教授这样做。如果你在企业环境中部署或研究人工智能，则鼓励你仔细审查雇主的价值观。

1.5 本书编排方式

本书第2~9章逐步介绍监督学习，会介绍浅层和深度神经网络，并讨论如何训练它们、评估和提高它们的性能。第10~13章介绍深度神经网络的常见架构变化，包括卷积网络、残差网络和Transformer(变换器)。这些架构被广泛应用于监督学习、无监督学习和强化学习中。

第14~18章介绍深度神经网络如何进行无监督学习。将介绍4种现代深度生成模型：生成式对抗网络、变分自编码器、标准化流和扩散模型。第19章是对深度强化学习的简要介绍。这是一个足以单独成书的主题，因此本书的介绍必然是浅尝辄止的。然而，对于不熟悉该领域的朋友来说，它仍然是一个很好的入门。

尽管本书的书名是"理解深度学习"，但深度学习仍有一些方面没有被很好地理解。第20章提出了几个基本问题。为什么深度网络如此容易训练？为什么它们泛化得这么好？为什么它们需要这么多参数？它们需要很深的网络吗？在此过程中，探讨一些意想不到的现象，如损失函数的结构、双重下降、顿悟现象和彩票假设。最后，在第21章讨论深度学习的伦理。

1.6 其他书籍

本书是独立成篇的，但仅限于深度学习领域的内容。它旨在成为《深度学习》(Goodfellow等，2016)的续作。《深度学习》是一部极好的资源，但没有涵盖近期的进展。对于更广泛的机器学习领域，最新且全面的资源是《概率机器学习》(Murphy，2022，2023)。然而，《模式识别与机器学习》(Bishop，2006)仍然是一本优秀且极具参考价值的书籍。

如果你喜欢这本书，那么我的上一部作品《计算机视觉：模型、学习和推理》仍然值得一读。尽管部分内容稍显过时，但它包含了完整的概率学入门知识，介绍贝叶斯方法，以及潜变量模型、计算机视觉的几何学、高斯过程和图形模型。该书使用与本书相同的符号，并可在网上找到。关于图形模型的详细论述，可以参考《概率图形模型：原理与技术》(Koller和Friedman，2009)，高斯过程则可以参考《机器学习中的高斯过程》(Williams和Rasmussen，2006)。

对于数学背景知识，可参考《机器学习的数学》(Deisenroth等，2020)。关于编程实践，可以参考《深入深度学习》(Zhang等，2023)。关于计算机视觉，最佳的综述是*Szeliski*，还有即将出版的《计算机视觉基础》(Torralba 等，2024)。学习图神经网络的一个良好的起点是《图表示学习》(Hamilton，2020)。关于强化学习的权威著作是《强化学习：导论》(Sutton 和 Barto，2018)。一个很好的入门学习资源是《深度强化学习基础》(Graesser 和 Keng，2019)。

1.7 如何阅读本书

本书大部分章节都包含正文、注释部分和问题集。正文旨在独立成篇，同时，尽可能多地融入数学背景知识。然而，对于那些会分散主旨论述的较大主题，相关的背景材料会被放在附录中。本书中的大多数符号都是标准的。然而，也会使用一些没有被广泛使用的约定，建议读者在继续之前先参阅附录A。

正文包含许多关于深度学习模型和运行结果的新颖插图和可视化图表。我努力提供对现有概念的新解释，而不仅仅是整理他人的成果。深度学习是一个新领域，有时现象是很难理解的。我尽力阐明哪些部分属于这种情况，以及何时应该谨慎对待我的解释。

只有在描绘结果的地方，才会将参考文献包含在章节的正文中。相反，通常在章节末尾的“注释”部分可以找到参考文献。在正文中，我通常不会尊重历史先例；如果一个当前技术的先例已不再有用，将不会提及它。但是，注释部分会介绍该领域的发展史。注释应该可以帮助读者认识相应的子领域，并了解它与机器学习的其他部分的关系。与正文相比，注释部分不那么独立。根据你的背景知识和兴趣，你可能会觉得这些部分更有用或者没那么有用。

每章都有一系列问题。正如George Pólya所指出的：“数学，你看，不是一项观赏运动。”他是对的，我强烈推荐你在阅读时尝试解决这些问题。某些情况下，它们可以帮助你更好地理解正文。如果问题标有星号，则表明答案可以在相关网站上找到。此外，有助于你理解本书中的观点的Python代码也可通过网站获取(网址为https://udlbook.github.io/udlbook/)。事实上，如果你感觉生疏，现在就通过这些Python 程序来复习一下数学背景知识也是不错的选择。

遗憾的是，AI 研究的快速发展使得本书的编写不可避免地成为一个持续的过程。如果你发现书中有某些部分难以理解，有明显的遗漏，或者有某些部分多余了，请通过相关网站与我联系。我们可以共同使下一版变得更好。

第2章

监督学习

监督学习模型定义了从一个或多个输入到一个或多个输出的映射。例如，输入可以是二手丰田普锐斯的车龄和里程数，输出可以是汽车的估价(美元)。

这个模型只是一个数学函数；当输入通过这个函数时，它会计算输出，这称为推理。模型函数也包含参数。不同的参数值会改变计算结果；模型函数描述了输入和输出之间的一组可能的关系，而模型参数则指定了特定的关系。

当训练模型时，目标是寻找能描述输入和输出之间真实关系的参数。学习算法会取一个输入/输出对作为训练集，并调整参数，直到输入尽可能准确地预测其对应的输出。如果模型在这些训练对的数据上表现良好，那么我们希望它能对新输入数据(即真实输出未知的情况)做出良好的预测。

本章的目标是扩展这些概念。首先，将更正式地描述这个框架并引入一些符号。然后，通过一个简单示例演示如何用一条直线来描述输入与输出之间的关系。这个线性模型既为人熟知又易于可视化，但仍能很好地阐明监督学习的所有主要思想。

2.1 监督学习概述

在监督学习中，我们的目标是构建一个模型，它可以接收一个输入$\mathbf{x}$并输出一个预测$\mathbf{y}$。为简单起见，假设输入$\mathbf{x}$和输出$\mathbf{y}$都是内容已预先确定且大小固定的向量，并且每个向量的元素始终按照相同的方式排列；在前述的普锐斯示例中，输入$\mathbf{x}$总会按顺序包含汽车的车龄，然后是里程数。这类数据被称为结构化数据或表格数据。

为了做出预测，我们需要一个模型$\mathbf{f}[\bullet]$，它接收输入$\mathbf{x}$并返回输出$\mathbf{y}$，所以：

$$\boldsymbol{y} = \boldsymbol{f}[\boldsymbol{x}] \tag{2.1}$$

我们把用输入$\boldsymbol{x}$计算预测结果$\boldsymbol{y}$的过程称为推理。

模型只是一个固定形式的数学函数，代表了输入和输出之间一系列不同的关系。模型也包含参数 $\boldsymbol{\phi}$。参数的选择决定了输入和输出之间的具体关系，所以应该更准确地写成：

$$\boldsymbol{y} = \boldsymbol{f}[\boldsymbol{x}, \boldsymbol{\phi}] \tag{2.2}$$

当谈论学习或训练模型时，我们的目的是试图找到能够通过输入做出合理输出预测的参数 $\boldsymbol{\phi}$。我们使用一个包含I对输入和输出示例的训练数据集 $\{\boldsymbol{x}_i, \boldsymbol{y}_i\}$ 来学习获得这些参数。目标是选择参数，尽可能准确地将每个训练输入数据映射到其相应的输出数据。用损失函数$\boldsymbol{L}$来量化这种映射的不匹配程度。损失是一个标量值，概括了在给定参数 $\boldsymbol{\phi}$的情况下，模型从对应的输入中预测训练输出的误差。

可将损失$\boldsymbol{L}$视为参数 $\boldsymbol{\phi}$的函数 $\boldsymbol{L}[\boldsymbol{\phi}]$。当训练模型时，我们就是在寻找能使这个损失函数值最小的参数 $\hat{\boldsymbol{\phi}}$：[1]

$$\hat{\boldsymbol{\phi}} = \underset{\phi}{\operatorname{argmin}}\left[\boldsymbol{L}[\boldsymbol{\phi}]\right] \tag{2.3}$$

如果在完成这一最小化过程后损失函数的值很小，我们就已经找到了能准确预测输入 $\boldsymbol{x}_i$ 到输出 $\boldsymbol{y}_i$ 的模型参数。

训练完一个模型后，必须评估其性能；在独立的测试数据上运行模型，观测它在训练期间未观察到的样本上的泛化能力。如果性能令人满意，就可以准备部署模型了。

2.2 线性回归示例

现在，让我们通过一个简单例子来具体化这些概念。设想一个模型 $\boldsymbol{y} = \boldsymbol{f}[\boldsymbol{x}, \boldsymbol{\phi}]$，它通过一个输入$\boldsymbol{x}$预测一个输出$\boldsymbol{y}$。接下来，我们会设计一个损失函数，最后讨论模型的训练过程。

2.2.1 一维(1D)线性回归模型

一维线性回归模型用一条直线描述输入$\boldsymbol{x}$和输出$\boldsymbol{y}$之间的关系：

1 更准确地说，损失函数还依赖于训练数据 $\{\boldsymbol{x}_i, \boldsymbol{y}_i\}$，所以应该写作 $\boldsymbol{L}[\{\boldsymbol{x}_i, \boldsymbol{y}_i\}, \phi]$，但这样表示会显得相当繁杂。

$$
\begin{aligned}
\boldsymbol{y} &= \boldsymbol{f}[x,\boldsymbol{\phi}] \\
&= \phi_0 + \phi_1 x
\end{aligned} \tag{2.4}
$$

该模型有两个参数 $\boldsymbol{\phi}=[\phi_0,\phi_1]^{\mathrm{T}}$，其中 ϕ_0 是直线的y轴截距，ϕ_1 是斜率。不同的$\boldsymbol{y}$轴截距和斜率选择会决定输入和输出之间的不同关系(图2.1)。因此，式(2.4)定义了一组可能的输入-输出关系(所有可能的直线)，参数的选择决定了这一组中的具体成员(特定的直线)。

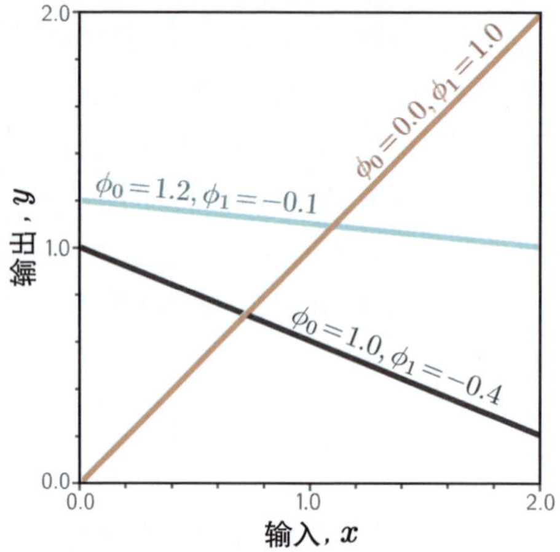

图2.1 线性回归模型。对于给定的参数 $\boldsymbol{\phi}=[\phi_0,\phi_1]^{\mathrm{T}}$，模型根据输入($x$轴)对输出($y$轴)进行预测。不同的截距 ϕ_0 和斜率 ϕ_1 的选择会改变这些预测结果(青色、橙色和灰色直线)。线性回归模型(式2.4)定义了一组输入/输出的关系(直线)，而参数决定了该组中的具体成员(特定的直线)

2.2.2 损失

对于这个模型，训练数据集(图2.2(a))由I个输入/输出对 $\{\boldsymbol{x}_i,\boldsymbol{y}_i\}$ 构成。图2.2(b)~(d)显示了由三组参数定义的三条直线。图2.2(d)中的绿色直线比其他两条线更准确地描述了数据，因为它更接近数据点。然而，我们需要一个有依据的方法来决定哪个参数 $\boldsymbol{\phi}$ 比其他参数更好。为此，给每个参数分配一个数值，用该数值来量化模型与数据之间的不匹配程度。将这个值称为损失；更低的损失意味着更好的拟合效果。

这种不匹配由模型的预测 $\boldsymbol{f}[\boldsymbol{x}_i,\boldsymbol{\phi}]$ (在 $\boldsymbol{x}_i$ 处线上方的高度) 和实际输出 $\boldsymbol{y}_i$ 之间的偏差所捕获。这些偏差在图2.2(b)~(d)中以橙色虚线表示。将所有I个训练对的偏差的平方和称为总的不匹配、训练误差或损失：

$$
\begin{aligned}
L[\boldsymbol{\phi}] &= \sum_{i=1}^{I}(\boldsymbol{f}[\boldsymbol{x}_i,\boldsymbol{\phi}]-\boldsymbol{y}_i)^2 \\
&= \sum_{i=1}^{I}(\phi_0+\phi_1\boldsymbol{x}_i-\boldsymbol{y}_i)^2
\end{aligned}
\tag{2.5}
$$

由于最佳参数会最小化这个式子的值，所以我们称之为最小二乘损失。平方计算意味着偏差的方向(即直线是在数据上方还是下方)无关重要。第5章中将再次讨论选择这样做的理论依据。

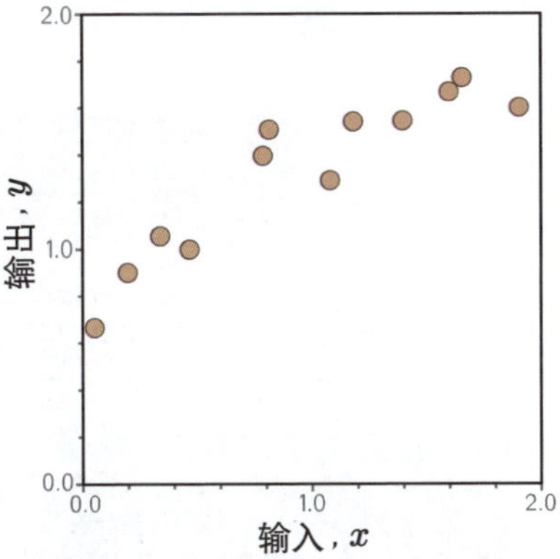

(a) 训练数据(橙色点)由I=12组输入/输出对$\{x_i, y_i\}$组成

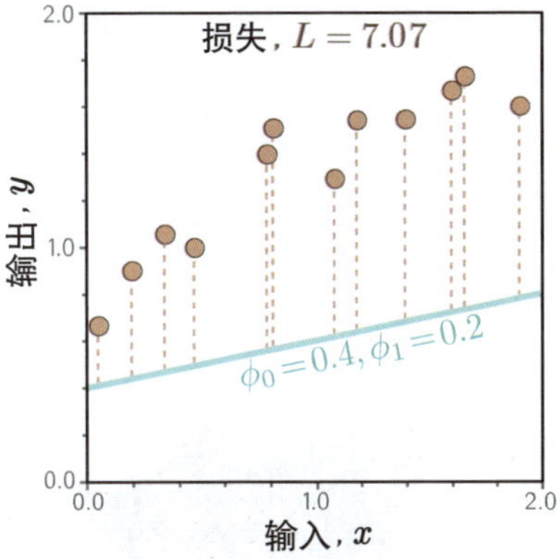

(b) 图中定义直线的参数具有较大的损失L=7.07，是因为模型拟合得很差

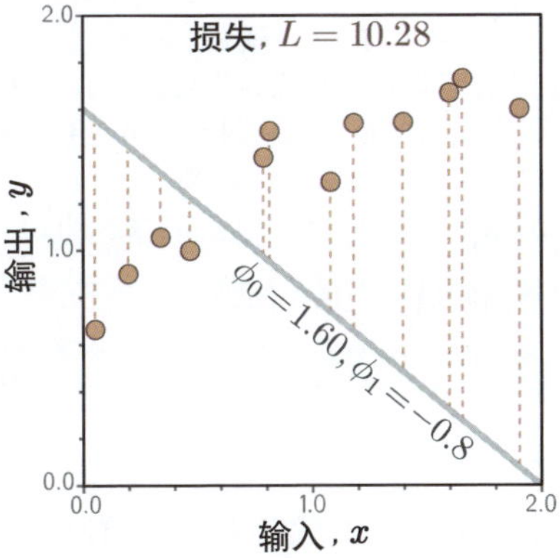

(c) 图中定义直线的参数具有较大的损失L =10.28，是因为模型拟合得很差

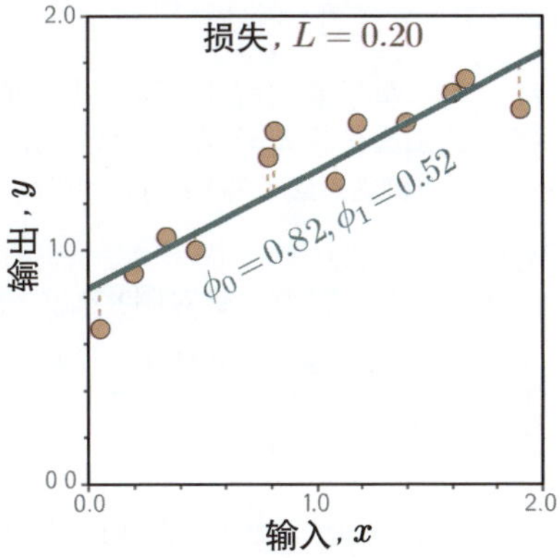

(d) 图中的损失L=0.20较小，是因为模型拟合得很好；实际上，这是所有可能直线中损失最小的，所以这是最优参数

图2.2 线性回归的训练数据、模型和损失。图(b)~(d)分别展示了具有不同参数的线性回归模型。根据截距和斜率参数$\boldsymbol{\phi}=[\phi_0,\phi_1]^{\mathrm{T}}$的选择，模型误差(橙色虚线)可能更大或更小。损失$L$是这些误差平方的总和

损失$\boldsymbol{L}$是参数$\boldsymbol{\phi}$的函数；当模型拟合较差时(图2.2(b)和(c))损失更大，当拟合良好时(图2.2(d))损失更小。从这个角度看，将$\boldsymbol{L}[\boldsymbol{\phi}]$称为损失函数或代价函数。训练模型的目标是找到最小化这个值的参数$\hat{\boldsymbol{\phi}}$：

$$
\begin{aligned}
\hat{\boldsymbol{\phi}} &= \underset{\boldsymbol{\phi}}{\operatorname{argmin}}\left[L[\boldsymbol{\phi}]\right] \\
&= \underset{\boldsymbol{\phi}}{\operatorname{argmin}}\left[\sum_{i=1}^{I}(\boldsymbol{f}[\boldsymbol{x}_i,\boldsymbol{\phi}]-\boldsymbol{y}_i)^2\right] \\
&= \underset{\boldsymbol{\phi}}{\operatorname{argmin}}\left[\sum_{i=1}^{I}(\phi_0+\phi_1\boldsymbol{x}_i-\boldsymbol{y}_i)^2\right]
\end{aligned}
\tag{2.6}
$$

只有两个参数(y轴截距 ϕ_0 和斜率 ϕ_1)，因此我们可计算每种参数值组合的损失，并将损失函数可视化为一个曲面(图2.3)。“最佳”参数位于该曲面的最低点。

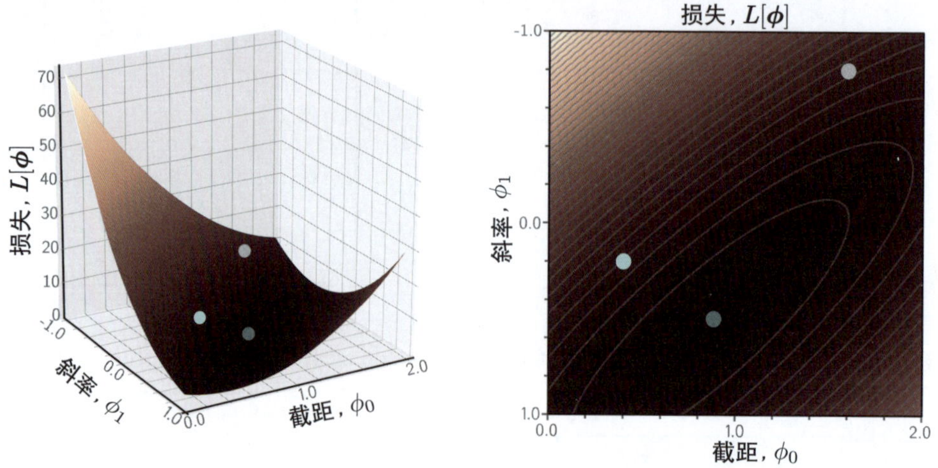

(a) 每个参数组合 $\boldsymbol{\phi}=[\phi_0,\phi_1]^T$ 都有相应的损失。所得的损失函数 $\boldsymbol{L}[\boldsymbol{\phi}]$ 可以被可视化为一个曲面。三个圆圈对应于图2.2(b)~(d)中的三条直线

(b) 损失也可以被可视化为热力图，其中较亮的区域代表较大的损失；这里从上方直接看向(a)中的曲面，灰色椭圆代表等高线。最佳拟合直线(见图2.2(d))具有最小损失的参数(绿色圆圈)

图2.3 针对图2.2(a)的数据集的线性回归模型的损失函数

2.2.3 训练

寻找使损失最小化的参数的过程称为模型拟合、训练或学习。基本方法是随机选择初始参数，然后“沿着”损失函数“下降”的方向改进它们，直至到达最低点(图2.4)。一种方法是测量当前点所在曲面的梯度，并向最陡峭的下坡方向迈出一步。此后重复这个过程，直到梯度变得平坦，无法进一步改进为止[1]。

1 对于线性回归模型来说，这种迭代方法实际上并不是必要的。在这里，可找到参数的闭式表达式。然而，梯度下降法适用于更复杂的模型，这些模型中没有闭式解，并且参数太多，无法评估每种值组合的损失。

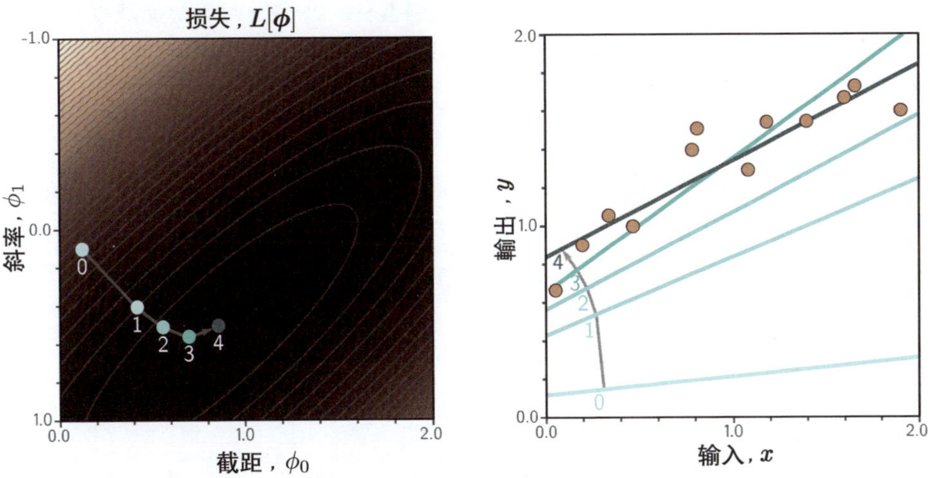

(a) 迭代训练算法随机初始化参数，然后通过“下坡”来改进它们，直到无法进一步改进为止。这里，从位置0开始，向下移动一定距离(垂直于等高线方向)到达位置1。然后重新计算下坡方向，移到位置2。最终，到达函数的最小值(位置4)

(b) 图(a)中的每个位置0~4对应于不同的截距和斜率，因此代表了不同的直线。随着损失的减少，这些直线会越来越贴合数据

图2.4　线性回归训练。训练目标是找到对应于最小损失的截距和斜率参数

2.2.4　测试

完成模型训练后，我们需要知道它在现实世界中的表现如何。通过在单独的测试数据集上计算损失来评估这一点。预测准确性会在何种程度上泛化到测试数据部分取决于训练数据的代表性和完整性，也取决于模型的表达能力。一个简单模型(如一条直线)可能无法捕捉输入和输出之间的真实关系，这称为欠拟合。相反，一个表达能力很强的模型可能描述训练数据的一些非典型的统计特性，同时会引起异常的预测。这被称为过拟合。

2.3　本章小结

监督学习模型是一个函数 $\boldsymbol{y}=\boldsymbol{f}[\boldsymbol{x},\boldsymbol{\phi}]$，将输入$\boldsymbol{x}$与输出$\boldsymbol{y}$联系起来。特定的关系由参数$\boldsymbol{\phi}$决定。为训练模型，我们在训练数据集 $\{\boldsymbol{x}_i,\boldsymbol{y}_i\}$ 上定义了一个损失函数$\boldsymbol{L}[\boldsymbol{\phi}]$。它将模型预测$\boldsymbol{f}[\boldsymbol{x}_i,\boldsymbol{\phi}]$和观察到的输出$\boldsymbol{y}_i$之间的误差量化为参数$\boldsymbol{\phi}$的函数。然后搜索使损失最小化的参数。在不同的测试数据集上评估模型，观察它对新输入的泛化能力如何。

第3~9章将扩展这些概念。首先，研究模型本身；线性回归的明显缺点是它只能将输入和输出之间的关系描述成一条直线。浅层神经网络(第 3 章)比线性回归复杂不了多少，但可以描述更大范围的输入/输出关系。深度神经网络(第4章)具有同样的表达能力，但可以用更少的参数描述复杂函数，并且在实践中效果更好。

第5章研究不同任务的损失函数，并揭示最小二乘损失的理论基础。第 6 章和第7章讨论训练过程。第 8 章讨论如何衡量模型性能。第 9 章探讨旨在提高性能的正则化技术。

2.4 注释

损失函数与代价函数：在机器学习的大部分领域以及本书中，术语“损失函数”和“代价函数”可以互换使用。然而，更确切地说，损失函数是与单个数据点相关的项(即式(2.5)右侧的每一个平方项)，而代价函数是需要最小化的整体量(即式(2.5)右侧的表达式)。代价函数可以包含与单个数据点无关的附加项(见第9.1节)。更一般地说，目标函数是任何一个需要被最大化或最小化的函数。

生成模型与判别模型：本章中的 $\boldsymbol{y} = \boldsymbol{f}[\boldsymbol{x},\boldsymbol{\phi}]$ 是判别模型。它们根据现实世界的测量值$\boldsymbol{x}$做出输出预测$\boldsymbol{y}$。另一种方法是构建生成模型 $\boldsymbol{x} = \boldsymbol{g}[\boldsymbol{y},\boldsymbol{\phi}]$，其中现实世界的测量值$\boldsymbol{x}$是输出$\boldsymbol{y}$的函数。

生成方法的缺点是它不能直接预测$\boldsymbol{y}$。为进行推理，必须将生成函数反转为 $\boldsymbol{y} = \boldsymbol{g}^{-1}[\boldsymbol{x},\boldsymbol{\phi}]$，这可能很难。然而，生成模型的优点是可将关于数据生成过程的先验知识构建到其中。例如，如果想预测图像$\boldsymbol{x}$中汽车的三维位置和方向$\boldsymbol{y}$，那么可将关于汽车形状、三维几何和光线传输的知识纳入函数 $\boldsymbol{x} = \boldsymbol{g}[\boldsymbol{y}, \boldsymbol{\phi}]$ 中。

这似乎是一个好主意，但事实上，判别模型主导了现代机器学习；利用生成模型中的先验知识获得的优势通常被利用大量训练数据学习出的更灵活的判别模型所超越。

2.5 问题

问题2.1　为在损失函数(式(2.5))上“向下走”，我们需要计算其相对于参数 ϕ_0 和 ϕ_1 的梯度。计算斜率 $\partial L / \partial \phi_0$ 和 $\partial L / \partial \phi_1$ 的表达式。

问题2.2　证明可通过将问题2.1的导数表达式设置为零并通过解出 ϕ_0 和 ϕ_1，以闭式形式找到损失函数的最小值。注意，这对于线性回归是有效的，但不适用于更复杂的模型；这就是为什么要使用类似梯度下降这样的迭代模型拟合方法(图2.4)。

问题2.3*　考虑将线性回归重新表述为生成模型，即 $\boldsymbol{x} = \boldsymbol{g}[\boldsymbol{y}, \boldsymbol{\phi}] = \phi_0 + \phi_1 \boldsymbol{y}$。新的损失函数是什么？找到一个用于推断的逆函数 $\boldsymbol{y} = \boldsymbol{g}^{-1}[\boldsymbol{x}, \boldsymbol{\phi}]$ 的表达式。对于给定的训练数据集 $\{\boldsymbol{x}_i, \boldsymbol{y}_i\}$，这个模型是否会做出与判别版本相同的预测？一种方法是编写代码来确认它，用这两种方法分别拟合一条通过三个数据点的直线，并查看结果是否相同。

第3章

浅层神经网络

第2章使用一维线性回归公式介绍了监督学习。然而，这个模型只能将输入/输出关系描述为一条直线。本章介绍浅层神经网络(shallow neural networks)。它能够描述的是分段线性函数，并且具有足够强的表达能力来近似任意复杂的多维输入和输出之间的关系。

3.1 神经网络示例

浅层神经网络的表现形式是函数 $y = f[x,\phi]$，通过使用参数 ϕ 将多变量输入x映射到多变量输出y。第3.4节将提供完整定义，并使用一个示例网络 $f[x,\phi]$ 来介绍主要概念，该网络将标量输入x映射到标量输出y，并具有十个参数 $\phi = \{\phi_0,\phi_1,\phi_2,\phi_3,\theta_{10},\theta_{11},\theta_{20},\theta_{21},\theta_{30},\theta_{31}\}$：

$$\begin{aligned} y &= f[x,\phi] \\ &= \phi_0 + \phi_1 a[\theta_{10} + \theta_{11}x] + \phi_2 a[\theta_{20} + \theta_{21}x] + \phi_3 a[\theta_{30} + \theta_{31}x] \end{aligned} \tag{3.1}$$

可将这个计算分解成三个部分。首先计算输入数据的三个线性函数($\theta_{10} + \theta_{11}x$、$\theta_{20} + \theta_{21}x$和$\theta_{30} + \theta_{31}x$)。然后将这三个结果传递给激活函数 $a[\bullet]$。最后将三个激活结果与 ϕ_1、ϕ_2 和 ϕ_3 加权获得激活值，再将它们求和后加上偏移量 ϕ_0。

为完成上面的计算，必须定义激活函数$a[\bullet]$。它有很多种可能的选择，但最常见的是整流线性单元(rectified linear unit，ReLU)：

$$a[z] = \text{ReLU}[z] = \begin{cases} 0 & z < 0 \\ z & z \geqslant 0 \end{cases} \tag{3.2}$$

当输入值为正时返回输入值，否则返回零(图3.1)。

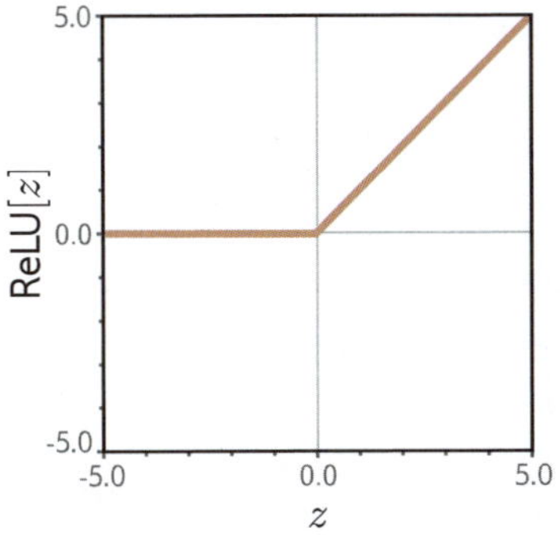

图3.1　激活函数ReLU在输入值小于零时返回零，否则直接返回输入值。换句话说，它将负值截断为零。请注意，还有其他很多可能的激活函数选择(见图3.13)，但ReLU是最常用的，也是最容易理解的

可能不能直观地看出式(3.1)代表了哪个输入/输出关系。然而，上一章的所有概念在这里都适用。式(3.1)表示一组函数，该组中的特定成员取决于十个参数 ϕ。如果知道了这些参数，就可以使用式子对给定输入x进行推理(预测y)。给定一个训练数据集 $\{x_i, y_i\}_{i=1}^{I}$，就可以定义一个最小二乘损失函数 $L[\phi]$，并用它来衡量任何给定的参数值 ϕ 的模型表述这个数据集的效果。训练模型，就是寻找最小化这个损失的参数值 $\hat{\phi}$。

3.1.1　神经网络的直观理解

实际上，式(3.1)表示一个最多具有四个线性区域的连续分段线性函数系列(图3.2)。现在将分解式(3.1)并分析它如何描述这个函数系列。为便于理解，将函数分成两部分。引入中间量：

$$
\begin{aligned}
h_1 &= a[\theta_{10} + \theta_{11}x] \\
h_2 &= a[\theta_{20} + \theta_{21}x] \\
h_3 &= a[\theta_{30} + \theta_{31}x]
\end{aligned}
\tag{3.3}
$$

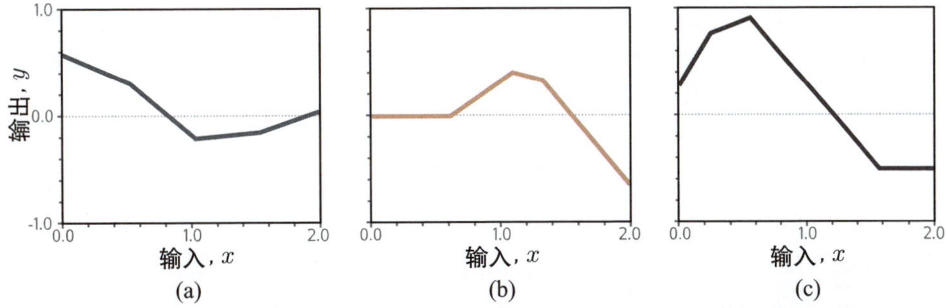

图3.2　由式(3.1)定义的函数系列。(a)~(c)表示三种不同参数 ϕ 对应的函数。每种情况下，输入/输出关系都是分段线性的。然而，连接点的位置、连接点之间线性区域的斜率及整体高度都有所不同

这里称其中的 h_1 、h_2 和 h_3 为隐藏单元。我们通过将这些隐藏单元与一个线性函数结合来计算输出：[1]

$$y=\phi_0+\phi_1 h_1+\phi_2 h_2+\phi_3 h_3 \tag{3.4}$$

图3.3显示了创建图3.2(a)中函数的计算流程。每个隐藏单元都包含输入的线性函数 $\theta_{\bullet 0}+0_{\bullet 1}x$ ，并且该直线零以下的部分被ReLU 函数$a[\bullet]$截断了。三条线与零相交的位置成为最终输出中的三个“关节”。然后，这三条被截断的线分别被 ϕ_1 、ϕ_2 和 ϕ_3 加权。最后，加上偏移 ϕ_0，它控制着最终函数的整体高度。

图3.3(j)中的每个线性区域对应于隐藏单元中不同的激活模式。当一个单元被截断时，我们称它为非活跃状态；当它没有被截断时，我们称它为活跃状态。例如，阴影区域接收来自 h_1 和 h_3 的贡献(它们是活跃的)，但不接收来自 h_2 的贡献(它是非活跃的)。每个线性区域的斜率由以下几点决定：①该区域活跃输入的原始斜率 $\theta_{\bullet 1}$ ；②随后应用的权重 $\phi_\bullet$ 。例如，阴影区域的斜率(见问题3.3)是 $\theta_{11}\phi_1+\theta_{31}\phi_3$ ，其中第一项是子图(g)中的斜率，第二项是子图(i)中的斜率。

每个隐藏单元为函数贡献一个“关节”，因此具有三个隐藏单元的函数可以有四个线性区域。然而，这些区域的斜率只有三个是独立的；第四个要么是零(如果在这个区域所有隐藏单元都是非活跃的)，要么是其他区域斜率的总和。

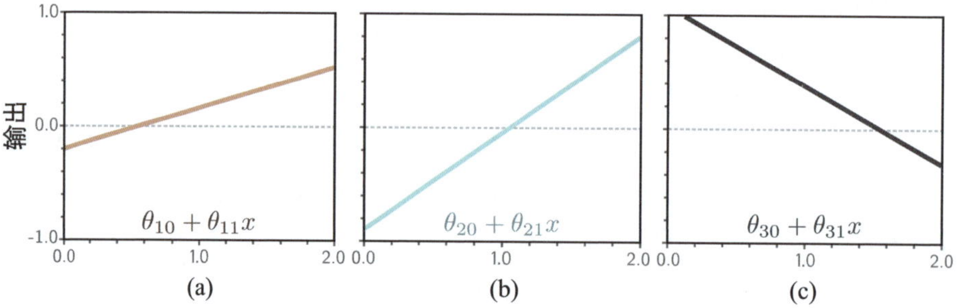

图3.3 图3.2(a)所示函数的计算过程。(a)~(c)中，输入x传递给三个线性函数，每个函数具有不同的y轴截距 $\theta_{\bullet 0}$ 和斜率 $\theta_{\bullet 1}$ 。(d)~(f)中，每条线都通过ReLU激活函数进行处理，将负值截断为零。(g)~(i)中，三条被截断的线分别被 ϕ_1 、ϕ_2 和 ϕ_3 加权(缩放)。(j)中，将这些截断且加权后的函数相加，再加上一个控制高度的偏移量 ϕ_0 。四个线性区域中的每一个都对应于隐藏单元中不同的激活模式。在阴影区域中，h_2 是非活跃的(被截断)，但 h_1 和 h_3 都是活跃的

1 本书使用的线性函数的形式为 $z'=\phi_0+\sum_i \phi_i z_i$ 。其他任何类型的函数都是非线性的。如ReLU函数(式(3.2))和包含它的示例神经网络(式(3.1))都是非线性的。有关进一步说明，请参考本章末尾的注释。

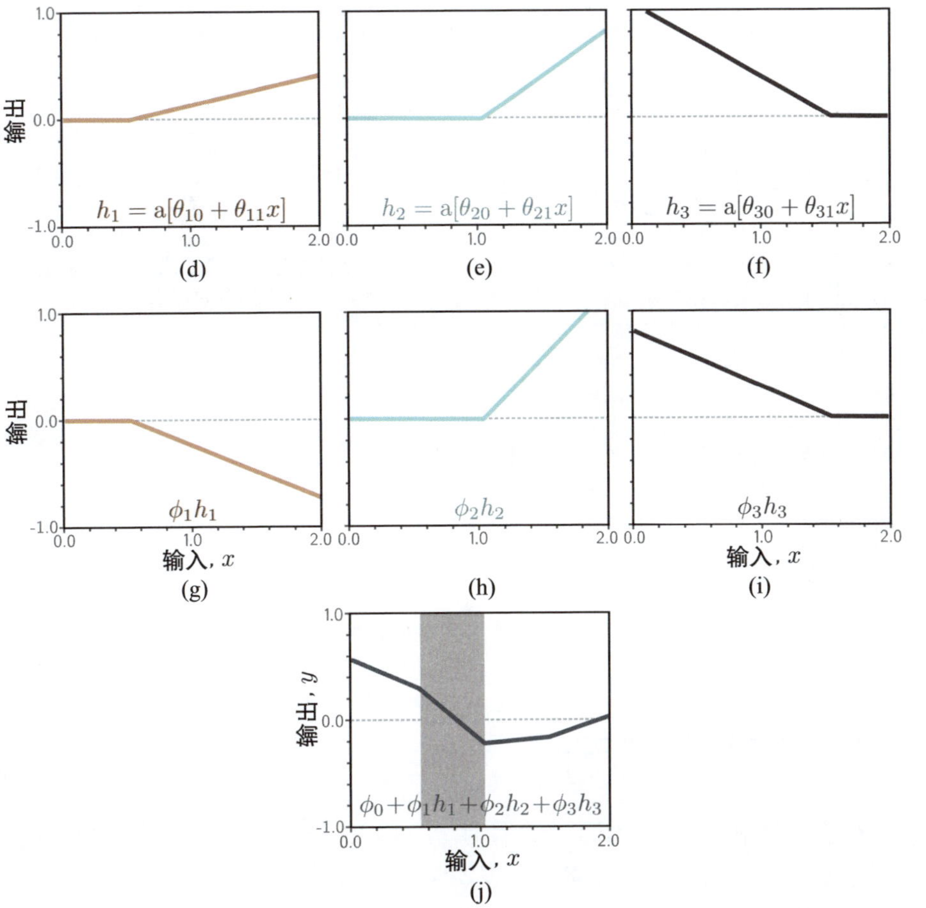

图3.3　(续)

3.1.2　描绘神经网络

我们一直在讨论一个具有一个输入、一个输出和三个隐藏单元的神经网络。图3.4(a)中显示了这个网络。输入在左侧，隐藏单元在中间，输出在右侧。每个连接代表十个参数中的一个。为简化这种表示，通常不会画出截距参数，因此该网络通常如图3.4(b)所示。

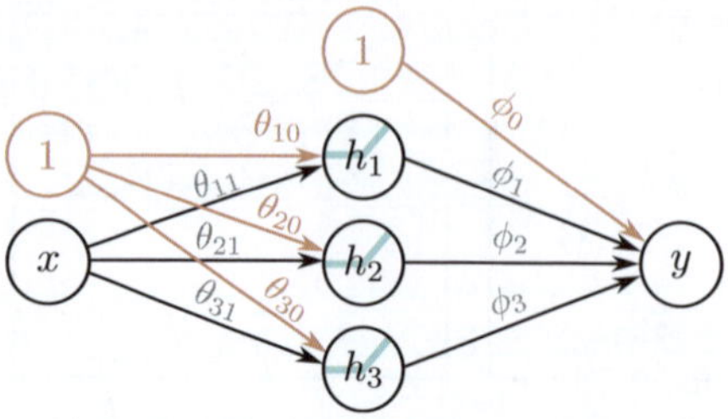

(a) 输入x在左侧，隐藏单元h_1、h_2和h_3在中间，输出y在右侧。计算流程从左到右。输入用于计算隐藏单元，这些隐藏单元被组合起来生成输出。十条箭头中的每一条都代表一个参数(橙色表示截距，黑色表示斜率)。每个参数将其自身乘以来源并将结果加到目标上。例如，将参数ϕ_1乘以来源h_1，然后加到y上。我们引入额外的节点(包含数字1，橙色圆圈)以将偏移量纳入这个方案中，所以将ϕ_0乘以1(没有效果)，然后加到y上。ReLU函数应用于隐藏单元

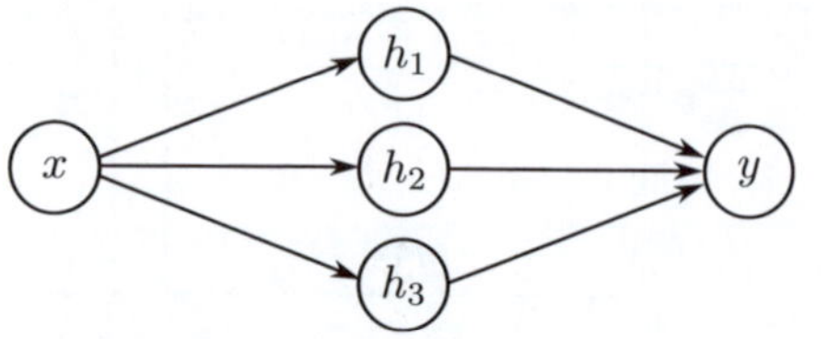

(b) 更常见的是，省略了截距、ReLU函数和参数名称；这个更简单的描述仍然代表了相同的网络

图3.4　描述神经网络

3.2　通用逼近定理

在上一节中，我们介绍了一个具有一个输入、一个输出、一个ReLU激活函数和三个隐藏单元的示例神经网络。现在将这一概念稍微推广一下，考虑具有D个隐藏单元的情况，其中第d个隐藏单元为：

$$h_d = a\left[\theta_{d0} + \theta_{d1}x\right] \tag{3.5}$$

这些隐藏单元通过线性组合输出为：

$$y = \phi_0 + \sum_{d=1}^{D}\phi_d h_d \tag{3.6}$$

浅层网络中隐藏单元的数量是网络容量的衡量标准。使用ReLU激活函数，具有D个隐藏单元的网络的输出最多有D个关节，因此它是一个最多有D+1个线性区域的分段线性函数。随着我们添加更多的隐藏单元，模型可以近似更复杂的函数。

事实上，具有足够容量(隐藏单元)的浅层网络可以任意精度描述任何定义在实数线上紧凑子集的连续一维函数。要理解这一点，可以考虑在每次添加一个隐藏单元时，都为函数添加一个新的线性区域。随着这些线性区域逐渐增多，它们代表的函数部分不断缩短，就可用线段越来越逼近目标曲线(图3.5)。神经网络逼

近任何连续函数的能力可以通过数学推理来证明，这称为通用逼近定理。

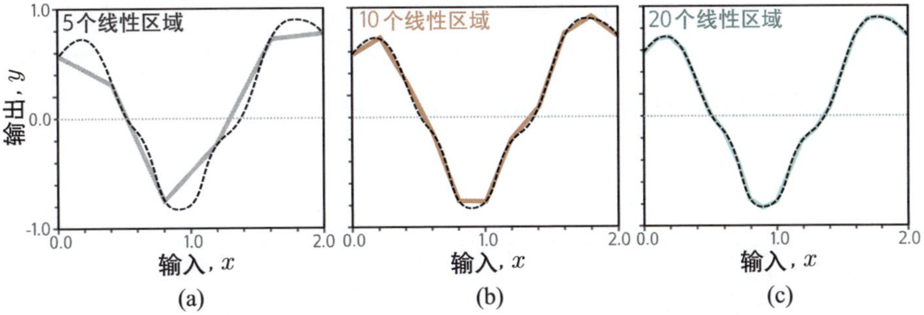

图3.5　通过分段线性模型逼近一维函数(虚线)。(a)~(c)中，随着区域数量的增加，模型越来越接近连续函数。具有标量输入的神经网络每增加一个隐藏单元就创建一个额外的线性区域。由通用逼近定理可知，只要有足够的隐藏单元，浅层神经网络就能以任意精度描述在 $\mathbb{R}^D$ 的紧凑子集上定义的任何连续函数

3.3　多变量输入和输出

在上例中，网络有一个标量输入x和一个标量输出y。然而，通用逼近定理也适用于更一般的情况，即网络将多变量输入 $\mathbf{x}=[x_1, x_2,..., x_{D_i}]^T$ 映射到多变量输出预测 $\mathbf{y}=[y_1, y_2,..., y_{D_o}]^T$。我们首先探讨如何通过扩展模型来预测多变量输出。然后考虑多变量输入。最后，在第 3.4 节中，将给出浅层神经网络的通用定义。

3.3.1　可视化多变量输出

为将网络扩展到多变量输出$\mathbf{y}$，只需要为每个输出使用隐藏单元的不同线性函数。因此，一个具有标量输入x、四个隐藏单元 h_1、h_2、h_3 和 h_4，以及二维多变量输出 $\mathbf{y}=[y_1, y_2]^T$ 的网络可以被定义为：

$$\begin{aligned}h_1 &= a[\theta_{10}+\theta_{11}x]\\h_2 &= a[\theta_{20}+\theta_{21}x]\\h_3 &= a[\theta_{30}+\theta_{31}x]\\h_4 &= a[\theta_{40}+\theta_{41}x]\end{aligned} \tag{3.7}$$

和

$$\begin{aligned}y_1 &= \phi_{10}+\phi_{11}h_1+\phi_{12}h_2+\phi_{13}h_3+\phi_{14}h_4\\y_2 &= \phi_{20}+\phi_{21}h_1+\phi_{22}h_2+\phi_{23}h_3+\phi_{24}h_4\end{aligned} \tag{3.8}$$

这两个输出是隐藏单元的两个不同的线性函数。

正如在图3.3 中看到的，分段函数中的“关节”取决于隐藏单元中初始线性函数 $\theta_{\bullet 0}+\theta_{\bullet 1}x$ 被 ReLU 函数$a[\bullet]$截断的位置。由于两个输出y_1和y_2都是相同的四个隐藏单元的不同线性函数，每个输出中的四个“关节”必须位于相同的位置。然而，线性区域的斜率和整体垂直偏移可以有所不同(图3.6)。

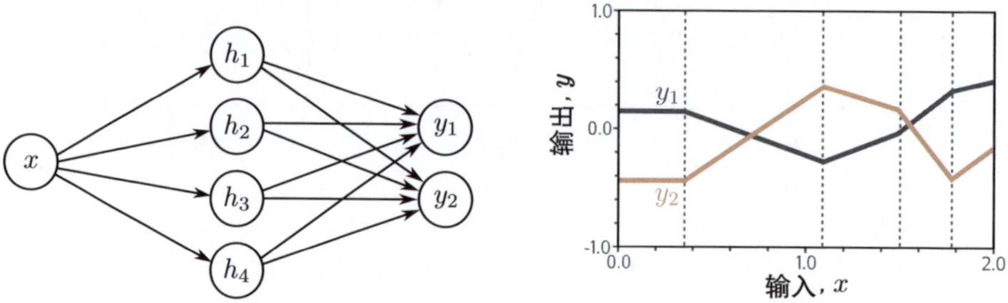

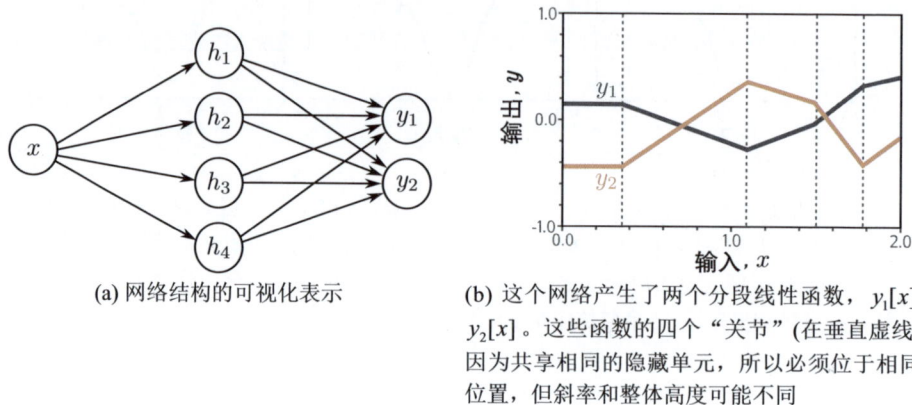

(a) 网络结构的可视化表示

(b) 这个网络产生了两个分段线性函数，$y_1[x]$和$y_2[x]$。这些函数的四个“关节”(在垂直虚线处)因为共享相同的隐藏单元，所以必须位于相同的位置，但斜率和整体高度可能不同

图3.6 具有一个输入、四个隐藏单元和两个输出的网络

3.3.2 可视化多变量输入

为处理多变量输入$\boldsymbol{x}$，我们扩展了输入和隐藏单元之间的线性关系。因此，具有两个输入$\boldsymbol{x}=[x_1, x_2]^{\mathrm{T}}$和一个标量输出$y$的网络(图3.7)可能有以下三个隐藏单元：

$$\begin{aligned}h_1&=a[\theta_{10}+\theta_{11}x_1+\theta_{12}x_2]\\h_2&=a[\theta_{20}+\theta_{21}x_1+\theta_{22}x_2]\\h_3&=a[\theta_{30}+\theta_{31}x_1+\theta_{32}x_2]\end{aligned} \tag{3.9}$$

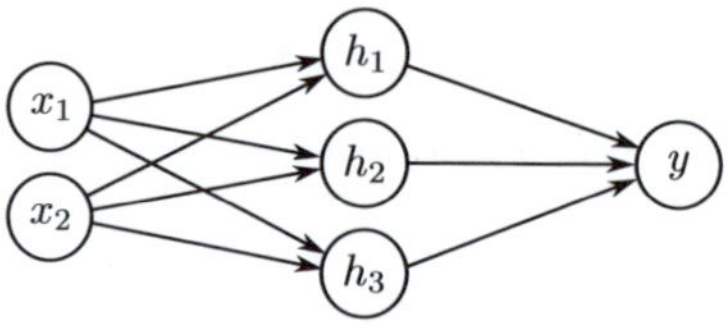

图3.7 具有二维多变量输入$\boldsymbol{x}=[x_1, x_2]^{\mathrm{T}}$和标量输出$y$的神经网络的可视化表示

其中每个输入都有一个斜率参数。隐藏单元按通常的组合方式生成输出：

$$y=\phi_0+\phi_1h_1+\phi_2h_2+\phi_3h_3 \tag{3.10}$$

图3.8说明了网络的处理过程。每个隐藏单元接收两个输入的线性组合，从而形成3D输入/输出空间中的一个定向平面。激活函数将这些平面的负值截取为零。然后，将截取的平面在第二个线性函数(式(3.10))中重新组合，创建一个由凸多边形区域组成的连续分段线性曲面(见图3.8(j))。每个区域对应不同的激活模式。例如，在中央三角形区域，第一个和第三个隐藏单元是活动的，第二个是无效的。

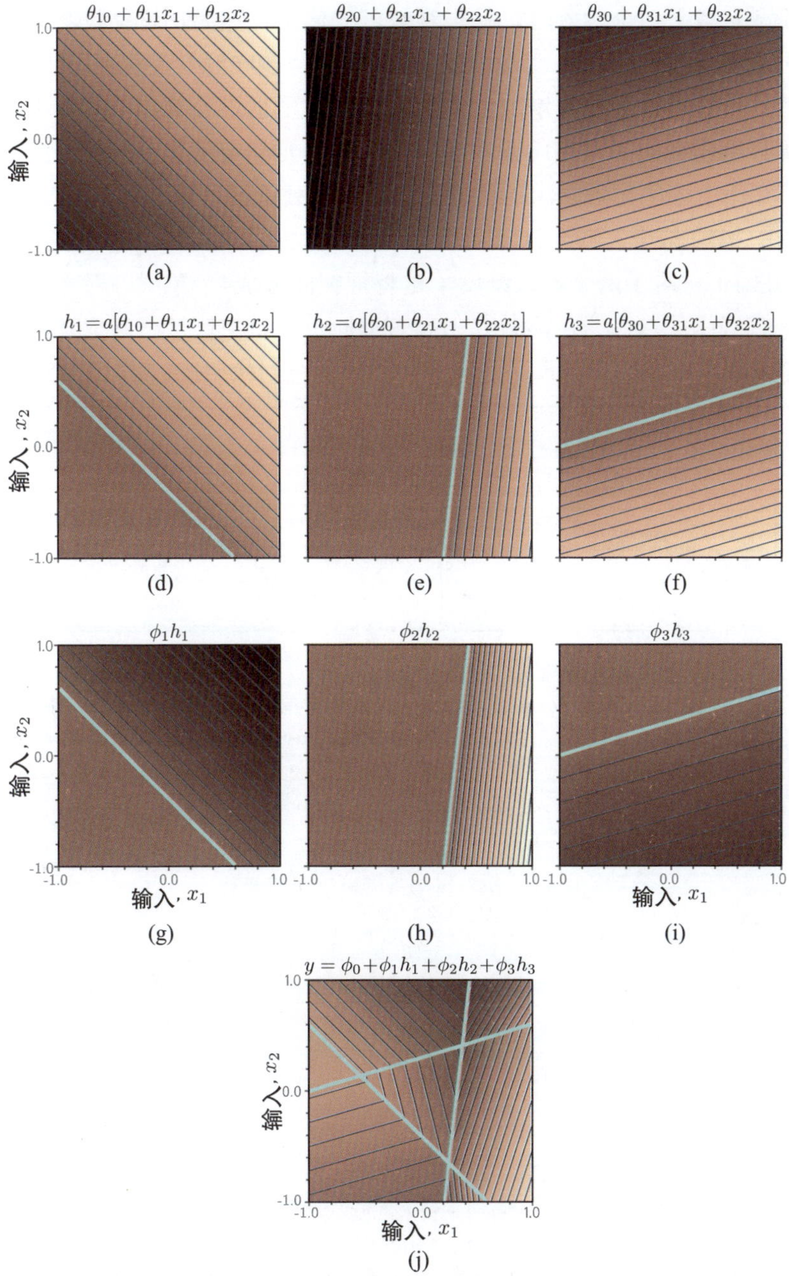

图3.8　展示了具有两个输入 $\boldsymbol{x}=[x_1, x_2]^{\mathrm{T}}$、三个隐藏单元 h_1, h_2, h_3 和一个输出 y的网络处理过程。(a)~(c)中，每个隐藏单元的输入是两个输入的线性函数，对应于一个定向平面。亮度表示函数输出。例如，在(a)中，亮度代表 $\theta_{10}+\theta_{11}x_1+\theta_{12}x_2$。细线是等高线。(d)~(f)中，每个平面都被ReLU激活函数(青色线相当于图3.3(d)~(f)中的“关节”)截断。(g)~(i)然后对截断后的平面进行加权。(j)求和，加上一个偏移量，这个偏移量决定了曲面的整体高度。结果是一个由凸分段线性多边形区域组成的连续曲面

当模型有多于两个输入时，就很难被可视化了。然而，解释是类似的。输出是输入的连续分段线性函数，其中线性区域现在是多维输入空间中的凸多面体。

注意，随着输入维度的增加，线性区域的数量也迅速增加(见图3.9)。为了更好地理解其迅速增加的方式，请考虑每个隐藏单元都定义了一个超平面，该超平面划分了空间中该单元处于活动状态的部分和不处于活动状态的部分(3.8(d)~(f)中的青色线)。若有与输入维度 D_i 相同数量的隐藏单元，可将每个超平面与一个坐标轴对齐(图3.10)。对于两个输入维度，这将把空间分成4个象限。对于三个维度，这将创建8个象限，对于 D_i 个维度，这将创建 2^{D_i} 个正交区域。浅层神经网络通常具有比输入维度更多的隐藏单元，因此它们通常会创建超过 2^{D_i} 个线性区域。

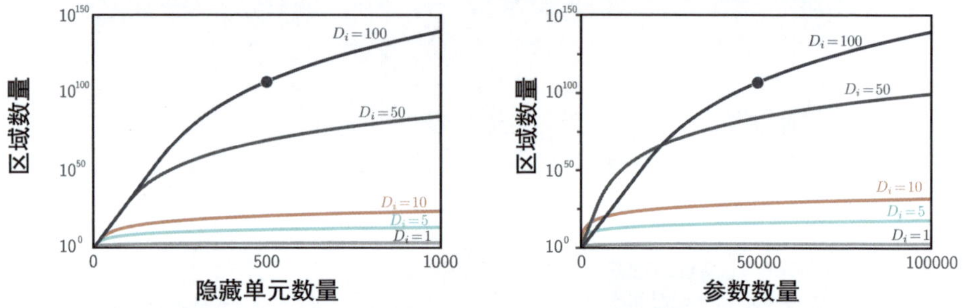

(a) 对于5种不同的输入维度 D_i = {1, 5, 10, 50, 100}，最大可能的区域数与隐藏单元数量的函数关系。在高维情景中，区域数量迅速增加；当 $D=500$ 个单元和输入大小 $D_i=100$ 时，可以有超过 10^{107} 个区域(实心圆)

(b) 同样的数据按照参数数量绘制。实心圆代表与图(a)中相同的模型，具有 $D=500$ 个隐藏单元。这个网络有51 001个参数，以现代标准看，通常被认为规模是非常小的

图3.9 线性区域与隐藏单元的关系

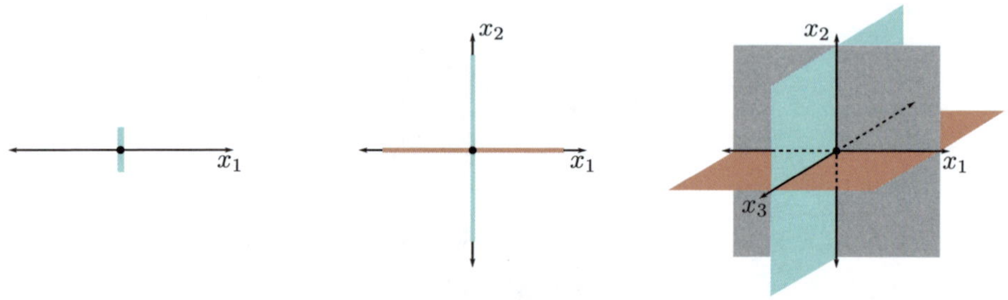

(a) 只有一个输入维度时，具有一个隐藏单元的模型创建一个关节，将轴分成两个线性区域

(b) 有两个输入维度时，具有两个隐藏单元的模型可使用两条线(这里与轴对齐)来划分输入空间，创建四个区域

(c) 有三个输入维度时，具有三个隐藏单元的模型可以使用三个平面(同样与轴对齐)来划分输入空间，创建8个区域。继续这个论点，可以推出，具有 D_i 个输入维度和 D_i 个隐藏单元的模型可用 D_i 个超平面划分输入空间，创建 2^{D_i} 个线性区域

图3.10 线性区域与输入维度的数量对比

3.4 浅层神经网络：一般情形

我们已经描述了几个浅层网络的例子，以帮助大家直观地了解它们的工作原理。现在，为浅层神经网络$y = f[x,\phi]$定义一个通用函数，它使用$h \in \mathbb{R}^D$个隐藏单元将多维输入$x \in \mathbb{R}^{D_i}$映射到多维输出$\mathbf{y} \in \mathbb{R}^D$。每个隐藏单元的计算方式为：

$$h_d = a\left[\theta_{d0} + \sum_{i=1}^{D_i} \theta_{di} x_i\right] \tag{3.11}$$

然后这些隐藏单元通过线性组合形成输出：

$$y_j = \phi_{j0} + \sum_{d=1}^{D} \phi_{jd} h_d \tag{3.12}$$

其中$a[\bullet]$是非线性激活函数。模型的参数为$\phi = \{\theta_{\bullet\bullet}, \phi_{\bullet\bullet}\}$。图3.11显示了一个具有三个输入、三个隐藏单元和两个输出的示例。

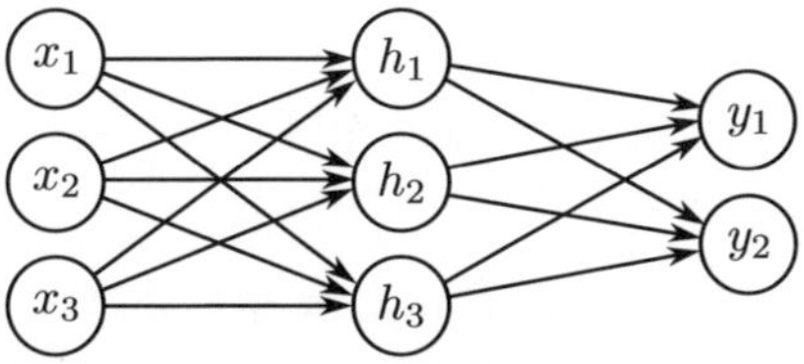

图3.11　一个具有三个输入和两个输出的神经网络的可视化表示。这个网络有20个参数、15个斜率(由箭头表示)和5个偏移量(未显示)

激活函数使模型能够描述输入和输出之间的非线性关系，因此它本身必须是非线性的；如果没有激活函数或使用线性激活函数，则从输入到输出的整体映射将被限制为线性的。业界已经尝试了许多不同的激活函数，但最常见的选择是ReLU(图3.1)，它具有易于解释的优点。使用ReLU激活时，网络将输入空间划分为由ReLU函数中的“连接点”计算出的超平面交点定义的凸多面体。每个凸多面体包含一个不同的线性函数，对每个输出，这些凸多面体都是相同的，但它们包含的线性函数可以不同。

3.5 术语

本章最后介绍一些术语。遗憾的是，神经网络有很多相关的术语，它们通常用层来描述。图3.12 的左侧是输入层，中间是隐藏层，右侧是输出层。图3.12 中的网络有一个隐藏层，包含四个隐藏单元。隐藏单元本身有时被称为神经元。将数据通过网络传递时，隐藏层输入的值(即在 ReLU 函数应用之前)称为预激活值。隐藏层的值(即在应用 ReLU 函数之后)称为激活值。

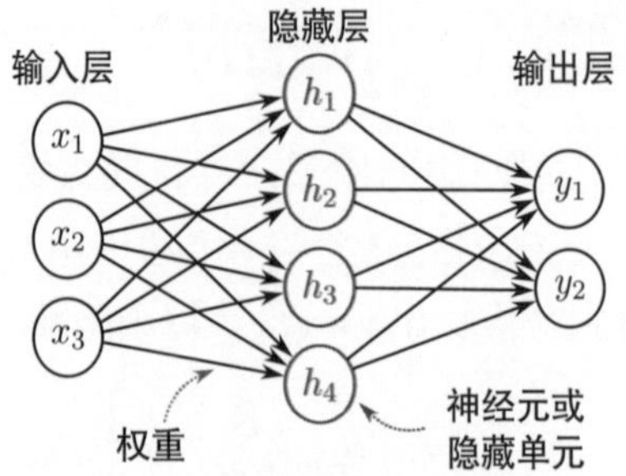

图3.12 一个浅层网络由输入层、隐藏层和输出层组成。每一层通过前向连接(箭头)与下一层相连。因此，这些模型被称为前馈网络(feed-forward networks)。当一层中的每个变量与下一层的每个变量相连时，称为全连接网络(fully connected network)。每个连接在底层函数中代表一个斜率参数，这些参数被称为权重(weight)。隐藏层中的变量被称为神经元或隐藏单元。输入隐藏单元的值被称为预激活值，隐藏单元中的值(即应用ReLU函数后的值)被称为激活值

由于历史原因，任何具有至少一个隐藏层的神经网络也被称为多层感知器，简称 MLP。具有一个隐藏层的网络(如本章所述)有时被称为浅层神经网络。具有多个隐藏层的网络(如下一章所述)被称为深度神经网络。连接形成无环图(即没有循环的图，如本章中所有的示例)的神经网络称为前馈网络。如果一层中的每个元素都分别连接到下一层中的每个元素(如本章中的所有示例)，则网络是全连接的。这些连接代表底层函数中的斜率参数，称为网络权重(network weight)。偏置参数(图3.12中未显示)称为偏置(bias)。

3.6 本章小结

浅层神经网络只有一个隐藏层。它们的作用是：①计算输入的几个线性函数，②将每个结果通过激活函数，③对这些激活值进行线性组合以形成输出。浅层神经网络通过将输入空间分为分段线性区域的连续曲面，基于输入x做出预测y。只要有足够多的隐藏单元(神经元)，浅层神经网络可以任意精度近似模拟任何连续函数。

第4章将讨论深度神经网络，它通过添加更多隐藏层扩展了本章的模型。第 5~7章将描述如何训练这些模型。

3.7 注释

“神经”网络：如果本章的模型只是函数，为什么它们被称为“神经网络”？遗憾的是，二者的联系有点牵强。图3.12展示了节点(输入、隐藏单元和输出)，节点之间密集地相互连接。这与哺乳动物大脑中的神经元看起来具有相似

性，后者也有密集的连接。然而，几乎没有证据表明大脑的计算方式与神经网络的工作方式相同，而且将生物学思维带入未来的研究是无益的。

神经网络的历史： McCulloch 和 Pitts (1943) 最先提出了人工神经元的概念，将输入组合起来生成输出，但该模型没有实用的学习算法。Rosenblatt (1958) 开发了感知机，该感知机以线性方式组合输入，然后阈值化以作出是/否决定；他还提供了一个算法从数据中学习权重。Minsky和Papert (1969) 认为线性函数不足以解决一般分类问题，但添加具有非线性激活函数的隐藏层(因此称为多层感知器)允许学习更一般的输入/输出关系。然而，他们得出结论，Rosenblatt的算法无法学习这类模型的参数。直到 1980 年，才开发了一种实用算法(反向传播，参见第 7 章)，神经网络的重要研究工作才得以恢复。由Kurenkov (2020)、Sejnowski (2018) 和Schmidhuber (2022) 书写了神经网络的发展历史。

激活函数： Fukushima 早在1969年就已经使用过ReLU 函数。然而，在早期的神经网络中，更常使用 logistic sigmoid 或 tanh 激活函数(图3.13(a))。ReLU 被 Jarrett 等人 (2009)、Nair & Hinton (2010) 和 Glorot 等人 (2011) 重新推广而得以流行起来，成为现代神经网络成功的重要组成部分。ReLU具有一个很好的特性，即对于大于零的输入，输出相对于输入的导数始终为 1。这对训练的稳定性和效率都很友好(参见第 7 章)，与 sigmoid 激活函数的导数相比，后者在较大的正输入和负输入时会饱和(接近零)。

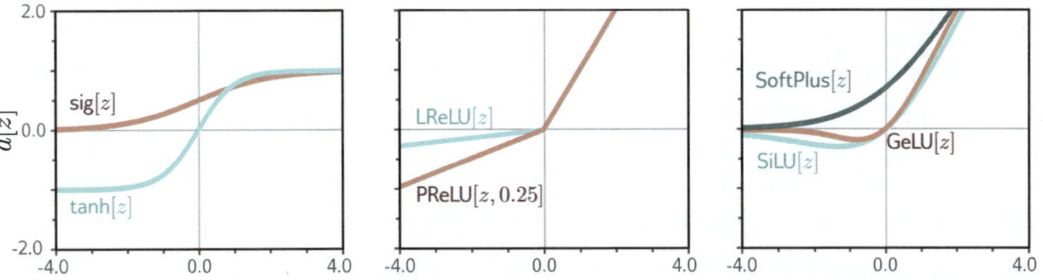

(a) logistic sigmoid函数和tanh函数

(b) leaky ReLU和参数为0.25的参数化ReLU

(c) SoftPlus、高斯误差线性单元(Gaussian error linear unit, 和sigmoid线性单元(sigmoid linear unit)

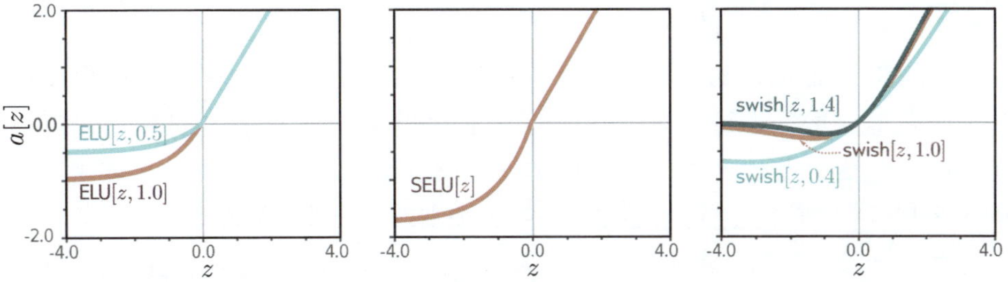

(d) 参数为0.5和1.0的指数线性单元(exponential linear unit)

(e) 缩放指数线性单元(scaled exponential linear unit)

(f) 参数为0.4、1.0和1.4的swish函数

图3.13　激活函数

然而，ReLU 函数的缺点是它的导数对于负输入为零。如果所有的训练样本对给定的ReLU函数产生负输入，那么我们在训练期间将无法改善输入ReLU的参数。相对于传入权重的梯度，在局部是平的，所以我们无法“下坡”。这称为死亡ReLU问题。为了解决这个问题，业界提出了许多ReLU的变体(见图3.13(b))。例如：①leaky ReLU(Maas等，2013)，对于负值也有一个较小斜率(0.1)的线性输出；②参数化ReLU(He等，2015)，将负部分的斜率视为一个未知参数；③串联ReLU(Shang等，2016)，生成两个输出，其中一个在零以下截断(就像典型的ReLU)，另一个在零以上截断。

业界还研究了各种平滑函数(见图3.13(c)~(d))，包括SoftPlus函数(Glorot等，2011)、高斯误差线性单元(GELU，Gaussian error linear unit)(Hendrycks & Gimpel，2016)、sigmoid线性单元(SiLU，sigmoid linear unit)(Hendrycks & Gimpel，2016)和指数线性单元(exponential linear unit)(Clevert等，2015)。这些大多数是为了在限制负值的梯度同时避免失活ReLU问题。Klambauer等人(2017)引入了缩放指数线性单元(SELU，scaled exponential linear unit)(见图3.13(e))，它特别有趣，有助于在输入方差有限的情况下稳定激活的方差(见第7.5节)。Ramachandran等人(2017)采取了经验方法来选择激活函数，在可能的函数空间中搜索，以找到在各种监督学习任务上表现最佳的函数；发现的最佳函数是$a[x]=x/(1+\exp[-\beta x])$，其中$\beta$是一个学习得到的参数(见图3.13(f))。他们将这个函数称为swish。有趣的是，这是对之前由Hendrycks & Gimpel(2016)和Elfwing等人(2018)提出的激活函数的重新发现。Howard等人(2019)通过HardSwish函数近似swish，函数形式非常相似，但HardSwish的计算速度更快：

$$\text{HardSwish}[z]=\begin{cases}0 & z<-3\\ z(z+3)/6 & -3\leqslant z\leqslant 3\\ z & z>3\end{cases} \tag{3.13}$$

目前还没有确定的答案来说明这些激活函数中的哪一个在实际使用中更优秀。然而，leaky ReLU、参数化ReLU以及许多连续函数在特定情况下可以显示出比ReLU略好的性能。在本书的其余部分，将重点放在使用基本ReLU函数的神经网络上，因为很容易通过线性区域的数量来描述它们创建的函数。

通用逼近定理：这个定理的通用版本指出，一个包含有限数量隐藏单元和一个激活函数的单隐藏层网络，可在$\mathbb{R}^n$的紧凑子集上以任意精度逼近任何连续函数。这一点已由Cybenko(1989)针对Sigmoid激活函数进行了证明，后来Hornik(1991)证明这一结论同样适用于更大类别的非线性激活函数。

线性区域的数量：考虑一个具有$D_i\geqslant 2$维输入和D个隐藏单元的浅层网络。线性区域的数量由D个超平面的交点决定，这些超平面由ReLU函数中的“关节”

创建(例如，图3.8(d)~(f))。每个区域由ReLU函数的不同组合裁剪或不裁剪输入而创建。由D个超平面在$D_i \leqslant D$维输入空间中创建的区域数量被 Zaslavsky(1975)证明最多为$\sum_{j=0}^{D_i}\binom{D}{j}$(即，二项式系数的总和)。作为经验法则，浅层神经网络几乎始终拥有比输入维度D_i更多的隐藏单元数量D，并会创建$2^{D_i} \sim 2^D$个线性区域。

线性、仿射和非线性函数： 从技术角度看，线性变换$f[\bullet]$是具有可加性的函数，因此可知$f[a+b]=f[a]+f[b]$。这个定义意味着$f[2a]=2f[a]$。加权和$f[h_1,h_2,h_3]=\phi_1h_1+\phi_2h_2+\phi_3h_3$是线性的，但一旦加上偏置(bias)变成$f[h_1,h_2,h_3]=\phi_0+\phi_1h_1+\phi_2h_2+\phi_3h_3$，这就不再成立。要理解这一点，需要考虑当我们将前一个函数的参数加倍时，输出也会加倍。对于后一个函数则不是这样，它更恰当地被称为仿射函数。然而，在机器学习中，这些术语经常被混用。在本书中，我们遵循这一惯例，将两者都称为线性。我们将遇到的所有其他函数都是非线性的。

3.8 问题

问题3.1 如果式(3.1)中的激活函数是线性的，使$a[z]=\psi_0+\psi_1z$，那么会是什么样的输入到输出的映射？如果移除激活函数，使$a[z]=z$，会生成什么样的映射？

问题3.2 对于图3.3(j)中的4个线性区域，指出哪些隐藏单元是非活跃的(即会裁剪它们的输入)，哪些是活跃的(即不会裁剪它们的输入)。

问题3.3* 推导出图3.3(j)中用10个参数ϕ和输入x来表示的函数的“关节”位置的表达式。推导出四个线性区域的斜率的表达式。

问题3.4 绘制图3.3的一个新版本，其中第三个隐藏单元的y轴截距和斜率已经改变，如图3.14(c)所示。假设其余参数保持不变。

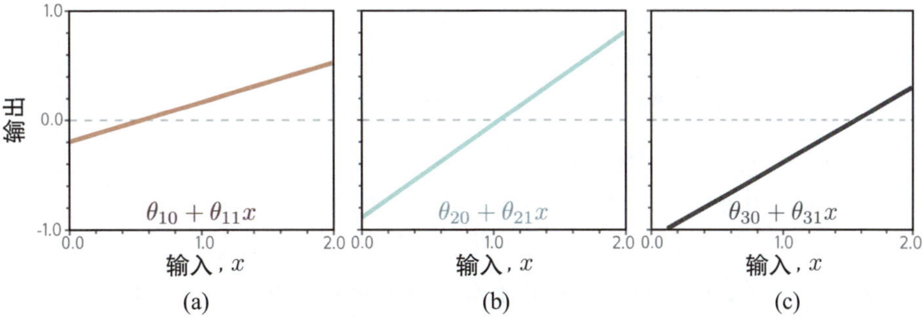

图3.14 在问题3.4网络的处理中有一个输入、三个隐藏单元与一个输出。(a)~(c)中，每个隐藏单元的输入是输入的线性函数。前两个与图3.3中的相同，但最后一个不同

问题 3.5　证明对于$a \in \mathbb{R}^+$，以下性质对于ReLU函数成立：

$$\mathrm{ReLU}[a \cdot z] = a \cdot \mathrm{ReLU}[z] \tag{3.14}$$

这称为 ReLU 函数的非负齐次性。

问题3.6　在问题3.5的基础上，对于在式(3.3)和式(3.4)中定义的浅层网络，如果将参数θ_{10}和θ_{11}乘以正常数α，并将斜率ϕ_1除以相同的参数α，那么该浅层网络会发生什么变化？如果α是负数会发生什么？

问题 3.7　考虑使用最小二乘损失函数来拟合式(3.1)中的模型。这个损失函数是否有唯一最小值？也就是说，是否存在一组“最佳”参数？

问题 3.8　考虑用以下激活函数替换 ReLU 激活函数：①海维赛德阶跃函数(heaviside[z])，②双曲正切函数 tanh[z]，③矩形函数 rect[z]，④正弦函数 sin[z]。其中：

$$\mathrm{heaviside}[z] = \begin{cases} 0 & z < 0 \\ 1 & z \geqslant 0 \end{cases} \qquad \mathrm{rect}[z] = \begin{cases} 0 & z < 0 \\ 1 & 0 \leqslant z \leqslant 1 \\ 0 & z > 1 \end{cases} \tag{3.15}$$

为这些函数重新绘制图3.3 的版本。原始参数是：

$\phi = \{\phi_0, \phi_1, \phi_2, \phi_3, \phi_{10}, \phi_{11}, \phi_{20}, \phi_{21}, \phi_{30}, \phi_{31}\} = \{-0.23, -1.3, 1.3, 0.66, -0.2, 0.4, -0.9, 0.9, 1.1, -0.7\}$。对每个激活函数，简要描述神经网络(具有一个输入、三个隐藏单元和一个输出)可以创建的函数系列。

问题 3.9*　证明图3.3 中的第三个线性区域的斜率是第一个和第四个线性区域斜率的和。

问题 3.10　考虑一个具有一个输入、一个输出和三个隐藏单元的神经网络。图3.3 中的构造展示了如何创建四个线性区域。在什么情况下，这个网络可以生成少于四个线性区域的函数？

问题 3.11*　图3.6 中的模型有多少个参数？

问题 3.12　图3.7 中的模型有多少个参数？

问题 3.13　图3.8 中的7个区域的激活模式是什么？换句话说，每个区域中哪些隐藏单元是活跃的(传递输入)，哪些是非活跃的(截断输入)？

问题 3.14　写出定义图3.11 中网络的算式。应该有三个算式通过输入计算出三个隐藏单元，另有两个算式通过隐藏单元计算输出。

问题 3.15*　图3.11 中的网络最多可以创建多少个三维线性区域？

问题 3.16　写出一个具有两个输入、四个隐藏单元和三个输出的网络的算式。以图3.11 的风格绘制这个模型。

问题 3.17*　式(3.11)和式(3.12)定义了一个通用的神经网络，其中 D_i 是输入维度，隐藏层包含D个隐藏单元，D_o 是输出维度。根据 D_i、D和 D_o 找出模型参数数量的表达式。

问题 3.18*　证明具有 $D_i=$ 二维输入，$D_o=$ 一维输出，D=3个隐藏单元的浅层网络创建的最大区域数是7个，如图3.8(j)所示。使用 Zaslavsky (1975) 的结果，即用D个超平面划分 D_i 维空间创建的最大区域数是 $\sum_{j=0}^{D_i}\binom{D}{j}$。如果在这个模型中增加两个隐藏单元，使得$D=5$，那么最大区域数是多少？

第4章

深度神经网络

上一章介绍了单隐藏层的浅层神经网络。本章将介绍具有多个隐藏层的深度神经网络。通过ReLU激活函数，浅层和深度网络都可将输入到输出的映射描述成分段线性映射。

随着隐藏单元数量的增加，浅层神经网络的描述能力会提高。实际上，只要拥有足够多的隐藏单元，浅层网络可以描述高维空间中的任意复杂函数。然而，对于某些函数，所需的隐藏单元数量过于庞大，这样的浅层网络是难以实现的。相比之下，深度网络在给定的参数数量下可以产生比浅层网络更多的线性区域。因此，从实际应用的角度看，它们可用来描述更广泛的函数族。

4.1 组合神经网络

为深入了解深度神经网络的行为，首先考虑将两个浅层网络组合起来，使第一个网络的输出成为第二个网络的输入。考虑两个具有三个隐藏单元的浅层网络(图4.1a)。第一个网络接收一个输入x并返回输出y，定义为：

$$
\begin{aligned}
h_1 &= a[\theta_{10} + \theta_{11}x] \\
h_2 &= a[\theta_{20} + \theta_{21}x] \\
h_3 &= a[\theta_{30} + \theta_{31}x]
\end{aligned}
\tag{4.1}
$$

与

$$
y = \phi_0 + \phi_1 h_1 + \phi_2 h_2 + \phi_3 h_3 \tag{4.2}
$$

第二个网络以y为输入，返回y'，定义为：

$$
\begin{aligned}
h'_1 &= a[\theta'_{10} + \theta'_{11}y] \\
h'_2 &= a[\theta'_{20} + \theta'_{21}y] \\
h'_3 &= a[\theta'_{30} + \theta'_{31}y]
\end{aligned}
\tag{4.3}
$$

与

$$y' = \phi_0' + \phi_1' h_1' + \phi_2' h_2' + \phi_3' h_3' \tag{4.4}$$

使用 ReLU 激活，该模型也描述了一系列分段线性函数。然而，该函数的线性区域的数量可能比具有六个隐藏单元的浅层网络更多。为理解这一点，可以假设选择第一个网络产生三个正负斜率交替的区域(图4.1(b))。这意味着x的三个不同范围映射到相同的输出范围$y \in [-1,1]$，并且随后将从该范围的y到y'的映射应用了三次。整体效果是第二个网络定义的函数被复制三次，创建了九个线性区域。相同的原理适用于更高维度的情况(图4.2)。

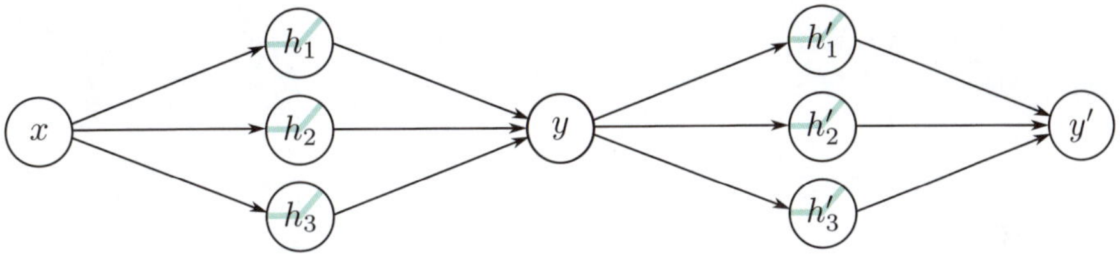

(a) 第一个网络的输出y构成第二个网络的输入

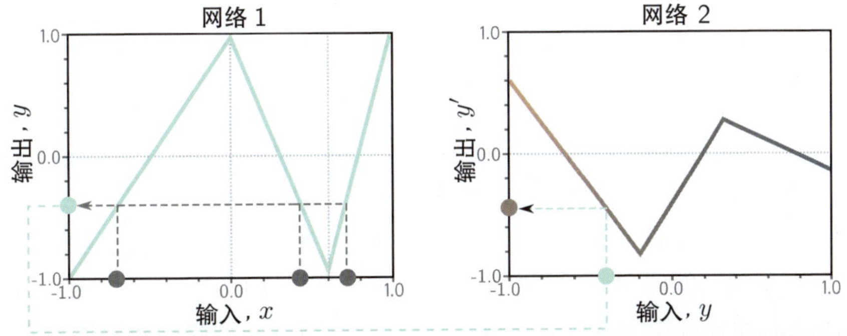

(b) 第一个网络使用包含三个线性区域的函数将输入$x \in [-1,1]$映射到输出$y \in [-1,1]$，这些区域的斜率符号交替变化。多个输入x(灰色圆圈)现在映射到相同的输出y(青色圆圈)

(c) 第二个网络定义一个包含三个线性区域的函数，接收y并返回y'(即青色圆圈映射到棕色圆圈)

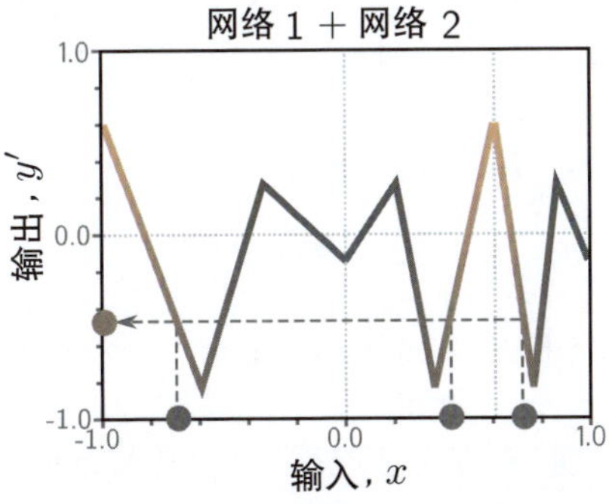

(d) 组合这两个函数时，第一个网络将三个不同的输入x映射到任何给定的y值，由第二个网络以相同方式处理；图(c)中定义的函数被复制了三次，根据图(b)中区域的斜率进行不同的翻转和缩放

图4.1　组合两个单层网络，每个单层网络有三个隐藏单元

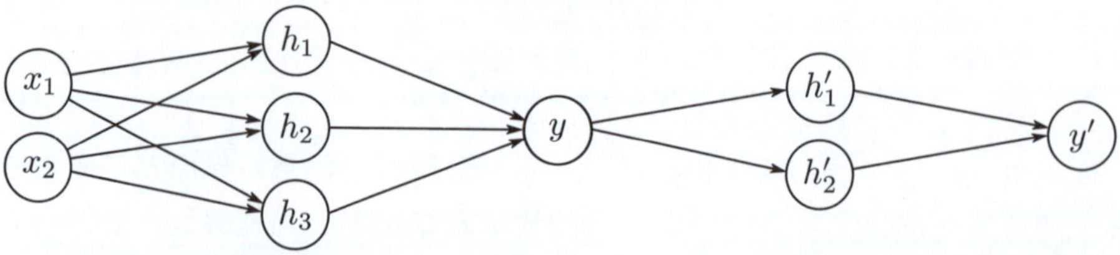

(a) 第一个网络(见图3.8)有三个隐藏单元，接收两个输入 x_1 和 x_2 并返回标量输出y。输出传递到一个有两个隐藏单元的第二个网络，生成y'

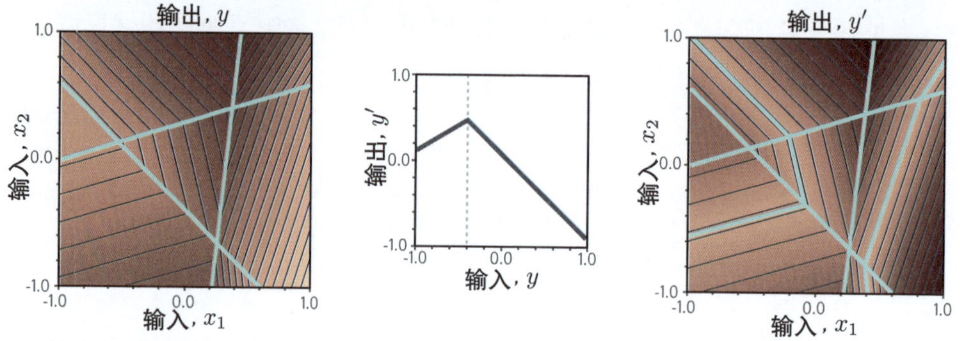

(b) 第一个网络生成一个由七个线性区域组成的函数，其中一个是平的

(c) 第二个网络定义一个在 $y\in[-1,1]$ 范围内包含两个线性区域的函数

(d) 当这些网络组合时，第一个网络的六个非平区域中的每一个被第二个网络划分为两个新区域，共创建13个线性区域

图4.2　具有二维输入的组合神经网络

思考网络组合的另一种方式是，第一个网络将输入空间x“折叠”回自身，使多个输入产生相同的输出。然后，第二个网络应用一个函数，该函数在所有彼此叠加的点上被重复应用(图4.3)。

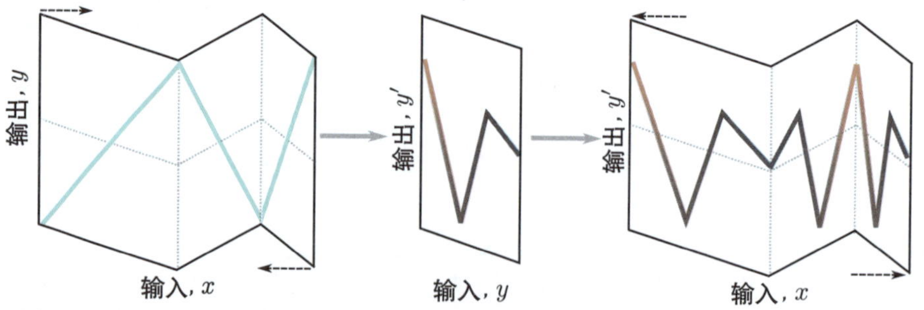

(a) 认知图4.1中第一个网络的一种方式是它将输入空间“折叠”回自身

(b) 第二个网络将其函数应用于折叠空间

(c) 最终输出通过再次“展开”显现

图4.3　深度网络作为折叠输入空间

4.2 从组合网络到深度网络

上一节展示了我们可通过将一个浅层神经网络的输出传递到第二个网络来创建复杂函数。现在，我们将证明这只是一个具有两个隐藏层的深度网络的特例。

第一个网络的输出 $(y=\phi_0+\phi_1h_1+\phi_2h_2+\phi_3h_3)$ 是线性的，第二个网络的第一个操作也是线性的(式(4.3)，其中计算 $\theta'_{10}+\theta'_{11}y$、$\theta'_{20}+\theta'_{21}y$ 和 $\theta'_{30}+\theta'_{31}y$)。将一个线性函数应用于另一个线性函数会生成另一个线性函数。

将 y 代入式(4.3)时，结果是：

$$
\begin{aligned}
h'_1&=a[\theta'_{10}+\theta'_{11}y]=a[\theta'_{10}+\theta'_{11}\phi_0+\theta'_{11}\phi_1h_1+\theta'_{11}\phi_2h_2+\theta'_{11}\phi_3h_3]\\
h'_2&=a[\theta'_{20}+\theta'_{21}y]=a[\theta'_{20}+\theta'_{21}\phi_0+\theta'_{21}\phi_1h_1+\theta'_{21}\phi_2h_2+\theta'_{21}\phi_3h_3]\\
h'_3&=a[\theta'_{30}+\theta'_{31}y]=a[\theta'_{30}+\theta'_{31}\phi_0+\theta'_{31}\phi_1h_1+\theta'_{31}\phi_2h_2+\theta'_{31}\phi_3h_3]
\end{aligned}
\tag{4.5}
$$

可将其重写为：

$$
\begin{aligned}
h'_1&=a[\psi_{10}+\psi_{11}h_1+\psi_{12}h_2+\psi_{13}h_3]\\
h'_2&=a[\psi_{20}+\psi_{21}h_1+\psi_{22}h_2+\psi_{23}h_3]\\
h'_3&=a[\psi_{30}+\psi_{31}h_1+\psi_{32}h_2+\psi_{33}h_3]
\end{aligned}
\tag{4.6}
$$

其中 $\psi_{10}=\theta'_{10}+\theta'_{11}\phi_0$，$\psi_{11}=\theta'_{11}\phi_1$，$\psi_{12}=\theta'_{11}\phi_2$，以此类推。结果是一个具有两个隐藏层(图4.4)的网络。

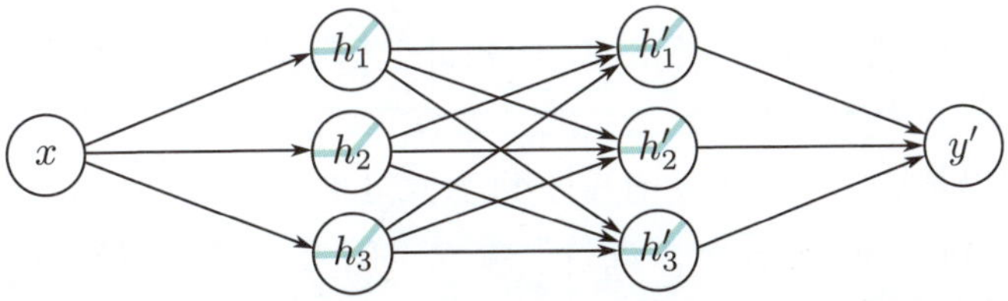

图4.4　具有一个输入、一个输出和两个隐藏层的神经网络，每个隐藏层包含三个隐藏单元

由此可以得出，一个两层的网络可以表示通过将一个单层网络的输出传递到另一个网络创建的函数系列。事实上，它还代表了一个更广泛的函数系列，因为在式(4.6)中，9个斜率参数 $\psi_{11},\psi_{21},\ldots,\psi_{33}$ 可以取任意值，而在式(4.5)中，这些参数被限制为 $[\theta'_{11},\theta'_{21},\theta'_{31}]^{\mathrm{T}}[\phi_1,\phi_2,\phi_3]$ 的外积。

4.3 深度神经网络

上一节中，我们展示了组合两个浅层网络可以得到一个具有两个隐藏层的深度网络的特例。现在，我们考虑一般情况，即具有两个隐藏层(每个隐藏层包含三个隐藏单元)的深度网络(图4.4)。第一层的定义如下：

$$
\begin{aligned}
h_1 &= a[\theta_{10} + \theta_{11}x] \\
h_2 &= a[\theta_{20} + \theta_{21}x] \\
h_3 &= a[\theta_{30} + \theta_{31}x]
\end{aligned} \tag{4.7}
$$

第二层的定义如下：

$$
\begin{aligned}
h_1' &= a[\psi_{10} + \psi_{11}h_1 + \psi_{12}h_2 + \psi_{13}h_3] \\
h_2' &= a[\psi_{20} + \psi_{21}h_1 + \psi_{22}h_2 + \psi_{23}h_3] \\
h_3' &= a[\psi_{30} + \psi_{31}h_1 + \psi_{32}h_2 + \psi_{33}h_3]
\end{aligned} \tag{4.8}
$$

输出层的定义如下：

$$
y' = \phi_0' + \phi_1'h_1' + \phi_2'h_2' + \phi_3'h_3' \tag{4.9}
$$

仔细考虑这些式子，可用另一种方式思考如何为网络构建越来越复杂的函数(图4.5)：

- 第一层的三个隐藏单元 h_1、h_2 和 h_3 通常将输入先后通过线性函数和 ReLU 激活函数计算而来(式(4.7))。
- 第二层的预激活通过对这些隐藏单元使用三个新的线性函数来计算(激活函数参数在式(4.8)中)。此时，我们实际上有一个具有三个输出的浅层网络；我们已经计算了三个分段线性函数，这些函数的线性区域之间的“关节”在同一个位置(见图4.5)。
- 在第二个隐藏层，另一个ReLU函数$a[\bullet]$应用于每个函数(式(4.8))，对它们进行裁剪并为每个函数添加新的“关节”。
- 最终输出是这些隐藏单元的线性组合(式(4.9))。

总之，可将每一层都看作“折叠”输入空间，也可看作创建新的函数，这些函数被裁剪(创建新的区域)，然后重新组合。前一种观点强调输出函数中的依赖关系，但没有强调裁剪如何创建新的关节，而后一种观点则相反。最终，这两种描述都只能部分解释深度神经网络如何运作。不管怎样，重要的是不要忘记，这仍然只是一个将输入x与输出y'关联起来的式子。事实上，我们可将式(4.7)~式(4.9)组合成一个表达式：

$$
\begin{aligned}
y' = \phi_0' &+ \phi_1'a[\psi_{10} + \psi_{11}a[\theta_{10} + \theta_{11}x] + \psi_{12}a[\theta_{20} + \theta_{21}x] + \psi_{13}a[\theta_{30} + \theta_{31}x]] \\
&+ \phi_2'a[\psi_{20} + \psi_{21}a[\theta_{10} + \theta_{11}x] + \psi_{22}a[\theta_{20} + \theta_{21}x] + \psi_{23}a[\theta_{30} + \theta_{31}x]] \\
&+ \phi_3'a[\psi_{30} + \psi_{31}a[\theta_{10} + \theta_{11}x] + \psi_{32}a[\theta_{20} + \theta_{21}x] + \psi_{33}a[\theta_{30} + \theta_{31}x]]
\end{aligned} \tag{4.10}
$$

虽然这相当难以理解。

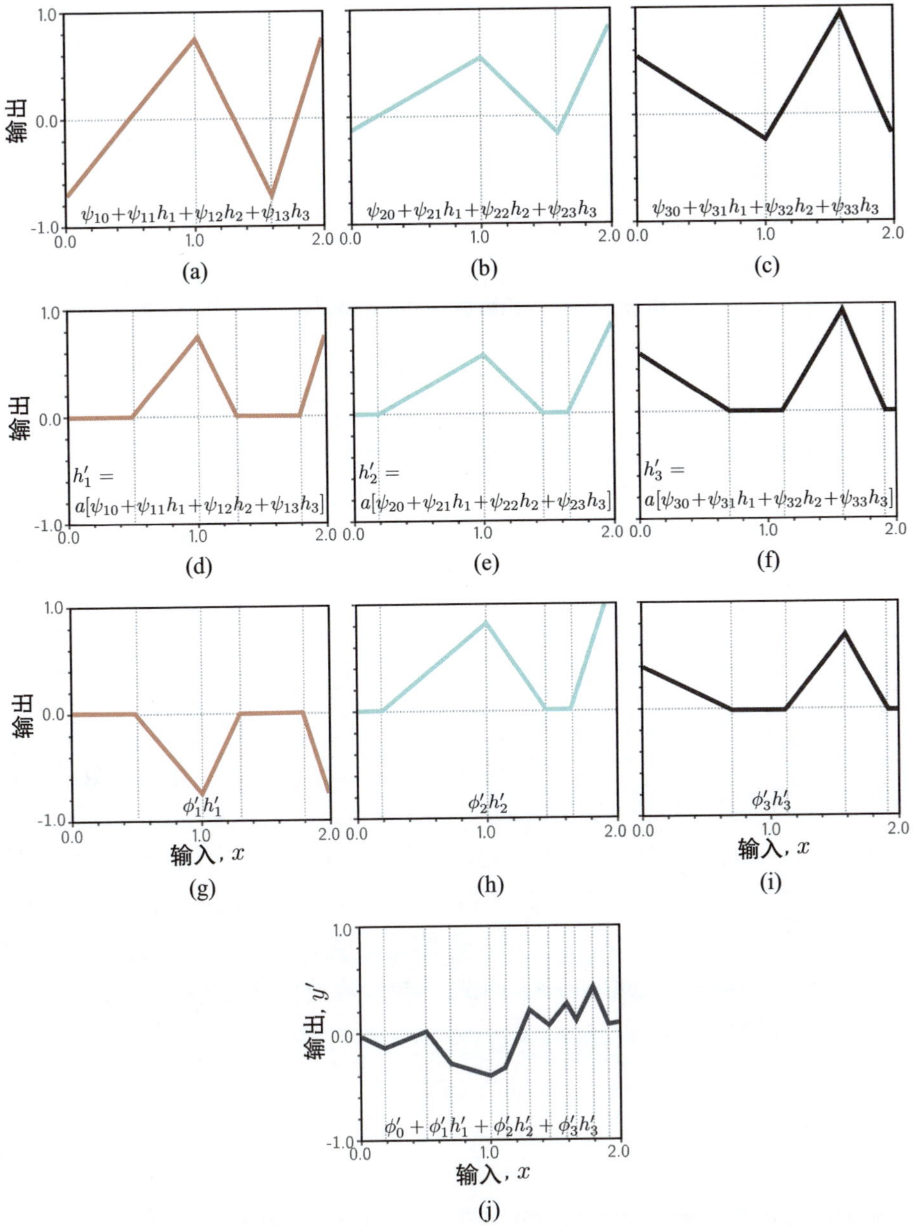

图4.5　图4.4中的深度网络计算过程。(a)~(c)中，第二个隐藏层的输入(即预激活)是三个分段线性函数，其中线性区域之间的“关节”在相同位置(见图3.6)。(d)~(f)中，每个分段线性函数通过ReLU激活函数把负数剪裁为零。(g)~(i)中，这些剪裁后的函数分别被参数 ϕ_1'、ϕ_2' 和 ϕ_3' 加权。(j)中，对所有剪裁后的加权函数求和，并加上控制整体高度的偏移量 ϕ_0'

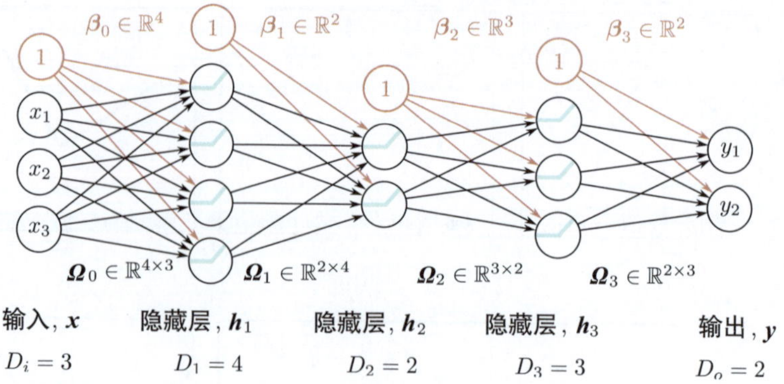

图4.6 网络的矩阵表示法，输入$\boldsymbol{x}$的维度为 $D_i = 3$，输出$\boldsymbol{y}$的维度为 $D_o = 2$，具有 $K = 3$ 个隐藏层 $\boldsymbol{h}_1, \boldsymbol{h}_2, \boldsymbol{h}_3$，维度分别为 $D_1 = 4,\ D_2 = 2,\ D_3 = 3$。权重存储在矩阵 $\boldsymbol{\Omega}_k$ 中，这些矩阵对前一层的激活进行预乘，以创建下一层的预激活值。例如，权重矩阵 $\boldsymbol{\Omega}_1$ 从 $\boldsymbol{h}_1$ 的激活值计算 $\boldsymbol{h}_2$ 的预激活值，维度为2×4。它应用于第一层的四个隐藏单元，并创建第二层的两个隐藏单元的输入。偏置存储在向量 $\boldsymbol{\beta}_k$ 中，其维度与它们所输入的层相同。例如，偏置向量 $\boldsymbol{\beta}_2$ 长度为3，因为层 $\boldsymbol{h}_3$ 包含3个隐藏单元

超参数

可将深度网络结构扩展到超过两个隐藏层；现代网络可能超过一百层，每层有数千个隐藏单元。每层隐藏单元的数量称为网络的宽度，隐藏层的数量称为深度。隐藏单元的总数量是网络容量的一个衡量标准。

用K表示层数，每层的隐藏单元数表示为 $D_1, D_2, \cdots, D_K$。这些都是超参数的例子。它们是在学习模型参数(即斜率和截距)之前选择的数量。对于固定的超参数(例如，K=2层，每层有 $D_k = 3$ 个隐藏单元)，模型描述了一个函数系列，而参数确定了特定的函数。因此，当我们也考虑超参数时，可认为神经网络表示一个输入到输出的函数系列。

4.4 矩阵表示法

我们已经看到，深度神经网络由线性变换和激活函数交替组成。可用矩阵符号等效地描述式(4.7)~式(4.9)：

$$\begin{bmatrix} \boldsymbol{h}_1 \\ \boldsymbol{h}_2 \\ \boldsymbol{h}_3 \end{bmatrix} = a\left[\begin{bmatrix} \theta_{10} \\ \theta_{20} \\ \theta_{30} \end{bmatrix} + \begin{bmatrix} \theta_{11} \\ \theta_{21} \\ \theta_{31} \end{bmatrix} x\right] \tag{4.11}$$

$$\begin{bmatrix} h'_1 \\ h'_2 \\ h'_3 \end{bmatrix} = a\left[\begin{bmatrix} \psi_{10} \\ \psi_{20} \\ \psi_{30} \end{bmatrix} + \begin{bmatrix} \psi_{11} & \psi_{12} & \psi_{13} \\ \psi_{21} & \psi_{22} & \psi_{23} \\ \psi_{31} & \psi_{32} & \psi_{23} \end{bmatrix}\begin{bmatrix} h_1 \\ h_2 \\ h_3 \end{bmatrix}\right] \tag{4.12}$$

与

$$y' = \phi'_0 + [\phi'_1\ \phi'_2\ \phi'_3]\begin{bmatrix} h'_1 \\ h'_2 \\ h'_3 \end{bmatrix} \tag{4.13}$$

或更紧凑地用矩阵符号表示为：

$$\begin{aligned} \boldsymbol{h}' &= \boldsymbol{a}[\boldsymbol{\theta}_0 + \boldsymbol{\theta}\boldsymbol{x}] \\ \boldsymbol{h}' &= \boldsymbol{a}[\boldsymbol{\psi}_0 + \boldsymbol{\Psi}\boldsymbol{h}] \\ \boldsymbol{y}' &= \boldsymbol{\phi}'_0 + \boldsymbol{\phi}'\boldsymbol{h}' \end{aligned} \tag{4.14}$$

上式中，在每种情况下，函数 $\boldsymbol{a}[\bullet]$ 都将激活函数分别应用于其向量输入的每个元素。

通用式子

对于具有多层的网络，这种表示方法变得很烦琐。因此，从现在开始，我们用 $\boldsymbol{h}_k$ 表示第k层的隐藏单元向量，用 $\boldsymbol{\beta}_k$ 表示贡献给第k+1层的偏差(截距)向量，$\boldsymbol{\Omega}_k$ 表示应用于第 k 层并贡献给第 $k+1$ 层的权重 (斜率) 。一个具有K层的通用深度网络 $\boldsymbol{y} = \boldsymbol{f}[\boldsymbol{x}, \boldsymbol{\phi}]$ 现在可以写成：

$$\begin{aligned} \boldsymbol{h}_1 &= \boldsymbol{a}[\boldsymbol{\beta}_0 + \boldsymbol{\Omega}_0\boldsymbol{x}] \\ \boldsymbol{h}_2 &= \boldsymbol{a}[\boldsymbol{\beta}_1 + \boldsymbol{\Omega}_1\boldsymbol{h}_1] \\ \boldsymbol{h}_3 &= \boldsymbol{a}[\boldsymbol{\beta}_2 + \boldsymbol{\Omega}_2\boldsymbol{h}_2] \\ &\ \vdots \\ \boldsymbol{h}_K &= \boldsymbol{a}[\boldsymbol{\beta}_{K-1} + \boldsymbol{\Omega}_{K-1}\boldsymbol{h}_{K-1}] \\ \boldsymbol{y} &= \boldsymbol{\beta}_K + \boldsymbol{\Omega}_K + \boldsymbol{h}_K \end{aligned} \tag{4.15}$$

该模型的参数 $\boldsymbol{\phi}$ 包括所有的权重矩阵和偏置向量，$\boldsymbol{\phi} = \{\boldsymbol{\beta}_k, \boldsymbol{\Omega}_k\}_{k=0}^{K}$。

如果第 k 层有 D_k 个隐藏单元，那么偏差向量 $\boldsymbol{\beta}_{k-1}$ 将是大小为 D_k 的向量。最后一个偏差向量 $\boldsymbol{\beta}_K$ 的输出的尺寸是 D_o。第一个权重矩阵 $\boldsymbol{\Omega}_0$ 的尺寸为 $D_1 \times D_i$，其中 D_i 是输入的尺寸。最后一个权重矩阵 $\boldsymbol{\Omega}_K$ 是 $D_o \times D_K$，其余矩阵 $\boldsymbol{\Omega}_k$ 是 $D_{k+1} \times D_k$ (图4.6)。

可等效地将网络写成单个函数：

$$\boldsymbol{y} = \boldsymbol{\beta}_K + \boldsymbol{\Omega}_K\boldsymbol{a}[\boldsymbol{\beta}_{K-1} + \boldsymbol{\Omega}_{K-1}\boldsymbol{a}[\ldots\boldsymbol{\beta}_2 + \boldsymbol{\Omega}_2\boldsymbol{a}[\boldsymbol{\beta}_1 + \boldsymbol{\Omega}_1\boldsymbol{a}[\boldsymbol{\beta}_0 + \boldsymbol{\Omega}_0\boldsymbol{x}]]\ldots]] \tag{4.16}$$

4.5 浅层与深度神经网络

第3章讨论了浅层网络(单隐藏层)，本章已经描述了深度网络(多隐藏层)。现在我们比较一下这些模型。

4.5.1 逼近不同函数的能力

在第3.2节中，我们论证了具有足够容量(隐藏单元)的浅层神经网络可以任意逼近任何连续函数。在本章中，我们看到具有两个隐藏层的深度网络可以表示两个浅层网络的组合。如果第二个网络计算的是恒等函数，那么这个深度网络相当于复制了单个浅层网络。因此，它也能在给定足够容量的情况下逼近任何连续函数。

4.5.2 每参数线性区域数量

使用 $3D+1$ 个参数，可为一个具有一个输入、一个输出和 D 个(>2)隐藏单元的浅层网络创建最多 $D+1$ 个线性区域。一个具有一个输入、一个输出和K层隐藏单元($D>2$)的深层网络，可使用 $3D+1+(K-1)D(D+1)$ 个参数创建一个最多有 $(D+1)^K$ 个线性区域的函数。

图4.7(a)显示了对于将标量输入x映射到标量输出y的网络，线性区域的最大数量随着参数数量的增加而增加。对于固定的参数预算，深度神经网络可创建复杂得多的函数。随着输入维度 D_i 的增加，这种效果被放大(图4.7(b))，尽管计算最大区域的数量变得不那么直接了。

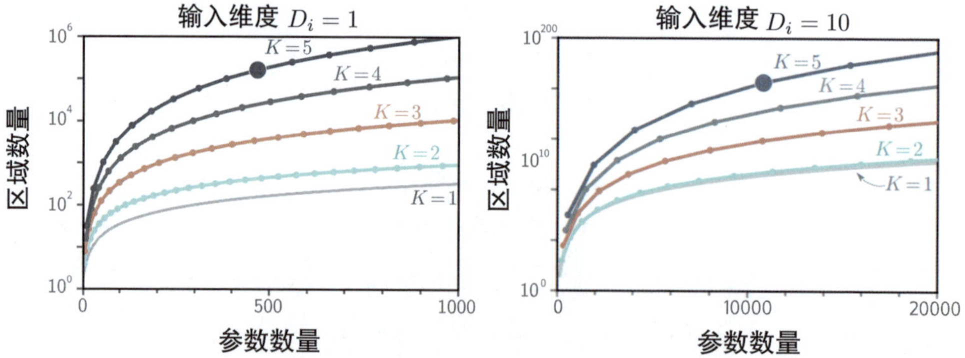

(a) 输入 $D_i=1$ 的网络。每条曲线表示固定的隐藏层数K，随着我们改变每层的隐藏单元数D，对于固定的参数预算(水平位置)，深层网络比浅层网络产生更多的线性区域。具有 $K=5$ 层和每层 $D=10$ 个隐藏单元的网络有471个参数(突出显示的点)，可产生161 051个区域

(b) 输入 $D_i=10$ 的网络。沿着曲线的每个后续点表示10个隐藏单元。这里，具有 $K=5$ 层和每层 $D=50$ 个隐藏单元的模型有10 801个参数(突出显示的点)，可创建超过10^{40}个线性区域

图4.7 神经网络的最大线性区域数随着网络深度加深而迅速增加

这看起来很有吸引力，但函数的灵活性仍然受参数数量的限制。深层网络可创建极大量的线性区域，但这些区域包含复杂的依赖关系和对称性。将深层网络视为“折叠”输入空间时(图4.3)，我们看到了其中的一些区域。因此，除非我们希望逼近的现实世界函数中存在类似的对称性，或者有理由相信从输入到输出的映射确实涉及较简单函数的组合，否则更多的区域不一定是优势。

4.5.3　深度效率

深层和浅层网络都可以模拟任意函数，但某些函数可用深层网络更高效地逼近。研究发现，对于某些函数，浅层网络需要指数级的隐藏单元才能达到与深层网络等效的函数。这种现象被称为神经网络的深度效率。这一特性也很有吸引力，但尚不清楚我们希望逼近的现实世界中的函数是否属于这一类。

4.5.4　大型结构化输入

我们已经讨论了全连接网络，即每一层的每个元素都对下一层的每个元素产生影响。然而，对于像图像这样的大型结构化输入来说，这种网络并不实用，因为输入可能包含约10^6个像素。参数的数量将是现实系统难以承受的，而且我们希望图像的不同部分能以类似的方式处理；没必要在图像中的每个可能位置独立地学习识别相同物体。

解决方案是并行处理局部图像区域，然后逐渐整合来自越来越大区域的信息。这种从局部到全局的处理方式在没有使用多层的情况下很难实现(可参阅第10章)。

4.5.5　训练和泛化

深层网络相对于浅层网络的另一个可能优势是它们更容易拟合；训练中等深度的网络通常比训练浅层网络更容易(见图20.2)。可能是因为过参数化的深层模型有一类大致等效的解，这些解很容易找到。然而，随着增加更多的隐藏层，训练再次变得困难，尽管已经开发了许多方法来缓解这个问题(可参阅第11章)。

深度神经网络似乎也比浅层网络更能泛化到新数据上。在实际中，对于大多数任务，最好的结果都是使用数十或数百层的网络实现的。这些现象都没有被很好地理解，我们将在第20章中再次讨论这个话题。

4.6 本章小结

在本章中，首先探讨了组合两个浅层网络时会发生什么。论述了第一个网络“折叠”输入空间，第二个网络随后应用分段线性函数。第二个网络的效果在输入空间自我折叠的地方被复制。

然后，又展示了这种浅层网络的组合是一个具有两层的深层网络的特例。将每层中的ReLU函数解释为在多个地方裁剪输入函数并在输出函数中创建更多“连接点”。引入了超参数的概念，对于迄今所见的网络，超参数包括隐藏层的数量和每层的隐藏单元数量。

最后，我们比较了浅层和深层网络。我们看到：①给定足够的容量，两种网络都可以逼近任何函数；②深层网络每个参数产生的线性区域更多；③某些函数可以通过深层网络更高效地逼近；④大型结构化输入(如图像)最好分成多个阶段处理；⑤在实际中，对于大多数任务，最好的结果是通过多层的深度网络实现的。

现在我们理解了深层和浅层网络模型，接下来将注意力转向训练它们。在下一章中，将讨论损失函数。对于任何给定的参数值 ϕ，损失函数返回单个数值，该数值指示模型输出与训练数据集的真实预测之间的不匹配程度。在第6章和第7章中，将处理训练过程本身，在其中寻求使这个损失最小化的参数值。

4.7 注释

深度学习：早已明确，组合浅层神经网络或开发具有多个隐藏层的网络可以构建更复杂的函数。实际上，术语“深度学习”最早由Dechter(1986)提出。然而，由于当时实际情况的限制，无法很好地训练这样的网络。深度学习的现代时代是由Krizhevsky等人(2012)在图像分类方面取得的惊人进展所引发的。这一突飞猛进的进展可以说是四个因素的综合结果：更大的训练数据集、改进的训练处理能力、ReLU激活函数的使用和随机梯度下降法的使用(见第6章)。LeCun等人(2015)对深度学习早期的进展进行了概述。

线性区域数量：对于使用共有D个隐藏单元的ReLU激活的深层网络，其区域数量的上限为2^D(Montúfar等，2014)。假如有D_i维输入和K层，每层包含$D \geqslant D_i$个隐藏单元的深层ReLU网络具有$\mathcal{O}\left((D/D_i)^{(K-1)D_i} D^{D_i}\right)$个线性区域。考虑到每层有不同数量的隐藏单元，Montúfar(2017)、Arora等人(2016)和Serra等人(2018)都提供了更严格的上限。Serra等人(2018)提供了一种算法，可以计算神经网络中的线性区域数量，但仅适用于非常小的网络。

如果每层的隐藏单元数D相同，并且D是输入维度D_i的整数倍，则最大线性

区域数 N_r 可精确地计算为：

$$N_r = \left(\frac{D}{D_i}+1\right)^{D_i(K-1)} \cdot \sum_{j=0}^{D_i}\binom{D}{j} \tag{4.17}$$

这个表达式中的第一项对应于网络的前K-1层，可以认为是重复折叠输入空间。然而，我们现在需要为每个输入维度分配 D/D_i 个隐藏单元来创建这些折叠。该式中的最后一项(二项式系数的和)是浅层网络可以创建的区域数量，是由最后一层产生的。更多信息请参见Montufar等人(2014)、Pascanu等人(2013)和Montúfar(2017)的成果。

通用逼近定理：在第4.5.1节中讨论过，如果深层网络的各层有足够的隐藏单元，则通用逼近定理的宽度版本适用：网络可在 $\mathbb{R}^{D_i}$ 的严格子集上任意精确地逼近任何连续函数。Lu等人(2017)证明了一个具有ReLU激活函数并且每层至少有 D_i+4 个隐藏单元的网络，只要有足够的层，可任意精确地逼近任何 D_i 维的勒贝格(Lebesgue)可积函数。这称为通用逼近定理的深度版本。

深度效率：一些研究结果表明，深层网络可以实现的某些函数无法通过任何容量受指数上限限制的浅层网络实现。换句话说，要准确描述这些函数，浅层网络需要多于指数级的单元。这称为神经网络的深度效率。Telgarsky(2016)证明，对于任何整数k，可构建具有一个输入、一个输出和 $\mathcal{O}[k^3]$ 层恒定宽度的网络，而无法用 $\mathcal{O}[k]$ 层和小于 2^k 的宽度实现。同样令人惊讶的是，Eldan和Shamir(2016)证明，当存在多变量输入时，输入维度为次指数级的两层网络无法实现三层网络。Cohen等人(2016)、Safran和Shamir(2017)、Poggio等人(2017)也展示了深层网络可以有效逼近一些函数，但浅层网络不能。Liang和Srikant(2016)表明，对于包括单变量函数在内的一大类函数，浅层网络需要比深层网络多得多的隐藏单元来实现给定的逼近误差上限。

宽度效率：Lu等人(2017)研究了是否存在无法由深度不足的窄网络实现的宽浅网络(即具有大量隐藏单元的浅层网络)。他们证明，确实存在一些宽浅层类网络只能由具有多项式深度的窄网络表达，被称为神经网络的宽度效率。宽度上的这种多项式下限比深度上的指数下限的限制要少，表明深度更重要。Vardi等人(2022)随后表明，对于具有ReLU激活的网络，缩小宽度的代价只是网络深度的线性增加。

4.8 问题

问题 4.1*　考虑将图4.8 中的两个神经网络组合起来。绘制输入x和输出 y' 之间的关系图，其中 $x \in [-1,1]$ 。

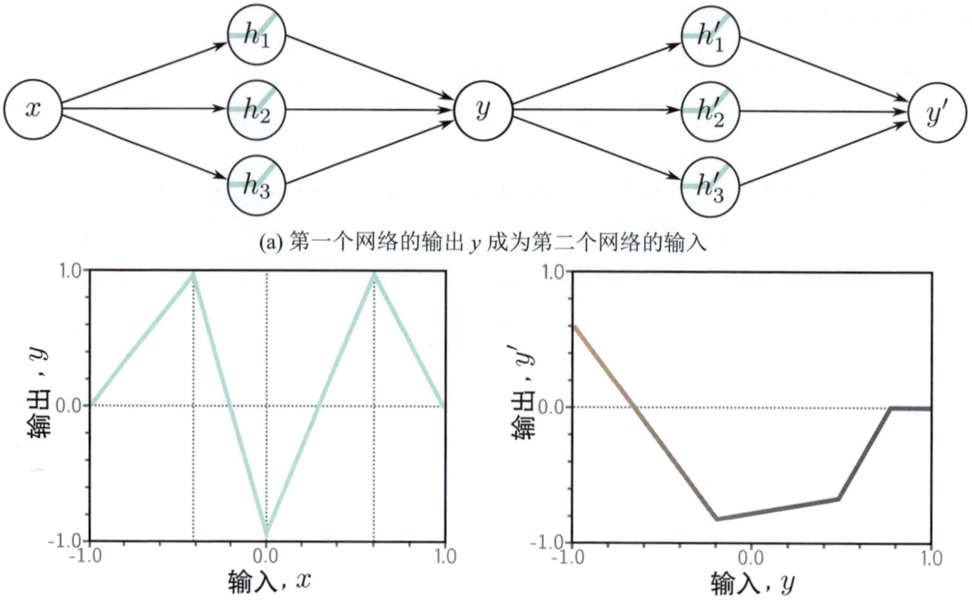

(a) 第一个网络的输出 y 成为第二个网络的输入

(b) 第一个网络计算此函数，输出值 $y \in [-1,1]$

(c) 第二个网络在输入范围 $y \in [-1,1]$ 上计算此函数

图4.8　问题 4.1的两个网络的组合

问题4.2　识别图4.6中的4个超参数。

问题4.3　利用 ReLU 函数的非负齐次性 (见问题 3.5)，证明：

$$\mathrm{ReLU}\left[\boldsymbol{\beta}_1 + \lambda_1 \cdot \boldsymbol{\Omega}_1 \mathrm{ReLU}[\boldsymbol{\beta}_0 + \lambda_0 \cdot \boldsymbol{\Omega}_0 \boldsymbol{x}]\right] = \lambda_0 \lambda_1 \cdot \mathrm{ReLU}\left[\frac{1}{\lambda_0 \lambda_1}\boldsymbol{\beta}_1 + \boldsymbol{\Omega}_1 \mathrm{ReLU}\left[\frac{1}{\lambda_0}\boldsymbol{\beta}_0 + \boldsymbol{\Omega}_0 \boldsymbol{x}\right]\right] \tag{4.18}$$

其中，λ_0 和 λ_1 是非负标量。从这一点可以看出，只要偏置项也做相应调整，权重矩阵可以按任意幅度重新缩放，缩放因子也可以在网络的末端重新应用。

问题4.4　写出一个深度神经网络的函数式，该网络有 $D_i = 5$ 个输入，$D_o = 4$ 个输出，并且有三个隐藏层，分别包含 $D_1 = 20$、$D_2 = 10$ 和 $D_3 = 7$ 个隐藏单元，分别用式(4.15)和式(4.16)的形式表示。每个权重矩阵 $\boldsymbol{\Omega}_\bullet$ 和偏置向量 $\boldsymbol{\beta}_\bullet$ 的大小是多少？

问题4.5　考虑一个深度神经网络，有 $D_i = 5$ 个输入，$D_o = 1$ 个输出，并有 $K = 20$ 个隐藏层，每层包含 $D = 30$ 个隐藏单元。这个网络的深度是多少？宽度是多少？

问题4.6　考虑一个网络，有 $D_i = 1$ 个输入，$D_o = 1$ 个输出，$K = 10$ 层，每层有 $D = 10$ 个隐藏单元。如果将深度增加一层或宽度增加一个，哪种网络的权重的数量会增加得更多？说出你的理由。

问题4.7　为式(3.1)中的浅层神经网络选择参数 $\phi=\{\phi_0,\phi_1,\phi_2,\phi_3,\theta_{10},\theta_{11},\theta_{20},\theta_{21},\theta_{30},\theta_{31}\}$ 的值，使其在有限范围 $x\in[a,b]$ 上的定义是一个恒等函数。

问题4.8*　图4.9 显示了浅层网络(另见图3.3)的三个隐藏单元中的激活。隐藏单元的斜率分别为1.0、1.0和-1.0，隐藏单元中的“关节”分别位于1/6、2/6 和4/6处。找到 ϕ_0、ϕ_1、ϕ_2 和 ϕ_3 的值，将隐藏单元激活组合成 $\phi_0+\phi_1 h_1+\phi_2 h_2+\phi_3 h_3$ 来创建一个具有四个线性区域的函数，该函数的输出值在0和1之间振荡。最左区间的斜率应该是正的，下一个是负的，以此类推。如果将这个网络与它自己组合，将创建多少个线性区域？如果将它与它自己组合K次，将创建多少个线性区域？

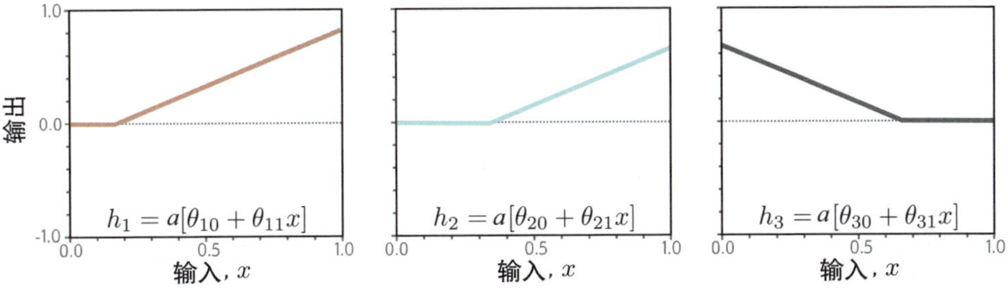

(a) 第一个隐藏单元在位置 $x=1/6$ 处有一个连接点，在激活区域的斜率为1

(b) 第二个隐藏单元在位置 $x=2/6$ 处有一个连接点，在激活区域的斜率为1

(c) 第三个隐藏单元在位置 $x=4/6$ 处有一个连接点，在激活区域的斜率为-1

图4.9　问题 4.8 的隐藏单元激活

问题4.9*　延续问题4.8，能否使用具有两个隐藏单元的浅层网络创建一个具有三个线性区域的函数(该函数的输出值在0和1之间来回振荡)？是否可以使用具有四个隐藏单元的浅层网络创建一个具有五个线性区域且振荡方式相同的函数？

问题 4.10　考虑一个具有单个输入、单个输出和K个隐藏层的深度神经网络，每个隐藏层包含D个隐藏单元。证明这个网络将共有 $3D+1+(K-1)D(D+1)$ 个参数。

问题4.11*　考虑两个将标量输入x映射到标量输出y的神经网络。第一个网络是浅层网络，有 $D=95$ 个隐藏单元。第二个是深度网络，$K=10$ 层，每层包含 $D=5$ 个隐藏单元。每个网络有多少个参数？每个网络可以创建多少个线性区域(见式(4.17))？哪个的运行速度更快？

第5章 损失函数

第2~4章分别介绍了线性回归、浅层神经网络和深度神经网络。它们分别代表一系列将输入映射为输出的映射函数，各系列内部的不同映射函数具有不同的模型参数 ϕ。当模型训练时，我们会根据具体任务寻找能构建最合适映射函数的模型参数。本章将定义什么是“最合适”的映射函数。

针对包含输入输出对的训练数据集 $\{x_i, y_i\}$，用于描述模型预测结果 $f[x_i, \phi]$ 和对应的真值标签 y_i 之间差异的单一返回值函数被称为损失函数(loss function)或代价函数 $L[\phi]$。在训练过程中，模型通过最小化损失函数的方式学习最佳的模型权重 ϕ，从而尽可能使模型预测结果接近于真值标签。第2章提到的最小二乘损失(least squares loss)适用于标签为实数 ($y \in \mathbb{R}$) 的单变量回归(univariate regression)问题。损失函数的值为模型预测结果 $f[x_i, \phi]$ 和真值标签 y_i 的平方差的和。

本章提出一个构建损失函数的框架，它证明了基于最小二乘准则(least squares criterion)的方法能够解决实数标签下的问题，该框架还适用于其他类型的问题。本章介绍了二分类(预测标签 $y \in \{0,1\}$，仅包含两种类别)、多分类(预测标签 $y \in \{1,2,\ldots,K\}$，包含K个类别)及更多复杂问题。接下来两章将分别介绍模型训练过程，并探究如何找到能够最小化损失函数的模型参数。

5.1 最大似然

本节将介绍构造损失函数的方法。首先定义一个能将输入 x 映射为输出的模型 $f[x, \phi]$，其中 ϕ 为模型参数。在之前的介绍中，默认模型能够直接输出结果 y。现在换一种思路，认为模型的输出为：给定输入 x 时，可能的输出结果 y 上的条件概率分布 $Pr(y|x)$。在模型训练时，损失函数鼓励模型针对给定输入 x_i 和真值标

签 y_i，在 $Pr(y_i \mid x_i)$ 处输出较高的概率(见图5.1)。

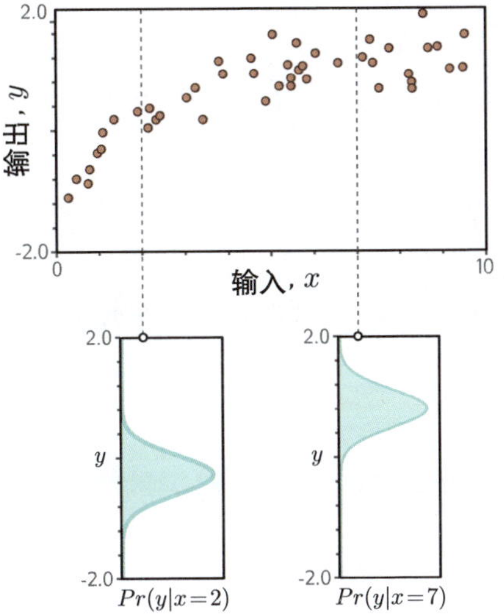

(a) 回归任务的目标是基于训练数据 $\{x_i, y_i\}$ (橙色点)将输入x预测为实数输出y。机器学习模型针对每个输入x预测一个输出域($y \in \mathbb{R}$)上的分布 $Pr(y \mid x)$ (青色曲线分别为 $x = 2.0$ 和 $x = 7.0$ 时的分布)。损失函数旨在输入 x_i 对应的输出分布中，最大化训练标签 y_i 的概率

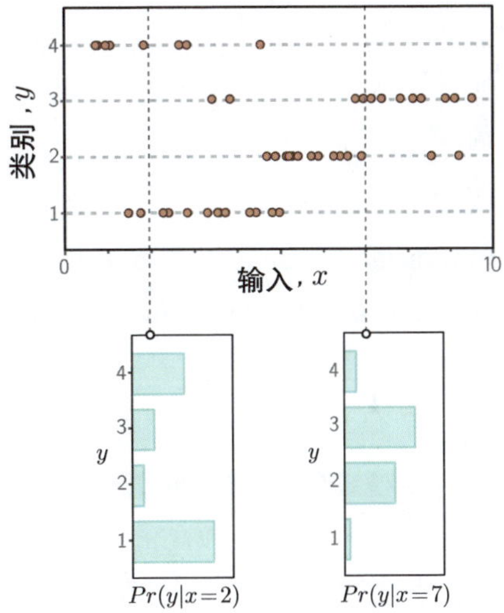

(b) 分类任务的目标是预测离散类别 $y \in \{1,2,3,4\}$ 。因为使用了离散概率分布表示输出，模型能为每个输入 x_i 预测四个类别 y_i 下的直方图

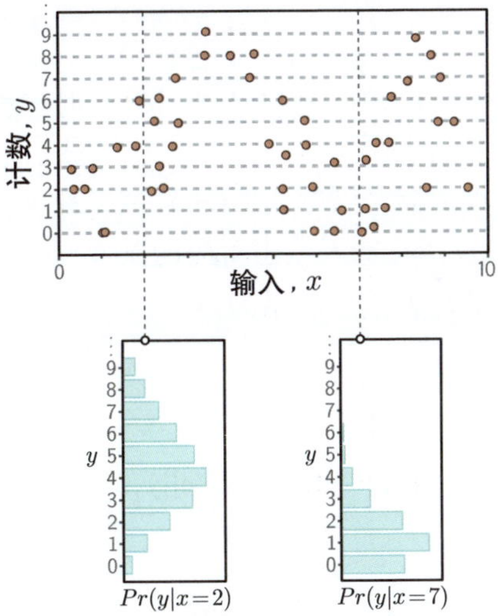

(c) 对于预测数量 $y \in \{0,1,2,\ldots\}$

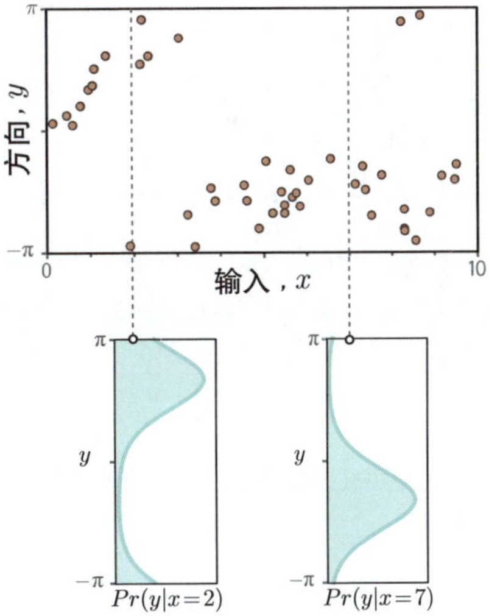

(d) 方向 $y \in (-\pi, \pi]$ 的问题，分别使用定义在正整数域和圆形域的分布

图5.1　预测输出分布

5.1.1 计算输出分布

显然，如何使模型$f[x,\phi]$适应输出为概率分布的情况是一个重要问题。解决方法非常简单，首先需要选择一个定义在输出域y上的参数分布$Pr(y|\theta)$。然后使用模型计算该分布中的一组或多组分布参数θ。

例如，假设预测域是一个实数集合$y\in\mathbb{R}$，可在实数域定义一个单变量正态分布(univariate normal distribution)。这一分布由均值μ和方差σ^2确定，描述为$\theta=\{\mu,\sigma^2\}$。机器学习模型可能会预测均值μ，方差σ^2可视为一个未知的常数。

5.1.2 最大似然准则

针对模型训练数据x_i计算出的分布参数$\theta_i=f[x_i,\phi]$，在对应的真值标签y_i下，分布$Pr(y_i|\theta_i)$具有较高的概率。因此，我们的训练目标是获得所有训练样本下能够使组合概率最大化的模型参数ϕ。

$$
\begin{aligned}
\hat{\phi} &= \underset{\phi}{\operatorname{argmax}}\left[\prod_{i=1}^{I} Pr(y_i|x_i)\right] \\
&= \underset{\phi}{\operatorname{argmax}}\left[\prod_{i=1}^{I} Pr(y_i|\theta_i)\right] \\
&= \underset{\phi}{\operatorname{argmax}}\left[\prod_{i=1}^{I} Pr(y_i|f[x_i,\phi])\right]
\end{aligned}
\tag{5.1}
$$

其中组合概率项是模型参数的似然函数。因此式(5.1)被称为最大似然准则(maximum likelihood criterion)。

上述理论建立在两个假设下。第一，假设数据是同分布的(所有数据样本在输出y_i上的概率分布类型是相同的)。第二，假设所有输入输出对应的条件概率分布$Pr(y_i|x_i)$是相互独立的，因此全部训练数据的总似然可表示为：

$$
Pr(y_1,y_2,\ldots,y_I|x_1,x_2,\ldots,x_I)=\prod_{i=1}^{I} Pr(y_i|x_i) \tag{5.2}
$$

换句话说，假设数据是独立同分布的(Independent and Identically Distributed，i.i.d.)。

5.1.3 最大化对数似然

由于最大似然准则(式(5.1))中，每个$Pr(y_i|f[x_i,\phi])$项的数值都很小，它们的乘积就更小了。这就导致很难用有限精度的算法处理这个数值，进而导致其实用性较差。但我们可以稍加调整，改为最大化似然的对数：

$$\hat{\phi}=\underset{\phi}{\operatorname{argmax}}\left[\prod_{i=1}^{I}Pr(y_i\mid f[x_i,\phi])\right]$$
$$=\underset{\phi}{\operatorname{argmax}}\left[\log\left[\prod_{i=1}^{I}Pr(y_i\mid f[x_i,\phi])\right]\right]$$
$$=\underset{\phi}{\operatorname{argmax}}\left[\sum_{i=1}^{I}\log\left[Pr(y_i\mid f[x_i,\phi])\right]\right] \tag{5.3}$$

上述对数似然准则(log-likelihood)与最大似然准则是等价的。对数函数是一个单调递增函数：如果 $z>z'$，那么 $\log[z]>\log[z']$，反之亦然(如图5.2)。因此当我们遵循最大化对数似然准则优化模型参数 ϕ 时，这一过程同样遵循原始的最大似然准则。由此可见，按照两个准则优化得到的最大值一定是相同的，因此最佳的模型参数 $\hat{\phi}$ 在这两个准则下也是相同的。但是由于引入了对数运算，计算方式由似然的乘积变为对数似然的和，此时就可在有限的精度内完成计算。

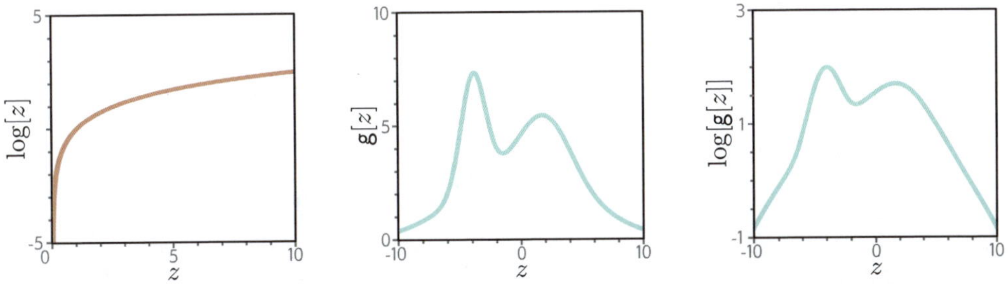

(a) 对数函数是一个单调递增函数。如果 $z>z'$，则 $\log[z]>\log[z']$。由此可知，任何函数 $g[z]$ 的最大值都与 $\log[g[z]]$ 的最大值位于同一位置

(b) 函数 $g[z]$

(c) 此函数的对数 $g[z]$。$g[z]$ 上所有具有正斜率的位置，对数变换后仍保留正斜率，负斜率同理，且最大值维持一致

图5.2 对数转换

5.1.4 最小化负对数似然

常规模型训练框架中，优化目标都是最小化损失函数。因此为将最大对数似然函数转换为一个最小化问题，将原式乘以-1，从而得到负的对数似然准则：

$$\hat{\phi}=\underset{\phi}{\operatorname{argmax}}\left[-\sum_{i=1}^{I}\log\left[Pr(y_i\mid f[x_i,\phi])\right]\right]$$
$$=\underset{\phi}{\operatorname{argmax}}\left[L[\phi]\right] \tag{5.4}$$

这就是损失函数 $L[\phi]$ 的最终形式。

5.1.5 模型推理

该模型不再直接预测输出y，而是预测y上的概率分布。当我们执行模型推理时，最终希望得到一个确切的值而不是一个分布，所以我们返回该分布的最大值：

$$\hat{y} = \underset{y}{\text{argmax}}\left[Pr(y \mid f[x, \hat{\phi}]) \right] \tag{5.5}$$

通常可根据模型预测的分布参数 θ表达上式的内容。例如，若输出分布为单变量正态分布，最大值出现在均值 μ处。

5.2 构建损失函数

使用最大似然法为训练集 $\{x_i, y_i\}$ 构建损失函数的步骤如下。

(1) 输出域y内选择一个合适的概率分布 $Pr(y \mid \theta)$，其中 θ是分布参数。

(2) 使用机器学习模型 $f[x,\phi]$ 预测一组或多组参数 $\theta = f[x,\phi]$， $Pr(y \mid \theta) = Pr(y \mid f[x,\phi])$。

(3) 使用训练集 $\{x_i, y_i\}$ 训练模型，通过最小化负的对数似然损失函数，来优化模型参数，获得最佳参数 $\hat{\phi}$。

$$\hat{\phi} = \underset{\phi}{\text{argmin}}\left[L[\phi] \right] = \underset{\phi}{\text{argmin}}\left[-\sum_{i=1}^{I} \log[Pr(y_i \mid f[x_i, \phi])] \right] \tag{5.6}$$

(4) 对测试数据x进行推理，返回完整的数据分布 $Pr(y \mid f[x, \hat{\phi}])$ 和分布的最大值。

本章剩余篇幅中，常规任务的损失函数构建过程都遵循上述步骤。

5.3 示例1：单变量回归问题

单变量回归任务中，目标是使用模型$f[x,\phi]$ 对x进行推理，生成单一标量输出 $y \in \mathbb{R}$，其中 ϕ是模型参数。在此问题下，我们选择单变量正态分布作为输出域y的概率分布，如图5.3所示。

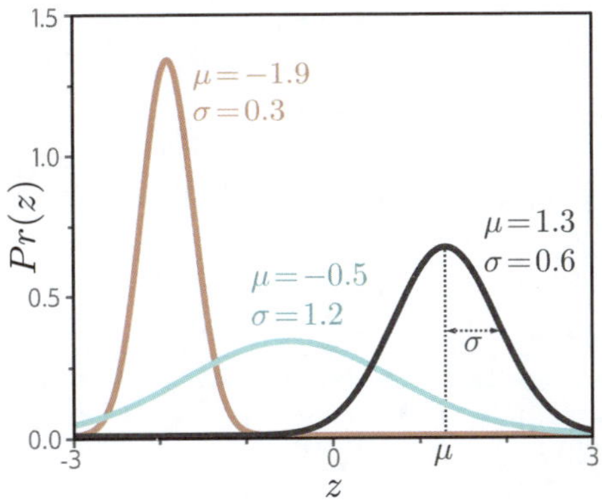

图5.3　单变量正态分布(也称为高斯分布)定义在实数域 $z \in \mathbb{R}$ 上，包含参数 μ 和 σ^2。其中均值 μ 确定了峰值的位置。方差 σ^2 的开方(标准差)确定了分布的宽度。由于总概率密度之和为1，当方差减小时，峰值会变高，分布会变窄

这个分布包含两个参数(均值 μ 和方差 σ^2)，它的概率密度函数表示为：

$$Pr(y \mid \mu, \sigma^2) = \frac{1}{\sqrt{2\pi\sigma^2}} \exp\left[-\frac{(y-\mu)^2}{2\sigma^2} \right] \tag{5.7}$$

随后，我们定义一个机器学习模型 $f[x,\phi]$，计算一组或多组分布参数。这里只考虑均值，因此 $\mu = f[x,\phi]$。

$$Pr(y \mid f[x,\phi], \sigma^2) = \frac{1}{\sqrt{2\pi\sigma^2}} \exp\left[-\frac{(y-f[x,\phi])^2}{2\sigma^2} \right] \tag{5.8}$$

我们的目标是找到在训练集 $\{x_i, y_i\}$ 中使分布最优的模型参数 ϕ。为实现这一目标，我们选择了负的对数似然函数作为损失函数 $L[\phi]$：

$$\begin{aligned} L[\phi] &= -\sum_{i=1}^{I} \log[Pr(y_i \mid f[x_i \phi], \sigma^2)] \\ &= -\sum_{i=1}^{I} \log\left[\frac{1}{\sqrt{2\pi\sigma^2}} \exp\left[-\frac{(y_i - f[x_i,\phi])^2}{2\sigma^2} \right] \right] \end{aligned} \tag{5.9}$$

当训练模型时，我们使用最小化损失函数的方法找到最佳的模型参数 $\hat{\phi}$。

5.3.1　最小二乘损失函数

接下来对损失函数进行简化：

$$
\begin{aligned}
\hat{\phi} &= \underset{\phi}{\operatorname{argmin}}\left[-\sum_{i=1}^{I}\log\left[\frac{1}{\sqrt{2\pi\sigma^2}}\exp\left[-\frac{(y_i-f[x_i\phi])^2}{2\sigma^2}\right]\right]\right] \\
&= \underset{\phi}{\operatorname{argmin}}\left[-\sum_{i=1}^{I}\left(\log\left[\frac{1}{\sqrt{2\pi\sigma^2}}\right]-\frac{y_i-f[x_i,\phi]^2}{2\sigma^2}\right)\right] \\
&= \underset{\phi}{\operatorname{argmin}}\left[-\sum_{i=1}^{I}-\frac{(y_i-f[x_i,\phi])^2}{2\sigma^2}\right] \\
&= \underset{\phi}{\operatorname{argmin}}\left[\sum_{i=1}^{I}(y_i-f[x_i,\phi])^2\right]
\end{aligned}
\tag{5.10}
$$

在第二行到第三行的推导过程中，由于第一项与优化目标 ϕ 无关，可以消除。在第三行到第四行的推导过程中，由于分母是常量，不会影响最小化的优化过程，因此可以消除。

上述推导过程的最终结果就是第2章线性回归中提到的最小二乘损失。

$$
L[\phi]=\sum_{i=1}^{I}(y_i-f[x_i,\phi])^2 \tag{5.11}
$$

上述最小二乘损失函数建立在预测误差相互独立且服从均值为 μ 的正态分布的假设之上(图5.4)。

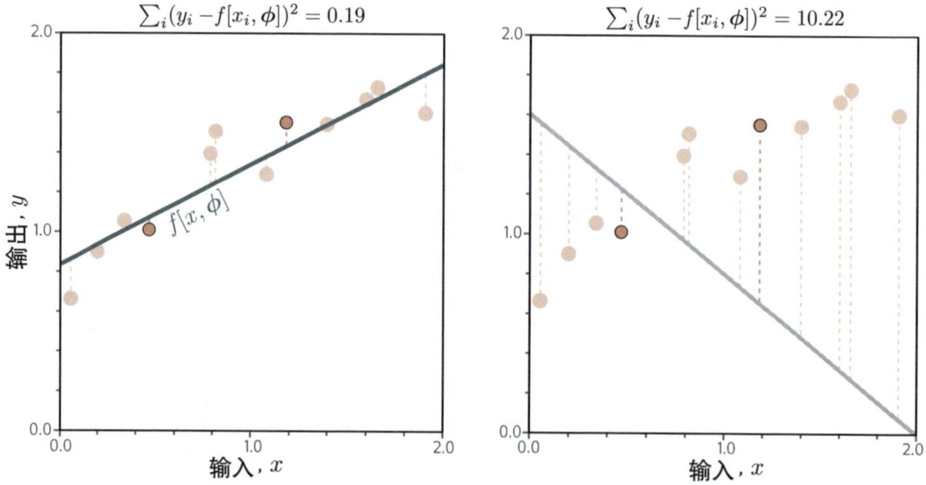

(a) 针对图2.2中的线性模型。最小二乘准则最小化模型预测 $f[x_i,\phi]$ (绿线)与真实输出值 y_i (橙色点)之间的偏差(虚线)的平方和。如果训练效果很好，则图中的偏差会很小(如图中两个突出显示的点)

(b) 如果训练效果较差，则数据点的平方误差会很大

图5.4 正态分布下，最小二乘和最大似然损失的等价性

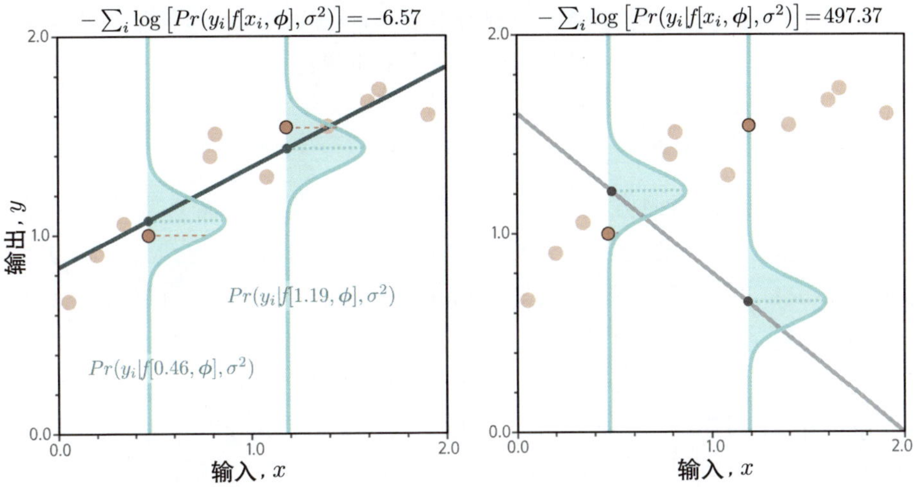

(c) 最小二乘准则基于以下假设：模型输出正态分布均值，优化目标是最大化似然。对于第一种情况，如果模型训练效果很好，则数据的似然 $Pr(y_i \mid x_i)$ 很大(水平橙色虚线)，负对数似然很小

(d) 对于第二种情况，如果模型训练效果较差，则似然很小，负对数似然很大

图5.4 (续)

5.3.2　模型推理

模型不再直接预测y，而是预测一个y上的正态分布的均值μ。当进行模型推理时，我们通常希望获得一个最优的估计结果$\hat{y}$，此时需要取预测分布的最大值。

$$\hat{y} = \underset{y}{\operatorname{argmax}}\left[Pr(y \mid f[x,\hat{\phi}]),\sigma^2 \right] \tag{5.12}$$

在单变量正态分布中，分布中最大值的位置由均值μ决定(图5.3)。此时模型推理结果为$\hat{y}=f[x,\ \hat{\phi}]$。

5.3.3　方差估计

上文中为了优化最小二乘损失函数，我们假设模型的预测结果是正态分布的均值。如式(5.11)所示，最终表达式与方差σ^2无关。如果依然将σ^2作为模型的一个参数，对式(5.9)中的模型参数ϕ和分布方差σ^2进行最小化优化：

$$\hat{\phi},\hat{\sigma}^2 = \underset{\phi,\sigma^2}{\operatorname{argmin}}\left[-\sum_{i=1}^{I}\log\left[\frac{1}{\sqrt{2\pi\sigma^2}}\exp\left[-\frac{(y_i - f[x_i,\phi])^2}{2\sigma^2} \right]\right]\right] \tag{5.13}$$

在模型推理时，模型针对输入预测均值 $\mu = f[x, \hat{\phi}]$，以获得最佳预测结果。在模型训练时，模型学习 $\hat{\sigma}^2$，以获得预测结果的不确定性。

5.3.4 异方差回归

上述模型假设数据的方差在任何时候都是恒定的，然而真实情况并不是这样。当模型的不确定性随输入数据函数而变化时，我们认为其具有异方差性(heteroscedastic)。反之则具有同方差性(homoscedastic)，即方差是恒定的。

针对该问题的一种简单的建模方法是，训练一个同时预测均值和方差的神经网络模型。例如，设计一个包含两个输出的浅层神经网络 $f[x,\phi]$，其中一个输出表示为 $f_1[x,\phi]$，用于预测平均值，另一个标识为 $f_2[x,\phi]$，用于预测方差。

由于方差一定是正数，但是我们无法保证神经网络模型的输出恒定为正。因此我们可通过一个能将任意数值映射到正值的函数，来处理模型的第二个输出，如使用平方函数。

$$\begin{aligned}\mu &= f_1[x,\phi] \\ \sigma^2 &= f_2[x,\phi]^2\end{aligned} \tag{5.14}$$

此时，损失函数为：

$$\hat{\phi} = \underset{\phi}{\operatorname{argmin}}\left[-\sum_{i=1}^{I}\left(\log\left[\frac{1}{\sqrt{2\pi f_2[x_i,\phi]^2}}\right] - \frac{(y_i - f_1[x_i,\phi])^2}{2f_2[x_i,\phi]^2}\right)\right] \tag{5.15}$$

同方差和异方差模型的对比体现在图5.5中。

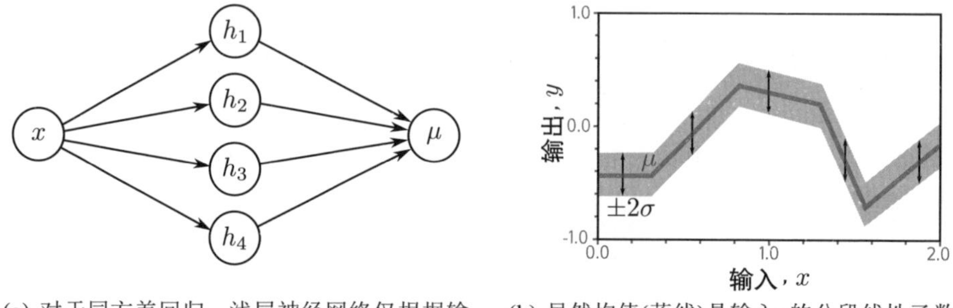

(a) 对于同方差回归，浅层神经网络仅根据输入x预测输出分布的均值 μ

(b) 虽然均值(蓝线)是输入x的分段线性函数，但方差在各处保持恒定(箭头和灰色区域表示偏差范围为±2个标准差)

图5.5 同方差与异方差回归

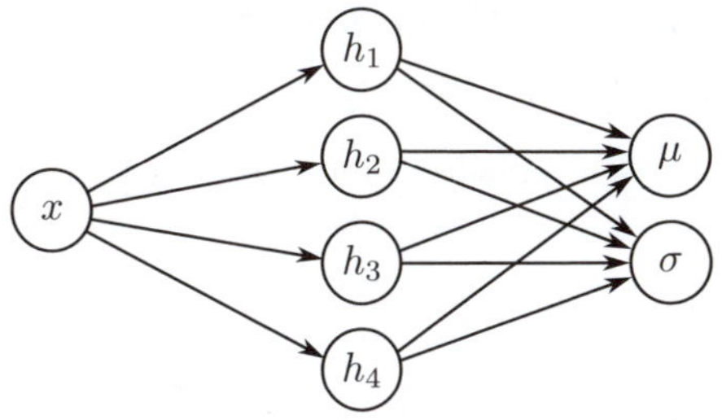

(c) 对于异方差回归，浅层神经网络还预测了方差 σ^2 (更准确地说，是先计算标准差再进行平方操作)

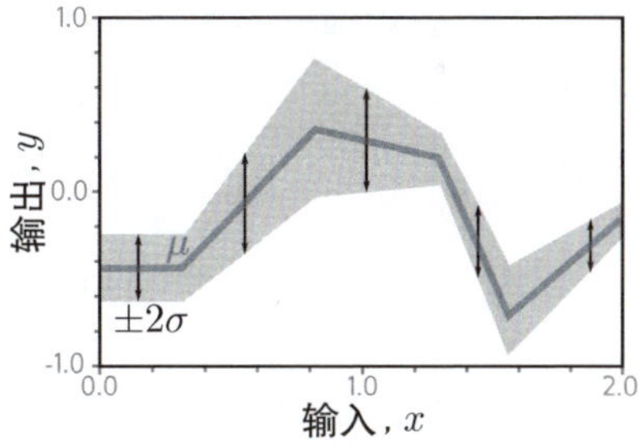

(d) 标准差也作用于输入x的分段线性函数

图5.5（续）

5.4　示例2：二分类问题

二分类任务的目标是将数据x分配到两个类别 $y \in \{0,1\}$ 中的一个，此时我们也称y为“标签”(label)。预测餐厅的评论是正面的 $(y=1)$ 还是负面的 $(y=0)$ 是一个二分类任务。预测MRI影像中肿瘤存在 $(y=1)$ 还是不存在 $(y=0)$ 也是一个二分类任务。

同样，我们基于5.2节中描述的步骤构造损失函数。首先，在输出空间选择一个概率分布，在此任务中伯努利分布(Bernoulli distribution)更为合适(见图5.6)。它定义在 $y \in \{0,1\}$ 的数据域中，参数 λ 代表 $y=1$ 的概率。

$$Pr(y \mid \lambda) = \begin{cases} 1-\lambda & y=0 \\ \lambda & y=1 \end{cases} \tag{5.16}$$

上式也可表示为：

$$Pr(y \mid \lambda) = (1-\lambda)^{1-y} \cdot \lambda^{y} \tag{5.17}$$

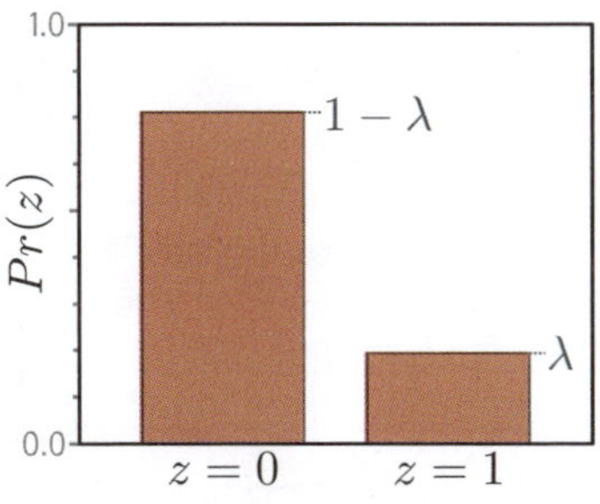

图5.6　伯努利分布。该分布定义在 $z \in \{0,1\}$ 的域上，包含描述 $z=1$ 概率的参数 λ。此时 $z=0$ 的概率是 $1-\lambda$

然后，我们构建一个机器学习模型$f[x,\phi]$，用于预测分布参数λ。由于λ的取值范围是$[0,1]$，我们无法保证神经网络模型的输出一定在这个范围内。因此需要额外使用一个函数将模型输出映射到$[0,1]$。例如logistic sigmoid函数(见图5.7)：

$$\text{sig}[z]=\frac{1}{1+\exp[-z]} \tag{5.18}$$

因此，我们定义分布参数$\lambda=\text{sig}[f[x,\phi]]$，那么似然函数为：

$$Pr(y|x)=(1-\text{sig}[f[x,\phi]])^{1-y}\cdot\text{sig}[f[x,\phi]]^{y} \tag{5.19}$$

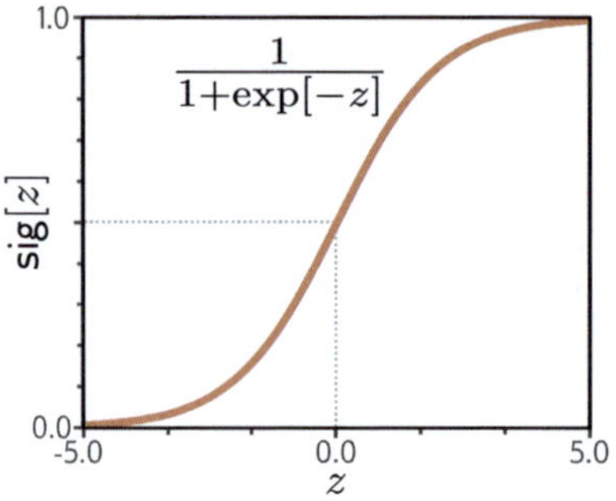

图5.7 logistic sigmoid函数。该函数能将实数$z\in\mathbb{R}$映射为0到1之间的数，因此$\text{sig}[z]\in[0,1]$。输入0将被映射为0.5，负值被映射为小于0.5的值，正值被映射为大于0.5的值

如果模型为图5.8中描述的浅层神经网络模型，损失函数则为训练集下的负对数似然：

$$L[\phi]=\sum_{i=1}^{I}-(1-y_i)\log\big[1-\text{sig}[f[x_i,\phi]]\big]-y_i\log\big[\text{sig}[f[x_i,\phi]]\big] \tag{5.20}$$

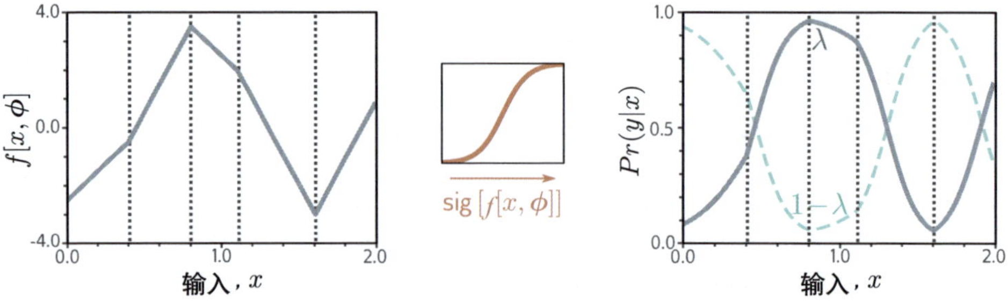

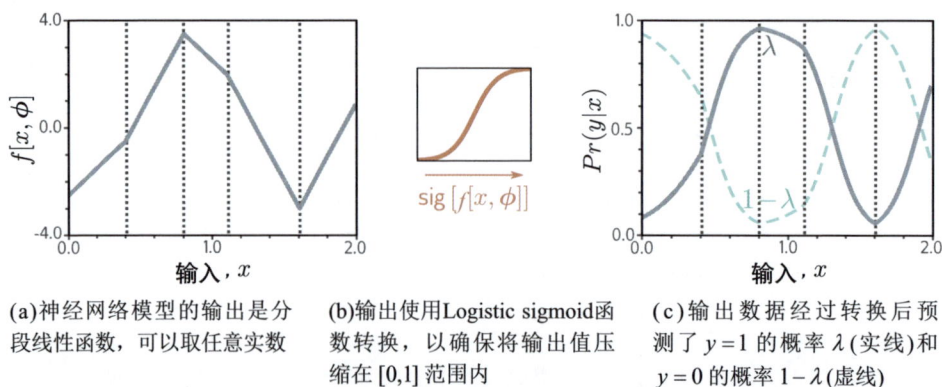

(a)神经网络模型的输出是分段线性函数，可以取任意实数

(b)输出使用Logistic sigmoid函数转换，以确保将输出值压缩在$[0,1]$范围内

(c)输出数据经过转换后预测了$y=1$的概率λ(实线)和$y=0$的概率$1-\lambda$(虚线)

图5.8 二分类模型。对于任意固定的x(垂直切片)，我们能够得到类似于图5.6中伯努利分布的两个值。损失函数偏向于让模型参数在$y_i=1$的正样本x_i处产生较大的λ值，并在$y_i=0$的负样本处产生较小的λ值

上式也被称为二元交叉熵损失(binary cross-entropy loss)，此内容将在5.7节详细介绍。

转换后的模型输出 $\mathrm{sig}[f[x,\phi]]$ 能够用于预测伯努利分布中的分布参数 λ。这个参数表示了 $y=1$ 的概率，那么 $1-\lambda$ 就是 $y=0$ 的概率。当我们执行模型推理时，需要一个阈值点去估计y。通常设定 $\lambda>0.5$ 时 $y=1$，否则 $y=0$。

5.5　示例3：多分类问题

多分类任务的目标是为输入样本x分配 $K>2$ 个类别中的一个，因此 $y\in\{1,2,\ldots,K\}$。手写数字识别、从K个单词中预测最适合接在句子后面的单词，这些都是多分类任务。

我们再次基于5.2节中描述的步骤构造损失函数。首先，在输出空间选择一个概率分布。由于 $y\in\{1,2,\ldots,K\}$，此时选择分类分布(见图5.9)。

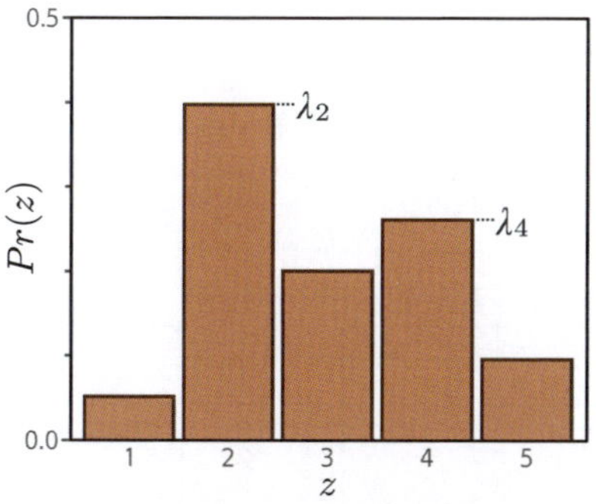

图5.9　分类分布。分类分布为 $K>2$ 个类别分配了概率 $\lambda_1,\lambda_1,\ldots,\lambda_K$。图中示例包含5个类别，即 $K=5$。为了确保这是一个有效的概率分布，每个参数 λ_k 必须在 $[0,1]$ 范围内，并且K个参数的和必须为1

该分布包含K个分布参数 $\lambda_1,\lambda_2,\ldots,\lambda_K$，代表输入样本属于各个类别的概率。

$$Pr(y=k)=\lambda_k \tag{5.21}$$

这些参数被约束在0到1之间，并且为了保证概率分布有效，所有参数的和必须为1。

然后构建一个具有 K 个输出的神经网络模型 $f[x,\phi]$，用于根据x预测全部分布参数。由于模型输出不一定满足上述约束条件，因此我们再次使用一个函数对输出进行约束处理，例如softmax函数。该函数以长度为 K 的向量作为输入，返回一个所有元素在 $[0,1]$ 范围内且加和为1的相同长度向量。softmax函数的第k个输出为：

$$\text{softmax}_k[z] = \frac{\exp[z_k]}{\sum_{k'=1}^{K}\exp[z_{k'}]} \tag{5.22}$$

其中，指数函数(exponential functions)保证了 z_k 项为正，分母的求和操作则确保这K个数值总和为1。

此时对于标签为y的数据x，似然函数(式5.10)可以表示为：

$$Pr(y=k\,|\,x) = \text{softmax}_k\left[f[x,\phi]\right] \tag{5.23}$$

损失函数是训练数据的负的对数似然函数：

$$\begin{aligned} L[\phi] &= -\sum_{i=1}^{I}\log\left[\text{softmax}_{y_i}\left[f[x_i,\phi]\right]\right] \\ &= -\sum_{i=1}^{I}\left(f_{y_i}[x_i,\phi] - \log\left[\sum_{k'=1}^{K}\exp[f_{k'}[x_i,\phi]]\right]\right) \end{aligned} \tag{5.24}$$

其中，$f_k[x,\phi]$ 表示神经网络模型的第k个输出。在5.7节中，上式被定义为多元交叉熵损失(multiclass cross-entropy loss)。

转换后的模型输出代表了构建在类别 $y \in \{1,2,\ldots,K\}$ 上的分类分布。对于一个单点估计，选择可能性最高的类别 $\hat{y} = \text{argmax}_k[Pr(y=k\,|\,f[x,\hat{\phi}])]$ 。这对应于图5.10中x值最高的曲线。

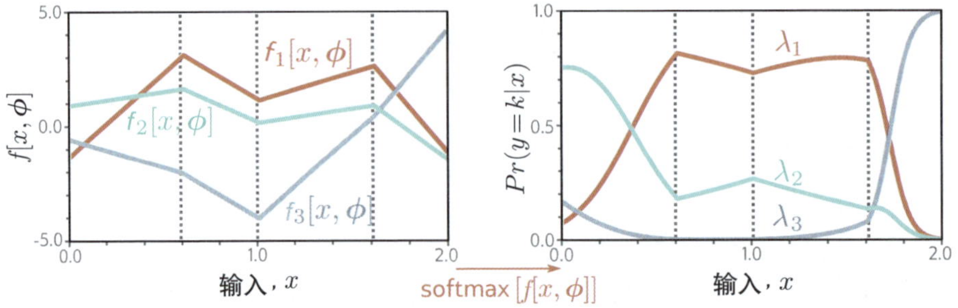

(a) 神经网络模型具有三个分段线性输出，可取任意值

(b) 经过softmax函数，这些输出被约束为非负并且总和为1

图5.10 三分类问题。因此对于给定的输入x，可按如下方式获得分类分布的有效参数：沿纵轴方向画线与三个函数相比，可获得总和为1的3个 λ 值，可将它们视为图5.9中分类分布的柱状图高度

预测其他数据类型

本章重点关注了较常见的回归和分类问题。当预测目标发生改变时，只需要按照5.2节的步骤，在预测域中选择一个合适的分布即可。图5.11列举了一系列概率分布及其预测域，其中部分情况已在5.3~5.6节中介绍过。

数据类型	定义域	分布	用途
单变量，连续型，无界	$y \in \mathbb{R}$	单变量正态分布	回归
单变量，连续型，无界	$y \in \mathbb{R}$	拉普拉斯分布或t分布	鲁棒回归
单变量，连续型，无界	$y \in \mathbb{R}$	高斯混合分布	多模态回归
单变量，连续型，下界	$y \in \mathbb{R}^{+}$	指数分布或伽马分布	预测大小
单变量，连续型，有界	$y \in [0,1]$	贝塔分布	预测比例
多变量，连续型，无界	$\mathbf{y} \in \mathbb{R}^{K}$	多变量正态分布	多变量回归
单变量，连续型，环状	$y \in (-\pi, \pi)$	冯·米塞斯分布	预测方向
单变量，离散型，二元	$y \in \{0,1\}$	伯努利分布	二分类
单变量，离散型，有界	$y \in \{1,2,\ldots,K\}$	类别分布	多分类
单变量，离散型，下界	$y \in \{0,1,2,3,\ldots\}$	泊松分布	预测事件计数
多变量，离散型，排列	$y \in \mathrm{Perm}[1,2,\ldots K]$	Plackett-Luce分布	排序

图5.11　构建损失函数时，不同预测类型对应的输出分布

5.6　多输出问题

我们经常需要模型一次性完成多种预测，因此目标输出$\mathbf{y}$是一个向量。例如预测一个分子的凝固点和沸点(多元回归问题)或一个图像中每个像素的类别(多元分类问题)。虽然我们可以定义一个多元概率分布，并使用神经网络模型对分布参数进行建模，但通常情况下我们会简化考虑，将每个预测任务视为相互独立的。

相互独立意味着可以将概率 $Pr(\mathbf{y} \mid \mathbf{f}[\mathbf{x}_i, \boldsymbol{\phi}])$ 视为所有预测元素 $y_d \in \mathbf{y}$ 的单变量概率乘积：

$$Pr(\mathbf{y} \mid \mathbf{f}[\mathbf{x}_i, \boldsymbol{\phi}]) = \prod_{d} Pr(y_d \mid f_d[\mathbf{x}_i, \boldsymbol{\phi}]) \tag{5.25}$$

其中，$\boldsymbol{f}_d[\mathbf{x}_i, \boldsymbol{\phi}]$ 是神经网络模型的第d个输出，描述了 y_d 上的分布参数。例如，当预测多个连续变量 $y_d \in \mathbb{R}$ 时，通常为每个 y_d 构建一个正态分布，网络输出 $\boldsymbol{f}_d[\mathbf{x}_i, \boldsymbol{\phi}]$ 即为各个正态分布的均值。当预测多个离散变量 $y_d \in \{1,2,\ldots,K\}$ 时，通常为每个 y_d 构建一个分类分布，网络输出 $\boldsymbol{f}_d[\mathbf{x}_i, \boldsymbol{\phi}]$ 预测了分类分布的各个分布参数。

当最小化负的对数似然时，乘积会转化为加和操作：

$$L[\phi] = -\sum_{i=1}^{I}\log\left[Pr(\mathbf{y} \mid \mathbf{f}[\mathbf{x}_i, \boldsymbol{\phi}])\right] = -\sum_{i=1}^{I}\sum_{d}\log\left[Pr(y_{id} \mid \mathbf{f}_d[\mathbf{x}_i, \boldsymbol{\phi}])\right] \tag{5.26}$$

其中y_{id}是第i个训练样本的第d个输出。

为了同时进行两种或两种以上类型的预测，我们同样假设每种预测类型中的误差是独立的。例如在同时预测风向和强度时，会使用定义在圆形域上的冯·米塞斯分布(von Mises distribution)表示方向，使用指数分布(定义在正实数上)表示强度。独立性假设意味着两个预测的联合似然是个体似然的乘积。当我们计算负对数似然时，这些项之间的运算将成为加法。

5.7 交叉熵损失

本章定义了基于最小化负对数似然的损失函数，这一损失函数更多地被称为交叉熵损失(cross-entropy loss)。本节将描述交叉熵损失，并证明它等价于负对数似然。

交叉熵损失基于最小化经验分布$q(y)$和模型分布$Pr(y \mid \theta)$之间的距离，寻找参数θ的思路，其中y为观测数据(图5.12)。可以使用KL散度(Kullback-Leibler divergence)度量两个分布$q(z)$和$p(z)$之间的距离。

$$D_{KL}[q \,\|\, p] = \int_{-\infty}^{\infty} q(z)\log[q(z)]\mathrm{d}z - \int_{-\infty}^{\infty} q(z)\log[p(z)]\mathrm{d}z \tag{5.27}$$

假设在$\{y_i\}_{i=1}^{I}$处观察经验分布，则能以每个数据点概率质量的加权和形式描述分布。

$$q(y) = \frac{1}{I}\sum_{i=1}^{I}\delta[y - y_i] \tag{5.28}$$

其中$\delta[\bullet]$是冲激函数(Dirac delta function)，我们希望最小化模型分布$Pr(y \mid \theta)$和经验分布之间的KL散度。

$$\begin{aligned}\hat{\theta} &= \underset{\theta}{\operatorname{argmin}}\left[\int_{-\infty}^{\infty} q(y)\log[q(y)]\mathrm{d}y - \int_{-\infty}^{\infty} q(y)\log[Pr(y \mid \theta)]\mathrm{d}y\right] \\ &= \underset{\theta}{\operatorname{argmin}}\left[-\int_{-\infty}^{\infty} q(y)\log[Pr(y \mid \theta)]\mathrm{d}y\right]\end{aligned} \tag{5.29}$$

其中第一项由于和θ不相关，可被消除。剩余的第二项可称为交叉熵。它能表示在已知一个分布的前提下，另一个分布中仍存在的不确定性。可将式(5.28)中的$q(y)$代入上式。

$$
\begin{aligned}
\hat{\theta} &= \underset{\theta}{\operatorname{argmin}}\left[-\int_{-\infty}^{\infty}\left(\frac{1}{I}\sum_{i=1}^{I}\delta[y-y_i]\right)\log[Pr(y\mid\theta)]\mathrm{d}y\right] \\
&= \underset{\theta}{\operatorname{argmin}}\left[-\frac{1}{I}\sum_{i=1}^{I}\log[Pr(y_i\mid\theta)]\right] \\
&= \underset{\theta}{\operatorname{argmin}}\left[-\sum_{i=1}^{I}\log[Pr(y_i\mid\theta)]\right]
\end{aligned} \tag{5.30}
$$

第一行中相乘的两项分别对应于图5.12(a)中的样本点概率质量和图5.12(b)中分布的对数。我们只保留了以数据点为中心的有限权重的概率质量。在最后一行中，消除了与优化任务无关的常数项 $1/I$。

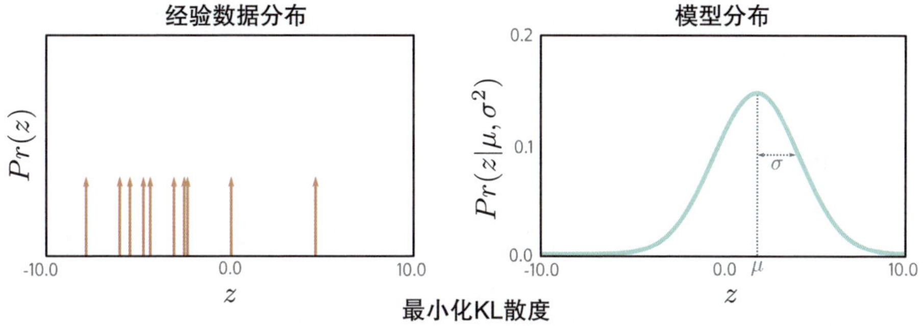

(a) 训练样本的经验分布(箭头表示狄拉克函数)　(b) 模型分布(参数为 $\theta=\mu,\sigma^2$ 的正态分布)

图5.12　交叉熵方法。在交叉熵方法中，通过最小化两个分布之间的距离(KL散度)来优化模型参数 θ

在机器学习任务中，分布参数 θ 由模型 $f[x_i,\phi]$ 计算而来，因此：

$$
\hat{\phi} = \underset{\phi}{\operatorname{argmin}}\left[-\sum_{i=1}^{I}\log[Pr(y_i\mid f[x_i,\phi])]\right] \tag{5.31}
$$

这正是从5.2节中推导出的负对数似然函数。由此可见，负对数似然函数(来自最大化似然)和交叉熵函数(最小化模型和经验数据分布之间的距离)是等价的。

5.8　本章小结

我们之前认为神经网络可以直接根据数据x预测输出y。在本章中，我们改变了视角，将神经网络的输出视为输出域上概率分布 $Pr(y\mid\theta)$ 的分布参数 θ。基于此提出了一种构建损失函数的方法。我们通过最大化观测数据输出分布似然的方式找到模型参数 ϕ。这个过程等价于最小化负的对数似然。

为实现上述优化过程，可采用最小二乘准则。它假设y服从正态分布，预测结果是它的均值。此外，通过一定扩展，回归模型还能预测不确定性或接受输入的不确定性。然后，我们将上述思路应用于解决二分类和多分类问题并构造对应的损失函数，并讨论了如何处理更复杂的数据类型和多个输出的情况。最后，在模型训练过程中我们可以认为交叉熵等价于负对数似然。

前几章中介绍了神经网络模型。本章则介绍了损失函数，一个能表示模型描述训练数据能力的概念。下一章将介绍模型训练相关内容，目标是找到能最小化损失的模型参数。

5.9 注释

基于标准正态分布的损失函数，Nix & Weigend (1994) 和Williams (1996) 提出了异方差性的非线性回归方法，该方法能基于输入预测输出的均值和方差。针对无监督学习问题，Burda等人(2016)设计了基于多变量正态分布和对角线协方差的损失函数。Dorta等人设计了基于标准正态分布的全协方差的损失函数。

鲁棒回归：Qi等人提出了使用最小化平均绝对误差替换均方误差的回归模型。这一损失函数假设输出服从Laplace分布，并在输出时采用中值而非均值策略。Barron提出了参数化鲁棒度的损失函数，当在概率背景下解释时，它适用于包含标准正态分布和Cauchy分布在内的一系列单变量概率分布。

估计分位数：有时回归任务并不需要预测平均值或中位数，而是一个分位数。例如在风控模型中，我们想在回归曲线下包含90%的数据点，这类任务被称为分位数回归(Koenker和Hallock，2001)。为解决该问题，可拟合一个异方差回归模型，然后基于预测的正态分布来估计分位数；也可以直接使用分位损失函数(也称为Pinball损失)来估计分位数。这类方法虽然最小化了数据与模型之间的绝对偏差，但分布在某些方向的权重可能显著大于其他方向。最近还有一些算法能够预测多个分位数，以便了解整体分布形状(Rodrigues和Pereira，2020)。

类别不平衡和Focal损失：Lin等人(2017c)解决了分类问题中的类别不平衡问题。如果某些类别的样本数量远大于其他类别，则标准的最大似然损失无法达到较好的效果；模型会倾向于将输入样本分配到训练样本较多的类别，从而导致训练样本较少的类别分类效果较差。Lin等人(2017c)引入了Focal损失，它添加了一个额外的参数，通过降低容易正确分类的样本的影响改善性能。

排序学习：Cao等人(2007)、Xia等人(2008)和Chen等人(2009)在排序任务中都使用了Plackett-Luce模型构建损失函数。排序学习包含列表法，即模型一次性处理整个待排序对象列表。此外包含一次处理一个排序对象的单点法和处理对象对的配对法。Chen等人(2009)总结了不同类型的排序学习算法。

其他预测数据类型：Fan等人(2020)使用基于beta分布的损失函数来预测0到1之间

的值。Jacobs等人(1991)和Bishop(1994)研究了针对多模态数据的混合密度网络。这些模型将输出建模为输入条件下的混合高斯模型。Prokudin等人(2018)使用冯・米塞斯分布来预测方向(见图5.13)。Fallah等人(2009)使用泊松分布构建了用于预测数量的损失函数(见图5.15)。Ng等人(2017)使用基于gamma分布的损失函数来预测时间。

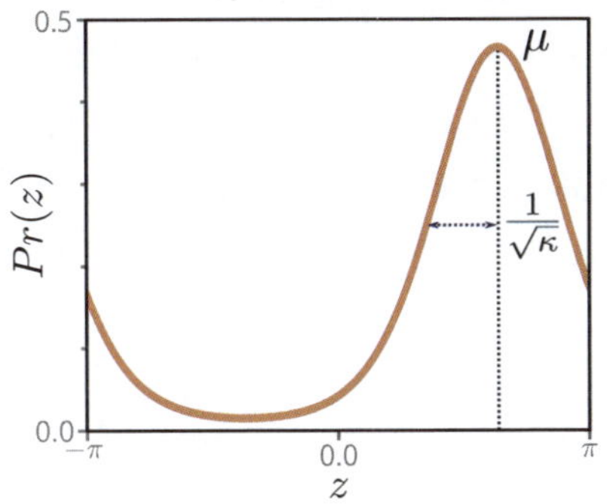

图5.13　冯·米塞斯分布定义在圆形域 $(-\pi,\pi]$ 上。它包含两个参数，均值 μ 确定峰值位置，k 近似于方差的倒数，即 $1/\sqrt{k}$ 近似于正态分布中的标准差

非概率性方法： 虽然近年来概率性方法已经成为默认方案，但本章内容并不局限于概率性方法。任何旨在减小模型输出与训练输出之间距离的损失函数都足以使用，而距离可以任何合理的方式定义。使用hinge损失的支持向量机(Vapnik，1995；Cristianini＆Shawe-Taylor，2000)和使用指数损失的AdaBoost(Freund＆Schapire，1997)都是比较著名的面向分类任务的非概率性机器学习模型。

5.10　问题

问题5.1　基于式(5.32)证明，logistic sigmoid函数 $\text{sig}[z]$ 能将 $z=-\infty$ 映射到0，$z=0$ 映射到0.5，$z=\infty$ 映射到1：

$$\text{sig}[z]=\frac{1}{1+\exp[-z]} \tag{5.32}$$

问题5.2　二分类问题的损失函数 L，对于单一训练数据对 $\{x,y\}$ 可表示为：

$$L=-(1-y)\log\left[1-\text{sig}[f[x,\phi]]\right]-y\log\left[\text{sig}[f[x,\phi]]\right] \tag{5.33}$$

其中，$\text{sig}[\bullet]$ 函数已在式(5.32)中定义。请绘制损失函数图像，包含训练数据标签 $y=0$ 或 $y=1$ 时的全部样本，损失函数的值可以视为转换后的神经网络模型输出 $\text{sig}[f[x,\phi]]\in[0,1]$。

问题5.3*　如果想要构建一个基于当地气压测量结果x预测风向 y 的模型，在风向这一圆形域中，可选择冯・米塞斯分布(图5.13)：

$$Pr(y|\mu,k)=\frac{\exp\left[k\cos[y-\mu]\right]}{2\pi\cdot\text{Bessel}_0[k]} \tag{5.34}$$

其中，μ可视为方向的均值，k可视为方向方差的倒数。$\text{Bessel}_0[k]$项表示零阶第一类修正贝塞尔函数。基于此分布可以构建用于学习参数μ的模型$f[x,\phi]$，以预测风向。如果我们将k视为常数，请说明模型推理过程。

问题5.4* 有时会出现图5.14(a)的情况，输出y是x的多模态输出，即针对单一输入x，模型可以预测多个合理的输出y。此时我们可以使用多个正态分布加权和表示输出分布，这称为混合高斯模型。其参数$\theta=\left\{\lambda,\mu_1,\sigma_1^2,\mu_2,\sigma_2^2\right\}$，模型可表示为：

$$Pr(y|\lambda,\mu_1,\mu_2,\sigma_1^2,\sigma_2^2)=\frac{\lambda}{\sqrt{2\pi\sigma_1^2}}\exp\left[\frac{-(y-\mu_1)^2}{2\sigma_1^2}\right]+\frac{1-\lambda}{\sqrt{2\pi\sigma_2^2}}\exp\left[\frac{-(y-\mu_2)^2}{2\sigma_2^2}\right] \tag{5.35}$$

其中$\lambda\in[0,1]$控制两个分布的权重，这两个分布分别具有均值μ_1,μ_2和方差σ_1^2,σ_2^2。根据参数不同，该模型可以构建具有两个峰的分布(图5.14(b))或一个形状更复杂的单峰分布(图5.14(c))。

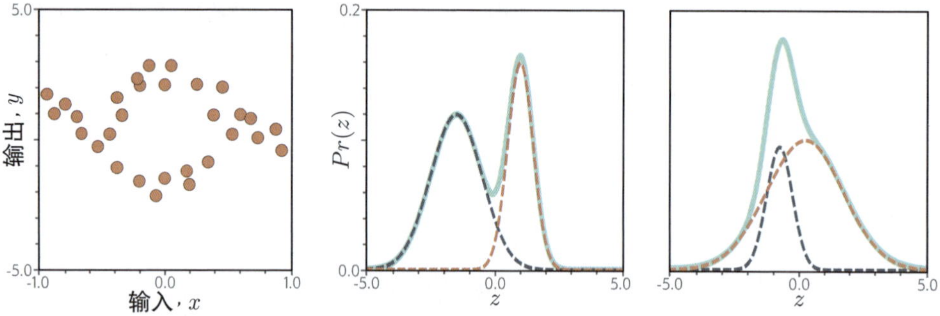

(a) 训练数据示例，在输入x的中值上，对应的输出y属于两个路径之一。例如当$x=0$时，输出y要么在-2附近，要么在+3附近，不太可能在二者之间

(b) 高斯混合模型适用于这种数据特性。该模型由两个或多个均值和方差不同的正态分布(蓝色和橙色虚线)加权求和(青色实线)而来。当均值距离较远时会形成多峰分布

(c) 当均值距离较近时，混合模型是一个单峰但非正态的分布

图5.14 多模态数据和混合高斯密度

使用5.2节介绍的方法构造一个用于训练$f[x,\phi]$的损失函数，该模型输入为x，参数为ϕ，并预测一个由两个正态分布构成的混合分布。损失函数基于训练集I中的训练数据对$\{x_i,y_i\}$。请说明模型推理过程。

问题5.5 基于问题5.3进行扩展，若使用两个冯·米塞斯分布的混合分布来预测风向，请推导该问题的似然函数$Pr(y|\theta)$，并说明神经网络模型需要预测多

少个输出。

问题5.6　当构建一个模型，基于包含时间、目标点经纬度和目标邻域信息的数据集x，预测下一分钟经过城市指定地点的行人数量$y\in\{0,1,2,\ldots\}$时，最适合建模的分布是图5.15中的泊松分布(Poisson distribution)，其中包含用于表示均值的分布参数$\lambda>0$。该分布概率密度函数表示为：

$$Pr(y=k)=\frac{\lambda^{k}\mathrm{e}^{-\lambda}}{k!} \tag{5.36}$$

如果训练集I中的训练数据对表示为$\{x_i,y_i\}$，请设计损失函数。

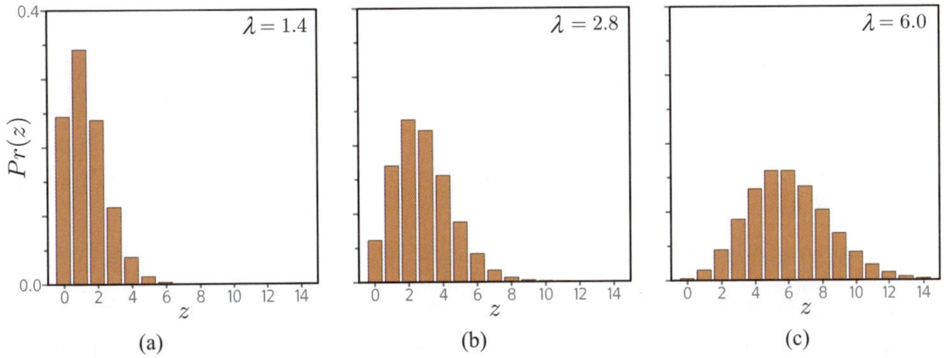

图5.15　泊松分布是一个在非负整数域上定义的离散分布。它包含一个代表分布均值的参数$z\in\{0,1,2,\ldots\}$。(a)~(c)显示$\lambda\in\mathbb{R}^{+}$分别为1.4、2.8、6.0时的泊松分布

问题5.7　针对一个预测10个输出$y\in\mathbb{R}^{10}$的多变量回归问题，使用10个独立的正态分布进行输出建模。其中均值μ_d由神经网络模型预测，方差σ_d^2视为恒定。请推导似然函数$Pr(y\mid f[x,\phi])$。证明在不进行方差估计的前提下，该问题中最小化负对数似然等价于最小化平方项的和。

问题5.8*　构造一个损失函数，用于根据每个维度具有不同方差的独立正态分布进行多变量预测$y\in\mathbb{R}^{Do}$。假设模型具有异方差性，即均值μ_d和方差σ_d^2都随数据的变化而变化。

问题5.9*　考虑预测人的身高(以米为单位)和体重(以公斤为单位)的多变量回归问题。由于两个输出的单位不同，请分析会存在什么问题，并提出两种解决方案。

问题5.10　基于问题5.3进行扩展。若模型可同时预测风向和风速，请构造对应的损失函数。

第6章

模型训练

第3章和第4章介绍的浅层和深度神经网络代表了一系列参数不同的分段线性函数。第5章介绍了损失函数，它代表了模型预测结果和真值标签之间的误差。

损失函数受模型参数的影响。本章将讨论找到使损失函数最小化的参数值的过程，这一过程被称为模型参数学习(learning)，也称作模型训练(training)或模型拟合(fitting)。该过程包含两个步骤：首先需要初始化模型参数，然后迭代地计算损失函数相对于模型参数的导数(梯度)，并基于梯度调整参数以最小化损失。经过多次迭代，我们希望能找到损失函数的整体最小值。

本章主要围绕模型训练的第二个步骤展开讨论，即优化模型参数以最小化损失的算法。第7章将讨论初始化模型参数和计算神经网络梯度的算法。

6.1 梯度下降法

首先定义一个包含输入输出对的训练集 $\{x_i, y_i\}$。然后寻找模型 $f[x_i, \phi]$ 的参数 ϕ，使它尽可能将输入 x_i 映射为输出 y_i。为此需要定义一个损失函数 $L[\phi]$，通过其数值量化映射误差。优化算法的目标是找到最小化损失的模型参数 $\hat{\phi}$：

$$\hat{\phi} = \underset{\phi}{\operatorname{argmin}}\left[L[\phi]\right] \tag{6.1}$$

优化算法的种类很多，在训练神经网络过程中，通常采用基于迭代的优化算法。这些算法通过启发式方法初始化参数，然后迭代优化参数使损失降低。

这类算法中最简单的方法是梯度下降法(gradient descent)。该方法先初始化模型参数 $\phi = [\phi_0, \phi_1, \ldots, \phi_N]^{\mathrm{T}}$，然后迭代执行如下两个步骤。

步骤1：计算损失函数对于模型参数的导数。

$$\frac{\partial L}{\partial \phi}=\begin{bmatrix}\frac{\partial L}{\partial \phi_0}\\ \frac{\partial L}{\partial \phi_1}\\ \vdots \\ \frac{\partial L}{\partial \phi_N}\end{bmatrix} \tag{6.2}$$

步骤2：按照如下规则更新模型参数。

$$\phi \leftarrow \phi-\alpha \cdot \frac{\partial L}{\partial \phi} \tag{6.3}$$

其中，正标量α决定了参数更新速度。

第一步计算了当前位置的损失函数梯度，这决定了损失函数“上坡”的方向。第二步产生了沿“下坡”方向的一小段位移α(由于是下坡方向，因此取负号)。当参数α是固定值时，可称之为学习率(learning rate)。也可以通过线搜索(line search)方法，在几个不同α值中找到使损失减少最多的一个。

在损失函数的最小值处，函数曲面必须是平坦的(否则还有继续下坡优化的空间)。此时梯度将为0且参数将停止更新。在实际中，通常会在梯度变得很小的时候提前终止算法，而非等到其完全为0。

6.1.1　线性回归示例

本节将梯度下降法应用于第2章中的一维线性回归模型。该模型$f[x,\phi]$将标量输入x映射为标量输出y，具有参数$\phi=[\phi_0,\phi_1]^{\mathrm{T}}$，分别代表$y$轴的截距和斜率。

$$\begin{aligned} y &= f[x,\phi] \\ &= \phi_0+\phi_1 x \end{aligned} \tag{6.4}$$

对于给定的包含I个输入输出对的数据集$\{x_i,y_i\}$，使用最小二乘损失函数进行建模：

$$\begin{aligned} L[\phi] &= \sum_{i=1}^{I}\ell_i=\sum_{i=1}^{I}(f[x_i,\phi]-y_i)^2 \\ &= \sum_{i=1}^{I}(\phi_0+\phi_1 x_i-y_i)^2 \end{aligned} \tag{6.5}$$

其中$\ell_i=(\phi_0+\phi_1 x_i-y_i)^2$项是第$i$个训练样本计算得到的损失分量。

损失函数对于模型参数的导数可分解为各样本的导数分量之和：

$$\frac{\partial L}{\partial \phi}=\frac{\partial}{\partial \phi}\sum_{i=1}^{I}\ell_i=\sum_{i=1}^{I}\frac{\partial \ell_i}{\partial \phi} \tag{6.6}$$

其中导数项可用下式表示：

$$\frac{\partial \ell_i}{\partial \phi} = \begin{bmatrix} \dfrac{\partial \ell_i}{\partial \phi_0} \\ \dfrac{\partial \ell_i}{\partial \phi_1} \end{bmatrix} = \begin{bmatrix} 2(\phi_0 + \phi_1 x_i - y_i) \\ 2x_i(\phi_0 + \phi_1 x_i - y_i) \end{bmatrix} \tag{6.7}$$

图6.1展示了梯度下降法的优化过程，我们根据式(6.6)和式(6.7)中的导数公式迭代进行梯度下降，然后使用式(6.3)中的规则更新参数。过程中使用线搜索方法寻找每个迭代中降低损失最多的 α 值。

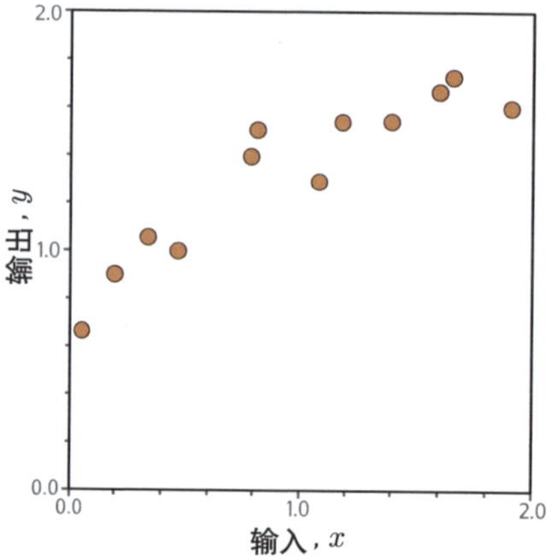

(a) $I=12$ 个训练输入/输出对样本 $\{x_i, y_i\}$

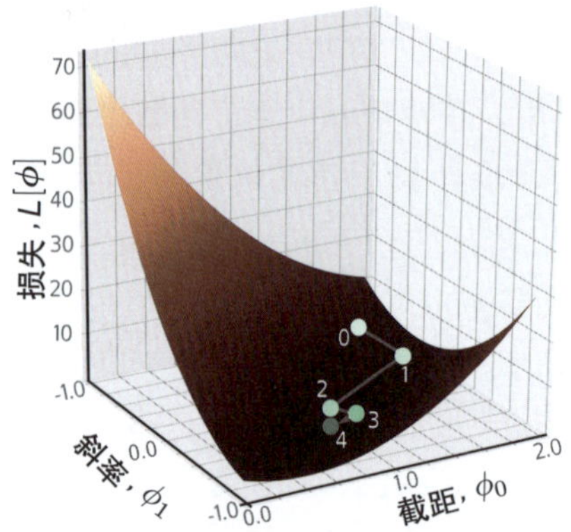

(b) 基于损失函数的梯度下降迭代过程。损失从点0开始向最陡的下坡方向移动，到达点1后无法进一步下降。然后重复这个过程，计算点1处的梯度并沿下坡方向移到点2、3、4

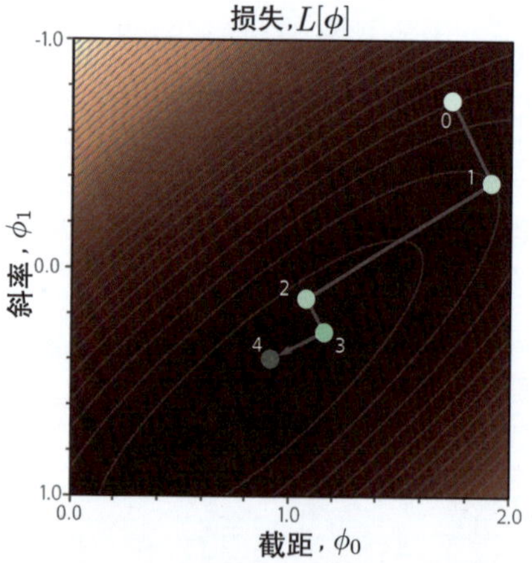

(c) 此过程可以热力图的形式展示，其中亮度代表损失值。仅需要四次迭代就能接近最小值

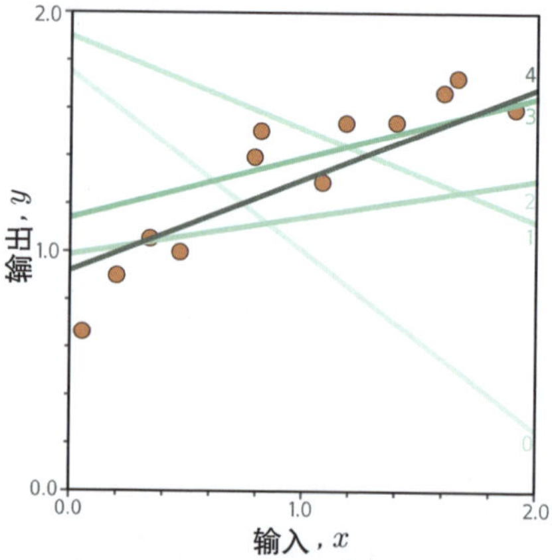

(d) 点0对应的模型参数(颜色最浅的线)对数据的预测结果很差，但每次迭代都会改善预测结果。点4对应的模型参数(颜色最深的线)已能很好地完成模型预测

图6.1　线性回归模型的梯度下降

6.1.2　Garbor模型示例

线性回归问题的损失函数(图6.1(c))总有一个明确定义的全局最小值。这是因为该损失函数是凸函数，即曲面上任意两点之间的线段不会与函数曲面相交。凸函数意味着无论如何初始化参数，只要持续进行梯度下降，一定能够找到最小值，训练过程不可能失败。

然而大多数非线性模型(如浅层和深度神经网络)的损失函数都是非凸的。由于参数量过多，可视化神经网络损失函数也极其困难，因此我们以一个只包含两个参数的非线性模型为例，分析非凸损失函数的特性：

$$f[x,\phi]=\sin[\phi_0+0.06\cdot\phi_1 x]\cdot\exp\left(-\frac{(\phi_0+0.06\cdot\phi_1 x)^2}{32.0}\right) \tag{6.8}$$

上述Garbor模型能将标量输入x映射为标量输出y，由正弦分量(振荡函数)和负指数分量(数据点离中心越远，幅度越小)相乘而来。它包含两个参数$\phi=[\phi_0,\phi_1]^{\mathrm{T}}$，其中$\phi_0\in\mathbb{R}$决定函数的均值位置，$\phi_1\in\mathbb{R}^+$影响函数沿$x$轴拉伸或压缩的程度(图6.2)。

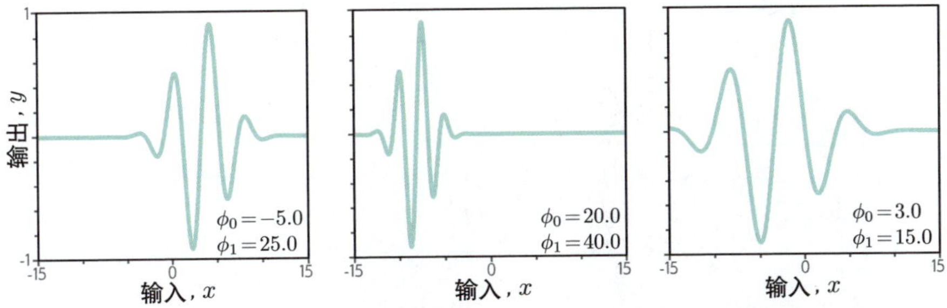

图6.2　Gabor模型。这个非线性模型能够将标量输入x映射到标量输出y，并具有参数$\phi=[\phi_0,\phi_1]^{\mathrm{T}}$。它描述了一个幅度随距中心距离变大而变小的正弦函数。其中，参数$\phi_0\in\mathbb{R}$决定了中心的位置。随着ϕ_0的增加，函数向左移动。参数$\phi_1\in\mathbb{R}^+$决定了函数沿x轴的挤压程度。随着ϕ_1的增加，函数变窄。(a)~(c)是不同参数下的Garbor模型

对于包含I个输入输出对的给定数据集$\{x_i,y_i\}$，使用最小二乘损失函数进行建模：

$$L[\phi]=\sum_{i=1}^{I}(f[x_i,\phi]-y_i)^2 \tag{6.9}$$

训练目标依然为最小化损失以找到模型参数$\hat{\phi}$。

6.1.3　局部最小值和鞍点

图6.4 描绘了图6.3中数据集下 Gabor模型的损失函数。图中绿色点均为局部最小值(local minima)。这些点处梯度为零，这意味着无论向任何方向移动，损失都会增加，但这些点并不是函数的全局最小值。只有函数平面中数值最低的点才能

被称为全局最小值(global minimum)，如图中的灰色点。

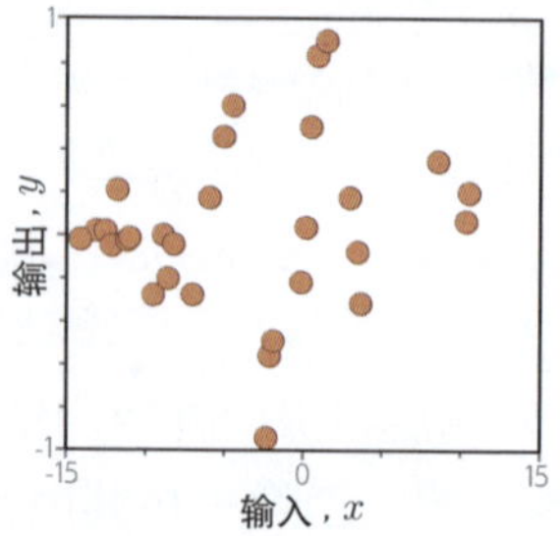

图6.3 Garbor模型的训练数据。训练集包含28个输入/输出样本对 $\{x_i, y_i\}$ 。训练集数据来源于对 $\phi=[0.0,16.6]^T$ 的Garbor模型的非均匀采样，采样范围为 $x_i \in [-15,15]$ 。采样结果添加了正态分布的噪声

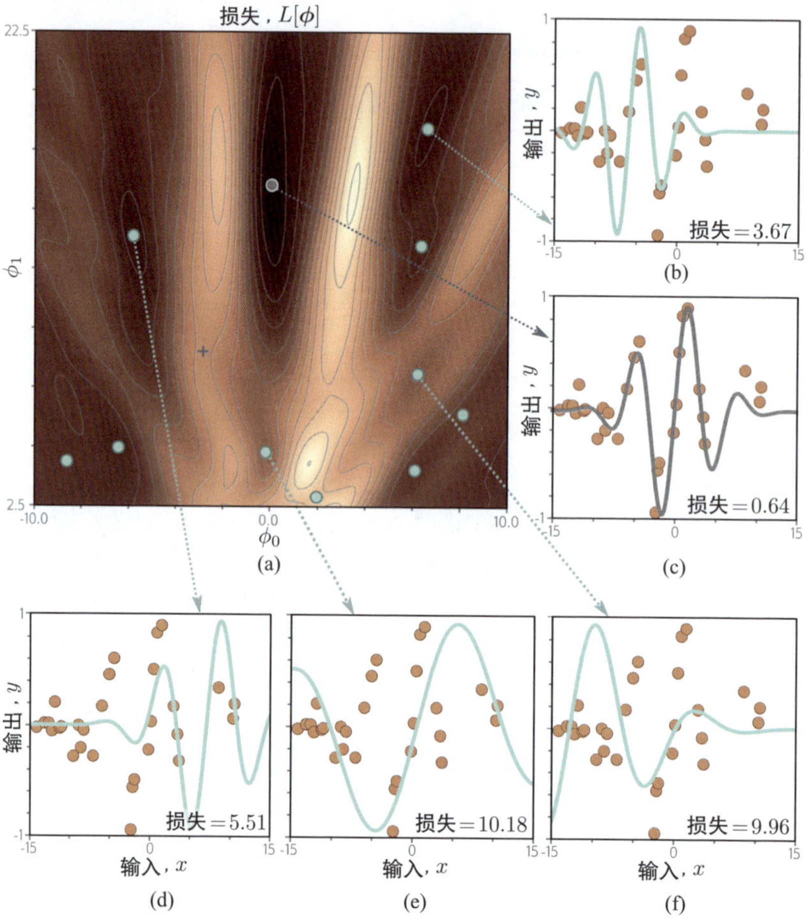

图6.4 Gabor模型的损失函数。(a) 损失函数是非凸的，除了全局最小值(灰色点)外，还有多个局部最小值(青色点)。它还包含鞍点，鞍点处的梯度局部为零，但函数在一些方向上增加，另一些方向上减小。在蓝色十字处，函数在水平方向上移动会变小，在垂直方向上移动会变大。(b)~(f)是局部最小值下的模型，所有位置都无法继续通过梯度下降进行优化。图(c)为全局最小值，其损失为0.64

如果随机选择一个位置开始梯度下降，则无法保证能够找到损失函数的全局最小值及对应的最佳模型参数(图6.5(a))。算法很可能最终中止在一个局部最小值上，且算法无法判断是否存在其他更优的结果。

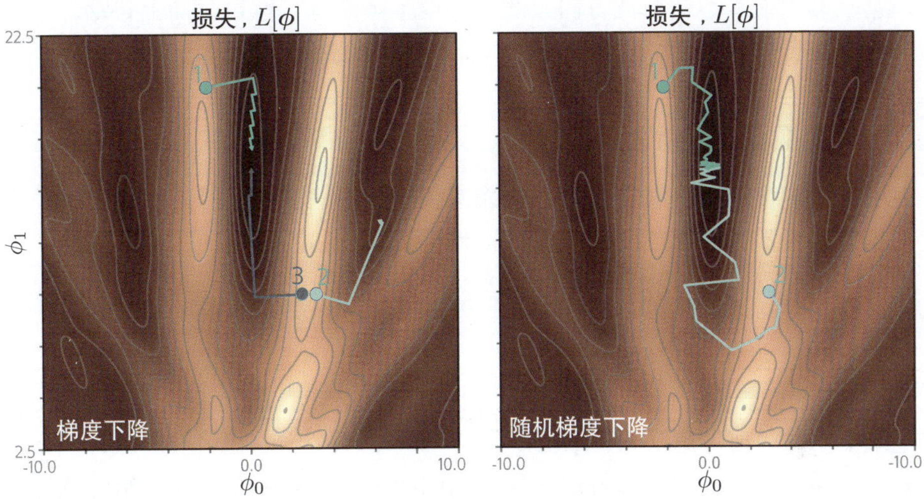

(a) 在使用线搜索的梯度下降法中，只要在正确的位置初始化算法，参数优化过程将稳定地向全局最小值移动(如从点1到点3)。然而如果在错误的位置(如点2)初始化算法，它将朝向局部最小值下降

(b) 随机梯度下降法在优化过程中增加了噪声，因此可从错误的谷底(如点2)逃脱，并到达全局最小值

图6.5　随机梯度下降法与梯度下降法的比较

此外，图6.4中的蓝色十字表示损失函数中的鞍点(saddle points)。鞍点处梯度为零，但函数在某些方向上增加，在其他方向上减少，且鞍点附近的曲面是平坦的。如果当前参数在鞍点附近，梯度下降法仍可以继续优化参数，但是梯度值会相当小(近似全局最小值附近的状态)。如果我们选择在梯度较小的时候停止训练，则可能会错误地停留在鞍点附近。

6.2　随机梯度下降

Gabor模型有两个参数，我们可通过以下两种方式找到全局最小值：遍历搜索参数空间，或重复从不同位置启动梯度下降并选择损失最低的结果。但是由于神经网络模型可能包含数百万个参数，这两种方法都不适用。简而言之，很难在高维损失函数中使用梯度下降法找到全局最优值。甚至当我们找到一个最小值时，无法判断它是不是全局最小值，或是不是一个较好的局部最小值。

随机梯度下降(Stochastic gradient descent，SGD)旨在解决梯度下降的最终结果完全由起始点决定的问题。随机梯度下降法在每个梯度下降环节添加了噪声，这导致虽然整体上解仍然沿下坡方向移动，但各个迭代的下降方向不一定是最陡峭的，甚至可能根本不是下坡方向。随机梯度下降法有可能暂时向上移动，从而从损失函数的一个“谷底”跳到另一个“谷底”(图6.5(b))。

6.2.1 批次和epoch

引入随机性的机制很简单。在每次迭代中，算法随机选择训练数据的子集，仅根据这些样本计算梯度。这个子集被称为批次(minibatch或batch)。因此，模型参数 ϕ_t 在迭代 t 的更新规则为：

$$\phi_{t+1} \leftarrow \phi_t - \alpha \cdot \sum_{i \in B_t} \frac{\partial \ell_i[\phi_t]}{\partial \phi} \tag{6.10}$$

其中 B_t 是当前批次输入输出对的集合，ℓ_i 是第i个输入输出对的损失。α 是学习率，与梯度大小一起决定每次迭代移动的距离。学习率在训练开始时选择，不依赖函数的局部特性。

算法通过从完整数据集中不放回地抽取的方式构造批次数据，直到所有数据被使用过后，再重新开始从完整数据集中抽取样本。整个训练数据集完成一次完整遍历的过程被称为一个epoch。批次可以小到单一样本，大到整个数据集。后者被称为全批次梯度下降(full-batch gradient descent)，与常规(非随机)梯度下降算法相同。

SGD的另一种解释是，由于损失函数的计算取决于模型参数和训练数据，因此对于每个随机选择的批次，损失函数都会有所不同。从这个角度看，SGD能根据不断变化的损失函数执行确定性的梯度下降(图6.6)。尽管SGD过程中损失函数是不断变化的，但任何点的期望损失和期望梯度仍与梯度下降算法相同。

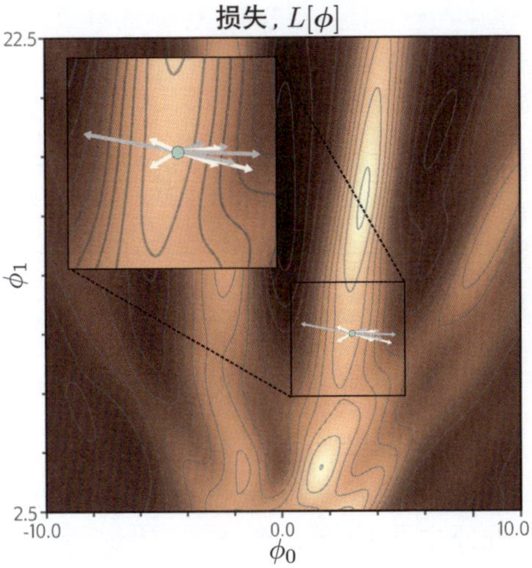

(a) 整个训练数据集的损失函数。每次迭代中，各个参数变化方向具有不同的概率分布(图中箭头为示例)。它们对应批次内三个样本的不同选择

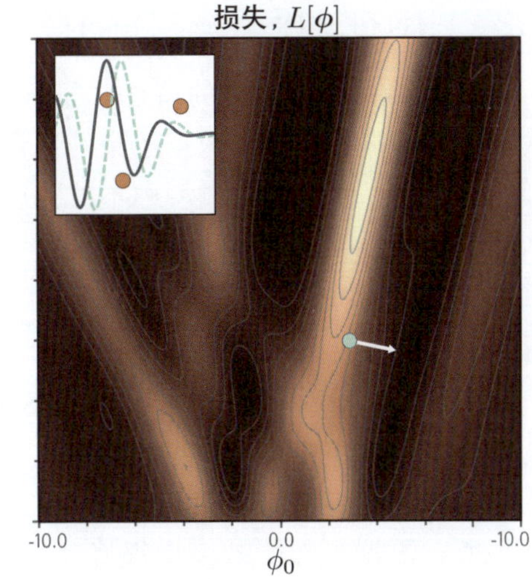

(b) 一个批次下的损失函数。SGD算法在此函数上进行梯度下降，下降的距离由学习率和局部梯度大小决定。当前模型参数(图中虚线部分)经优化后能更好地拟合当前批次数据(实线部分)

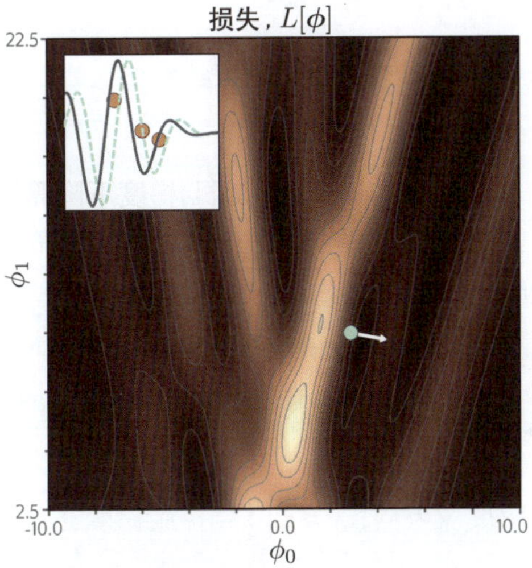

(c) 不同批次的数据会构建不同的损失函数，从而导致不同的优化方向

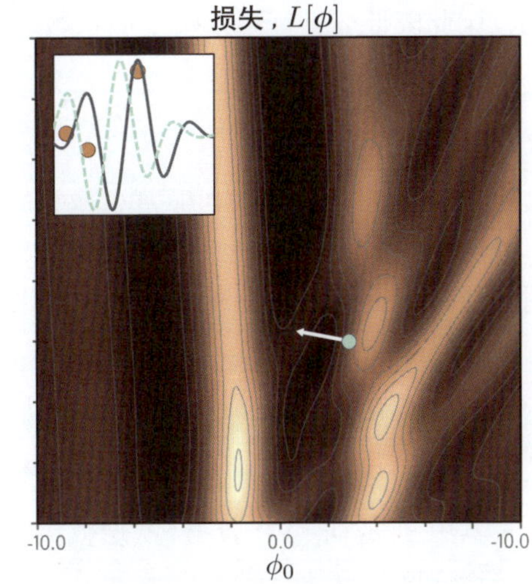

(d) 在当前批次中，算法根据损失函数导数方向进行梯度下降，该方向在全局损失函数上反而是上升方向。这就是SGD脱离局部最小值的方式

图6.6　另一种视角下，在批次大小为3时，使用随机梯度下降法(SGD)训练 Gabor 模型的效果

6.2.2 随机梯度下降的特性

SGD具有几个优异的特性。第一，尽管它在训练路线上添加了噪声，但每次迭代仍能提升模型对数据子集的拟合能力。即使更新不是最优的，也通常是合理的。第二，因为优化过程中不放回地从整个数据集中随机抽取训练样本，所有训练样本都会做出同等的贡献。第三，计算梯度所需的计算成本较低，每次SGD只需要使用训练数据的一个子集即可。第四，它理论上可以逃离局部最小值。第五，它降低了受鞍点影响的可能性，无论如何都存在能让损失函数产生显著梯度的批次数据。最后，一些证据表明，SGD 能为神经网络模型找到在新数据上具有良好泛化性的模型参数(详见9.2节)。

SGD不一定能够达到传统意义上的收敛。我们希望当损失接近全局最小值时，所有数据点都能被模型很好地描述。此时无论选择哪个批次，梯度都会很小，参数的变化都不会太大。在实践中，SGD通常会设置学习率计划(learning rate schedule)。初始学习率 α 较大，然后每 N 个迭代会按照一个常数因子减小。这是因为在训练初期我们希望算法充分探索参数空间，在谷值之间跳跃，找到一个合理区域。在训练后期，我们已经大致处于一个正确位置，此时应更注重参数微调，因此降低 α 进行更小幅度的参数更新。

6.3 动量

随机梯度下降法的一个常见的改进方案是添加动量(Momentum)项。此时会使用当前批次计算的梯度和前一批次优化方向的加权组合来更新参数：

$$
\begin{aligned}
m_{t+1} &\leftarrow \beta \cdot m_t + (1-\beta)\sum_{i\in B_t}\frac{\partial \ell_i[\phi_t]}{\partial \phi} \\
\phi_{t+1} &\leftarrow \phi_t - \alpha \cdot m_{t+1}
\end{aligned}
\tag{6.11}
$$

其中 m_t 是动量(代表第 t 次迭代更新的幅度及方向)，$\beta \in [0,1)$ 控制梯度随时间的平滑程度，α 是学习率。

动量计算的递归式意味着模型参数更新的幅度及方向是所有历史梯度的加权和，其权重随着时间的推移而减小。如果这些梯度在各个迭代中的方向趋于一致，则有效学习率会增加；如果梯度方向是不断改变的，由于方向相反的项会相互抵消，则有效学习率会降低。最终效果是使训练轨迹更平滑，并减少了轨迹在谷值间反复振荡的情况(图6.7)。

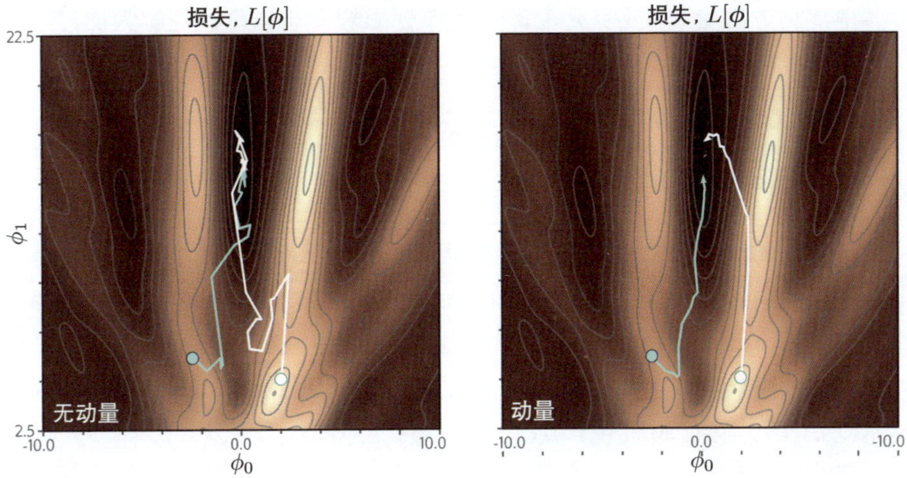

(a) 常规的随机梯度下降法通常以非直接的路径接近最小值

(b) 引入动量项后，当前阶段的优化方向是由前一阶段优化方向和当前批次数据中计算的梯度方向加权组合而来。这可以平滑轨迹并加快收敛

图6.7　含动量的随机梯度下降法

Nesterov 加速动量

动量项可被视为对SGD下一步移动方向的粗略预测。Nesterov加速动量(图6.8)会基于预测点位置(而不是当前位置)计算梯度：

$$
\begin{aligned}
m_{t+1} &\leftarrow \beta \cdot m_t + (1-\beta)\sum_{i \in B_t} \frac{\partial \ell_i[\phi_t - \alpha\beta \cdot m_t]}{\partial \phi} \\
\phi_{t+1} &\leftarrow \phi_t - \alpha \cdot m_{t+1}
\end{aligned}
\tag{6.12}
$$

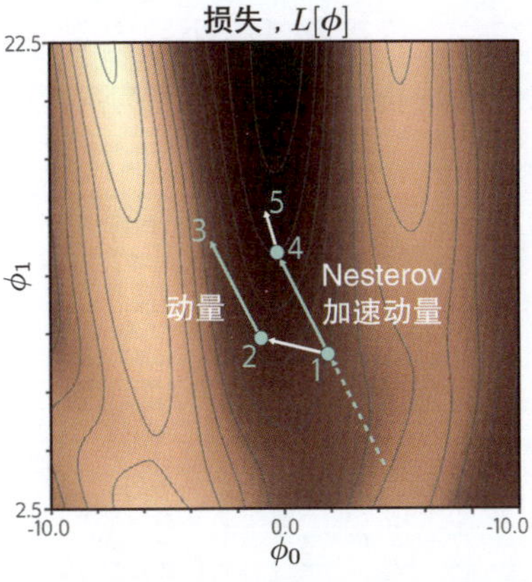

图6.8　Nesterov 加速动量。优化任务沿虚线进行，到达点1。传统的动量更新算法先计算点1处的梯度，沿该方向移到点2，然后受动量项(即沿着虚线方向)影响移到点3。Nesterov动量更新算法先考虑动量项的影响(从点1移到点4)，然后计算点4处梯度并沿该方向移到点5

其中优化方向受 $\phi_t - \alpha\beta \cdot m_t$ 项计算的梯度影响。这也可以理解为梯度项修正了原来仅与动量相关的方向。

6.4 Adam 优化器

固定步长的梯度下降法具有以下负面特性：它倾向于在梯度幅度较大时，移动很长一段距离(但此时可能应该更慎重)；当梯度幅度较小时，它的移动距离很短(但此时可能应当进一步探索)。当损失函数曲面中某个点的梯度在一个方向比另一个方向陡峭得多时，很难选择一个既能在两个方向取得较好的优化结果，又能保证稳定的学习率(图6.9(a)~(b))。

一种简单方法是归一化梯度，以便在每个方向移动一个固定距离(由学习率控制)。为此，我们首先计算梯度 m_{t+1} 和逐点平方梯度 v_{t+1}：

$$
\begin{aligned}
m_{t+1} &\leftarrow \frac{\partial L[\phi_t]}{\partial \phi} \\
v_{t+1} &\leftarrow \left(\frac{\partial L[\phi_t]}{\partial \phi}\right)^2
\end{aligned}
\tag{6.13}
$$

然后按照如下规则更新参数：

$$
\phi_{t+1} \leftarrow \phi_t - \alpha \cdot \frac{m_{t+1}}{\sqrt{v_{t+1}} + \epsilon} \tag{6.14}
$$

其中开方和除法运算都是逐点计算，α 是学习率，ϵ 是一个防止梯度为零时除零的小常数。v_{t+1} 是平方梯度，其开方结果将用于归一化梯度，这消除了梯度幅值的影响。结果是算法在每个维度移动一个固定距离 α，方向由下坡方向决定(图6.9(c))。这个简单算法能够保证在两个方向都能取得较好的优化结果。但它只有在正好落在最小值时才能收敛，否则会在最小值周围来回跳跃。

自适应矩估计(Adam)采用了上述策略，并在梯度和平方梯度的计算中都引入了动量因素：

$$
\begin{aligned}
m_{t+1} &\leftarrow \beta \cdot m_t + (1-\beta)\frac{\partial L[\phi_t]}{\partial \phi} \\
v_{t+1} &\leftarrow \gamma \cdot v_t + (1-\gamma)\left(\frac{\partial L[\phi_t]}{\partial \phi}\right)^2
\end{aligned}
\tag{6.15}
$$

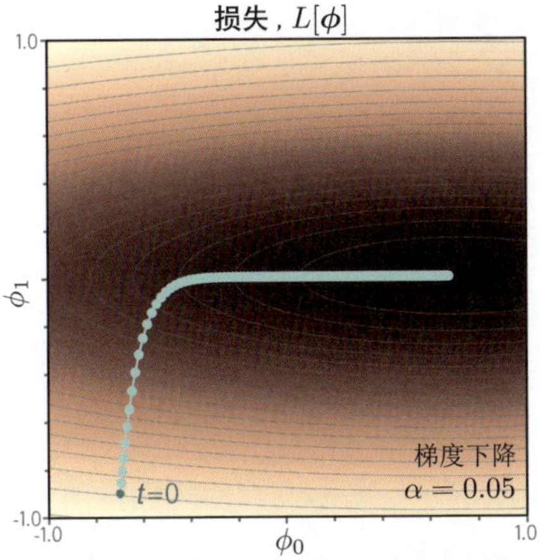

(a) 损失函数沿垂直方向变化快，而沿水平方向变化慢。如果使用在垂直方向上表现良好的学习率执行全批次梯度下降，则算法需要很长时间才能到达最终位置

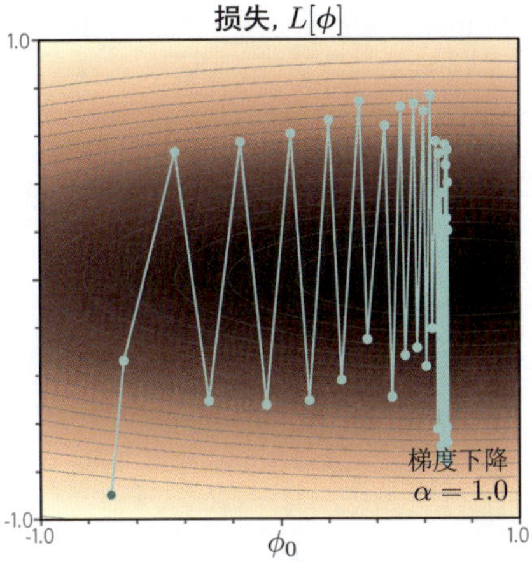

(b) 如果使用在水平方向上表现良好的学习率，则会在垂直方向上过度调整导致不稳定

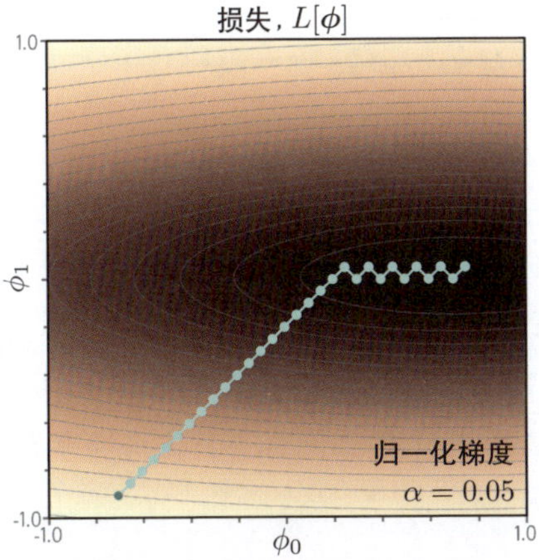

(c) 在每个阶段沿着各个轴移动固定的距离，以便在两个方向上都做到梯度下降。这可以通过归一化梯度幅值，只保留其符号来完成。使用此策略通常无法收敛到精确的最小值，而是在其周围来回振荡(图中最后两个点)

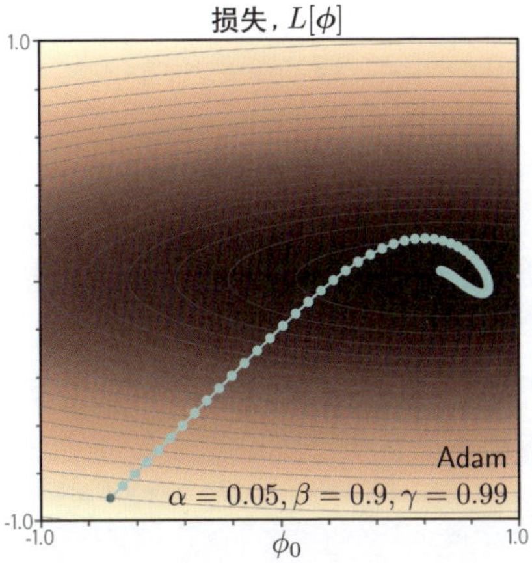

(d) Adam算法在计算梯度及其归一化项时都考虑了动量，从而能够得到更平滑的路径

图6.9　Adam算法

其中β和γ是这两个统计量的动量系数。

引入动量相当于每个统计量的历史测量值的加权和。在训练刚开始时，没有历史测量值(默认为0)，这会导致此阶段计算的统计量非常小。因此，我们使用以下规则修正这些统计量：

$$\begin{aligned}\tilde{m}_{t+1} &\leftarrow \frac{m_{t+1}}{1-\beta^{t+1}} \\ \tilde{v}_{t+1} &\leftarrow \frac{v_{t+1}}{1-\gamma^{t+1}}\end{aligned} \tag{6.16}$$

由于β和γ在$[0,1)$范围内，所以带有$t+1$次方的项会随着迭代次数t的增大而减小，分母会逐渐接近1，上式对统计量的影响也逐渐减弱。

最后，我们使用修改后的项，按照原来的规则更新参数：

$$\phi_{t+1} \leftarrow \phi_t - \alpha \cdot \frac{\tilde{m}_{t+1}}{\sqrt{\tilde{v}_{t+1}} + \epsilon} \tag{6.17}$$

最终，可获得一个既可收敛到全局最小值，又在参数空间的每个方向上都能取得良好优化结果的算法。值得注意的是，Adam通常应用于随机梯度下降的场景，即梯度及其平方基于批次数据计算得来：

$$\begin{aligned}m_{t+1} &\leftarrow \beta \cdot m_t + (1-\beta)\sum_{i\in B_t}\frac{\partial \ell_i[\phi_t]}{\partial \phi} \\ v_{t+1} &\leftarrow \gamma \cdot v_t + (1-\gamma)\left(\sum_{i\in B_t}\frac{\partial \ell_i[\phi_t]}{\partial \phi}\right)^2\end{aligned} \tag{6.18}$$

因此实际使用中产生的训练轨迹是包含噪声的。

第7章中将推导出神经网络参数的梯度大小受网络深度影响的结论。Adam有助于补偿这种趋势，平衡不同层之间的差异。在实践中，Adam还具有对初始学习率不敏感的优点，因此避免了类似于图6.9(a)~(b)中的情况，不需要复杂的学习率计划。

6.5 训练算法超参数

参数优化方法、批次大小、学习率计划和动量系数都可视为训练算法的超参数(hyperparameters)，这些超参数会直接影响模型的最终训练结果。但与模型参数不同，选择超参数时通常使用不同的超参数训练多个模型，然后从中选择最佳模型。这个过程被称为超参数搜索(hyperparameter search)。我们将在第8章详细讨论该问题。

6.6 本章小结

本章讨论了模型训练过程。这一问题可描述为找到损失函数 $L[\phi]$ 最小值时对应的模型参数 ϕ。梯度下降法计算当前参数下损失函数的梯度(即当参数发生微小变动时，损失如何变化)。然后参数将沿损失降低最快的方向移动，重复上述过程直至收敛。

对于非线性函数，损失函数中可能存在局部最小值(梯度下降会陷在其中)和鞍点(梯度下降看似收敛但实际上并没有)。随机梯度下降法有助于缓解上述问题。在每个迭代，我们使用数据集中不同的随机子集(批次数据)计算梯度。这能在梯度下降过程中引入噪声，以防止算法陷入参数空间的次优区域。同时，由于每个迭代只使用数据的一个子集，因此计算成本更低。在此过程中，添加动量项可使收敛更有效。最后，我们介绍了Adam算法。

本章的思路适用于优化任何模型。下一章将介绍神经网络训练的另外两个问题。首先，将讨论如何计算损失函数在神经网络参数下的梯度，这一环节将介绍著名的反向传播算法。然后，将讨论在优化开始前如何初始化网络参数。如果没有很好的初始化，优化时计算的梯度可能会异常大或异常小，从而阻碍训练过程。

6.7 注释

优化算法(Optimization algorithms)：优化算法被广泛应用于工程领域，优化主体通常被称为目标函数(objective function)，而非损失函数或代价函数。梯度下降法是由 Cauchy(1847)发明的，随机梯度下降法至少可以追溯到 Robbins & Monro(1951)。二者之间的折中方案是随机方差下降法(Johnson & Zhang，2013)，该方法周期性地计算完整的梯度，过程中穿插随机更新操作。神经网络优化算法的综述详见 Ruder(2016)、Bottou 等人(2018)和 Sun(2020)。Bottou(2012)讨论了SGD的最佳实践，包括不放回的随机样本抽取。

凸性、最小值和鞍点：如果函数曲面上任意两点之间的线段都不与函数相交，则该函数是凸函数。上述性质可通过Hessian矩阵(也有书中用“海森矩阵”或“黑塞矩阵”)(二阶导数矩阵)验证：

$$\boldsymbol{H}[\phi]=\begin{bmatrix}\frac{\partial^2 L}{\partial \phi_0^2} & \frac{\partial^2 L}{\partial \phi_0 \partial \phi_1} & \cdots & \frac{\partial^2 L}{\partial \phi_0 \partial \phi_N} \\ \frac{\partial^2 L}{\partial \phi_1 \partial \phi_0} & \frac{\partial^2 L}{\partial \phi_1^2} & \cdots & \frac{\partial^2 L}{\partial \phi_1 \partial \phi_N} \\ \vdots & \vdots & \ddots & \vdots \\ \frac{\partial^2 L}{\partial \phi_N \partial \phi_0} & \frac{\partial^2 L}{\partial \phi_N \partial \phi_1} & \cdots & \frac{\partial^2 L}{\partial \phi^2_N}\end{bmatrix} \tag{6.19}$$

如果损失函数的Hessian 矩阵是正定的(即特征值均为正)，则该函数是凸函数。此时，损失函数看起来像一个光滑的碗(见图6.1(c))，因此训练相对容易。同时，函数存在一个全局最小值，没有局部最小值或鞍点。

对于任何损失函数，可根据 Hessian 矩阵的特征值(eigenvalues)判断梯度为零的点是最小值(所有特征值均为正)、最大值(所有特征值均为负)还是鞍点(正特征值代表与最小值相对的方向，负特征值代表与最大值相对的方向)。

线搜索(Line search)：移动距离完全取决于梯度的幅度，因此基于固定补偿的梯度下降法的效率低下。当梯度幅度较大时，它会移动很长一段距离(但此时可能应该更慎重)；当梯度幅度较小时，它的移动距离很短(但此时可能应当进一步探索)。因此，梯度下降法通常与线搜索方法结合使用。

在线搜索方法中，我们在所需方向上对函数进行采样，尝试找到最佳步长。一种方法是图6.10中描述的分组法(bracketing)。梯度下降法的另一个问题是在寻找最小值的过程中，往往会产生低效率的振荡(如图6.5(a)中的路径1)。

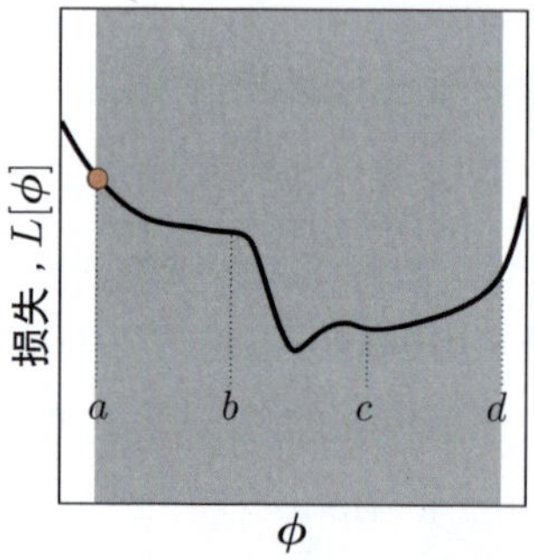

(a) 当前解位于位置a(橙色点)，我们希望在$[a,d]$(灰色阴影区域)内进行搜索。首先在搜索区域内定义两个点b、c，评估b、c点上的损失函数。这里$L[b]>L[c]$，因此可排除范围$[a,b]$

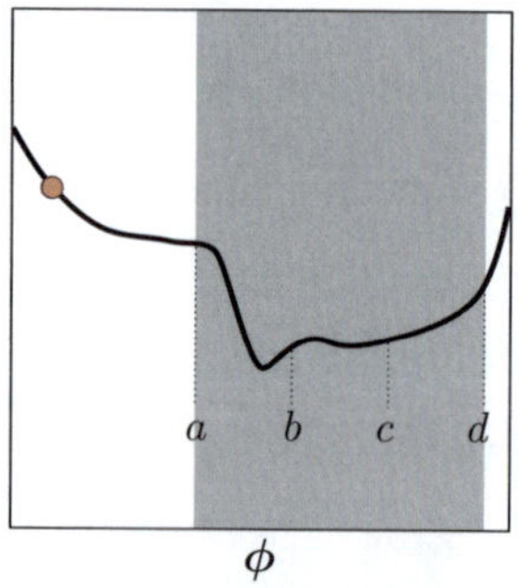

(b) 接下来重复上述过程以细化搜索区域，由于$L[b]<L[c]$，因此可排除范围$[c,d]$

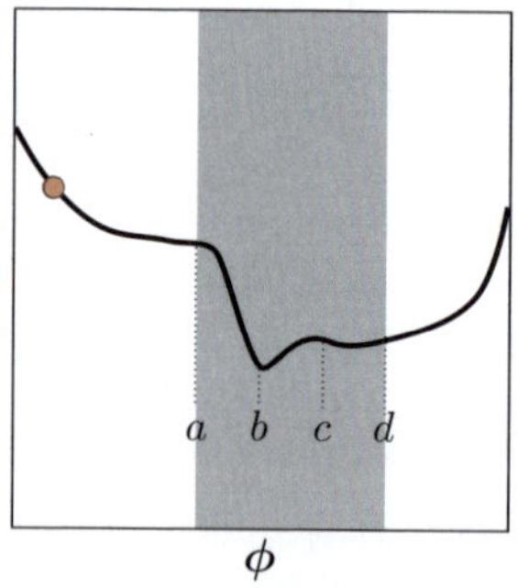

(c) 继续重复上述过程，直至找到最小值

图6.10　使用分组法进行线搜索

梯度下降法改进：针对梯度下降法存在的问题，许多算法提供了自己的解决方案。其中最著名的是牛顿法，它使用Hessian的逆矩阵描述曲面的曲率。如果函数的梯度变化很快，则更新时会更加慎重。牛顿法不需要线搜索，也不会产生振荡的情况。然而它存在新的问题：在最简单的情况下，它会向最近的极值点移动，但如果这个点更靠近顶部而不是谷底，这个极值点可能是极大值点。此外，当模型参数量很大时(如神经网络)，无法计算Hessian矩阵。

SGD的性质：当学习率趋近于零时，SGD的极限是一个随机微分式。Jastrzębski 等人 (2018) 认为这个式子受学习率与批次大小比例的影响，学习率与批次大小的比值与找到的最小值的范围之间存在关联，且最小值范围较大时更有效。如果测试数据的损失函数与训练数据相似，则参数估计中的小误差对测试性能的影响很小。He 等人(2019) 证明了SGD的泛化区间与批次大小和学习率的比值呈正相关。他们在不同的架构和数据集上训练了大量模型，并总结出经验性结论：即当批次大小和学习率的比值较小时，测试集的性能较高。Smith 等人 (2018) 和 Goyal 等人(2018)也将批次大小和学习率的比值视为影响泛化性的重要因素(详见图20.10)。

动量(Momentum)：使用动量来加速优化过程的想法可以追溯到 Polyak(1964)。Goh(2017)深入讨论了动量的特性。Nesterov加速动量的概念由Nesterov(1983)提出。Nesterov加速动量首先由 Sutskever 等人(2013)用于改进随机梯度下降法。

自适应训练算法：AdaGrad(Duchi 等，2011)通过为每个参数分配不同的学习率，解决了不同参数需要移动不同距离的问题。AdaGrad使用每个参数的累计平方梯度进行学习率衰减，这会导致学习率随时间的推移而减小，很可能在找到最小值之前学习就会停止。RMSProp(Hinton 等，2012a)和 AdaDelta(Zeiler，2012)通过递归更新平方梯度项改进了此算法，以避免过早停止的问题。

到目前为止，使用最广泛的自适应训练算法是 Adam(Kingma & Ba，2015)。Adam结合了动量(梯度向量不随时间变化)和 AdaGrad、AdaDelta及 RMSProp(使用平滑的平方梯度项调整每个参数的学习率)的做法。Adam算法的原始论文证明了该算法在凸损失函数下收敛，但Reddi等人(2018)发现了一个反例，他们提出一种称为AMSGrad的改进方案，AMSGrad能够保证收敛。由于在深度学习中损失函数是非凸的，Zaheer等人(2018)提出一种名为YOGI的自适应算法，并证明了它在非凸函数优化任务中也能收敛。无论如上改进方案针对Adam算法提出了多少质疑，在实践中由于其可以在广泛的超参数范围内完成优化任务，并可快速完成初步优化，基础的Adam算法仍然被广泛使用且总能得到较好的结果。

自适应训练算法的一个潜在问题是学习率的变化会基于历史观测到的梯度的统计数据进行。这就导致在训练刚刚开始时，由于观测样本很少，统计数据会包含大量噪声。此时可以通过Goyal等人在2018年提出的学习率热身(warm-up)方案解决该问题，学习率在前几千次迭代中逐渐增加。另一种解决方案是改进Adam(Liu 等，2021a)，使其随着时间推移逐渐改变动量项，以避免高方差的影响。Dozat(2016)提出将Nesterov动量引入Adam算法。

SGD与Adam的比较：SGD和Adam的相对优缺点一直是讨论的热点。Wilson等人(2017) 证明了含有动量项的SGD可找到比Adam更低的最小值，但Adam在各种深度学习任务中具有更好的泛化性能。理论上如果把式(6.16)中的参数项替换为1，就能很快发现SGD是Adam的一个特例($\beta=0, \gamma=1$ 时)。因此在使用Adam默认超参数时，SGD优于Adam的可能性更大。Loshchilov & Hutter(2019)提出了AdamW，该方法通过引入L2正则大幅提高了Adam的性能(见9.1节)。Choi等人(2019)证明了在最优超参数下，Adam可以取得与SGD一样的效果，且收敛更快。Keskar & Socher(2017)提出了称为SWATS的方法，该方法首先使用Adam(快速优化得到一个初步结果)，然后切换到SGD(以获得更好的最终泛化性能)。

穷举搜索(Exhaustive search)：本章讨论的所有算法都是迭代进行的。还存在另一种完全不同的方法，此类方法能够量化网络参数并使用SAT求解器(Mézard & Mora, 2009)穷举搜索所得的离散参数空间。这类方法同样能够找到全局最小值，但仅适用于非常小的模型。

6.8 问题

问题6.1 证明式(6.5)中最小二乘损失函数的导数为式(6.7)。

问题6.2 如果Hessian矩阵 $\boldsymbol{H}[\phi]$ 的所有特征值都为正，则曲面一定是凸的。这种情况下，曲面具有唯一的最小值，易于优化。计算线性回归模型(式(6.5))的Hessian矩阵。证明这个函数是凸的。可以证明特征值总是正的或者证明矩阵的迹(trace)和行列式(determinant)都为正。

$$\boldsymbol{H}[\phi]=\begin{bmatrix} \dfrac{\partial^2 L}{\partial \phi_0^2} & \dfrac{\partial^2 L}{\partial \phi_0 \partial \phi_1} \\ \dfrac{\partial^2 L}{\partial \phi_1 \partial \phi_0} & \dfrac{\partial^2 L}{\partial \phi_1^2} \end{bmatrix} \tag{6.20}$$

问题 6.3　计算Gabor模型(式(6.8))的最小二乘损失 $L[\phi]$ 在参数 ϕ_0 和 ϕ_1 下的导数。

问题 6.4*　逻辑回归模型使用线性函数将输入x分配到两个类别 $y \in \{0,1\}$ 之一。在输入输出都只有一维时，模型参数包含 ϕ_0 和 ϕ_1，由下式定义：

$$Pr(y=1|x) = \text{sig}[\phi_0 + \phi_1 x] \tag{6.21}$$

其中 $\text{sig}[\bullet]$ 是logistic sigmoid 函数：

$$\text{sig}[z] = \frac{1}{1+\exp[-z]} \tag{6.22}$$

(1) 对于这个模型，取不同的 ϕ_0 和 ϕ_1 绘制y关于x的曲线，并解释每个参数的定性含义。

(2) 对于这个模型，合适的损失函数是什么？

(3) 计算这个损失函数关于参数的导数。

(4) 从均值为-1、标准差为1的正态分布中生成10个数据点，并将它们标记为 $y=0$。从另一个均值为1、标准差为1的正态分布中生成另外10个数据点，并将它们标记为 $y=1$。根据两个参数 ϕ_0 和 ϕ_1 绘制损失函数的热力图。

(5) 这个损失函数是凸的吗？若是，请证明。

问题 6.5*　计算式(3.1)中介绍的神经网络模型的最小二乘损失相对于10个参数的导数：

$$f[x,\phi] = \phi_0 + \phi_1 a[\theta_{10} + \theta_{11}x] + \phi_2 a[\theta_{20} + \theta_{21}x] + \phi_3 a[\theta_{30} + \theta_{31}x] \tag{6.23}$$

仔细考虑ReLU函数 $a[\bullet]$ 的导数是什么。

问题6.6　图6.11中哪些函数是凸的？请说明理由。依次说明点1~7属于局部最小值、全局最小值还是其他。

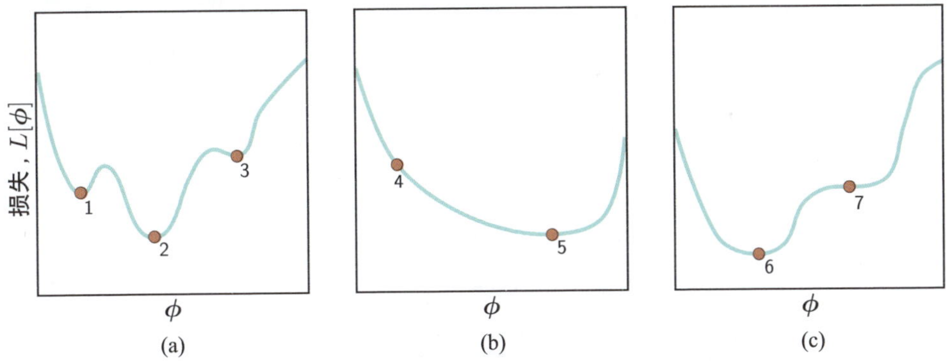

图6.11　问题6.6中提到的3个一维损失函数

问题6.7* 图6.5(a)中路径1的梯度下降过程会在山谷间来回振荡，效率低下。值得注意的是，它在每一步都以与上一个方向垂直的角度转动。请解释这种现象，并提出一个能改善这种问题的方案。

问题6.8* 具有固定学习率的非随机梯度下降法可以逃脱局部最小值吗？

问题6.9 对一个大小为100的数据集进行了1000次迭代的随机梯度下降算法，批次大小为20。我们最终训练了多少个epoch？

问题6.10 证明式(6.11)中的动量项 m_t 是历史迭代梯度的无限加权和，并推导出该和的系数(权重)表达式。

问题6.11 如果模型有100万个参数，Hessian矩阵的维度是多少？

第 7 章

梯度与参数初始化

第6章介绍了一系列通用的寻找函数最小值的迭代优化算法。在神经网络模型训练过程中，算法通过最小化损失的方式，获得使模型能够根据输入正确预测输出的参数。基本方法是先随机初始化参数，然后通过小幅度的参数更新降低平均损失。每一次更新都受损失函数在当前位置相对于参数的梯度的影响。

本章讨论了神经网络模型训练过程中的两个特定问题。首先是如何有效地计算梯度。在撰写本书时最大的神经网络模型已包含 10^{12} 个参数，在训练时每个迭代都需要为全部参数计算梯度，这是个巨大的挑战。其次是如何初始化参数，如果不能很好地初始化参数，初始损失及梯度可能会异常大或异常小，这两种情况都会阻碍训练正常进行。

7.1 问题定义

定义一个神经网络模型 $\mathbf{f}[\mathbf{x},\boldsymbol{\phi}]$，其中 $\mathbf{x}$ 为多元输入，$\boldsymbol{\phi}$ 为模型参数。网络包含三个隐藏层 $\mathbf{h}_1$、$\mathbf{h}_2$ 和 $\mathbf{h}_3$：

$$\begin{aligned}\mathbf{h}_1 &= \mathbf{a}[\boldsymbol{\beta}_0 + \boldsymbol{\Omega}_0\mathbf{x}]\\ \mathbf{h}_2 &= \mathbf{a}[\boldsymbol{\beta}_1 + \boldsymbol{\Omega}_1\mathbf{h}_1]\\ \mathbf{h}_3 &= \mathbf{a}[\boldsymbol{\beta}_2 + \boldsymbol{\Omega}_2\mathbf{h}_2]\\ \mathbf{f}[\mathbf{x},\boldsymbol{\phi}] &= \boldsymbol{\beta}_3 + \boldsymbol{\Omega}_3\mathbf{h}_3\end{aligned} \tag{7.1}$$

其中函数 $a[\bullet]$ 是作用于所有输入元素的激活函数(activation function)。模型参数 $\boldsymbol{\phi}=\{\boldsymbol{\beta}_0,\boldsymbol{\Omega}_0,\boldsymbol{\beta}_1,\boldsymbol{\Omega}_1,\boldsymbol{\beta}_2,\boldsymbol{\Omega}_2,\boldsymbol{\beta}_3,\boldsymbol{\Omega}_3\}$ 由每层的偏置向量 $\boldsymbol{\beta}_k$ 和权重矩阵 $\boldsymbol{\Omega}_k$ 组成(图7.1)。

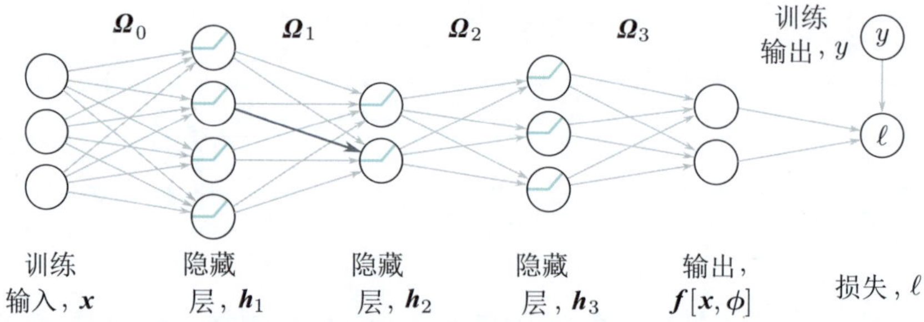

图7.1 反向传播算法的前向传递过程。反向传播的目标是计算损失ℓ在每个权重(箭头)和偏置(未显示)下的导数，即知道参数的变化如何影响损失。由于前向传播过程中每个权重会与其源隐藏单元的激活值相乘并将结果传递给目标隐藏单元，这意味着源隐藏单元激活值的变化能够缩放权重的影响。例如，蓝色箭头对应的权重作用于第一层的第二个隐藏单元，如果该单元的激活值翻倍，则蓝色箭头对应的权重导致的改变也将翻倍。因此为了计算权重的导数，还需要计算并储存每个隐藏层的激活值。由于该过程需要按顺序执行网络计算，因此被称为前向传递

定义一个损失项ℓ_i，它能计算模型预测结果$\boldsymbol{f}[\boldsymbol{x}_i,\boldsymbol{\phi}]$和训练输入数据$\boldsymbol{x}_i$对应的真值标签$y_i$之间的负似然对数。$\ell_i$可能是最小二乘损失，即$\ell_i=(\boldsymbol{f}[\boldsymbol{x}_i,\boldsymbol{\phi}]-y_i)^2$。总损失是训练数据上这些项的总和。

$$L[\boldsymbol{\phi}]=\sum_{i=1}^{I}\ell_i \tag{7.2}$$

训练神经网络最常用的优化算法是随机梯度下降法(SGD)，它的参数更新策略如下：

$$\boldsymbol{\phi}_{t+1}\leftarrow\boldsymbol{\phi}_t-\alpha\sum_{i\in B_t}\frac{\partial\ell_i[\boldsymbol{\phi}_t]}{\partial\boldsymbol{\phi}} \tag{7.3}$$

其中α是学习率B_t包含第t次迭代的批次数据索引。为了计算更新量，我们需要对各个参数分别计算导数：

$$\frac{\partial\ell_i}{\partial\boldsymbol{\beta}_k}\quad\text{和}\quad\frac{\partial\ell_i}{\partial\boldsymbol{\Omega}_k} \tag{7.4}$$

其中$\{\boldsymbol{\beta}_k,\boldsymbol{\Omega}_k\}$是第$k\in\{0,1,\ldots,K\}$层的网络参数，$i$是批次的索引。本章第一部分介绍反向传播算法(backpropagation algorithm)，该算法可以有效地计算上述导数。

本章的第二部分介绍在训练开始前如何初始化网络参数，其中将介绍能够保证训练稳定的初始化权重$\boldsymbol{\Omega}_k$和偏置$\boldsymbol{\beta}_k$的方法。

7.2　计算导数

损失函数的导数能够描述当参数发生微小变化时损失如何变化。优化算法利用这个信息调节参数，使损失变小。反向传播算法能够有效地计算这些导数。它的数学原理有些复杂，所以先以两个现象为例提供一些感性认识。

现象1：每个权重($\boldsymbol{\Omega}_k$中的元素)与源隐藏单元的激活值相乘，将结果传递到下一层的目标隐藏单元。因此权重的改变会影响源隐藏单元激活值的输出。所以我们使用批次中的全部数据样本运行网络，并存储所有隐藏单元的激活值。这一过程被称为前向传递(forward pass)。存储下来的激活值将用于计算梯度。

现象2：偏置或权重的微小变化会对后续网络输出产生连锁反应。首先会影响其目标隐藏单元的输出值，随后会影响后续层隐藏单元的输出，直到影响模型输出并最终影响损失。

为了明确参数的改变如何影响损失，我们需要了解各隐藏层的变化如何影响后续层。由于计算深层隐藏层输出时，需要反复使用到浅层隐藏层的输出，因此我们可以仅计算一次各层的输出并重复使用。例如，分析隐藏层$\boldsymbol{h}_3$、$\boldsymbol{h}_2$和$\boldsymbol{h}_1$的权重变化的影响。

(1) 为了分析$\boldsymbol{h}_3$层的权重和偏置如何影响损失，我们需要依次分析：$\boldsymbol{h}_3$层的变化如何影响模型输出$\boldsymbol{y}$；输出的变化如何影响损失ℓ(图7.2(a))。

(2) 为了分析$\boldsymbol{h}_2$层的权重和偏置如何影响损失，我们需要依次分析：$\boldsymbol{h}_2$层的变化如何影响$\boldsymbol{h}_3$；$\boldsymbol{h}_3$层的变化如何影响模型输出$\boldsymbol{y}$；输出的变化如何影响损失ℓ(图7.2(b))。

(3) 为了分析$\boldsymbol{h}_1$层的权重和偏置如何影响损失，我们需要依次分析：$\boldsymbol{h}_1$层的变化如何影响$\boldsymbol{h}_2$；$\boldsymbol{h}_2$层的变化如何影响$\boldsymbol{h}_3$；$\boldsymbol{h}_3$层的变化如何影响模型输出$\boldsymbol{y}$；输出的变化如何影响损失ℓ(图7.2(c))。

沿反方向进行模型计算时，由于许多项已经在前向传播过程中计算过，因此不需要重复计算。这种反向遍历网络计算导数的方式被称为反向传递(backward pass)。

反向传递的思路相对容易理解，但因为偏置和权重项分别为向量和矩阵，推导过程包含矩阵微积分。为了帮助理解机制，下一节将针对一个带有标量参数的简单示例推导反向传递过程。7.4节将此方法应用于深度神经网络。

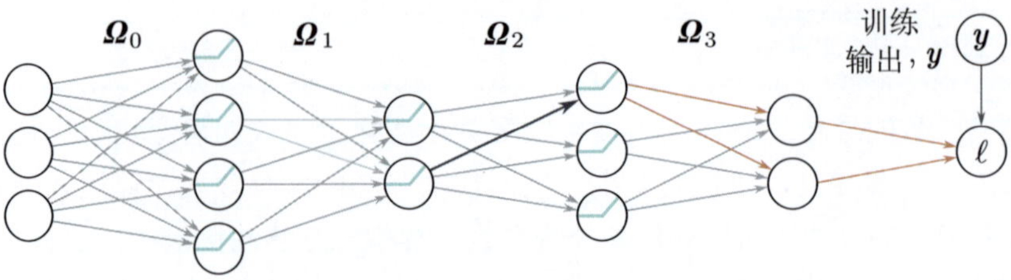

(a) 为了计算一个输入 $\boldsymbol{h}_3$ 层的权重(蓝箭头)对损失函数的影响，我们需要知道 $\boldsymbol{h}_3$ 层的隐藏单元如何影响模型输出$\boldsymbol{y}$，以及$\boldsymbol{y}$如何影响损失函数(橙色箭头)

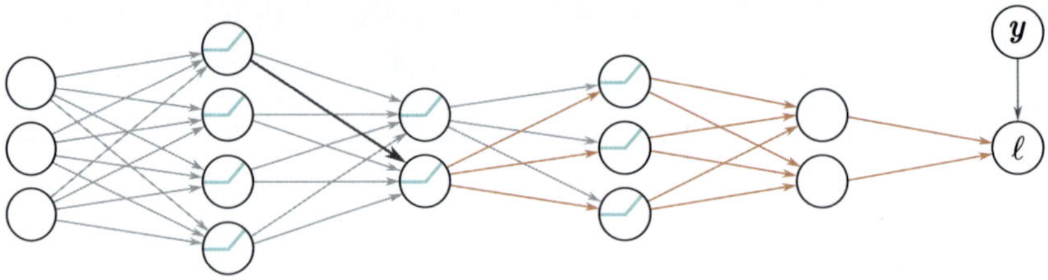

(b) 为计算输入 $\boldsymbol{h}_2$ 层的权重(蓝箭头)对损失函数的影响，我们需要知道：(i) $\boldsymbol{h}_2$ 层的隐藏单元如何影响 $\boldsymbol{h}_3$ 层，(ii) $\boldsymbol{h}_3$ 层如何影响$\boldsymbol{y}$，(iii)$\boldsymbol{y}$如何影响损失函数(橙色箭头)

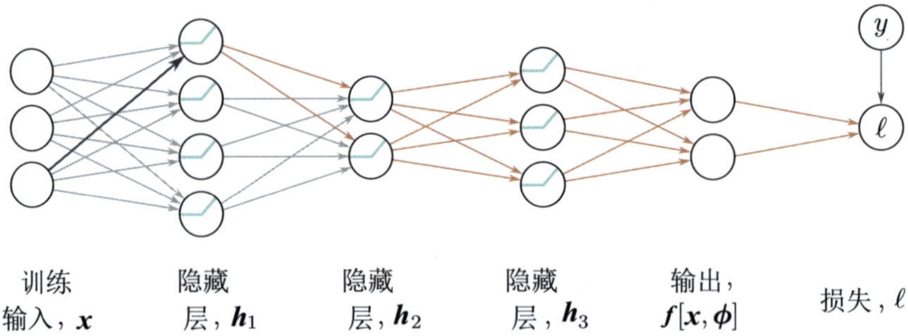

(c) 为了计算输入 $\boldsymbol{h}_1$ 层的权重(蓝箭头)对损失函数的影响，我们需要知道 $\boldsymbol{h}_1$ 层如何影响 $\boldsymbol{h}_2$ 层及这些影响如何传播到损失函数(橙色箭头)。反向传递过程首先计算网络末端的导数值，然后利用存储的信息，逐步反向计算导数

图7.2　反向传播算法的反向传递过程

7.3 简单示例

定义一个模型$f[x,\phi]$，其中参数ϕ包含8个标量$\phi=\{\beta_0,\omega_0,\beta_1,\omega_1,\beta_2,\omega_2,\beta_3,\omega_3\}$，由 sin[•]、exp[•] 和 cos[•] 函数组合而成：

$$f[x,\phi]=\beta_3+\omega_3\cdot\cos\left[\beta_2+\omega_2\cdot\exp\left[\beta_1+\omega_1\cdot\sin\left[\beta_0+\omega_0\cdot x\right]\right]\right] \tag{7.5}$$

定义模型f最小二乘损失函数$L[\phi]=\sum_i \ell_i$，其中ℓ_i项为：

$$\ell_i=(f[x_i,\phi]-y_i)^2 \tag{7.6}$$

其中 x_i 是第 i 个训练输入，y_i 是第 i 个训练输出。可将其想象成一个仅包含单一输入和单一输出的神经网络，每层仅包含一个隐藏单元，层间使用不同的激活函数 $\sin[\bullet]$、$\exp[\bullet]$ 和 $\cos[\bullet]$。

我们的目标是计算以下导数：

$$\frac{\partial \ell_i}{\partial \beta_0}, \frac{\partial \ell_i}{\partial \omega_0}, \frac{\partial \ell_i}{\partial \beta_1}, \frac{\partial \ell_i}{\partial \omega_1}, \frac{\partial \ell_i}{\partial \beta_2}, \frac{\partial \ell_i}{\partial \omega_2}, \frac{\partial \ell_i}{\partial \beta_3} \text{和} \frac{\partial \ell_i}{\partial \omega_3}$$

可以手动推导导数表达式并直接计算，但是其中一些表达式非常复杂。例如：

$$\begin{aligned}
\frac{\partial \ell_i}{\partial \omega_0} = & -2\Big(\beta_3 + \omega_3 \cdot \cos\big[\beta_2 + \omega_2 \cdot \exp\big[\beta_1 + \omega_1 \cdot \sin[\beta_0 + \omega_0 x]\big]\big] - y_i\Big) \\
& \cdot \omega_1 \omega_2 \omega_3 \cdot x_i \cdot \cos[\beta_0 + \omega_0 \cdot x] \cdot \exp\big[\beta_1 + \omega_1 \cdot \sin[\beta_0 + \omega_0 \cdot x_i]\big] \\
& \cdot \sin\big[\beta_2 + \omega_2 \cdot \exp\big[\beta_1 + \omega_1 \cdot \sin[\beta_0 + \omega_0 \cdot x_i]\big]\big]
\end{aligned} \tag{7.7}$$

这类表达式很难推导并编程实现，而且即使三个指数项是相同的，也没有办法简化计算。反向传播算法可以一次性计算所有导数。它包括：正向传递过程(计算并存储一系列中间值和网络输出)及反向传递过程(从网络的末端开始计算每个参数的导数，并在反向传递时尽可能重复使用正向传递存储的计算结果)。

正向传递：通过以下的一系列运算计算损失。

$$\begin{aligned}
f_0 &= \beta_0 + \omega_0 \cdot x_i \\
h_1 &= \sin[f_0] \\
f_1 &= \beta_1 + \omega_1 \cdot h_1 \\
h_2 &= \exp[f_1] \\
f_2 &= \beta_2 + \omega_2 \cdot h_2 \\
h_3 &= \cos[f_2] \\
f_3 &= \beta_3 + \omega_3 \cdot h_3 \\
\ell_i &= (f_3 - y_i)^2
\end{aligned} \tag{7.8}$$

按上式计算完成后，中间变量 f_k 和 h_k 的值将被存储下来(图7.3)。

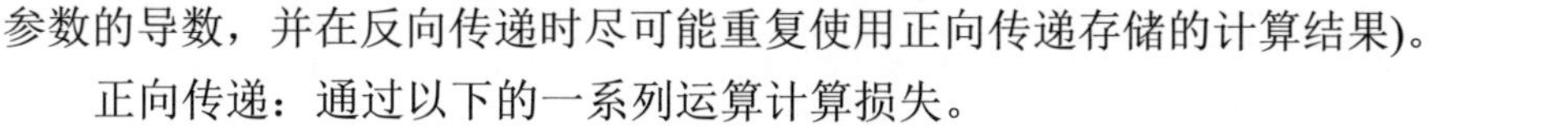

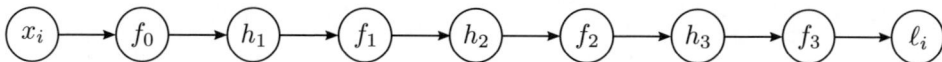

图7.3 反向传播算法前向传递过程。按顺序计算并存储所有中间变量，直至最终完成损失计算

反向传递1：反向计算 ℓ_i 在各中间变量下的导数。

$$\frac{\partial \ell_i}{\partial f_3},\frac{\partial \ell_i}{\partial h_3},\frac{\partial \ell_i}{\partial f_2},\frac{\partial \ell_i}{\partial h_2},\frac{\partial \ell_i}{\partial f_1}\text{和}\frac{\partial \ell_i}{\partial f_0} \tag{7.9}$$

第一个导数很简单：

$$\frac{\partial \ell_i}{\partial f_3}=2(f_3-y_i) \tag{7.10}$$

下一个导数可以使用链式法则计算：

$$\frac{\partial \ell_i}{\partial h_3}=\frac{\partial f_3}{\partial h_3}\frac{\partial \ell_i}{\partial f_3} \tag{7.11}$$

等式左边描述了 ℓ_i 如何随着 h_3 的变化而变化。等式右边可分解为：① f_3 如何随着 h_3 的变化而变化；② ℓ_i 如何随着 f_3 的变化而变化。h_3 通过影响 f_3 的方式最终影响了 ℓ_i，在此过程中导数描述了这个链条的影响。等式右边的第一项已在式(7.10)中计算，第二项为 $\beta_3+\omega_3\cdot h_3$ 关于 h_3 的导数，即 ω_3。

可按上述方式继续推导其他中间变量的导数(图7.4)：

$$\begin{aligned}
\frac{\partial \ell_i}{\partial f_2}&=\frac{\partial h_3}{\partial f_2}\left(\frac{\partial f_3}{\partial h_3}\frac{\partial \ell_i}{\partial f_3}\right)\\
\frac{\partial \ell_i}{\partial h_2}&=\frac{\partial f_2}{\partial h_2}\left(\frac{\partial h_3}{\partial f_2}\frac{\partial f_3}{\partial h_3}\frac{\partial \ell_i}{\partial f_3}\right)\\
\frac{\partial \ell_i}{\partial f_1}&=\frac{\partial h_2}{\partial f_1}\left(\frac{\partial f_2}{\partial h_2}\frac{\partial h_3}{\partial f_2}\frac{\partial f_3}{\partial h_3}\frac{\partial \ell_i}{\partial f_3}\right)\\
\frac{\partial \ell_i}{\partial h_1}&=\frac{\partial f_1}{\partial h_1}\left(\frac{\partial h_2}{\partial f_1}\frac{\partial f_2}{\partial h_2}\frac{\partial h_3}{\partial f_2}\frac{\partial f_3}{\partial h_3}\frac{\partial \ell_i}{\partial f_3}\right)\\
\frac{\partial \ell_i}{\partial f_0}&=\frac{\partial h_1}{\partial f_0}\left(\frac{\partial f_1}{\partial h_1}\frac{\partial h_2}{\partial f_1}\frac{\partial f_2}{\partial h_2}\frac{\partial h_3}{\partial f_2}\frac{\partial f_3}{\partial h_3}\frac{\partial \ell_i}{\partial f_3}\right)
\end{aligned} \tag{7.12}$$

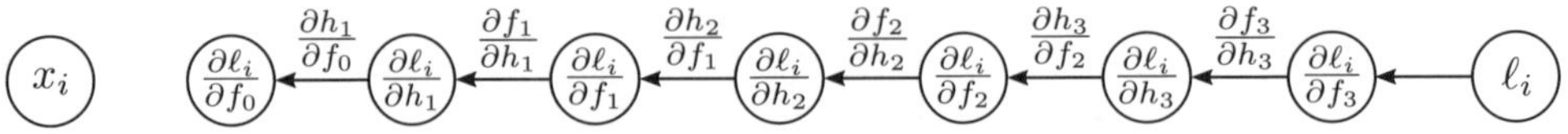

图7.4 反向传播算法反向传递过程1。我们从网络最后一层沿反方向依次计算损失函数关于中间变量的导数 $\partial\ell_i/\partial f_k$ 和 $\partial\ell_i/\partial h_k$。每个导数都基于之前计算的 $\partial f_k/\partial h_k$ 和 $\partial h_k/\partial f_{k-1}$ 累乘结果计算

对于每个导数，我们都已经在上一步计算了括号中的数值，因此最终计算方式非常简单。式(7.12)中的内容与上一节的现象2一致(图7.2)；即在反向计算导数的过程中，可以重复使用先前计算的导数。

反向传递2：我们还可以使用链式法则计算参数 β_k 和 ω_k 改变时损失 ℓ_i 如何变化(图7.5)：

$$\begin{aligned}\frac{\partial \ell_i}{\partial \beta_k} &= \frac{\partial f_k}{\partial \beta_k}\frac{\partial \ell_i}{\partial f_k}\\ \frac{\partial \ell_i}{\partial \omega_k} &= \frac{\partial f_k}{\partial \omega_k}\frac{\partial \ell_i}{\partial f_k}\end{aligned} \tag{7.13}$$

其中等号右侧的第二项已在式(7.12)中计算得到。

当 $k>0$ 时，$f_k=\beta_k+\omega_k\cdot h_k$，所以：

$$\frac{\partial f_k}{\partial \beta_k}=1 \quad 和 \quad \frac{\partial f_k}{\partial \omega_k}=h_k \tag{7.14}$$

这与上一节的现象1一致，即权重 ω_k 对损失的影响与源隐藏单元激活值 h_k 成正比(该值已在正向传递中计算并存储)。项 $f_0=\beta_0+\omega_0\cdot x_i$ 的最终导数是：

$$\frac{\partial f_0}{\partial \beta_0}=1 \quad 和 \quad \frac{\partial f_0}{\partial \omega_0}=x_i \tag{7.15}$$

反向传播比单独计算导数(式(7.7))更简单高效。

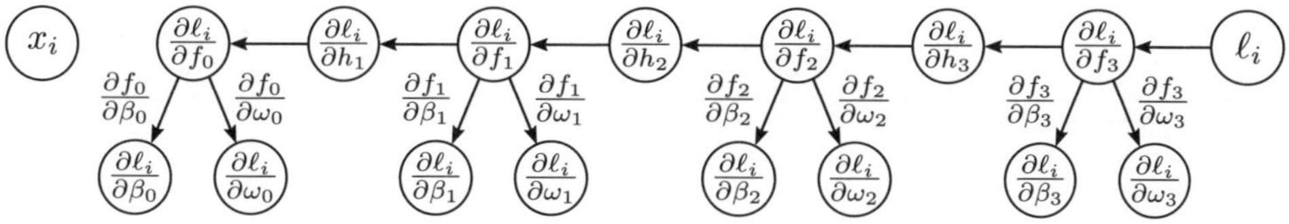

图7.5　反向传播算法反向传递过程2。计算导数 $\partial \ell_i/\partial \beta_k$ 和 $\partial \ell_i/\partial \omega_k$，其中每个导数都由 $\partial \ell_i/\partial f_k$ 与 $\partial f_k/\partial \beta_k$ 或 $\partial f_k/\partial \omega_k$ 相乘得来

7.4　反向传播算法

可将上述过程应用于三层神经网络模型中(图7.1)。大部分推导过程是相同的，主要区别在于：神经网络模型的中间变量 $\boldsymbol{f}_k$、$\boldsymbol{h}_k$、偏置 $\boldsymbol{\beta}_k$ 都是向量，权重 $\boldsymbol{\Omega}_k$ 是矩阵。激活函数使用了ReLU函数，而不是像 $\cos[\bullet]$ 这样的简单代数函数。

正向传递：通过以下一系列运算定义网络。

$$
\begin{aligned}
\boldsymbol{f}_0 &= \boldsymbol{\beta}_0 + \boldsymbol{\Omega}_0 \boldsymbol{x}_i \\
\boldsymbol{h}_1 &= \boldsymbol{a}[\boldsymbol{f}_0] \\
\boldsymbol{f}_1 &= \boldsymbol{\beta}_1 + \boldsymbol{\Omega}_1 \boldsymbol{h}_1 \\
\boldsymbol{h}_2 &= \boldsymbol{a}[\boldsymbol{f}_1] \\
\boldsymbol{f}_2 &= \boldsymbol{\beta}_2 + \boldsymbol{\Omega}_2 \boldsymbol{h}_2 \\
\boldsymbol{h}_3 &= \boldsymbol{a}[\boldsymbol{f}_2] \\
\boldsymbol{f}_3 &= \boldsymbol{\beta}_3 + \boldsymbol{\Omega}_3 \boldsymbol{h}_3 \\
\ell_i &= \boldsymbol{l}[\boldsymbol{f}_3, \boldsymbol{y}_i]
\end{aligned}
\tag{7.16}
$$

其中$\boldsymbol{f}_{k-1}$表示第k个隐藏层的预激活值(即ReLU函数$\boldsymbol{a}[\bullet]$的输入)，$\boldsymbol{h}_k$表示第k个隐藏层的激活值(即ReLU函数的输出)。$\boldsymbol{l}[\boldsymbol{f}_3, \boldsymbol{y}_i]$项表示损失函数，可以选择最小二乘损失或二元交叉熵损失。在正向传递过程中，网络会计算并存储所有中间结果。

反向传递1：接下来将讨论预激活值$\boldsymbol{f}_0, \boldsymbol{f}_1, \boldsymbol{f}_2$如何影响损失的变化。应用链式法则可以计算损失$\ell_i$关于$\boldsymbol{f}_2$的导数：

$$
\frac{\partial \ell_i}{\partial \boldsymbol{f}_2} = \frac{\partial \boldsymbol{h}_3}{\partial \boldsymbol{f}_2} \frac{\partial \boldsymbol{f}_3}{\partial \boldsymbol{h}_3} \frac{\partial \ell_i}{\partial \boldsymbol{f}_3} \tag{7.17}
$$

等式右边的三个项的维度分别为$D_3 \times D_3$、$D_3 \times D_f$和$D_f \times 1$，其中D_3是第三层隐藏单元的数量，D_f是模型输出$\boldsymbol{f}_3$的维度。

$$
\frac{\partial \ell_i}{\partial \boldsymbol{f}_1} = \frac{\partial \boldsymbol{h}_2}{\partial \boldsymbol{f}_1} \frac{\partial \boldsymbol{f}_2}{\partial \boldsymbol{h}_2} \left(\frac{\partial \boldsymbol{h}_3}{\partial \boldsymbol{f}_2} \frac{\partial \boldsymbol{f}_3}{\partial \boldsymbol{h}_3} \frac{\partial \ell_i}{\partial \boldsymbol{f}_3} \right) \tag{7.18}
$$

$$
\frac{\partial \ell_i}{\partial \boldsymbol{f}_0} = \frac{\partial \boldsymbol{h}_1}{\partial \boldsymbol{f}_0} \frac{\partial \boldsymbol{f}_1}{\partial \boldsymbol{h}_1} \left(\frac{\partial \boldsymbol{h}_2}{\partial \boldsymbol{f}_1} \frac{\partial \boldsymbol{f}_2}{\partial \boldsymbol{h}_2} \frac{\partial \boldsymbol{h}_3}{\partial \boldsymbol{f}_2} \frac{\partial \boldsymbol{f}_3}{\partial \boldsymbol{h}_3} \frac{\partial \ell_i}{\partial \boldsymbol{f}_3} \right) \tag{7.19}
$$

式中括号中的项已在上一步计算过。因此在反向传递过程中，可以复用前面的计算结果。

此外，这些项自身的计算也很简单。在计算式(7.17)右侧部分时，可得到以下推论。

(1) 损失ℓ_i关于网络输出$\boldsymbol{f}_3$的导数$\partial \ell_i / \partial \boldsymbol{f}_3$取决于损失函数，形式通常比较简单。

(2) 网络输出$\boldsymbol{f}_3$关于隐藏层$\boldsymbol{h}_3$的导数$\partial \boldsymbol{f}_3 / \partial \boldsymbol{h}_3$是：

$$
\frac{\partial \boldsymbol{f}_3}{\partial \boldsymbol{h}_3} = \frac{\partial}{\partial \boldsymbol{h}_3} (\boldsymbol{\beta}_3 + \boldsymbol{\Omega}_3 \boldsymbol{h}_3) = \boldsymbol{\Omega}_3^{\mathrm{T}} \tag{7.20}
$$

详细推导过程详见问题7.6。

(3) 激活函数的输出 $\boldsymbol{h}_3$ 关于其输入 $\boldsymbol{f}_2$ 的导数 $\partial\boldsymbol{h}_3/\partial\boldsymbol{f}_2$ 取决于激活函数。由于每个激活值只受对应的预激活值影响，因此该导数结果是一个对角矩阵。对于ReLU函数，对角项在 $\boldsymbol{f}_2$ 小于0时处处为0，否则为1(图7.6)。为简化计算，可以将对角项提取为向量 $\mathbb{I}[\boldsymbol{f}_2>0]$，并与其他导数逐点相乘。

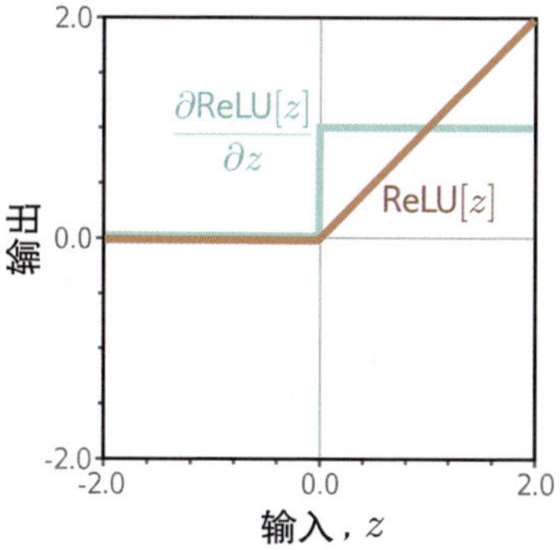

图7.6 ReLU函数的导数。当输入小于0时，ReLU函数(橙色曲线)输出0；当输入大于0时，输入等于输出。它的导数(青色曲线)在输入小于0时为0，在输出大于0时为1

式(7.18)和式(7.19)右边的项具有类似的形式。反向传递过程中会交替进行：①使用权重矩阵 $\boldsymbol{\Omega}_k^{\mathrm{T}}$ 的转置相乘，②基于输入 $\boldsymbol{f}_{k-1}$ 对隐藏层进行阈值处理。正向传递过程中存储了这些输入值。

反向传递2：计算导数

计算出导数 $\partial\ell_i/\partial\boldsymbol{f}_k$ 后，接下来需要计算损失相对于权重和偏置的导数。计算过程再次用到链式法则：

$$\begin{aligned}\frac{\partial\ell_i}{\partial\boldsymbol{\beta}_k}&=\frac{\partial\boldsymbol{f}_k}{\partial\boldsymbol{\beta}_k}\frac{\partial\ell_i}{\partial\boldsymbol{f}_k}\\&=\frac{\partial}{\partial\boldsymbol{\beta}_k}(\boldsymbol{\beta}_k+\boldsymbol{\Omega}_k\boldsymbol{h}_k)\frac{\partial\ell_i}{\partial\boldsymbol{f}_k}\\&=\frac{\partial\ell_i}{\partial\boldsymbol{f}_k}\end{aligned}\tag{7.21}$$

最后一行中的项已在式(7.17)和式(7.18)中计算过了。

与之类似，权重向量 $\boldsymbol{\Omega}_k$ 的导数为：

$$\begin{aligned}\frac{\partial\ell_i}{\partial\boldsymbol{\Omega}_k}&=\frac{\partial\boldsymbol{f}_k}{\partial\boldsymbol{\Omega}_k}\frac{\partial\ell_i}{\partial\boldsymbol{f}_k}\\&=\frac{\partial}{\partial\boldsymbol{\Omega}_k}(\boldsymbol{\beta}_k+\boldsymbol{\Omega}_k\boldsymbol{h}_k)\frac{\partial\ell_i}{\partial\boldsymbol{f}_k}\\&=\frac{\partial\ell_i}{\partial\boldsymbol{f}_k}\boldsymbol{h}_k^{\mathrm{T}}\end{aligned}\tag{7.22}$$

第二行到第三行的具体推导过程详见问题7.9。最后一行的计算结果是一个与 $\boldsymbol{\Omega}_k$ 大小相同的矩阵。它线性地受 $\boldsymbol{h}_k$ 影响，$\boldsymbol{h}_k$ 在原始表达式中与 $\boldsymbol{\Omega}_k$ 相乘。这也与最初的现象一致，即权重 $\boldsymbol{\Omega}_k$ 的导数与它们所乘的隐藏单元 $\boldsymbol{h}_k$ 的值成比例。上述值都在正向传递过程中计算过。

7.4.1 反向传播算法总结

本节将总结反向传播算法。定义一个输入为 $\boldsymbol{x}_i$，包含 K 个隐藏层和ReLU激活函数的深度神经网络 $\boldsymbol{f}[\boldsymbol{x}_i,\boldsymbol{\phi}]$，它的个别损失项 $\ell_i = \boldsymbol{l}[\boldsymbol{f}[\boldsymbol{x},\boldsymbol{\phi}],\boldsymbol{y}_i]$。反向传播的目标是计算损失对于偏置 $\boldsymbol{\beta}_k$ 和权重 $\boldsymbol{\Omega}_k$ 的导数 $\partial\ell_i/\partial\boldsymbol{\beta}_k$ 和 $\partial\ell_i/\partial\boldsymbol{\Omega}_k$。

正向传递——依次计算并存储以下值：

$$
\begin{aligned}
\boldsymbol{f}_0 &= \boldsymbol{\beta}_0 + \boldsymbol{\Omega}_0\boldsymbol{x}_i \\
\boldsymbol{h}_k &= \boldsymbol{a}\left[\boldsymbol{f}_{k-1}\right] \qquad k \in \{1,2,\ldots,K\} \\
\boldsymbol{f}_k &= \boldsymbol{\beta}_k + \boldsymbol{\Omega}_k\boldsymbol{h}_k \qquad k \in \{1,2,\ldots,K\}
\end{aligned}
\tag{7.23}
$$

反向传递——从损失函数 ℓ_i 对网络输出 $\boldsymbol{f}_k$ 的导数 $\partial\ell_i/\partial\boldsymbol{f}_k$ 开始，反向遍历网络：

$$
\begin{aligned}
\frac{\partial\ell_i}{\partial\boldsymbol{\beta}_k} &= \frac{\partial\ell_i}{\partial\boldsymbol{f}_k} && k \in \{K,K-1,\ldots,1\} \\
\frac{\partial\ell_i}{\partial\boldsymbol{\Omega}_k} &= \frac{\partial\ell_i}{\partial\boldsymbol{f}_k}\boldsymbol{h}_k^{\mathrm{T}} && k \in \{K,K-1,\ldots,1\} \\
\frac{\partial\ell_i}{\partial\boldsymbol{f}_{k-1}} &= \mathbb{I}\left[\boldsymbol{f}_{k-1} > 0\right] \odot \left(\boldsymbol{\Omega}_k^{\mathrm{T}}\frac{\partial\ell_i}{\partial\boldsymbol{f}_k}\right), && k \in \{K,K-1,\ldots,1\}
\end{aligned}
\tag{7.24}
$$

其中 $\odot$ 表示逐点乘法操作。$\mathbb{I}\left[\boldsymbol{f}_{k-1} > 0\right]$ 是一个向量，当 $\boldsymbol{f}_{k-1}$ 大于0时值为1，其余情况值为0。最后，我们能够计算得到损失对于第一组偏置和权重的导数：

$$
\begin{aligned}
\frac{\partial\ell_i}{\partial\boldsymbol{\beta}_0} &= \frac{\partial\ell_i}{\partial\boldsymbol{f}_0} \\
\frac{\partial\ell_i}{\partial\boldsymbol{\Omega}_0} &= \frac{\partial\ell_i}{\partial\boldsymbol{f}_0}\boldsymbol{x}_i^{\mathrm{T}}
\end{aligned}
\tag{7.25}
$$

对批次中的各个训练样本计算导数并求和后，可获得SGD更新所需的梯度。

因为正向传递和反向传递过程中最复杂的计算就是矩阵乘法(与 $\boldsymbol{\Omega}$ 和 $\boldsymbol{\Omega}^{\mathrm{T}}$ 相关)，只涉及乘加运算，因此反向传播算法非常高效。但由于正向传递中的全部中间值都必须被存储，因此会消耗更多内存，模型大小可能因此受限。

7.4.2 自动微分

虽然理解反向传播算法很重要，但在实践中并不需要通过编程实现它。PyTorch、TensorFlow 等深度学习框架都可以根据定义好的模型自动计算导数。这被称为自动微分或算法微分(algorithmic differentiation)。

框架中的每个功能组件(线性变换层、ReLU激活函数、损失函数)都可以自动计算导数。例如，PyTorch能够对ReLU函数 $z_{out} = \text{relu}[z_{in}]$ 自动计算输出 z_{out} 关于输入 z_{in} 的导数。同样，对线性函数 $z_{out} = \boldsymbol{\beta} + \boldsymbol{\Omega} z_{in}$ 也能够自动计算 z_{out} 关于输入 z_{in} 及参数 $\boldsymbol{\beta}$ 和 $\boldsymbol{\Omega}$ 的导数。自动微分框架能够知晓网络中各个操作的顺序，因此拥有执行正向、反向传递需要的全部信息。

深度学习框架都能利用GPU的大规模并行运算特性。同时矩阵乘法等计算(在正向和反向传递过程中都存在)天然适合进行并行化处理。如果模型参数和正向传递过程中的中间结果不超出可用内存，则框架可以并行执行整个批次数据的正向和反向传递。

由于训练算法能够并行处理整个批次数据，输入变成了一个多维张量(tensor)。这种情况下，张量可以视为矩阵到任意维度的扩展。向量可视为一维张量，矩阵可视为二维张量，三维网格中的数据集合可视为三维张量。到目前为止，我们的推导都建立在训练数据是一维的前提下，此时反向传播的输入是一个二维张量，其中第一个维度为批次索引，第二个维度为数据维度索引。在后续章节中，我们将考虑更复杂的结构化输入数据。例如，在输入是RGB图像的模型中，原始数据样本是三维的(高×宽×通道)。此时学习框架的输入将是一个四维张量，其中额外的维度是批次索引。

7.4.3 扩展到任意计算图

上文所讨论的反向传播过程中，我们默认神经网络模型是一个序列，我们按顺序依次计算中间量 $\boldsymbol{f}_0, \boldsymbol{h}_1, \boldsymbol{f}_1, \boldsymbol{h}_2 \ldots, \boldsymbol{f}_k$。但是实际上反向传播并不局限于按顺序计算的模型。在本书的后续章节还会介绍具有分支结构的模型。例如，模型会提取隐藏层的输出并传递给两个不同的子网络进行处理，然后将结果重新组合。

只要计算图是非循环的，反向传播算法就仍然成立。PyTorch和TensorFlow等深度学习框架都可以处理任意非循环的计算图。

7.5 参数初始化

反向传播算法计算出的导数将应用到随机梯度下降法和Adam算法的参数更新

过程中，以训练模型。本节将讨论在训练开始之前如何初始化参数。为了理解其重要性，需要先思考正向传递过程中每个预激活值$\boldsymbol{f}_k$的计算方式：

$$\begin{aligned}\boldsymbol{f}_k &= \boldsymbol{\beta}_k + \boldsymbol{\Omega}_k \boldsymbol{h}_k \\ &= \boldsymbol{\beta}_k + \boldsymbol{\Omega}_k \boldsymbol{a}[\boldsymbol{f}_{k-1}]\end{aligned} \tag{7.26}$$

其中$\boldsymbol{a}[\bullet]$是 ReLU 函数，$\boldsymbol{\Omega}_k$和$\boldsymbol{\beta}_k$分别是权重和偏置。假设使用0初始化偏置，使用均值为零、方差为σ^2的正态分布初始化$\boldsymbol{\Omega}_k$。由于$\boldsymbol{\beta}_k + \boldsymbol{\Omega}_k \boldsymbol{h}_k$的元素都是$\boldsymbol{h}_k$的加权和，因此可能出现以下两种情况：

(1) 如果方差σ^2非常小(如10^{-5})，则加权权重会非常小，这将导致输出结果比输入数据小很多。又因为ReLU函数会将小于零的值剪裁掉，因此$\boldsymbol{h}_k$的值域将是$\boldsymbol{f}_{k-1}$的一半。随着正向传递的进行，隐藏层的预激活值将越来越小。

(2) 如果方差σ^2非常大(例如10^5)，则加权权重会非常大，这将导致输出结果比输入数据大很多。虽然ReLU函数能将输入的值域减半，但如果σ^2足够大，随着正向传递的进行，隐藏层的预激活值将越来越大。

这两种情况下，预激活值可能变得非常小或非常大，以至于无法用有限精度浮点数运算表示。

即使正向传递是可行的，同样的逻辑也适用于反向传递。每次梯度更新(式(7.24))都会乘以$\boldsymbol{\Omega}^{\mathrm{T}}$项。如果$\boldsymbol{\Omega}$的值没有被合理地初始化，在反向传递过程中梯度幅度可能异常地减小或增加。两种情况分别被称为梯度消失(vanishing gradient)和梯度爆炸(exploding gradient)。在前一种情况下，每次对模型权重的更新幅度将非常小；在后一种情况下，每次对模型权重的更新过程会极不稳定。

7.5.1 正向传播的初始化

下面将使用数学推导的方式证明上述结论。先定义相邻的两个预激活层$\boldsymbol{f}$和$\boldsymbol{f}'$，它们的维度分别为D_h和D'_h：

$$\begin{aligned}\boldsymbol{h} &= \boldsymbol{a}[\boldsymbol{f}], \\ \boldsymbol{f}' &= \boldsymbol{\beta} + \boldsymbol{\Omega}\boldsymbol{h}\end{aligned} \tag{7.27}$$

其中$\boldsymbol{f}$表示预激活层，$\boldsymbol{\Omega}$和$\boldsymbol{\beta}$表示权重和偏置，$\boldsymbol{a}[\bullet]$是激活函数。

假设输入层$\boldsymbol{f}$中的预激活值f_j的方差为σ_f^2。将偏置$\boldsymbol{\beta}_i$初始化为零，将权重$\boldsymbol{\Omega}_{ij}$初始化为均值为零、方差为σ_Ω^2的正态分布。此时能够推导出后续层中预激活值$\boldsymbol{f}'$的均值和方差的表达式。

中间值$\boldsymbol{f}'_i$的期望(均值)$\mathbb{E}[\boldsymbol{f}'_i]$为：

$$
\begin{aligned}
\mathbb{E}[\boldsymbol{f}_i'] &= \mathbb{E}\left[\boldsymbol{\beta}_i + \sum_{j=1}^{D_h}\boldsymbol{\Omega}_{ij}\boldsymbol{h}_j\right] \\
&= \mathbb{E}[\boldsymbol{\beta}_i] + \sum_{j=1}^{D_h}\mathbb{E}\left[\boldsymbol{\Omega}_{ij}\boldsymbol{h}_j\right] \\
&= \mathbb{E}[\boldsymbol{\beta}_i] + \sum_{j=1}^{D_h}\mathbb{E}\left[\boldsymbol{\Omega}_{ij}\right]\mathbb{E}\left[\boldsymbol{h}_j\right] \\
&= 0 + \sum_{j=1}^{D_h} 0\cdot\mathbb{E}\left[\boldsymbol{h}_j\right] = 0
\end{aligned}
\tag{7.28}
$$

其中 D_h 代表输入层$\boldsymbol{h}$的维度。在第二行和第三行之间的运算中，我们应用了数学期望的计算特性，并假设隐藏单元输入 $\boldsymbol{h}_j$ 和网络权重 $\boldsymbol{\Omega}_{ij}$ 的分布是独立的。

基于上述结果，$\boldsymbol{f}_i'$ 的预激活层方差 $\sigma_{f_i'}^2$ 为：

$$
\begin{aligned}
\sigma_{f_i'}^2 &= \mathbb{E}\left[\boldsymbol{f}_i'^2\right] - \mathbb{E}[\boldsymbol{f}_i']^2 \\
&= \mathbb{E}\left[\left(\boldsymbol{\beta}_i + \sum_{j=1}^{D_h}\boldsymbol{\Omega}_{ij}\boldsymbol{h}_j\right)^2\right] - 0 \\
&= \mathbb{E}\left[\left(\sum_{j=1}^{D_h}\boldsymbol{\Omega}_{ij}\boldsymbol{h}_j\right)^2\right] \\
&= \sum_{j=1}^{D_h}\mathbb{E}\left[\boldsymbol{\Omega}_{ij}^2\right]\mathbb{E}\left[\boldsymbol{h}_j^2\right] \\
&= \sum_{j=1}^{D_h}\sigma_\Omega^2\mathbb{E}\left[\boldsymbol{h}_j^2\right] = \sigma_\Omega^2\sum_{j=1}^{D_h}\mathbb{E}\left[\boldsymbol{h}_j^2\right]
\end{aligned}
\tag{7.29}
$$

上式中使用了方差恒等式 $\sigma^2 = \mathbb{E}\left[(z-\mathbb{E}[z])^2\right] = \mathbb{E}[z^2] - \mathbb{E}[z]^2$。在第三行和第四行之间的运算中，我们同样假设权重 $\boldsymbol{\Omega}_{ij}$ 和隐藏单元输入 $\boldsymbol{h}_j$ 的分布是独立的。

假设预激活层$\boldsymbol{f}_j$ 的输入分布关于零是对称的，那么一半的输入数据会被ReLU函数裁剪，此时 $\mathbb{E}\left[\boldsymbol{h}_j^2\right]$将是$\boldsymbol{f}_j$ 方差 σ_f^2 的一半(问题7.14)：

$$
\sigma_{f'}^2 = \sigma_\Omega^2\sum_{j=1}^{D_h}\frac{\sigma_f^2}{2} = \frac{1}{2}D_h\sigma_\Omega^2\sigma_f^2
\tag{7.30}
$$

反过来，这意味着如果我们想要后续预激活层$\boldsymbol{f}'$ 的方差 $\sigma_{f'}^2$ 在正向传递期间与原始预激活层$\boldsymbol{f}$的方差 σ_f^2 相同，我们应该设置：

$$
\sigma_\Omega^2 = \frac{2}{D_h}
\tag{7.31}
$$

其中 D_h 是原始层的权重维度。这种初始化方式被称为He初始化。

7.5.2 反向传播的初始化

上述推导过程也适用于解释梯度 $\partial l/\partial \boldsymbol{f}_k$ 的方差在反向传递过程中如何变化。在反向传递过程中，为了计算前一层的导数，需要将后一层的导数与权重矩阵的转置 $\boldsymbol{\Omega}^{\mathrm{T}}$ 相乘(式(7.24))，所以等效表达式变成：

$$\sigma_{\Omega}^{2}=\frac{2}{D_{h'}} \tag{7.32}$$

其中 $D_{h'}$ 是权重所属层的输出维度。

7.5.3 正向和反向传播的初始化

如果权重 $\boldsymbol{\Omega}$ 不是方阵(即两个相邻层的隐藏单元数量不同，导致 D_h 和 $D_{h'}$ 不同)，则无法使方差同时满足式(7.31)和式(7.32)。此时可使用 $(D_h+D_{h'})/2$ 代替原分母，即：

$$\sigma_{\Omega}^{2}=\frac{4}{D_h+D_{h'}} \tag{7.33}$$

图7.7表明，当参数初始化得当时，正向传递中隐藏单元的方差和反向传递中梯度的方差都能保持稳定。

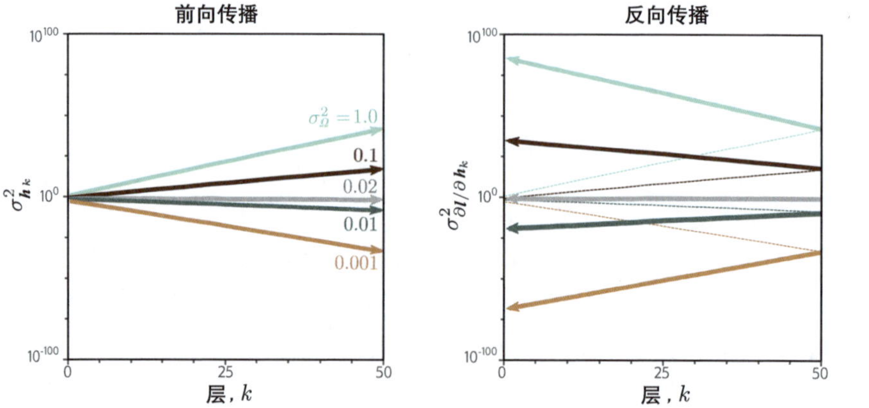

(a) 隐藏单元激活值的方差在前向传递过程中可视为网络中的一个函数。如果使用He初始化方法 $\left(\sigma_{\Omega}^{2}=2/D_h=0.02\right)$，方差是稳定的。如果初始化的方差较大，则函数上升得很快；如果初始化的方差较小，则函数下降得很快(图中纵轴为对数尺度)

(b) 反向传播中梯度的方差(实线)延续了上述趋势。如果使用大于0.02的值进行初始化，反向传递时梯度的幅度会迅速增加；如果使用较小的值初始化，那么幅度会迅速减小。这被分别称为梯度爆炸和梯度消失问题

图7.7　权重初始化。定义一个具有50个隐藏层的神经网络，每个层包含 $D_h=100$ 个隐藏单元。网络输入 $\boldsymbol{x}$ 为100维的符合正态分布的随机数据，标签 $y=0$，使用最小二乘损失函数。模型参数偏置量 $\boldsymbol{\beta}_k$ 初始化为零，权重矩阵 $\boldsymbol{\Omega}_k$ 使用服从正态分布的随机数初始化，分布的均值为零，方差包含五个数值 $\sigma_{\Omega}^{2}\in\{0.001,0.01,0.02,0.1,1.0\}$

7.6　训练代码示例

相对于深度学习模型的实现，本书更关注其理论层面的知识。尽管如此，图7.8中也提供了PyTorch代码，以实现到目前为止我们讨论过的内容。代码先定义了一个神经网络并初始化其权重，随后创建了随机的数据集，并定义了最小二乘损失函数。模型使用带动量的SGD算法训练，批次大小为10，共需要训练100个epoch。学习率从0.01开始，每10个epoch减半。

```
import torch, torch.nn as nn
from torch.utils.data import TensorDataset, DataLoader
from torch.optim.lr_scheduler import StepLR

# define input size, hidden layer size, output size
D_i, D_k, D_o = 10, 40, 5
# create model with two hidden layers
model = nn.Sequential(
    nn.Linear(D_i, D_k),
    nn.ReLU(),
    nn.Linear(D_k, D_k),
    nn.ReLU(),
    nn.Linear(D_k, D_o))

# He initialization of weights
def weights_init(layer_in):
    if isinstance(layer_in, nn.Linear):
        nn.init.kaiming_uniform(layer_in.weight)
        layer_in.bias.data.fill_(0.0)
model.apply(weights_init)

# choose least squares loss function
criterion = nn.MSELoss()
# construct SGD optimizer and initialize learning rate and momentum
optimizer = torch.optim.SGD(model.parameters(), lr = 0.1, momentum=0.9)
# object that decreases learning rate by half every 10 epochs
scheduler = StepLR(optimizer, step_size=10, gamma=0.5)

# create 100 dummy data points and store in data loader class
x = torch.randn(100, D_i)
y = torch.randn(100, D_o)
data_loader = DataLoader(TensorDataset(x,y), batch_size=10, shuffle=True)

# loop over the dataset 100 times
for epoch in range(100):
    epoch_loss = 0.0
    # loop over batches
    for i, data in enumerate(data_loader):
        # retrieve inputs and labels for this batch
        x_batch, y_batch = data
        # zero the parameter gradients
        optimizer.zero_grad()
        # forward pass
        pred = model(x_batch)
        loss = criterion(pred, y_batch)
        # backward pass
        loss.backward()
        # SGD update
        optimizer.step()
        # update statistics
        epoch_loss += loss.item()
    # print error
    print(f'Epoch {epoch:5d}, loss {epoch_loss:.3f}')
    # tell scheduler to consider updating learning rate
    scheduler.step()
```

图7.8　使用随机数据训练一个两层神经网络的代码示例

深度学习的理论相当复杂，但其实现过程相对简单。例如，反向传播算法仅需要使用一行代码来实现：loss.backward()。

7.7 本章小结

上一章介绍了随机梯度下降法(SGD)，它是一个旨在找到函数最小值的迭代优化算法，应用于神经网络模型训练，能够帮助我们找到用于最小化损失函数的网络参数。使用随机梯度下降法优化网络参数时，一方面需要依赖损失函数相对于网络参数的梯度，另一方面需要对参数进行初始化。本章解决了上述两个问题。

由于随机梯度下降法进行参数优化的过程中，需要大量计算梯度，因此需要使用高效的梯度计算方法，为此本章介绍了反向传播算法。此外，由于隐藏单元激活值的幅度在正向传递和反向传递过程中可能呈指数级减小或增加(梯度消失或梯度爆炸)，从而阻碍训练。因此需要谨慎地初始化参数以避免此问题。

到目前为止，本书已介绍了定义模型和损失函数的方式，和针对给定任务训练模型的方法。下一章将讨论如何评价模型性能。

7.8 注释

反向传播(Backpropagation)：许多研究者都发现了在计算图中计算梯度时，可以重复利用部分计算结果以提升效率，研究者包括Werbos(1974)、Bryson 等人(1979)、LeCun(1985) 和 Parker(1985)。Rumerhart等人(1985，1986)的研究成果最为著名，他们创造了“反向传播”这个术语。这一成果使训练含有隐藏层的网络具备了可行性，进而开启了20世纪八九十年代神经网络研究的新阶段。然而，受制于缺乏训练数据、算力不足和未提出sigmoid激活函数，神经网络的发展再次陷入停滞。神经网络在自然语言处理和机器视觉等领域的停滞状态，被Krizhevsky等人于2012年打破，使用神经网络实现的杰出的图片分类效果，书写了深度学习的篇章。

在PyTorch和TensorFlow等深度学习框架中反向传播的实现是一种反向模式的自动微分。与之相反的正向模式是在沿计算图正向传递时计算并存储链式法则的导数(问题7.13)。有关自动微分的更多信息，详见Griewank & Walther(2008)和Baydin等人(2018)的文章。

初始化(Initialization)：He初始化由He等人(2015)提出。它与Glorot归一化或Xavier归一化(Glorot & Bengio，2010)的思路非常相似，只是后者没有考虑ReLU层的影响。在更早的时间点，LeCun等人(2012)提出了本质上相同的方法，但思路略有不同；该方法使用sigmoid激活函数归一化了每一层的输出范围，因此有助于防止隐藏单元的幅度呈指数级增加。然而，如果预激活值太大，会落入sigmoid

函数的平坦区域，导致梯度非常小。因此，仍需要重点关注初始化权重过程。Klambauer等人(2017)介绍了SeLU激活函数。在一定输入范围内，这种激活函数能使网络层中的激活值自动收敛到均值为零和单位方差的分布上。

另一种思路是将数据通过网络传递，然后根据观测到的方差进行参数归一化。Mishkin 和Matas提出的隐藏单元顺序方差初始化(Layer-sequential unit variance initialization)方法将权重初始化为正交标准化的矩阵。GradInit(Zhu等，2021)先初始化初始权重并暂时固定它们，同时学习每个权重矩阵的非负缩放因子。这些因子能最大限度地减少固定学习率时受最大梯度范数约束的损失。

ActNorm(Activation normalization)算法在每个网络层的隐藏单元处添加一个可学习的缩放和偏移参数。通过运行初始批次数据可以获得使激活值均值为0、方差为1的偏移和缩放参数。之后，这些额外的参数将作为模型的一部分参与训练过程。

与该方法密切相关的是BatchNorm等方案(Ioffe & Szegedy，2015)，其中网络在每个步骤的处理过程中将每个批次的方差归一化。BatchNorm及其变体将在第11章中详细介绍。其他初始化方案往往针对特定的框架，例如用于卷积网络的ConvolutionOrthogonal归一化算法(Xiao 等，2018a)、用于残差网络的Fixup(Zhang等，2019a)及用于transformer的TFixup(Huang等，2020a)和DTFixup(Xu等，2021b)。

减少内存需求：训练神经网络需要大量的内存。在正向传递过程中需要保存所有批次内样本对应的模型参数和各隐藏单元的激活值。节约内存的两种方法是gradient checkpointing(Chen 等，2016a)和micro-batching(Huang 等，2019)。在gradient checkpointing算法中，激活值只在正向传递期间每N层存储一次。在反向传递期间，中间缺少的激活值将从最近的检查点重新计算。这样可以通过执行两次正向传递来大幅降低内存需求 (问题7.11)。在micro-batching算法中，一个批次的数据将被拆分成更小的子批次，用于更新的梯度从各个子批次聚合而来，然后应用于网络。另一种完全不同的方法是建立可逆网络(Gomez等，2017)，该方法中前一层的激活值可以由当前层的激活值计算得到，因此在前向传递过程中不需要保存任何值(详见第16章)。Sohoni等人(2019)对所有减少内存需求的方法进行了综述。

分布式训练(distributed training)：当模型规模足够大时，内存需求可能超过单个设备的极限，这种情况下必须采用分布式训练策略。目前已有多种并行化方法。从数据并行(data parallelism)的角度看，每个处理器或节点将包含全量的模型副本，但每次只处理一个批次的子集(Xing等，2015；李等，2020b)。各个节点的梯度集中聚合后，总梯度会被重新分配回各个节点，以确保模型保持一致，这称为同步训练(synchronous training)。聚合和重新分配梯度的同步过程可能成为性能瓶颈，因此异步训练(asynchronous training)的方案被提出。例如，Hogwild!算法(Recht等，2011) 中，存在一个中央模型随时接收来自节点的梯度。然后将更新后的模型返回给发送梯度的节点。这意味着每个节点在任何时间点，参数版本都可能稍有不同，因此梯度更新非实时。然而在实践过程中，该方法往往能得到较好的结果。此外，有许多去中心化方案。例如，Zhang等人(2016a)提出各个节点形成环形结构，相互更新。

数据并行方法仍然假设单个节点的内存可以加载整个模型。模型流水线并行(pipeline model parallelism)方法将网络的不同层存储在不同的节点上，因此不依赖上述假设。举一个简单的例子：第一个节点对批处理中的前几层进行正向传递，并将结果传递给下一个节点，第二个节点对接下来的几层进行正向传递，以此类推。在反向传递中，梯度按相反的顺序更新。这种方法的明显缺点是节点在一个训练周期的大部分时间内都处于空闲状态。因此研究者们提出了调整节点按顺序处理数据子集的方案(Huang等，2019；Narayanan等，2021a)以避免低效问题。最后，模型张量并行(tensor model parallelism)方法将单个网络层的计算分布在各个节点上(Shoeybi等，2019)。Narayanan等人(2021b)结合了张量、流水线和数据并行方法，在3072 个GPU上训练了一个拥有万亿参数的语言模型，该工作很好地总结了各种分布式训练方法。

7.9 问题

问题7.1 定义一个两层神经网络，每层包含两个隐藏单元：

$$\begin{aligned} y = \phi_0 + \phi_1 a\left[\psi_{01} + \psi_{11} a[\theta_{01} + \theta_{11}x] + \psi_{21} a[\theta_{02} + \theta_{12}x]\right] \\ + \phi_2 a\left[\psi_{02} + \psi_{12} a[\theta_{01} + \theta_{11}x] + \psi_{22} a[\theta_{02} + \theta_{12}x]\right] \end{aligned} \tag{7.34}$$

其中，$a[\bullet]$为ReLU激活函数。计算输出y对于13个网络参数的导数(不使用反向传播算法)。ReLU激活函数关于其输入的导数$\partial a[z]/\partial z$是指示函数$\mathbb{I}[z>0]$，即如果输入大于零则返回1，否则返回0(图7.6)。

问题7.2 推导式(7.12)中五个链式求导式中最后一项的表达式。

问题7.3 式(7.19)中每个项的维度是多少？

问题7.4 计算最小二乘损失函数的导数$\partial \ell_i / \partial f[x_i, \phi]$：

$$\ell_i = \left(y_i - f[x_i, \phi]\right)^2 \tag{7.35}$$

问题7.5　计算二元分类损失函数的导数 $\partial \ell_i / \partial f[x_i\phi]$：

$$\ell_i = -(1-y_i)\log\left[1-\mathrm{sig}\left[f[x_i,\phi]\right]\right] - y_i\log\left[\mathrm{sig}\left[f[x_i,\phi]\right]\right] \tag{7.36}$$

其中 $\mathrm{sig}[\bullet]$ 是sigmoid函数，定义为：

$$\mathrm{sig}[z] = \frac{1}{1+\exp[-z]} \tag{7.37}$$

问题7.6*　证明当 $\boldsymbol{z} = \boldsymbol{\beta} + \boldsymbol{\Omega h}$ 时：

$$\frac{\partial \boldsymbol{z}}{\partial \boldsymbol{h}} = \boldsymbol{\Omega}^{\mathrm{T}} \tag{7.38}$$

其中 $\partial \boldsymbol{z} / \partial \boldsymbol{h}$ 是一个矩阵，其第 j 行第 i 列的项是 $\partial z_j / \partial \boldsymbol{h}_i$。为此，需要先推导 $\partial \boldsymbol{z}_j / \partial \boldsymbol{h}_i$ 的表达式，然后得出矩阵 $\partial \boldsymbol{z} / \partial \boldsymbol{h}$。

问题7.7　以sigmoid函数(式(7.37))作为激活函数，即 $h = \mathrm{sig}[f]$。计算激活函数的导数 $\partial h / \partial f$。当输入为①一个大的正值和②一个大的负值时，导数会发生什么变化？

问题7.8　尝试使用Heaviside函数(式(7.39))和矩形函数(式(7.40))作为激活函数：

$$\mathrm{Heaviside}[z] = \begin{cases} 0 & z < 0 \\ 1 & z \geqslant 0 \end{cases} \tag{7.39}$$

$$\mathrm{rect}[z] = \begin{cases} 0 & z < 0 \\ 1 & 0 \leqslant z \leqslant 1 \\ 0 & z > 1 \end{cases} \tag{7.40}$$

说明上述两个函数在基于梯度的优化方法进行神经网络训练的过程中存在问题。

问题7.9*　定义一个损失函数 $\ell[\boldsymbol{f}]$，其中 $\boldsymbol{f} = \beta + \boldsymbol{\Omega h}$。我们希望构建一个第 i 行和第 j 列的项为导数 $\partial \ell / \partial \boldsymbol{\Omega}_{ij}$ 的矩阵，以描述 $\boldsymbol{\Omega}$ 发生改变时，损失 i 如何变化。推导出 $\partial f_i / \partial \boldsymbol{\Omega}_{ij}$ 的表达式，并使用链式法则证明：

$$\frac{\partial \ell}{\partial \boldsymbol{\Omega}} = \frac{\partial \ell}{\partial \boldsymbol{f}} \boldsymbol{h}^{\mathrm{T}} \tag{7.41}$$

问题7.10*　推导使用leaky ReLU激活函数时，反向传播算法的反向传递过程，leaky ReLU激活函数定义为：

$$a[z] = \mathrm{ReLU}[z] = \begin{cases} \alpha z & z < 0 \\ z & z \geqslant 0 \end{cases} \tag{7.42}$$

其中 α 是一个小的正常数(通常为0.1)。

问题7.11　当一个网络具有50层时，节点内存仅支持存储10个隐藏层的预激活值。说明在这种情况下如何使用梯度检查点算法来计算导数。

问题7.12*　在一个常规的无环计算图上计算导数。定义函数：

$$y = \exp\left[\exp[x] + \exp[x]^2\right] + \sin\left[\exp[x] + \exp[x]^2\right] \tag{7.43}$$

可将此函数分解为一系列中间计算：

$$\begin{aligned} f_1 &= \exp[x] \\ f_2 &= f_1^2 \\ f_3 &= f_1 + f_2 \\ f_4 &= \exp[f_3] \\ f_5 &= \sin[f_3] \\ y &= f_4 + f_5 \end{aligned} \tag{7.44}$$

对应计算图见图7.9。通过反向模式微分计算导数 $\partial y / \partial x$ 。即按顺序计算：

$$\frac{\partial y}{\partial f_5}、\frac{\partial y}{\partial f_4}、\frac{\partial y}{\partial f_3}、\frac{\partial y}{\partial f_2}、\frac{\partial y}{\partial f_1} \text{和} \frac{\partial y}{\partial x} \tag{7.45}$$

计算过程中可以使用链式法则，重复利用已经计算出的导数。

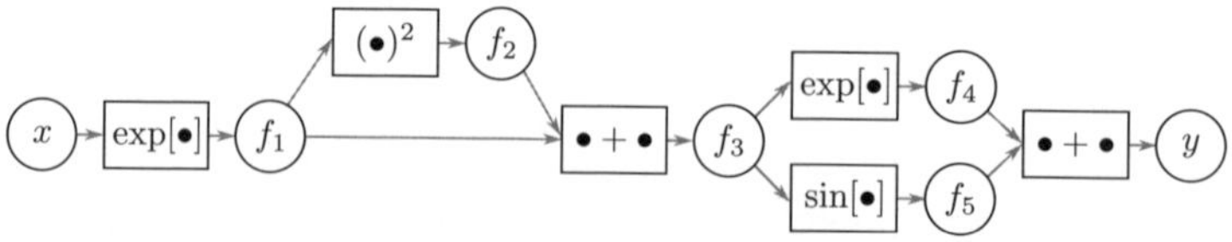

图7.9　问题7.12和问题7.13中对应的计算图(Domke，2010)

问题7.13*　对于式(7.43)中定义的函数，通过前向模式微分计算导数 $\partial y / \partial x$ 。即按顺序计算：

$$\frac{\partial f_1}{\partial x}、\frac{\partial f_2}{\partial x}、\frac{\partial f_3}{\partial x}、\frac{\partial f_4}{\partial x}、\frac{\partial f_5}{\partial x} \text{和} \frac{\partial y}{\partial x} \tag{7.46}$$

计算过程中可以使用链式法则，重复利用已经计算出的导数。并说明为什么在计算深度网络的参数梯度时不使用前向模式？

问题7.14　定义一个随机变量 a ，其均值 $\mathbb{E}[a] = 0$ 和方差 $\mathrm{Var}[a] = \sigma^2$ 。证明将这个变量作为ReLU函数的输入：

$$b = \mathrm{ReLU}[a] = \begin{cases} 0 & a < 0 \\ a & a \geqslant 0 \end{cases} \tag{7.47}$$

输出结果的二阶矩是 $\mathbb{E}\left[b^2\right]=\sigma^2/2$。

问题7.15　在PyTorch中实现图7.8中的代码，并绘制以训练损失为纵轴，epoch为横轴的函数。

问题7.16　调整图7.8 中的代码以解决二分类问题。需要①改变目标 y 使其为两个类别，②改变网络以预测0~1的数字，③相应地改变损失函数。

第8章 性能评估

前几章介绍了神经网络模型、损失函数和训练算法，本章将讨论如何评估模型的性能。具有足够规模的神经网络模型具备完全拟合训练数据的能力，但这并不一定意味着它在新测试数据上具备泛化性。

导致测试误差的原因有三点：任务自身的不确定性、训练数据数量是否充足、选用的模型是否合适。最后一个原因可以视为超参数搜索问题。本章将讨论如何选择模型超参数(如隐藏层的数量及各层中隐藏单元的数量)和训练算法超参数(如学习率和批量大小)。

8.1 训练简单模型

我们在MNIST-1D数据集(图8.1)上进行模型性能验证。它由数字0~9共10个类组成，$y \in \{0,1,\ldots,9\}$。数据来自每个数字的一维模板。为了生成数据样本x，需要对模板进行随机转换并添加噪声。完整的训练数据集$\{x_i, y_i\}$包含$I=4000$个训练示例，每个示例包含$D_i=40$个维度，代表40个位置的水平偏移。10个类别数据在生成过程中使用均匀采样，最终每个类约有400个样本。

针对上述问题，定义一个$D_i=40$个输入和$D_o=10$个输出的网络，输出经过softmax函数转换为各类别下的概率(参见第5.5节)。网络有两个隐藏层，每个层包含$D=100$个隐藏单元。训练过程使用随机梯度下降法，批次大小为100，学习率为0.1，持续6000步(150个epoch)，使用多分类交叉熵损失(式(5.24))。训练过程如

图8.2所示，随着训练的进行，训练误差逐渐减小。大约4000步后，训练数据能够被完美分类，训练损失逐渐减小至零。

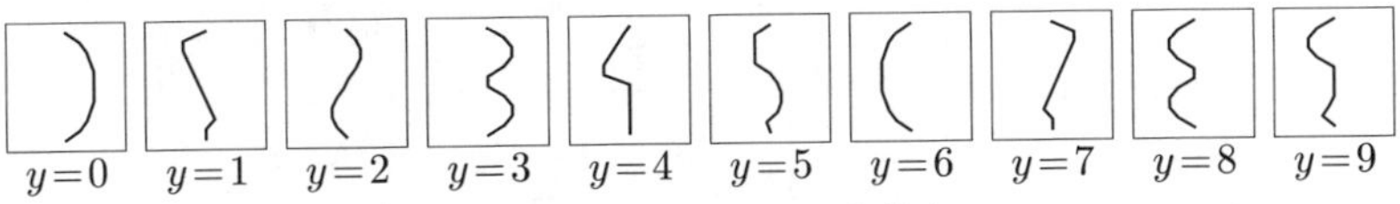

(a) 10个类别的模板，分别为数字0~9

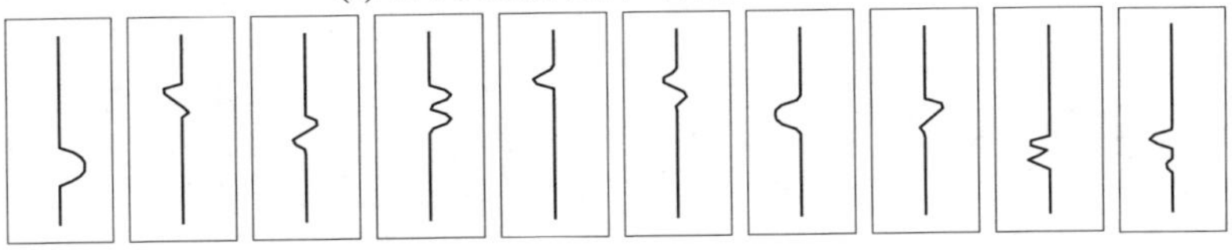

(b) 训练样本x由模板随机变换得到

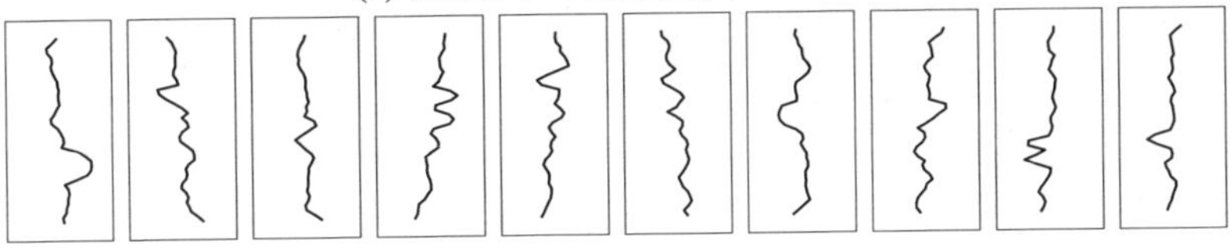

(c) 添加噪声

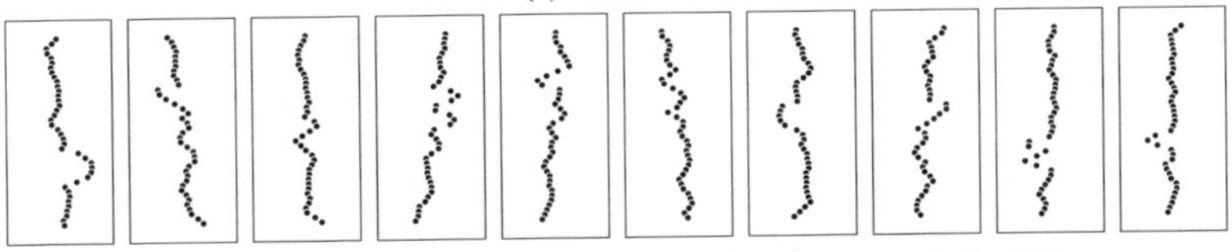

(d) 在垂直方向采样40个点，每个点取值为水平方向偏移量

图8.1　MNIST-1D数据集

但这并不意味着分类器是完美的。上述描述只能说明模型"记住"了训练集，但无法确认模型在新样本下的表现。为了评估模型的真正性能，需要构建一个包含输入/输出对$\{x_i, y_i\}$的测试集。为此，我们使用相同的方法生成了1000个新样本。测试数据误差随训练步骤变化的曲线如图8.2(a)所示。测试数据误差随训练的进行而减小，但减小到大约40%时趋于停止。这虽然比随机预测时90%的错误率要好，但远比训练集效果差，这说明模型在新数据下没有很好的泛化性。

测试损失(图8.2(b))在前1500个训练步骤中减小，然后再次增大，但同时测试错误率是恒定的，这意味着模型预测错误的概率无变化，但信心越来越高。这降低了正确答案的概率，从而增加了负对数似然值。这种信心的增加是softmax函数的副作用，预激活值受函数影响会越来越极端，进而使训练数据的预测概率接近于 1。

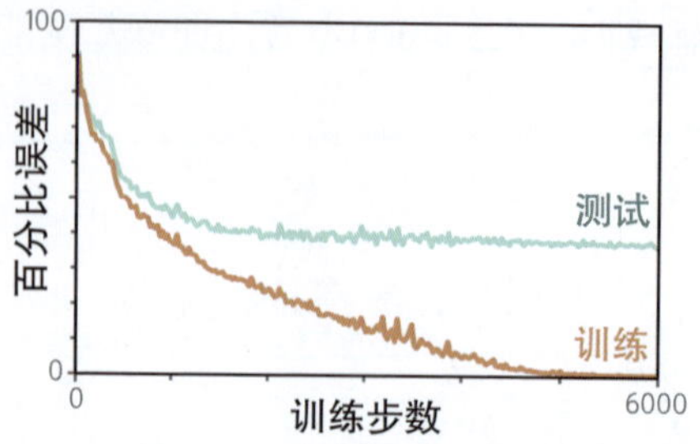

(a) 训练过程中，分类误差百分比的函数。训练集下的误差逐渐降至0，但是测试集下的误差没有降到40%以下。模型对新测试数据尚不具备泛化性

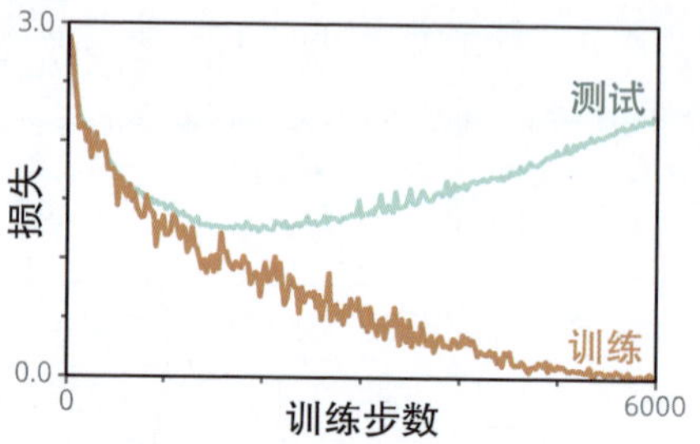

(b) 训练过程中的损失函数变化。训练损失持续降至0，测试集损失先下降但随后上升。这意味着模型预测错误时越来越坚定

图8.2 MNIST-1D训练结果

8.2 误差来源

为了可视化模型在测试集上的误差来源，接下来将以一维线性回归模型为例进行分析，该问题所有数据的真值标签的生成过程都是已知的。图8.3定义了一个拟正弦函数，为了构建训练和测试数据，需要先在函数的$[0,1]$范围内进行样本采样，然后添加固定方差的高斯噪声。

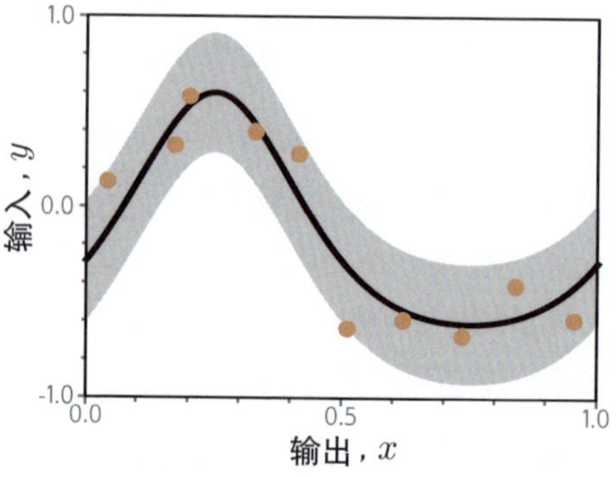

图8.3 回归函数。黑色曲线表示样本的真值标签，为了生成I个训练样本$\{x_i, y_i\}$，需要将$x \in [0,1]$均分成I个子区间，每个区间内在独立的分布下生成样本x_i。对应的标签y_i等于x_i处对应的函数值添加高斯噪声(灰色区域代表±2倍标准差的范围)后的结果。测试数据也使用相同方式生成

接下来使用这些数据训练一个简化的浅层神经网络(图8.4)。通过改变连接输入层和隐藏层的权重和偏差，可以保证模型函数的分界点在区间内均匀分布。如果隐藏单元有D个，则分界点为$0, 1/D, 2/D, \ldots, (D-1)/D$。此时该模型可以表示任意一个将$[0,1]$区间等分成$D$份的分段线性函数。简化后的网络除了易于理解，其训练过程还不需要使用随机优化算法(参见问题8.3)，能够保证在训练过程中可

以找到损失函数的全局最小值。

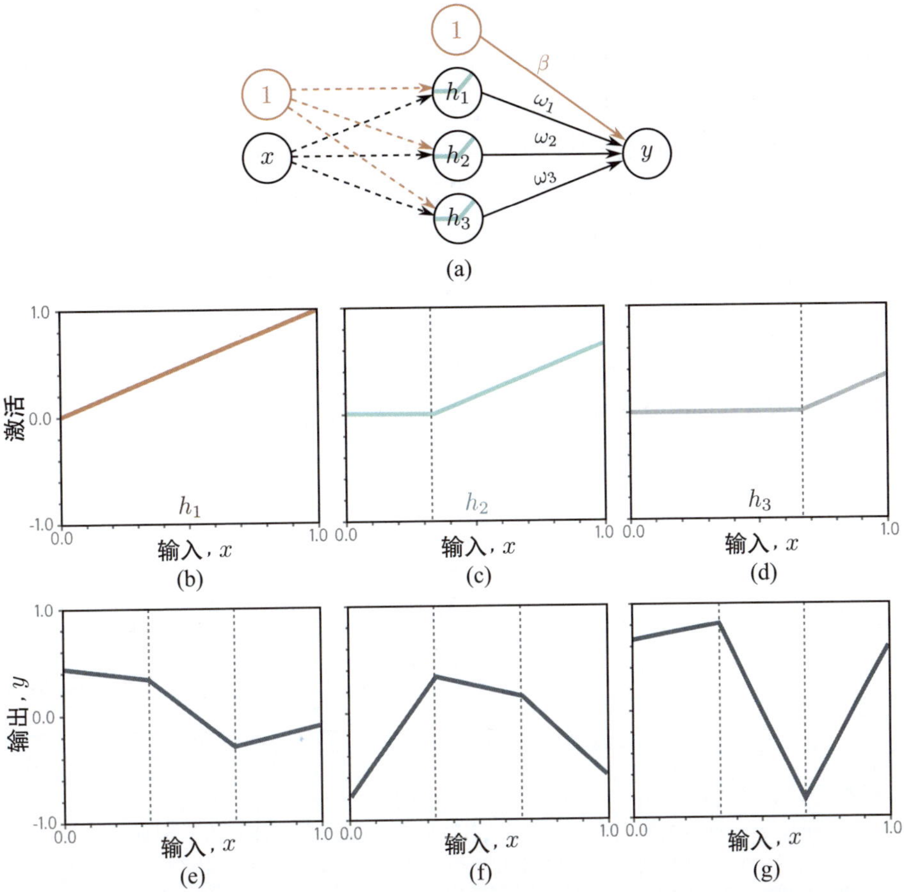

图8.4　简化后的具有三个隐藏单元的神经网络。(a) 输入层和隐藏层之间的权重和偏置是固定的(虚线箭头)。(b)~(d)中，隐藏单元函数斜率均为1，并且它们的分界点等间距地分布在区间内，分别为：$x=0$，$x=1/3$，$x=2/3$。通过修改其余参数 $\phi=\{\beta,\omega_1,\omega_2,\omega_3\}$，可以在 $x\in[0,1]$ 上创建任何具有分界点1/3和2/3的分段线性函数。(e)~(g)是不同 ϕ 值下的三个示例函数

8.2.1　噪声、偏差和方差

测试误差的三个来源分别为噪声、偏差和方差(图8.5)。

噪声(Noise)：数据生成过程中添加了噪声，这导致一个输入 x 可能对应多个有效的输出 y (图8.5(a))。在测试集下这种误差是难以避免的，但不一定会影响训练效果。由于训练过程中不会多次使用输入样本 x，因此模型仍可以完美地拟合训练数据。

噪声可能来源于数据生成过程中客观存在的随机因素，例如数据被错误标记、存在未观察到的相关变量。只有极少数情况才真正意义上不存在噪声，例如网络能够近似于一个确定性函数，但这需要大量计算才能确定。综上，噪声通常是影响测试性能的基本原因。

偏差(Bias)：如果模型不够灵活，则客观上无法完美地拟合真实函数。例如即使在最优参数下，只有三个隐藏单元的神经网络也无法精确描述正弦函数(图8.5(b))。这类影响因素被称为偏差。

方差(Variance)：当训练样本有限时，模型无法将真实函数的系统性变化与数据中的噪声区分开来。此时将无法通过模型训练获得最接近真实函数的近似值。事实上，不同的训练集下的训练结果也会略有不同。训练过程中存在的这种额外的可变性来源被称为方差(图8.5(c))。在实践中，由于随机学习算法不一定每次都收敛到相同的位置，也可能存在额外的方差。

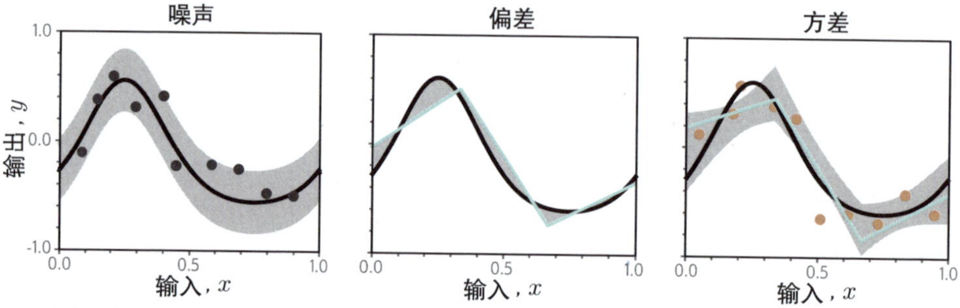

(a) 噪声。生成的数据存在噪声，所以即使模型精确地拟合了真实函数(黑线)，测试数据中的噪声(灰色点)仍然存在误差(灰色区域)

(b) 偏差。即使在最优参数下，只有三个隐藏单元的模型(青色线)也不能精确地拟合真实的函数(黑线)。这种偏差是误差的另一个来源(灰色区域)

(c) 方差。在实践中，我们仅能获取有限的含噪声的训练数据(橙色点)。模型训练过程中，无法恢复真实函数(黑线)，而是最终拟合了一个略有不同的函数(青色线)，它也能一定程度反映训练数据的特性。这提供了一个额外的误差来源(灰色区域)。图8.6显示了该区域的计算方法

图8.5 误差的来源

8.2.2 测试误差的数学表达

接下来我们尝试使用数学式表达噪声、偏差和方差。定义一个一维回归问题，其中数据生成过程中添加了方差为 σ^2 的噪声，此时对于相同的输入 x，我们可以观察到不同的输出 y。因此对于每个 x，存在一个分布 $Pr(y|x)$，其期望值(均值)为 $\mu[x]$：

$$\mu[x]=\mathbb{E}_y\left[y[x]\right]=\int y[x]Pr(y\mid x)\mathrm{d}y \tag{8.1}$$

则噪声方差 $\sigma^2=\mathbb{E}_y\left[(\mu[x]-y[x])^2\right]$。其中 $y[x]$ 表示给定输入 x 当前观测到的输出 y。

然后，计算输入为 x 时模型预测结果 $f[x,\phi]$ 和观测值 $y[x]$ 之间的最小二乘损失：

$$\begin{aligned}L[x]&=\left(f[x,\phi]-y[x]\right)^2\\&=\left(\left(f[x,\phi]-\mu[x]\right)+\left(\mu[x]-y[x]\right)\right)^2\\&=\left(f[x,\phi]-\mu[x]\right)^2+2\left(f[x,\phi]-\mu[x]\right)\left(\mu[x]-y[x]\right)+\left(\mu[x]-y[x]\right)^2\end{aligned} \tag{8.2}$$

第二行中，引入了 $\mu[x]$ 项。第三行展开了平方项。

由于真实函数(underlying function)是随机的，所以损失仅取决于观测值 $y[x]$。期望损失是：

$$\begin{aligned}\mathbb{E}_y\left[L[x]\right]&=\mathbb{E}_y\left[\left(f[x,\phi]-\mu[x]\right)^2+2\left(f[x,\phi]-\mu[x]\right)\left(\mu[x]-y[x]\right)+\left(\mu[x]-y[x]\right)^2\right]\\&=\left(f[x,\phi]-\mu[x]\right)^2+2\left(f[x,\phi]-\mu[x]\right)\left(\mu[x]-\mathbb{E}_y\left[y[x]\right]\right)+\mathbb{E}_y\left[\left(\mu[x]-y[x]\right)^2\right]\\&=\left(f[x,\phi]-\mu[x]\right)^2+2\left(f[x,\phi]-\mu[x]\right)\cdot 0+\mathbb{E}_y\left[\left(\mu[x]-y[x]\right)^2\right]\\&=\left(f[x,\phi]-\mu[x]\right)^2+\sigma^2\end{aligned} \tag{8.3}$$

上述推导过程中利用了数学期望的性质。第二行中重新分配了期望算子，将其从与 $y[x]$ 无关的项中移除。第三行中由于 $\mathbb{E}_y\left[y[x]\right]=\mu[x]$，第二项可以化简为 0。第四行中使用噪声 σ^2 替换掉了最后一项。最终期望损失被分解成两个项：第一项是模型预测值与观测分布期望之间的平方偏差，第二项是噪声。

第一项可以进一步分为偏差和方差。模型 $f[x,\phi]$ 的参数 ϕ 取决于训练数据集 $\mathcal{D}=\{x_i,y_i\}$，因此模型也可定义成 $f\left[x,\phi[\mathcal{D}]\right]$。由于训练集也是随机生成的，因此使用不同的训练集将获得不同的模型参数。此时，所有可能的数据集 $\mathcal{D}$ 下的期望模型输出 $f_\mu[x]$ 为：

$$f_\mu[x]=\mathbb{E}_{\mathcal{D}}\left[f\left[x,\phi[\mathcal{D}]\right]\right] \tag{8.4}$$

对于式(8.3)的第一项，可以引入$f_\mu[x]$项并展开：

$$
\begin{aligned}
&\left(f[x,\phi[\mathcal{D}]]-\mu[x]\right)^2\\
&\quad=\left(\left(f[x,\phi[\mathcal{D}]]-f_\mu[x]\right)+\left(f_\mu[x]-\mu[x]\right)\right)^2\\
&\quad=\left(f[x,\phi[\mathcal{D}]]-f_\mu[x]\right)^2+2\left(f[x,\phi[\mathcal{D}]]-f_\mu[x]\right)\left(f_\mu[x]-\mu[x]\right)+\left(f_\mu[x]-\mu[x]\right)^2
\end{aligned}
\tag{8.5}
$$

接下来对于数据集$\mathcal{D}$计算上式的期望：

$$
\mathbb{E}_\mathcal{D}\left[\left(f[x,\phi[\mathcal{D}]]-\mu[x]\right)^2\right]=\mathbb{E}_\mathcal{D}\left[\left(f[x,\phi[\mathcal{D}]]-f_\mu[x]\right)^2\right]+\left(f_\mu[x]-\mu[x]\right)^2 \tag{8.6}
$$

将上式结果代入式(8.3)中，可获得：

$$
\mathbb{E}_\mathcal{D}\left[\mathbb{E}_y\left[L[x]\right]\right]=\underbrace{\mathbb{E}_\mathcal{D}\left[\left(f[x,\phi[\mathcal{D}]]-f_\mu[x]\right)^2\right]}_{\text{方差}}+\underbrace{\left(f_\mu[x]-\mu[x]\right)^2}_{\text{偏见}}+\underbrace{\sigma^2}_{\text{噪声}} \tag{8.7}
$$

上式说明在考虑训练数据$\mathcal{D}$和测试数据y的不确定性后，期望损失由三个分量组成。方差是随机抽取数据构建训练集导致模型训练中引入的不确定性。偏差是模型与目标函数期望之间的一致性偏差。噪声是输入到输出的映射具有的固有不确定性。任何任务中都同时存在这三种误差。对于使用最小二乘损失的线性回归问题，它们是加性组合的。在其他任务中，可能有其他的组合形式。

8.3 降低误差

上一节说明了测试误差包含三个来源：噪声、偏差和方差。噪声是无法避免的，它代表了模型性能固有的不确定性。但方差和偏差是可以降低的。

8.3.1 降低方差

由于方差是由随机采样的含噪声训练数据引起的，使用不同训练集训练模型将得到略微不同的参数。因此可以通过增加训练数据量的方式减少方差。这同时可以平均掉固有的噪声，并确保输入空间得到充分采样。

分别使用包含6个、10个和100个样本的三组数据集分别训练模型，得到的结果如图8.6所示。只使用6个样本时，每次训练得到的函数差别都很大，即方差很明显。随着样本数量的增加，多次训练得到的模型变得非常相似，即方差减小。一般来说，增加训练数据能提高测试性能。

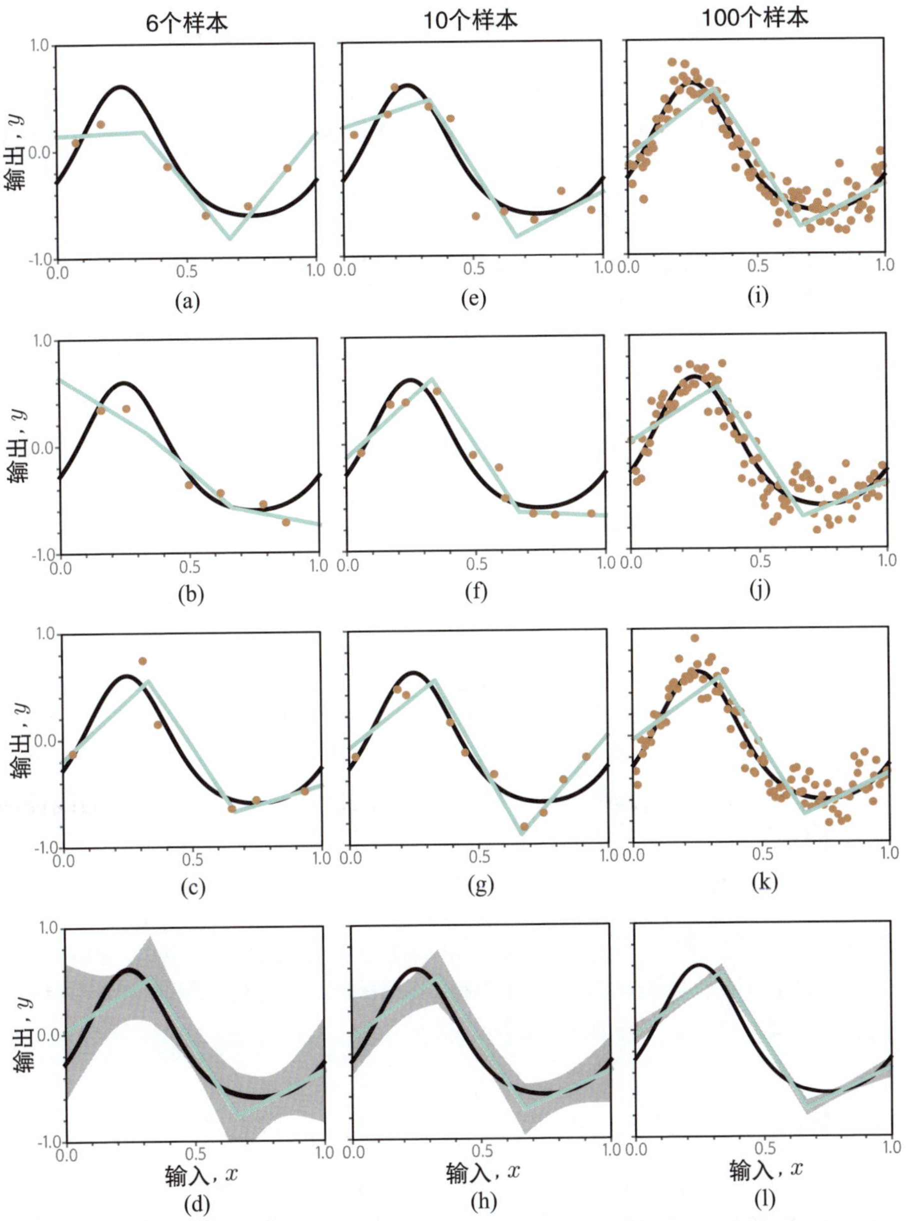

图8.6　通过增加训练数据的方式降低方差。(a)~(c)使用6个随机采样数据组成的训练集训练具有三个隐藏单元的模型。每次训练得到的模型差异性很大。(d)多次重复实验，计算模型函数的均值(实线)和方差(阴影)。(e)~(h)在训练集包含10个样本时，重复上述实验，模型间方差降低。(i)~(l)在训练集包含100个样本时，重复上述实验。此时每次训练得到的模型趋于一致，方差很小

8.3.2 降低偏差

偏差项是由于模型无法描述真实函数造成的。因此我们可以通过使模型更加灵活以减少这种误差，常规方法是增加模型的参数量。对神经网络来说，这意味着增加隐藏单元或隐藏层。

在简化模型中，增加隐藏单元可以将区间 $[0,1]$ 划分成更多的线性区域。图8.7(a)~(c)的结果显示，该操作确实减少了偏差。随着线性区域的数量增加到10个，模型变得足够灵活，能够完成原函数的拟合。

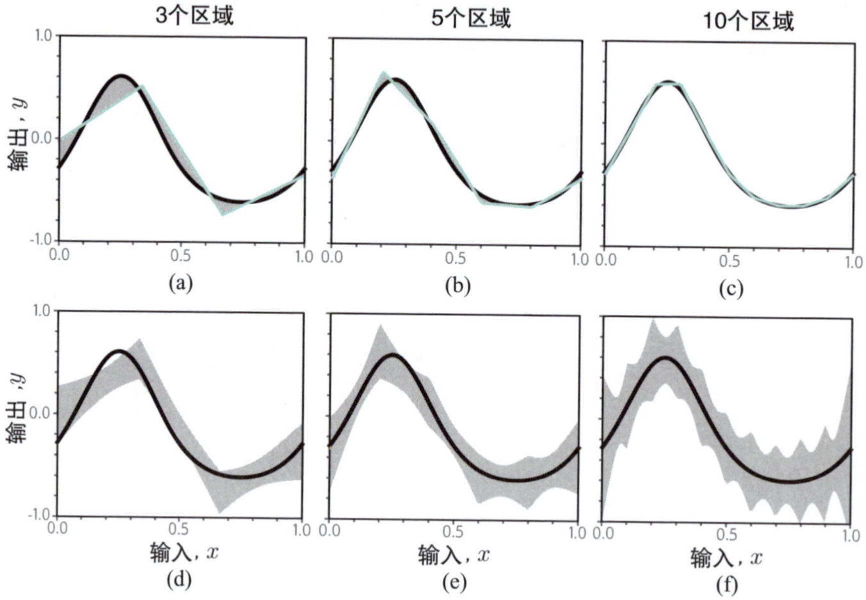

图8.7　模型容量对偏差和方差的影响。(a)~(c)模型隐藏单元数量增加时，分段数增加且模型能够紧密拟合真实函数；偏差(灰色区域)减小。(d)~(f)增加模型容量会导致方差增大(灰色区域)。上述内容被称为偏差方差权衡

8.3.3 偏差-方差权衡

对于固定大小的训练集，随着模型容量的增加，模型方差项将增大。图8.7(d)~(f)直观显示了该现象。因此，增加模型容量虽然能够降低偏差，但可能反向增大方差，最终并不一定能降低测试误差。这被称为偏差-方差权衡。

图8.8(a)~(c)中，描述了使用三分段模型拟合三个不同的包含15个样本的数据集的实验结果。虽然数据集不同，但最终模型大致相同：数据集中的噪声平均分配到各个线性分段。图8.8(d)~(f)中，描述了使用十分段模型拟合相同数据集三次的实验结果。虽然模型的灵活性相较于三分段模型有所提升，训练误差会更小，但由于大部分描述能力被用于建模噪声，因此测试误差可能更大。这种现象被称为过拟合(overfitting)。

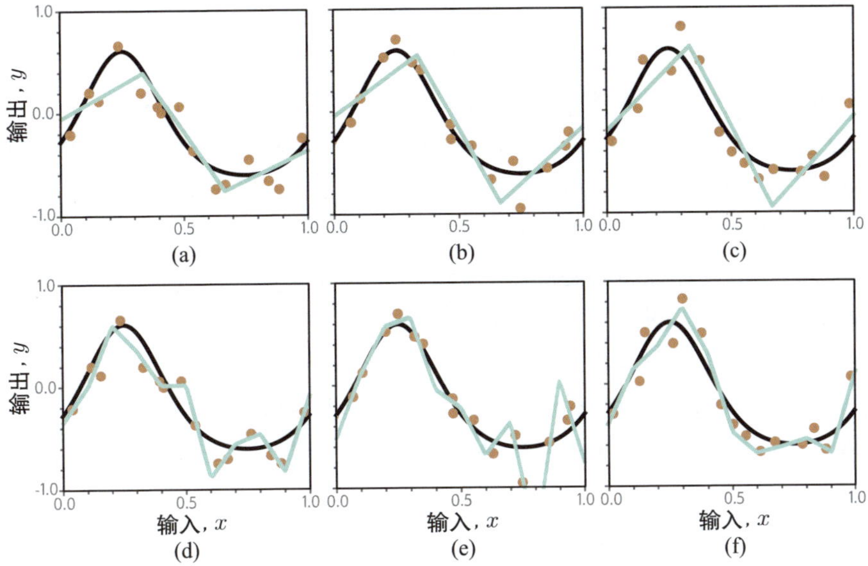

图8.8 模型过拟合。(a)~(c)中的三分段模型分别拟合了三个包含15个样本的数据集。三组实验的结果是相似的(即方差很低)。(d)~(f)中的十分段模型拟合相同的数据集。由于增加了分段导致模型灵活性提升，三个模型能更好地描述训练数据，但它们不一定更接近真实函数(黑色曲线)。相反，它们过度拟合了数据中的噪声，因此方差(拟合曲线之间的差异)更大

随着模型容量增加，偏差会减小，但对于固定大小的训练数据集，方差会增加。这表明存在一个最佳容量，在该容量下偏差不会太大，方差仍然较小。图8.9使用了图8.8中的数据，数值显示了偏差和方差如何随模型容量的变化而变化。对于回归模型，总期望误差是偏差和方差的总和，当模型容量为4(即4个隐藏单元，对应4个线性分段)时，期望误差最小。

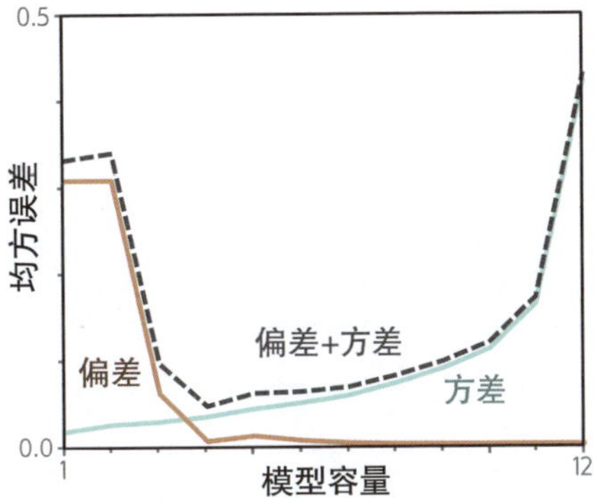

图8.9 偏差和方差的权衡。使用来自图8.8的训练数据，将式(8.7)中的偏差和方差项绘制为关于模型容量(隐藏单元/线性分段数量)的函数。随着容量的增加，偏差(实线橙色线)减小，但方差(实线青色线)增加。这两项之和(虚线灰色线)在容量为4时最小

8.4 双下降法

在上一节中，我们考察了随着模型容量的增加，偏差-方差权衡的变化。现在让我们回到MNIST-ID数据集，看看在实践中是否会出现这种情况。我们使用10 000个训练样本，用另外5000个样本进行测试。考察随着模型容量(参数数量)的增加，训练和测试性能的变化，我们用Adam，步长设为0.005，使用包含10 000个

样本的完整批次，进行4000次训练。

图8.10(a)展示了一个具有两个隐藏层的神经网络，随着隐藏单元数量的增加，训练误差和测试误差的变化。训练误差随着容量的增加而减小，并迅速接近于0。垂直虚线表示，当模型的参数量与训练样本的数量相同时，模型会记住之前的数据集。随着模型容量的增加，测试误差会减少，但不会像偏差-方差权衡曲线所预测的那样增加，它会持续下降。

图8.10(b)中，在随机化15%训练标签的前提下重复了上述实验，训练直至训练误差降到零。由于引入了更多随机性，模型需要几乎与数据样本一样多的参数来记住数据。随着模型容量增至能完全拟合数据的规模，测试误差显示出典型的偏差-方差权衡现象。但如果模型容量进一步增大，测试误差反而会再次开始下降。事实上，如果持续增大模型容量，测试损失会降到低于曲线第一部分达到的最低水平。

这种现象被称为二次下降(double descent)。对于一些数据集(如MNIST)，该现象存在于原始数据中(图8.10(c))。对于其他数据集(如 MNIST-1D和CIFAR)，向标签添加噪声时，该现象会出现，甚至表现得非常明显(图8.10(d))。图中曲线的第一部分称为欠参数化(under-parameterized)区域，第二部分称为过参数化(over-parameterized)区域，中间误差增加的部分称为临界区域(critical regime)。

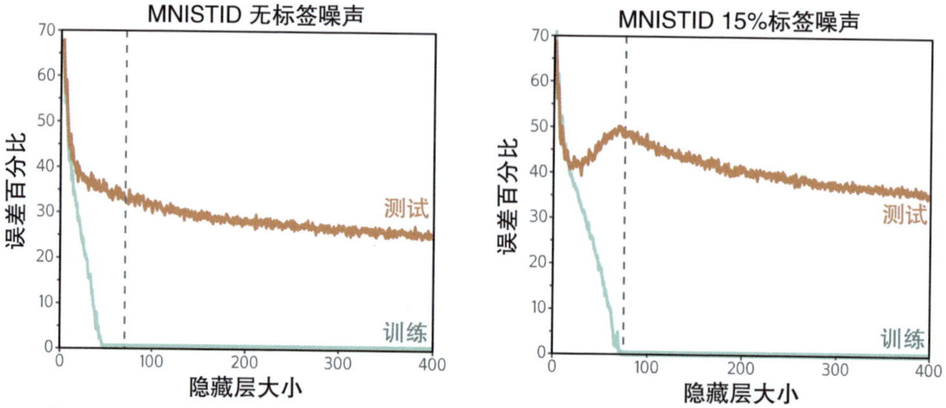

(a) 在MNIST-1D数据上训练具有两个隐藏层的网络模型，随着每层隐藏单元数量的增加，训练和测试损失的变化曲线。随着参数数量接近训练样本数量(垂直虚线)，训练损失减小到零，测试误差没有呈现出预期的偏差-方差权衡，而是在模型记住数据集后仍然持续减小

(b) 训练数据添加噪声后重复相同实验，需要与训练样本几乎相同的模型参数才能使训练误差减到零。同时，测试误差出现了预期的偏差-方差权衡现象，即随着容量增加，测试误差减小，然后在接近完全记住训练数据的位置再次增加。然而，随着容量持续增加，测试误差会再次减小，最终模型能够获得更高的性能。这称为二次下降。根据损失函数、模型和数据中的噪声量的不同，在许多数据集上可以不同程度地观察到二次下降模式

图8.10 二次下降

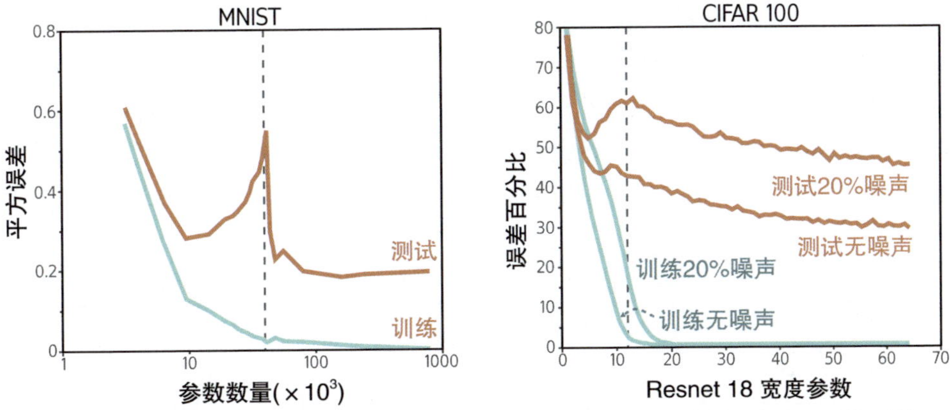

(c) Belkin等人的浅层神经网络在MNIST(无噪声)上的结果(2019年)

(d) Nakkiran等人的使用ResNet18网络(见第11章)在CIFAR 100上的结果(2021年)

图8.10 (续)

解释

二次下降的现象是反常识的，它包含两个现象。首先，当模型容量刚好能够记住训练数据时，测试性能会暂时变差。其次，即使训练性能趋于完美，测试性能也会随着容量的增加而持续提高。第一种现象与偏差-方差权衡现象完全吻合。第二种现象却非常令人困惑，我们不清楚为什么在过参数化的情况下测试性能会更好，甚至用于训练模型参数的训练样本也是远远不够的。

一旦模型具有足够的容量将训练损失降低到零，模型就几乎完美地拟合了训练数据。由于训练需要基于数据样本，因此这意味着进一步提升容量不会帮助模型更好地拟合训练数据。模型在样本之间优先选择一个解的倾向被称为归纳偏差(inductive bias)。

高维空间中训练数据的分布极其稀疏，因此模型的训练过程至关重要。MNIST-1D 数据集有40个维度，使用10 000个样本构建训练集。虽然看上去10 000个样本似乎足够多，但是考虑到每个输入维度可以量化为10个分组，则数据空间理论上包含 10^{40} 个数据点，但此时训练集只有 10^5 个样本，即使将数据空间进行如此粗糙的量化，最终每 10^{36} 个数据点中才能采样出1个训练样本。高维空间中训练样本被空间体积淹没的现象被称为维数灾难(curse of dimensionality)。

这意味着高维问题看起来更像图8.11(a)，数据样本之间明显的间隙形成了许多小的区域。一种对二次下降的推测是：随着模型容量增加，模型在相邻数据点之间会进行更平滑的插值。在不具备训练点之间更详细信息及在平滑性假设的前提下，模型能对新数据进行合理泛化。

这一论述是合理的。随着模型容量增加，它能够创建更平滑的函数。图8.11(b)~(f)显示了随着隐藏单元数量的增加，模型基于训练样本拟合得到的最平滑函数。当参数数量非常接近训练样本数量时，模型被迫扭曲自己以完全拟合训练数据，这导致预测结果不稳定。这解释了二次下降曲线中的峰值为何如此明显。随着模型容量持续增加，模型能够构建更平滑的函数以拟合训练样本，这些函数可能更好地泛化新数据。

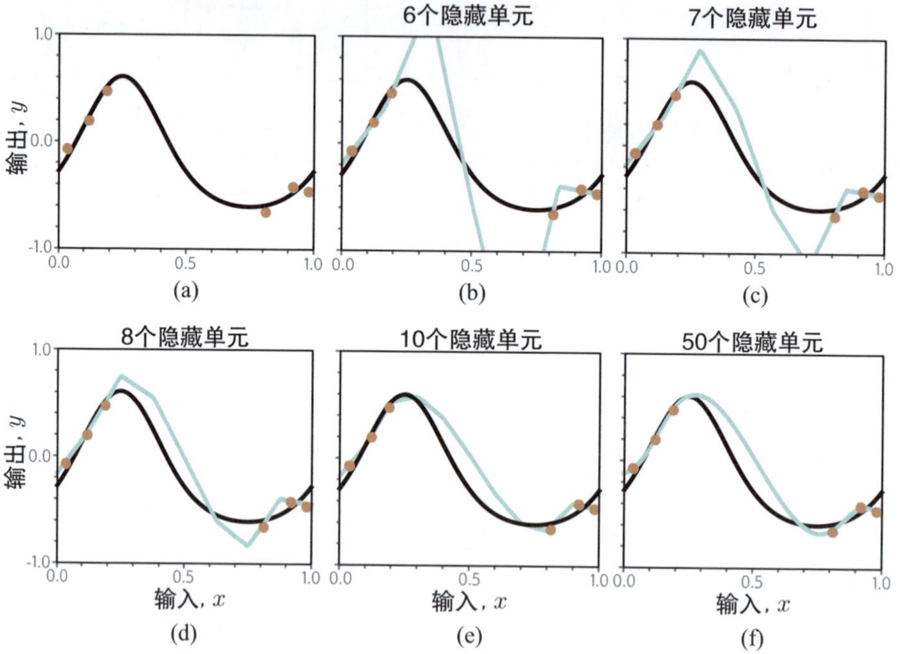

图8.11 增加容量(隐藏单元)可在稀疏数据点之间实现更平滑的插值。(a)如果训练数据(橘色圆圈)非常稀疏，中心区域没有数据示例来约束模型模拟真实函数(黑色曲线)。(b)如果使用刚好足够的容量来拟合训练数据(青色曲线)，模型曲线将非常扭曲，并且输出预测结果将不平滑。(c)~(f)随着模型容量进一步增加，模型可以更平滑地插值(每种情况下绘制的最平滑曲线)。在实际情况中，模型并不一定会真的按照图中的方式进行拟合

然而，这并不能解释为什么过参数化的模型一定会产生平滑函数。图8.12 显示了使用具有50个隐藏单元的简化模型可以创建的三种函数。每种情况下模型都完全拟合了数据，即损失为零。如果二次下降的过参数化区域用平滑性得到了增加来解释，那么究竟是什么激励了模型产生平滑性呢？

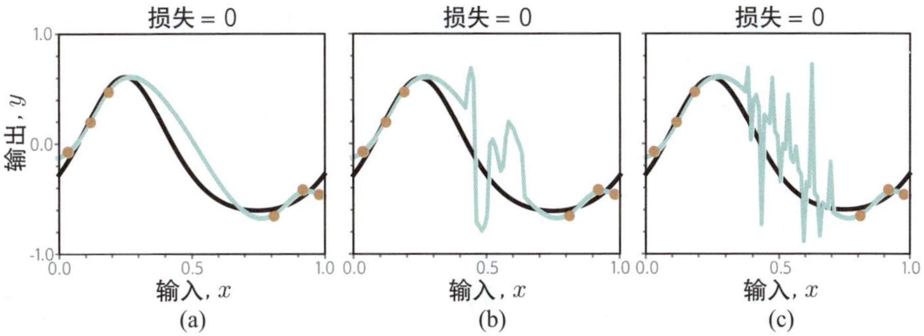

图8.12　正则化。(a)~(c)中的三条拟合曲线均准确通过训练样本，因此每条曲线的训练损失为零。然而，在新数据上，(a)中的平滑曲线比(b)和(c)中的不规则曲线更具普适性。使模型偏向具有类似训练性能的解的方法称为正则化。通常认为神经网络的初始化和训练过程具有隐式的正则化效果。因此，在过参数化的情况下，会激励模型参数趋向更合理的解，如(a)

8.5　选择超参数

上一节讨论了测试性能如何随模型容量而变化。但在经典模型中，我们既无法获得偏差(需要知道真实的基础函数)，也无法获得方差(需要多个独立采样的数据集来估计)。在现代模型中，我们无法判断在测试误差停止改善之前应该添加多少容量。那么如何在实践中准确选择模型容量就是一个重要问题。

对于深度神经网络，模型容量取决于隐藏层的数量、每层隐藏单元的数量及尚未介绍的其他架构因素。此外，学习算法的选择及其相关参数(学习率等)也会影响测试性能。这些影响因素统称为超参数(hyperparameters)。寻找最佳超参数的过程称为超参数搜索(hyperparameter search)。若关注于寻找网络结构，该过程也称为神经结构搜索(neural architecture search)。

超参数的选择通常是经验性的。我们在同一个训练集上使用不同超参数训练多个模型并评估训练集上的性能，保留最好的模型。此时通常不会选择测试性能最好的模型，因为这会让人怀疑这些超参数碰巧适用于测试集，无法进一步推广到新数据。为了进一步选择最优超参数，可引入第三个数据集，称为验证集(validation set)。在实验中，先使用训练集训练模型，再在验证集上评估性能，通过验证集上的表现筛选出最好的模型，最后评估其在测试集上的性能。这一过程理论上能够估计模型的真实性能。

虽然超参数空间远小于参数空间，但实验中仍然无法穷尽所有组合。许多超参数是离散的(例如隐藏层的数量)，且存在相互依赖关系(例如，只有在有十层或更多层的情况下，我们才需要指定第十层隐藏单元的数量)，因此无法像学习模型参数那样采用梯度下降法等优化算法。超参数优化算法需要根据之前的训练结果智能地对超参数空间进行采样。由于每轮调整都需要在每个超参数组合下完整地训练模型并验证性能，这个过程计算成本很高。

8.6 本章小结

模型性能评估过程中会使用一个单独的测试集，模型在此测试集上保持训练性能的能力被称为泛化能力。测试误差包含三个分量：噪声、偏差和方差。在使用最小二乘损失的回归问题中，这三个分量以累加方式结合。添加训练数据会降低方差。当模型容量小于训练样本数量时，增加容量在减小偏差的同时会增加方差。这一现象被称为偏差-方差权衡，且存在一个权衡最优的容量。

在模型容量超过训练样本数时，还存在第二种现象，即性能随容量的提高而提高。这二者组合后呈现了二次下降现象。人们认为模型在过参数化时能够在训练数据点之间更平滑地插值，但这一推论尚无明确论据和理论推导。为了选择容量和其他模型训练算法超参数，我们通常拟合多个模型并使用单独的验证集评估其性能。

8.7 注释

偏差-方差权衡：本章证明了使用最小二乘损失的回归问题的测试误差可分解为噪声、偏差和方差三个分量。这三个分量同样存在于使用其他损失函数的模型中，但它们之间的关系可能更复杂(Friedman，1997；Domingos，2000)。对于分类问题存在以下反直觉的现象：当模型偏向于在输入空间的某个区域预测错误的类别时，因为增大方差能使一些预测值变大从而超过分类阈值，此时反而可以提高分类准确率。

交叉验证(Cross-validation)：通常将数据分为三部分：训练数据(用于学习模型参数)、验证数据(用于选择超参数)和测试数据(用于评估最终性能)。但当数据样本数量有限时(样本数量和模型容量相当)，这种划分模式可能导致方差变大。

缓解这一问题的一种方案是k折交叉验证。该方法将训练集和验证集中的数据统一划分成k个不重叠的子集。例如，可以将这些数据分成5组，每次选择其中4组用于训练，使用剩余一组用于验证，分别选择不同组的数据作为验证集，重复进行5次实验并根据平均性能选择超参数。然后，使用在测试集上具有最佳超参数的5个模型的平均性能作为最终测试性能。基于该方案有多种改进方案，它们的共同目标都是使用更大比例的数据训练模型，从而降低方差。

容量：模型容量(capacity)并非正式术语，本书中使用容量表示模型参数或隐藏单元的数量(并间接表示模型拟合复杂度不断增加的函数的能力)。模型的表征容量(representational capacity)描述了它在考虑所有可能的参数值时，可能构建的函数空间。考虑到优化算法不可能覆盖所有函数空间，其中能覆盖的部分被称为有效容量(effective capacity)。

Vapnik-Chervonenkis(VC)维度(Vapnik & Chervonenkis，1971)是正式的模型容量度量指标，代表了二元分类器可以拟合的最大训练样本数量。Bartlett等人(2019)根据模型层数和权重推导了VC维度的上限和下限。容量的另一种度量标准是Rademacher复杂性，它代表具有最佳参数的分类模型对于具有随机标签的数据的拟合能力。Neyshabur等人(2017)根据Rademacher复杂性推导了泛化误差的下限。

二次下降(Double descent)：“二次下降”的概念由Belkin等人(2019)提出，他们证明了在过参数化区域，使用随机数据训练两层神经网络时测试误差会产生两次下降。实验表明，同样的现象也发生在决策树模型上。但Buschjäger & Morik(2021)随后提供了相反的证据。Nakkiran等人(2021)表明二次下降发生在多个数据集(CIFAR-10、CIFAR-100、IWSLT’14 de-en)、架构(CNN、ResNet、transformer)和优化算法(SGD、Adam)。向标签添加噪声(Nakkiran等，2021)或使用某些正则化技术(Ishida等，2020)时，这种现象尤为明显。

Nakkiran等人(2021)的实验还表明模型测试性能取决于有效模型容量(给定模型和训练方法可以实现零训练误差的最大样本数)，获得充足样本后，模型开始致力于平滑地进行插值。因此，模型测试性能不仅取决于模型本身，还取决于训练算法和训练时长。在选用固定容量的模型并增加训练迭代次数时，能够观察到类似的现象，此现象被称为epoch-wise二次下降。Pezeshki等人(2022)提出，使用不同速度学习模型中不同特征的方案可以模拟产生这种现象。

基于二次下降还能发现一个奇怪的现象，增加训练数据规模有时会降低测试性能。在模型的过参数化区域中，如果增加训练数据以匹配模型容量，测试误差将处于曲线的临界区域，测试损失可能会增加。

Bubeck & Sellke(2021)证明了过参数化对于在高维中平滑插值数据是必要的。他们证明了模型参数量和Lipschitz常数(最小的输入变化导致最快的输出变化)之间存在关联。有关过参数化机器学习理论的综述，请参阅Dar等人(2021)的技术文献。

高维数据：随着维数的增加，参数空间将迅速膨胀，这将导致密集采样所需的训练数据量指数级增长，这种现象被称为维度灾难。高维空间具有许多意想不到的属性，因此在尝试根据低维案例推广时需要十分谨慎。本书的示例大多数集中在一维或二维模型中的可视化深度学习算法，但在高维情况下应持怀疑态度。

高维空间的特性包括：①从正态分布中随机抽取的两个数据点，二者大概率是正交的(相对于原点)；②来自正态分布的样本与原点的距离大致恒定；③高维球体(超球体)的大部分体积靠近其表面(可以比喻为：高维橙子的大部分体积在果皮中，而不是果肉中)；④如果将单位直径的超球体放置在单位边长的超立方体内，那么随着维数的增加，超球体占据超立方体体积的比例将越来越小。由于超立方体的体积固定为1，这意味着高维超球体的体积接近于0；⑤对于从高维超立方体的均匀分布中抽取的随机点，最近点和最远点之间欧氏距离的比值接近于1。相关信息，请参考Beyer等人(1999)和Aggarwal等人(2001)的著作。

真实场景的性能：本章提出了使用保留的测试集评估模型性能。但如果测试集的数据分布与真实场景的数据分布不匹配，结果将无法体现真实场景的性能。此外，真实场景的数据分布可随时间的推移而改变，这样模型越来越陈旧，从而导致性能下降。这被称为数据漂移(data drift)，为了防止该问题，部署中的模型性能必须被仔细监控。

真实场景性能较差的主要原因包含三个。第一，输入数据x的分布可能改变，在模型应用过程中，可能观察到训练期间未被采样到的样本，这被称为协变量漂移(covariate shift)。第二，输出数据y的分布可能改变，如果训练集中一些输出值出现概率较低，那么模型学习过程中会倾向不预测这些值。但如果真实场景中这些值较为常见，模型会频繁出错，这被称为先验漂移(prior shift)。第三，输入和输出之间的关系可能会改变，这被称为概念漂移(concept shift)。Moreno-Torres等人(2012)的论文讨论了这些问题。

超参数搜索(Hyperparameter search)：找到最佳超参数是一项具有挑战性的优化任务，由于每套超参数的验证都需要完整地训练模型并评估其性能，因此整个过程成本较高。在此过程中，很难计算模型性能对于超参数的导数(即超参数发生改变时，性能如何随之变化)，并基于此优化超参数。此外，由于许多超参数是离散的，且优化任务存在多个局部最小值，我们无法判断它是否接近全局最小值，因此无法使用梯度下降法。由于训练、验证过程都使用随机训练方法，因此很多噪声被引用，这导致即使使用相同超参数多次训练模型，最终获得的性能也是不同的。最后，一些变量只有在其他变量满足一定条件时才存在。例如，第三隐藏层中的隐藏单元数量这一参数，只有总隐藏层数量大于等于3时才有意义。

超参数搜索的一种简单方案是随机抽样(Bergstra & Bengio，2012)。当超参数为连续变量时，最好通过建立一个描述超参数和模型之间不确定性的性能模型，找出不确定性大的区域(待探索空间)或确定性较强的区域(利用先验知识)。贝叶斯优化是一个基于高斯过程的框架，Snoek等人(2012)将其应用于超参数搜索任务中。Beta-Bernoulli bandit算法(Lattimore & Szepesvári，2020)是用于描述因离散变量导致的结果不确定性的模型。

基于顺序模型的配置(SMAC)算法(Hutter等，2011)可以处理连续、离散和条件参数。该算法使用随机森林建模目标函数，其中树预测的均值是对目标函数的最佳猜测，方差代表不确定性。Tree-Parzen Estimators模型(Bergstra等，2011)通过另一种完全不同的思路，也能处理连续、离散和条件参数。先前的方法能够针对给定超参数的模型，对其性能概率进行建模。而Tree-Parzen Estimators模型能基于给定模型性能生成超参数的概率。

Hyperband算法(Li等，2017b)是多臂老虎机策略在超参数优化中的应用。该算法假设有成本较低但能近似估计模型性能的方法(例如不完整训练模型)，这些方法可以与预算关联(例如训练固定的迭代次数)。算法执行过程中随机抽取配置，直至预算耗尽，得到最佳分数η。然后将预算乘以$1/\eta$，重复上述步骤直至预算再次耗尽。配置较差时，训练至一半即可停止，因此效率会有所提升。但因为每个样本都是随机选择的，这一定程度上也会影响效率。BOHB算法(Falkner等，2018)基于Hyperband算法提出了改进，利用Tree-Parzen Estimator选择的更合理的超参数可用来提升效率。

8.8 问题

问题8.1　图8.2中的多分类交叉熵训练损失是否会达到零？请解释原因。

问题8.2　如何选择图8.4(a)中模型的第一层参数(三个权重和三个偏差)，使隐藏单元的响应如图8.4(b)~(d)所示？

问题8.3*　给定一个由I个输入/输出对$\{x_i, y_i\}$组成的训练集，使用最小二乘损失函数。如何以封闭形式找到图8.4(a)模型的参数$\{\beta, \omega_1, \omega_2, \omega_3\}$？

问题8.4　图8.10(b)的实验中，我们训练了一个具有200个隐藏单元、50410个参数的模型。此时如果将训练样本数从10000增加到50410，训练和测试性能将发生什么变化？

问题8.5　当模型容量超过训练样本数，且模型足够灵活可以将训练损失减少到零时，如果模型为异方差模型，将受到何种影响。如果存在问题，请说明解决方案。

问题8.6　证明从1000维高斯分布中抽取的两个随机点与原点几乎正交。

问题8.7　D维超球体体积为：

$$\mathrm{Vol}[r] = \frac{r^D \pi^{D/2}}{\Gamma[D/2+1]} \tag{8.8}$$

其中$\Gamma[\bullet]$是Gamma函数。使用Stirling式证明直径为1(半径$r=0.5$)的超球体体积随着维数的增加而接近于0。

问题8.8* 定义一个半径 $r=1$ 的超球体。计算超球体最外1%部分的体积(即最外层厚度为0.01的部分)，及其占总体积的比例。证明随着维数的增加，该比例趋近于1。

问题8.9 图8.13(c)显示了标准正态分布样本随着维数的增加距离分布的变化情况。分别从25、100和500维的标准正态分布中抽取样本并绘制样本到中心距离的直方图，对其中的现象进行说明。什么封闭形式的概率分布能描述这些距离？

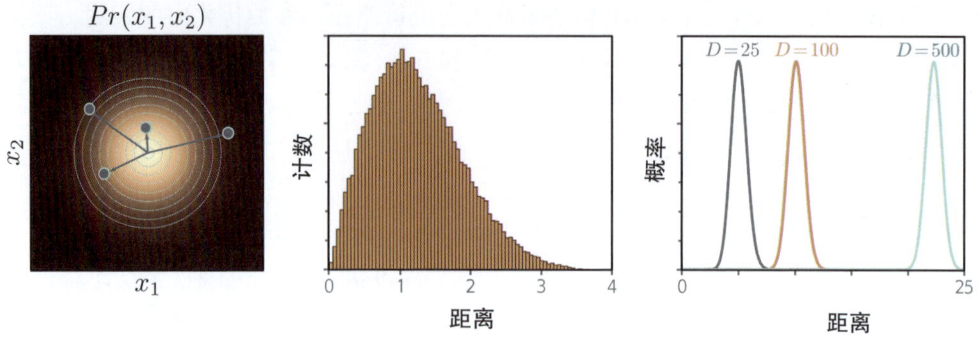

(a) 两个维度的标准正态分布。圆圈是该分布的4个采样，随着与中心距离的增大，概率会减少，但相应半径上的空间(即相邻的等距圆圈之间的面积)增加

(b) 权衡这些因素，样本距离直方图有一个明显的尖峰

(c) 在更高的维度中，这种效果显得更极端，观察到接近平均值的样本的概率变得极小，虽然最可能的点是分布的平均值，但典型样本存在于一个狭长区域中

图8.13 典型集合

第9章

正则化

第8章描述了如何衡量模型的性能，并指出了训练性能与测试性能之间可能存在的显著差异。导致这一差异的原因可能为：①模型描述了训练数据的统计特性，但这些特性不能代表从输入到输出的真实映射(过拟合)；②模型在没有训练样本的空间范围内没有约束，导致输出次优预测结果。

本章将讨论一系列正则化技术，这些方法可以减小训练和测试性能之间的泛化差距。严格来说，正则化技术指在损失函数中添加显式的正则项，使其可以按特定目标优化参数。但在机器学习中，这个术语通常泛指任何可以改进泛化性能的策略。

本章首先考虑正则化在其最严格定义下的作用。然后展示随机梯度下降法自身具有的对优化方向的倾向性，这被称为隐式正则化。接下来，本章介绍一系列可以提高测试性能的启发式方法，包括提前停止(early stopping)、集成学习(ensembling)、随机失活(dropout)、标签平滑(label smoothing)和迁移学习(transfer learning)。

9.1 显式正则化

使用训练集 $\{x_i, y_i\}$ 训练参数为 ϕ 的模型 $f\{x, \phi\}$，通过最小化损失函数 $L[\phi]$ 的方法进行模型参数优化：

$$\begin{aligned}\hat{\phi} &= \underset{\phi}{\operatorname{argmin}}\Big[L[\phi]\Big] \\ &= \underset{\phi}{\operatorname{argmin}}\left[\sum_{i=1}^{I} \ell_i\left[x_i, y_i\right]\right]\end{aligned} \tag{9.1}$$

其中，单样本损失项 $\ell_i\left[x_i, y_i\right]$ 描述了模型预测值 $f\left[x_i, \phi\right]$ 与输入样本对应的真值标签 y_i 之间的差异。为使优化过程有所偏向，我们引入一个附加项：

$$\hat{\phi} = \underset{\phi}{\text{argmin}}\left[\sum_{i=1}^{I} \ell_i\left[x_i, y_i\right] + \lambda \cdot g[\phi]\right] \tag{9.2}$$

其中，$g[\phi]$是一个返回标量值的函数，当参数不佳时，它的数值会很大。λ是一个正标量，控制正则化项的贡献比例。引入正则项后，损失函数的最小值通常与原始损失函数不同，因此训练会最终收敛到不同的参数(图9.1)。

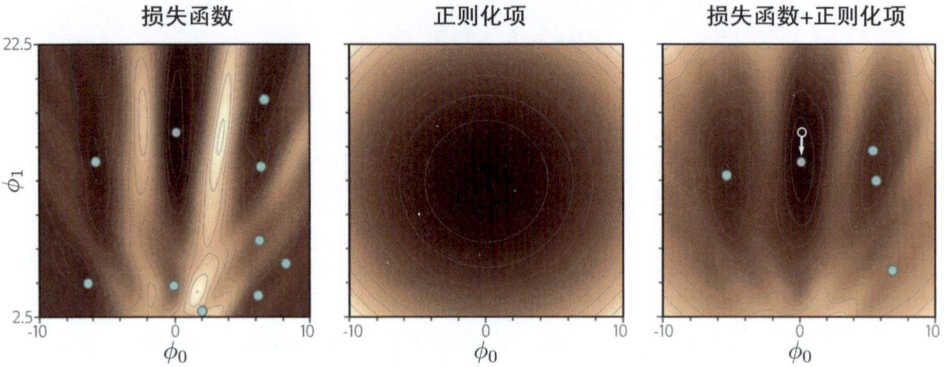

(a) Gabor模型的损失函数(见6.1.2节)。蓝色圆圈表示局部最小值。灰色圆圈表示全局最小值

(b) 正则化项通过在远离中心点的位置增加惩罚，使参数最终接近中心

(c) 最终的损失函数是原始损失函数和正则化项之和。该曲面具有较少的局部最小值，且全局最小值的位置已经改变(箭头表示变化)

图9.1　显式正则化

9.1.1　概率解释

正则化可从概率的角度来理解。第5.1节展示了如何基于最大似然准则构造损失函数：

$$\hat{\phi} = \underset{\phi}{\text{argmax}}\left[\prod_{i=1}^{I} Pr\left(y_i \mid x_i, \phi\right)\right] \tag{9.3}$$

正则化项可以被视为先验概率$Pr(\phi)$，该项描述了观察数据之前我们对参数的了解：

$$\hat{\phi} = \underset{\phi}{\text{argmax}}\left[\prod_{i=1}^{I} Pr\left(y_i \mid x_i, \phi\right) Pr(\phi)\right] \tag{9.4}$$

将上式转换为负对数似然损失函数的形式，可以发现$\lambda \cdot g[\phi] = -\log\left[Pr(\phi)\right]$。

9.1.2　L2正则化

上述推导过程回避了正则化项如何惩罚目标参数(或先验项如何支持目标参

数)的问题。由于神经网络模型的应用广泛，因此惩罚方法需要具有通用性，例如L2范数，它将惩罚模型参数的平方和：

$$\hat{\phi} = \underset{\phi}{\operatorname{argmin}}\left[\sum_{i=1}^{I}\ell_i\left[x_i, y_i\right] + \lambda\sum_j \phi_j^2\right] \tag{9.5}$$

其中j是模型参数索引，上式也被称为Tikhonov正则化、岭回归或F-范数正则化(应用于矩阵时)。

对于神经网络，L2正则化通常作用于权重而非偏置，因此也被称为权重衰减(weight decay)项。该项倾向于激励更小的权重，因此输出函数会更平滑。为了理解这个结论，我们可将预测输出看作最后一个隐藏层激活值的加权和。如果权重幅值很小，则输出也会很小。上述逻辑也适用于计算预激活值甚至更前面的前向传递过程和反向传递过程。在极限情况下，如果所有权重为零，网络将输出仅由偏置决定的恒定输出。

图9.2显示了引入权重衰减项和正则化系数λ后，训练图8.4中简化网络模型的效果。当λ较小时，影响较小。

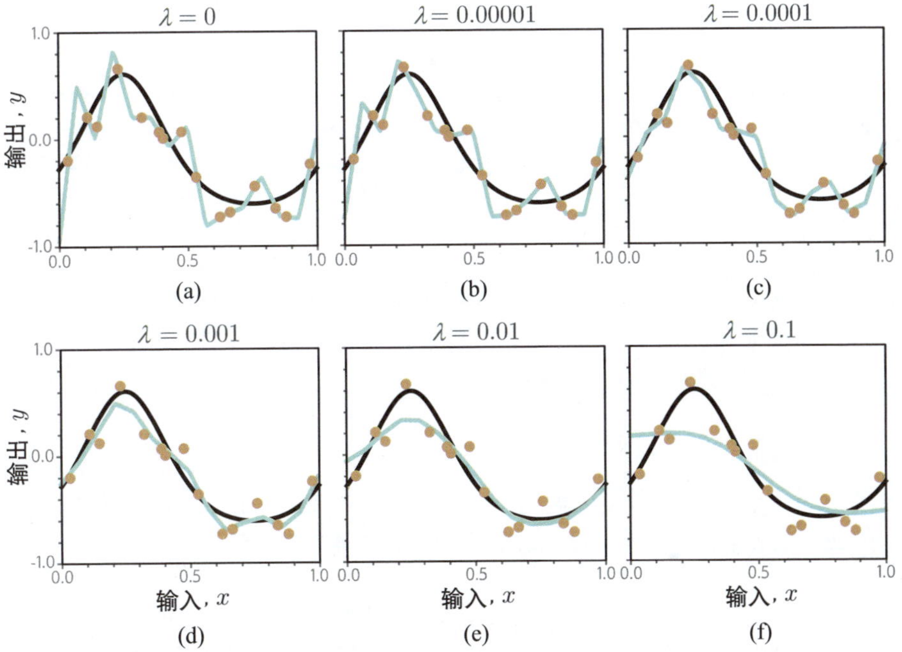

图9.2 具有14个隐藏单元的简化模型(图8.4)中的L2正则化。(a)~(f)为不同正则化系数λ下拟合得到的函数。黑色曲线是真实函数，橙色圆圈是含噪声的训练数据，青色曲线是拟合得到的函数。λ较小时((a)和(b))，拟合函数正好通过数据点。λ适中时((c)和(d))，函数更平滑，与真实函数更相似。λ较大时((e)和(f))，正则化项的作用超过了似然项，拟合得到的函数过于平滑，导致训练效果较差

随着λ的增加，模型对数据的拟合准确性降低，但函数更加平滑，这可能提高测试性能，原因如下：

(1) 如果模型过拟合，添加正则化项意味着模型必须在盲目拟合数据和保持函数平滑之间权衡。这意味着以增加偏差(提升平滑性)为代价降低方差(模型不再需要严格拟合全部数据点)。

(2) 当模型过参数化时，一些冗余的模型容量能够描述未训练的数据。正则化项将有利于在训练样本有限时，在样本点之间平滑地进行函数插值。这一思路具有合理性。

9.2 隐式正则化

近期研究发现，梯度下降法和随机梯度下降法都不会无偏向地向损失函数的最小值优化，各个方法都有各自的优化倾向，这称为隐式正则化(implicit regularization)。

9.2.1 梯度下降法中的隐式正则化

定义一个连续值下的梯度下降优化任务，其中步长视为无限小。参数ϕ的变化受导数影响：

$$\frac{\mathrm{d}\phi}{\mathrm{d}t} = -\frac{\partial L}{\partial \phi} \tag{9.6}$$

梯度下降法使用一系列步长为α的离散操作逼近这一过程：

$$\phi_{t+1} = \phi_t - \alpha \frac{\partial L[\phi_t]}{\partial \phi} \tag{9.7}$$

操作的离散化导致梯度下降路径相较于连续梯度下降路径有所偏移(图9.3)。

这种偏差可以表示为在原损失函数中增加一个修正损失项$\tilde{L}$，使其与离散梯度下降法到达相同位置。修正损失为(证明过程见本章末尾)：

$$\tilde{L}_{GD}[\phi] = L[\phi] + \frac{\alpha}{4}\left\|\frac{\partial L}{\partial \phi}\right\|^2 \tag{9.8}$$

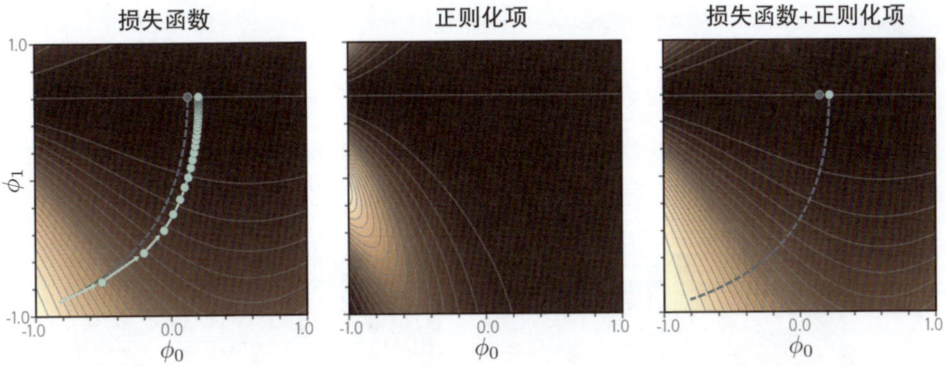

(a) 损失函数在水平方向上存在一组全局最小值。蓝色虚线显示了从左下方开始的连续梯度下降路径。青色轨迹显示了步长为0.1的离散梯度下降路径(开始的几步显示为箭头)。有限的步长导致路径分散并最终到达不同位置

(b) 可通过向连续梯度下降法的损失函数中添加正则化项来近似这种差异，该项惩罚了梯度幅度的平方

(c) 添加正则项后的连续梯度下降路径收敛到与原损失函数离散梯度下降路径相同的位置

图9.3 梯度下降法中的隐式正则化

由图9.3可知，离散路径倾向于绕过梯度范数大(函数曲面表面陡峭)的区域，但不会改变最小值的位置。但由于通过改变有效损失函数的方式优化了路径，因此最终可能收敛到不同的局部最小值。梯度下降法中的隐式正则化可能导致全批次梯度下降法在大步长下具有更好的泛化能力(图9.5(a))。

9.2.2 随机梯度下降法中的隐式正则化

随机梯度下降法中也存在隐式正则化。先定义一个修正后的损失函数，使其进行连续优化时能与随机梯度下降法更新的平均值到达相同的位置。这一损失函数为：

$$\begin{aligned}\tilde{L}_{SGD}[\phi] &= \tilde{L}_{GD}[\phi] + \frac{\alpha}{4B}\sum_{b=1}^{B}\left\|\frac{\partial L_b}{\partial \phi} - \frac{\partial L}{\partial \phi}\right\|^2 \\ &= L[\phi] + \frac{\alpha}{4}\left\|\frac{\partial L}{\partial \phi}\right\|^2 + \frac{\alpha}{4B}\sum_{b=1}^{B}\left\|\frac{\partial L_b}{\partial \phi} - \frac{\partial L}{\partial \phi}\right\|^2\end{aligned} \tag{9.9}$$

其中，L_b是一个epoch共B个批次中第b个批次的损失，L和L_b分别表示基于I个个体损失均值和$|\mathcal{B}|$个批次损失均值计算得到的全局损失：

$$L = \frac{1}{I}\sum_{i=1}^{I}\ell_i[x_i, y_i] \quad 和 \quad L_b = \frac{1}{|\mathcal{B}|}\sum_{i\in\mathcal{B}_b}\ell_i[x_i, y_i] \tag{9.10}$$

式(9.9)引入了一个额外的正则化项，对应着批次损失 L_b 的梯度方差。这表明随机梯度下降法更倾向于向梯度稳定的地方移动(所有批次都希望前往的方向)。这一调整改变了优化过程的路径(图9.4)，但并不一定改变全局最小值的位置。对于过参数化模型，它将拟合全部训练数据，因此所有梯度项在全局最小值处均为零。

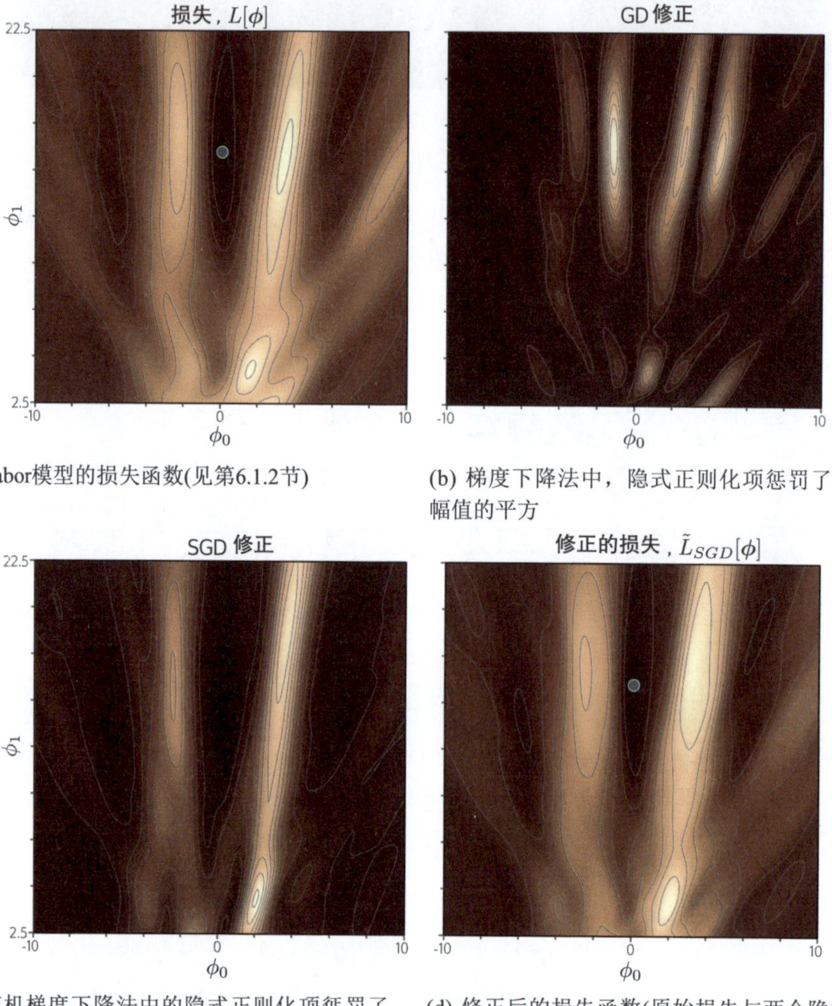

(a) Gabor模型的损失函数(见第6.1.2节)

(b) 梯度下降法中，隐式正则化项惩罚了梯度幅值的平方

(c) 随机梯度下降法中的隐式正则化项惩罚了当前批次梯度的方差

(d) 修正后的损失函数(原始损失与两个隐式正则化项之和)

图9.4 随机梯度下降法中的隐式正则化

随机梯度下降法相较于梯度下降法具有更好的泛化性。通常情况下，批次规模越小，测试性能越好(图9.5(b))。这可能是因为随机梯度下降中固有的随机性允许算法到达损失函数的不同区域，也可能因为隐式正则化。隐式正则化激励在所有数据上都能获得较好结果的模型参数(批次间方差小)，而不是仅在部分数据拟

合较好的参数(总损失相同，但批次间方差大)。

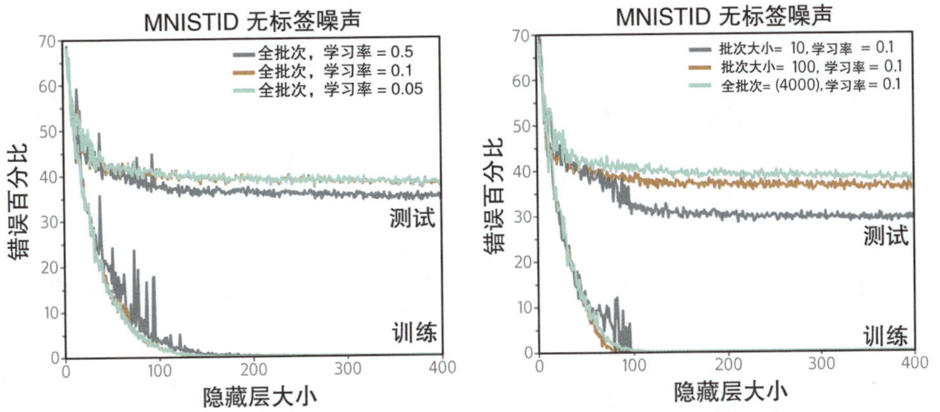

(a) 较大的学习率对应较好的测试性能。实验中迭代次数为6000/LR，因此每组实验都有机会移动相同的距离

(b) 较小的批次大小对应较好的测试性能。实验中迭代次数的选择保证训练数据被大致相同的模型容量记忆

图9.5　学习速率和批次大小对模型训练的影响。模型为具有两个隐藏层的神经网络，从MNIST-1D(图8.1)抽取训练和测试样本各4000条，用于训练和性能评估

9.3　提高性能的启发式算法

通过在损失函数中显式地增加正则化项，可使优化算法执行后能得到更好的模型参数，这隐式地导致了随机梯度下降法能够得到很好的训练效果。本节描述了其他用于改善模型泛化性的启发式算法。

9.3.1　提前停止

提前停止指在训练过程完全收敛前提前停止训练过程。如果停止时刻模型粗略拟合了真实函数，但尚未来得及拟合噪声，则可以起到避免过拟合的效果(图(9.6))。

该方法还可以解释为：由于初始化的权重是较小的值(见第7.5节)，提前停止可以使它们保持较小值的状态，一定程度上起到了L2正则化的效果。也可以解释为：提前停止降低了模型的有效复杂度。即等价于模型性能沿着偏差/方差权衡曲线从临界区域向下移动，因而使性能得到改善(见图8.9和图8.10)。

提前停止的超参数是终止学习步数。虽然超参数通常基于经验选择，但终止学习步数可以在不训练多个模型的情况下进行选择。模型训练过程中每 T 个迭代评估一次验证集性能并存储模型参数，最终选择验证集性能最佳的模型。

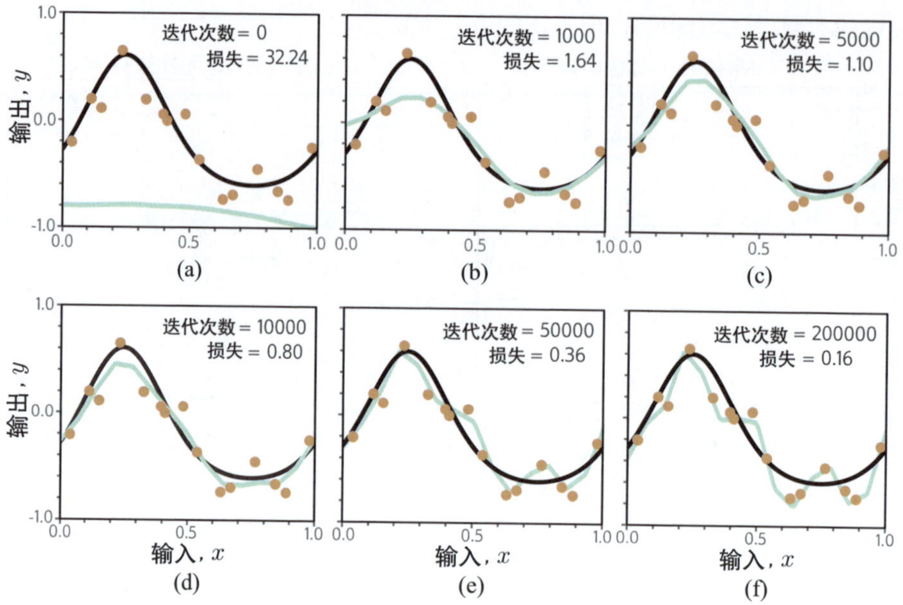

图9.6 提前停止。(a) 随机初始化一个包含14个线性分段区域(图8.4)的简化浅层网络模型(青色曲线)，使用SGD进行训练，批次大小为5，学习率为0.05。(b)~(d) 随着训练的进行，该函数首先拟合真实函数(黑色曲线)的大致走向。(e)~(f) 逐渐过拟合训练数据(橙色点)中的噪声信息。尽管训练损失在整个过程中持续减小，但(c)和(d)中的训练结果最接近真实函数，测试性能优于(e)和(f)

9.3.2 集成学习

为减小训练数据和测试数据之间的泛化误差，另一种方法是构建多个模型，以它们的预测结果平均值作为最终预测结果，这种方法被称为集成学习。集成学习以训练多个模型、多次预测为代价，可靠地提高测试性能。

假设模型的误差是独立且能够相互抵消的，则可以通过取输出的平均值(回归问题)或预激活值的平均值(分类问题)作为集成输出结果。另外，可使用输出的中位数(回归问题)或最频繁预测的类别(分类问题)，这样的预测结果更稳定。

为了训练多个模型，一种方法是通过随机初始化的方式使模型从不同的起点开始训练，这可能有助于提高输入空间中远离训练数据的区域的性能。由于拟合函数相对不受约束，因此不同的模型可能会产生不同的预测，最终所有模型的平均值可能比任何单个模型都具有更好的泛化能力。

另一种方法是将原始数据集抽样成若干子集，并使用各个子集分别训练模型。该方法被称为装袋法(bootstrap aggregating/bagging)，详见图9.7。它具有平滑数据的效果，如果一个数据点不在训练集中，模型会根据其附近的点进行插值。此时，如果该点是一个异常值，拟合函数在这个区域将更加平滑。此外，还包含使用不同的超参数训练模型或使用不同的模型算法等方案。

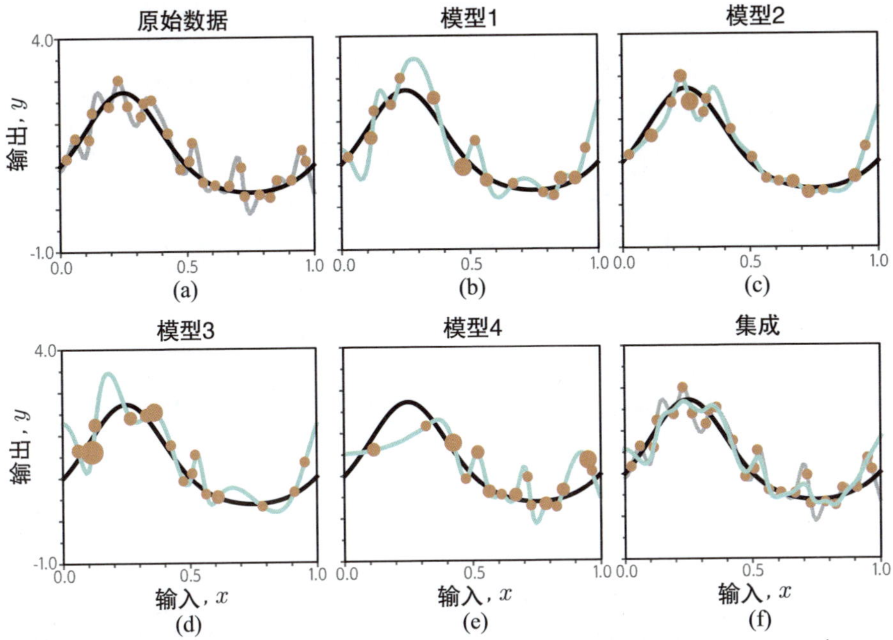

图9.7　集成方法。(a) 将单个模型(灰色曲线)拟合整个数据集(橙色点)。(b)~(e) 通过有放回重采样(装袋法)四次创建的四个模型(橙色点的大小表示数据点被重采样的次数)。(f) 当我们对这个集成的预测结果取平均值时，结果(青色曲线)比全数据集(灰色曲线)的结果(如(a))更平滑，可能具有更好的泛化能力

9.3.3　随机丢弃

随机丢弃(dropout)指在随机梯度下降法的迭代中，将一个随机子集(50%)的隐藏单元的输出强制转换为零(图9.8)，从而实现正则化的方法。这一操作使网络对任何特定隐藏单元的依赖性降低，并激励权重取更小的数值，从而减弱隐藏单元参数对函数的影响。

该方法可以消除函数中的远离训练数据并且不影响损失计算的“拐点”。例如，定义随曲线向前移动而依次激活的三个隐藏单元(图9.9(a))。第一个隐藏单元使函数具有较大的斜率。第二个隐藏单元斜率变小，因此函数回落。第三个隐藏单元的斜率使曲线恢复到原来的轨迹。这三个隐藏单元共同作用，使函数产生了不必要的局部改变。虽然最终没有影响训练损失，但显然不会有很好的泛化性。

当上述三个隐藏单元共同作用用时，移除某个隐藏单元(按dropout的策略)，会导致输出函数剧烈变化，并会继续传递到后续层(图9.9(b))。随着梯度下降的持续迭代，算法将逐渐补偿上述移除操作引起的改变，随着时间的推移，影响将被消除。最终效果是，虽然整个过程训练损失没有受到影响，但是训练数据点之间的

不必要变化被逐渐移除(图9.9)。

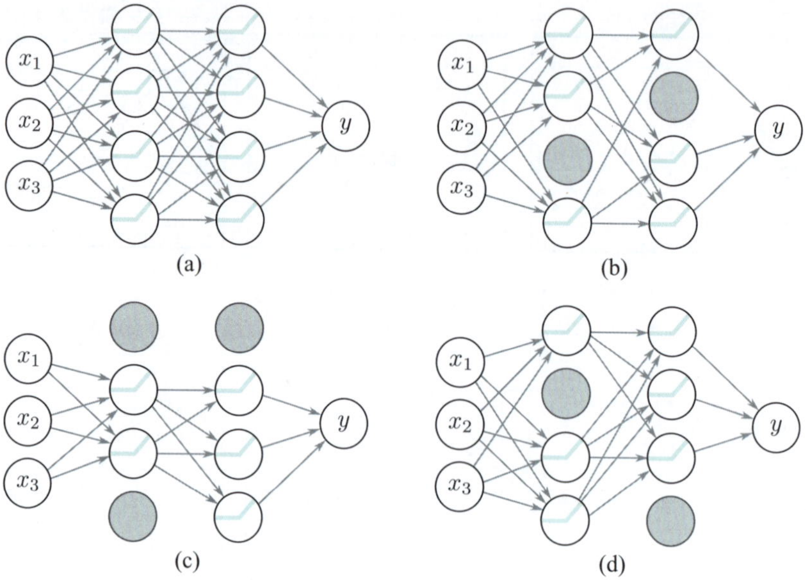

图9.8　dropout。(a) 原始网络。(b)~(d)每个训练迭代中，随机将一部分隐藏单元置零(灰色节点)，使其权重无法起作用。因此可视为每次训练时，都在使用稍有不同的网络进行训练

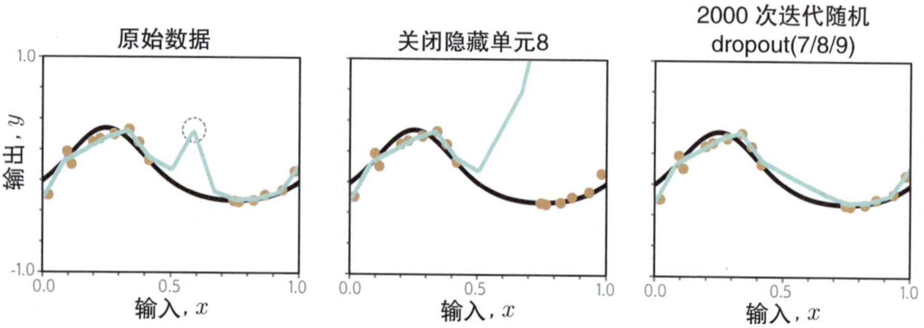

(a) 曲线上的异常拐点是由于斜率的增加、减小(在圆圈标记处)，再增加的过程产生的，拐点后曲线还是会回到原始轨迹。实验中使用了全批次梯度下降法且模型已经完全拟合了数据，在此状态下，进一步训练不会消除拐点

(b) 移除图(a)中导致拐点产生的隐藏单元时(如采用dropout)可能发生的情况。由于斜率没有减小，函数的右侧将持续上升。随后的梯度下降步骤将尝试补偿这种变化

(c) 2000次迭代后的现象。每个迭代随机移除导致拐点的三个隐藏单元之一，并进行一步梯度下降。结果显示：拐点并不影响训练损失，通过近似dropout机制的操作，拐点可以被移除

图9.9　dropout机制

测试过程中，可以与常规执行方式相同，即使所有隐藏单元处于激活状态。但由于网络当前拥有的隐藏单元数大于训练过程中的隐藏单元数，因此需要将权重乘以1-dropout概率进行补偿。这称为权重缩放推理规则(weight scaling inference rule)。

另一种推理方法是使用蒙特卡罗随机丢弃(Monte Carlo dropout)方法。该方法需要执行多次推理操作，每次随机将不同的隐藏单元子集强制为零(与训练过程一致)，然后将结果组合起来。这种思路类似于集成学习，每次推理都可视为不同的模型，只是不需要训练或存储多个版本的模型参数。

9.3.4 添加噪声

随机丢弃可以视为对网络的激活值添加了乘性伯努利噪声。顺着这个思路，我们可以尝试在训练过程中向网络的其他部分添加噪声，从而使最终模型更稳定。

一种方法是在输入数据中添加噪声，以使模型学习过程所得到的函数更平滑(图9.10)。在回归问题中，这一操作等价于添加正则化项，该项惩罚了网络输出相对于其输入的导数。该方法的一种极端的变体是对抗训练(adversarial training)。对抗训练中优化算法主动搜索导致输出剧烈变化的较小输入扰动，这些扰动可视为最坏情况下的加性噪声。

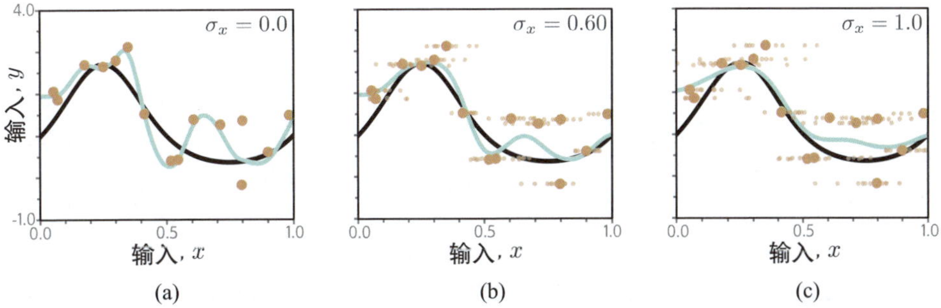

图9.10 向输入添加噪声。在随机梯度下降的每个步骤中，将方差为 σ_x^2 的随机噪声添加到批次数据中。(a)~(c)是使用不同噪声水平拟合的模型(小点表示十个含噪声样本)。添加更多噪声使拟合函数变得更平滑(青色线)

另一种方法是在权重中添加噪声，这样能保证即使权重发生轻微扰动，网络也能做出合理的预测。最终网络将收敛到位于平坦区域中间位置的局部最小值，因为在这个区域内权重的小幅改变不会影响模型性能。

此外，可在标签中添加噪声。多分类的最大似然准则旨在以绝对的确定性预测正确类别(式(5.24))。因此网络最后的激活值(softmax函数之前)倾向于在正确的类别预测非常大的值，在错误的类别预测非常小的值。

如果我们假设训练标签有一定比例 ρ 是错误的，并且真实标签等概率地属于其他类别，此时就能避免模型过于相信标签。上述效果可以通过每次迭代中随机改变标签来实现，也可以通过直接改变损失函数来实现。改变后的损失函数使预测分布之间的交叉熵最小，其中预测分布在真实标签处概率为 $1-\rho$，其他类别处概率相等。这种标签平滑(label smoothing)方法可以改善各种场景中模型的泛化能力。

9.3.5 贝叶斯推理

基于最大似然准则的方法往往过于自信。在训练阶段，此类方法选择可能性最高的参数定义模型进行预测。但事实上可能存在一组具备更强泛化性的参数，但是其可能性略低。贝叶斯方法将参数视为未知变量，并使用贝叶斯规则(Bayes' rule)计算参数 ϕ 在训练数据集 $\{x_i, y_i\}$ 上的分布 $Pr(\phi|\{x_i, y_i\})$：

$$Pr(\phi|\{x_i, y_i\}) = \frac{\prod_{i=1}^{I} Pr(y_i|x_i, \phi)Pr(\phi)}{\int \prod_{i=1}^{I} Pr(y_i|x_i)Pr(\phi)\mathrm{d}\phi} \tag{9.11}$$

其中 $Pr(\phi)$ 是参数的先验概率，分母是归一化项。因此，每个参数选择都会被分配一个概率(图9.11)。

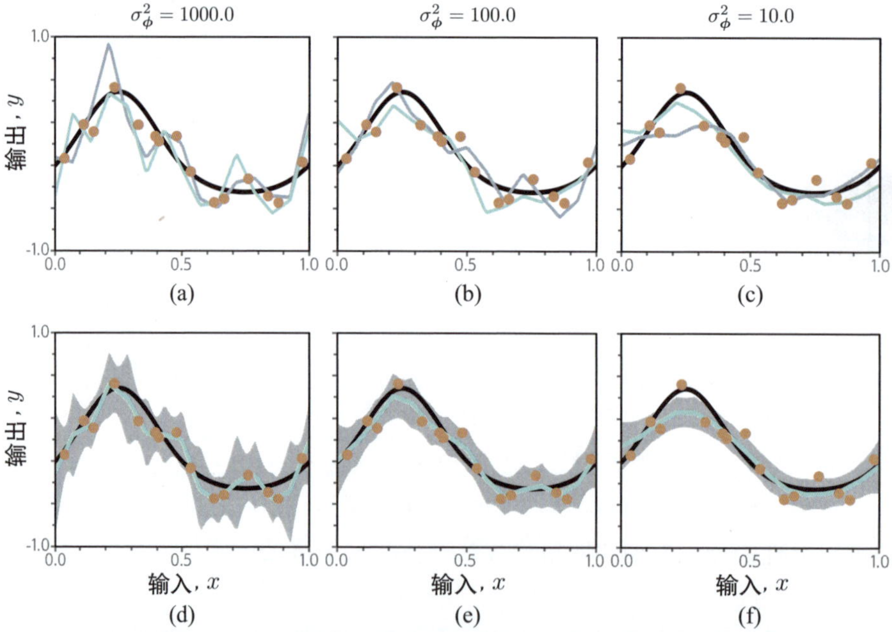

图9.11 在简化网络模型(图8.4)中使用贝叶斯方法。模型参数被视为不确定的，其后验概率 $Pr(\phi|\{x_i, y_i\})$ 由参数与数据 $\{x_i, y_i\}$ 的匹配程度及先验分布 $Pr(\phi)$ 来确定。(a)~(c)使用均值为零、方差不同的三个正态先验分布，从后验中采样得到的两组参数(青色和灰色曲线)。当先验分布方差较小时，模型参数也较小，函数更加平滑。(d)~(f)通过所有可能的参数值加权求和的方式进行推理，其中权重是后验概率，最终能获得预测的均值(青色曲线)及其不确定性(灰色区域)

对于新的输入x，预测y是所有参数集预测结果的无限加权和(即积分)，权重是相关的概率：

$$Pr(y|x,\{x_i,y_i\}) = \int Pr(y|x,\phi)Pr(\phi|\{x_i,y_i\})\mathrm{d}\phi \tag{9.12}$$

上式代表无限加权求和运算，权重取决于参数的先验概率和参数与数据的匹配程度。

贝叶斯方法可以提供比最大似然方法更稳健的预测。但对于神经网络等复杂模型，尚无能够完整表示参数概率分布并在推理阶段进行积分运算的有效方法。因此此类方法只能进行近似计算，且通常会大大增加学习和推理的复杂性。

9.3.6　迁移学习和多任务学习

当训练数据有限时，可以利用其他数据集来提高性能。在图9.12(a)描述的迁移学习(transfer learning)策略中，先使用网络预先训练具有更丰富可用数据的相关辅助任务，然后使用生成的模型在原始任务上再次进行训练。为了使网络能够适配原始任务，通常需要移除最后一层并添加一个或多个产生合适输出的层。在二次训练阶段，可以固定主模型仅训练新层，也可以微调整个模型。

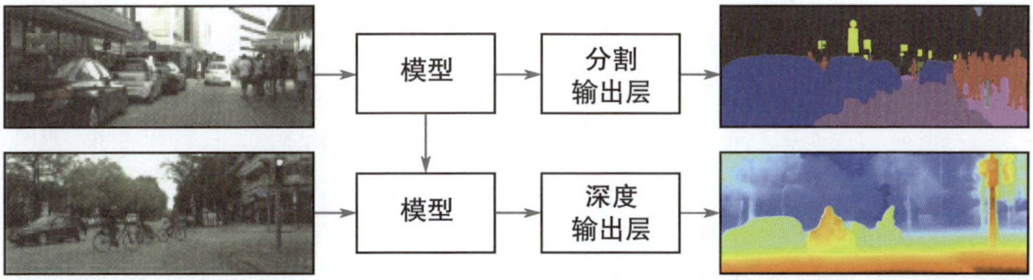

(a) 当主要任务(深度估计)的标注数据有限而辅助任务(图像分割)的数据丰富时，可以使用迁移学习。首先训练一个辅助任务下的模型，然后移除最后几层并替换为适配主要任务的新层。接着仅训练新层或对整个网络进行微调，以完成主要任务。网络从辅助任务中学习到一个良好的内部表示，然后通过这个表示优化主要任务

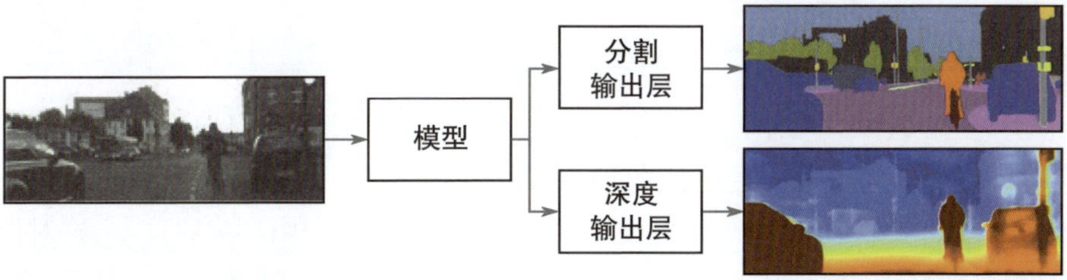

(b) 在多任务学习中，我们训练一个能够同时执行多个任务的模型，期望模型在各个任务下的性能都能得到提升

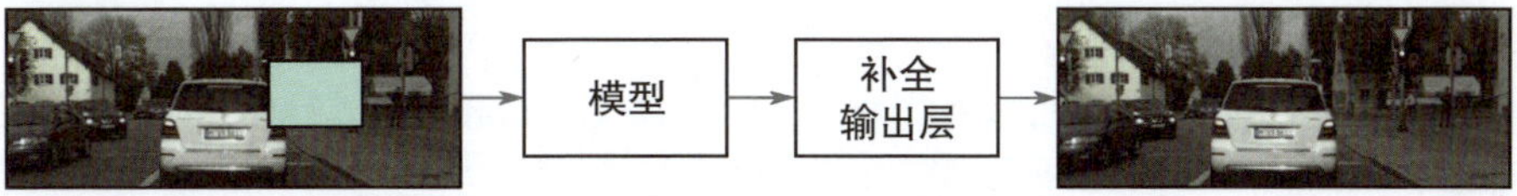

(c) 在生成式自监督学习中，会先移除训练数据中的一部分，然后训练网络补全缺失信息。图中的补全任务是修补图像中被遮挡的部分。这样一来即使没有标签数据，也能进行迁移学习

图9.12　迁移学习、多任务学习和自监督学习(Cordts等，2016)

其原理是：通过辅助任务的学习，网络能从数据中学习到构建良好内部表示的能力，这种能力可被用于原始任务。迁移学习可以看作是通过将网络中的大部分参数初始化在一个较合理的参数子空间中，以提升最终模型性能。

图9.12(b)介绍的多任务学习(Multi-task learning)与迁移学习相关。不同的是多任务网络自身可以同时解决多个问题，例如网络可以根据输入图像同时执行图像分割、深度估计及图像描述。上述所有任务都需要理解图像内容，因此在同时学习时，各个任务的性能可能都会得到提升。

9.3.7 自监督学习

上述讨论都建立在存在拥有大量数据的辅助任务的基础上，或有多个任务可以同时学习的前提下。如果前提条件不满足，则还可以使用自监督学习(self-supervised learning)的策略创建大量“免费”的标记数据，并将其应用于迁移学习。自监督学习包含生成式(generative)和对比式(contrastive)两种。

在生成式自监督学习中，每个数据样本都会被移除一部分，而辅助任务就是补全被移除掉的信息。例如，当使用未标记的图像数据集进行自监督时，辅助任务就是补全图像中的缺失部分(图9.12(c))。我们还可以训练网络预测文本中缺失的单词，然后对其进行微调，使其适用于我们感兴趣的自然语言处理任务(详见第12章)。

在对比式自监督学习中，会将具有共性的样本和不相关的样本进行比较。对于图像数据，辅助任务可以是识别图像对是否互为变换版本；对于文本，辅助任务可能是识别两个句子是否在原始文档中相邻；有时还必须预测样本对之间的精确关系(例如，预测来自同一图像的两个补丁的相对位置)。

9.3.8 数据增广

迁移学习通过利用不同的数据集来提高性能，多任务学习使用额外的标签来提高性能。此外有一种扩展数据集的方案。我们可以在不改变其标签的前提下对输入数据进行变换，例如在识别图像中是否有鸟的任务中(图9.13)，无论对原图进行旋转、翻转、模糊还是改变色彩平衡，“鸟”的标签仍然有效。对于文本数据，可以进行同义词替换或进行不同语言间的转译。对于音频数据，我们可以放大或衰减不同的频段。

以这种方式生成额外训练数据称为数据增广(data augmentation)。它能使模型对这些无关的数据变换不敏感。

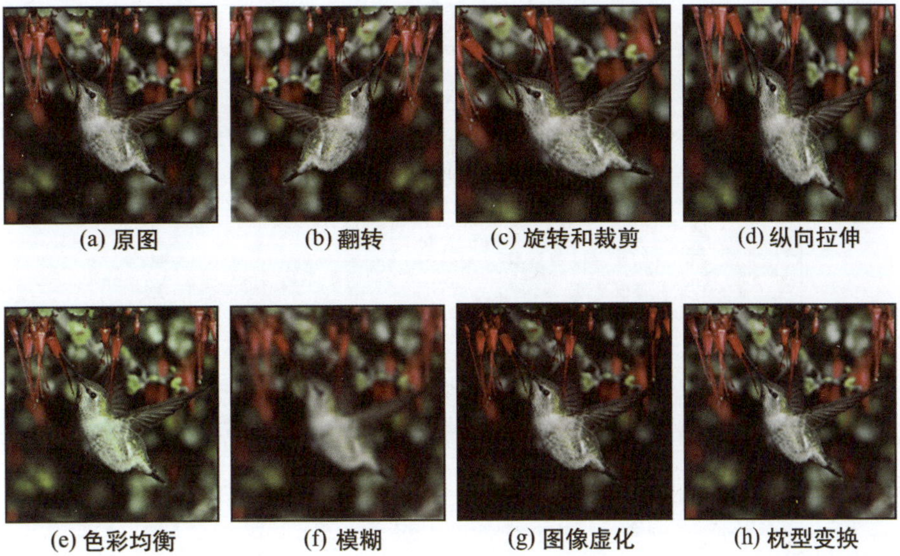

图9.13 数据增广。对于某些问题，可以使用数据变换的方式增广数据集。(a)是原始图像。(b)~(h)对该图像进行各种几何和亮度变换。对于图像分类任务，这些变换后的图像仍然具有相同的标签“鸟”(Wu等，2015a)

9.4 本章小结

显式正则化会在损失函数中添加一个额外的项，以改变最小值的位置，这个项可以解释为参数的先验概率。隐式正则化体现为具有有限步长的随机梯度下降法不会中性地下降到损失函数的最小值。这种倾向性也可用损失函数中的额外项表示。

此外，有许多改善模型泛化性的启发式方法，包含提前停止、随机丢弃、集成学习、贝叶斯方法、添加噪声、迁移学习、多任务学习和数据增广。这些方法背后有着四个核心原则(图9.14)：①鼓励函数更平滑(如L2 正则化)，②增加数据量(例如数据增广)，③组合多个模型(例如集成学习)，④寻找平坦区域的最小值(例如向网络权重中添加噪声)。

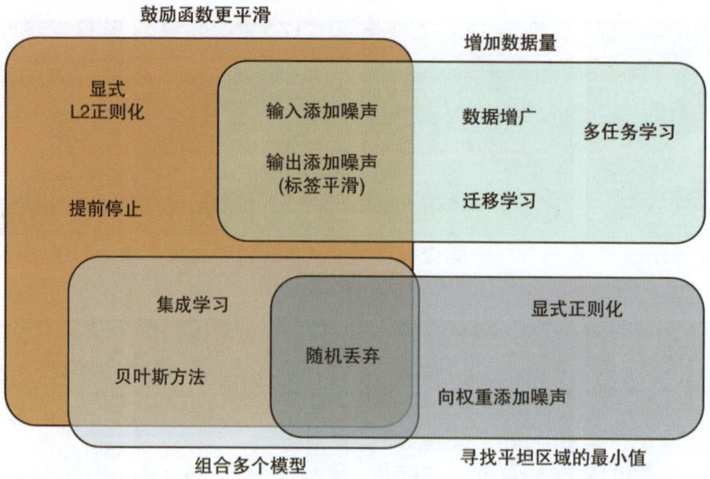

图9.14　正则化方法。本章讨论的正则化方法旨在提高模型的泛化性能，包含四种思路：①使训练得到的函数更平滑。②增加有效数据量。③结合多个模型以减轻拟合过程中的不确定性。④鼓励训练后的参数收敛到平坦区域的最小值，此时模型对参数的小幅误差不敏感(见图20.11)

另一类提升泛化性的方法是针对任务选择合适的模型架构。例如在图像分割任务中，我们通常选择可以共享参数的模型架构，这样就不需要在每个图像位置独立地学习“树是什么样的”。第10~13章将介绍针对不同任务设计的架构变体。

9.5 注释

Kukačka等人(2017)的论文集中概述了深度学习正则化技术的分类。需要特别注意的是，本章尚未提及BatchNorm(Szegedy等，2016)方法及其变体，这部分内容将在第11章中详细介绍。

正则化：

L2正则化项是使用最多的正则化项，它能够惩罚网络权重的平方和，使函数变化得更慢(即变得更平滑)。当网络权重为矩阵时，它能够惩罚权重矩阵的F范数，因此有时也被称为F范数正则化项。它也经常被误称为“权重衰减”，但实际上权重衰减是由Hanson & Pratt(1988)提出的一个相对独立的方法，其中参数 ϕ 的更新模式如下：

$$\phi \leftarrow (1-\lambda')\phi - \alpha\frac{\partial L}{\partial \phi} \tag{9.13}$$

其中，α 是学习率，L 是损失函数。相比于梯度下降法的更新模式，该方法在梯度更新之前使用因子 $1-\lambda'$ 对权重进行了缩放。对于标准的随机梯度下降法，权重衰减等价于式(9.5)中的L2正则化项，系数 $\lambda = \lambda' / 2\alpha$。但对于Adam算法，由于每个参数的学习率 α 不同，因此L2正则化和权重衰减有所不同。Loshchilov和Hutter(2019)提出了 AdamW算法，该方法通过改进Adam算法实现了正确的权重衰减，实验表明该算法能够提高模型性能。

不同于L2范数，其他向量范数会激励权重呈现稀疏特性，例如L0范数。L0正则化项会对每个非零权重施加一个固定惩罚，以激励权重的稀疏性。如果隐藏单元相关的权重都为0，意味着该隐藏单元可以删除，该操作也可称为网络"剪枝"。网络剪枝可以降低模型参数量从而提升推理速度。

然而因为L0正则化项的导数不是平滑的，因此实际情况下很难实现，需要更复杂的拟合方法(Louizos等，2018)。介于L2和L0正则化之间的是L1正则化或LASSO(least absolute shrinkage and selection operator)，它对权重的绝对值施加惩罚。由于L2正则化过程中权重的导数平方会随着权重变小而减小，因此阻碍了其变小的趋势，这在某种程度上抑制了权重的稀疏化。而由于L1正则化的惩罚是恒定的，因此不具备上述缺点。这意味着它可以产生比L2正则化更稀疏的解，但比L0正则化更容易优化。有时我们也可以同时使用L1和L2正则化项(Zou和Hastie，2005)，这一方法被称为弹性网络惩罚(elastic net penalty)。

另一种不同的正则化思路是调整优化算法中计算的梯度，而不是显式地调整损失函数(式(9.13))。这类方法已被用于反向传播过程中以提升参数稀疏性(Schwarz等，2021)。

目前对显式正则化是否有效的论证还在持续进行中。Zhang等人(2017a)表明L2正则化对泛化贡献不大。Bartlett等人(2017)和Neyshabur等人(2018)证明了网络的Lipschitz常数(函数随输入变化的速度)可以限制泛化误差。其中Lipschitz常数取决于权重矩阵 $\boldsymbol{\Omega}_k$ 的谱范数的乘积，谱范数只间接依赖于单个权重的幅值。Bartlett等人(2017)、Neyshabur等人(2018)、Yoshida和Miyato(2017)都尝试在损失函数中添加间接激励谱范数更小的项。Gouk等人(2021)提出了一种能将网络的Lipschitz常数限制在特定值以下的新算法。

梯度下降中的隐式正则化：

梯度下降步骤为

$$\phi_1 = \phi_0 + \alpha \cdot g[\phi_0] \tag{9.14}$$

其中 $g[\phi_0]$ 是损失函数梯度的负值，α 是步长。当 $\alpha \to 0$ 时，梯度下降过程可以通过以下微分方程描述：

$$\frac{\mathrm{d}\phi}{\mathrm{d}t} = g[\phi] \tag{9.15}$$

对于典型的步长 α，离散版本和连续版本会收敛到不同的解。对于连续版本，我们可以使用反向误差分析(backward error analysis)找到修正项$g_1[\phi]$使其结果与离散版本一致：

$$\frac{\mathrm{d}\phi}{\mathrm{d}t} \approx g[\phi] + \alpha g_1[\phi] + \ldots \tag{9.16}$$

修正后的连续解ϕ在初始位置ϕ_0周围的泰勒展开的前两项为：

$$\begin{aligned}
\phi[\alpha] &\approx \phi + \alpha \frac{\mathrm{d}\phi}{\mathrm{d}t} + \frac{\alpha^2}{2} \frac{\mathrm{d}^2\phi}{\mathrm{d}t^2}\bigg|_{\phi=\phi_0} \\
&\approx \phi + \alpha\left(g[\phi] + \alpha g_1[\phi]\right) + \frac{\alpha^2}{2}\left(\frac{\partial g[\phi]}{\partial \phi}\frac{\mathrm{d}\phi}{\mathrm{d}t} + \alpha \frac{\partial g_1[\phi]}{\partial \phi}\frac{\mathrm{d}\phi}{\mathrm{d}t}\right)\bigg|_{\phi=\phi_0} \\
&= \phi + \alpha\left(g[\phi] + \alpha g_1[\phi]\right) + \frac{\alpha^2}{2}\left(\frac{\partial g[\phi]}{\partial \phi} g[\phi] + \alpha \frac{\partial g_1[\phi]}{\partial \phi} g[\phi]\right)\bigg|_{\phi=\phi_0} \\
&\approx \phi + \alpha g[\phi] + \alpha^2\left(g_1[\phi] + \frac{1}{2}\frac{\partial g[\phi]}{\partial \phi} g[\phi]\right)\bigg|_{\phi=\phi_0}
\end{aligned} \tag{9.17}$$

其中，第二行引入了修正项(式(9.16))，最后一行移除了比α^2更高阶的项。由于第四行的前两项$\phi_0 + \alpha g[\phi_0]$与离散版本(式(9.14))相同，为使连续版本和离散版本优化到相同的位置，第三项必须等于零。因此需要求解$g_1[\phi]$：

$$g_1[\phi] = -\frac{1}{2}\frac{\partial g[\phi]}{\partial \phi} g[\phi] \tag{9.18}$$

由于训练过程中，演化函数$g[\phi]$是损失函数梯度的负值：

$$\begin{aligned}
\frac{\mathrm{d}\phi}{\mathrm{d}t} &\approx g[\phi] + \alpha g_1[\phi] \\
&= -\frac{\partial L}{\partial \phi} - \frac{\alpha}{2}\left(\frac{\partial^2 L}{\partial \phi^2}\right)\frac{\partial L}{\partial \phi}
\end{aligned} \tag{9.19}$$

上式可以等价为对损失函数进行连续梯度下降：

$$L_{GD}[\phi] = L[\phi] + \frac{\alpha}{4}\left\|\frac{\partial L}{\partial \phi}\right\|^2 \tag{9.20}$$

此时式(9.19)右侧的项为式(9.20)的导数。

Barrett和Dherin(2021)先提出了这种隐式正则化的推导过程，然后Smith等人(2021)将其扩展到随机梯度下降法。Smith等人(2020)和其他研究者的实验结果表明，在使用小或中等批次大小时，随机梯度下降法的测试性能优于全批次梯度下降法，这可能是由于受到隐式正则化的影响。

Jastrzebski等人(2021)和Cohen等人(2021)的实验都表明，典型的优化轨迹往往会朝向损失函数的“更锐利”方向(即至少一个方向具有高曲率)。这也和隐式正则化有关。

提前停止：Bishop(1995)、Sjöberg和Ljung(1995)认为，提前停止能够限制训练过程中可以探索的有效解空间。由于通常会使用较小的数值初始化权重，因此提前停止能够防止权重数值过大。Goodfellow等人(2016)证明了在参数初始化为零的损失函数的二次近似下，提前停止等价于梯度下降法中的L2正则化。有效的正则化权重λ约为$1/(\tau\alpha)$，其中α是学习率，τ是提前停止时间。

集成学习：可以使用不同的随机种子(Lakshminarayanan等，2017)、超参数(Wenzel等，2020b)甚至完全不同的模型架构训练用于集成的多个模型。模型可以通过均值、加权求和或堆叠(Wolpert，1992)的方式进行组合，其预测结果也可用另一个机器学习模型进行组合。Lakshminarayanan等人(2017)的实验表明，多个独立模型的输出均值作为最终输出可以提高准确性和稳定性。Frankle等人(2020)使用多个模型的权重均值作为最终模型权重时，发现最终模型无法准确预测。Fort等人(2019)分别在采用不同初始化参数和采用相同初始化参数的前提下训练了两组集成模型。这两种方案都能提升模型性能。在后一种情况下，模型在有限解空间内探索，能够找到更好的模型参数，但前者的集成效果更好。

还有一类集成学习方法，它们将不同训练阶段的模型进行组合。Izmailov等人(2018)引入了随机权重平均(stochastic weight averaging)，即将在不同的时间步长下采样得到的模型权重进行平均。Huang等人(2017a)提出的快照集成(snapshot ensembles)方法能够存储来自不同时间步长的多个模型，使用模型预测均值作为最终预测结果。为了提升模型的多样性，可以周期性地增加和减少学习率。Garipov等人(2018)观察到，损失函数的不同局部最小值之间通常存在低能量路径(即沿途区域损失较低的路径)。受此启发，他们提出了一种通过探索局部最小值周围低能量区域从而获取多样化模型的方法。该方法被称为快速几何集成(fast geometric ensembling)。集成学习方法的综述详见Ganaie等人(2022)的论文。

随机丢弃：随机丢弃由Hinton等人(2012b)和Srivastava等人(2014)首次提出。它应用于隐藏单元级别，随机丢弃隐藏单元等价于临时将其所有权重和偏置置零。Wan等人(2013)通过随机将权重置为零来实现随机丢弃。Gal和Ghahramani(2016)、Kendall和Gal(2017)提出了蒙特卡罗随机丢弃(Monte Carlo dropout)方法，其推理过程使用多个随机丢弃的模型进行预测，将预测结果均值作为最终输出。Gal和Ghahramani(2016) 认为随机丢弃可近似为贝叶斯推理。

随机丢弃等同于对隐藏单元添加乘性伯努利噪声。使用其他分布的噪声也可以产生类似的效果，包括正态分布(Srivastava等，2014；Shen等，2017)、均匀分布(Shen等，2017)和beta分布(Liu等，2019b)。

添加噪声：Bishop(1995)和An(1996)将高斯噪声添加到网络输入端以提高性能。Bishop(1995)证明其等价于权重衰减。An(1996)还研究了向权重添加噪声。DeVries和Taylor(2017a)将高斯噪声添加到隐藏单元中。Xu等人(2015)提供了另一种思路，通过使激活函数随机化的方式添加噪声。

标签平滑：标签平滑首先由Szegedy等人(2016)应用于图像分类。随后研究者发现其在语音识别(Chorowski和Jaitly，2017)、机器翻译(Vaswani等，2017)和语言建模(Pereyra等，2017)问题中都有效。虽然Müller等人(2019a)的实验表明标签平滑可以改善测试性能，但其背后的机制尚不清楚。Xie等人(2016)提出的DisturbLabel算法也采用了类似的思路。该算法在每次训练迭代中，都会随机转换一定比例的标签。

寻找平坦区域的最小值：通常情况下，我们认为平坦区域的最小值具有更好的泛化性(参见图20.11)。平坦区域内，参数的变化对损失的影响不大，因此模型性能更稳定。上文添加噪声方案有效的原因之一是噪声能够使网络弱化对精确值的关注。

Chaudhari等人(2019)基于SGD提出了entropy SGD。该算法向损失函数添加了局部熵项，以激励优化方向倾向于较为平坦的最小值区域。在实践过程中，采用了与SGD类似的参数更新方式。Keskar等人(2017)的实验表明，随着批次大小的减小，SGD会倾向于寻找平坦区域的最小值。这可能是SGD中隐式正则化产生的批次方差项导致的。

Ishida等人(2020)使用了一种名为flooding的技术。通过阻止训练损失变为零，可以鼓励优化路径在参数空间随机游走，有机会漂移到具有更好泛化性的平坦区域。

贝叶斯方法：对于某些模型(包括图9.11中简化的神经网络模型)，贝叶斯预测分布可以封闭形式计算(Bishop，2006；Prince，2012)。对于大部分神经网络模型，参数的后验分布无法用封闭形式表示，只能采用近似方法。一种主要方法是变分贝叶斯 (Hinton和van Camp，1993；MacKay，1995；Barber和Bishop，1997；Blundell等，2015)，其中可以使用更简单的可处理的分布逼近后验分布。另一种主要方法是马尔可夫链蒙特卡罗 (MCMC)方法，其中通过一系列样本近似分布(Neal，1995；Welling和Teh，2011；Chen等，2014；Ma等，2015；Li等，2016a)。Ma等人(2015)提出将样本的生成过程集成到SGD中。Wenzel等人(2020a)发现，“冷却”参数的后验分布(使其更锐利)可以改善某些模型的性能，但其背后的原理尚不完全清楚(Noci等，2021)。

迁移学习：迁移学习在视觉任务中取得了很好的效果(Sharif Razavian等，2014)，并推动了计算机视觉的快速发展，包括最初的 AlexNet(Krizhevsky等，

2012)。迁移学习在自然语言处理(NLP)任务中也有广泛应用，许多模型都是基于预训练BERT模型训练得来的(Devlin等，2019)。更多关于迁移学习的内容详见Zhuang等人(2020) 和Yang等人(2020b)。

自监督学习：应用于图像数据的自监督学习技术包括修复被遮挡图像区域(Pathak等，2016)、预测图像块的相对位置(Doersch等，2015)、将有序图像图块重新排列回其原始位置(Noroozi和Favaro，2016)、将灰度图像着色(Zhang等，2016b)，以及将旋转图像转换回其原始方向(Gidaris等，2018)。SimCLR(Chen等，2020c)算法将图像进行颜色、灰度和集合变换后，将来源图像是否相同作为辅助任务进行训练。这样能够使模型对图像变换不敏感。Jing和Tian(2020)的文章概述了图像的自监督学习。

自然语言处理中的自监督学习技术包含预测被移除的单词(Devlin等，2019)、预测句子的下一个单词(Radford等，2019；Brown等，2020)或预测两个句子是否相邻(Devlin等，2019)。在语音识别任务中，Wav2Vec模型(Schneider等，2019)会向原始音频样本中混合10ms的其他来源的音频，辅助任务是识别音频样本中是否包含混合数据。自监督学习也已应用于图神经网络(第13章)，手段包含恢复被移除的特征(You等，2020)和恢复图的邻接结构(Kipf和Welling，2016)。Liu等人(2023a)综述了自监督学习在图模型上的应用。

数据增广：图片数据增广至少可以向前追溯到LeCun等人(1998)的论文。该论文为AlexNet(Krizhevsky等，2012)的成功做出了贡献，在该论文的实验中，数据集增加了2048倍。针对图像数据，数据增广方法包括几何变换、灰度变换、颜色空间变换、注入噪声和使用空间滤镜。更复杂的技术包括随机混合图像(Inoue，2018；Summers和Dinneen，2019)、随机移除图像的部分内容(Zhong等，2020)、风格转换(Jackson等，2019)及随机交换图像块(Kang等，2017)。此外，许多研究使用生成式对抗网络(参见第15章)生成可信的新数据(Calimeri等，2017)。某些情况下，对抗样本的引入(Goodfellow等，2015a)会导致训练数据分布改变，最终导致测试性能下降。关于图像数据增广的综述详见Shorten和Khoshgoftaar(2019)的论文。

声音数据的增广方法包括音高变换、时间拉伸、动态范围压缩和添加随机噪声(Abeßer等，2017；Salamon和Bello，2017；Xu等，2015；Lasseck，2018)，以及混合数据对(Zhang等，2017；Yun等，2019)、特征遮蔽(Park等人，2019)、使用GAN生成新数据(Mun等，2017)。语音数据的增广方法包括声道长度扰动(Jaitly和Hinton，2013；Kanda等，2013)、风格转换(Gales，1998；Ye和Young，2004)、添加噪声(Hannun等，2014)、合成语音(Gales等，2009)。

文本数据增广方法包括在字符级别通过切换、删除和插入字母来添加噪声(Belinkov和Bisk，2018；Feng等，2020)，或生成对抗样本(Ebrahimi等，2018)、使用常见的拼写错误(Coulombe，2018)、随机交换或删除单词(Wei和Zou，2019年)、使用同义词(Kolomiyets等，2011)、改变形容词(Li等，2017)、被动化(Min等人，2020)、使用生成模型创建新数据(Qiu等，2020)，以及使用另一种语言往返翻译(Aiken和Park，2010)。文本的增广方法的综述详见Bayer等人(2022)的文章。

9.6 问题

问题9.1 定义一个模型，其参数的先验分布是均值为零且方差为 σ_ϕ^2 的正态分布：

$$Pr(\phi)=\prod_{j=1}^{J}\text{Norm}\phi_j\left[0,\sigma_\phi^2\right] \tag{9.21}$$

其中 j 是模型参数的索引。我们现在最大化 $\prod_{i=1}^{I}Pr(y_i\mid x_i,\phi)Pr(\phi)$。证明该模型的相关损失函数等价于L2正则化。

问题9.2 当添加L2正则化项(式(9.5))时，损失函数的梯度如何变化？

问题9.3* 定义一个线性回归模型 $y=\phi_0+\phi_1 x$，输入为 x，输出为 y，包含参数 ϕ_0 和 ϕ_1。训练集 $\{x_i,y_i\}$ 包含 I 个样本，训练过程使用最小二乘损失。如果每次训练迭代时给输入 x_i 添加均值为零且方差为 σ_x^2 的高斯噪声。期望的梯度更新是什么？

问题9.4* 在使用标签平滑的场景下，推导出多分类问题的损失函数。使目标概率分布在正确类别处为0.9，其他 D_o-1 类别平分剩余的0.1概率。

问题9.5 当引入衰减率为 λ 的权重衰减时，参数更新策略为：

$$\phi\leftarrow(1-\lambda)\phi-\alpha\frac{\partial L}{\partial\phi} \tag{9.22}$$

原始损失函数 $L[\phi]$ 等价于使用了L2正则化的标准梯度更新，证明修正后的损失函数 $\tilde{L}[\phi]$ 为：

$$\tilde{L}[\phi]=L[\phi]+\frac{\lambda}{2\alpha}\sum_k\phi_k^2 \tag{9.23}$$

其中 ϕ 是参数，α 是学习率。

问题 9.6 定义一个参数为 $\phi=[\phi_0,\phi_1]^{\text{T}}$ 的模型。以类似图9.1(b)的形式绘制L0、L$\frac{1}{2}$和L1正则化项的示意图。其中LP正则化项表示为 $\sum_{d=1}^{D}|\phi_d|^P$。

第10章 卷积网络

第2~9章介绍了深度神经网络的监督学习流程。然而，这些章节只考虑了具有从输入到输出单一路径的全连接网络。第10~13章介绍了具有更稀疏连接、共享权重和并行处理路径的更专业化的网络组件。本章描述了卷积层，它们主要用于处理图像数据。

图像具有三个特性，这表明需要专门的模型架构处理图像。

首先，图像是高维的。一个典型的用于分类任务的图像包含224×224个RGB值(150 528个输入维度)。全连接网络中的隐藏层通常比输入大，因此即使是一个浅层网络，权重数量也会超过$150\,528^2$，约220亿。这在所需的训练数据、内存和计算方面带来了明显的实际问题。

其次，图像的邻近像素在统计上是相关的。然而，全连接网络没有“附近”的概念，它平等对待每个输入之间的关系。如果训练和测试图像的像素以相同的方式随机排列，网络仍然可以进行训练，且不会产生实际差异。

最后，图像的解释在几何变换下是稳定的。如果我们将一棵树的图像左移几个像素，它仍然是一棵树的图像。然而，这种移动改变了网络的每一个输入。因此，全连接模型必须在每个位置分别学习表示树的像素模式，这显然是低效的。

卷积层会独立处理图像的每个局部区域，并在整个图像上共享参数。它们使用的参数比全连接层少，利用了附近像素之间的空间关系，并且不必在每个位置重新学习像素的解释。主要由卷积层组成的网络被称为卷积神经网络(或CNN)。

10.1 不变性和等变性

如前所述，图像的某些特性(例如，树木的纹理)在几何变换下是稳定的。在本节中，我们将这一概念更精确地数学化。如果图像 $\mathbf{x}$ 的函数 $\mathbf{f}[\mathbf{x}]$ 对变换 $\mathbf{t}[\mathbf{x}]$ 不变，则：

$$\mathbf{f}\left[\mathbf{t}\left[\mathbf{x}\right]\right]=\mathbf{f}\left[\mathbf{x}\right] \tag{10.1}$$

换句话说，无论变换函数 $\mathbf{t}[\mathbf{x}]$ 如何处理，函数 $\mathbf{f}[\mathbf{x}]$ 的输出都是相同的。图像分类的网络应对图像的几何变换保持不变性(图10.1(a)~(b))。网络 $\mathbf{f}[\mathbf{x}]$ 应该能够识别出包含相同对象的图像，即使它已经被平移、旋转、翻转或扭曲。

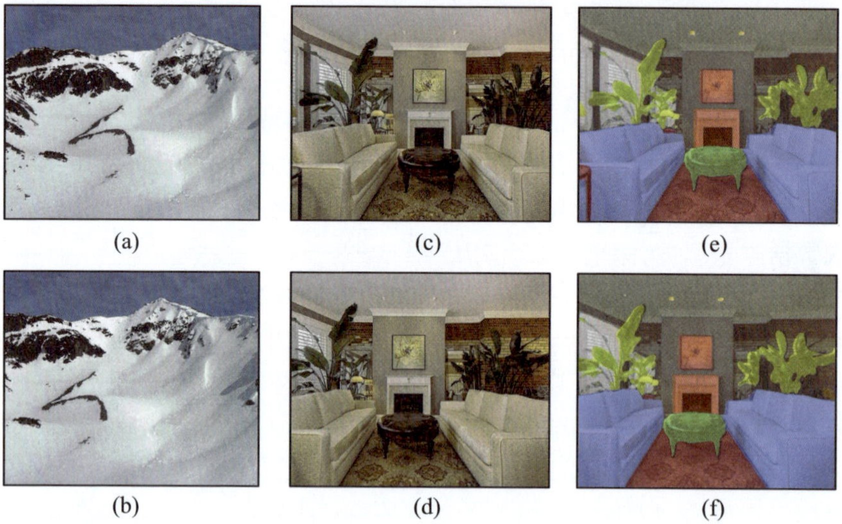

图10.1　平移的不变性和等变性。(a)~(b) 在图像分类中，我们的目标是无论是否发生水平移动，都将两个图像分类为“山”。换句话说，我们要求网络预测对平移保持不变。(c)~(d) 语义分割的目标是将每个像素与一个标签关联。(e)~(f) 当输入图像平移时，我们希望输出(彩色叠加)以相同的方式平移。换句话说，我们要求输出对平移保持等变。图(c)~(f)改编自Bouscelham等人(2021)

如果图像 $\mathbf{x}$ 的函数 $\mathbf{f}[\mathbf{x}]$ 对变换 $\mathbf{t}[\mathbf{x}]$ 等变或协变，则：

$$\mathbf{f}\left[\mathbf{t}\left[\mathbf{x}\right]\right]=\mathbf{t}\left[\mathbf{f}\left[\mathbf{x}\right]\right] \tag{10.2}$$

换句话说，如果 $\mathbf{f}[\mathbf{x}]$ 的输出在变换 $\mathbf{t}[\mathbf{x}]$ 下的变化与输入相同，那么 $\mathbf{f}[\mathbf{x}]$ 就对变换 $\mathbf{t}[\mathbf{x}]$ 等变。像素级图像分割的网络应对变换保持等变性(图10.1(c)~(f))；如果图像被平移、旋转或翻转，网络 $\mathbf{f}[\mathbf{x}]$ 应该返回一个以相同方式变换的分割。

10.2 用于一维输入的卷积网络

卷积网络由一系列卷积层组成，每一层都对平移等变。它们通常还包括池化机制，这些机制引入了对平移的部分不变性。为了清晰解释，我们首先考虑一维数据的卷积网络，这更容易可视化。在10.3节中，我们将进展到二维卷积，它可以应用于图像数据。

10.2.1 一维卷积操作

卷积层是基于卷积操作的网络层。在一维中，卷积将输入向量$\boldsymbol{x}$转换为输出向量$\boldsymbol{z}$，使得每个输出z_i是附近输入的加权和。在每个位置都使用相同的权重，这些权重统称为卷积核或滤波器。对输入进行加权和求和的区域称为核大小。对于核大小为3，我们有：

$$z_i = \omega_1 x_{i-1} + \omega_2 x_i + \omega_3 x_{i+1} \tag{10.3}$$

其中$\boldsymbol{\omega} = [\omega_1, \omega_2, \omega_3]^{\mathrm{T}}$是卷积核(见图10.2)。请注意，卷积操作对平移是等变的。如果我们平移输入$\boldsymbol{x}$，那么相应的输出$\boldsymbol{z}$也会以相同的方式平移。

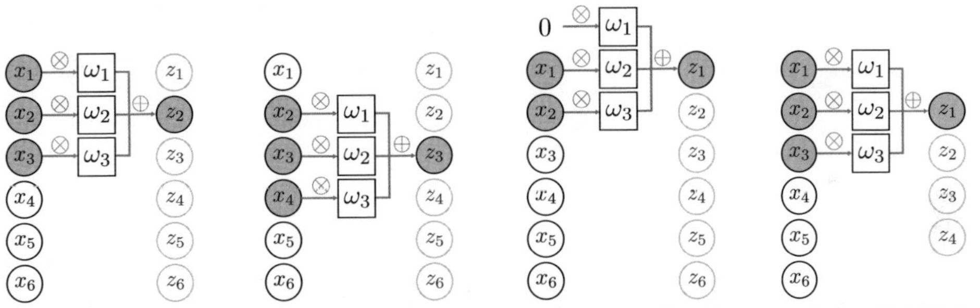

(a) 输出z_2计算为$z_2 = \omega_1 x_1 + \omega_2 x_2 + \omega_3 x_3$

(b) 输出z_3计算为$z_3 = \omega_1 x_2 + \omega_2 x_3 + \omega_3 x_4$

(c) 在位置z_1，核延伸超出了第一个输入x_1。这可以通过零填充来处理，我们假设输入之外的值为零。最终输出类似处理的结果

(d) 或者，我们只计算核在输入范围内的输出(“有效”卷积)；现在，输出将小于输入

图10.2　一维卷积，核大小为三。每个输出z_i是最近三个输入x_{i-1}、x_i和x_{i+1}的加权和，其中权重为$\boldsymbol{\omega} = [\omega_1, \omega_2, \omega_3]$

10.2.2 填充

式(10.3)显示，每个输出是通过取输入中前一个、当前和后一个位置的加权和来计算的。这就引出了如何处理第一个输出(没有前一个输入的地方)和最后一个输出(没有后一个输入的地方)的问题。

有两种常见的方法。第一种是在输入的边缘填充新值并像平常一样继续。零填充假设输入在其有效范围之外为零(见图10.2(c))。其他可能的填充(padding)包括将输入视为循环的或在边界处进行反射。第二种方法是将核超出输入位置范围的输出位置丢弃。这些有效的卷积的优点是不在输入的边缘引入额外信息，缺点是表示的大小会减小。

10.2.3 步长、核大小和膨胀率

在上面的例子中，每个输出是最近的三个输入的和。然而，这只是卷积操作的一个更大家族中的一个，其成员通过步长(stride)、核大小(kernel size)和膨胀率(dilation rate)来区分。在每个位置都评估输出时，我们称之为步长1。然而，也可能以大于1的步长移动核。如果步长为2，将减少大约一半数量的输出(图10.3(a)~(b))。

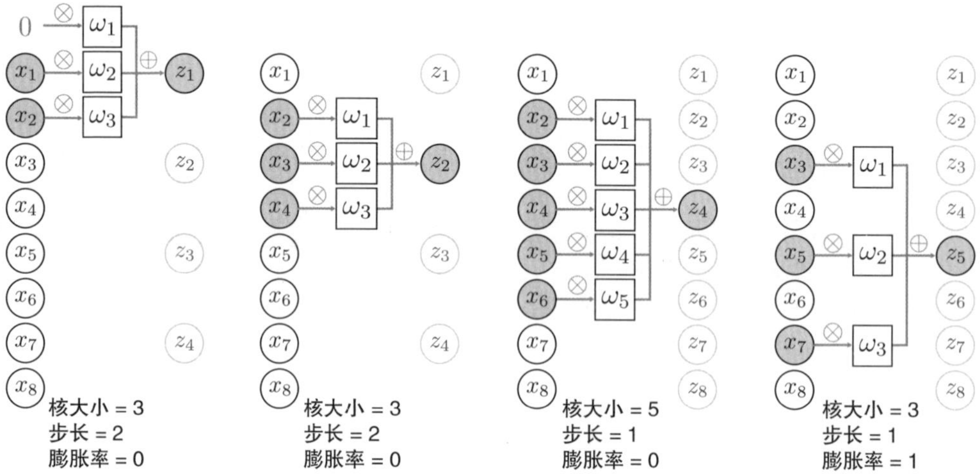

(a) 使用步长2，我们每隔一个位置评估一次核，因此第一个输出 z_1 是从以 x_1 为中心的加权和计算得出的

(b) 第二个输出 z_2 是从以 x_3 为中心的加权和计算得出的，以此类推

(c) 核大小也可改变。核大小为5时，我们取最近5个输入的加权和

(d) 在膨胀或空洞卷积中，我们在权重向量中穿插零，从而可用较少的权重组合大范围的信息

图10.3 步长、核大小和膨胀率

核大小可以增加，以整合更大的区域(图10.3(c))。然而，它通常保持为奇数，以便可以围绕当前位置居中。增加核大小的缺点是需要更多权重。这引出了膨胀卷积或空洞卷积(atrous convolutions)的概念，其中核值与零交替出现。例如，可通过将第二个和第四个元素设置为零，将大小为5的核转变为大小为3的膨胀核。我们仍然整合来自更大输入区域的信息，但只需要3个权重来做到这一点(图10.3(d))。在权重之间插入的零的数量称为膨胀率。

10.2.4　卷积层

卷积层通过对输入进行卷积，加和偏置β，并将每个结果通过激活函数$a[\bullet]$来计算其输出。当核大小为3，步长为1，膨胀率为1时，第i个隐藏单元h_i将被计算为：

$$
\begin{aligned}
h_i &= a\left[\beta + \omega_1 x_{i-1} + \omega_2 x_i + \omega_3 x_{i+1}\right] \\
&= a\left[\beta + \sum_{j=1}^{3} \omega_j x_{i+j-2}\right]
\end{aligned}
\tag{10.4}
$$

其中偏置β和核权重$\omega_1, \omega_2, \omega_3$是可训练的参数，并且当它超出有效范围时(通过零填充)我们把输入x看成0。这是一个全连接层的特殊情况，计算第i个隐藏单元为：

$$
h_i = a\left[\beta_i + \sum_{j=1}^{D} \omega_{ij} x_j\right]
\tag{10.5}
$$

如果有D个输入$x_{\bullet}$和D个隐藏单元$h_{\bullet}$，这个全连接层将有D^2个权重$\omega_{\bullet\bullet}$和D个偏置$\beta_{\bullet}$。卷积层仅使用三个权重和一个偏置。如果大多数权重设置为零，并且其他权重被限制为相同，全连接层可以完全复制这一点(图10.4)。

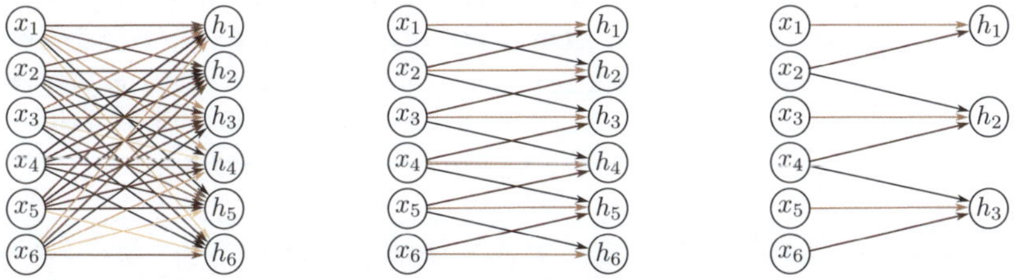

(a) 全连接层具有权重，将每个输入x连接到每个隐藏单元h(彩色箭头)和每个隐藏单元的偏置(未显示)

(c) 核大小为3的卷积层计算每个隐藏单元作为3个相邻输入的相同加权和(箭头)加上偏置(未显示)

(e) 步长为2，核大小为3的卷积层每隔一个位置计算加权和

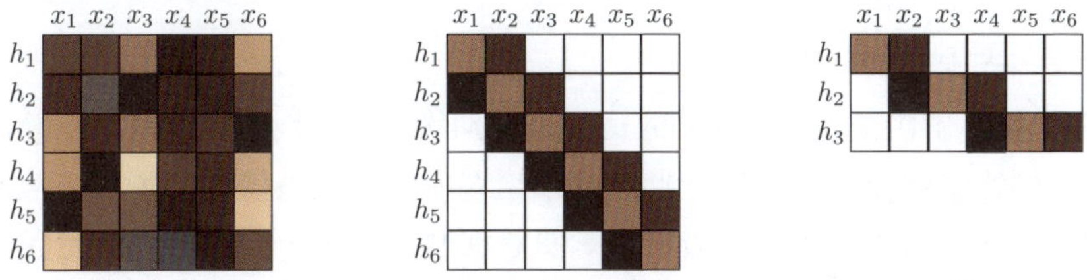

(b) 因此，相关的权重矩阵$\boldsymbol{\Omega}$包含36个权重，关联6个输入和6个隐藏单元

(d) 权重矩阵是全连接矩阵的特例，其中许多权重为零，其他权重重复(相同颜色表示相同值，白色表示零权重)

(f) 这也是具有不同稀疏权重结构的全连接网络的特例

图10.4　全连接与卷积层

10.2.5 通道

如果我们只应用一次卷积，信息将不可避免地丢失；我们是对附近的输入进行平均，ReLU激活函数会剪切小于零的结果。因此，通常并行计算多个卷积。每个卷积产生一组新的隐藏变量，称为特征图或通道。

图10.5(a)和(b)用两个大小为3的卷积核和零填充来说明这一点。第一个核计算最近三个像素的加权和，加上一个偏置，并通过激活函数传递结果，以产生隐藏单元 h_1 到 h_6 。这些构成了第一个通道。第二个核计算最近三个像素的不同加权和，加上不同的偏置，并通过激活函数传递结果，以创建隐藏单元 h_7 到 h_{12} 。这些构成了第二个通道。

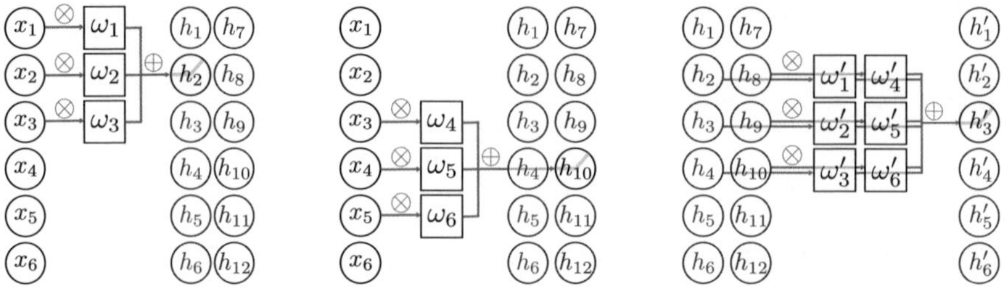

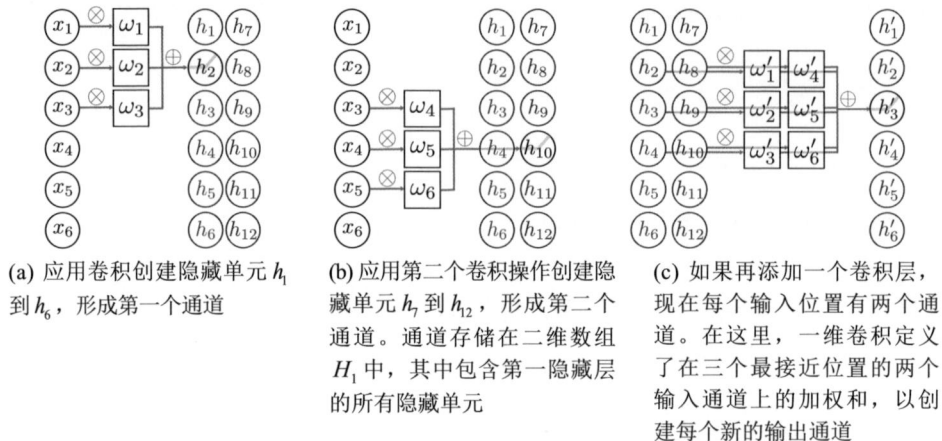

(a) 应用卷积创建隐藏单元 h_1 到 h_6，形成第一个通道

(b) 应用第二个卷积操作创建隐藏单元 h_7 到 h_{12}，形成第二个通道。通道存储在二维数组 H_1 中，其中包含第一隐藏层的所有隐藏单元

(c) 如果再添加一个卷积层，现在每个输入位置有两个通道。在这里，一维卷积定义了在三个最接近位置的两个输入通道上的加权和，以创建每个新的输出通道

图10.5 通道。通常，多个卷积应用于输入x并存储在通道中

一般来说，输入层和隐藏层都有多个通道(图10.5(c))。如果输入层有 C_i 个通道和核大小K，每个输出通道中的隐藏单元将被计算为使用权重矩阵 $\boldsymbol{\Omega} \in \mathbb{R}^{C_i \times K}$ 和一个偏置，覆盖所有 C_i 个通道和K个核位置的加权和。因此，如果有 C_o 个通道在下一层，那么我们需要 $\boldsymbol{\Omega} \in \mathbb{R}^{C_i \times C_o \times K}$ 个权重和 $\boldsymbol{\beta} \in \mathbb{R}^{C_o}$ 个偏置。

10.2.6 卷积网络和感受野

第4章描述了由全连接层序列组成的深度网络。类似地，卷积网络由卷积层序列组成。网络中隐藏单元的感受野是原始输入中向其提供信息的区域。考虑一个卷积网络，每个卷积层都有核大小为三的卷积网络。第一层的隐藏单元取三个最近输入的加权和，因此具有大小为三的感受野。第二层的单元取第一层三个最近位置的加权和，这些位置本身是三个输入的加权和。因此，第二层的隐藏单元具有大小为5的感受野。以这种方式，后续层中单元的感受野增加，并且逐渐整合来自整个输入的信息(图10.6)。

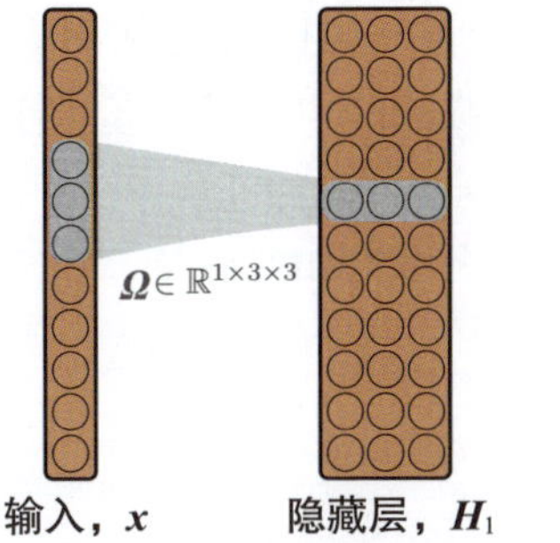

(a) 一个具有11维的输入被送入一个具有3个通道和卷积核大小为3的隐藏层。第一隐藏层 $\boldsymbol{H}_1$ 中3个高亮显示的隐藏单元的预激活值是最近3个输入的不同加权和，因此 $\boldsymbol{H}_1$ 的感受野大小为3

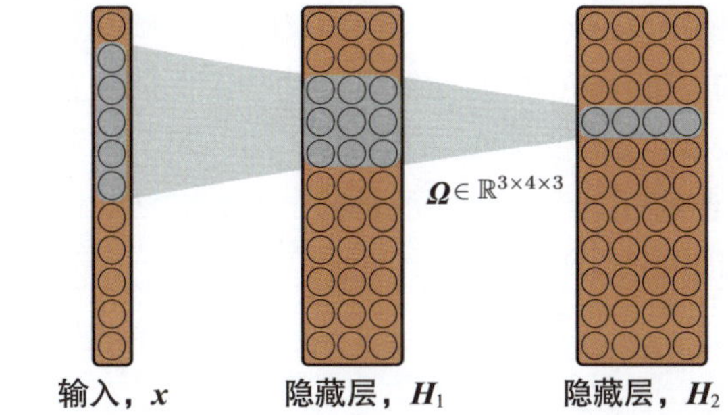

(b) 第二层 $\boldsymbol{H}_2$ 中四个高亮显示的隐藏单元的预激活值分别对 $\boldsymbol{H}_1$ 层中3个最近位置的3个通道进行加权和。$\boldsymbol{H}_1$ 层的每个隐藏单元对最近的3个输入位置进行加权。因此，$\boldsymbol{H}_2$ 层的隐藏单元的感受野大小为5

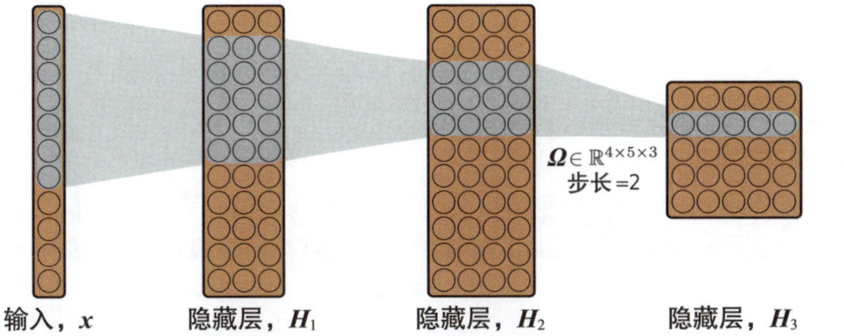

(c) 第三层中的隐藏单元(核大小为3，步幅为2)将感受野大小增加到7

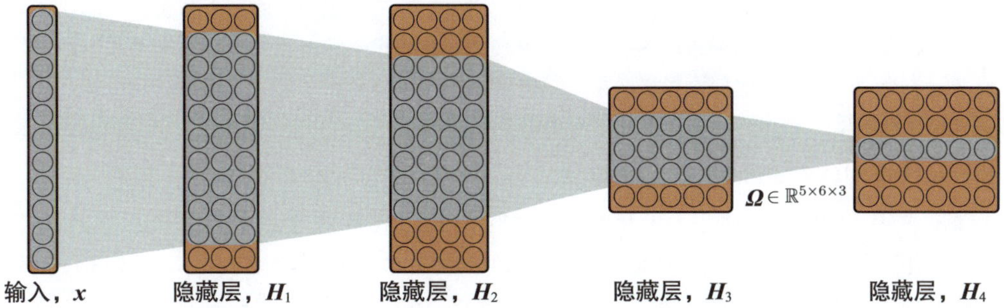

(d) 添加第四层时，位置三的隐藏单元的感受野覆盖了整个输入

图10.6　核宽度为3的网络的感受野

10.2.7　示例：MNIST-1D

现在将卷积网络应用于MNIST-1D数据(见图8.1)。输入$\boldsymbol{x}$是一个40维向量，输出$\boldsymbol{f}$是一个10维向量，它通过一个softmax层来产生类别概率。使用一个具有三个隐

藏层的网络(图10.7)。第一隐藏层$\boldsymbol{H}_1$的15个通道中的每一个都使用核大小为3和步长为2的有效(valid)填充计算，得到19个空间位置。第二隐藏层$\boldsymbol{H}_2$也是使用核大小为3、步长为2和“有效”填充计算的。第三隐藏层的计算方式与之类似。在这个阶段，表示有四个空间位置和15个通道。这些值被重塑成大小为60的向量，由一个全连接层映射到10个输出激活。

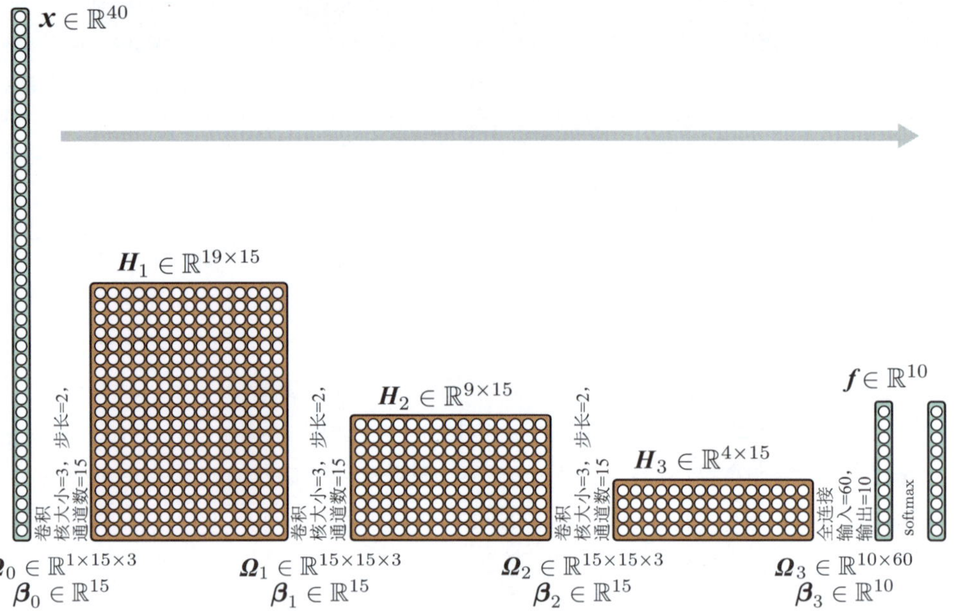

图10.7 分类MNIST-1D数据的卷积网络(见图8.1)。MNIST-1D输入的维度为$D_i = 40$。第一卷积层有15个通道，核大小为3，步长为2，并且只保留“有效”位置，以制作具有19个位置和15个通道的表示。接下来的两个卷积层设置相同，逐渐减小表示的大小。最后，一个全连接层取第三隐藏层的所有60个隐藏单元。它输出10个激活，然后通过一个softmax层产生10个类别概率

这个网络在4000个样本的数据集上，使用不带动量的SGD，学习率为0.01，批量大小为100，训练了100 000步。将这与具有相同数量层和隐藏单元的全连接网络(即三个隐藏层分别有285、135和60个隐藏单元)进行比较。卷积网络有2050个参数，全连接网络有59 065个参数。根据图10.4的逻辑，卷积网络是全连接网络的一个特例。后者有足够的灵活性来完全复制前者。图10.8显示了两种模型都完美地拟合了训练数据。然而，卷积网络的测试误差远低于全连接网络。

这种差异可能不是由于参数数量的差异造成的；我们知道过度参数化通常会提高性能(见第8.4.1节)。可能的解释是卷积架构具有更好的归纳偏差(即，在训练数据之间插值更好)，因为我们在架构中体现了一些先验知识；我们强制网络以相同的方式处理输入中的每个位置。我们知道数据是通过从一个模板开始创建的，

该模板是随机平移的，所以这是合理的。

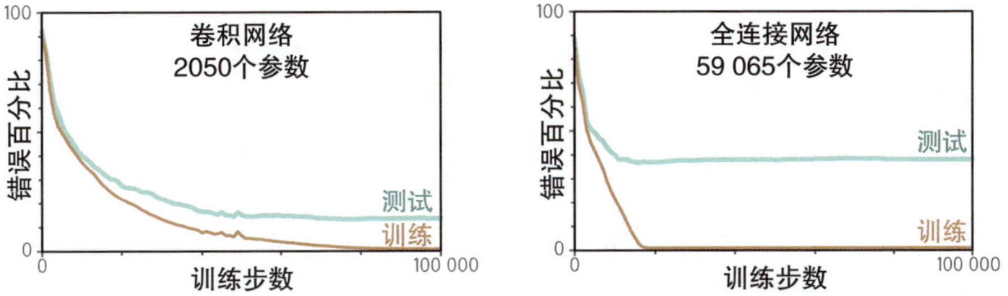

(a) 图10.7中的卷积网络最终完美拟合训练数据，测试误差约为17%

(b) 一个具有相同隐藏层数和隐藏单元数量的全连接网络学习训练数据时速度更快，但无法很好地泛化，测试误差约为40%

图10.8　MNIST-1D结果。后一个模型本来可以重现卷积模型，但未能做到。卷积结构将可能的映射限制为对每个位置进行类似处理，这种限制提高了性能

全连接网络必须学习每个数字模板在每个位置的外观。相比之下，卷积网络在位置之间共享信息，因此能够更准确地学习识别每个类别。另一种思考方式是，当训练卷积网络时，我们在所有合理的输入/输出映射的较小家族中搜索，而全连接网络可以描述的大多数解决方案都受到无限惩罚。

10.3　二维输入的卷积网络

上一节描述了处理一维数据的卷积网络。这样的网络可以应用于金融时间序列、音频和文本。然而，卷积网络更常用于二维图像数据的处理。卷积核现在是一个二维对象。将一个3×3的核 $\boldsymbol{\Omega} \in \mathbb{R}^{3\times3}$ 应用于由元素 x_{ij} 组成的二维输入，计算单个隐藏层的单元 h_{ij}，如下：

$$h_{ij} = a\left[\beta + \sum_{m=1}^{3}\sum_{n=1}^{3}\omega_{mn}x_{i+m-2,\,j+n-2}\right] \tag{10.6}$$

其中 ω_{mn} 是卷积核的条目。这只是一个3×3平方输入区域的加权和。核在二维输入上水平和垂直平移(图10.9)以在每个位置创建输出。

通常输入是一幅RGB图像，它被视为具有三个通道的二维信号(见图10.10)。这里，一个3×3的核将有3×3×3个权重，并且应用于每个3×3位置的三个输入通道，以创建一个与输入图像同样高度和宽度的二维输出(假设零填充)。为了生成多个输出通道，我们用不同的核权重重复这个过程，并将结果附加起来形成一个三维张量。如果核大小是 $K\times K$，并且有 C_i 个输入通道，那么每个输出通道是 $C_i\times K\times K$ 数量的加权和加上一个偏置。因此，为计算 C_o 个输出通道，我们需要 $C_i\times C_o\times K\times K$ 个权重和 C_o 个偏置。

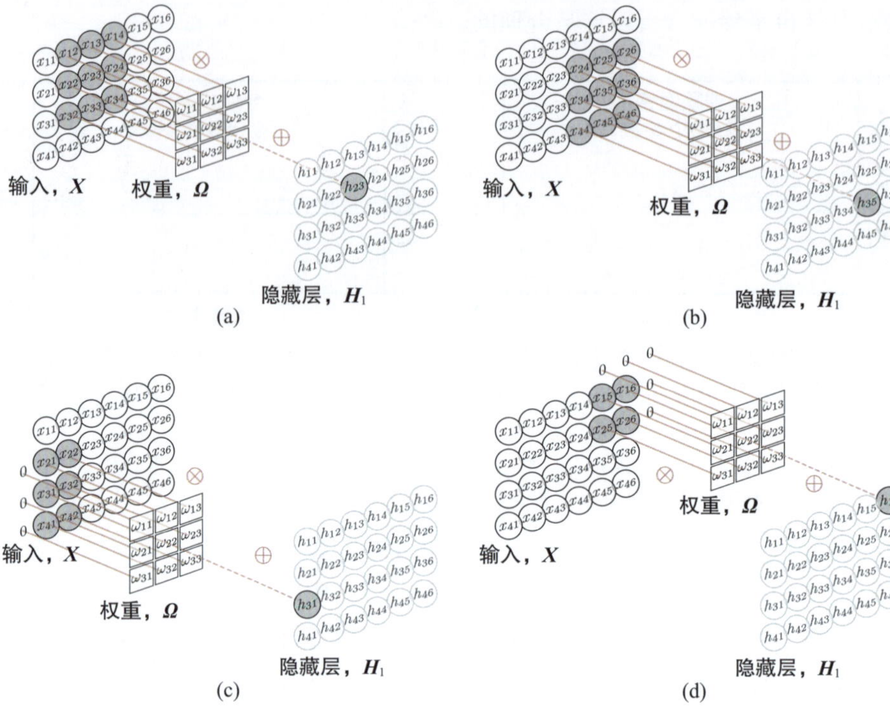

图10.9　二维卷积层。每个输出 h_{ij} 计算一个3×3最近输入的加权和，加上一个偏置，并通过激活函数传递结果。(a) 这里，输出 h_{23} (阴影输出)是从 x_{12} 到 x_{34} (阴影输入)的9个位置的加权和。(b) 通过在二维上平移核来计算不同的输出。(c)~(d) 通过零填充，图像边缘之外的位置被认为是零

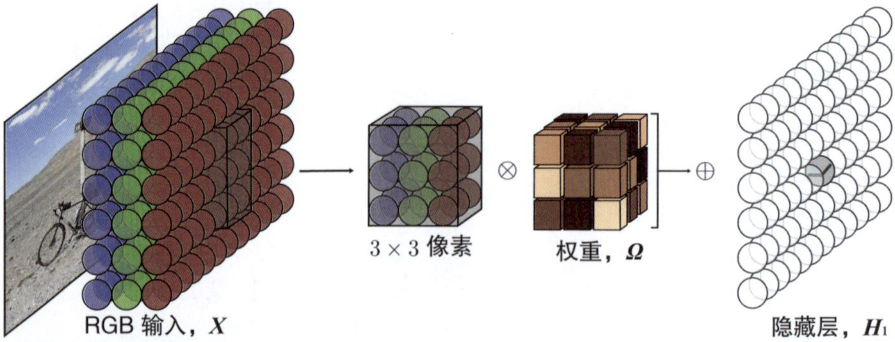

图10.10　应用于图像的二维卷积。图像被视为一个有三个通道的二维输入，对应于红色、绿色和蓝色组件。使用3×3的核，第一隐藏层中的每个预激活是通过逐点将3×3×3的核权重与以同一位置为中心的3×3 RGB图像块相乘，求和并加上偏置来计算的。为了计算隐藏层中的所有预激活，我们在水平和垂直方向上“滑动”核覆盖图像。输出是一个二维的隐藏单元层。为了创建多个输出通道，我们将使用多个核重复这个过程，结果在隐藏层 $\boldsymbol{H}_1$ 中形成一个三维的隐藏单元张量

10.4　下采样和上采样

图10.7中的网络通过在每层使用步长为2的卷积来缩小表示的大小，从而增加感受野的大小。现在考虑缩小或下采样二维输入表示的方法。我们还描述了将它们放大(上采样)的方法，这在输出也是图像时很有用。最后，我们考虑改变层之间通道数量的方法。这在重新组合网络两个分支的表示时非常有帮助(见第11章)。

10.4.1　下采样

缩小二维表示有三种主要方法。这里，我们考虑将两个维度都缩小两倍的最常见情况。首先，可每隔一个位置采样一次。使用步长为2时，我们实际上是在卷积操作的同时应用了这种方法(图10.11(a))。

其次，最大池化保留了2×2输入值的最大值(图10.11(b))。这引入了平移的部分不变性；如果输入移动了一个像素，许多最大值仍然保持不变。最后，平均池化或均值池化对输入值进行平均计算处理。对于所有方法，我们分别对每个通道应用下采样，因此输出的宽度和高度减半，但通道数量相同。

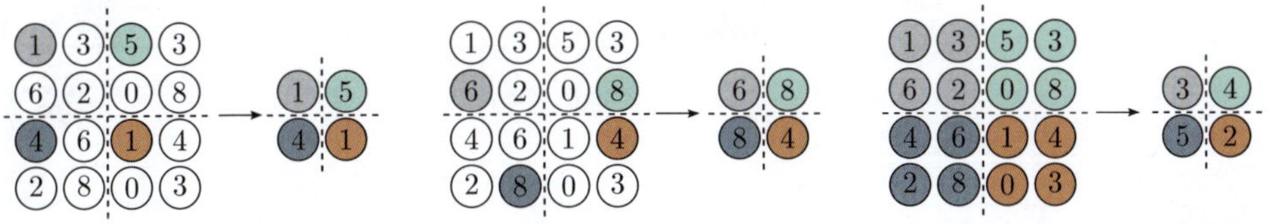

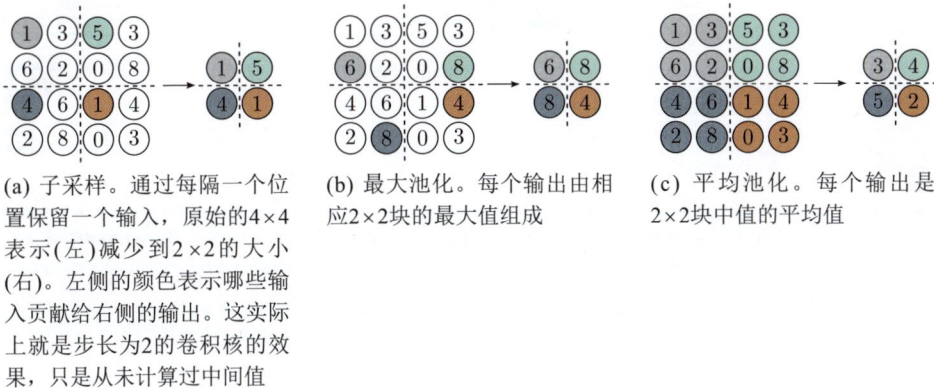

(a) 子采样。通过每隔一个位置保留一个输入，原始的4×4表示(左)减少到2×2的大小(右)。左侧的颜色表示哪些输入贡献给右侧的输出。这实际上就是步长为2的卷积核的效果，只是从未计算过中间值

(b) 最大池化。每个输出由相应2×2块的最大值组成

(c) 平均池化。每个输出是2×2块中值的平均值

图10.11　缩小表示大小的方法(下采样)

10.4.2　上采样

将网络层放大到两倍的最简单方法是将每个空间位置的所有通道复制4次(图10.12(a))。第二种方法是最大反池化(max unpooling)；在之前使用最大池化操作进行下采样的情况，将值分布到它们原来的位置(图10.12(b))。第三种方法是使用双线性插值来填补有样本的点之间的缺失值(图10.12(c))。

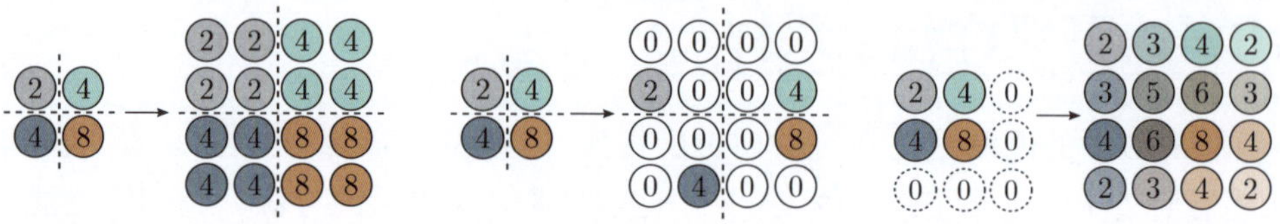

(a) 将二维层的大小加倍的最简单方法是将每个输入复制4次

(b) 在之前使用最大池化操作的网络中(图10.11(b))，可将值重新分布到它们最初来自的同一位置(即，最大值所在的位置)。这称为最大反池化

(c) 第三个选择是输入值之间的双线性插值

图10.12　放大表示大小的方法(上采样)

第四种方法大致类似于使用步长为2的下采样。在这种方法中，输出数量是输入的一半，对于核大小为3，每个输出是3个最近输入的加权和(图10.13(a))。在转置卷积中，这个过程是相反的(图10.13(c))。输出数量是输入的两倍，每个输入贡献给三个输出。当我们考虑这种上采样机制的相关权重矩阵(图10.13(d))时，可以看到它是下采样机制矩阵的转置(图10.13(b))。

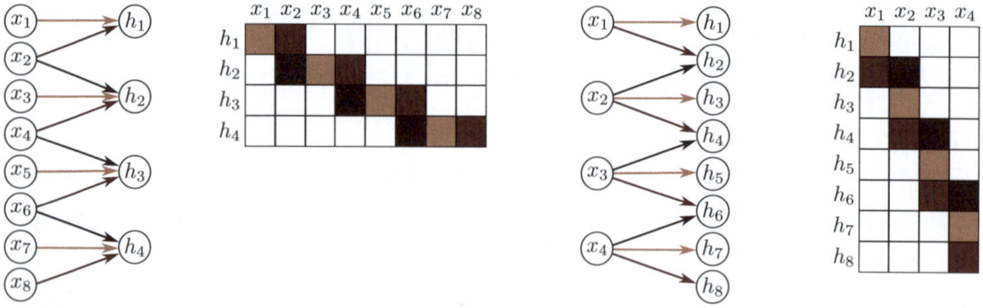

(a) 使用核大小为3，步长为2和零填充进行下采样。每个输出是3个输入的加权和(箭头表示权重)

(b) 这可通过权重矩阵来表示(相同的颜色表示共享的权重)

(c) 在转置卷积中，每个输入向输出层贡献3个值，输出层的输出数量是输入的两倍

(d) 相关权重矩阵是图(b)中的矩阵的转置

图10.13　一维转置卷积

10.4.3　更改通道数量

有时我们想要在不进行进一步空间池化的情况下更改一个隐藏层与下一个隐藏层之间的通道数量。这通常是因为我们可以将表示与另一并行计算组合(见第11章)。为了实现这一点，我们应用一个核大小为1的卷积。输出层的每个元素是通过取同一位置的所有通道的加权和来计算的(图10.14)。我们可以多次使用不同的权重重复此操作，以生成我们需要的任意数量的输出通道。相关卷积权重的大小为 $1\times1\times C_i\times C_o$。因此，这称为$1\times1$卷积。结合偏置和激活函数，它等同于在每个位置运行相同的全连接网络。

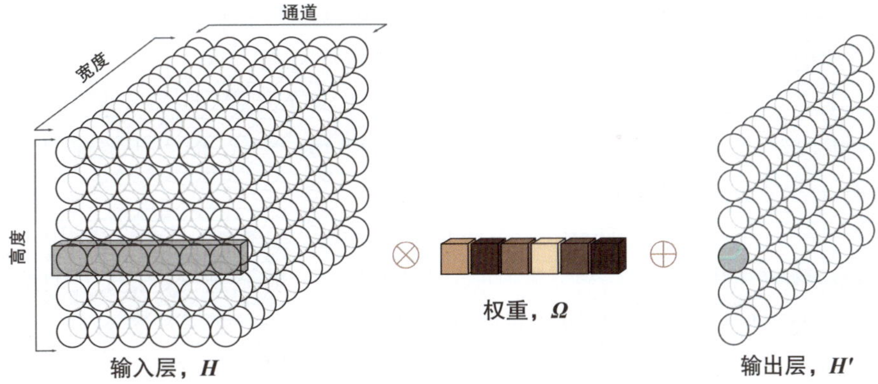

图10.14 1×1卷积。为了在不进行空间池化的情况下更改通道数量，我们应用1×1核。每个输出通道是通过取同一位置的所有通道的加权和，添加偏置，并通过激活函数传递来计算的。通过使用不同的权重和偏置重复此操作来创建多个输出通道

10.5 应用

本章最后描述三个计算机视觉应用。将描述用于图像分类的卷积网络，目标是将图像分配给预定类别集中的一个。然后考虑目标检测，目标是识别图像中的多个对象并找到每个对象周围的边界框。最后描述一个早期的语义分割系统，目标是根据存在的物体为每个像素分配标签。

10.5.1 图像分类

计算机视觉中深度学习的许多开创性工作集中在使用ImageNet数据集进行图像分类上(图10.15)。该数据集包含1 281 167幅训练图像、50 000幅验证图像和100 000幅测试图像，每幅图像都被标记为属于1000个可能类别中的一个。

图10.15 ImageNet分类图像示例。模型的目标是将输入图像分配给1000个类别之一。这项任务具有挑战性，因为图像在不同属性(列)上的差异很大。这些包括刚性(猴子<独木舟)、图像中的实例数量(蜥蜴<草莓)、杂乱程度(指南针<钢鼓)、大小(蜡烛<蜘蛛网)、纹理(螺丝刀<豹子)、颜色的独特性(杯子<红酒)和形状的独特性(海角<铃铛)(Russakovsky等，2015)

大多数方法将输入图像重塑为标准尺寸；在典型系统中，网络的输入x是一个224×224的RGB图像，输出是1000个类别上的概率分布。这项任务具有挑战性；类别数量多，表现出相当大的变化(图10.15)。在2011年，在应用深度网络之前，最先进的方法对测试图像进行分类时，误差率约为25%，能力排在前5位。5年后，最好的深度学习模型超越了人类的表现。

2012年，AlexNet是第一个在这个任务上表现出色的卷积网络。它由8个具有ReLU激活函数的隐藏层组成，其中前5层是卷积层，其余是全连接层(图10.16)。网络首先使用11×11的核和步长为4进行下采样以创建96个通道。然后用最大池化层进行下采样，再应用5×5的核以创建256个通道。还有三个核大小为3×3的卷积层，最终得到一个13×13表示，有256个通道。这被调整为长度为43 264的单个向量，然后通过三个分别包含4096、4096和1000个隐藏单元的全连接层。最后一层通过softmax函数传递以输出1000个类别上的概率分布。完整的网络包含约6000万个参数。这些大部分在全连接层和网络的末端。

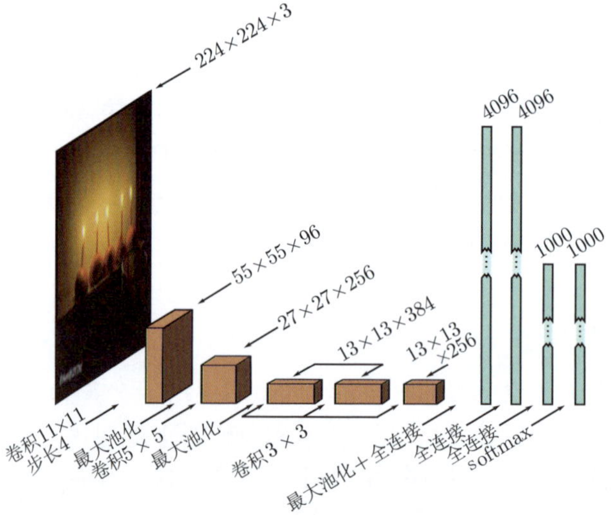

图10.16 AlexNet(Krizhevsky等，2012)。该网络将224像素×224的彩色图像映射到表示类别概率的1000维向量。网络首先使用11×11核和步长4进行卷积，以创建96个通道。它使用最大池操作再次降低分辨率，并应用5×5卷积层。另一个最大池化层紧随其后，应用了三个3×3卷积层。经过最后一个最大池操作后，结果被向量化，并通过三个全连接(FC)层传递，最后通过softmax层

通过进行空间变换和修改输入强度，数据集大小增加了2048倍。在测试时，通过网络运行图像的5个不同的裁剪和镜像版本，并对它们的预测结果取平均值。该系统是使用动量系数为0.9和批量大小为128的SGD学习的。在全连接层中应用了dropout，并使用了L2(权重衰减)正则化器。该系统实现了16.4%的top-5误差率和38.1%的top-1误差率。当时，这在性能上是一个巨大飞跃，这项任务被认为远远

超出了当代方法的能力。这个结果揭示了深度学习的潜力，并开启了现代AI研究时代。

VGG网络也用于ImageNet任务中的分类，并取得了更好的性能，top-5误差率为6.8%，top-1误差率为23.7%。这个网络同样由一系列交错的卷积层和最大池化层组成，其中表示的空间逐渐减小，但通道数量逐渐增加。这些后面跟着三个全连接层(图10.17)。VGG网络也使用数据增强、权重衰减和dropout进行训练。

尽管训练机制存在各种微小差异，但AlexNet和VGG之间最重要的变化是网络的深度。后者使用了19个隐藏层和1.44亿个参数。为了比较，图10.16和图10.17中的网络以相同的比例绘制。几年来，这项任务的性能呈现出随着网络深度的增加而提高的总体趋势，这证明了深度在神经网络中的重要性。

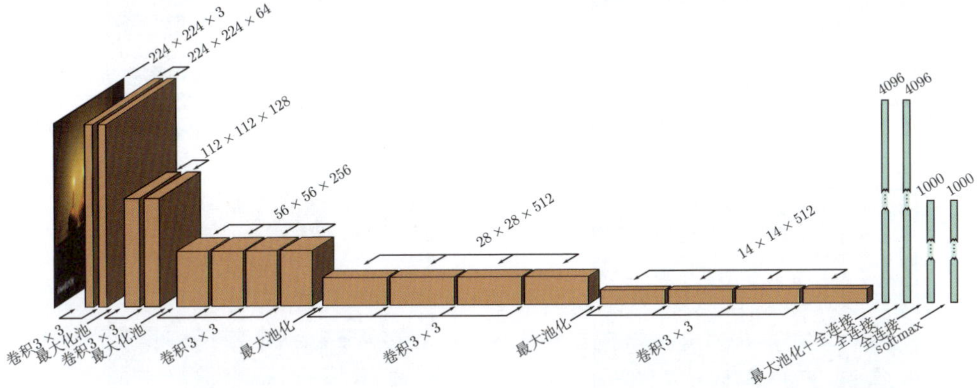

图10.17　VGG网络(Simonyan & Zisserman，2014)与AlexNet(见图10.16)以相同的比例绘制。这个网络由一系列卷积层和最大池化操作组成，其中表示的空间尺度逐渐减小，但通道数量逐渐增加。最后一个卷积操作后的隐藏层被调整为一维向量，后跟三个全连接层。网络输出对应于类别标签的1000个激活，这些激活通过softmax函数传递以创建类别概率

10.5.2　目标检测

在目标检测中，目标是在图像中识别和定位多个对象。基于卷积网络的早期方法是You Only Look Once(简称为YOLO)。YOLO网络的输入是一个448×448 的RGB图像。这个图像通过24个卷积层，这些层通过最大池化操作逐渐减小表示的大小，同时增加通道数量，类似于VGG网络。最后一个卷积层的大小是7×7，有1024个通道。这被重塑为向量，然后一个全连接层将其映射到4096个值。还有一个全连接层将这个表示映射到输出。

输出值编码了在7×7网格的每个位置存在哪个类别(图10.18(a))。对于每个位置，输出值还编码了固定数量的边界框(图10.18(b))。每个框由5个参数定义：中心的x和y的位置、框的高度和宽度，以及预测的置信度(图10.18(c))。置信度估计预

测的和实际的边界框之间的重叠。该系统使用动量、权重衰减、dropout和数据增强进行训练。采用迁移学习；网络最初在ImageNet分类任务上训练，然后针对目标检测进行微调。

网络运行后，使用启发式过程去除置信度低的矩形，并抑制对应于同一对象的预测边界框，以便只保留最有信心的一个。

(a) 输入图像被重塑为448×448并被划分为常规的7×7网格

(b) 系统预测每个网格单元中最可能的类别

(c) 它还预测每个单元的两个边界框，以及一个置信度值(由线条的粗细表示)

(d) 在推理过程中，保留最可能的边界框，并抑制属于同一对象的置信度较低的框

图10.18 YOLO目标检测(Redmon等，2016)

10.5.3 语义分割

语义分割的目标是根据每个像素所属的对象分配标签，或者如果该像素在训练数据库中不对应任何对象，则不分配标签。图10.19展示了一个早期的语义分割网络。输入是一个224×224的RGB图像，输出是一个224×224×21数组，其中包含每个位置21个可能类别的概率。

网络的第一部分是VGG(图10.17)的一个较小版本，它包含13层而不是16层卷积层，并将表示的大小减小到14×14。然后是另一个最大池化操作，接着是两个全连接层，它们映射到两个大小为4096的一维表示。这些层不代表空间位置，而将整个图像的信息结合起来。

这里，架构与VGG不同。另一个全连接层将表示重构为7×7的空间位置和512个通道。然后是一系列最大反池化层(见图10.12(b))和反卷积层。这些是转置卷积(见图10.13)，但在二维情况下没有上采样。最后，有一个1×1卷积来创建代表可能类别的21个通道，并在每个空间位置进行softmax操作，将激活映射到类别概率。网络的下采样部分有时被称为编码器，上采样部分被称为解码器，因此这种类型的网络有时被称为编码器-解码器网络或沙漏网络，因为它们的形状像沙漏。

最终的分割是使用启发式方法生成的，该方法贪婪地搜索最具有代表性的类别，并推断其区域，考虑到概率，但也鼓励连通性。然后在剩余未标记的像素中添加下一个最具代表性的类别。这一直持续到没有足够的证据添加更多类别为止(图10.20)。

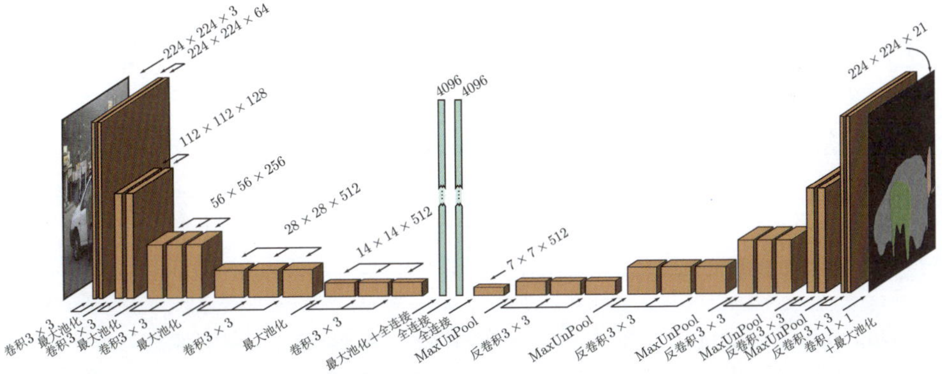

图10.19 Noh等人(2015)的语义分割网络。输入是一个224×224图像，通过VGG网络的一个版本传递，最终通过全连接层转换为大小为4096的表示。这包含有关整个图像的信息。然后通过另一个全连接层重新形成大小为7×7的表示，并对图像进行上采样和小波反演(无上采样的转置卷积)，形成VGG网络的镜像。输出是一个224×224×21表示，为每个位置的21个类别提供输出概率

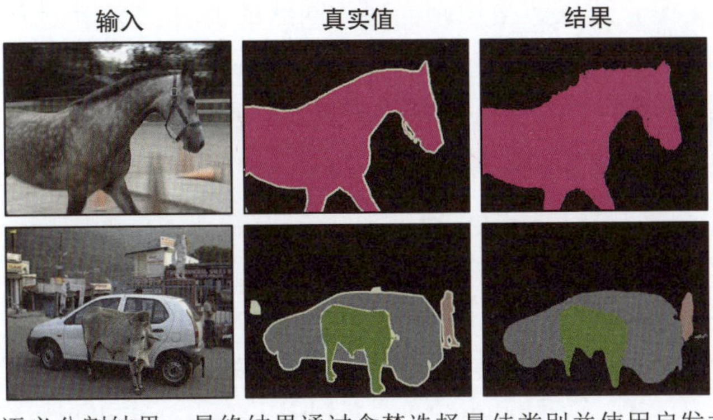

图10.20 语义分割结果。最终结果通过贪婪选择最佳类别并使用启发式方法，根据概率及其空间接近性找到合理的二元图来创建。如果有足够证据，将添加后续类别，并组合它们的分割图(Noh等，2015)

10.6 本章小结

在卷积层中，每个隐藏单元通过取附近输入的加权和、添加偏置并应用激活函数来计算。权重和偏置在每个空间位置都相同，因此参数数量远少于全连接网络，并且参数不会随着输入图像大小的增加而增加。为确保信息不会丢失，使用不同的权重和偏置重复此操作，以在每个空间位置创建多个通道。

典型的卷积网络由卷积层和下采样层(下采样因子为2)交替组成。随着网络的推进，空间维度通常以2的倍数减少，而通道数量以2的倍数增加。在网络的末端，通常有一个或多个全连接层，这些层整合整个输入的信息并创建所需的输出。如果输出是图像，则使用镜像“解码器”将图像上采样，恢复为原始大小。

卷积层的平移等变性施加了一种有用的归纳偏差，相较于全连接网络，这种偏差提高了基于图像的任务的性能。我们描述了图像分类、目标检测和语义分割网络。实验表明，随着网络变得更深，图像分类性能有所提升。然而，后续实验表明，无限增加网络深度并不会继续带来帮助；在达到一定深度后，系统变得难以训练。这就是残差连接的动机，它是下一章的主题。

10.7 注释

Dumoulin和Visin(2016)提供了对本章简要处理的卷积数学的概述。

卷积网络： 早期的卷积网络由Fukushima和Miyake(1982)、LeCun等人(1989a)、LeCun等人(1989b)开发。最初的应用包括手写识别(LeCun等，1989a；Martin，1993)、面部识别(Lawrence等，1997)、音素识别(Waibel等，1989)、口语单词识别(Bottou等，1990)和签名验证(Bromley等，1993)。然而，卷积网络是由LeCun等人(1998)推广的，他们构建了一个名为LeNet的系统，用于分类28×28灰度手写数字图像。这立即被识别为现代网络的前身；使用一系列卷积层，然后是全连接层，使用sigmoid激活而不是ReLU，使用平均池化而不是最大池化。AlexNet(Krizhevsky等，2012)被广泛认为是现代深度卷积网络的起点。

ImageNet挑战赛： Deng等人(2009)整理了ImageNet数据库，相关的分类挑战赛在AlexNet之后的几年推动了深度学习的进步。这个挑战赛的著名后续获胜者包括网络中网络架构(Lin等，2014)，它在每个位置上交替使用全连接层进行卷积，这些层独立于所有通道(即1×1卷积)。Zeiler和Fergus(2014)及Simonyan和Zisserman(2014)训练了更大更深的架构，这些架构本质上与AlexNet相似。Szegedy等人(2017)开发了一种名为GoogLeNet的架构，引入了inception块。这些模块使用几个具有不同过滤器尺寸的并行路径，然后重新组合。这有效地使系统学习了过滤器的尺寸。

随着深度的增加，性能也有所提升。然而，最终在没有修改的情况下训练更深的网络变得困难；这些修改包括残差连接和归一化层，这将在下一章中描述。ImageNet挑战赛的进展总结见于Russakovsky等人(2015)的论文。关于使用卷积网络进行图像分类的一般调查可见Rawat和Wang(2017)的论文。图像分类网络随着时间的进步在图10.21中进行了可视化。

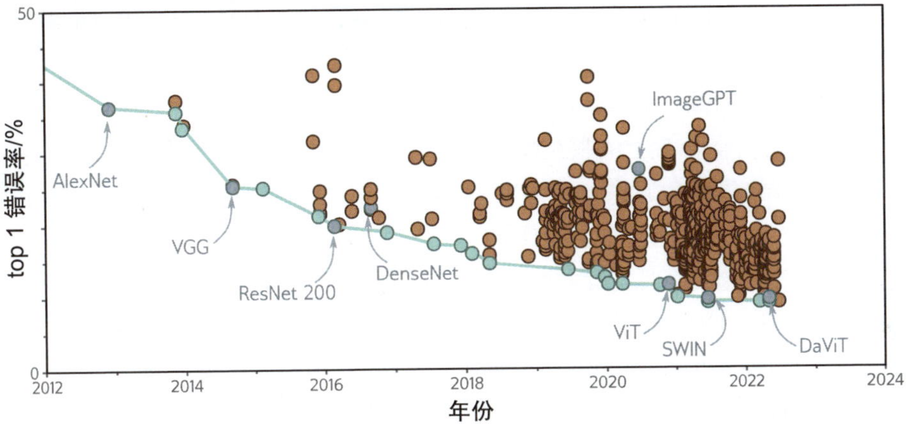

图10.21　ImageNet性能。每个圆圈代表一个不同的已发布模型。蓝色圆圈代表当时最先进的模型。本书中讨论的模型也有特别标注。AlexNet和VGG网络在它们的时代是非常杰出的，但现在它们远非最先进的技术。ResNet 200和DenseNet在第11章中讨论，ImageGPT、ViT、SWIN和DaViT在第12章中讨论

卷积层类型：Chen等人(2018c)和Yu & Koltun(2015)引入了空洞或扩张卷积。Long等人(2015)引入了转置卷积。Odena等人(2016)指出，它们可能导致棋盘状伪影，使用时应谨慎。Lin等人(2014)在早期就使用了1×1滤波器卷积。

许多标准卷积层的变体旨在减少参数数量。这些变体包括深度可分离卷积或通道独立卷积(Howard等，2017；Tran等，2018)，其中不同的滤波器分别对每个通道进行卷积以创建一组新的通道。对于核大小为$K\times K$，输入通道为C，输出通道为C的情况，这需要$K\times K\times C$个参数，而不是常规卷积层中的$K\times K\times C\times C$个参数。一种相关方法是分组卷积(Xie等，2017)，其中每个卷积核仅应用于通道的一个子集，从而相应地减少参数数量。实际上，分组卷积在AlexNet中因计算原因被使用；整个网络无法在单个GPU上运行，因此一些通道在一个GPU上处理，另一些通道在另一个GPU上处理，交互点有限。可分离卷积将每个核视为1D向量的外积；它们为每个C通道使用C+K+K个参数。部分卷积(Liu等，2018a)用于修复缺失像素，并考虑输入的部分遮蔽。门控卷积从前一层学习掩码(Yu等，2019；Chang等，2019b)。Hu等人(2018b)提出了挤压与激励网络，通过在所有空间位置上汇聚的信息重新加权通道。

下采样和上采样：平均池化的研究可以追溯到LeCun等人(1989a)，最大池化可以追溯到Zhou & Chellappa(1988)。Scherer等人(2010)比较了这些方法，并得出最大池化的更优结论。Zeiler等人(2011)和Zeiler & Fergus(2014)引入了最大反池化方法。最大池化可以看作对要进行池化的隐藏单元应用L_∞范数。这导致了其他L_k范数的应用(Springenberg等，2015；Sainath等，2013)，尽管这些方法需要更多计算，并且并不广泛使用。Zhang(2019)引入了最大模糊池化，其中在下采样之前应用低通滤波器以防止混叠，并表明这可以提高输入平移的泛化性并防御对抗性攻击。

Shi等人(2016)引入了PixelShuffle，使用步幅为$1/s$的卷积滤波器将1D信号放大s倍。只有正好落在位置上的权重用于创建输出，而那些位于位置之间的权重被丢弃。这可通过将核中的通道数量乘以s来实现，其中第s个输出位置仅由第s个通道子集计算。这可以简单地扩展到2D卷积，需要s^2个通道。

一维和三维卷积：卷积网络通常应用于图像，但也已应用于包括语音识别(Abdel-Hamid等，2012)、句子分类(Zhang等，2015；Conneau等，2017)、心电图分类(Kiranyaz等，2015)和轴承故障诊断(Eren等，2019)在内的一维数据。关于一维卷积网络的调查可在Kiranyaz等人(2021)的论文中找到。卷积网络也已应用于三维数据，包括视频(Ji等，2012；Saha等，2016；Tran等，2015)和体积测量(Wu等，2015b；Maturana和Scherer，2015)。

不变性和等变性：卷积层的部分动机是它们相对于平移大致等变，最大池化的部分动机是引入对小平移的不变性。Zhang(2019)研究了卷积网络在多大程度上真正具有这些属性，并提出了最大模糊池化的修改，显著改善了这些属性。人们对使网络对其他类型的变换(如反射、旋转和缩放)等变或不变非常感兴趣。Sifre和Mallat(2013)构建了一个基于小波的系统，使图像块具有平移和旋转不变性，并将其应用于纹理分类。Kanazawa等人(2014)开发了局部尺度不变的卷积神经网络。Cohen和Welling(2016)利用群论构建了群卷积神经网络(group CNN)，它们对更大范围的变换(包括反射和旋转)等变。Esteves等人(2018)引入了极坐标变换网络(polar transformer networks)，它们对平移不变，并对旋转和缩放等变。Worrall等人(2017)开发了谐波网络，这是第一个对连续旋转等变的群卷积神经网络的例子。

初始化和正则化：卷积网络通常使用Xavier初始化(Glorot & Bengio，2010)或He初始化(He等，2015)进行初始化，如第7.5节所述。然而，ConvolutionOrthogonal初始化器(Xiao等，2018a)是专为卷积网络(Xiao等，2018a)设计的。使用这种初始化可以训练高达10 000层的网络，无需残差连接。

dropout对全连接网络有效，但对卷积层的效果较差(Park & Kwak，2016)。这可能是因为相邻图像像素高度相关，所以如果一个隐藏单元退出，相同的信息会通过相邻位置传递。这是空间dropout和cutout的动机。在空间dropout(Tompson

等，2015)中，整个特征图被丢弃，而不是单个像素。这绕过了相邻像素携带相同信息的问题。同样，DeVries & Taylor (2017b)提出了cutout，即在训练时遮盖每个输入图像的一个正方形区域。Wu & Gu (2015)通过一种涉及对组成元素的概率分布进行采样而不是总是取最大值的方法，为dropout层修改了最大池化。

自适应核：Inception块(Szegedy等，2017)并行应用不同大小的卷积滤波器，因此提供了一个原始的机制，让网络可以学习适当的滤波器大小。其他研究调查了作为训练过程的一部分学习卷积的比例(Pintea等，2021；Romero等，2021)或下采样层的步长(Riad等，2022)。

在某些系统中，核大小会根据数据自适应地改变。这有时是在引导卷积的背景下进行的，其中一个输入被用来帮助引导另一个输入的计算。例如，RGB图像可能被用来帮助上采样低分辨率的深度图。Jia等人(2016)直接使用不同的网络分支预测滤波器权重。Xiong等人(2020b)自适应地改变核大小。Su等人(2019a)通过从另一模态学习到的函数调节固定核的权重。Dai等人(2017)学习权重的偏移，以便它们不必在规则网格中应用。

目标检测和语义分割：目标检测方法可以分为基于建议和无建议的方案。在前一种情况下，处理分为两个阶段。卷积网络摄取整个图像并提出可能包含对象的区域。然后这些提议区域被调整大小，第二个网络分析它们以确定那里是否有对象及它是什么。这种方法的早期例子是R-CNN(Girshick等，2014)。这随后被扩展以允许端到端训练(Girshick，2015)并减少区域提议的成本(Ren等，2015)。关于特征金字塔网络的后续工作通过组合多个尺度上的特征提高了性能和速度(Lin等，2017b)。相比之下，无提议方案在单次传递中执行所有处理。Redmon等人(2016)提出了最著名的无提议方案；在撰写本书时，这个框架的最新版本是v7 (Wang等人2022a)。可以在Zou等人的文献中找到关于目标检测的最新综述。

第10.5.3节中描述的语义分割网络是由Noh等人(2015)开发的。随后的许多方法都是U-Net (Ronneberger等，2015)的变体，后者将在第11.5.3节中描述。可以在Minaee等人(2021)和Ulku & Akagündüz (2022)的论文中找到关于语义分割的最新调查。

可视化卷积网络：卷积网络的显著成功导致了一系列研究，以可视化从图像中提取的信息(Qin等，2018)。Erhan等人(2009)通过从包含噪声的图像开始，然后使用梯度上升优化输入，使隐藏单元最活跃，从而可视化激活隐藏单元的最优刺激。Zeiler & Fergus (2014)训练了一个网络来重建输入，然后将几乎所有隐藏单元(除了他们感兴趣的那一个)设置为零；重建则提供了有关驱动隐藏单元的信息。Mahendran和Vedaldi (2015)可视化了一个网络的整个层。他们的网络反演技术旨在找到一个能够在该层产生激活的图像，同时结合了鼓励该图像具有与自然图像相似的统计特性的先验知识。

最后，Bau等人(2017)引入了网络解剖。在这里，一系列已知像素标签捕获颜色、纹理和对象类型的图像通过网络传递，测量隐藏单元与每个属性的相关性。这种方法的优点是只使用网络的前向传递，不需要优化。这些方法确实提供了一些关于网络如何处理图像的部分见解。例如，Bau等人(2017)表明，较早的层与纹理和颜色更相关，而后面的层与对象类型更相关。然而，公平地说，完全理解包含数百万参数的网络的处理目前还是不可能的。

10.8 问题

问题10.1* 证明式(10.3)中的操作相对于平移是等变的。

问题10.2 式(10.3)定义了核大小为3、步长为1、膨胀率为1的一维卷积。为图10.3(a)和(b)中所示核大小为3、步长为2的一维卷积写出等价式子。

问题10.3 为图10.3(d)中所示核大小为3、膨胀率为1的一维膨胀卷积写出算式。

问题10.4 写出核大小为7、膨胀率为3、步长为3的一维卷积的算式。

问题10.5 为图10.3(a)和(b)中的步进卷积、图10.3(c)中的核大小为5的卷积，以及图10.3(d)中的膨胀卷积，绘制如图10.4(d)风格的权重矩阵。

问题10.6* 绘制一个12×6权重矩阵，风格如图10.4(d)，关联图10.5(a)和(b)中所示的多通道卷积的输入x_1, ..., x_6到输出h_1, ..., h_{12}。

问题10.7* 绘制一个6×12权重矩阵，风格如图10.4(d)，关联图10.5(c)中的多通道卷积的输入$h_1,\ldots,h_{12}$到输出$h'_1,\ldots,h'_6$。

问题10.8 考虑一个一维卷积网络，输入有3个通道。第一隐藏层使用核大小为3计算并有4个通道。第二隐藏层使用核大小为5计算并有10个通道。这两个卷积层各需要多少偏置和权重？

问题10.9 一个网络由三个一维卷积层组成。每层都应用了零填充卷积，核大小为7，步长为1，膨胀率为1。第三层隐藏单元的感受野有多大？

问题10.10 一个网络由三个一维卷积层组成。每层都应用了零填充卷积，核大小为7，步长为1，膨胀率为0。第三层隐藏单元的感受野有多大？

问题10.11 考虑一个一维输入$\boldsymbol{x}$的卷积网络。第一隐藏层$\boldsymbol{H}_1$使用核大小为5、步长为2、膨胀率为1的卷积计算。第二隐藏层$\boldsymbol{H}_2$使用核大小为3、步长为1、膨胀率为1的卷积计算。第三隐藏层$\boldsymbol{H}_3$使用核大小为5、步长为1、膨胀率为2的卷积计算。每个隐藏层的感受野大小是多少？

问题10.12 图10.7中的一维卷积网络是使用学习率为0.01、批量大小为100的随机梯度下降在4000个样本的训练数据集上训练了100 000步。网络训练了多少个周期？

问题10.13　绘制一个权重矩阵，风格如图10.4(d)，显示图10.9中24个输入和24个输出之间的关系。

问题10.14　考虑一个核大小为5×5的二维卷积层，它接收3个输入通道并返回10个输出通道。有多少卷积权重？有多少偏置？

问题10.15　绘制一个权重矩阵，风格如图10.4(d)，对于一维输入，每隔一个位置采样一个变量(即图10.11(a)的一维类比)。证明一维卷积的权重矩阵(核大小为3，步长为2)等同于另一个一维卷积的矩阵(核大小为3，步长为1，并包含这个采样矩阵)。

问题10.16　考虑AlexNet网络(图10.16)。每个卷积层和全连接层使用了多少参数？参数总量是多少？

问题10.17　AlexNet的前三层(图10.16的前三个橙色块)的感受野大小是多少？

问题10.18　在VGG架构(图10.17)中，每个卷积层和全连接层有多少权重和偏置？

问题10.19*　考虑两个大小为224×224的隐藏层，分别有 C_1 和 C_2 个通道，并通过一个3×3卷积层连接。描述如何使用He初始化来初始化权重。

第11章

残差网络

上一章描述了随着卷积网络深度从8层(AlexNet)扩展到19层(VGG)，图像分类性能得到了提升。这引发了对更深层次网络的实验。然而，当增加更多的层时，性能却掉头下降。

本章介绍了残差块(Residual Blocks)。这里，每个网络层计算的是当前表示的加性变化，而不是直接进行转换。这种方式能够训练更深层次的网络，但会导致在初始化时激活值呈指数级增加。残差块采用批量归一化来补偿这一点，它在每一层重新中心化并重新缩放激活值。

带有批量归一化的残差块允许训练更深层次的网络，这些网络在各种任务上提高了性能。本章描述了组合残差块以分类图像、分割医学图像和估计人体姿态的架构。

11.1 顺序处理

到目前为止我们看到的每个网络都是顺序处理数据的；每一层接收前一层的输出，并将结果传递给下一层(见图11.1)。例如，一个三层网络的定义如下：

$$\begin{aligned} h_1 &= f_1[x, \phi_1] \\ h_2 &= f_2[h_1, \phi_2] \\ h_3 &= f_3[h_2, \phi_3] \\ y &= f_4[h_3, \phi_4] \end{aligned} \tag{11.1}$$

其中h_1、h_2和h_3表示中间隐藏层，x是网络输入，y是输出，函数$f_k[\bullet, \phi_k]$执行处理。

在标准神经网络中，每一层由线性变换和激活函数组成，参数 ϕ_k 包括线性变换的权重和偏置。在卷积网络中，每一层由一组卷积和激活函数组成，参数包括卷积核和偏置。

由于处理是顺序的，我们可以等价地将这个网络视为一系列嵌套函数：

$$y = f_4\left[f_3\left[f_2\left[f_1\left[x,\phi_1\right],\phi_2\right],\phi_3\right],\phi_4\right] \tag{11.2}$$

图11.1　顺序处理。标准神经网络将每一层的输出直接传递到下一层

顺序处理的局限性

原则上，我们可以添加任意多层，上一章我们看到，向卷积网络添加更多层确实能提高性能；VGG网络(见图10.17)有19层，性能超过了有8层的AlexNet(见图10.16)。然而，当进一步添加更多层时，图像分类性能掉头下降(见图11.2)。这令人惊讶，因为通常模型随着容量的增加表现会更好(见图8.10)。实际上，训练集和测试集的性能都有所下降，这意味着训练更深网络时遇到问题，而不是更深的网络泛化能力不足。

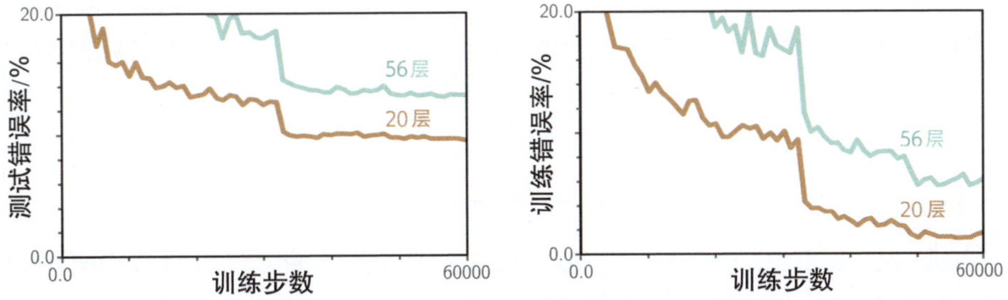

(a) 在CIFAR-10数据集的测试集上，一个20层的卷积网络在图像分类上超过了一个56层的神经网络(Krizhevsky & Hinton, 2009)

(b) 对于训练集也是如此，这表明问题与训练原始网络有关，而不是泛化到新数据的失败(He等，2016a)

图11.2　添加更多卷积层时性能下降

这一现象尚未被完全解释。一种推测是，在初始化时，当我们修改早期网络层中的参数时，损失梯度会发生不可预测的变化。通过适当的权重初始化(见7.5节)，损失相对于这些参数的梯度将是合理的(即，没有梯度爆炸或消失)。然而，导数假设参数的无穷小变化，而优化算法使用有限的步长。任何合理的步长选择都可能移动到一个完全不同且无关的梯度位置；损失面看起来像起伏的山峦，范围很大，而不是一个容易下降的单一平滑结构。因此，算法不像损失函数梯度变化较慢时那样取得进展。

这一推测得到了具有单一输入和输出的网络梯度的实证观察的支持。对于浅层网络，当输入变化时，输出相对于输入的梯度变化缓慢(见图11.3(a))。然而，对于深层网络，微小的输入变化会导致完全不同的梯度(见图11.3(b))。这通过梯度的自相关函数体现(见图11.3(c))。对于浅层网络，附近的梯度是相关的，但这种相关性对于深层网络很快就降到零。这被称为梯度破碎现象。

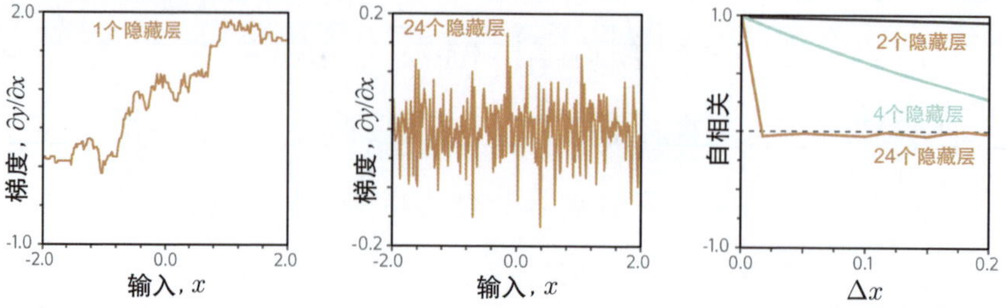

(a) 考虑一个有200个隐藏单元和Glorot初始化(没有两倍因子的He初始化)的浅层网络，权重和偏置都使用Glorot初始化。标量网络输出y相对于标量输入x的梯度$\partial y/\partial x$在我们改变输入x时变化较慢

(b) 对于一个有24层和每层200个隐藏单元的深层网络，这个梯度变化非常快且不可预测

(c) 梯度的自相关函数显示，对于深层网络，附近的梯度变得无关(自相关接近零)

图11.3 梯度破碎。这种梯度破碎现象可能解释了为什么训练深层网络很难。梯度下降算法依赖于损失表面相对平滑，因此梯度在每个更新步骤之前和之后应该是相关的(Balduzzi等，2017)

梯度破碎可能因为随着网络变得更深，早期网络层的变化以越来越复杂的方式修改输出而产生。式(11.1)中网络第一层f_1相对于输出y的导数是：

$$\frac{\partial y}{\partial f_1}=\frac{\partial f_2}{\partial f_1}\frac{\partial f_3}{\partial f_2}\frac{\partial f_4}{\partial f_3} \tag{11.3}$$

当我们改变决定f_1的参数时，由于层f_2、f_3和f_4本身是从f_1计算出来的，因此这个序列中的所有导数都可能发生变化。因此，每个训练样本的更新梯度可能完全不同，导致损失函数表现异常。

11.2 残差连接和残差块

残差或跳过连接是计算路径中的分支，其中每个网络层$f[\bullet]$的输入加回到输出(图11.4(a))。类比式(11.1)，残差网络定义为：

$$\begin{aligned}h_1&=x+f_1[x,\phi_1]\\h_2&=h_1+f_2[h_1,\phi_2]\\h_3&=h_2+f_3[h_2,\phi_3]\\y&=h_3+f_4[h_3,\phi_4]\end{aligned} \tag{11.4}$$

其中每行右侧的第一项是残差连接。每个函数f_k学习当前表示的加性变化。因此，它们的输出必须与输入大小相同。输入和处理后的输出的每个加性组合被称为残差块或残差层。

可通过代入中间量的表达式将其写成单个函数：

$$
\begin{aligned}
y = x &+ f_1[x] \\
&+ f_2\big[x + f_1[x]\big] \\
&+ f_3\big[x + f_1[x] + f_2\big[x + f_1[x]\big]\big] \\
&+ f_4\big[x + f_1[x] + f_2\big[x + f_1[x]\big] + f_3\big[x + f_1[x] + f_2\big[x + f_1[x]\big]\big]\big]
\end{aligned}
\tag{11.5}
$$

为清晰可见，我们省略了参数$\phi_\bullet$。可将这个式子视为“解开”网络(图11.4(b))。我们看到最终的网络输出是输入和四个较小网络的和，对应于式子的每一行；一个对残差连接的解释是，它将原始网络变成这些较小网络的集合，输出被相加以计算结果。

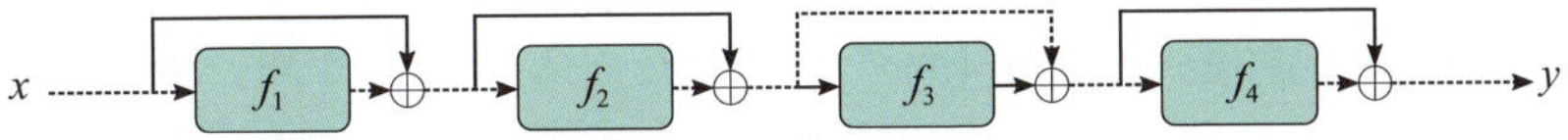

(a) 每个函数$f_k[x,\phi_k]$的输出加回到其输入上，该输入通过称为残差或跳过连接的并行计算路径传递。因此，该函数计算表示的是加性变化

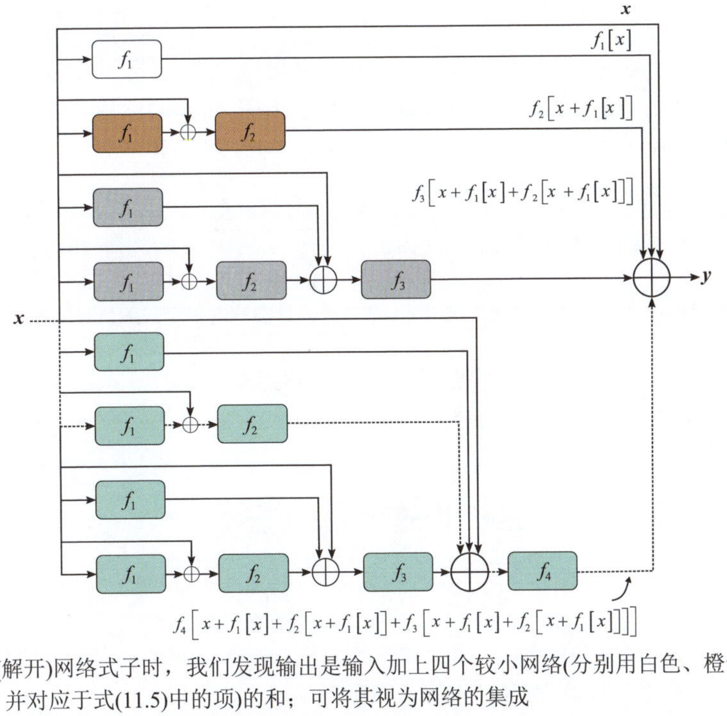

(b) 在展开(解开)网络式子时，我们发现输出是输入加上四个较小网络(分别用白色、橙色、灰色和青色表示，并对应于式(11.5)中的项)的和；可将其视为网络的集成

图11.4　残差连接。青色网络的输出本身是另一个集合的变换$f_4[\bullet,\phi_4]$，以此类推。或者，可将网络视为通过计算图的16条不同路径的组合。一个例子是输入x到输出y的虚线路径，在(a)和(b)中是相同的

关于这个残差网络的另一种思考方式是，从输入到输出创建了16条不同长度的路径。例如，第一个函数$f_1[x]$出现在这16条路径中的8条中，包括作为一个直接的加性项(即，路径长度为1)，式(11.3)的类似导数是：

$$\frac{\partial y}{\partial f_1}=I+\frac{\partial f_2}{\partial f_1}+\left(\frac{\partial f_3}{\partial f_1}+\frac{\partial f_2}{\partial f_1}\frac{\partial f_3}{\partial f_2}\right)+\left(\frac{\partial f_4}{\partial f_1}+\frac{\partial f_2}{\partial f_1}\frac{\partial f_4}{\partial f_2}+\frac{\partial f_3}{\partial f_1}\frac{\partial f_4}{\partial f_3}+\frac{\partial f_2}{\partial f_1}\frac{\partial f_3}{\partial f_2}\frac{\partial f_4}{\partial f_3}\right) \tag{11.6}$$

其中每条路径都有一个项。右侧的恒等项表明第一层$f_1\left[x,\phi_1\right]$中参数ϕ_1的变化直接贡献于网络输出y的变化。它们也通过其他不同长度的导数链间接做贡献。一般来说，通过较短路径的梯度表现得更好。由于恒等项和各种短导数链将贡献于每层的导数，因此具有残差链接的网络较少受到梯度破碎的影响。

11.2.1 残差块中的操作顺序

到目前为止，我们暗示了加性函数$f[x]$可以是任何有效的网络层(例如，全连接或卷积层)。这在技术上是正确的，但这些函数中的操作顺序很重要。它们必须包含一个非线性激活函数，如ReLU，否则整个网络将是线性的。然而，在典型的网络层中(图11.5(a))，ReLU函数位于最后，所以输出是非负的。如果遵循这个约定，那么每个残差块只能增加输入值。

因此，通常改变操作顺序，先应用激活函数，然后进行线性变换(图11.5(b))。有时残差块内可能有多层处理(图11.5(c))，但这些处理通常以线性变换结束。最后，我们注意到，用ReLU操作开始这些块时，如果初始网络输入是负的，它们将不会做任何事情，因为ReLU将把整个信号剪切到零。因此，网络通常以线性变换(而不是残差块)开始，如图11.5(b)所示。

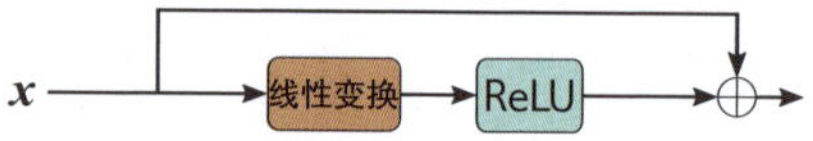

(a) 通常顺序是线性变换或卷积后跟ReLU非线性，这意味着每个残差块只能添加非负量

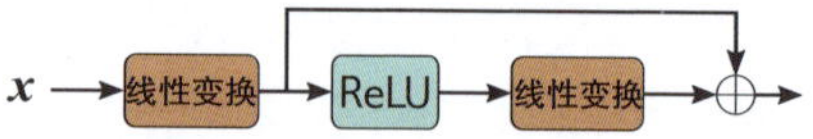

(b) 通过相反的顺序，可添加正数和负数。然而，如果输入全部为负，必须在网络的开始处添加一个线性变换

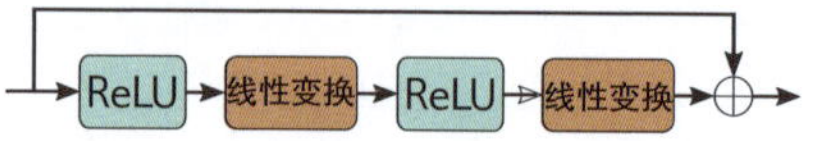

(c) 实际上，残差块通常包含几个网络层

图11.5 残差块中的操作顺序

11.2.2 带有残差连接的更深层网络

添加残差连接大致可以将网络的实际可训练深度加倍，然后出现性能下降。

然而，我们希望进一步增加深度。为理解残差连接为什么不让我们任意增加深度，必须考虑在前向传播期间激活的方差如何变化，以及在反向传播期间梯度幅度如何变化。

11.3　残差网络中的梯度爆炸

在7.5节中，我们看到初始化网络参数是至关重要的。如果没有仔细初始化，反向传播中的前向传播中的中间值的幅度可能会指数级增加或减少。同样，在反向传播过程中，当通过网络向后移动时，梯度可能会爆炸或消失。

因此，初始化网络参数，使得前向传播中的激活(期望方差)和反向传播中的梯度(期望方差)在层之间保持不变。He初始化(见7.5节)通过将偏置β初始化为零，并选择均值为零、方差为$2/D_h$的正态分布权重Ω来实现这一点，其中D_h是前一层隐藏单元的数量。

现在考虑一个残差网络。我们不必担心中间值或梯度会随着网络深度而消失，因为存在一条路径，每个层都可以直接贡献到网络输出(式(11.5)和图11.4(b))。然而，即使在残差块内使用He初始化，前向传播中的值在通过网络时仍然会指数级增加。

为理解原因，考虑将残差块的处理结果加回到输入中。每个分支都有一些不相关的变异性。因此，当重新组合时，总体方差会增加。使用ReLU激活和He初始化，每个块中的处理不会改变期望方差。因此，与输入重新组合时，方差会翻倍(见图11.6(a))，并随着残差块的数量呈指数增长。这限制了可能的网络深度，然后前向传播中的浮点精度超出范围。类似的理由适用于反向传播算法中的梯度。

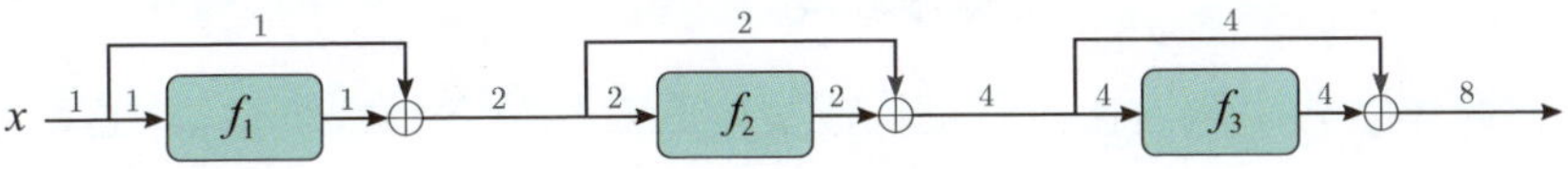

(a) He初始化确保在线性加ReLU层f_k之后期望方差保持不变。不幸的是，在残差网络中，每个块的输入加回到输出，所以方差在每层翻倍(灰色数字表示方差)并呈指数增长

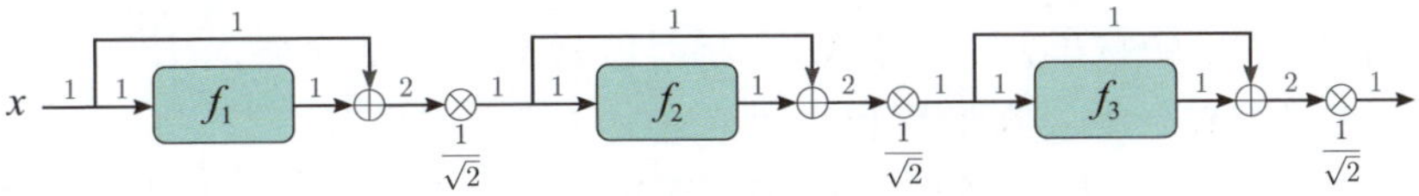

(b) 一种方法是在每个残差块之间将信号重新缩放到$1/\sqrt{2}$

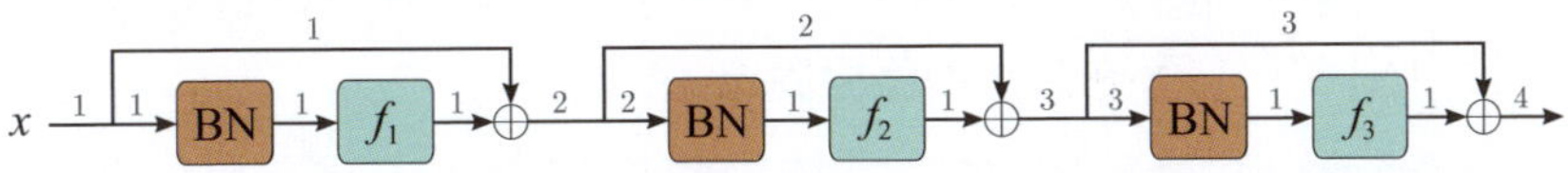

(c) 第二种方法使用批量归一化(BN)作为残差块的第一步，并将相关的偏移量δ初始化为零，缩放因子γ初始化为1。这将每层的输入变换为单位方差，并使用He初始化，输出方差也将是1。现在方差随着残差块的数量线性增加。一个副作用是，在初始化时，后面的网络层由残差连接主导，因此接近于计算恒等式

图11.6　残差网络中的方差

因此，即使使用He初始化，残差网络仍然受到不稳定的前向传播和梯度爆炸的影响。稳定前后向传播的一种方法是使用He初始化，然后将每个残差块的组合输出乘以 $1/\sqrt{2}$ 以补偿翻倍(见图11.6(b))。然而，更常用的方法是使用批量归一化。

11.4 批量归一化

批量归一化或BatchNorm将每个激活h平移和重新缩放，使其在批次$\mathcal{B}$中的均值和方差变为在训练期间学到的值。首先，计算经验均值 m_h 和标准差 s_h：

$$
\begin{aligned}
m_h &= \frac{1}{|\mathcal{B}|}\sum_{i\in\mathcal{B}} h_i \\
s_h &= \sqrt{\frac{1}{|\mathcal{B}|}\sum_{i\in\mathcal{B}}\left(h_i - m_h\right)^2}
\end{aligned}
\tag{11.7}
$$

其中所有量都是标量。然后使用这些统计数据将批次激活标准化为均值零、单位方差：

$$
h_i \leftarrow \frac{h_i - m_h}{s_h + \epsilon} \qquad \forall i \in \mathcal{B} \tag{11.8}
$$

其中 ϵ 是一个小数，如果批次中的 h_i 相同且 $s_h = 0$，它可以防止除以零错误。

最后，归一化变量通过γ缩放并由δ平移：

$$
h_i \leftarrow \gamma h_i + \delta \qquad \forall i \in \mathcal{B} \tag{11.9}
$$

在此操作之后，激活在所有批次成员中具有均值δ和标准差γ。这两个量在训练期间学习。

批量归一化独立应用于每个隐藏单元。在一个标准神经网络中，如果有K层，每层包含D个隐藏单元，将有KD个学习偏移量δ和KD个学习比例γ。在卷积网络中，归一化统计数据在批次和空间位置上计算。如果有K层，每层包含C个通道，将有KC个偏移量和KC个缩放因子。在测试时，我们没有可以从中收集统计数据的批次。为解决这个问题，m_h 和 s_h 的统计数据是在整个训练数据集(而不仅是一个批次)上计算的，并在最终网络中固定。

批量归一化的成本和好处

批量归一化使影响每个激活的权重和偏置的重新缩放变得稳定；如果这些值

翻倍，激活值也会翻倍，估计的标准差 s_h 也会翻倍，式(11.8)中的归一化会补偿这些变化。这对每个隐藏单元是独立进行的。因此，会有一大组权重和偏置产生相同效果。批量归一化还在每个隐藏单元添加了两个参数，γ和 δ，这使得模型稍微变大。因此，它既在权重参数中创造了冗余，又增加了额外的参数来补偿这种冗余。这显然是低效的，但批量归一化也提供了几个好处。

稳定的前向传播：如果将偏置 δ初始化为零，将比例 γ初始化为1，那么每个输出激活将具有单位方差。在常规网络中，这确保了在初始化时前向传播期间的方差是稳定的。在残差网络中，随着我们在每层添加新的输入变化源，方差仍然必定增加。然而，它会随着每个残差块线性增加；第k层向k的现有方差中增加了一个单位的方差(见图11.6(c))。

在初始化时，这有一个副作用，即后面的层对整体变化的改动比前面的层小。由于后面的层接近计算恒等式，网络在训练开始时实际上深度较小。随着训练的进行，网络可以增加后面层的比例γ，并可控制自己的有效深度。

更高的学习率：实证研究和理论都表明，批量归一化使损失面及其梯度变化更加平滑(即减少梯度破碎)。这意味着我们可以使用更高的学习率，因为表面更可预测。我们在第9.2节中看到，更高的学习率可以改善测试性能。

正则化：我们在第9章也看到，向训练过程添加噪声可以改善泛化。批量归一化注入噪声，因为归一化取决于批次统计。给定训练样本的激活通过一个量进行归一化，这个量取决于批次的其他成员，并且在每次训练迭代中都会略有不同。

11.5　常见的残差架构

残差连接现在是深度学习流程的标准部分。本节讨论一些融合了残差连接的知名架构。

11.5.1　ResNet

残差块最初用于图像分类的卷积网络中。由此产生的网络被称为残差网络，简称为ResNet。在ResNet中，每个残差块包含批量归一化操作、ReLU激活函数和卷积层。之后相同的序列再次出现，然后加回到输入(见图11.7(a))。试错表明这种操作顺序的图像分类效果很好。

对于非常深的网络，参数数量可能会变得过大。瓶颈残差块通过使用三次卷积来更有效地使用参数。第一个使用1×1的核心减少通道数。第二个是常规的3×3核心，第三个是另一个1×1核心，将通道数增加回原始数量(见图11.7(b))。通过这种方式，我们可以使用较少的参数在3×3像素区域上整合信息。

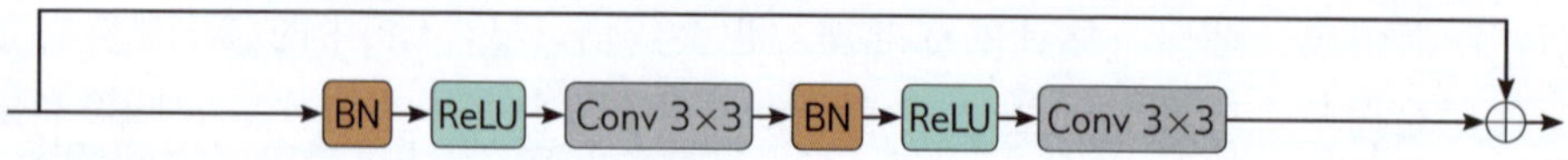

(a) ResNet架构中的标准块包含批量归一化操作，然后是激活函数和3×3卷积层。此后，这个序列会重复一次

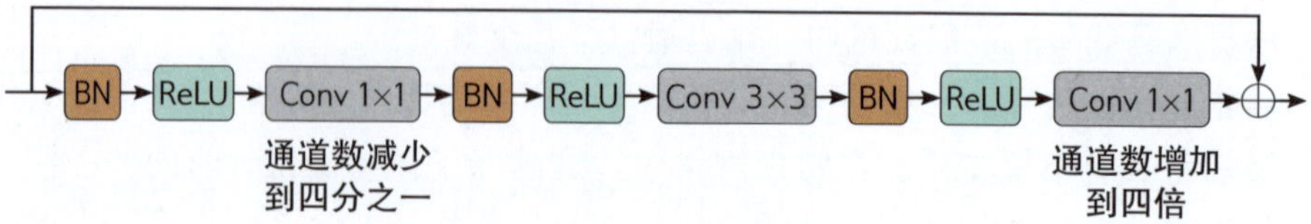

(b) 瓶颈残差块仍然在3×3区域内整合信息，但使用的参数更少。它包含三个卷积。第一个1×1卷积减少了通道数。第二个3×3卷积应用于较小的表示。最后一个1×1卷积再次增加通道数，以便可将其加回到输入中

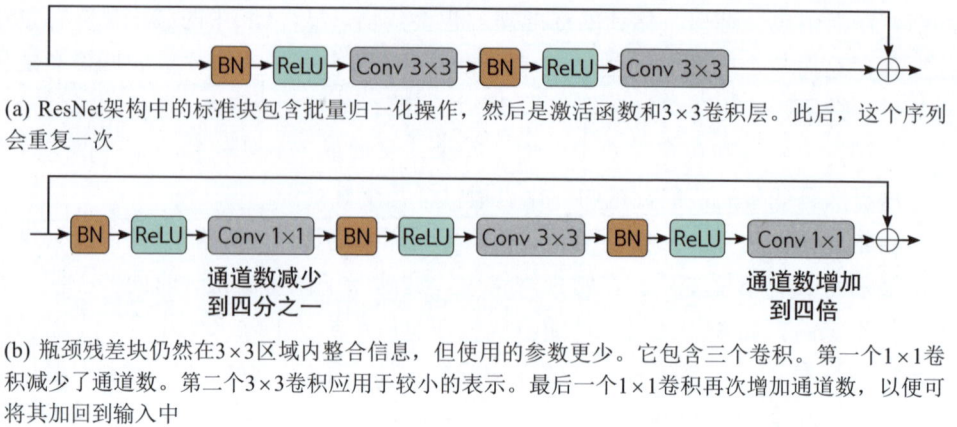

图11.7　ResNet块

ResNet-200模型(图11.8)包含200层，用于在ImageNet数据库上进行图像分类(图10.15)。架构类似于AlexNet和VGG，但使用的是瓶颈残差块(代替了普通的卷积层)。与AlexNet和VGG一样，这些残差块与空间分辨率的减少和通道数增加周期性交替。这里，通过使用步长为2的卷积进行下采样来减少分辨率。通道数量要么通过在表示中附加零来增加，要么通过使用额外的1×1卷积来增加。网络的开头是一个7×7卷积层，然后是一个下采样操作。最后，一个全连接层将块映射到长度为1000的向量。这个向量通过一个softmax层以生成类别概率。

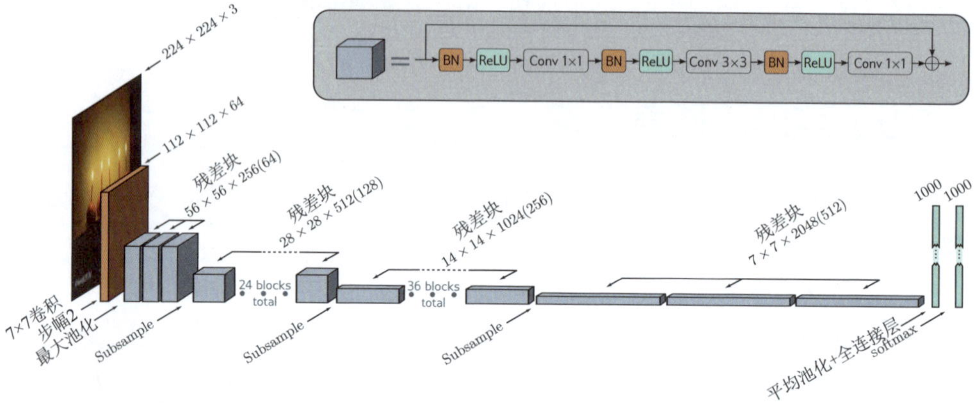

图11.8　ResNet 200模型。应用了标准7×7卷积层，步长为2，后跟MaxPool操作。接下来是一系列瓶颈残差块(括号中的数字是第一个1×1卷积后的通道数)，并伴随周期性的下采样和通道数的增加。网络以跨所有空间位置的平均池化和一个映射到softmax激活前的全连接层结束

ResNet-200模型的top-5错误率低至惊人的4.8%，top-1错误率为20.1%。这与AlexNet(16.4%，38.1%)和VGG(6.8%，23.7%)相比非常好，并且是第一个超过人类表现(top-5错误率为5.1%)的网络之一。然而，该模型是在2016年提出的，远非

最先进的。在撰写本书时，这项任务上表现最好的模型的top-1错误率为9.0%(见图10.21)。目前所有在图像分类表现最好的模型都基于Transformer(见第12章)。

11.5.2 DenseNet

残差块接收前一层的输出，通过一些网络层加以修改，然后将其加回到原始输入。另一种方法是将修改后的信号与原始的信号连接起来。这增加了表示大小(对于卷积网络而言是通道数)，但后续的线性变换(卷积网络中的1×1卷积)可以选择性地将其映射回原来的大小。这允许模型可将表示相加，取加权和，或以更复杂的方式组合它们。

DenseNet架构使用连接操作，使得一层的输入包括前面所有的层的连接输出(图11.9)。这些输出被处理以创建一个新的表示，该表示本身与之前的表示连接并传递给下一层。这种连接意味着从早期层到输出有直接贡献，因此损失表面表现得合理。

实际上，这只能在几层中维持，因为通道数(以及需要处理它们的参数数量)变得越来越大。这个问题可通过在应用下一个3×3卷积之前应用1×1卷积减少通道数来缓解。在卷积网络中，输入会定期下采样。在下采样中进行连接是没有意义的，因为表示的大小不同。因此，在这一点上连接链被打破，一个较小的表示开始一个新的连接链。此外，在发生下采样时，可以应用另一个瓶颈1×1卷积以进一步控制表示大小。

这个网络在图像分类上与ResNet模型表现相当(见图10.21)；实际上，对于相似的参数计数，它可以表现得更好。这可能是因为它更灵活地重用早期层的处理。

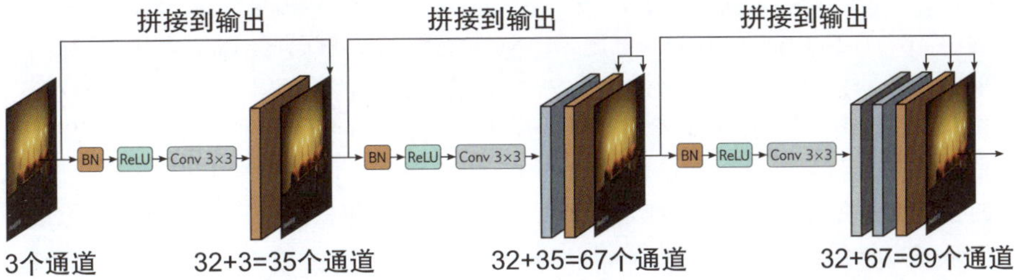

图11.9 DenseNet。这种架构使用残差连接将早期层的输出连接到后面的层。这里，三通道输入图像被处理形成32通道的表示。输入图像与此连接，共有35个通道。这个组合表示被处理以创建另一个32通道的表示，并且两个早期表示都与此连接，共有67个通道，以此类推

11.5.3 U-Net和沙漏网络

第10.5.3节描述了一个具有编码器-解码器或沙漏结构的语义分割网络。编码器反复对图像进行下采样，直到感受野变大，图像中的信息得以被整合。然后解码器将其上采样，恢复为原始图像的大小。最终输出是每个像素上可能的物体类别的概率。这种架构的一个缺点是，网络中间的低分辨率表示必须“记住”高分辨率的细节，以确保最终结果的准确性。如果残差连接将编码器中的表示传输到解码器中的对应部分，则无需这样做。

U-Net(图11.10)是一种编码器-解码器架构，其中早期的表示被连接到后期的表示上。最初的实现使用了“有效”卷积，因此每次应用3×3卷积层时，空间大小减少两个像素。这意味着上采样版本比编码器中的对应版本小，必须在连接前进行裁剪。随后的实现使用了零填充，这样就不需要裁剪。请注意，U-Net是完全卷积的，因此训练后，它可以在任何大小的图像上运行。

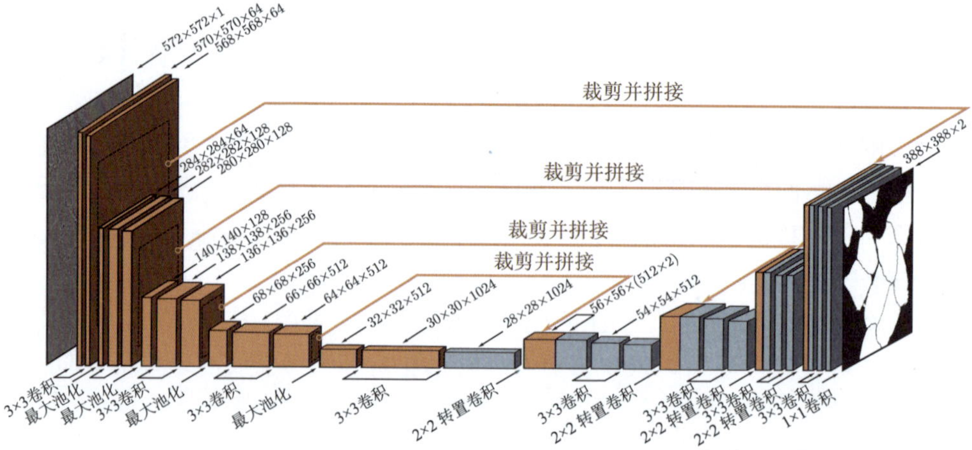

图11.10 U-Net用于分割HeLa细胞。U-Net具有编码器-解码器结构，其中表示被下采样(橙色块)，然后重新上采样(蓝色块)。编码器使用常规卷积，解码器使用转置卷积。残差连接将编码器中每个尺度的最后一个表示连接到解码器中同一尺度的第一个表示(橙色箭头)。原始的U-Net使用了“有效”卷积，因此即使没有下采样，每层的大小也略有减小。因此，在连接到解码器之前，编码器的表示被裁剪(虚线方块)(Ronneberger等，2015)

U-Net用于分割医学图像(图11.11)，但在计算机图形学和视觉领域也找到了许多其他用途。沙漏网络类似，但在跳过连接中应用了更多的卷积层，并将结果加回到解码器而不是连接它。这一系列模型形成堆叠的沙漏网络，交替在局部和全局层面考虑图像。这种网络用于姿态估计(图11.12)。系统被训练为预测每个关节的一个“热图(heatmap)”，估计的位置是每个热图的最大值。

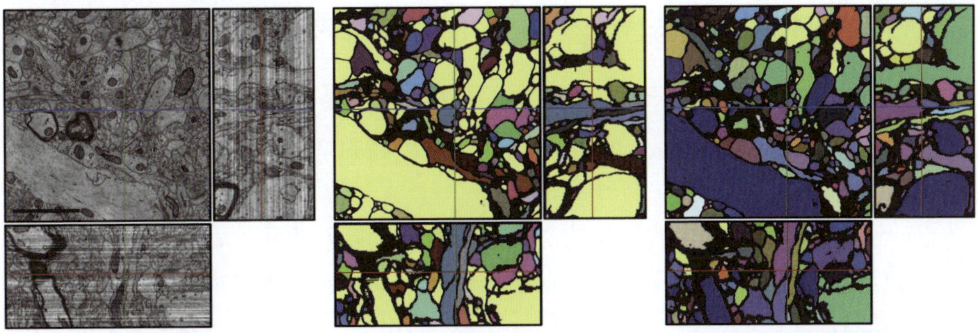

(a) 通过扫描电子显微镜获取的小鼠皮层的3D体积的三个切片

(b) 使用单个U-Net将体素分类为在神经突以内或以外。以不同的颜色识别相连的区域

(c) 为了获得更好的结果，训练了一个由五个U-Net组成的集成，并且只有当所有五个网络都同意时，体素才被分类为属于细胞

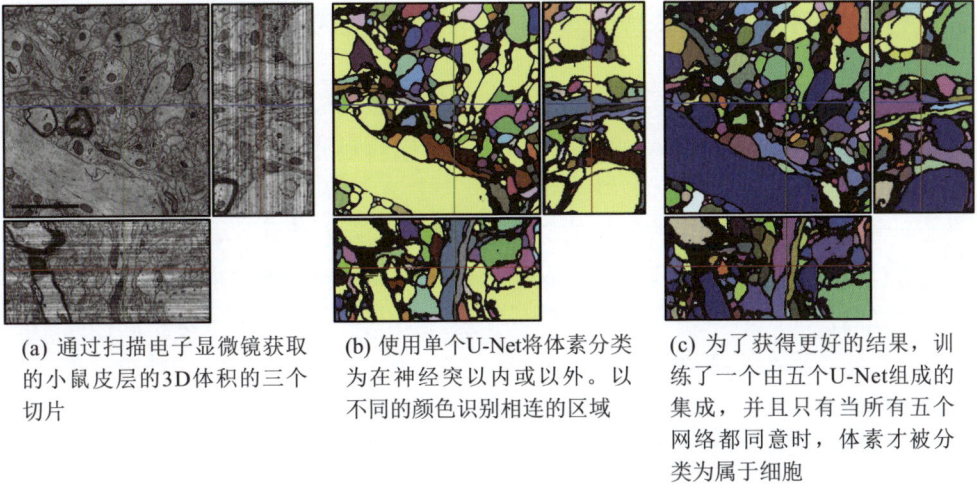

图11.11　使用U-Net进行3D分割(Falk等，2019)

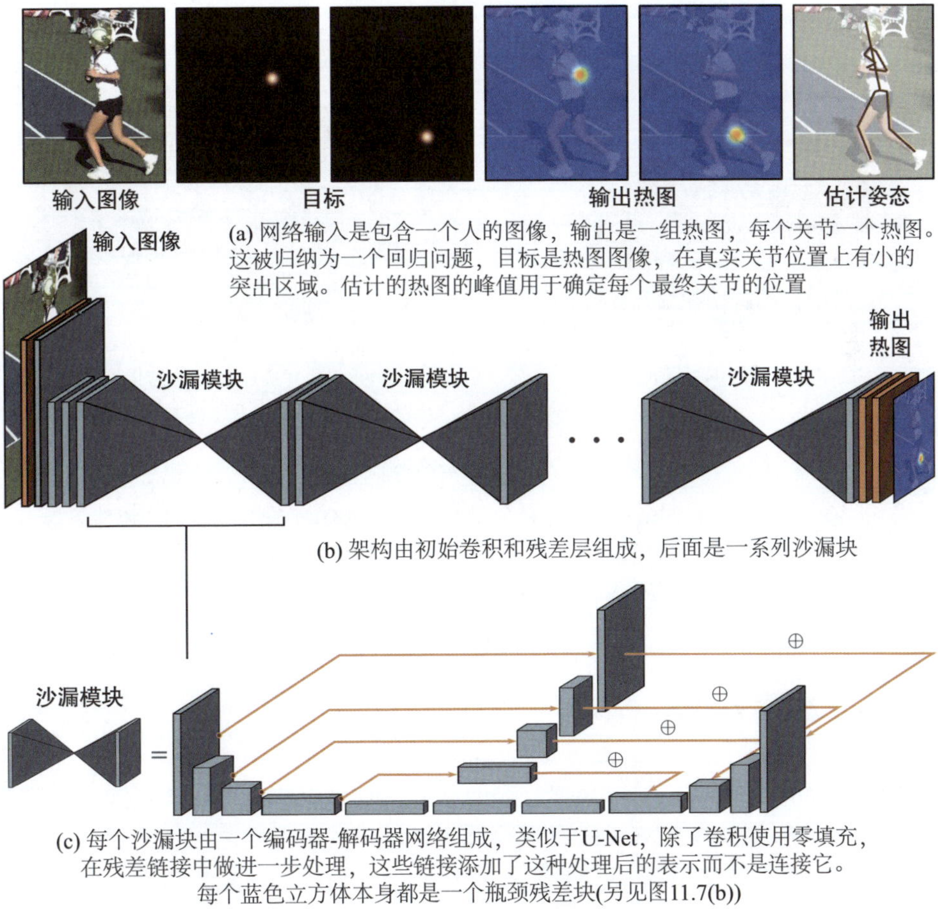

(a) 网络输入是包含一个人的图像，输出是一组热图，每个关节一个热图。这被归纳为一个回归问题，目标是热图图像，在真实关节位置上有小的突出区域。估计的热图的峰值用于确定每个最终关节的位置

(b) 架构由初始卷积和残差层组成，后面是一系列沙漏块

(c) 每个沙漏块由一个编码器-解码器网络组成，类似于U-Net，除了卷积使用零填充，在残差链接中做进一步处理，这些链接添加了这种处理后的表示而不是连接它。每个蓝色立方体本身都是一个瓶颈残差块(另见图11.7(b))

图11.12　用于姿态估计的堆叠沙漏网络

11.6 为什么具有残差连接的网络表现如此出色?

残差网络允许训练更深层次的网络；可将ResNet架构扩展到1000层，并且仍可有效地进行训练。最初认为图像分类性能的提高归功于额外的网络深度，但有两项证据与此观点相矛盾。

首先，与具有相似参数数量的更深、更窄的残差网络相比，更浅、更宽的残差网络有时表现更佳。换句话说，有时可以通过层数较少但每层通道更多的网络实现更好的性能。其次，有证据表明，在展开的网络中，训练过程中的梯度不能有效地通过非常长的路径传播(图11.4(b))。实际上，非常深的网络可能更像是浅层网络的组合。

目前的观点是，残差连接本身增加了一些价值，也允许训练更深层次的网络。这一观点得到了以下事实的支持：残差网络在最小值周围的损失面比移除跳过连接时的相同网络更平滑、更可预测(图11.13)。这可能使得学习一个泛化良好的解决方案变得更加容易。

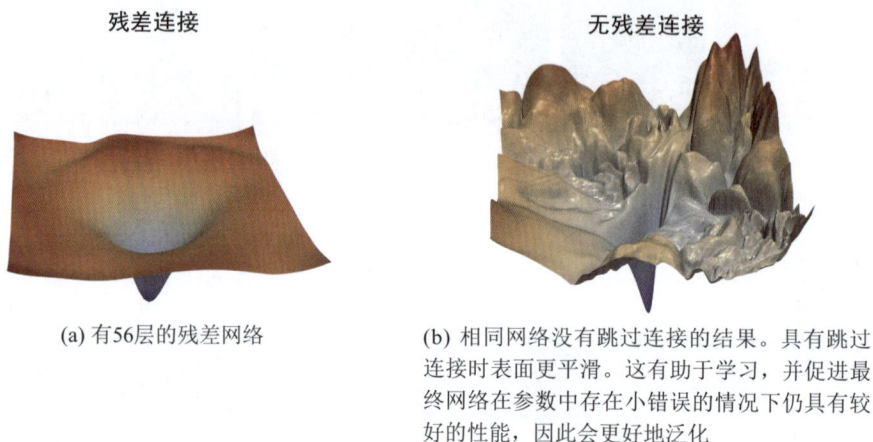

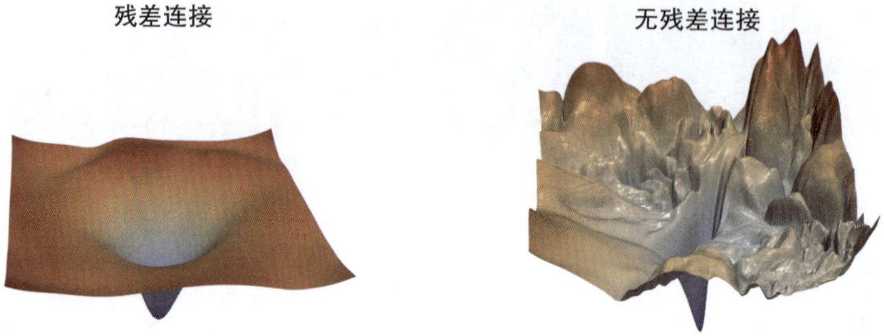

(a) 有56层的残差网络

(b) 相同网络没有跳过连接的结果。具有跳过连接时表面更平滑。这有助于学习，并促进最终网络在参数中存在小错误的情况下仍具有较好的性能，因此会更好地泛化

图11.13　可视化神经网络损失面。每个图表显示了在SGD找到的最小值周围的参数空间中两个随机方向上的损失面，用于CIFAR-10数据集上的图像分类任务。这些方向被标准化，以便并排比较(Li等，2018b)。

11.7 本章小结

无限增加网络深度会导致图像分类的训练和测试性能下降。这可能是因为网络早期参数的损失梯度相对于更新步长变化得过快且不可预测。残差连接将处理后的表示加回它们自己的输入，现在每一层直接或间接地对输出做出贡献，因此不再需要通过许多层传播梯度，这使得损失函数的曲面更加平滑。

残差网络不会遭遇梯度消失问题，但会在前向传播过程中引入激活值方差的指数级增长，导致梯度爆炸问题。通常通过添加批量归一化来处理这一问题，批量归一化对批次的经验均值和方差进行补偿，然后使用学习到的参数进行平移和重新缩放。如果这些参数被合理初始化，便可以训练非常深的网络。有证据表明，残差连接和批量归一化都使损失曲面更加平滑，从而允许使用更大的学习率。此外，批量统计的变异性也引入一种正则化来源。

残差块已经被整合到卷积网络中。它们允许训练更深层次的网络，并相应地提高图像分类性能。残差网络的变体包括DenseNet架构，该架构将所有先前层的输出连接起来输入当前层；还包括U-Net，将残差连接整合到编码器-解码器模型中。

11.8 注释

残差连接：残差连接由He等人(2016a)引入，He等人构建了一个具有152层的网络，比VGG(图10.17)大8倍，并在ImageNet分类任务上实现了卓越的性能。每个残差块由第一个卷积层、批量归一化、ReLU激活、第二个卷积层和第二次批量归一化组成。将块加回到主表示后，应用第二个ReLU函数。这种架构被称为ResNet v1。He等人(2016b)研究了残差架构的不同变体：①沿着跳过连接进行处理，②在两个分支重新组合之后处理。他们得出结论，这两者都不是必需的，从而引出图11.7中的架构，有时被称为预激活残差块，是ResNet v2的主干。他们在ImageNet分类任务上训练了一个200层的网络(见图11.8)，并进一步提高了性能。从那时起，新的正则化、优化和数据增强方法被开发出来，Wightman等人(2021)利用这些方法为ResNet架构提出一个更现代的训练流程。

残差网络允许训练更深的网络。这可能与减少训练开始时的梯度破碎(Balduzzi等，2017)及图11.13所示的在最小值附近的更平滑损失面(Li等，2018b)有关。仅残差连接(即，没有批量归一化)将网络的可训练深度增加了大约两倍(Sankararaman等，2020)。而有了批量归一化，可以训练非常深的网络，但深度是否对性能至关重要尚不清楚。Zagoruyko和Komodakis(2016)表明，只有16层的宽残差网络超过了当时所有残差网络的图像分类性能。Orhan和Pitkow(2017)提出一个不同的解释，即为什么残差连接通过消除奇异性(损失面上Hessian退化的地方)改善学习。

相关架构：残差连接是高速公路网络(Srivastava等，2015)的一个特例，后者也将计算分成两个分支并加性重组。高速公路网络使用一个门控函数，以依赖于数据本身的方式加权两个分支的输入，而残差网络则直接将数据发送到两个分支。Xie等人(2017)引入了ResNeXt架构，将残差连接放在多个并行卷积分支周围。

将残差网络描述为“集成”：Veit等人(2016)将残差网络描述为较短网络的集成，并解释了“展开网络”(图11.4(b))。他们通过展示在训练有素的网络中删除层(从而一部分路径)只对性能有适度影响，提供了这种解释有效的证据。相反，在VGG这样的纯顺序网络中移除一层是灾难性的。他们还观察了不同长度路径上的梯度幅度，并表明梯度在更长的路径中消失。在一个由54块组成的残差网络中，训练期间的所有梯度更新几乎都来自长度为5~17块的路径，尽管这些只占总路径的0.45%。似乎增加更多的块实际上增加了并行短路径，而非创建一个真正更深的网络。

残差网络的正则化：权重的L2正则化在没有BatchNorm的普通网络和残差网络中有完全不同的效果。在前者中，它鼓励层的输出是确定的常数函数，由偏置决定。在后者中，它鼓励残差块计算恒等变换加上一个由偏置决定的常数。

已经开发了几种专门针对残差架构的正则化方法。ResDrop(Yamada等，2016)、随机深度(Huang等，2016)和RandomDrop(Yamada等，2019)都通过在训练过程中随机丢弃残差块来正则化残差网络。在RandomDrop中，丢弃一个块的倾向是由一个伯努利变量决定的，其参数在训练期间线性减少。在测试时，残差块以它们的预期概率加回来。这些方法实际上是dropout版本，其中块中的所有隐藏单元同时被丢弃。在残差网络的多路径视图中(图11.4(b))，在每个训练步骤中简单地移除一些路径。Wu等人(2018b)开发了BlockDrop，分析现有网络，并决定在运行时使用哪些残差块，目标是提高推理效率。

已经为残差块内部具有多条路径的网络开发了其他正则化方法。Shake-Shake(Gastaldi，2017a，2017b)在前向和反向传递期间随机重新加权路径。在前向传递中，这可以被视为合成随机数据，在反向传递中，作为向训练方法注入另一种形式的噪声。ShakeDrop(Yamada等人，2019)抽取一个伯努利变量，决定每个块在这步训练中是接受Shake-Shake还是表现得像一个标准的残差单元。

批量归一化：批量归一化(BatchNorm)是由Ioffe和Szegedy(2015)在残差网络的背景下引入的。通过实验证明，批量归一化允许更高的学习率，能提高收敛速度，并使sigmoid激活函数更实用(因为输出的分布是可控的，所以示例不太可能落在sigmoid的饱和端)。Balduzzi等人(2017)研究了在初始化时具有ReLU函数的深层网络中后层隐藏单元的激活。他们发现，许多这样的隐藏单元总是处于激活或非激活状态，但BatchNorm减轻了这种倾向。

尽管批量归一化有助于稳定网络中的前向信号传播，但Yang等人(2019)表明，它在没有跳过连接的ReLU网络中引起梯度爆炸，每层将梯度的幅度增加1.21倍。Luther(2020)总结了这个论点。由于残差网络可以看作不同长度路径的组合

(图11.4)，这种效应也必须存在于残差网络中。然而，大概是因为在具有K层的网络的前向传播中去除$2K$的增加幅度的好处大于在反向传播中将梯度增加$1.21K$造成的伤害，因此总体上BatchNorm使训练更加稳定。

批量归一化的变体：已经提出了BatchNorm的几种变体(图11.14)。BatchNorm根据跨批次收集的统计数据，分别对每个通道进行归一化。Ghost批量归一化或GhostNorm(Hoffer等，2017)仅使用批次的一部分来计算归一化统计数据，当批次非常大时，这会使统计数据更加嘈杂，并增加了正则化量(图11.14(b))。

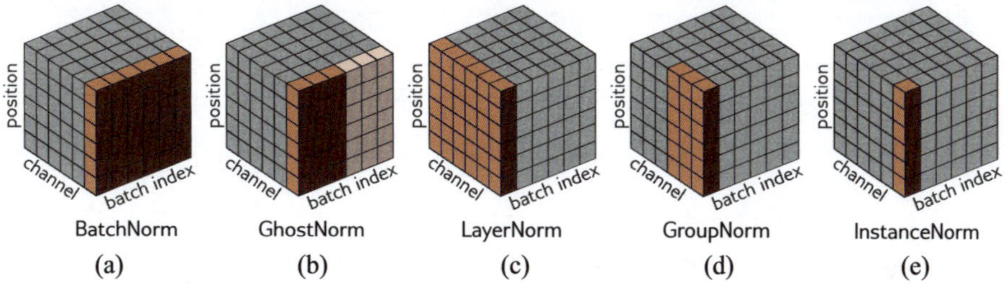

图11.14　归一化方案。BatchNorm分别修改每个通道，但根据跨批次和空间位置收集的统计数据，以相同的方式调整每个批次成员。Ghost BatchNorm只从批次的一部分计算这些统计数据，使它们更具变化性。LayerNorm为每个批次成员分别计算统计数据，使用跨通道和空间位置收集的统计数据。它为每个通道保留了单独的学习缩放因子。GroupNorm在每个通道组内进行归一化，也为每个通道保留了单独的比例和偏移参数。InstanceNorm在每个通道内分别进行归一化，仅根据空间位置计算统计数据(Wu和He，2018)

当批次非常小或批次内的波动非常大时(正如在自然语言处理中经常发生的情况)，BatchNorm中的统计数据可能变得不可靠。Ioffe(2017)提出了批量重归一化，由于保持了对批次统计数据的运行平均值，并修改任何批次的归一化，从而更具代表性。此外，批量归一化不适用于递归神经网络(处理序列的网络，在序列中移动时，前一个输出作为额外的输入反馈。这里，必须在序列的每一步存储统计数据，并且不清楚如果测试序列比训练序列长该怎么办。还有，批量归一化需要访问整个批次。然而，当训练分布在多台机器上时，这可能不易实现。

层归一化(或LayerNorm)避免使用批次统计数据，而是通过对通道和空间位置跨通道收集的统计数据，分别对每个数据示例进行归一化(图11.14(c))。然而，每个通道仍然有一个单独的学习比例因子γ和偏移δ。组归一化或GroupNorm(Wu和He，2018)类似于LayerNorm，但将通道分成组，并分别计算组内的通道和空间位置的统计数据(图11.14(d))。同样，每个通道仍然有单独的缩放和偏移参数。实例归一化或InstanceNorm(Ulyanov等，2016)将这一点推向极致，组的数量与通道的数量相同，因此每个通道分别进行归一化(图11.14(e))，仅使用根据空间位置收集的统计数据。Salimans和Kingma(2016)研究了归一化网络权重而不是激活，但这在实验中证明不太成功。Teye等人(2018)引入了蒙特卡罗批量归一化，可在神经网络的预测中提供有意义的不确定性估计。

为什么BatchNorm有帮助？BatchNorm有助于控制残差网络中的初始梯度(图11.6c)。然而，BatchNorm提高性能的机制尚不清楚。Ioffe和Szegedy(2015)的既定目标是减少以下问题：由于在反向传播更新期间更新前面的层，导致输入到层的分布发生变化，进而引起内部协变量偏移。然而，Santurkar等人(2018)通过人为地引起协变量偏移并表明有和没有BatchNorm的网络表现同样好，提供了反对这种观点的证据。

出于这个原因，寻找了为什么BatchNorm能提高性能的另一种解释。以VGG网络为例，实证表明添加批量归一化减少了随着我们在梯度方向移动，损失及其梯度的变化。换句话说，损失面更平滑，变化更慢，这就是为什么可以采用更大的学习率。还为这两种现象提供了理论证明，并表明对于任何参数初始化，具有批量归一化的网络比没有批量归一化的网络更接近最优解。Bjorck等人(2018)也认为BatchNorm改善了损失的特性，并允许更大的学习率。

BatchNorm之所以能提高性能，还在于降低了调整学习率的重要性(Ioffe和Szegedy，2015；Arora等，2018)。实际上，Li和Arora(2019)表明，对于批量归一化而言，使用指数增长的学习率计划是可能的。归根结底，这是因为批量归一化使网络对权重矩阵的尺度不变(Huszár，2019)。

Hoffer等人(2017)确定BatchNorm由于批次的随机组成导致的统计波动具有正则化效果。他们提出了使用幽灵批次大小，在其中从批次的子集计算均值和标准差统计数据。现在可使用较大的批次，而不会失去较小批次大小中额外噪声的正则化效果。Luo等人(2018)研究了批量归一化的正则化效果。

批量归一化的替代品：尽管BatchNorm被广泛使用，但训练深层残差网络并非绝对必要；还有其他方法可使损失面易于处理。

Balduzzi等人(2017)提出了图11.6(b)中的$\sqrt{1/2}$重缩放；他们认为这可以防止梯度爆炸，但没有解决梯度破碎的问题。

还有学者研究了将残差块的函数输出重新缩放后再将其加回到输入。例如，De和Smith(2020)引入了SkipInit，其中在每个残差分支的末尾放置一个可学习的标量乘法器。如果这个乘法器被初始化为小于$\sqrt{1/K}$，其中K是残差块的数量，这会有帮助。在实践中，他们建议将其初始化为零。同样，Hayou等人(2021)引入了Stable ResNet，它通过一个常数λ_k重新缩放第k个残差块的函数输出(在加到主分支之前)。他们证明了在无限宽度的极限下，第一层权重的期望梯度范数至少是缩放因子λ_k平方和的下限。他们调查了将这些设置为常数$\sqrt{1/K}$，其中K是残差块的数量，并表明可以训练多达1000个块的网络。

Zhang等人(2019a)引入了FixUp，其中每个层都使用He归一化进行初始化，但每个残差块的最后一个线性/卷积层被设置为零。现在，初始前向传递是稳定的(因为每个残差块没有贡献)，并且在反向传递中梯度不会爆炸(出于同样的原因)。他们还重新缩放了分支，以便不论残差块的数量如何，参数的总预期变化幅度保持不变。这些方法允许训练深层残差网络，但通常没有使用BatchNorm时的相同测试性能。这可能是因为它们没有从嘈杂的批次统计数据中获得正则化的好处。De和Smith(2020)修改了他们的方法，通过dropout引入正则化，这有助于缩小这一差距。

DenseNet和U-Net：DenseNet最初由Huang等人(2017b)引入，U-Net由Ronneberger等人(2015)开发，堆叠沙漏网络由Newell等人(2016)开发。在这些架构中，U-Net被最广泛地改编。Çiçek等人(2016)引入了3D U-Net，Milletari等人(2016)引入了V-Net，这些都扩展了U-Net以处理3D数据。Zhou等人(2018)结合了DenseNet和U-Net的思想，构建了一个架构，该架构对图像进行下采样和重新上采样，但也重复使用中间表示。U-Nets通常用于医学图像分割(见Siddique等人，2021年的综述)。然而，它们已经被应用到其他领域，包括深度估计(Garg等人，2016)、语义分割(Iglovikov和Shvets，2018)、修复(Zeng等，2019)、全色合成(Yao等，2018)和图像到图像翻译(Isola等，2017)。U-Nets也是扩散模型(第18章)的关键组成部分。

11.9 问题

问题11.1　从式(11.4)中的网络定义推导出式(11.5)。

问题11.2　图11.4(a)中的4块网络展开会产生1条长度为0的路径，4条长度为1的路径，6条长度为2的路径，4条长度为3的路径，以及1条长度为4的路径。如果有三个残差块和五个残差块，每种长度的路径会有多少条？推导出K个残差块的规则。

问题11.3　证明式(11.5)中网络相对于第一层$f_1[x]$的导数由式(11.6)给出。

问题11.4*　解释为什么图11.6(a)中残差块两个分支中的值是不相关的。证明不相关变量之和的方差是它们各自方差的和。

问题11.5*　给定一批标量值$\{z_i\}_{i=1}^{I}$，批量归一化前向传递包括如图11.15所示的操作。

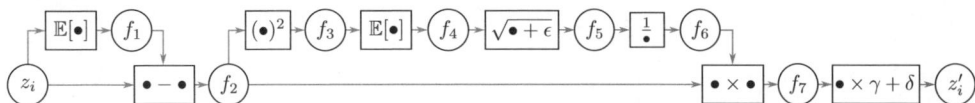

图11.15　批量归一化的计算图

其中 $\mathbb{E}[z_i]=\frac{1}{I}\sum_i z_i$ 编写Python代码以实现前向传递。现在推导出后向传递的算法。通过计算图向后移动，计算导数以生成一组操作，计算批次中每个元素的 $\partial z_i'/\partial z_i$。编写Python代码以实现后向传递。

$$
\begin{aligned}
f_1 &= \mathbb{E}[z_i] & f_5 &= \sqrt{f_4+\epsilon} \\
f_2 &= z_i - f_1 & f_6 &= 1/f5 \\
f_{3i} &= f_{2i}^2 & f_{7i} &= f_{2i}\times f_6 \\
f_4 &= \mathbb{E}[f_{3i}] & z_i' &= f_{7i}\times\gamma+\delta
\end{aligned}
\tag{11.10}
$$

问题11.6　考虑一个全连接神经网络，它有一个输入，一个输出，以及10个隐藏层，每层包含20个隐藏单元。这个网络有多少参数？如果我们在每个线性变换和ReLU之间放置一个批量归一化操作，它将有多少个参数？

问题11.7*　考虑对图11.7(a)中的卷积层的权重施加L2正则化惩罚，但不对随后的BatchNorm层的缩放参数进行惩罚。随着训练的进行，你期望会发生什么？

问题11.8　考虑一个包含批量归一化操作的卷积残差块，然后是ReLU激活函数，再后是3×3的卷积层。如果输入和输出都有512个通道，定义这个块需要多少参数？现在考虑一个包含三个批量归一化/ReLU/卷积序列的瓶颈残差块。第一个使用1×1的卷积将通道数从512减少到128。第二个使用3×3的卷积，输入和输出通道数相同。第三个使用1×1的卷积将通道数从128增加到512(见图11.7(b))。定义这个块需要多少个参数？

问题11.9　U-Net完全是卷积的，并可在训练后与任意大小的图像一起运行。我们为什么不使用任意大小的图像集合进行训练？

第12章

Transformer

第10章介绍了卷积网络，它们专门用于处理位于规则网格上的数据。卷积网络特别适合处理图像，因为图像具有非常多的输入变量，这使得使用全连接网络变得不切实际。卷积网络的每一层都采用参数共享，以便在图像的每个位置以相似的方式处理局部图像块。

本章介绍Transformer(变换器)。它们最初是针对自然语言处理(NLP)问题而设计的，网络输入是一系列代表单词或单词片段的高维嵌入。语言数据集共享一些图像数据的特性。输入变量的数量可能非常大，并且每个位置的统计信息相似；在文本的每个可能位置重新学习“狗”这个词的含义是没有意义的。然而，语言数据集的复杂之处在于文本序列的长度不一；与图像不同，没有简单的方法来调整它们的大小。

12.1 处理文本数据

为了引出Transformer的设计，考虑以下段落：

The restaurant refused to serve me a ham sandwich because it only cooks vegetarian food. In the end, they just gave me two slices of bread. Their ambiance was just as good as the food and service.

我们的目标是设计一个网络，将这段文本处理成适合下游任务的表示。例如，它可能被用来将评论分类为积极或消极，或者回答诸如“这家餐厅提供牛排吗？”的问题。

我们可以立即观察到以下三点。

第一，编码输入可能出人意料的大。这种情况下，每个英文单词(共37个)可能由长度为1024的嵌入向量表示，即使这是一段短文，它的编码输入的长度也将是37×1024=37 888。一个实际大小的文本体可能有数百甚至数千个单词，因此全连接神经网络是不切合实际的。

第二，NLP问题的一个定义性特征是每个输入(一个或多个句子)的长度不同；因此，甚至不清楚如何应用全连接网络。这些观察表明，网络应该在不同输入位置的单词之间共享参数，类似于卷积网络在不同图像位置之间共享参数。

第三，语言是模糊的；仅从句法上无法明确代词it(它)指的是餐厅而不是火腿三明治。要理解文本，单词it应该以某种方式与单词restaurant(餐厅)连接。在Transformer的术语中，前者应该“关注”后者。这意味着单词之间必须有连接，并且这些连接的强度将取决于单词本身。此外，这些连接需要跨越大段文本。例如，最后一句中的单词their(它们的)也指餐厅。

12.2 点积自注意力

上一节讨论了处理文本的模型将使用参数共享来应对不同长度的长输入段落，并且包含依赖于单词本身的单词表示之间的连接。Transformer通过使用点积自注意力来获得这两种属性。

一个标准的神经网络层$\boldsymbol{f}[\boldsymbol{x}]$接收一个$D\times1$的输入$\boldsymbol{x}$，然后应用一个线性变换，接着是一个激活函数，比如ReLU，所以：

$$\boldsymbol{f}[\boldsymbol{x}] = \text{ReLU}[\boldsymbol{\beta} + \boldsymbol{\Omega}\boldsymbol{x}] \tag{12.1}$$

其中$\boldsymbol{\beta}$包含偏置项，$\boldsymbol{\Omega}$包含权重。

自注意力块$Sa[\bullet]$接收N个输入$\boldsymbol{x}_1,\ldots,\boldsymbol{x}_N$，每个输入的维度都是$D\times1$，并返回$N$个同样大小的输出向量。在NLP的背景下，每个输入代表一个单词或单词片段。首先，为每个输入计算一组值：

$$\boldsymbol{v}_m = \boldsymbol{\beta}_v + \boldsymbol{\Omega}_v\boldsymbol{x}_m \tag{12.2}$$

其中$\boldsymbol{\beta}_v \in R^{D\times1}$和$\boldsymbol{\Omega}_v \in R^{D\times D}$分别代表偏置和权重。

然后第n个输出$Sa_n[\boldsymbol{x}_1,\ldots,\boldsymbol{x}_N]$是所有值$\boldsymbol{v}_1,\ldots,\boldsymbol{v}_N$的加权和：

$$Sa_n\left[\boldsymbol{x}_1,\ldots,\boldsymbol{x}_N\right]=\sum_{m=1}^{N}a\left[\boldsymbol{x}_m,\boldsymbol{x}_n\right]\boldsymbol{v}_m \tag{12.3}$$

标量权重 $a\left[\boldsymbol{x}_m,\boldsymbol{x}_n\right]$ 是第n个输出对输入 $\boldsymbol{x}_m$ 的注意力。N个权重 $a\left[\bullet,\boldsymbol{x}_n\right]$ 是非负的且总和为1。因此，自注意力可被看作按不同比例传递值来创建每个输出(图12.1)。

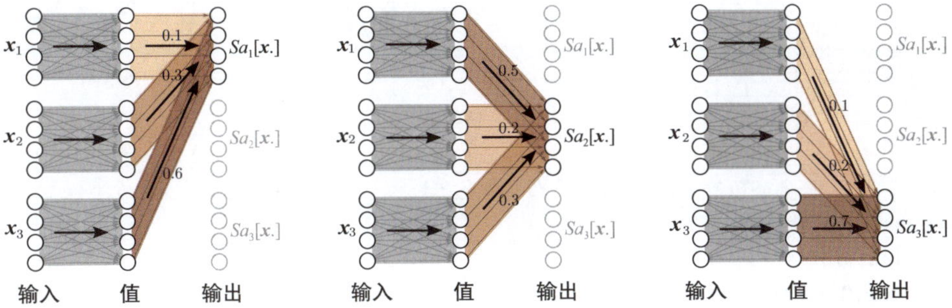

(a) 输出 $Sa_1[\boldsymbol{x}.]$ 被计算为：$a\left[\boldsymbol{x}_1,\boldsymbol{x}_1\right]$ 等于0.1乘以第一个值向量，$a\left[\boldsymbol{x}_2,\boldsymbol{x}_1\right]$ 等于0.3乘以第二个值向量，以及 $a\left[\boldsymbol{x}_3,\boldsymbol{x}_1\right]$ 等于0.6乘以第三个值向量

(b) 输出 $Sa_2[\boldsymbol{x}.]$ 以相同的方式计算，但这次权重为0.5、0.2和0.3

(c) 输出 $Sa_3[\boldsymbol{x}.]$ 的加权又不同。因此，每个输出可以被看作N个值的不同路由

图12.1 自注意力作为路由。自注意力机制接收N个输入 $\boldsymbol{x}_1,\ldots,\boldsymbol{x}_N\in\mathbb{R}^D$(这里$N$=3 且$D$=4)，并分别处理每个输入以计算$N$个值向量。然后第$n$个输出 $Sa_n\left[\boldsymbol{x}_1,\ldots,\boldsymbol{x}_N\right]$(简写为 $Sa_n[\boldsymbol{x}.]$)被计算为N个值向量的加权和，其中权重是正的且总和为1

接下来将更详细地介绍点积自注意力。首先，我们考虑值的计算及其随后的加权(式(12.3))。然后描述如何计算注意力权重 $a\left[\boldsymbol{x}_m,\boldsymbol{x}_n\right]$ 本身。

12.2.1 计算和加权值

式12.2显示，相同的权重 $\boldsymbol{\Omega}_v\in\mathbb{R}^{D\times D}$ 和偏置 $\boldsymbol{\beta}_v\in\mathbb{R}^D$ 被应用于每个输入 $\boldsymbol{x}_n\in\mathbb{R}^D$。这个计算与序列长度$N$成线性比例，因此需要的参数比一个将所有 DN 个输入连接到所有 DN 个输出的全连接网络要少。值的计算可以被视为具有共享参数的稀疏矩阵操作(见图12.2(b))。

注意力权重 $a\left[\boldsymbol{x}_m,\boldsymbol{x}_n\right]$ 结合来自不同输入的值。它们也是稀疏的，因为每个有序输入对 $\left(\boldsymbol{x}_m,\boldsymbol{x}_n\right)$ 只有一个权重，无论这些输入的大小如何(见图12.2(c))。因此，注意力权重的数量与序列长度N成二次依赖关系，但与每个输入 $\boldsymbol{x}_n$ 的长度D无关。

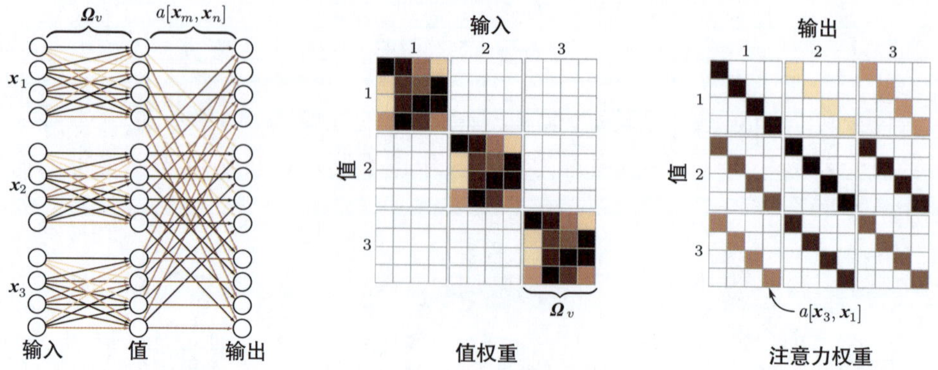

(a) 每个输入 x_m 独立地由相同的权重 Ω_v(相同的颜色等于相同的权重)和偏置 β_v(未显示)操作，形成值 $\beta_v + \Omega_v x_m$。每个输出是值的线性组合，共享注意力权重 $a[x_m, x_n]$ 定义第m个值对第n个输出的贡献

(b) 矩阵显示输入和值之间线性变换 Ω_v 的块稀疏性

(c) 矩阵显示连接值和输出的注意力权重的稀疏性

图12.2　$N=3$ 个输入 x_n，每个维度 $D=4$ 时的自注意力

12.2.2　计算注意力权重

在上一节中，我们看到输出来自两个串联的线性变换；值向量 $\beta_v + \Omega_v x_m$ 对于每个输入 x_m 独立计算，这些向量通过注意力权重 $a[x_m, x_n]$ 进行线性组合。然而，整体自注意力计算是非线性的。正如我们即将看到的，注意力权重本身是输入的非线性函数。这是一个超网络的例子，其中一个网络分支计算另一个网络分支的权重。

为计算注意力，我们对输入应用另外两个线性变换：

$$
\begin{aligned}
q_n &= \beta_q + \Omega_q x_n \\
k_m &= \beta_k + \Omega_k x_m
\end{aligned}
\tag{12.4}
$$

其中 $\{q_n\}$ 和 $\{k_m\}$ 分别称为查询和键。然后我们计算查询和键之间的点积，并通过softmax函数传递结果：

$$
\begin{aligned}
a[x_m, x_n] &= \text{softmax}_m[k_\bullet^T q_n] \\
&= \frac{\exp[k_m^T q_n]}{\sum_{m'=1}^{N} \exp[k_{m'}^T, q_n]}
\end{aligned}
\tag{12.5}
$$

因此，对于每个 x_n，它们是正的且总和为1(图12.3)。出于显而易见的原因，这被称为点积自注意力。

“查询(queries)”和“键(keys)”这两个名称从信息检索领域继承而来，具有以下解释：点积操作返回其输入之间的相似性度量，因此权重 $a[\boldsymbol{x}_\bullet, \boldsymbol{x}_n]$ 取决于第n个查询和所有键之间的相对相似性。softmax函数意味着键向量彼此间“竞争”以对最终结果做贡献。查询和键必须具有相同的维度。然而，这些维度可以与值的维度不同，值的维度通常与输入的大小相同，因此表示的大小不会改变。

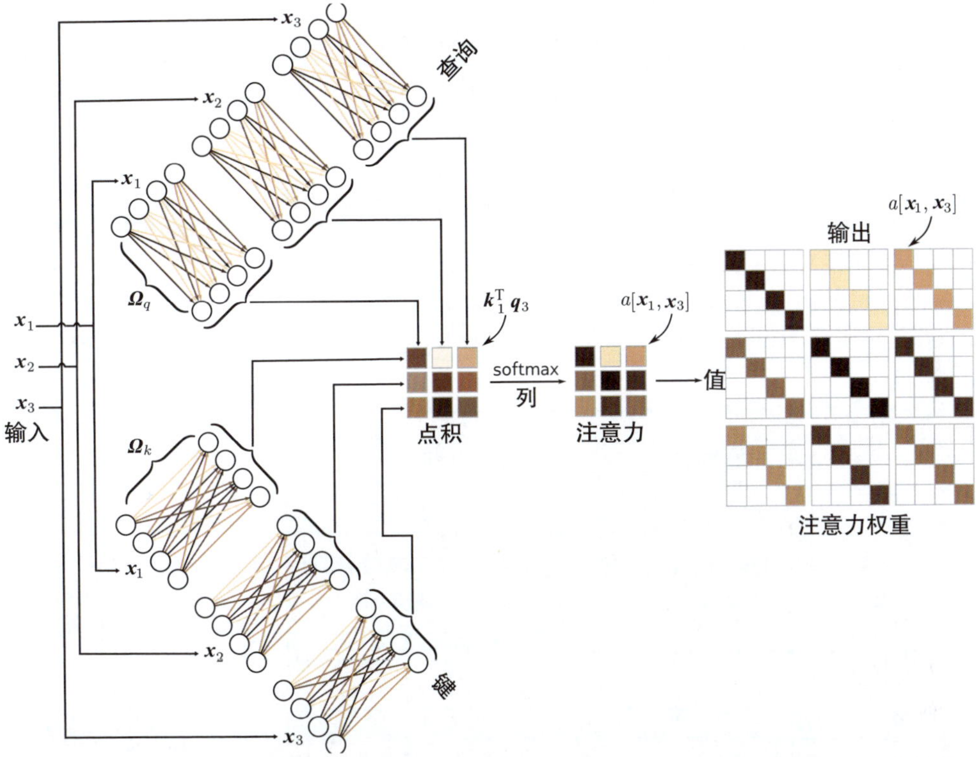

(a) 对于每个输入 $\boldsymbol{x}_n$，计算查询向量 $\boldsymbol{q}_n = \boldsymbol{\beta}_q + \boldsymbol{\Omega}_q \boldsymbol{x}_n$ 和键向量 $\boldsymbol{k}_n = \boldsymbol{\beta}_k + \boldsymbol{\Omega}_k \boldsymbol{x}_n$

(b) 每个查询和三个键之间的点积通过softmax函数传递，形成非负的注意力，总和为1

(c) 这些通过图12.2(c)中的稀疏矩阵路由值向量(另见图12.1)

图12.3 计算注意力权重

12.2.3 自注意力总结

第n个输出是应用于所有输入的相同线性变换 $\boldsymbol{v}_\bullet = \boldsymbol{\beta}_v + \boldsymbol{\Omega}_v \boldsymbol{x}_\bullet$ 的加权和，其中这些注意力权重是正的且总和为1。权重取决于输入 $\boldsymbol{x}_n$ 与其他输入之间的相似性度量。这里没有激活函数，但由于用于计算注意力权重的点积和softmax操作，机制是非线性的。

注意，这种机制满足了最初的要求。首先，有一组共享的参数 $\boldsymbol{\phi} = \{\boldsymbol{\beta}_v, \boldsymbol{\Omega}_v, \boldsymbol{\beta}_q, \boldsymbol{\Omega}_q, \boldsymbol{\beta}_k, \boldsymbol{\Omega}_k\}$。这独立于输入数量$N$，因此网络可以应用于不同长度

的序列。其次，输入(单词)之间有连接，这些连接的强度取决于输入本身(通过注意力权重)。

12.2.4 矩阵形式

如果N个输入$\boldsymbol{x}_n$构成$D\times N$矩阵$\boldsymbol{X}$的列，则值、查询和键可以计算为：

$$\begin{aligned}\boldsymbol{V}[\boldsymbol{X}]&=\boldsymbol{\beta}_v\boldsymbol{1}^{\mathrm{T}}+\boldsymbol{\Omega}_v\boldsymbol{X}\\\boldsymbol{Q}[\boldsymbol{X}]&=\boldsymbol{\beta}_q\boldsymbol{1}^{\mathrm{T}}+\boldsymbol{\Omega}_q\boldsymbol{X}\\\boldsymbol{K}[\boldsymbol{X}]&=\boldsymbol{\beta}_k\boldsymbol{1}^{\mathrm{T}}+\boldsymbol{\Omega}_k\boldsymbol{X}\end{aligned}\tag{12.6}$$

其中$\boldsymbol{1}$是一个包含1的$N\times 1$向量。然后自注意力计算为：

$$Sa[\boldsymbol{X}]=\boldsymbol{V}[\boldsymbol{X}]\cdot\mathrm{Softmax}\left[\boldsymbol{K}[\boldsymbol{X}]^{\mathrm{T}}\boldsymbol{Q}[\boldsymbol{X}]\right]\tag{12.7}$$

其中函数$\mathrm{Softmax}[\bullet]$取一个矩阵，并在其每个列上独立执行Softmax操作(图12.4)。

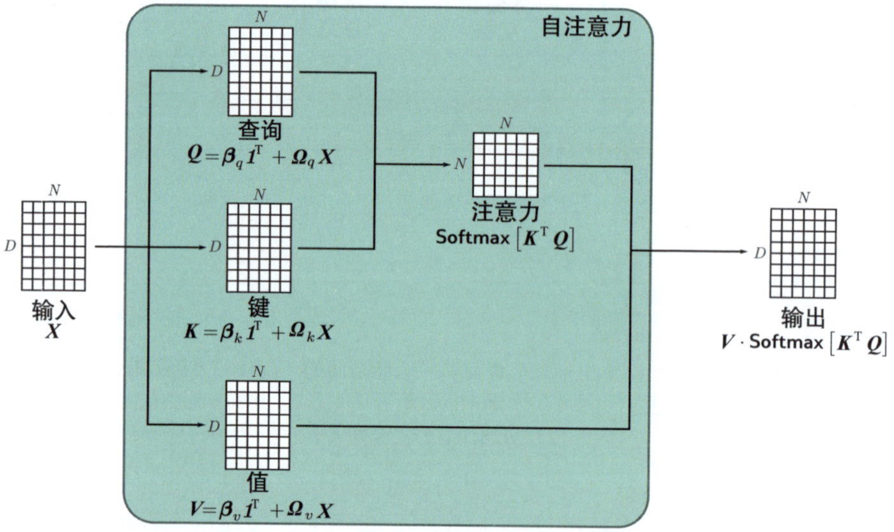

图12.4 矩阵形式的自注意力。如果将N个输入向量$\boldsymbol{x}_n$存储在$D\times N$矩阵$\boldsymbol{X}$的列中，可以高效地实现自注意力。输入$\boldsymbol{X}$分别由查询矩阵$\boldsymbol{Q}$、键矩阵$\boldsymbol{K}$和值矩阵$\boldsymbol{V}$操作。然后使用矩阵乘法计算点积，并对得到的矩阵的每个列独立应用softmax操作以计算注意力。最后，值与注意力进行右乘，以创建与输入大小相同的输出

在这个表述中，明确包含值、查询和键对输入$\boldsymbol{X}$的依赖，以强调自注意力基于输入计算一种三重积。然而，从现在开始，将省略这种依赖，只写：

$$Sa[\boldsymbol{X}]=\boldsymbol{V}\cdot\mathrm{Softmax}\left[\boldsymbol{K}^{\mathrm{T}}\boldsymbol{Q}\right]\tag{12.8}$$

12.3 点积自注意力的扩展

在上一节中，我们描述了自注意力。这里，我们介绍了在实践中经常使用的三种扩展。

12.3.1 位置编码

细心的读者可能已经注意到，自注意力机制丢弃了重要信息：计算与输入$\boldsymbol{x}_n$的顺序无关。更准确地说，它对输入排列是等变的。然而，当输入对应于句子中的单词时，顺序是重要的。句子“The woman ate the raccoon”(女人吃了浣熊)与“The raccoon ate the woman”(浣熊吃了女人)有不同的含义。可采用两种主要的方法来引入位置信息。

绝对位置编码：将一个矩阵$\boldsymbol{\Pi}$添加到输入$\boldsymbol{X}$中，该矩阵编码位置信息(图12.5)。$\boldsymbol{\Pi}$的每一列都是独特的，因此包含有关输入序列中绝对位置的信息。该矩阵可以手工选择或学习得到。它可以添加到网络输入或每个网络层中。有时它被添加到计算查询和键的$\boldsymbol{X}$中，但不添加到值中。

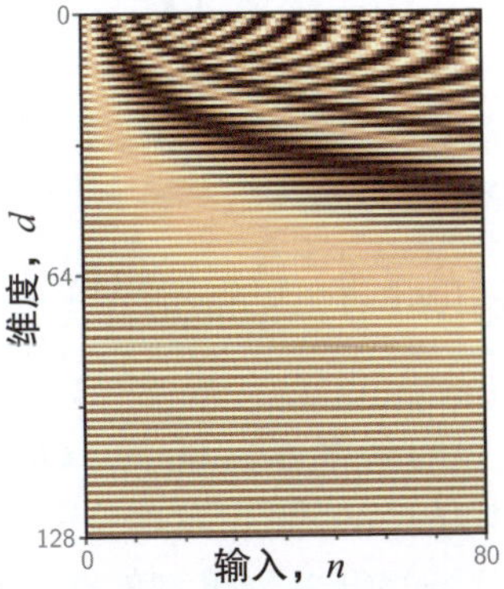

图12.5 位置编码。自注意力架构对输入的排列是等变的。为确保不同位置的输入被不同对待，可以向数据矩阵添加位置编码矩阵$\boldsymbol{\Pi}$。每一列都是不同的，因此可以区分位置。这里，位置编码使用预定义的过程正弦波模式(如果需要，可以扩展到更大的N值)。然而，在其他情况下，它们是通过学习获得的

相对位置编码：输入到自注意力机制的可能是整个句子、多个句子或只是句子的一部分，一个词的绝对位置比两个输入之间的相对位置要重要得多。当然，如果系统知道两者的绝对位置，那么相对位置也可以恢复，但相对位置编码是直接编码这些信息的。注意力矩阵的每个元素对应于查询位置a和键位置b之间的特定偏移量。相对位置编码为每个偏移学习一个参数$\pi_{a,b}$，并通过添加这些值、乘以它们或以其他方式使用它们，来修改注意力矩阵。

12.3.2 缩放点积自注意力

注意力计算中的点积结果可能有较大的幅度，并将Softmax函数的参数移动到最大值完全占主导地位的区域。现在Softmax函数输入的微小变化对输出几乎没有影响(即，梯度非常小)，这使得模型难以训练。为了防止这种情况，点积通过查询和键的维度 D_q (即 $\boldsymbol{\Omega}_q$ 和 $\boldsymbol{\Omega}_k$ 的行数，它们必须相同)的平方根进行缩放：

$$Sa[\boldsymbol{X}] = \boldsymbol{V} \cdot \text{Softmax}\left[\frac{\boldsymbol{K}^{\mathrm{T}}\boldsymbol{Q}}{\sqrt{D_q}}\right] \tag{12.9}$$

这被称为缩放点积自注意力。

12.3.3 多头

通常并行应用多个自注意力机制，这被称为多头自注意力。现在计算H组不同的值、键和查询：

$$\begin{aligned}\boldsymbol{V}_h &= \boldsymbol{\beta}_{vh}\boldsymbol{1}^{\mathrm{T}} + \boldsymbol{\Omega}_{vh}\boldsymbol{X} \\ \boldsymbol{Q}_h &= \boldsymbol{\beta}_{qh}\boldsymbol{1}^{\mathrm{T}} + \boldsymbol{\Omega}_{qh}\boldsymbol{X} \\ \boldsymbol{K}_h &= \boldsymbol{\beta}_{kh}\boldsymbol{1}^{\mathrm{T}} + \boldsymbol{\Omega}_{kh}\boldsymbol{X}\end{aligned} \tag{12.10}$$

第h个自注意力机制或头可以写成：

$$Sa_h[\boldsymbol{X}] = \boldsymbol{V}_h \cdot \text{Softmax}\left[\frac{\boldsymbol{K}_h^{\mathrm{T}}\boldsymbol{Q}_h}{\sqrt{D_q}}\right] \tag{12.11}$$

其中我们为每个头有不同的参数 $\{\boldsymbol{\beta}_{vh},\boldsymbol{\Omega}_{vh}\}$、$\{\boldsymbol{\beta}_{qh},\boldsymbol{\Omega}_{qh}\}$ 和 $\{\boldsymbol{\beta}_{kh},\boldsymbol{\Omega}_{kh}\}$。通常，如果输入 $\boldsymbol{x}_m$ 的维度是D并且有H个头，值、查询和键都将是D/H的大小，因为这样可以有效地实现高效计算。这些自注意力机制的输出会被垂直连接起来，然后应用另一个线性变换 $\boldsymbol{\Omega}_c$ 来组合它们(图12.6)：

$$\text{MhSa}[\boldsymbol{X}] = \boldsymbol{\Omega}_c\left[Sa_1[\boldsymbol{X}]^{\mathrm{T}}, Sa_2[\boldsymbol{X}]^{\mathrm{T}}, \ldots, Sa_H[\boldsymbol{X}]^{\mathrm{T}}\right]^{\mathrm{T}} \tag{12.12}$$

为让Transformer正常工作，多头似乎是必要的。人们推测它们使自注意力网络对不良初始化有更加健壮的适应性。

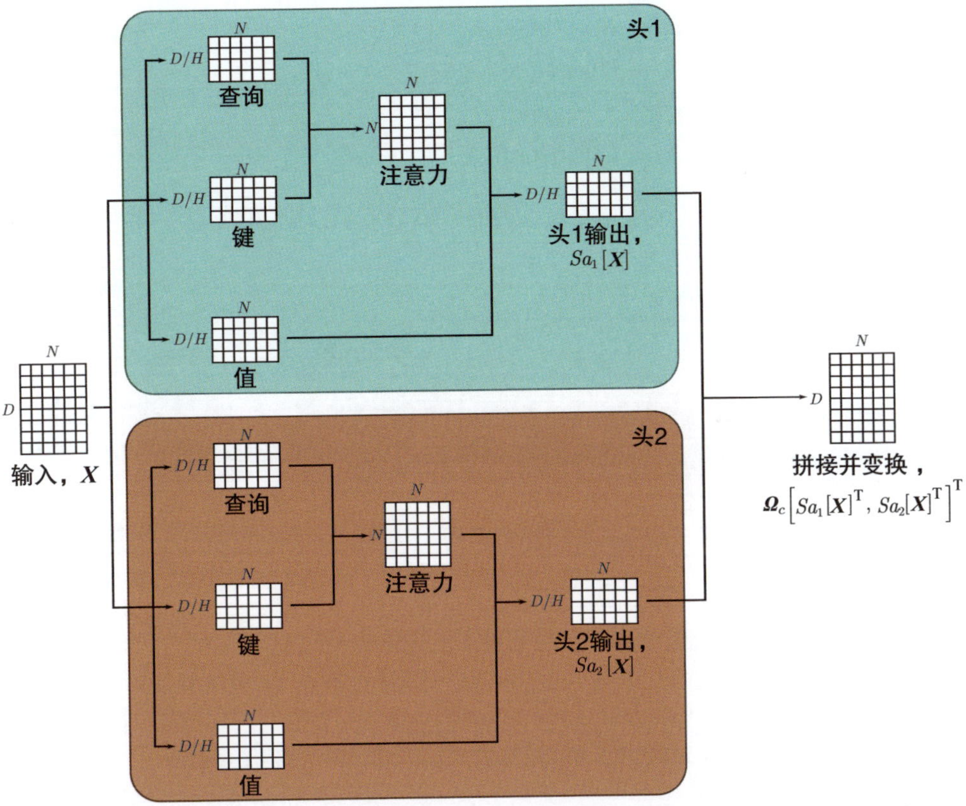

图12.6 多头自注意力。自注意力在多个“头”上并行发生。每个头都有自己的查询、键和值。这里分别用青色和橙色框描绘了两个头。输出垂直连接起来，然后使用另一个线性变换 $\boldsymbol{\Omega}_c$ 重新组合它们

12.4 Transformer

自注意力只是更大的Transformer机制的一部分。这包括一个多头自注意力单元(允许单词表示相互交互)后跟一个全连接网络 $\mathrm{mlp}[\boldsymbol{x}_\bullet]$(分别对每个单词操作)。两个单元都是残差网络(即，它们的输出被加回到原始输入)。此外，通常在自注意力和全连接网络之后添加一个LayerNorm操作。这类似于BatchNorm，但使其在D个嵌入维度上计算的统计数据，分别对每个批处理元素中的每个嵌入进行标准化(可参见第11.4节和图11.14)。完整的层可以通过以下一系列操作来描述(见图12.7)：

$$
\begin{aligned}
&\boldsymbol{X} \leftarrow \boldsymbol{X} + \text{MhSa}\left[\boldsymbol{X}\right] \\
&\boldsymbol{X} \leftarrow \text{LayerNorm}\left[\boldsymbol{X}\right] \\
&\boldsymbol{x}_n \leftarrow \boldsymbol{x}_n + \text{mlp}\left[\boldsymbol{x}_n\right] \qquad \forall n \in \{1, \ldots, N\} \\
&\boldsymbol{X} \leftarrow \text{LayerNorm}\left[\boldsymbol{X}\right]
\end{aligned}
\tag{12.13}
$$

其中列向量$\boldsymbol{x}_n$分别取自完整的数据矩阵$\boldsymbol{X}$。在真实的网络中，数据会经过一系列的Transformer进行处理。

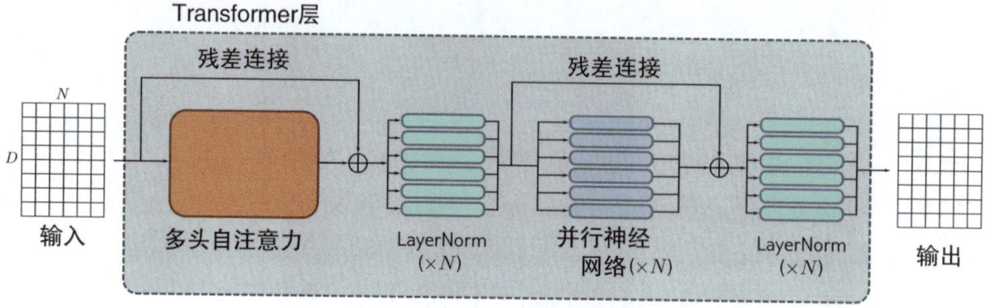

图12.7 Transformer。输入由$D \times N$的矩阵组成，包含N个输入词元的D维词嵌入。输出是同样大小的矩阵。Transformer层由一系列操作组成。首先，有一个多头注意力模块，允许词嵌入相互作用。这构成了残差块的处理，因此输入被加回到输出中。其次，对每个嵌入分别应用LayerNorm操作。第三，有第二个残差层，其中将相同的全连接神经网络分别应用于N个词表示(列)。最后，再次应用LayerNorm

12.5 自然语言处理中的Transformer

上一节描述了Transformer。本节描述了它如何在自然语言处理(NLP)任务中被使用。一个典型的NLP流水线从分词器开始，将文本分解为单词或单词片段。然后，这些词元)被映射到学习到的嵌入中。这些嵌入通过一系列Transformer处理。我们现在依次考虑这些阶段。

12.5.1 分词

文本处理流水线从分词器开始。它将文本分解为可能的词元(token)词汇表中的较小组成单元(词元)。在上述讨论中，我们暗示这些词元代表单词，但实际上存在几个困难。

- 一些单词(例如，名称)不会出现在词汇表中，这是不可避免的。
- 如何处理标点符号还不清楚，但这很重要。如果一个句子以问号结尾，我们必须编码这个信息。
- 词汇表需要为具有不同后缀的同一单词的不同版本(如walk、walks、

walked、walking)提供不同的词元，但没有办法明确这些变体是相关的。

一种方法是使用字母和标点符号作为词汇表，但这将意味着将文本分割成非常小的部分，并要求随后的网络重新学习它们之间的关系。

在实践中，采用了字母和完整单词之间的折中，最终词汇表包括常见的单词和可以从中组合成更大且不频繁的单词的单词片段。词汇表是使用诸如字节对编码(见图12.8)的子词分词器计算的，该分词器基于频率贪婪地合并常见的子字符串。

a_sailor_went_to_see_see_see_
to_see_what_he_could_see_see_see_
but_all_that_he_could_see_see_see_
was_the_bottom_of_the_deep_blue_sea_sea_sea_

_	e	s	a	t	o	h	l	u	b	d	w	c	f	i	m	n	p	r
33	28	15	12	11	8	6	6	4	3	3	3	2	1	1	1	1	1	1

(a) 一段来自童谣的文本。词元最初只是字符和空格(由下画线表示)，它们的频率在表中显示

a_sailor_went_to_see_see_see_
to_see_what_he_could_see_see_see_
but_all_that_he_could_see_see_see_
was_the_bottom_of_the_deep_blue_sea_sea_sea_

_	e	se	a	t	o	h	l	u	b	d	w	c	s	f	i	m	n	p	r
33	15	13	12	11	8	6	6	4	3	3	3	2	2	1	1	1	1	1	1

(b) 在每次迭代中，子词分词器寻找最常见的相邻字符对(在本例中为"se")并将它们合并。这创建了一个新的词元，并减少了原始词元 s 和e的计数

a_sailor_went_to_see_see_see_
to_see_what_he_could_see_see_see_
but_all_that_he_could_see_see_see_
was_the_bottom_of_the_deep_blue_sea_sea_sea_

_	se	a	e_	t	o	h	l	u	b	d	e	w	c	s	f	i	m	n	p	r
21	13	12	12	11	8	6	6	4	3	3	3	3	2	2	1	1	1	1	1	1

(c) 在第二次迭代中，算法合并了e和空格字符 _。注意，第一个被合并的词元的最后一个字符不能是空格，这防止了跨单词的合并

⋮　⋮

see_	sea_	e	b	l	w	a	could_	hat_	he_	o	t	t_	the_	to_	u	a_	d	f	m	n	p	s	sailor_	to
7	6	4	3	3	3	3	2	2	2	2	2	2	2	2	2	1	1	1	1	1	1	1	1	1

(d) 经过22次迭代后，词元由字母、单词片段和常见的单词混合组成

⋮　⋮　⋮

see_	sea_	could_	he_	the_	a_	all_	blue_	bottom_	but_	deep_	of_	sailor_	that_	to_	was_	went_	what_
7	6	2	2	2	1	1	1	1	1	1	1	1	1	1	1	1	1

(e) 如果我们无限地继续这个过程，词元最终将代表完整的单词

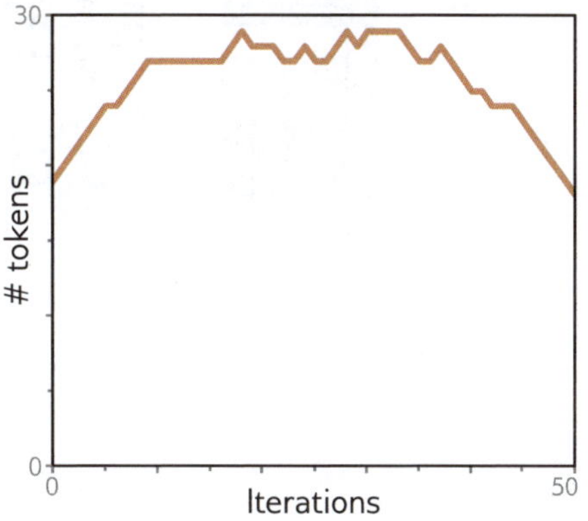

(f) 随着时间的推移，添加字母和单词片段时，词元的数量会增加，然后随着我们合并这些片段而再次减少。在实际情况下，将有大量的单词，算法将在词汇表大小(词元的数量)达到预定值时终止。标点符号和大写字母也会被当作单独的输入字符处理

图12.8　子词分词

12.5.2　嵌入

词汇表V中的每个词元都映射到一个唯一的单词嵌入，整个词汇表的嵌入存储在矩阵$\boldsymbol{\Omega}_e \in \mathbb{R}^{D\times|V|}$中。为了实现这一点，首先将$N$个输入词元编码在矩阵$\boldsymbol{T} \in \mathbb{R}^{|V|\times N}$中，其中第$n$列对应第$n$个词元，并且是一个$|V|\times 1$的独热向量(即，一个向量，

除了对应于词元的条目被设置为1外，其他每个条目都是0)。输入嵌入计算为$\boldsymbol{X}=\boldsymbol{\Omega}_e\boldsymbol{T}$，并且$\boldsymbol{\Omega}_e$像任何其他网络参数一样可以被学习(图12.9)。典型的嵌入大小D是1024，典型的总词汇表大小$|\mathcal{V}|$是 30 000，所以在主网络之前，$\boldsymbol{\Omega}_e$中也有许多参数需要学习。

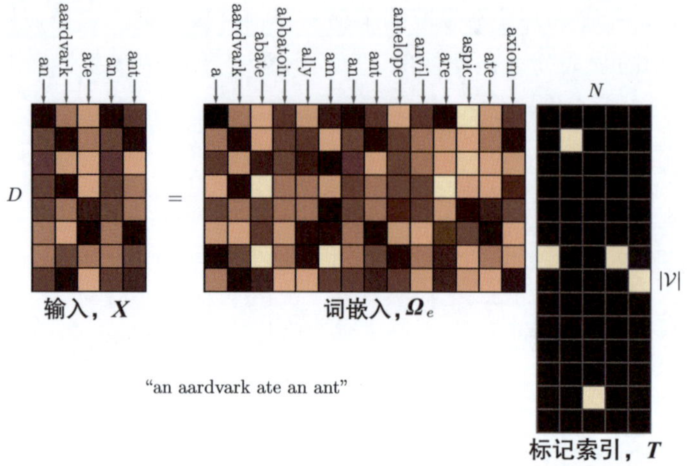

图12.9 输入嵌入矩阵$\boldsymbol{X}\in\mathbb{R}^{D\times N}$包含$N$个长度为$D$的嵌入，并且是通过将包含整个词汇表嵌入的矩阵$\boldsymbol{\Omega}_e$与列中包含对应于单词或子词索引的独热向量的矩阵相乘而创建的。词汇表矩阵$\boldsymbol{\Omega}_e$被视为模型的一个参数，与其他参数一起学习。注意，$\boldsymbol{X}$中单词an的两个嵌入是相同的

12.5.3 Transformer模型

最后，表示文本的嵌入矩阵$\boldsymbol{X}$通过一系列K Transformer传递，称为Transformer模型。有三种类型的Transformer模型。编码器将文本嵌入转换为可以支持各种任务的表示。解码器预测下一个词元以继续输入文本。编码器-解码器用于序列到序列任务，其中一个文本字符串被转换为另一个(例如，机器翻译)。这些变体分别在第12.6节~第12.8节中描述。

12.6 编码器模型示例：BERT

BERT是一个编码器模型，使用30 000个词元的词汇表。输入词元被转换为1024维的单词嵌入，并通过24个Transformer。每个Transformer包含一个具有16个头的自注意力机制。每个头的查询、键和值的维度为64(即，矩阵$\boldsymbol{\Omega}_{vh}$、$\boldsymbol{\Omega}_{qh}$和$\boldsymbol{\Omega}_{kh}$是1024×64)。Transformer中全连接网络的单隐藏层的维度为4096，总参数数量约为3.4亿。当BERT被引入时，它被认为是很大的模型，但现在比最先进的模型要小得多。

像BERT这样的编码器模型利用迁移学习(见第9.3.6节)。在预训练期间，使用来自大量文本语料库的自我监督来学习Transformer架构的参数。这里的目标是让模型学习有关语言统计信息的一般信息。在微调阶段，使用较小的监督训练数据体来适应解决特定任务。

12.6.1 预训练

在预训练阶段，网络使用自我监督进行训练。这允许在不需要手动标签的情况下使用大量数据。对于BERT，自我监督任务从大量互联网语料库中的句子中预测缺失的单词(见图12.10)。在训练期间，最大输入长度为512个词元，批次大小为256。系统训练了100万步，大约对应于33亿个词的语料库的50个周期。

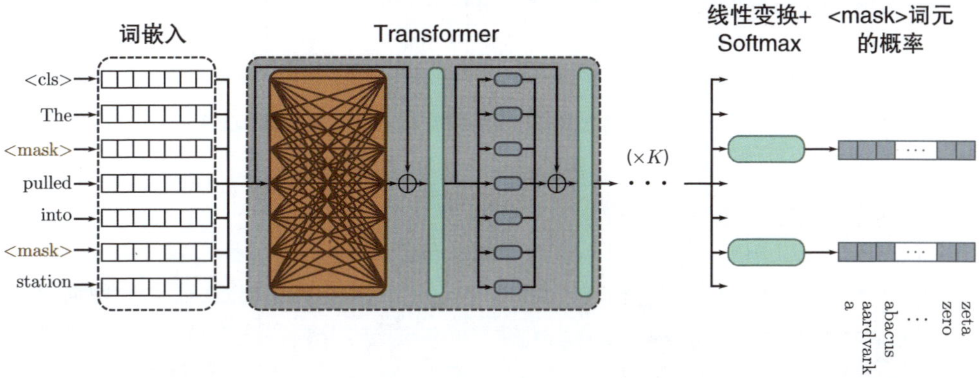

图12.10 BERT类编码器的预训练。输入词元(以及一个特殊的<cls>词元，表示序列的开始)被转换为单词嵌入。在这里，它们被表示为行而不是列，因此词元为“词嵌入”的框是$\boldsymbol{X}^{\mathrm{T}}$。这些嵌入通过一系列Transformer传递(橙色连接表明在这些层中每个词元都关注其他每个词元)，以创建一组输出嵌入。一小部分输入词元被随机替换为通用<mask>词元。在预训练中，目标是从相关的输出嵌入中预测缺失的单词。因此，输出嵌入通过一个Softmax函数传递，并且使用多类分类损失(见第5.24节)。这个任务的优点是使用左右上下文来预测缺失的单词，但缺点是无法有效地利用数据；在这里，需要处理7个词元才能向损失函数添加两个项

预测缺失的单词迫使Transformer网络理解一些语法。例如，它可能学会形容词red(红色)经常在house(房子)或car(汽车)等名词之前出现，但从不在动词如shout(喊叫)之前出现。它还允许模型学习关于世界的常识。例如，在训练后，模型将为句子“The <mask> pulled into the station”中的缺失单词train(火车)分配比peanut(花生)更高的概率。然而，这类模型可以拥有的“理解”程度是有限的。

12.6.2 微调

在微调阶段，会调整模型参数以使网络适应特定的任务。在Transformer网络上附加了一个额外的层，以将输出向量转换为所需的输出格式。下面列举一些

示例。

文本分类：在BERT中，一个特殊的词元称为分类或<cls>词元，在预训练期间放置在每个字符串的开头。对于像情感分析这样的文本分类任务(其中段落被标记为具有积极或消极的情感色彩)，与<cls>词元关联的向量被映射到一个单独的数字，并通过 logistic sigmoid传递(图12.11(a))。这有助于计算标准的二元交叉熵损失(第5.4节)。

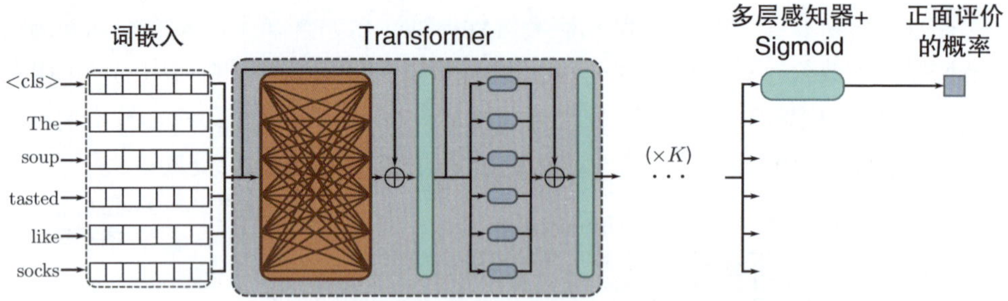

(a) 示例文本分类任务。在这个情感分类任务中，使用<cls>词元嵌入来预测评论是积极的概率

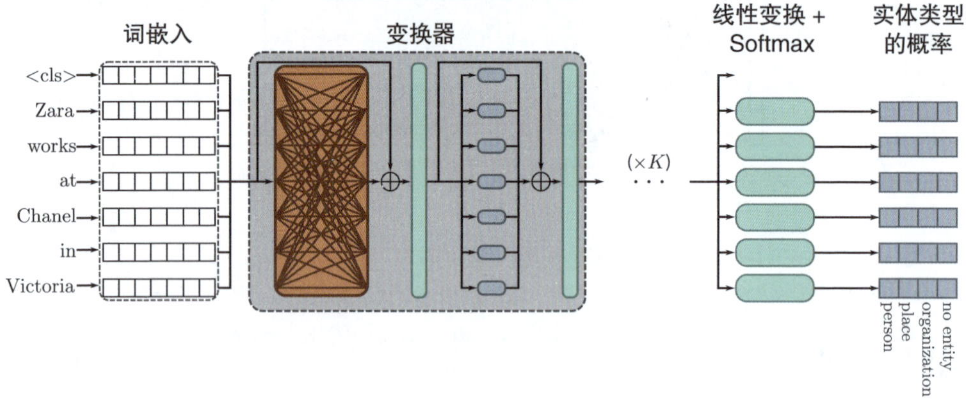

(b) 示例单词分类任务。在这个命名实体识别问题中，每个单词的嵌入用来预测单词是否对应于人物、地点、组织或非实体

图12.11　在预训练后，使用手动标记的数据对编码器进行微调，以完成特定任务。通常，将一个线性变换或多层感知器(MLP)附加到编码器上，以生成所需的输出

单词分类：命名实体识别的目标是将每个单词分类为实体类型(如人物、地点、组织或无实体)。为此，每个输入嵌入 $\boldsymbol{x}_n$ 被映射到一个 $E\times 1$ 向量，其中 E 个条目对应于 E 个实体类型。这通过一个Softmax函数传递，为每个类别创建概率，这些概率有助于多类交叉熵损失的计算(图12.11(b))。

文本跨度预测：在SQuAD 1.1问答任务中，问题和包含答案的维基百科段落被连接和分词。然后使用BERT来预测段落中包含答案的文本跨度。每个词元映射到两个数字，表示文本跨度在此位置开始和结束的可能性。利用两个Softmax函数得到的两组数字，通过组合在适当位置开始和结束的概率，可以推导出任何文本跨度是答案的可能性。

12.7 解码器模型示例：GPT-3

本节提供了解码器模型的一个例子——GPT-3的高级描述。其基本架构与编码器模型极其相似，包括一系列处理学到的单词嵌入的Transformer。然而，目标是不同的。编码器旨在构建一种文本表示，该表示可以微调以完成各种更具体的NLP任务。相反，解码器有一个目的：生成序列中的下一个词元。它可以通过将扩展序列重新输入模型来生成连贯的文本段落。

12.7.1 语言建模

GPT-3构建了一个自回归语言模型。通过一个具体例子最容易理解这一点。考虑句子“It takes great courage to let yourself appear weak”(暴露弱点需要极大的勇气)。为简单起见，假设词元是完整的单词。整个句子的概率是：

$$
\begin{aligned}
&Pr(\text{It takes great courage to let yourself appear weak}) = \\
&\quad Pr(\text{It}) \times \text{Pr}(\text{takes} \mid \text{It}) \times \text{Pr}(\text{great} \mid \text{It takes}) \times \text{Pr}(\text{courage} \mid \text{It takes great}) \times \\
&\quad Pr(\text{to} \mid \text{It takes great courage}) \times \text{Pr}(\text{let} \mid \text{It takes great courage to}) \times \\
&\quad Pr(\text{yourself} \mid \text{It takes great courage to let}) \times \\
&\quad Pr(\text{appear} \mid \text{It takes great courage to let yourself}) \times \\
&\quad Pr(\text{weak} \mid \text{It takes great courage to let yourself appear})
\end{aligned}
\tag{12.14}
$$

更正式地，自回归模型将N个观察到的词元的联合概率 $Pr(t_1, t_2, \ldots, t_N)$ 分解为自回归序列：

$$
Pr(t_1, t_2, \ldots, t_N) = Pr(t_1) \prod_{n=2}^{N} Pr(t_n \mid t_1, \ldots, t_{n-1}) \tag{12.15}
$$

自回归式展示了损失函数中最大化词元的对数概率与下一个词元预测任务之间的联系。

12.7.2 掩码自注意力

为了训练解码器，我们在自回归模型下最大化输入文本的对数概率。理想情况下，我们会传入整个句子并计算所有的对数概率和梯度。然而，这带来了一个问题；如果我们传入整个句子，那么计算 $\log\left[Pr(\text{great} \mid \text{It takes})\right]$ 的项既可以访问答案“great”也可以访问正确的上下文“courage to let yourself appear weak”。因此，系统可以作弊而不是学习去预测后续单词，因而不会被正确训练。

幸运的是，Transformer网络中的自注意力层中的词元仅在自注意力层中进行交互。因此，可以通过确保对答案和正确上下文的注意力为零来解决问题。这可以通过在自注意力计算(见式(12.5))中将相应的点积设置为负无穷大(通过 $\text{Softmax}[\bullet]$ 函数之前)来实现。这被称为掩码自注意力。其效果是使图12.1中所有向上箭头的权重变为零。

整个解码器网络的操作如下：输入文本被分词，并将词元转换为嵌入。嵌入被传递到Transformer网络，但现在Transformer使用掩码自注意力，以便它们只能关注当前和之前的词元。每个输出嵌入可看作代表一个部分句子，对于每个句子，目标是预测序列中的下一个词元。因此，在Transformer之后，一个线性层将每个单词嵌入映射到词汇表的大小，然后是一个 $\text{Softmax}[\bullet]$ 函数，将这些值转换为概率。在训练期间，我们的目标是使用标准多类交叉熵损失(见图12.12)在每个位置最大化真值序列中下一个词元的对数概率之和。

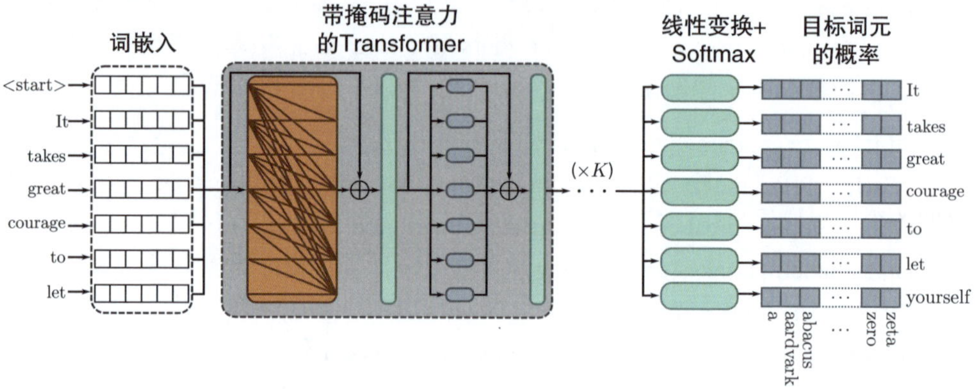

图12.12 训练GPT-3类型的解码器网络。词元被映射为单词嵌入，在序列的开始处有一个特殊的<start>词元。嵌入通过一系列使用掩码自注意力的Transformer传递。这里，句子中每个位置只能关注它自己的嵌入及序列中更早词元的嵌入(橙色连接)。每个位置的目标是最大化序列中下一个真实词元的概率。换句话说，在第一个位置，我们想要最大化词元It的概率；在第二个位置，我们想要最大化词元takes的概率；以此类推。掩码自注意力确保系统不能通过查看后续输入来作弊。自回归任务的优点是能高效地利用数据，因为每个单词都为损失函数贡献了一个项。然而，它只利用了每个单词的左侧上下文

12.7.3 从解码器生成文本

自回归语言模型是本书讨论的第一个生成模型的例子。由于它定义了文本序列上的概率模型，因此可用来采样新的、看似合理的文本样本。要从模型生成，我们从一段文本输入序列开始(可能只是一个特殊的<start>词元，表示序列的开始)，并将此输入网络中，然后网络输出可能的后续词元的概率分布。然后，我们

可以选择最可能的词元或从这个概率分布中进行抽样。新的扩展序列可以被重新输入解码器网络中，该网络输出下一个词元的概率分布。通过重复这个过程，可以生成大量文本。由于掩码自注意力，先前的嵌入不依赖于后续的嵌入，因此计算可以非常高效。因此，当生成后续词元时，可以回收大量的早期计算。

在实践中，许多策略可使输出文本更加连贯。例如，束搜索会跟踪多个可能的句子补全，以找到最有可能的整体(这不一定是在每一步都贪婪地选择最可能的下一个单词所能找到的)。Top-k采样从最可能的前K个可能性中随机抽取下一个单词，以防止系统意外地从低概率词元的长尾中选择，导致不必要的语言死路。

12.7.4 GPT-3与少样本学习

像GPT-3这样的大型语言模型大规模应用了这些理念。在GPT-3中，序列长度为2048个词元，总批量大小为320万个词元。有96个Transformer(其中一些实现了注意力的稀疏版本)，每个Transformer处理一个大小为12 288的单词嵌入。自注意力层中有96个头，值、查询和键的维度是128。它用3000亿个词元进行训练，包含1750亿个参数。

以下是一个GPT-3模型完成文本的例子，提供给模型的文本非加粗显示，生成的文本以粗体显示：

Understanding Deep Learning is a new textbook from MIT Press by Simon Prince **that's designed to offer an accessible, broad introduction to the field. Deep learning is a branch of machine learning that is concerned with algorithms that learn from data that is unstructured or unlabeled. The book is divided into four sections:**

1. Introduction to deep learning 2. Deep learning architecture 3. Deep learning algorithms 4. Applications of deep learning

The first section offers an introduction to deep learning, including its history and origins. The second section covers deep learning architecture, discussing various types of neural networks and their applications. The third section dives into deep learning algorithms, including supervised and unsupervised learning, reinforcement learning, and more. The fourth section applies deep learning to various domains, such as computer vision, natural language processing, and robotics.

这个续篇是合理的，尽管只有部分准确。

对于这种规模的学习模型，一个令人惊讶的特性是，它们能够在没有微调的情况下执行许多任务。如果我们提供几个正确的问题/答案对的例子，然后提出另一个问题，它们通常可以通过完成序列的操作来正确回答最终问题。一个例子是纠正英语语法错误：

Poor English input: I eated the purple berries.

Good English output: I ate the purple berries.

Poor English input: Thank you for

picking me as your designer. I'd appreciate it.

Good English output: Thank you for choosing me as your designer. I appreciate it.

Poor English input: The mentioned changes have done. or I did the alteration that you requested. or I changed things you wanted and did the modifications.

Good English output: The requested changes have been made. or I made the alteration that you requested. or I changed things you wanted and made the modifications.

Poor English input: I'd be more than happy to work with you in another project.

Good English output: **I'd be more than happy to work with you on another project.**

(result from Brown et al., 2020)

这里，包含非加粗配对示例的文本被提供作为GPT-3的上下文，然后系统生成了加粗的正确答案。这种现象适用于许多情况，包括根据自然语言描述生成代码片段、算术、翻译语言及回答有关文本段落的问题。因此，有人认为庞大的语言模型是少样本学习者；它们能够基于少数几个例子学习执行新任务。然而，实际表现是不稳定的，它在多大程度上是从学习到的例子中推断出来，而不是简单地插值或逐字复制，这一点还不清楚。

12.8 编码器–解码器模型示例：机器翻译

语言之间的翻译是一个序列到序列任务的例子。这需要一个编码器(计算源句子的良好表示)和一个解码器(生成目标语言中的句子)。这个任务可以使用编码器-解码器模型来解决。

考虑将英语译成法语的例子。编码器接收英语句子，并通过一系列Transformer处理，为每个词元创建输出表示。在训练期间，解码器接收法语的真正翻译，并将其通过一系列使用掩码自注意力的Transformer，预测每个位置的下一个词。然而，解码器层还关注编码器的输出。因此，每个法语输出词都取决于它所翻译的整个英语句子和前面的输出词(图12.13)。

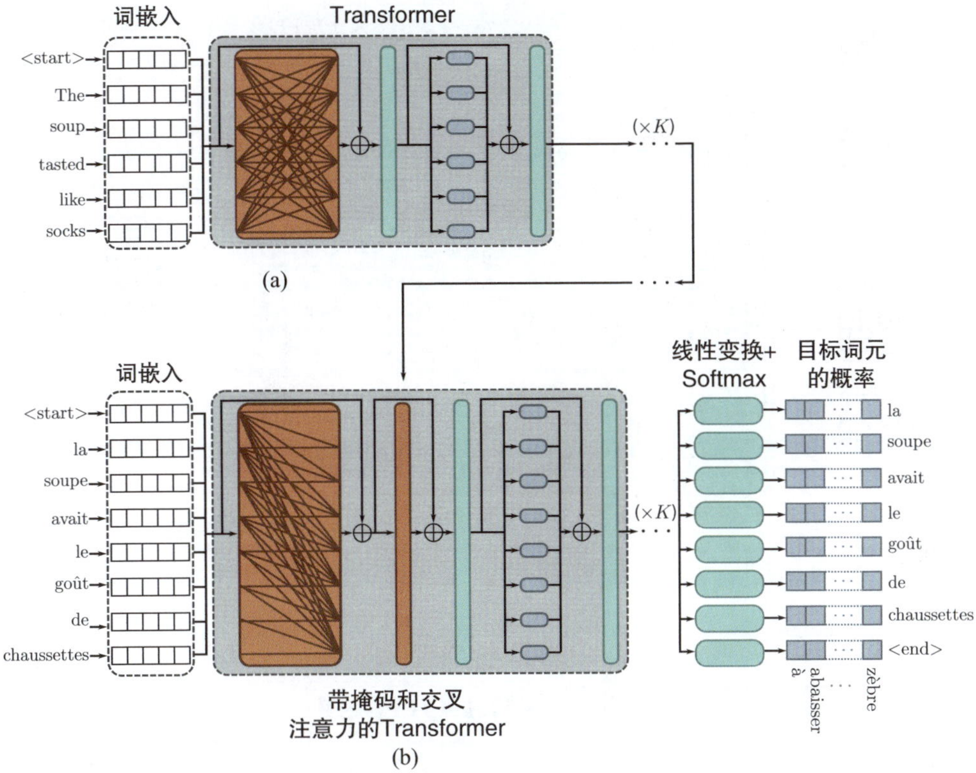

图12.13 编码器-解码器架构。两个句子被传递给系统，目标是将第一个句子翻译成第二个句子。(a) 第一个句子通过一个标准编码器传递。(b) 第二个句子通过一个解码器传递，解码器使用掩码自注意力，但也通过交叉注意力(橙色矩形)关注编码器的输出嵌入。损失函数与解码器模型相同；我们想要最大化输出序列中下一个单词的概率

这是通过修改解码器中的Transformer来实现的。解码器中的原始Transformer(图12.12)由一个掩码自注意力层组成，然后是分别应用于每个嵌入的神经网络。在这两个组件之间添加了一个新的自注意力层，在该层中，解码器嵌入关注编码器嵌入。这使用了一种称为编码器-解码器注意力或交叉注意力的自注意力版本，其中查询是从解码器嵌入计算的，而键和值来自编码器嵌入(图12.14)。

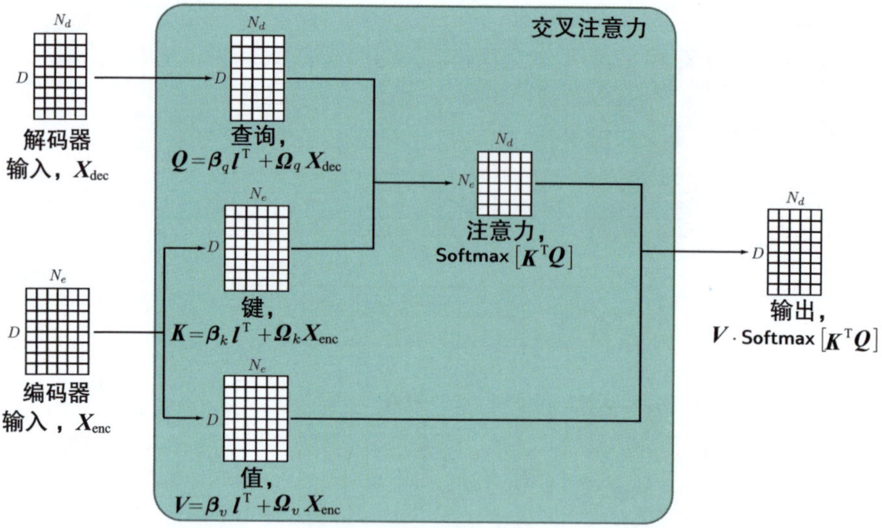

图12.14　交叉注意力。计算流程与标准自注意力相同。然而，查询现在是由解码器嵌入X_{dec}计算的，键和值是由编码器嵌入X_{enc}计算的

12.9　用于长序列的Transformer

由于Transformer编码器模型中的每个词元都与每个其他词元交互，计算复杂度随着序列长度的增加而呈二次方增长。对于解码器模型，每个词元只与前面的词元交互，因此交互数量大致减半，但复杂度仍然呈二次方增长。这些关系可以可视化为交互矩阵(图12.15(a)~(b))。

计算量的二次增加最终限制了可使用的序列长度。为了扩展Transformer以应对更长的序列，已经开发了许多方法。一种方法是修剪自注意力交互或等效地稀疏化交互矩阵(图12.15(c)~(h))。例如，可以将其限制为卷积结构，以便每个词元只与少数邻近词元交互。在多层中，词元仍然在更大的距离上交互，因为感受野扩大。与图像中的卷积一样，内核的大小和扩张率各有不同。

纯粹的卷积方法需要许多层来整合大距离上的信息。加快这一过程的一种方式是允许选定的词元(可能在每个句子的开始)关注其他所有词元(编码器模型)或所有之前的词元(解码器模型)。一个类似的想法是一些全局词元连接到其他所有词元和它们自身。像<cls>词元一样，这些并不代表任何单词，而是提供长距离连接。

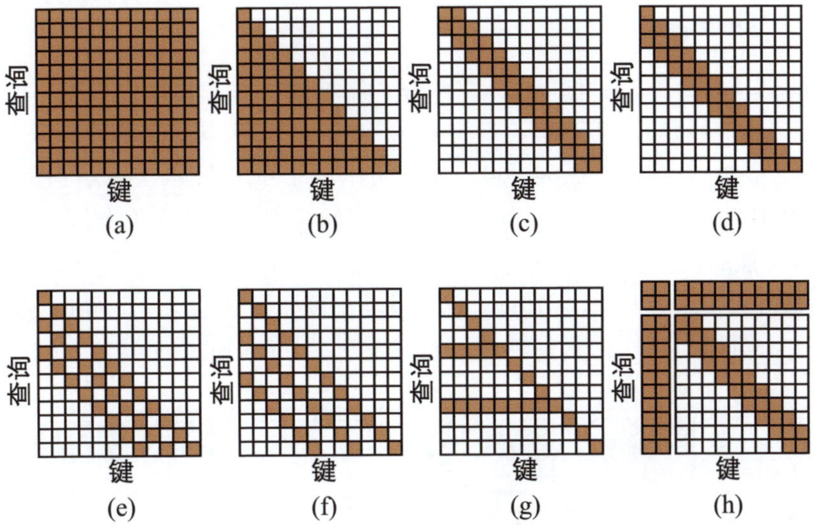

图12.15　自注意力的交互矩阵。(a) 在编码器中，每个词元都与每个其他词元交互，计算随着词元数量的增加而呈二次方扩展。(b) 在解码器中，每个词元只与之前的词元交互，但复杂度仍然是二次方的。(c) 可以通过使用卷积结构(编码器情况)来减少复杂度。(d) 解码器情况的卷积结构。(e)~(f) 解码器的膨胀率为2和3的卷积结构。(g) 另一种策略是允许选定的词元与其他所有词元交互(编码器情况)或与之前的所有词元交互(图中所示为解码器情况)。(h)或者，可引入全局词元(左两列和上两行)。这些词元与所有词元及自身交互

12.10　图像Transformer

Transformer最初是为文本数据开发的。它们在这一领域的巨大成功导致了图像相关的实验。这显然不是一个有希望的想法，原因有二。首先，图像中的像素比句子中的单词多得多，因此自注意力的二次复杂度构成了实际瓶颈。其次，卷积网络具有很好的归纳偏差，因为每一层都与空间平移等价，并且它们考虑了图像的二维结构。然而，这必须在Transformer网络中学习。

尽管存在这些明显劣势，但用于图像的Transformer网络现在已经超越了卷积网络在图像分类和其他任务中的性能。这部分是因为它们可以构建的规模巨大，以及可用来预训练网络的大量数据。本节描述了图像的Transformer模型。

12.10.1 ImageGPT

ImageGPT是一个Transformer解码器；它构建了一个自回归模型，用于摄取部分图像并预测随后的像素值。Transformer网络的二次复杂度意味着最大的模型(包含68亿参数)仍然只能在64×64图像上操作。此外，为使这变成可行的，原始的24位RGB颜色空间必须量化为9比特颜色空间，因此系统在每个位置摄取(并预测)512种可能的词元之一。

图像自然是二维对象，但ImageGPT只是在每个像素处学习不同的位置编码。因此，它必须学习每个像素与其前面的邻居及上方行中的附近像素有密切关系。图12.16显示了示例生成结果。

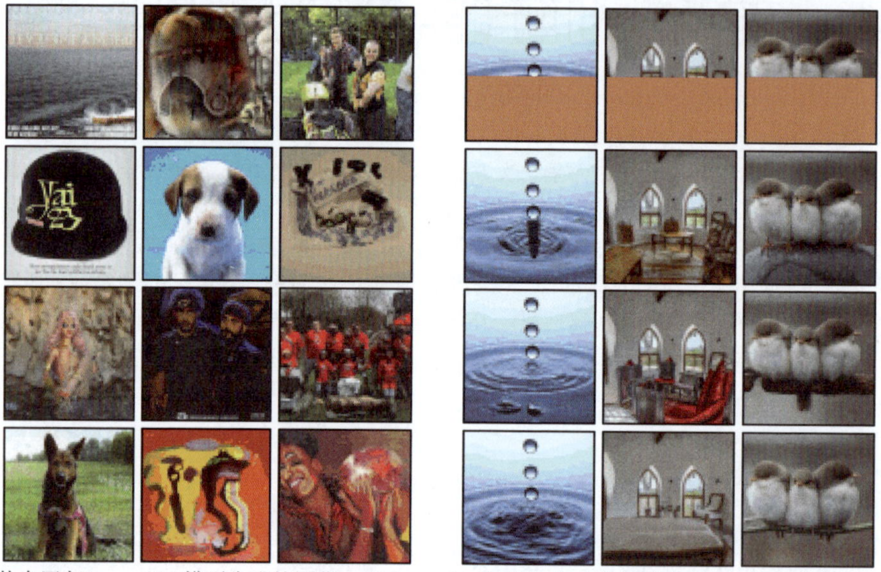

(a) 从自回归ImageGPT模型生成的图像。左上像素从这个位置估计的经验分布中提取。随后的像素依次生成，以前一个像素为条件，沿着行工作，直到图像的右下角。对于每个像素，Transformer解码器生成一个条件分布，如式(12.15)所示，并抽取样本。然后扩展的序列被重新输入网络以生成下一个像素，以此类推

(b) 图像补全。在每种情况下，图像的下半部分被移除(顶行)，ImageGPT逐像素完成剩余部分(显示了三种不同的补全)

图12.16 ImageGPT

这个解码器的内部表示被用作图像分类的基础。最终的像素嵌入被平均，一个线性层将这些映射到激活，然后通过softmax层传递以预测类别概率。系统在大量网络图像上预训练，然后使用包含图像分类交叉熵项和预测像素的生成损失项的损失函数，在调整为48×48像素的ImageNet数据库上进行微调。尽管使用了大量外部训练数据，该系统在ImageNet上仅实现了27.4%的top-1错误率(图10.15)。这比当时的卷积架构要低(见图10.21)，但鉴于输入图像尺寸很小，这仍然令人印象深刻；毫不意外的是，它无法分类目标对象很小或很细的图像。

12.10.2 视觉Transformer(ViT)

视觉Transformer通过将图像划分为16×16块(见图12.17)来解决图像分辨率问题。每个块通过学习到的线性变换映射到较低维度，这些表示被输入Transformer网络中。再次，我们学习了标准的一维位置编码。

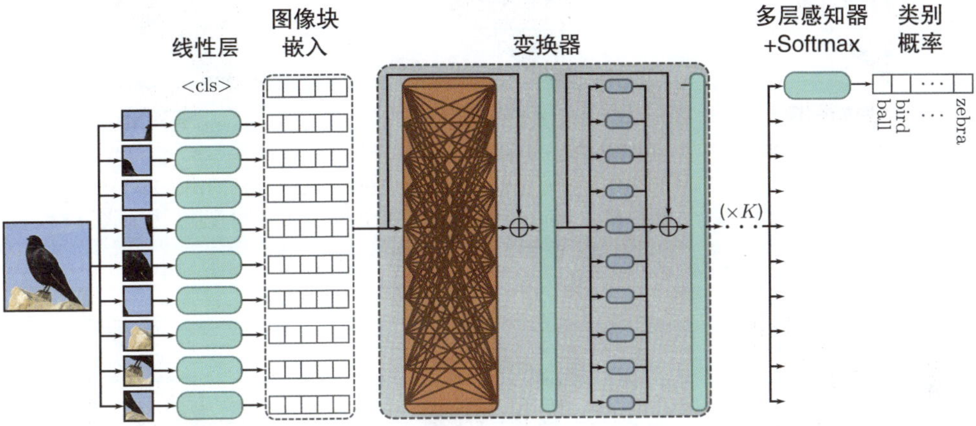

图12.17 视觉Transformer。视觉Transformer(ViT)将图像分解成块的网格(最初实现为16×16)。每个块通过学习到的线性变换投影成块嵌入。这些块嵌入被输入Transformer编码器网络中，并使用<cls>词元预测类别概率

这是一个编码器模型，带有一个<cls>词元(见图12.10~图12.11)。然而，与BERT不同，它使用来自18 000个类别的3.03亿张词元图像的大型数据库进行监督预训练。<cls>词元通过最终网络层映射，以创建被送入Softmax函数以生成类别概率的激活。预训练后，通过替换这个最终层，用一个映射到所需类别数量的层替换它，并对系统进行微调以应用于最终分类任务。

对于ImageNet基准测试，这个系统实现了11.45%的top-1错误率。然而，如果没有监督预训练，它的表现并不如最好的当代卷积网络。卷积网络的强烈归纳偏差只能通过使用极其大量的训练数据来超越。

12.10.3 多尺度视觉Transformer

视觉Transformer与卷积架构的不同之处在于它在单一尺度上操作。已经提出了几种在多个尺度上处理图像的Transformer模型。与卷积网络类似，这些通常从高分辨率的块和少量通道开始，然后逐渐降低分辨率，同时增加通道数量。

多尺度Transformer的一个代表性例子是移位窗口(或SWin)Transformer。这是一种编码器Transformer，它将图像划分为块，并在独立应用自注意力的窗口网格内将这些块分组(图12.18)。这些窗口在相邻的Transformer中移动，因此给定块的有效感受野可以扩展到窗口边界之外。

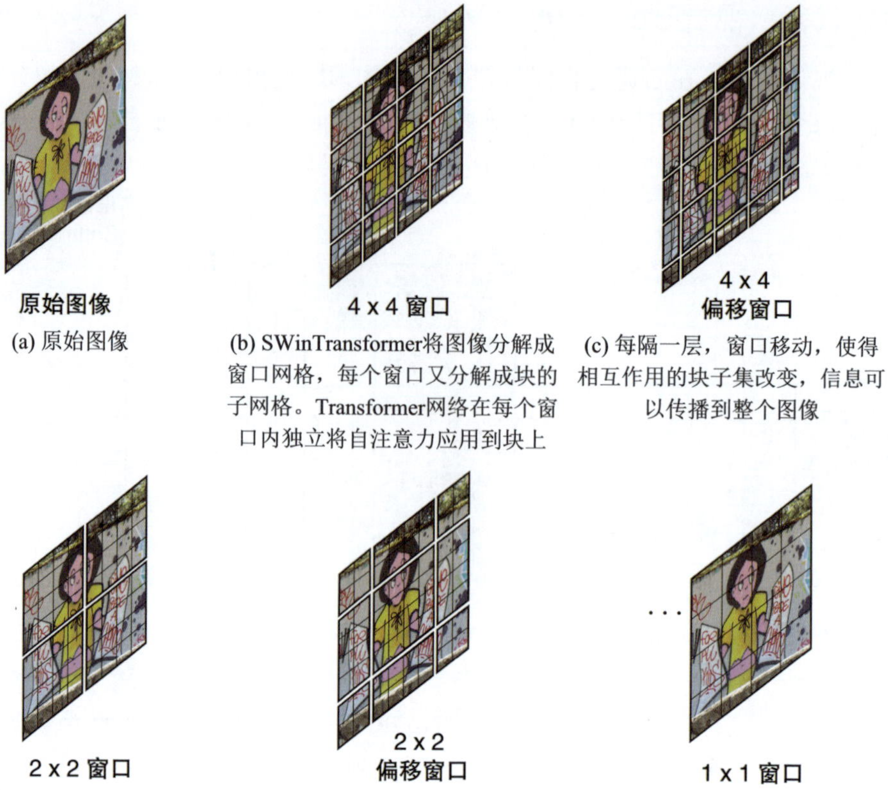

(a) 原始图像

(b) SWinTransformer将图像分解成窗口网格，每个窗口又分解成块的子网格。Transformer网络在每个窗口内独立将自注意力应用到块上

(c) 每隔一层，窗口移动，使得相互作用的块子集改变，信息可以传播到整个图像

(d) 经过几层之后，2×2块的表示被连接起来，以增加有效块(和窗口)的大小。

(e) 交替层在这个新的较低分辨率下使用移位窗口

(f) 最终，分辨率如此之低，以至于只有一个窗口，块跨越整个图像

图12.18　移位窗口(SWin)Transformer(刘等，2021c)

通过将非重叠的2×2块的特征连接起来，并应用将这些连接特征映射到原始通道数两倍的线性变换，定期降低尺度。这种架构没有<cls>词元，而是平均最后一层的输出特征。然后通过线性层将这些特征映射到所需数量的类别，并通过Softmax函数输出类别概率。在撰写本书时，这种架构的最复杂版本在ImageNet数据库上实现了9.89%的top-1错误率。

一个相关的想法是定期整合整个图像的信息。双重注意力视觉Transformer(DaViT)交替使用两种Transformer。在第一种中，图像块相互关注，自注意力计算使用所有通道。在第二种中，通道相互关注，自注意力计算使用所有图像块。这种架构在ImageNet上达到9.60%的top-1错误率，并且在撰写本书时接近最先进水平。

12.11　本章小结

本章介绍了自注意力和Transformer架构。然后描述了编码器、解码器和编码

器-解码器模型。Transformer操作一组高维嵌入。它每层的计算复杂度低，大部分计算可以使用矩阵形式并行执行。由于每个输入嵌入都与每个其他嵌入交互，因此它可以描述文本中的长距离依赖关系。最终，计算随着序列长度的增加而呈二次方增长；降低复杂度的一种方法是稀疏化交互矩阵。

使用非常大的未打标数据集训练Transformer是本书中无监督学习(无标签学习)的第一个例子。编码器通过预测缺失的词元学习可用于其他任务的表示。解码器构建了输入的自回归模型，是本书中的第一个生成模型的例子。生成解码器可以用来创建新的数据示例。

第13章考虑了处理图数据的网络。这些与Transformer有联系，因为图中的节点在每个网络层中相互关注。第14~18章将进一步介绍无监督学习和生成模型。

12.12 注释

自然语言处理：Transformer是为自然语言处理(NLP)任务开发的。这是一个涉及文本分析、分类、生成和操作的庞大领域。示例任务包括词性标注、翻译、文本分类、实体识别(人物、地点、公司等)、文本摘要、问答、词义消歧和文档聚类。NLP最初是通过利用语法的结构和统计数据的基于规则的方法来解决的(Manning & Schutze，1999；Jurafsky & Martin，2000)。

递归神经网络：在引入Transformer之前，许多最先进的NLP应用程序使用递归神经网络，简称RNN(图12.19)。“递归”一词由Rumelhart等人(1985)引入，但主要思想至少可以追溯到Minsky & Papert(1969)。RNN一次一个地接收一系列输入(NLP中的单词)。在每一步，网络接收新的输入和从前一时间步计算的隐藏表示(递归连接)。最终输出包含有关整个输入的信息。然后，这种表示可以支持像分类或翻译这样的NLP任务。它们还用于解码环境中，其中生成的词元被反馈到模型中，形成序列的下一个输入。例如，PixelRNN(Van den Oord等，2016c)使用RNN构建了一个自回归图像模型。

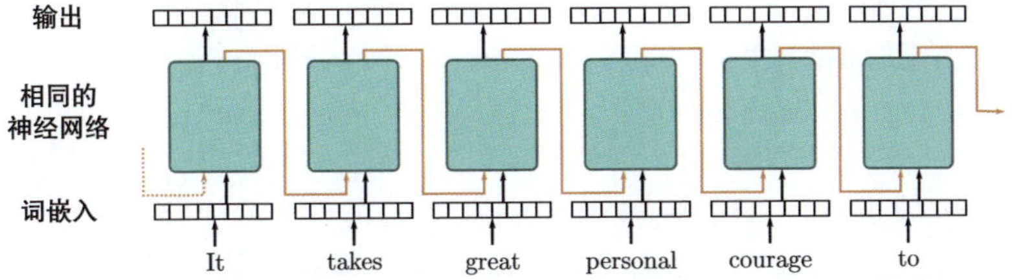

图12.19　递归神经网络(RNN)。词嵌入依次通过一系列相同的神经网络传递。每个网络有两个输出；一个是输出嵌入，另一个(橙色箭头)反馈到下一个神经网络，以及下一个词嵌入。每个输出嵌入包含有关单词本身的信息及其在前一个句子片段中的上下文。从理论上讲，最终输出包含有关整个句子的信息，并可像Transformer编码器模型中的<cls>词元一样用于支持分类任务。然而，RNN有时会逐渐“忘记”更早的词元

从RNN到Transformer：RNN的一个问题是它们可能会忘记序列中更早的信息。更高级的架构版本，如长短期记忆网络或LSTM(Hochreiter & Schmidhuber，1997b)和门控递归单元或GRU(Cho等，2014；Chung等，2014)部分解决了这个问题。然而，在机器翻译中，出现了一个想法，即可以利用RNN中的所有中间表示生成输出句子。此外，根据它们的关系，某些输出单词应该更多地关注某些输入单词(Bahdanau等，2015)。这最终导致了放弃递归结构，并用编码器-解码器Transformer(Vaswani等，2017)替换它。这里，输入词元相互关注(自注意力)，输出词元关注序列中较早的词元(掩码自注意力)，输出词元还关注输入词元(交叉注意力)。你可以了解Transformer的正式算法描述和工作调查(Phuong & Hutter，2022；Lin等，2022)。需要谨慎对待文献，因为许多Transformer的增强在受控实验中仔细评估时并不会带来有意义的性能改进(Narang等，2021)。

应用：基于自注意力和/或Transformer架构的模型已被应用于文本序列(Vaswani等，2017)、图像块(Dosovitskiy等，2021)、蛋白质序列(Rives等，2021)、图(Veličković等，2019)、数据库架构(Xu等，2021b)、语音(Wang等，2020c)、被指定为翻译问题时的数学积分(Lample & Charton，2020)和时间序列(Wu等，2020b)。然而，它们最大的成功是在构建语言模型方面，以及最近作为计算机视觉中卷积网络的替代品。

大型语言模型：最早Vaswani等人(2017)针对翻译任务设计了Transformer，但Transformer现在更常用于构建纯编码器或纯解码器模型，其中最著名的分别是BERT(Devlin等，2019)和GPT2/GPT3(Radford等，2019；Brown等，2020)。这些模型通常在GLUE(Wang等，2019b)这样的基准上进行测试，其中包括在12.6.2节中描述的SQuAD问答任务(Rajpurkar等，2016)、SuperGLUE(Wang等，2019a)和BIG-bench(Srivastava等，2022)，它们结合了许多NLP任务以创建一个综合分数来衡量语言能力。解码器模型通常不对这些任务进行微调，但在给出一些问题和答案的示例后，要求它完成下一个问题时仍能表现良好。这被称为少样本学习(Brown等，2020)。

自GPT3以来，已经发布了许多解码器语言模型，并在少样本结果上稳步改进。这些包括GLaM(Du等，2022)、Gopher(Rae等，2021)、Chinchilla(Hoffmann等，2023)、Megatron-Turing NLG(Smith等，2022)和LaMDa(Thoppilan等，2022)。大部分性能提升归因于模型尺寸的增加，使用稀疏激活模块，并利用更大的数据集。在撰写本书时，最新的模型是PaLM(Chowdhery等，2022)，它有5400亿参数，并在6144个处理器上训练了7800亿个词元。有趣的是，由于文本高度可压缩，这个模型有足够的容量来记忆整个训练数据集。对于许多语言模型来说也是如此。关于大型语言模型超越人类性能的许多大胆声明已经提出。这对于一些任务可能是真的，但应该谨慎对待这样的说法(Ribeiro等，2021；McCoy等，2019；Bowman & Dahl，2021；Dehghani等，2021)。

这些模型拥有相当丰富的世界知识。例如，在12.7.4节中，模型知道有关深度学习的关键事实，包括它是一种具有相关算法和应用的机器学习类型。事实上，这样的一个模型曾被误认为有感知能力(Clark，2022)。然而，有说服力的论点表明，这类模型可以拥有的“理解”程度是有限的(Bender & Koller，2020)。

分词器：Schuster & Nakajima(2012)和Sennrich等人(2015)分别引入了WordPiece和字节对编码(BPE)。两种方法都基于相邻频率贪婪地合并词元对(图12.8)，主要区别在于如何选择初始词元。例如，在BPE中，初始词元是字符或标点，有一个特殊词元表示空格。合并不能在空格上发生。随着算法的进行，通过递归组合字符形成新的词元，以便子词和单词词元出现。单字语言模型(Kudo，2018)生成几种可能的候选合并，并根据语言模型中的可能性选择最佳的一个。Provilkov等人(2020)开发了BPE dropout，通过在计数频率的过程中引入随机性，更有效地生成候选项。字节对编码和单字语言模型的版本都包含在SentencePiece库中(Kudo & Richardson，2018)，直接在Unicode字符上工作，并可与任何语言一起使用。He等人(2020)介绍了一种将子词分割视为在学习和推理中应该被边缘化出来的潜在变量的方法。

解码算法：Transformer解码器模型接收一段文本，并返回下一个词元的概率。然后将其添加到前面的文本中，并再次运行模型。从这些概率分布中选择词元的过程称为解码。简单的做法可以是贪婪地选择最可能的词元，或根据分布随机选择一个词元。然而，这两种方法在实践中都效果不佳。在前一种情况下，结果可能非常通用，而在后一种情况下可能导致输出质量下降(Holtzman等，2020)。部分原因在于，在训练期间，模型只暴露于真实词元序列(称为教师强制)，但在部署时会看到自己的输出。

在输出序列中尝试每种词元组合在计算上是不可行的，但可以维持固定数量的并行假设，并选择最可能的总体序列。这称为束搜索。束搜索往往产生许多类似的假设，并已修改为研究更多样化的序列(Vijayakumar等，2016；Kulikov等，2018)。随机采样可能存在的一个问题是，有非常长的不太可能跟随词的尾部，它们都具有显著的概率。这导致了Top-K采样的发展，其中词元只从最有可能的K个假设中采样(Fan等，2018)。Top-K采样在只有少数高概率选择时，有时仍允许不合理的词元选择。为解决这个问题，Holtzman等人(2020)提出了核采样，其中词元是从总概率质量的固定比例中采样的。El Asri和Prince(2020)更深入地讨论了解码算法。

注意力类型：缩放点积注意力(Vaswani等，2017)只是包括加性注意力(Bahdanau等，2015)、乘法注意力(Luong等，2015)、键值注意力(Daniluk等，2017)和记忆压缩注意力(Liu等，2019c)在内的注意力机制家族中的一种。Zhai等人(2021)构建了“无注意力”Transformer，其中词元的交互不具有二次复杂度。多头注意力也由Vaswani等人(2017)引入。有趣的是，似乎大部分头在训练后可以剪枝，而不会严重影响性能(Voita等，2019)；有人认为它们的作用是防范不良初始化。Hu等人(2018b)提出了挤压激励网络，这是一种基于全局计算特征重新加权卷积层中通道的类似注意力机制。

自注意力与其他模型的关系：自注意力计算与其他模型有密切联系。首先，它是超网络(Ha等，2017)的一个例子，因为它使用网络的一部分来选择另一部分的权重：注意力矩阵形成了将值映射到输出的稀疏网络层的权重(见图12.3)。合成器(Tay等，2021)通过简单地使用神经网络从相应的输入创建注意力矩阵的每一行来简化这个想法。尽管输入词元不再相互作用以创建注意力权重，但这种方法出奇地有效。Wu等人(2019)提出了一个类似的系统，它产生一个具有卷积结构的注意力矩阵，以便词元关注它们的邻居。门控多层感知器(Wu等，2019)计算一个矩阵，逐点乘以值，因此修改它们而不混合它们。Transformer还与快速权重记忆系统密切相关，后者是超网络的知识先驱(Schlag等，2021)。

自注意力也可以被看作一种路由机制(见图12.1)，从这个角度看，它与胶囊网络(Sabour等，2017)有联系。这些网络捕获图像中的层次关系；较低的网络层可能检测到五官(鼻子、嘴巴)，然后组合(路由)到表示面部的更高层胶囊中。然而，胶囊网络使用路由协议。在自注意力中，输入通过Softmax操作竞相增加对给定输出的贡献程度。在胶囊网络中，层的输出竞相获得来自较早层的输入。一旦我们考虑自注意力作为路由网络，就可以质疑是否有必要使这个路由动态化(即依赖于数据)。随机合成器(Tay等，2021)完全去除了注意力矩阵对输入的依赖，并使用预定的随机值或学习值。这在各种任务中的表现出奇得好。多头自注意力还与图神经网络(见第13章)、卷积(Cordonnier等，2020)、递归神经网络(Choromanski等，2020)及Hopfield网络中的记忆检索(Ramsauer等，2021)有密切联系。你可了解有关Transformer与其他模型之间关系的更多信息(Prince，2021a)。

位置编码：原始的Transformer论文(Vaswani等，2017)试验了预定义的位置编码矩阵$\boldsymbol{\Pi}$和学习位置编码$\boldsymbol{\Pi}$。将位置编码添加到$D\times N$数据矩阵$\boldsymbol{X}$中，而不是将它们连接起来，可能看起来有些奇怪。然而，数据维度D通常大于词元数量N，因此位置编码位于子空间中。$\boldsymbol{X}$中的词嵌入是学习的，因此理论上系统可将两个组件保持在正交子空间中，并按需检索位置编码。Vaswani等人(2017)选择的预定义嵌入是具有两个吸引力属性的正弦波分量系列：①两个嵌入的相对位置可以容易地使用线性操作恢复，②它们的点积通常随着位置之间距离的增加而减少(Prince，

2021a)。许多系统(如GPT3和BERT)学习位置编码。Wang等人(2020a)检查了这些模型中位置编码的余弦相似性，并表明它们通常随着相对距离的增加而下降，尽管它们也具有周期性组成部分。

随后的许多研究修改了注意力矩阵，以至于在缩放点积自注意力式中：

$$Sa\left[\boldsymbol{X}\right]=\boldsymbol{V}\cdot\text{Softmax}\left[\frac{\boldsymbol{K}^{\mathrm{T}}\boldsymbol{Q}}{\sqrt{D_q}}\right] \tag{12.16}$$

只有查询和键包含位置信息：

$$\begin{aligned}\boldsymbol{V}&=\boldsymbol{\beta}_v\boldsymbol{1}^{\mathrm{T}}+\boldsymbol{\Omega}_v\boldsymbol{X}\\ \boldsymbol{Q}&=\boldsymbol{\beta}_q\boldsymbol{1}^{\mathrm{T}}+\boldsymbol{\Omega}_q\left(\boldsymbol{X}+\boldsymbol{\Pi}\right)\\ \boldsymbol{K}&=\boldsymbol{\beta}_k\boldsymbol{1}^{\mathrm{T}}+\boldsymbol{\Omega}_k\left(\boldsymbol{X}+\boldsymbol{\Pi}\right)\end{aligned} \tag{12.17}$$

这引出了在式(12.16)的分子中展开二次项并仅保留其中一些项的想法。例如，Ke等人(2021)通过仅保留内容-内容和位置-位置项，并为每个项使用不同的投影矩阵 $\boldsymbol{\Omega}_{\bullet}$ 来解耦内容和位置信息。

另一种修改是直接注入有关相对位置的信息。这比绝对位置更重要，因为一批文本可以从文档中的任意位置开始。Shaw等人(2018)、Raffel等人(2020)和Huang等人(2020b)都开发了系统，其中为每个相对位置偏移学习了一个单一的项，并以各种方式使用这些相对位置编码修改注意力矩阵。Wei等人(2019)研究了基于预定义正弦嵌入(而非学习值)的相对位置编码。DeBERTa(He等，2021)结合了这些想法；仅保留了二次展开的一个子集，对它们应用了不同的投影矩阵，并使用了相对位置编码。其他工作探索了以更复杂的方式编码绝对位置和相对位置信息的正弦嵌入(Su等，2021)。

Wang等人(2020a)比较了BERT中不同位置编码的Transformer的性能。他们发现相对位置编码比绝对位置编码表现更好，但使用正弦和学习嵌入之间几乎没有差异。

将Transformer扩展到更长的序列：自注意力机制的复杂度随着序列长度的增加而呈二次方增加。一些任务(如摘要或问答)可能需要长输入，因此这种二次依赖限制了性能。有三条研究线尝试解决这个问题。第一种减小注意力矩阵的大小，第二种使注意力变得稀疏，第三种修改注意力机制使其更有效。

为了减小注意力矩阵的大小，Liu等人(2018b)引入了记忆压缩注意力。这将跨步卷积应用于键和值，以非常类似于卷积网络中的下采样方式减少位置数量。现在的注意力应用于加权组合的邻近位置之间，其中权重是学习的。沿着相似的思路，Wang等人(2020b)观察到注意力机制中的数量通常是低秩的，并开发了LinFormer，在计算注意力矩阵之前将键和值投影到更小的子空间。

为了使注意力变得稀疏，Liu等人(2018b)提出了局部注意力，其中邻近的词元块只相互关注。这创建了一个块对角交互矩阵(见图12.15)。信息不能从一个块传递到另一个块，因此这种层通常与全注意力交替。同样，GPT3(Brown等，2020)使用卷积交互矩阵，并与全注意力交替。Child等人(2019)和Beltagy等人(2020)尝试了各种交互矩阵，包括具有不同扩张率的卷积结构，但允许一些查询与每个其他键交互。Ainslie等人(2020)引入了扩展的Transformer构造(图12.15(h))，该构造使用一组全局嵌入与其他每个词元交互。这只能在编码器版本中完成，或者这些隐含地允许系统“向前看”。当与相对位置编码结合时，这个方案需要特殊的编码来映射这些全局嵌入之间的交互。BigBird(Ainslie等，2020)结合了全局嵌入和卷积结构及随机采样的可能连接。其他工作已经研究了学习注意力矩阵的稀疏模式(Roy等，2021；Kitaev等，2020；Tay等，2020)。

最后，人们注意到，Softmax操作的分子和分母中的项具有形式 $\exp\left[\boldsymbol{k}^{\mathrm{T}}\boldsymbol{q}\right]$。这可被视为一个核函数，并且可以表示为点积 $\boldsymbol{g}[\boldsymbol{k}]^{\mathrm{T}}\boldsymbol{g}[\boldsymbol{q}]$，其中 $\boldsymbol{g}[\bullet]$ 是一个非线性变换。这种表述分离了查询和键，使注意力计算更有效。不幸的是，为复制指数项的形式，变换 $\boldsymbol{g}[\bullet]$ 必须将输入映射到无限空间。线性Transformer(Katharopoulos等，2020)认识到这一点，并用不同的相似性度量替换了指数项。Performer(Choromanski等，2020)用有限维的映射来近似这个无限映射。也可了解Transformer扩展到更长序列的更多细节(Tay等，2023；Prince，2021a)。

训练Transformer：训练Transformer是具有挑战性的，需要学习率预热(Goyal等，2018)和Adam(Kingma & Ba，2015)。实际上，Xiong等人(2020a)和Huang等人(2020a)表明，梯度会消失，没有学习率预热的Adam更新幅度会减小。几个相互作用的因素导致这个问题。残差连接导致梯度爆炸(见图11.6)，但标准化层可以防止这种情况。Vaswani等人(2017)使用LayerNorm而不是BatchNorm，因为NLP统计数据在批次之间高度可变，尽管随后的工作已经为Transformer修改了BatchNorm(Shen等，2020a)。LayerNorm放置在残差块外面的位置导致梯度在通过网络传递时缩小(Xiong等，2020a)。此外，残差连接和自注意力机制的相对权重在我们通过网络初始化时会变化(见图11.6(c))。还有一个额外的复杂性，即查询和键参数的梯度比值参数的梯度小(Liu等，2020)，这需要使用Adam。这些因素以复杂的方式相互作用，使训练不稳定，需要学习率预热。

已经有各种尝试稳定训练，包括：①一种名为TFixup的FixUp变体(Huang等，2020a)，允许移除LayerNorm组件；②改变网络中LayerNorm组件的位置(Liu等，2020)；③重新加权残差分支中的两条路径(Liu等，2020；Bachlechner等，2021)。Xu等人(2021b)引入了一种名为DTFixup的初始化方案，允许使用较小的数据集训练Transformer。详细的讨论可以在Prince(2021b)中找到。

在视觉中的应用：ImageGPT(Chen等，2020a)和Vision Transformer (Dosovitskiy等，2021)都是早期应用于图像的Transformer架构。Transformer已用于图像分类(Dosovitskiy等，2021；Touvron等，2021)、目标检测(Carion等，2020；Zhu等，2020b；Fang等，2021)、语义分割(Ye等，2019；Xie等，2021；Gu等，2022)、超分辨率(Yang等，2020a)、动作识别(Sun等，2019；Girdhar等，2019)、图像生成(Chen等，2021b；Nash等，2021)、视觉问答(Su等，2019b；Tan & Bansal，2019)、修复(Wan等，2021；Zheng等，2021；Zhao等，2020b；Li等，2022)、上色(Kumar等，2021)及其他许多视觉任务(Khan等，2022；Liu等，2023b)。

Transformer和卷积网络：Transformer已与卷积神经网络结合用于许多任务，包括图像分类(Wu等，2020a)、目标检测(Hu等，2018a；Carion等，2020)、视频处理(Wang等，2018c；Sun等，2019)、无监督目标发现(Locatello等，2020)及各种文本/视觉任务(Chen等，2020d；Lu等，2019；Li等，2019)。视觉任务中Transformer可以胜过卷积网络，但通常需要大量的数据才能实现更优越的性能。通常，它们在像JRT(Sun等，2017)和LAION(Schuhmann等，2021)这样的庞大数据集上进行预训练。Transformer没有卷积网络的归纳偏差，但通过使用大量数据，可以克服这个劣势。

从像素到视频：非局部网络(Wang等，2018c)是将自注意力应用于图像数据的早期应用。Transformer最初应用于局部邻域中的像素(Parmar等，2018；Hu等，2019；Parmar等，2019；Zhao等，2020a)。ImageGPT(Chen等，2020a)将此扩展到模拟小图像中的所有像素。Vision Transformer(ViT)(Dosovitskiy等，2021)使用不重叠的块来分析更大的图像。

此后，开发了许多多尺度系统，包括SWinTransformer(Liu等，2021c)、SWinV2(Liu等，2022)、多尺度Transformer(MViT)(Fan等，2021)和金字塔视觉Transformer(Wang等，2021)。Crossformer(Wang等，2022b)模拟了空间尺度之间的交互。Ali等人(2021)引入了交叉协方差图像Transformer，用通道(而不是空间位置)相互关注，因此注意力矩阵的大小与图像大小无关。Ding等人(2022)开发了双注意力视觉Transformer(DaViT)，在子窗口内局部空间注意力和通道之间的空间全局注意力之间交替。Chu等人(2021)类似地在子窗口内的局部注意力和通过空间域的子采样进行全局注意力之间交替。Dong等人(2022)采用了图12.15中的想法，将元素之间的交互稀疏化到2D图像域。

随后，Transformer被用于视频处理(Arnab等，2021；Bertasius等，2021；Liu等，2021c；Neimark等，2021；Patrick等，2021)。你可以了解应用于视频的Transformer的调查(Selva等，2022)。

结合图像和文本：CLIP(Radford等，2021)使用对比预训练任务学习图像及其标题的联合编码器。系统摄取N个图像及其标题，并生成图像和标题之间的兼容性矩阵。损失函数鼓励正确的对获得高分，错误的对获得低分。Ramesh等人(2021)和Ramesh等人(2022)训练了一个扩散解码器来反转CLIP图像编码器，用于生成文本条件图像(见第18章)。

12.13 问题

问题12.1 考虑一个自注意力机制，它处理长度为D的N个输入，以生成同样大小的N个输出。计算查询、键和值时使用了多少权重和偏置？将会有多少注意力权重$a[\bullet,\bullet]$？如果是一个将所有DN输入关联到所有DN输出的全连接网络，将会有多少权重和偏置？

问题12.2 为什么要确保自注意力机制的输入大小与输出大小相同？

问题12.3* 证明自注意力机制(式(12.8))对于数据$\boldsymbol{X}$的置换$\boldsymbol{XP}$是不变的，其中$\boldsymbol{P}$是一个置换矩阵。换句话说，证明：

$$Sa[\boldsymbol{XP}] = Sa[\boldsymbol{X}]\boldsymbol{P} \tag{12.18}$$

问题12.4 考虑Softmax操作：

$$y_i = \text{Softmax}_i[\boldsymbol{z}] = \frac{\exp[z_i]}{\sum_{j=1}^{5}\exp[z_j]} \tag{12.19}$$

假设有5个输入，其值分别为：$z_1 = -3$，$z_2 = 1$，$z_3 = 100$，$z_4 = 5$，$z_5 = -1$。计算所有$i, j \in \{1,2,3,4,5\}$的25个导数$\partial_{yi} / \partial_{zj}$。你得出什么结论？

问题12.5 如果每个头中的值、查询和键的维度为D/H，其中D是数据的原始维度，为什么实现会更高效？

问题12.6 BERT使用两个任务进行了预训练。第一个任务要求系统预测缺失(被掩码的)单词。第二个任务要求系统对句子对进行分类，判断它们在原始文本中是否相邻。确定这些任务是生成性的还是对比性的(见9.3.6节)。他们为什么使用两个任务？提出两个可用来预训练语言模型的新对比任务。

问题12.7 考虑向一个已有N个词元的预计算掩码自注意力机制中添加一个新词元。描述纳入这个新词元必须进行的额外计算。

问题12.8 视觉Transformer的计算随着块的数量呈二次方扩展。设计两种方法，利用图12.15中的原理来减少计算。

问题12.9 考虑用16×16的块网格表示图像，每个块由长度为512的块嵌入表示。比较在DaViT Transformer中执行注意力所需的计算量：①在块之间，使用所有通道，②在通道之间，使用所有块。

问题12.10*　注意力权重通常计算为：

$$a\left[\boldsymbol{x}_m, \boldsymbol{x}_n\right] = \text{Softmax}_m\left[\boldsymbol{k}_{\bullet}^{\mathrm{T}}\boldsymbol{q}_n\right] = \frac{\exp\left[\boldsymbol{k}_m^{\mathrm{T}}\boldsymbol{q}_n\right]}{\sum_{m'=1}^{N}\exp\left[\boldsymbol{k}_{m'}^{\mathrm{T}}\boldsymbol{q}_n\right]} \tag{12.20}$$

考虑将 $\exp\left[\boldsymbol{k}_m^{\mathrm{T}}\boldsymbol{q}_n\right]$ 替换为点积 $\boldsymbol{g}\left[\boldsymbol{k}_m\right]^{\mathrm{T}}\boldsymbol{g}\left[\boldsymbol{q}_n\right]$，其中 $\boldsymbol{g}[\bullet]$ 是一个非线性变换。展示这如何使注意力权重的计算更加高效。

第13章

图神经网络

第10章描述了卷积网络，它们专门处理规则网格数据(如图像)。第12章描述了Transformer，它们专门处理可变长度的序列(如文本)。本章描述了图神经网络。顾名思义，这些是处理图(即通过边连接的节点集)的神经架构。

处理图时存在三个新挑战。首先，它们的拓扑结构是可变的，很难设计出既有足够表达力又能应对这种变化的网络。其次，图可能非常庞大；一个表示社交网络用户之间连接的图可能有十亿个节点。第三，可能只有一个单一的庞大图可用，因此通常的训练协议——用许多数据示例训练并用新数据测试——并不总是适用。

本章首先介绍图在现实世界中的示例。然后描述如何对这些图进行编码，以及如何为图制定监督学习问题。讨论了处理图的算法需求，这些需求自然引出了图卷积网络，这是一种特别的图神经网络类型。

13.1 什么是图

图是一个非常通用的结构，由一组节点(或顶点)组成，节点对通过边或链接进行连接。图通常是稀疏的；只有一小部分可能的边存在。

现实世界中的一些对象自然而然地以图的形式出现。例如，道路网络可以被视为图，其中节点是物理位置，边代表它们之间的道路(图13.1(a))。化学分子是小图，其中节点代表原子，边代表化学键(图13.1(b))。电路图是图，其中节点代表组件和连接点，边是电路(图13.1(c))。

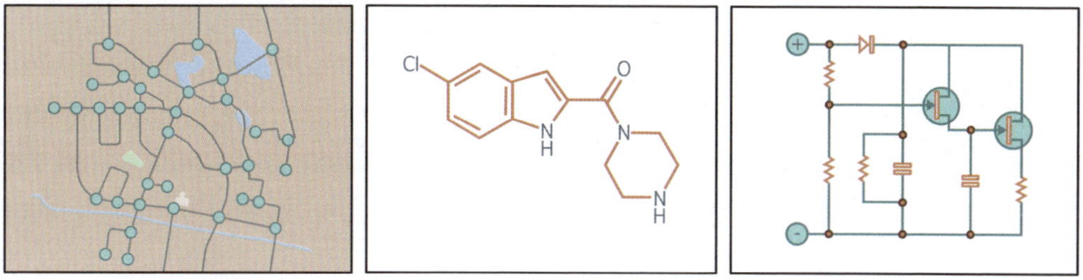

(a) 道路网络　(b) 分子　(c) 电路，自然以图的结构存在

图13.1　现实世界的图

此外，许多数据集也可以通过图来表示，即使这并不明显。例如：

- 社交网络是图，其中节点是人，边代表他们之间的友谊。
- 科学文献可以被视为图，其中节点是论文，边代表引用。
- 维基百科可以被视为图，其中节点是文章，边代表文章之间的超链接。
- 计算机程序可以表示为图，其中节点是语法标记(程序流程中的不同点的变量)，边代表涉及这些变量的计算。
- 几何点云可以表示为图。这里，每个点是一个节点，边连接到附近其他的点。
- 细胞中的蛋白质相互作用可以表示为图，其中节点是蛋白质。如果两个蛋白质相互作用，它们之间就有一条边。

此外，一组无序列表可以被视为图，其中每个成员是一个节点，并连接到其他每个节点。图像可以被视为具有规则拓扑结构的图，其中每个像素是一个节点，边连接到相邻的像素。

图的类型

图可以多种方式分类。图13.2(a)中的社交网络包含无向边；每对个体之间有连接的人彼此愿意成为朋友，因此没有方向性关系。相比之下，图13.2(b)中的引用网络包含有向边。每篇论文引用其他论文，这种关系本质上是单向的。

图13.2(c)展示了一个知识图谱，它通过定义对象之间的关系来编码关于对象的一组事实。从技术角度看，这是一个有向异构多重图(multigraph)。它是异构的，因为节点可以代表不同类型的实体(如人、国家、公司)。它是一个多图，因为任何两个节点之间可以有多种类型的多条边。

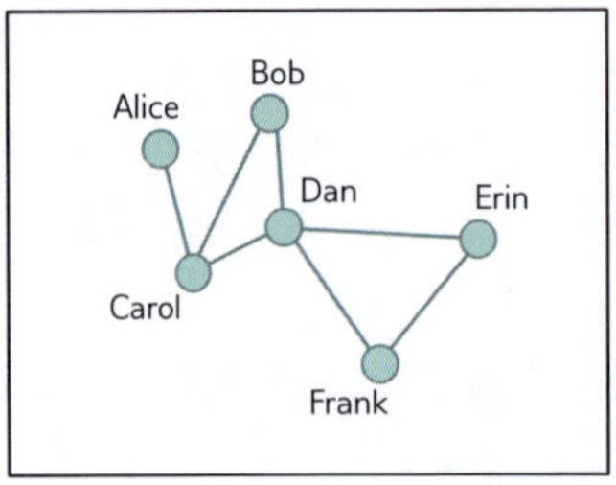

(a) 社交网络是一个无向图；人与人之间的连接是对称的

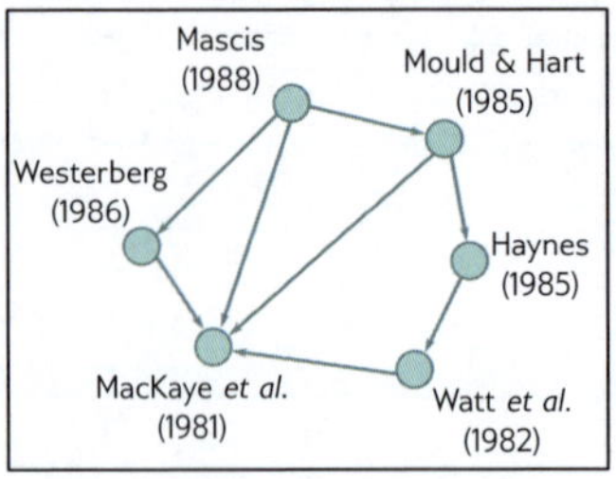

(b) 引用网络是一个有向图；一篇出版物引用另一篇，因此关系是不对称的

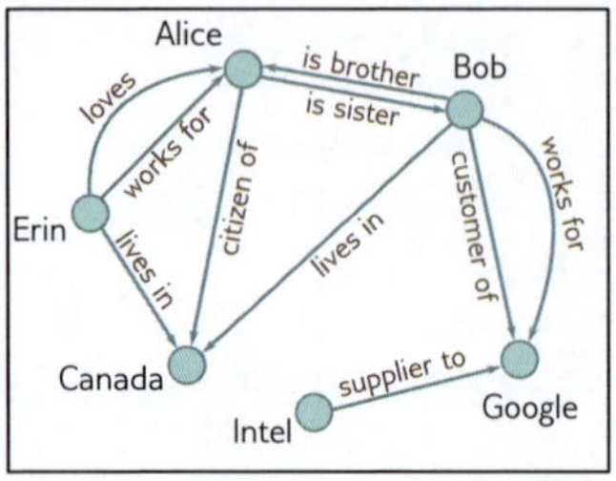

(c) 知识图谱是一个有向异构图。节点是异构的，因为它们代表不同类型的对象(人、地点、公司)，并且多条边可能表示每个节点之间的不同关系

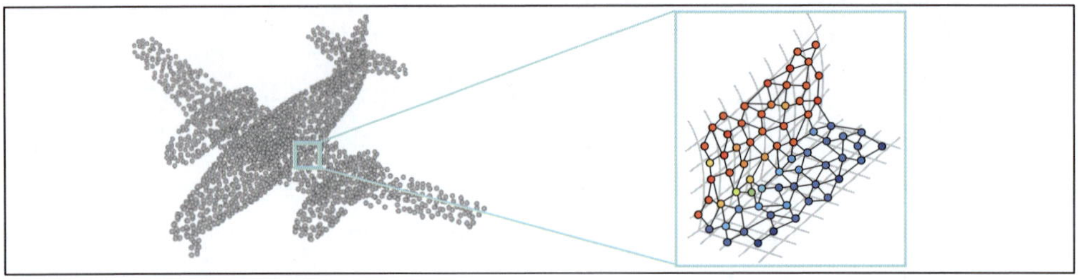

(d) 点集可以转换为图，通过在附近点之间形成边。每个节点都有一个在3D空间中的相关位置，这称为几何图(Hu等，2022年)

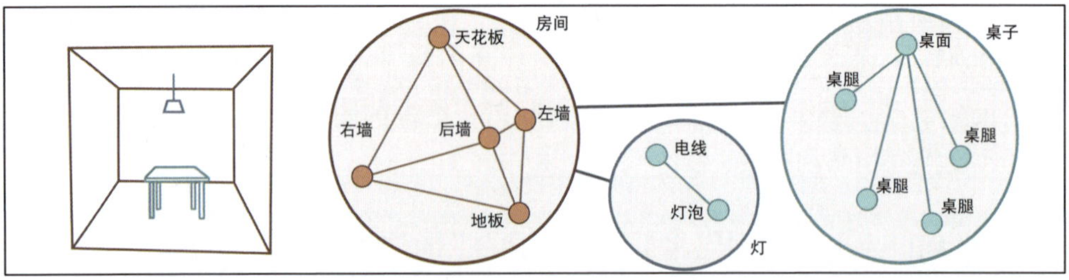

(e) 左侧的场景可以由层次图表示。房间、桌子和灯的拓扑结构都由图表示

图13.2 图的类型。这些图形成节点，在更大的图中代表对象邻接(Fernández-Madrigal和González，2002)

图13.2(d)中的代表飞机的点集可以通过将每个点连接到其K个最近邻来转换为图。结果是一个几何图，其中每个点与3D空间中的一个位置关联。图13.2(e)表示一个层次图。桌子、灯和房间各自由图表示，这些图表示它们各自组件的邻接性。这三个图本身是另一个图的节点，代表更大模型中对象的拓扑结构。

所有类型的图都可以使用深度学习处理。然而，本章重点讨论像图13.2(a)中的社交网络那样的无向图。

13.2　图的表示

除了图结构本身，通常每个节点都与信息相关联。例如，在社交网络中，每个个体可能由一个固定长度的向量来表征他们的兴趣。有时，边也有附加的信息。例如，在道路网络的例子中，每条边可能由其长度、车道数、事故频率和速度限制来表征。节点处的信息存储在节点嵌入中，边处的信息存储在边嵌入中。

更正式地，一个图由N个节点和E条边组成。该图可以通过三个矩阵$\boldsymbol{A}$、$\boldsymbol{X}$和$\boldsymbol{E}$来编码，分别代表图结构、节点嵌入和边嵌入(见图13.3)。

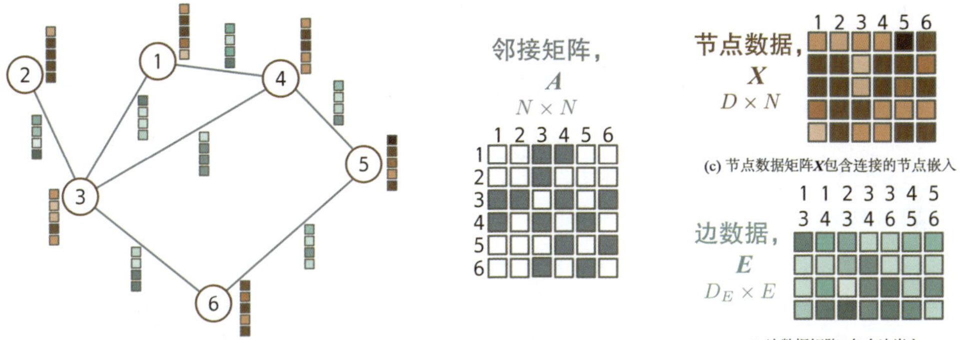

(a) 一个有6个节点和7条边的示例图。每个节点都有1个长度为5的关联嵌入(棕色向量)。每条边都有1个长度为4的关联嵌入(蓝色向量)。这个图可以通过3个矩阵来表示

(b) 邻接矩阵是一个二元矩阵，如果节点m连接到节点n，则元素(m,n)设置为1

(c) 节点数据矩阵$\boldsymbol{X}$包含连接的节点嵌入

(d) 边数据矩阵$\boldsymbol{E}$包含边嵌入

图13.3　图的表示

图结构由邻接矩阵$\boldsymbol{A}$表示。这是一个$N \times N$的矩阵，如果节点m和n之间有边，则矩阵的(m, n)项设置为1，否则为0。对于无向图，这个矩阵总是对称的。对于大型稀疏图，它可以存储为连接列表(m, n)以节省内存。

第n个节点有一个长度为D的节点嵌入$\boldsymbol{x}^{(n)}$。这些嵌入被连接并存储在$D \times N$的节点数据矩阵$\boldsymbol{X}$中。类似地，第e条边有一个长度为D_E的边嵌入$\boldsymbol{e}^{(e)}$。这些边嵌入被收集到$D_E \times E$的矩阵$\boldsymbol{E}$中。为简单起见，我们最初考虑只有节点嵌入的图，并在13.9节中返回考虑边嵌入。

13.2.1　邻接矩阵的属性

邻接矩阵可用来通过线性代数找到节点的邻居。考虑将第n个节点编码为一个独热列向量(一个只在位置n处有一个非零项的向量，该项设置为1)。当我们用邻接矩阵左乘以这个向量时，它会提取邻接矩阵的第n列，并返回一个向量，其中邻居的位置为1(即，所有可从第n个节点一步走到的地方)。如果重复这个过程(即，再次用$\boldsymbol{A}$左乘)，得到的向量包含了从节点n到每个节点的长度为2的路径数(图13.4(d)~(f))。

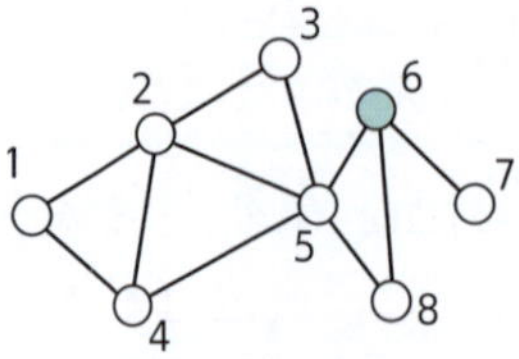

(a) 示例图

$$\boldsymbol{A}=\begin{bmatrix}0&1&0&1&0&0&0&0\\1&0&1&1&1&0&0&0\\0&1&0&0&1&0&0&0\\1&1&0&0&1&0&0&0\\0&1&1&1&0&1&0&1\\0&0&0&0&1&0&1&1\\0&0&0&0&0&1&0&0\\0&0&0&0&1&1&0&0\end{bmatrix}$$

(b) 邻接矩阵$\boldsymbol{A}$中的位置(m, n)包含了从节点m到节点n的长度为1的路径数

$$\boldsymbol{A}^2=\begin{bmatrix}2&1&1&1&2&0&0&0\\1&4&1&2&2&1&0&1\\1&1&2&2&1&1&0&1\\1&2&2&3&1&1&0&1\\2&2&1&1&5&1&1&1\\0&1&1&1&1&3&0&1\\0&0&0&0&1&0&1&1\\0&1&1&1&1&1&1&2\end{bmatrix}$$

(c) 邻接矩阵$\boldsymbol{A}$的平方$\boldsymbol{A}$^2中的位置(m, n)包含了从节点n到节点m的长度为2的路径数

$$\boldsymbol{x}=\begin{bmatrix}0\\0\\0\\0\\0\\1\\0\\0\end{bmatrix}$$

(d) 在面板(a)中突出显示的节点6的独热向量

$$\boldsymbol{Ax}=\begin{bmatrix}0\\0\\0\\0\\1\\0\\1\\1\end{bmatrix}$$

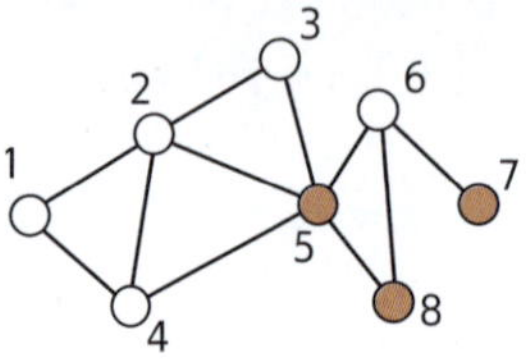

(e) 当我们用$\boldsymbol{A}$左乘这个向量时，结果包含了从节点6到每个节点的长度为1的路径数；我们可以在一步内到达节点5、7和8

$$\boldsymbol{A}^2\boldsymbol{x}=\begin{bmatrix}0\\1\\1\\1\\1\\3\\0\\1\end{bmatrix}$$

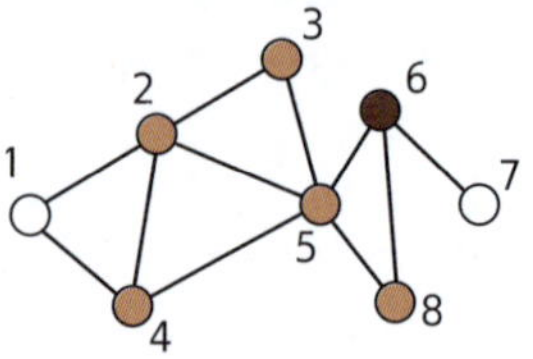

(f) 用$\boldsymbol{A}^2$左乘这个向量时，得到的向量包含了从节点6到每个节点的长度为2的路径数；我们可在两步内到达节点2、3、4、5和8，并可通过3种不同的方式(通过节点5、7和8)返回原始节点

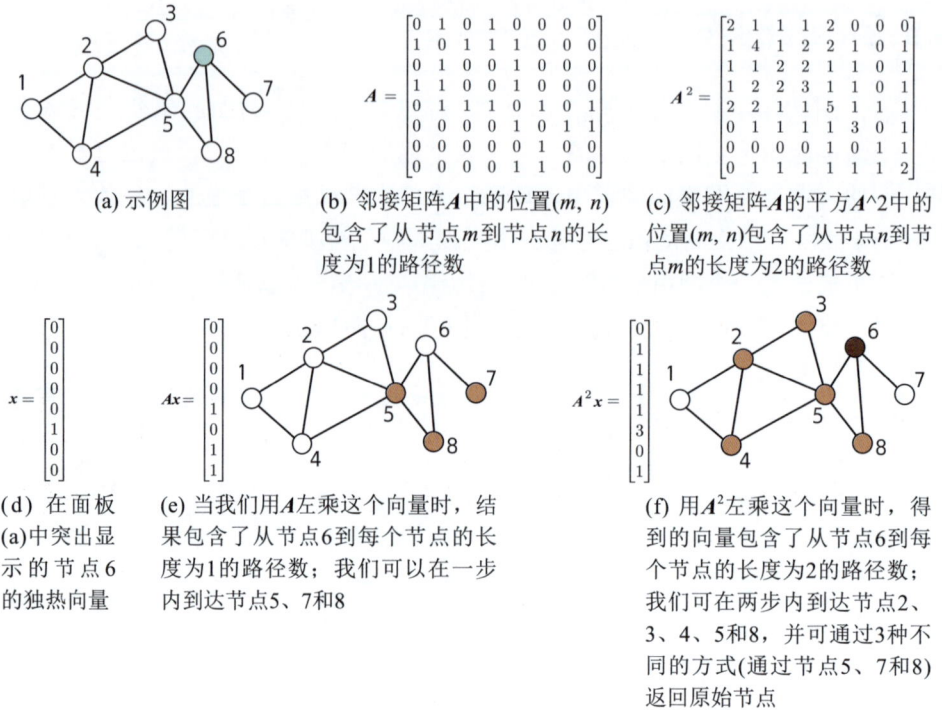

图13.4 邻接矩阵的属性

一般来说，如果将邻接矩阵提升到L次幂，$\boldsymbol{A}^L$矩阵中位置(m,n)的项包含了从节点n到节点m的长度为L的唯一路径数(图13.4(a)~(c))。这与唯一路径的数量不同，因为它包括了访问同一个节点超过一次的路线。尽管如此，$\boldsymbol{A}^L$仍然包含了关于图连通性的有价值信息；位置(m,n)处的非零项表明从m到n的距离必须小于或等于L。

13.2.2 节点索引的排列

图中的节点索引是任意的；排列节点索引会导致节点数据矩阵$\boldsymbol{X}$的列和邻接矩阵$\boldsymbol{A}$的行和列的排列发生变化。然而，底层的图保持不变(见图13.5)。这与图像不同，在图像中排列像素会创建出不同的图像，在文本中排列单词会创建出不同的句子。

交换节点索引的操作可以通过排列矩阵$\boldsymbol{P}$来表达。这是一个矩阵，其中每一行和每一列中恰好有一个条目取值为1，其余值为0。当排列矩阵中的位置(m, n)设置为1时，它表示节点m在排列后将成为节点n。要将一个索引映射到另一个，我们执行以下操作：

$$X' = XP$$
$$A' = P^{\mathrm{T}}AP \tag{13.1}$$

其中右乘以$\boldsymbol{P}$会排列列，而左乘以$\boldsymbol{P}^{\mathrm{T}}$会排列行。因此，应用于图的任何处理也应该对这些排列漠不关心。否则，结果将依赖于节点索引的选择。

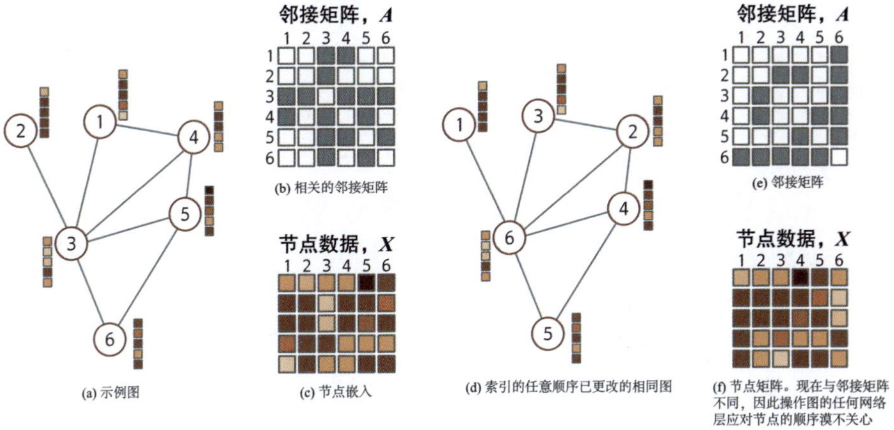

图13.5　节点索引的排列

13.3 图神经网络、任务和损失函数

图神经网络是一个模型，它以节点嵌入$\boldsymbol{X}$和邻接矩阵$\boldsymbol{A}$作为输入，并通过一系列K层进行传递。在每一层中更新节点嵌入以创建中间的“隐藏”表示$\boldsymbol{H}_K$，最后计算输出嵌入$\boldsymbol{H}_K$。

从这个网络的开始，输入节点嵌入$\boldsymbol{X}$的每一列只包含有关节点本身的信息。在最后，模型输出$\boldsymbol{H}_K$的每一列包括有关节点及其在图中上下文的信息。这类似于通过Transformer网络传递词嵌入。这些在开始时代表单词，但在最后代表单词在句子上下文中的含义。

任务和损失函数

我们将图神经网络模型的讨论推迟到13.4节，并首先描述这些网络处理的问题类型及相关的损失函数。监督图问题通常分为三大类(见图13.6)。

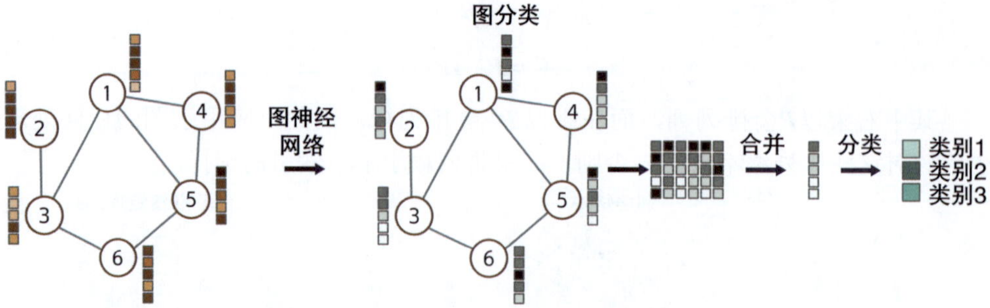

(a) 图分类。节点嵌入被组合(例如，通过平均)，然后映射到一个固定大小的向量，该向量通过Softmax函数传递以产生类别概率

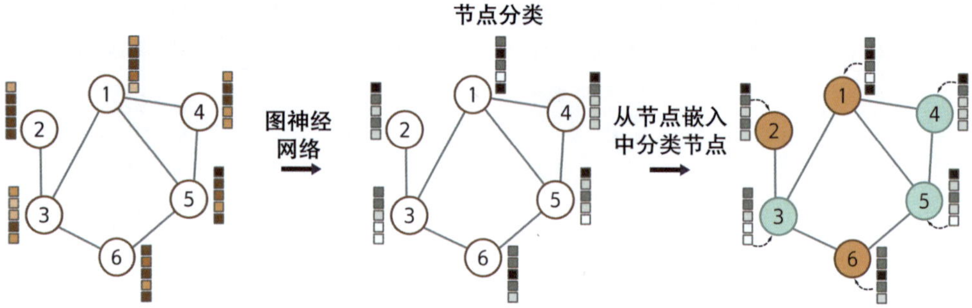

(b) 节点分类。每个节点嵌入单独用作分类的基础(青色和橙色代表分配的节点类别)

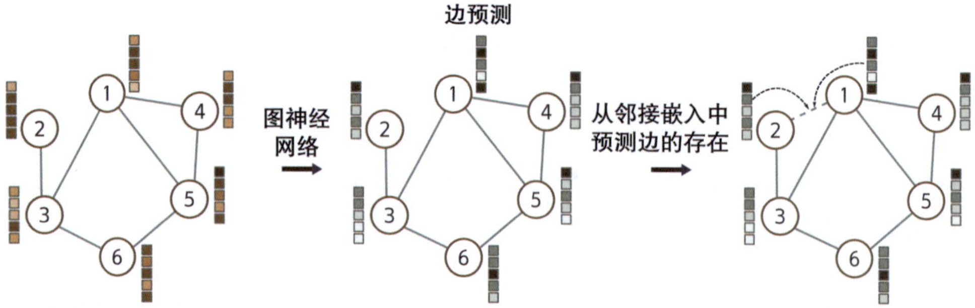

(c) 边预测。边相邻的节点嵌入被组合(例如，通过取点积)以计算一个数字，该数字通过Sigmoid函数映射以产生缺失边应该存在的一个概率

图13.6　图的常见任务。每种情况下，输入都是由其邻接矩阵和节点嵌入表示的图。图神经网络通过将节点嵌入传递一系列层来处理节点嵌入。最后一层的节点嵌入包含有关节点及其在图中上下文的信息

图级任务：网络为整个图分配标签或估计一个或多个值，利用结构和节点嵌入。例如，我们可能想要预测分子在哪个温度下变为液态(一个回归任务)，或者分子是否对人体有毒(一个分类任务)。

对于图级任务，输出节点嵌入被组合(例如，通过平均)，然后通过线性变换或神经网络将得到的向量映射到固定大小的向量。对于回归，使用最小二乘损失计算结果与真实值之间的不匹配。对于二元分类，输出通过Sigmoid函数传递，使

用二元交叉熵损失计算不匹配。这里，图属于类别1的概率可能由下式给出：

$$Pr(y=1|\boldsymbol{X},\boldsymbol{A})=\text{sig}[\beta_K+\boldsymbol{\omega}_K\boldsymbol{H}_K\boldsymbol{l}/N] \tag{13.2}$$

其中标量 β_K 和 $1\times D$ 向量 $\boldsymbol{\omega}_K$ 是学习参数。将包含1的列向量 $\boldsymbol{l}$ 右乘，将所有嵌入相加，然后除以节点数N，计算平均值。这被称为均值池化(见图10.11)。

节点级任务：网络为图中的每个节点分配标签(分类)或一个或多个值(回归)，同时使用图结构和节点嵌入。例如，给定一个由3D点云构建的图，如图13.2(d)所示，目标可能是根据它们是否属于机翼或机身对节点进行分类。损失函数的确定方式与图级任务相同，只是现在在每个节点n上独立进行：

$$Pr(y^{(n)}=1|\boldsymbol{X},\boldsymbol{A})=\text{sig}[\beta_K+\boldsymbol{\omega}_K\boldsymbol{h}_K^{(n)}] \tag{13.3}$$

边预测任务：网络预测节点n和m之间是否应该有边。例如，在社交网络设置中，网络可能会预测两个人是否相互了解并喜欢对方，并建议他们在这种情况下建立联系。这是一个二元分类任务，其中两个节点嵌入必须映射到一个表示边存在概率的数字。一种可能性是取节点嵌入的点积，并通过sigmoid函数传递结果以创建概率：

$$Pr(y^{(mn)}=1|\boldsymbol{X},\boldsymbol{A})=\text{sig}[\boldsymbol{h}^{(m)\text{T}}\boldsymbol{h}^{(n)}] \tag{13.4}$$

13.4 图卷积网络

存在许多类型的图神经网络，但这里专注于基于空间的卷积图神经网络，简称为GCN。这些模型是卷积的，因为它们通过聚合来自邻近节点的信息来更新每个节点。因此，它们引入了关系归纳偏差(即，倾向于优先考虑来自邻居的信息的偏差)。它们是基于空间的，因为它们使用原始的图结构。这与基于谱的方法形成对比，后者在傅里叶域中应用卷积。

GCN的每一层都是一个带有参数 $\boldsymbol{\Phi}$ 的函数 $\boldsymbol{F}[\bullet]$，它接收节点嵌入和邻接矩阵，并输出新的节点嵌入。因此，网络可写成：

$$\begin{aligned}\boldsymbol{H}_1&=\boldsymbol{F}[\boldsymbol{X},\boldsymbol{A},\phi_0]\\ \boldsymbol{H}_2&=\boldsymbol{F}[\boldsymbol{H}_1,\boldsymbol{A},\phi_1]\\ \vdots&=\vdots\\ \boldsymbol{H}_K&=\boldsymbol{F}[\boldsymbol{H}_{K-1},\boldsymbol{A},\phi_{K-1}]\end{aligned} \tag{13.5}$$

其中$\boldsymbol{X}$是输入，$\boldsymbol{A}$是邻接矩阵，$\boldsymbol{H}_k$ 包含第k层的修改后的节点嵌入，ϕ_k 表示从第k层映射到第k+1层的参数。

13.4.1 等变性和不变性

我们之前提到，图中的节点索引是任意的，任何节点索引的排列都不会改变图。因此，任何模型都必须尊重这一属性。这意味着每一层都必须对节点索引的排列具有等变性(见10.1节)。换句话说，如果我们排列节点索引，每个阶段的节点嵌入将以相同的方式排列。在数学上，如果$\boldsymbol{P}$是一个排列矩阵，那么必须有：

$$\boldsymbol{H}_{k+1}\boldsymbol{P} = \boldsymbol{F}[\boldsymbol{H}_k\boldsymbol{P}, \boldsymbol{P}^{\mathrm{T}}\boldsymbol{A}\boldsymbol{P}, \phi_k] \tag{13.6}$$

对于节点分类和边预测任务，输出也应该对节点索引的排列具有等变性。然而，对于图级任务，最后一层从图中聚合信息，因此输出对节点顺序而言是不变的。实际上，式(13.2)的输出层实现了这一点，因为对于任何排列矩阵$\boldsymbol{P}$(见问题13.6)：

$$y = \mathrm{sig}[\beta_K + \boldsymbol{\omega}_K\boldsymbol{H}_K\boldsymbol{1}/N] = \mathrm{sig}[\beta_K + \boldsymbol{\omega}_K\boldsymbol{H}_K\boldsymbol{P}\boldsymbol{1}/N] \tag{13.7}$$

这与图像的情况相似，其中分割应对几何变换具有等变性，图像分类应对几何变换具有不变性(见图10.1)。这里，卷积和池化层部分对于平移实现了这一点，但目前还没有已知的方法可为更一般的变换确切保证这些属性。然而，对于图，可以定义确保对排列具有等变性或不变性的网络。

13.4.2 参数共享

第10章讨论了将全连接网络应用于图像是没有意义的，因为这要求网络在每个图像位置独立学习如何识别对象。相反，我们使用了卷积层来处理图像中的每个位置，这减少了参数数量，并引入了一个归纳偏差，迫使模型以相同的方式处理图像的每个部分。

对于图中的节点，我们可以提出相同的论点。我们可以学习一个模型(使用与每个节点关联的独立参数)。然而，现在网络必须在每个位置上独立学习图中连接的含义，训练将需要许多具有相同拓扑结构的图。相反，我们构建了一个在每个节点使用相同参数的模型，减少了参数数量，并在整个图中共享网络在每个节点学到的内容。

回顾一下卷积(式(10.3))通过从其邻居处获取加权信息之和来更新一个变量。思考这个问题的一种方式是，每个邻居向感兴趣的变量发送一条消息，该变量聚合这些消息以形成更新。当我们考虑图像时，邻居是当前位置周围固定大小正方形区域内的像素，因此每个位置的空间关系是相同的。然而在图中，每个节点可能有不同的邻居数量，并且没有一致的关系；我们只能为相关节点“上方”节点的信息与“下方”节点的信息使用相同的加权值。

13.4.3 GCN层示例

这些考虑引出了一个简单的GCN层(见图13.7)。在第k层的每个节点n，我们通过对节点嵌入$h_{\bullet}$求和，从邻近节点聚合信息：

$$\mathrm{agg}[n,k]=\sum_{m\in ne[n]}\boldsymbol{h}_k^{(m)} \tag{13.8}$$

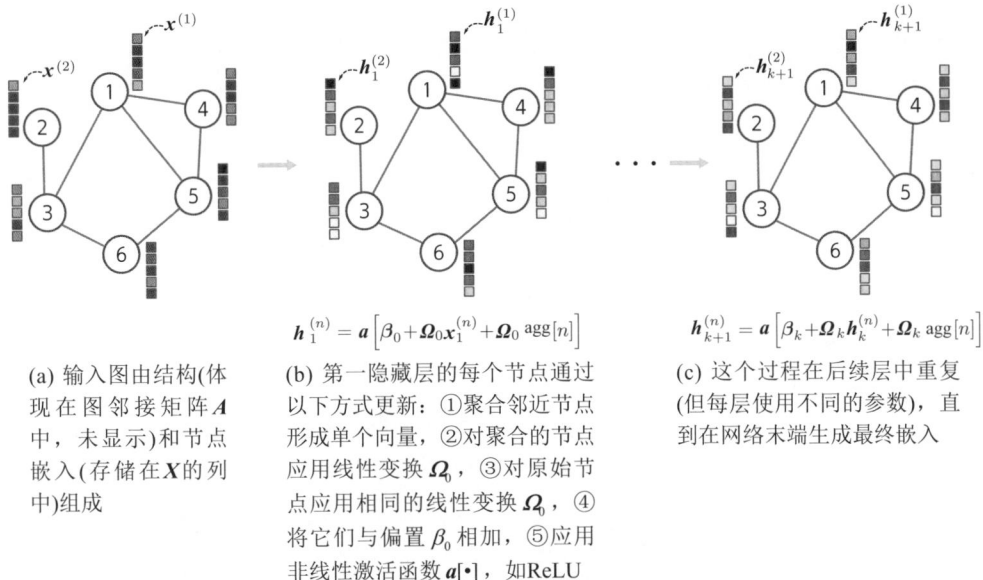

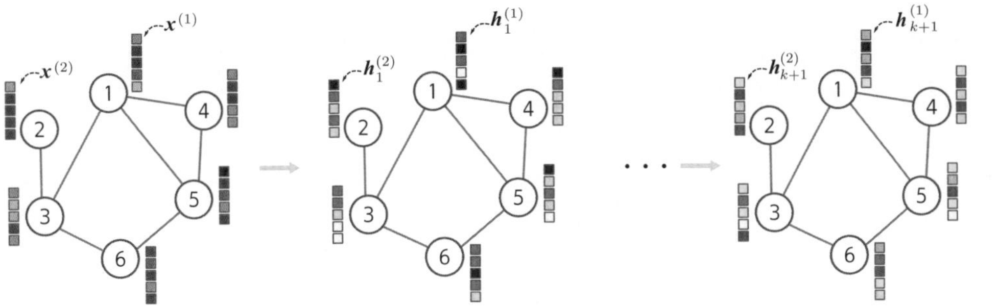

$\boldsymbol{h}_1^{(n)}=\boldsymbol{a}\left[\beta_0+\boldsymbol{\Omega}_0\boldsymbol{x}_1^{(n)}+\boldsymbol{\Omega}_0\,\mathrm{agg}[n]\right]$

$\boldsymbol{h}_{k+1}^{(n)}=\boldsymbol{a}\left[\beta_k+\boldsymbol{\Omega}_k\boldsymbol{h}_k^{(n)}+\boldsymbol{\Omega}_k\,\mathrm{agg}[n]\right]$

(a) 输入图由结构(体现在图邻接矩阵$\boldsymbol{A}$中，未显示)和节点嵌入(存储在$\boldsymbol{X}$的列中)组成

(b) 第一隐藏层的每个节点通过以下方式更新：①聚合邻近节点形成单个向量，②对聚合的节点应用线性变换$\boldsymbol{\Omega}_0$，③对原始节点应用相同的线性变换$\boldsymbol{\Omega}_0$，④将它们与偏置β_0相加，⑤应用非线性激活函数$\boldsymbol{a}[\bullet]$，如ReLU

(c) 这个过程在后续层中重复(但每层使用不同的参数)，直到在网络末端生成最终嵌入

图13.7　简单的图CNN层

其中$ne[n]$返回节点n的邻居的索引集合。然后对当前节点的嵌入$\boldsymbol{h}_k^{(n)}$和这个聚合值应用线性变换$\boldsymbol{\Omega}_k$，加上偏置项β_k，并通过非线性激活函数$\boldsymbol{a}[\bullet]$，该函数独立地应用于其向量参数的每个成员：

$$\boldsymbol{h}_{k+1}^{(n)}=\boldsymbol{a}\left[\beta_k+\boldsymbol{\Omega}_k\cdot\boldsymbol{h}_k^{(n)}+\boldsymbol{\Omega}_k\cdot\mathrm{agg}[n,k]\right] \tag{13.9}$$

我们可以更简洁地通过注意矩阵与向量的右乘返回其列的加权和来书写这一点。邻接矩阵$\boldsymbol{A}$的第n列在邻居的位置包含1。因此，如果将节点嵌入收集到$D\times N$矩阵$\boldsymbol{H}_k$中，并与邻接矩阵$\boldsymbol{A}$右乘，结果第n列是$\mathrm{agg}[n,k]$。节点的更新现在是：

$$\begin{aligned}\boldsymbol{H}_{k+1}&=\boldsymbol{a}\left[\beta_k\boldsymbol{1}^{\mathrm{T}}+\boldsymbol{\Omega}_k\boldsymbol{H}_k+\boldsymbol{\Omega}_k\boldsymbol{H}_k\boldsymbol{A}\right]\\&=\boldsymbol{a}\left[\beta_k\boldsymbol{1}^{\mathrm{T}}+\boldsymbol{\Omega}_k\boldsymbol{H}_k(\boldsymbol{A}+\boldsymbol{I})\right]\end{aligned} \tag{13.10}$$

其中$\boldsymbol{1}$是一个$N\times 1$的向量，包含1。这里，非线性激活函数$\boldsymbol{a}[\bullet]$独立地应用于其矩阵参数的每个成员。

这一层满足了设计考虑：它对节点索引的排列具有等变性，能够应对任何数量的邻居，利用图结构提供关系归纳偏差，并在整个图中共享参数。

13.5 示例：图分类

现在将这些思想结合起来，描述一个将分子分类为有毒或无害的网络。网络输入是邻接矩阵和节点嵌入矩阵$\boldsymbol{X}$。邻接矩阵$\boldsymbol{A}\in\mathbb{R}^{N\times N}$源自分子结构。节点嵌入矩阵$\boldsymbol{X}\in\mathbb{R}^{118\times N}$的列是指示周期表118个元素中哪些存在的独热编码(one-hot)向量。换句话说，它们是长度为118的向量，其中每个位置都是零，除了对应相关元素的位置，该位置设置为1。节点嵌入可通过第一个权重矩阵$\boldsymbol{\Omega}_0\in\mathbb{R}^{D\times 118}$转换为任意大小$D$。

网络式为：

$$\begin{aligned}\boldsymbol{H}_1&=\boldsymbol{a}[\beta_0\boldsymbol{1}^{\mathrm{T}}+\boldsymbol{\Omega}_0\boldsymbol{X}(\boldsymbol{A}+\boldsymbol{I})]\\\boldsymbol{H}_2&=\boldsymbol{a}[\beta_1\boldsymbol{1}^{\mathrm{T}}+\boldsymbol{\Omega}_1\boldsymbol{H}_1(\boldsymbol{A}+\boldsymbol{I})]\\\vdots&=\vdots\\\boldsymbol{H}_K&=\boldsymbol{a}[\beta_{K-1}\boldsymbol{1}^{\mathrm{T}}+\boldsymbol{\Omega}_{K-1}\boldsymbol{H}_{k\text{-}1}(\boldsymbol{A}+\boldsymbol{I})]\\\boldsymbol{f}[\boldsymbol{X},\boldsymbol{A},\boldsymbol{\Phi}]&=\mathrm{sig}[\beta_K+\boldsymbol{\omega}_K\boldsymbol{H}_K\boldsymbol{1}/N]\end{aligned}\tag{13.11}$$

其中网络输出$\boldsymbol{f}\left[\boldsymbol{X},\boldsymbol{A},\boldsymbol{\Phi}\right]$是一个单一值，它决定了分子有毒的概率(见式(13.2))。

使用批处理训练

给定I个训练图$\{\boldsymbol{X}_i,\boldsymbol{A}_i\}$及其标签$y_i$，可以使用随机梯度下降(SGD)和二元交叉熵损失(式(5.19))来学习参数$\boldsymbol{\Phi}=\{\beta_K,\boldsymbol{\Omega}_K\}_{k=0}^{K}$。全连接网络、卷积网络和Transformer都利用现代硬件的并行性来同时处理整个训练样本批次。为此，批次元素被连接成一个更高维度的张量(见第7.4.2节)。

然而，每个图可能具有不同数量的节点。因此，矩阵$\boldsymbol{X}_i$和$\boldsymbol{A}_i$的大小不同，无法将它们连接成3D张量。

幸运的是，一个简单的技巧允许我们并行处理整个批次。批次中的图被视为一个大型图的不同组件。然后可将网络作为网络式的单个实例运行。仅在各个图上执行平均池化，为每个图制作一个单独的表示，以便将其输入损失函数中。

13.6 归纳模型与直推模型

到目前为止，本书中的所有模型都是归纳的：我们利用标记数据的训练集来学习输入和输出之间的关系。然后将这一点应用到新的测试数据上。可以这样想，我们正在学习将输入映射到输出的规则，然后将其应用到其他地方。

相比之下，直推模型同时考虑了标记和未标记的数据。它不产生规则，只是为未知的输出提供标记。这有时被称为半监督学习。它的优势在于，它可以利用未标记数据中的模式来帮助做出决策。然而，它的缺点是，当添加额外的未标记数据时，需要重新训练模型。

这两种问题在图上都十分常见(见图13.8)。有时，我们有许多标记的图，并学习图和标签之间的映射。例如，我们可能有许多分子，每个分子都根据是否对人体有毒被标记。我们学习将图映射到有毒/无毒标签的规则，然后将这个规则应用到新分子上。然而，有时存在单个庞大的图。在科学论文引用的图中，我们可能对一些节点有表示领域(物理、生物学等)的标签，并希望标记其余的节点。在这里，训练和测试数据是不可分割地连接的。

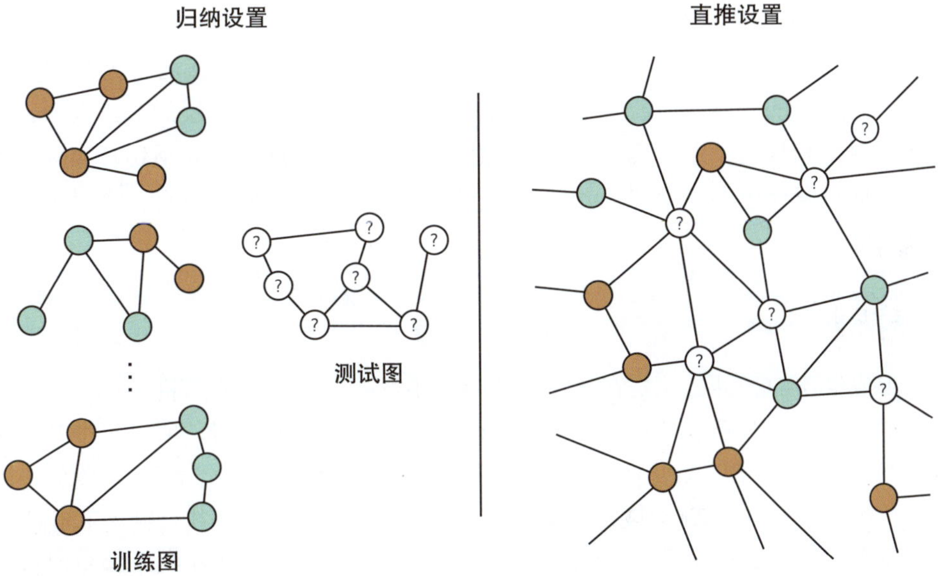

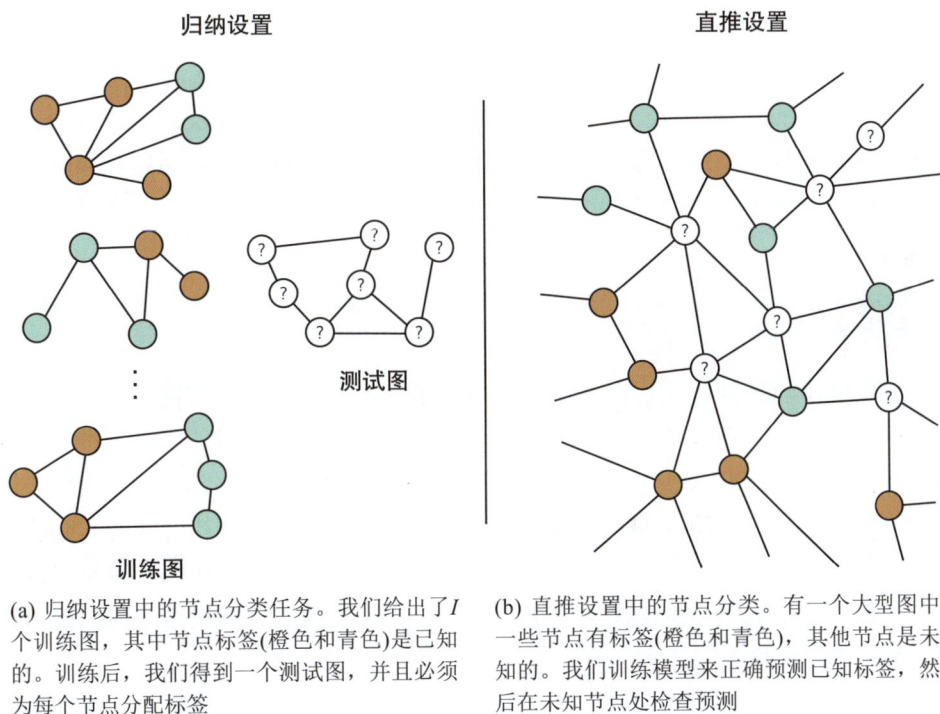

(a) 归纳设置中的节点分类任务。我们给出了I个训练图，其中节点标签(橙色和青色)是已知的。训练后，我们得到一个测试图，并且必须为每个节点分配标签

(b) 直推设置中的节点分类。有一个大型图中一些节点有标签(橙色和青色)，其他节点是未知的。我们训练模型来正确预测已知标签，然后在未知节点处检查预测

图13.8　归纳问题与直推问题

图级任务只出现在有训练和测试图的归纳设置中。然而，节点级任务和边预测任务可以在任何一种设置中出现。在直推案例中，损失函数最小化了模型输出和已知真值之间的不匹配。新的预测是通过运行前向传递并检索真值未知的地方的结果来计算的。

13.7 示例：节点分类

作为第二个示例，考虑直推设置中的一个二元节点分类任务。我们从一个有数百万节点的商业规模图开始。一些节点有真实的二元标签，目标是标记其余未标记的节点。网络的主体与前一个示例中相同(式(13.11))，但最后一层不同，它生成一个大小为$1 \times N$的输出向量：

$$\mathbf{f}[\mathbf{X}, \mathbf{A}, \boldsymbol{\Phi}] = \text{sig}[\beta_K \mathbf{1}^{\mathrm{T}} + \boldsymbol{\omega}_K \mathbf{H}_K] \tag{13.12}$$

其中函数 sig[•] 独立地将Sigmoid函数应用于行向量的每个元素。像往常一样，我们使用二元交叉熵损失，但仅在我们知道真值标签y的节点处。注意，式(13.12)只是式(13.3)中节点分类损失的向量化版本。

训练这个网络引发了两个问题。首先，从逻辑上讲，训练这个大小的图神经网络是困难的。考虑到我们必须在前向传递中存储每个网络层的节点嵌入。这将涉及存储和处理一个结构，其大小是整个图的几倍，这可能并不切合实际。其次，我们只有一个图，所以执行随机梯度下降并不明显。如果只有一个对象，如何形成批次？

选择批次

形成批次的一种方法是在每个训练步骤中选择标记节点的随机子集。每个节点依赖于前一层的邻居。这些邻居又依赖于它们之前层的邻居，所以每个节点都有相当于接受域的东西(见图13.9)。接受域的大小称为k跳邻域。因此，我们可以使用形成批次节点的k跳邻域的并集的图来执行梯度下降步骤；其余输入不贡献。

不幸的是，如果有多层且图密集连接，每个输入节点可能在每个输出的接受域内，这可能根本不会减少图的大小。这称为图扩展问题。解决这个问题的两种方法是邻域采样和图划分。

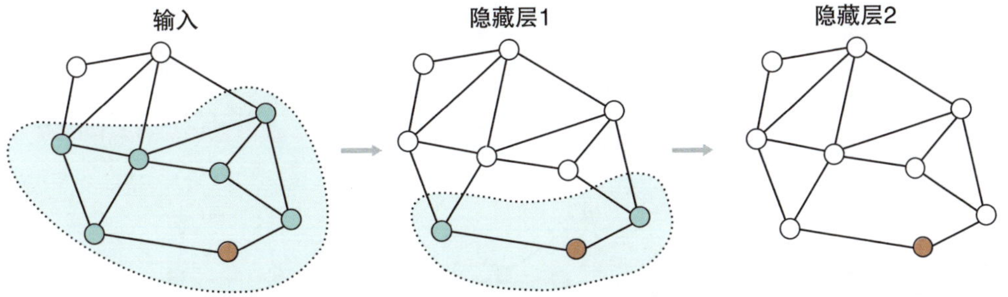

图13.9 图神经网络中的接受域。考虑隐藏层2中的橙色节点(右)。这从隐藏层1中的1跳邻域中的节点(中间的阴影区域)接收输入。这些隐藏层1中的节点又从它们的邻居接收输入，第2层中的橙色节点从2跳邻域中的所有输入节点接收输入(左侧的阴影区域)。贡献给给定节点的图区域等同于卷积神经网络中接受域的概念

邻域采样：输入批次节点的完整图被采样，从而减少了每层网络的连接(见图13.10)。例如，我们可能从批次节点开始，随机采样前一层中固定数量的邻居。然后，随机采样再前一层中固定数量的邻居，以此类推。该图仍然随着每层的增加而增大，但采用更加可控的方式。这对于每个批次都是新的，所以即使两次抽取相同的批次，贡献的邻居也会有所不同。这也让人想起dropout(第9.3.3节)，并增加了一些正则化。

图划分：第二种方法是在处理之前将原始图聚类成不相交的节点子集(即彼此不连接的较小图，见图13.11)。有些标准算法选择这些子集，以最大化内部链接的数量。这些较小的图每个都作为批次处理，或者可以随机组合它们以形成批次(从原始图中恢复它们之间的任何边缘)。

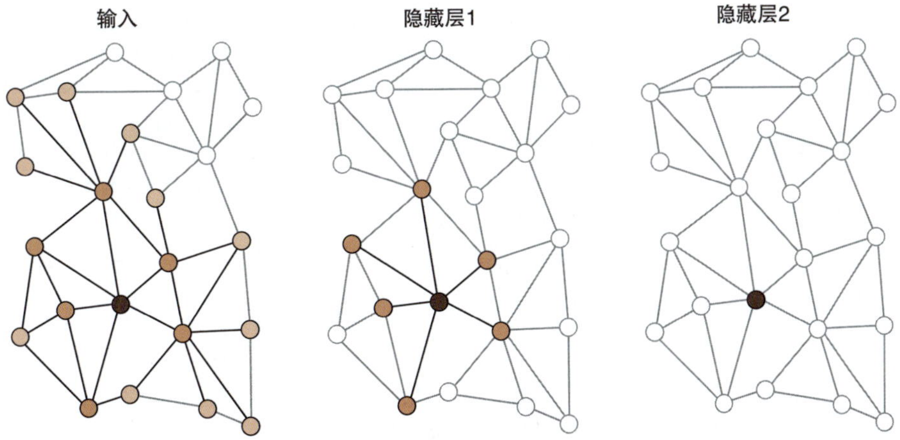

(a) 在大型图上形成批次的一种方式是在输出层中选择标记节点的子集(这里，只有第二层中的一个节点，右)，然后回溯以找到K跳邻域(接受域)中的所有节点。只需要这个子图来训练这个批次。不幸的是，如果图密集连接，则可能保留大部分图

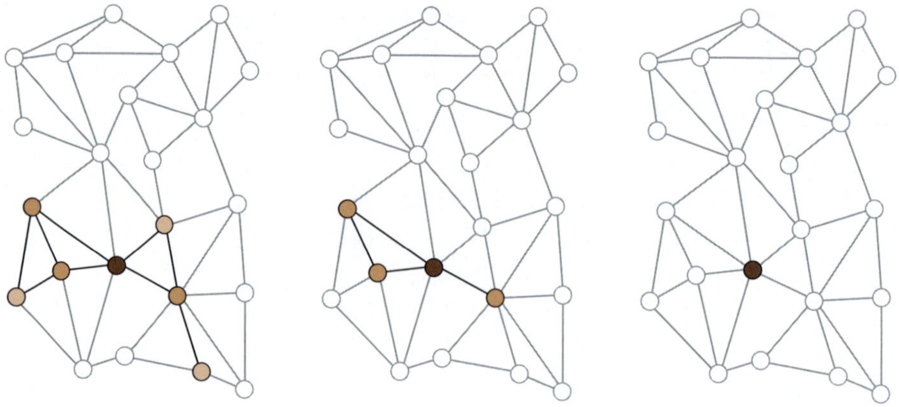

(b) 一个解决方案是邻域采样。从最后一层开始回溯时，我们选择前一层中邻居的一个子集(这里是三个)，以及前一层中这些邻居的子集。这限制了训练批次的图的大小。在所有子图中，亮度表示与原始节点的距离

图13.10 邻域采样

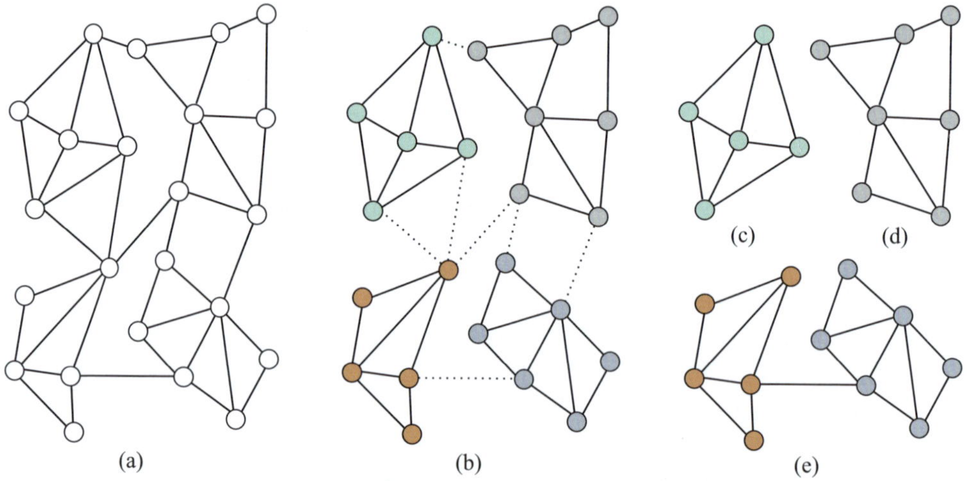

图13.11 图划分。(a) 输入图。(b) 按照移除最少数量的边的原则，将输入图分成多个较小子图。(c)~(d) 现在我们可以使用这些子图作为批次在直推设置中训练，所以这里有四种可能的批次。(e) 或者，我们可使用子图的组合作为批次，恢复它们之间的边缘。如果使用子图对，这里将有六种可能的批次

给定上述形成批次的方法之一，现在可像归纳设置一样训练网络参数，将标记的节点分成训练集、测试集和验证集；我们已经有效地将直推问题转换为归纳问题。为了执行推理，根据它们的k跳邻域为未知节点计算预测。与训练不同，这不需要存储中间表示，所以在内存效率方面要高得多。

13.8　图卷积网络的层

在前面的示例中，我们通过将相邻节点的消息与变换后的当前节点相加来组合它们。这是通过右乘节点嵌入矩阵$\boldsymbol{H}$和邻接矩阵加单位矩阵$\boldsymbol{A}+\boldsymbol{I}$来完成的。现在我们考虑不同的方法来处理当前嵌入与聚合邻居的组合，以及处理聚合过程本身。

13.8.1　结合当前节点和聚合邻居

在上面的示例GCN层中，通过简单地将它们相加来组合聚合的邻居$\boldsymbol{HA}$和当前节点$\boldsymbol{H}$：

$$\boldsymbol{H}_{k+1}=\boldsymbol{a}[\beta_k\boldsymbol{1}^{\mathrm{T}}+\boldsymbol{\Omega}_k\boldsymbol{H}_k(\boldsymbol{A}+\boldsymbol{I})] \tag{13.13}$$

在另一种变体中，在贡献到总和之前，当前节点乘以一个因子$(1+\in_k)$，其中$\in_k$是一个每层不同的学习到的标量：

$$\boldsymbol{H}_{k+1}=\boldsymbol{a}[\beta_k\boldsymbol{1}^{\mathrm{T}}+\boldsymbol{\Omega}_k\boldsymbol{H}_k(\boldsymbol{A}+(1+\in_k)\boldsymbol{I})] \tag{13.14}$$

这称为对角线增强。一个相关的变体对当前节点应用不同的线性变换$\boldsymbol{\varPsi}_k$：

$$\begin{aligned}\boldsymbol{H}_{k+1}&=\boldsymbol{a}\left[\beta_k\boldsymbol{1}^{\mathrm{T}}+\boldsymbol{\Omega}_k\boldsymbol{H}_k\boldsymbol{A}+\boldsymbol{\varPsi}_k\boldsymbol{H}_k\right]\\&=\boldsymbol{a}\left[\beta_k\boldsymbol{1}^{\mathrm{T}}+\left[\boldsymbol{\Omega}_k\ \ \boldsymbol{\varPsi}_k\right]\begin{bmatrix}\boldsymbol{H}_k\boldsymbol{A}\\\boldsymbol{H}_k\end{bmatrix}\right]\\&=\boldsymbol{a}\left[\beta_k\boldsymbol{1}^{\mathrm{T}}+\boldsymbol{\Omega}'_k\begin{bmatrix}\boldsymbol{H}_k\boldsymbol{A}\\\boldsymbol{H}_k\end{bmatrix}\right]\end{aligned} \tag{13.15}$$

这里，在第三行定义了$\boldsymbol{\Omega}'_k=\left[\boldsymbol{\Omega}_k\ \ \Psi_k\right]$。

13.8.2　残差连接

使用残差连接时，来自邻居的聚合表示在与当前节点求和或连接之前会经过变换和激活函数。对于后一种情况，相关的网络式是：

$$\boldsymbol{H}_{k+1}=\begin{bmatrix}\boldsymbol{a}[\beta_k\boldsymbol{1}^{\mathrm{T}}+\boldsymbol{\Omega}_k\boldsymbol{H}_k\boldsymbol{A}]\\\boldsymbol{H}_k\end{bmatrix} \tag{13.16}$$

13.8.3 平均聚合

上述方法通过将节点嵌入相加来聚合邻居。然而，以不同方式组合嵌入是可能的。有时，最好取邻居的平均值而不是总和；如果嵌入信息更重要，结构信息不那么重要，这样做可能更优越，因为邻居贡献的大小将不取决于邻居的数量：

$$\text{agg}[n] = \frac{1}{|ne[n]|}\sum_{m\in ne[n]} h_m \tag{13.17}$$

在这里，像以前一样，$ne[n]$表示包含第n个节点邻居索引的集合。式(13.17)可以通过引入对角线$N\times N$度矩阵$\boldsymbol{D}$以矩阵形式整洁地计算。这个矩阵的每个非零元素包含相关节点的邻居数量。因此，逆矩阵$\boldsymbol{D}^{-1}$中的每个对角线元素包含我们需要计算平均值的分母。新的GCN层可以写成：

$$\boldsymbol{H}_{k+1} = \boldsymbol{a}[\beta_k \boldsymbol{1}^{\mathrm{T}} + \boldsymbol{\Omega}_k \boldsymbol{H}_k(\boldsymbol{A}\boldsymbol{D}^{-1} + \boldsymbol{I})] \tag{13.18}$$

13.8.4 Kipf归一化

基于平均聚合的图神经网络有很多变体。有时，当前节点在平均计算中与其邻居一起被包括在内，而不是被单独处理。在Kipf归一化中，节点表示的总和被归一化，如下所示：

$$\text{agg}[n] = \sum_{m\in ne[n]} \frac{\boldsymbol{h}_m}{\sqrt{|ne[n]||ne[m]|}} \tag{13.19}$$

其逻辑是，因为连接很多，提供的独特信息较少，所以来自具有大量邻居节点的信息应该被降权。这也可以使用度矩阵的形式表达：

$$\boldsymbol{H}_{k+1} = \boldsymbol{a}[\beta_k \boldsymbol{1}^{\mathrm{T}} + \Omega_k \boldsymbol{H}_k(\boldsymbol{D}^{-1/2}\boldsymbol{A}\boldsymbol{D}^{-1/2} + \boldsymbol{I})] \tag{13.20}$$

13.8.5 最大池化聚合

另一种也保持排列不变的操作是计算一组对象的最大值。最大池化聚合算子为：

$$\text{agg}[n] = \max_{m\in ne[n]}[\boldsymbol{h}_m] \tag{13.21}$$

其中运算符max[•]返回与当前节点n相邻的向量$\boldsymbol{h}_m$的逐元素最大值。

13.8.6 注意力聚合

到目前为止讨论的聚合方法要么平等地加权邻居的贡献，要么根据图拓扑结构来确定权重。相反，在图注意力层中，权重取决于节点上的数据。对当前节点嵌入应用线性变换，以便：

$$\boldsymbol{H}'_k = \beta_k \boldsymbol{1}^{\mathrm{T}} + \boldsymbol{\Omega}_k \boldsymbol{H}_k \tag{13.22}$$

然后通过连接成对的节点，与学习参数的列向量 $\boldsymbol{\phi}_k$ 进行点积，并应用激活函数，计算每个变换后的节点嵌入 $\boldsymbol{h}'_m$ 与变换后的节点嵌入 $\boldsymbol{h}'_n$ 之间的相似度 s_{mn}：

$$s_{mn} = \boldsymbol{a}\left[\boldsymbol{\phi}_k^{\mathrm{T}}\begin{bmatrix}\boldsymbol{h}'_m \\ \boldsymbol{h}'_n\end{bmatrix}\right] \tag{13.23}$$

这些变量存储在一个$N\times N$的矩阵$\boldsymbol{S}$中，每个元素表示每个节点与其他节点的相似度。与点积自注意力一样，贡献给每个输出嵌入的注意力权重通过Softmax操作被归一化为正数同时其总和为1。然而，只有与当前节点及其邻居对应的值才应该贡献。注意力权重应用于变换后的嵌入：

$$\boldsymbol{H}_{k+1} = \boldsymbol{a}[\boldsymbol{H}'_k \cdot \mathrm{Softmask}[\boldsymbol{S}, \boldsymbol{A}+\boldsymbol{I}]] \tag{13.24}$$

其中 $\boldsymbol{a}[\bullet]$ 是第二个激活函数。函数 Softmask$[\bullet,\bullet]$ 通过对其第一个参数$\boldsymbol{S}$的每列分别应用Softmax操作来计算注意力值，但在此之前，将其第二个参数$\boldsymbol{A}+\boldsymbol{I}$为零的位置的值设置为负无穷大，以便它们不贡献。这确保了对非邻近节点的注意力为零。

这与Transformer中的自注意力计算非常相似(见图13.12)，除了：①键、查询和值都是相同的，②相似度的度量是不同的，③注意力被掩码，以便每个节点只关注自身和它的邻居。与Transformer一样，该系统可以扩展为使用多个头并行运行并重新组合。

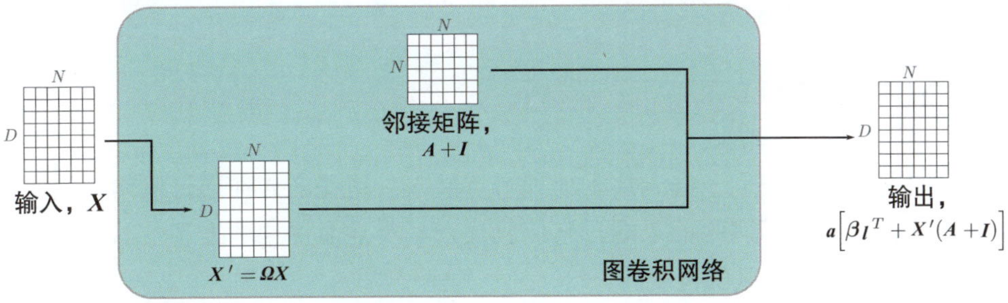

(a) 图卷积网络对数据矩阵应用线性变换 $\boldsymbol{X}'=\boldsymbol{\Omega X}$。然后计算变换数据的加权和，其中加权基于邻接矩阵。加上偏置 β，并将结果通过激活函数

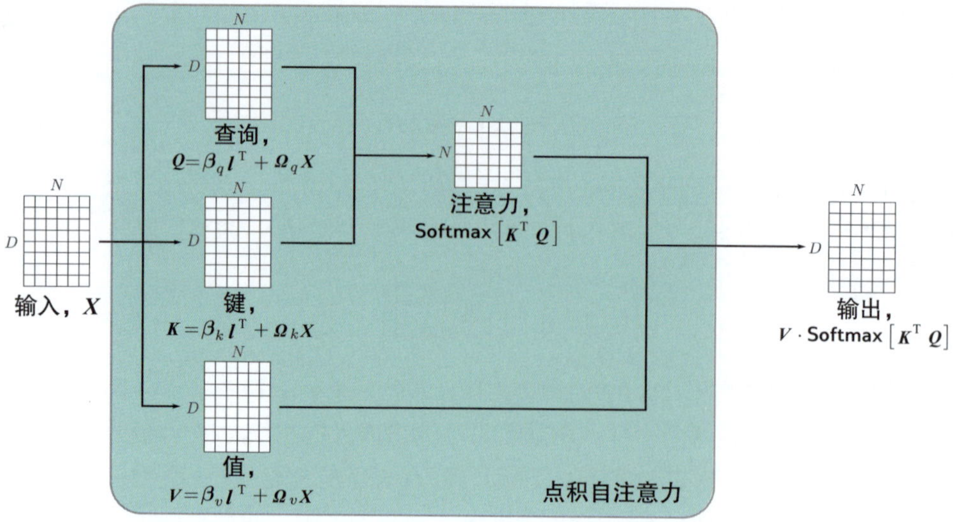

(b) 自注意力机制的输出也是变换输入的加权和，但这次权重取决于数据本身，通过注意力矩阵

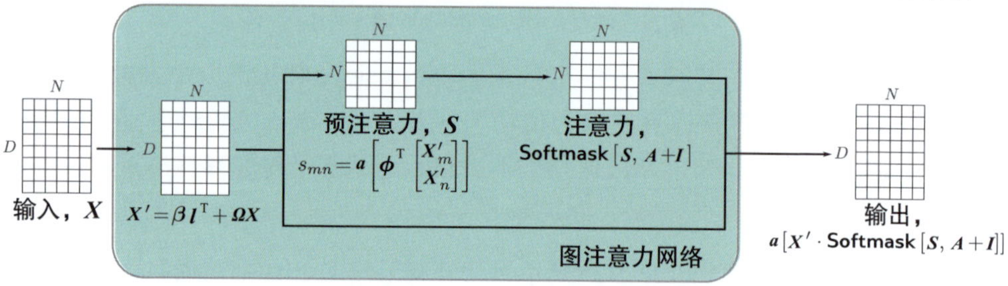

(c) 图注意力网络结合了这两种机制；权重既从数据计算得出，又基于邻接矩阵

图13.12 图卷积网络、点积注意力和图注意力网络的比较。每种情况下，机制将存储在$D\times N$矩阵X中的N个大小为D的嵌入映射到相同大小的输出

13.9 边图

到目前为止，我们一直专注于处理节点嵌入。这些嵌入在通过网络传递时会发生变化，因此到了网络的末端，它们就代表了节点及图中的上下文。现在我们考虑信息与图的边关联的情况。

很容易通过边图(也称为伴随图或线图)来调整处理节点嵌入的机制以处理边嵌入。这是一个补充图，其中原始图中的每条边变成一个节点，并且原始图中具有共同节点的任意两条边在新图中创建一条边(见图13.13)。通常，可以从其边图中恢复一个图，因此可以在这两种表示之间互换。

为了处理边嵌入，图被转换为其边图。然后我们使用完全相同的技术，从每个新节点的邻居那里聚合信息，并将此与当前表示结合起来。当节点和边嵌入都存在时，可在两个图之间来回转换。现在有四种可能的更新(节点更新节点、节点更新边、边更新节点和边更新边)，并且可以根据需要交替进行更新，或者稍作修改，节点可以同时从节点和边更新。

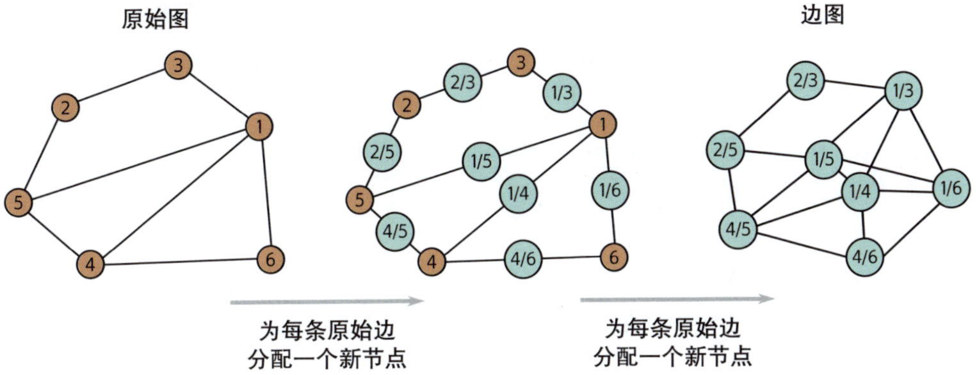

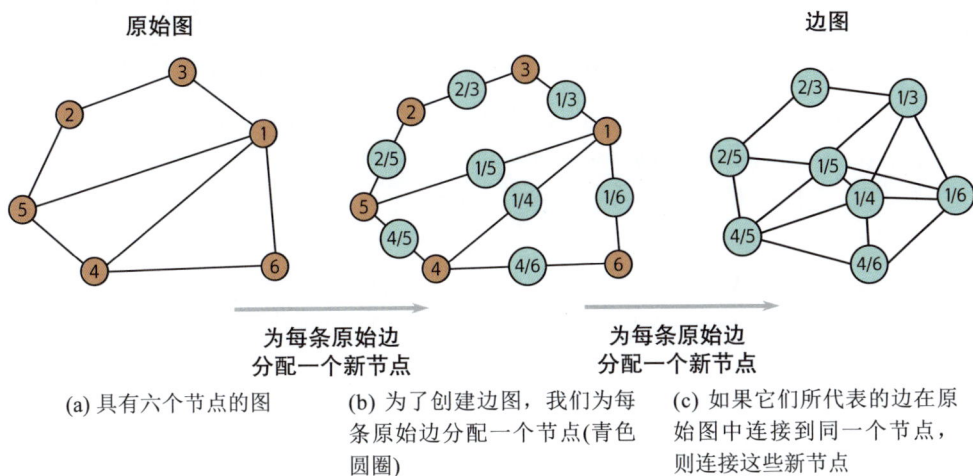

(a) 具有六个节点的图　(b) 为了创建边图，我们为每条原始边分配一个节点(青色圆圈)　(c) 如果它们所代表的边在原始图中连接到同一个节点，则连接这些新节点

图13.13　边图

13.10　本章小结

图由一组节点组成，这些节点对通过边连接。节点和边都可以附加数据，分别称为节点嵌入和边嵌入。许多现实世界的问题可以用图来表述，目标是建立整个图的属性、每个节点或边的属性，或者图中额外边的存在。

图神经网络是应用于图的深度学习模型。由于图中节点的顺序是任意的，图神经网络的层必须对节点索引的排列具有等变性。基于空间的卷积网络是一类图神经网络，它们从节点的邻居那里聚合信息，然后使用这些信息来更新节点嵌入。

处理图的一个挑战是，它们通常出现在直推设置中，这里只有一个部分标记的图，而不是训练和测试图的集合。这个图可能非常大，这在训练方面带来了更大的挑战，并导致了采样和划分算法的出现。边图在原始图中的每条边上都有一个节点。通过转换为这种表示，图神经网络可以用来更新边嵌入。

13.11　注释

Sanchez-Lengeling等人(2021年)和Daigavane等人(2021年)提供了使用神经网络处理图的优秀入门文章。关于图神经网络研究的最新综述可以在Zhou等人

(2020a)、Wu等人(2020c)和Veličković(2023)的文章中找到，以及Hamilton(2020)和Ma & Tang(2021)的书籍中找到。GraphEDM(Chami等，2020年)将许多现有的图算法统一到一个框架中。在本章中，我们遵循Bruna等人(2013年)的做法将图与卷积网络相关联，但它们也与置信传播(Dai等，2016年)和图同构测试(Hamilton等，2017a)有很强的联系。Zhang等人(2019c)提供了一个特别关注图卷积网络的综述。Bronstein等人(2021年)提供了包括图上学习在内的几何深度学习的概述。Loukas(2020)讨论了图神经网络可以学习的函数类型。

应用：应用包括图分类(Zhang等，2018b)、节点分类(Kipf & Welling，2017)、边预测(Zhang & Chen，2018)、图聚类(Tsitsulin等，2020)和推荐系统(Wu等，2023)。Xiao等人(2022a)回顾了节点分类的方法，Errica等人(2019)回顾了图分类的方法，Mutlu等人(2020)和Kumar等人(2020a)回顾了边预测的方法。

图神经网络：图神经网络由Gori等人(2005年)和Scarselli等人(2008年)引入，他们将其表述为递归神经网络的概括。后一种模型使用了迭代更新：

$$\boldsymbol{h}_n \leftarrow \boldsymbol{f}[\boldsymbol{x}_n, \boldsymbol{x}_{m\in ne[n]}, \boldsymbol{e}_{e\in nee[n]}, \boldsymbol{h}_{m\in ne[\boldsymbol{n}]}, \phi] \tag{13.25}$$

其中每个节点嵌入$\boldsymbol{h}_n$从初始嵌入$\boldsymbol{x}_n$、相邻节点的初始嵌入$\boldsymbol{x}_m \in ne[n]$、相邻边的初始嵌入$\boldsymbol{e}_{e\in nee[n]}$和相邻节点嵌入$\boldsymbol{h}_{m\in ne[n]}$更新。为了收敛，函数$\boldsymbol{f}[\bullet,\bullet,\bullet,\bullet,\phi]$必须是收缩映射(见图16.9)。如果我们将这个式在时间上展开K步，并允许在每个时间K有不同的参数ϕ_k，那么式(13.25)就变得类似于图卷积网络。后续工作扩展了图神经网络，使用门控循环单元(Li等，2016b)和长短期记忆网络(Selsam等，2019)。

谱方法：Bruna等人(2013年)在傅里叶域中应用了卷积操作。傅里叶基向量可以通过对图拉普拉斯矩阵进行特征分解来找到，$\boldsymbol{L}=\boldsymbol{D}-\boldsymbol{A}$，其中$\boldsymbol{D}$是度矩阵，$\boldsymbol{A}$是邻接矩阵。这存在缺点：滤波器不是局部化的，对于大型图来说，分解的代价非常高。Henaff等人(2015年)通过强制傅里叶表示平滑(从而使空间域局部化)来解决第一个问题。Defferrard等人(2016年)引入了ChebNet，它通过使用切比雪夫多项式的递归属性有效地近似滤波器。这既提供了空间局部化的滤波器，又减少了计算量。Kipf & Welling(2017)进一步简化了这一点，构建了只使用1跳邻域的滤波器，从而形成了类似于本章描述的空间方法的式子，并为谱方法和空间方法提供了联系的桥梁。

空间方法：谱方法最终基于图拉普拉斯，所以如果图发生变化，模型必须重新训练。这个问题促进了空间方法的发展。Duvenaud等人(2015年)在空间域中定义了卷积，对每个节点度使用不同的权重矩阵来组合相邻嵌入。这有一个缺点，如果某些节点有非常多的连接，这种方法变得不切实际。扩散卷积神经网络

(Atwood & Towsley，2016)使用规范化邻接矩阵的幂在不同尺度上混合特征，求和，逐点乘以权重，并通过激活函数传递以创建节点嵌入。Gilmer等人(2017年)引入了消息传递神经网络，它定义了在图上作为从空间邻居传播消息的卷积。GraphSAGE的“聚合和组合”式(Hamilton等，2017a)适用于这个框架。

聚合和组合：图卷积网络(Kipf & Welling, 2017)取邻居和当前节点的加权平均值，然后应用线性映射和ReLU。GraphSAGE(Hamilton等，2017a)对每个邻居应用神经网络层，采用逐元素最大值来聚合。Chiang等人(2019)提出对角线增强，其中先前的嵌入比邻居加权更多。Kipf & Welling(2017)引入了Kipf归一化，它根据当前节点和邻居的度数对邻近嵌入的总和进行归一化(见式(13.19))。

混合模型网络或MoNet(Monti等，2017)更进一步，通过学习基于当前节点和邻居的度数的权重，为每个节点关联一个伪坐标系统。然后基于高斯混合学习一个连续函数，并在邻居的伪坐标上采样以获得权重。通过这种方式，他们可以学习具有任意度数的节点和邻居的权重。Pham等人(2017)使用节点嵌入和邻居的线性插值，每个维度有不同的加权组合。这个门控机制的权重是作为数据的函数生成的。

高阶卷积层：Zhou & Li(2017)通过将邻接矩阵$\boldsymbol{A}$替换为$\tilde{\boldsymbol{A}} = \boldsymbol{Min}\left[\boldsymbol{A}^L + \boldsymbol{I}, \boldsymbol{1}\right]$来使用高阶卷积，其中$L$是最大步长，$\boldsymbol{1}$是只包含1的矩阵，$\boldsymbol{Min}[\bullet]$取其两个矩阵参数的逐点最小值；现在的更新将至少有一个长度为L的路径的任何节点的贡献汇总在一起。Abu-El-Haija等人(2019)提出了MixHop，它从邻居(使用邻接矩阵$\boldsymbol{A}$)、邻居的邻居(使用$\boldsymbol{A}^2$)等计算节点更新。它们在每层连接这些更新。Lee等人(2018)使用几何图案从超出直接邻居的节点组合信息，这些图案是图中的小局部几何模式(例如，一个完全连接的5个节点的团)。

残差连接：Kipf & Welling(2017)提出一种残差连接，将原始嵌入添加到更新的嵌入中。Hamilton等人(2017b)将先前的嵌入连接到下一层的输出(见式(13.16))。Rossi等人(2020)提出一种Inception形的网络，其中节点嵌入不仅与它的邻居的聚合连接起来，而且与一个步长内的所有邻居的聚合连接起来(通过计算邻接矩阵的幂)。Xu等人(2018)引入了跳跃知识连接，其中每个节点的最终输出由网络中贯穿的节点嵌入连接而成。Zhang & Meng(2019)提出一种称为GResNet的残差嵌入的通用式，并研究了几种变化，其中从先前层添加嵌入，添加输入嵌入，或者添加这些不经过进一步转换就从邻居那里聚合信息的版本。

图神经网络中的注意力：Veličković等人(2019)开发了图注意力网络(见图13.12(c))。他们的形式使用多头，其输出被对称地组合。门控注意力网络(Zhang等人，2018a)以依赖于数据本身的方式对不同头的输出进行加权。Graph-BERT(Zhang等，2020)仅使用自注意力执行节点分类；图的结构通过向数据添加位置嵌入来捕获，类似于Transformer中单词的绝对或相对位置的捕获方式(第12章)。例如，他们添加了依赖于图中节点之间跳数的位置信息。

排列不变性：在DeepSets中，Zaheer等人(2017)提出了一个处理集合的一般排列不变算子。Janossy池化(Murphy等，2018)接受许多函数不是排列等变的，改用排列敏感函数，并跨许多排列平均结果。

边图：边图、线图或伴随图的符号可以追溯到惠特尼(1932)。Kearnes等人(2016年)提出了一种“编织”层的思想，这些层从节点嵌入更新节点嵌入，从边嵌入更新节点嵌入，从边嵌入更新边嵌入，以及从节点嵌入更新边嵌入。然而，在这里，节点-节点和边-边的更新不涉及邻居。Monti等人(2018年)引入了双重-原图CNN，这是一种现代的CNN框架式，在原始图和边图之间交替更新。

图神经网络的力量：徐等人(2019)认为，神经网络应该能够区分不同的图结构；如果两个图具有相同的初始节点嵌入但邻接矩阵不同，将它们映射到相同的输出是不可取的。他们确定了以前的方法(如GCN(Kipf & Welling, 2017)和GraphSAGE(Hamilton等，2017a)无法区分的图结构。他们开发了一种更强大的架构，具有与Weisfeiler-Lehman图同构性测试(Weisfeiler & Lehman, 1968)相同的区分能力，后者被认为能够区分广泛的图类别。产生的图同构性网络基于聚合操作：

$$\boldsymbol{h}_{k+1}^{(n)} = \text{mlp}\left[(1+\in_k)\boldsymbol{h}_k^{(n)} + \sum_{m\in ne[n]} \boldsymbol{h}_k^{(m)}\right] \tag{13.26}$$

批次：关于图卷积网络的原始论文(Kipf & Welling, 2017)使用了全批次梯度下降。这在训练期间具有与节点数、嵌入大小和层数成比例的内存需求。从那时起，已经提出了三种方法来减少内存需求，并在直推设置中为SGD创建批次：节点采样、层采样和子图采样。

节点采样方法首先通过随机选择目标节点的子集开始，然后通过网络回溯，在每个阶段添加感受野中节点的一个子集。GraphSAGE(Hamilton等，2017a)提出了一个固定数量的邻域样本，如图13.10(b)所示。陈等人(2018b)引入一种减少方差的技术，但使用了节点的历史激活，因此仍有很高的内存需求。PinSAGE(Ying等，2018a)使用从目标节点开始的随机游走，并选择访问次数最高的K个节点。这优先考虑了更紧密连接的祖先。

节点采样仍然需要在我们通过图回溯时增加节点数量。层采样方法通过直接独立地对每个层的感受野进行采样来解决这个问题。层采样的例子包括FastGCN(Chen等，2018a)、自适应采样(Huang等，2018b)和层依赖重要性采样(Zou等，2019)。

子图采样方法随机绘制子图或将原始图划分为子图。然后将它们作为独立的数据示例进行训练。这些方法的例子包括GraphSAINT(Zeng等，2020)，它在训练期间使用随机游走采样子图，然后在子图上运行完整的GCN，同时校正小批量的偏差和方差。Cluster GCN(Chiang等，2019)在预处理阶段通过最大化嵌入利用或批内边数将图划分为簇，并随机选择簇形成小批量。为了创造更多的随机性，他们训练这些簇的随机子集及它们之间的边(见图13.11)。

Wolfe等人(2021)提出一种分布式训练方法，通过在不同层划分特征空间来同时划分图并且并行训练较窄的GCN。也可了解关于采样图的更多信息(Rozemberczki等，2020)。

正则化和归一化：Rong等人(2020)提出了DropEdge，它通过掩蔽邻接矩阵，在每次训练迭代期间随机丢弃图中的边。这可以在整个神经网络中完成，或者在每层以不同方式完成(逐层DropEdge)。从某种意义上说，这类似于dropout，因为它打破了数据流中的连接，但也可以被视为一种增强方法，因为改变图类似于扰动数据。Schlichtkrull等人(2018)、Teru等人(2020)和Veličković等人(2019)也提出将从图中随机丢弃边作为类似于dropout的正则化形式。节点采样方法(Hamilton等，2017a；Huang等，2018b；Chen等，2018a)也可以被视为正则化器。Hasanzadeh等人(2020)提出一个名为DropConnect的通用框架，统一了上述的许多方法。

对于图神经网络，也有许多提出的归一化方案，包括PairNorm(Zhao & Akoglu, 2020)、权重归一化(Oono & Suzuki, 2019)、可微分分组归一化(Zhou等，2020b)和GraphNorm(Cai等，2021)。

多关系图：Schlichtkrull等人(2018)为多关系图(即具有多于一种边类型的图)提出了图卷积网络的变体。他们的方案使用不同的参数分别聚合每类边类型的信息。如果有大量的边类型，参数数量可能变得很多，为应对这一点，他们提出每种边类型使用一组参数的基础集的不同加权。

分层表示和池化：用于图像分类的CNN逐渐减少表示大小，但随着网络的深入而增加通道数。然而，本章中用于图分类的GCN在最后一层之前保持整个图，然后结合所有节点以计算最终预测。Ying等人(2018b)提出了DiffPool，它对图节点进行聚类，以创建一个随着深度增加而逐渐变小的图，这是一种可学习的差异化方法。这可以仅基于图结构完成，也可以基于图结构和嵌入自适应地完成。其他池化方法包括SortPool(Zhang等，2018b)和自注意力图池化(Lee等，2019)。图神经网络池化层的比较可以在Grattarola等人的文章中找到。Gao & Ji(2019)基于U-Net提出了一种用于图的编码器-解码器结构(见图11.10)。

几何图：MoNet模型(Monti等人，2017)可以利用几何信息，因为邻近节点具有明确定义的空间位置。他们学习了一个高斯混合函数，并基于邻居的相对坐标从这个函数中采样。通过这种方式，他们可以根据标准卷积神经网络中的相对位置对邻近节点进行加权，即使这些位置不是恒定的。大地测量CNN(Masci等，2015)和各向异性CNN(Boscaini等，2016)都将卷积适应到由三角网格表示的流形(即曲面)上。它们在当前节点周围的平面上局部近似曲面并定义坐标系。

平滑过度和暂停动画：与其他深度学习模型不同，图神经网络直到最近才从增加深度中显著受益。实际上，原始的GCN论文(Kipf & Welling，2017)和GraphSAGE(Hamilton等，2017a)都只使用两层，Chiang等人(2019)训练了一个五层的Cluster-GCN，在PPI数据集上获得了最先进的性能。一种可能的解释是过度平滑(Li等人，2018c)；在每一层，网络整合了来自更大邻域的信息，这可能导致重要的局部信息最终被溶解。实际上，Xu等人证明一个节点对另一个节点的影响与在K步随机游走中到达该节点的概率成正比。随着K的增加，这接近于图上游走的平稳分布，导致局部邻域被冲淡。

Ying等人(2018a)还指出，当网络的深度超过一定限制时，梯度不再向后传播，训练和测试数据的学习都会失败。他们将这种效应称为暂停动画。这类似于在卷积神经网络中简单地添加许多层(见图11.2)。他们提出了一种残差连接的家族，允许训练更深层次的网络。消失的梯度(第7.5节)也被Li等人(2021b)确定为限制。

最近，通过各种形式的残差连接，已经可以训练更深层次的图神经网络(Xu等，2018；Li等，2020a；Gong等，2020；Chen等，2020b；Xu等，2021a)。Li等人(2021a)使用一种可逆网络训练了一个具有1000多层的最先进模型，以减少训练的内存需求(见第16章)。

13.12 问题

问题13.1 写出图13.14中两个图的邻接矩阵。

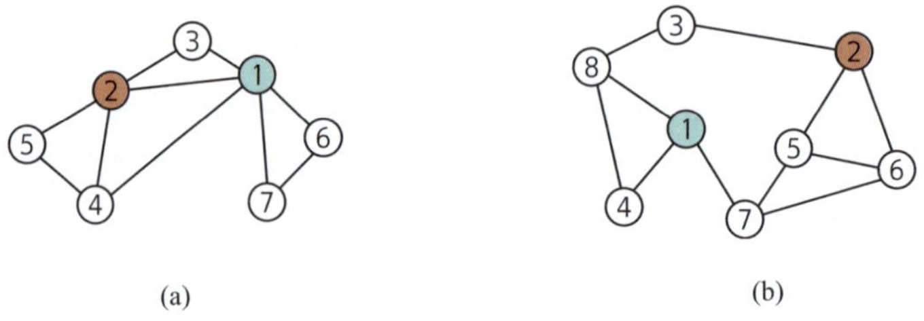

图13.14 问题13.1、问题13.3和问题13.8的图

问题13.2*　画出对应于以下邻接矩阵的图：

$$\boldsymbol{A}_1=\begin{bmatrix}0&1&1&0&0&0&0\\1&0&0&1&1&1&0\\1&0&0&0&0&1&1\\0&1&0&0&0&1&1\\0&1&0&0&0&0&1\\0&1&1&1&0&0&0\\0&0&1&1&1&0&0\end{bmatrix}\qquad\boldsymbol{A}_2=\begin{bmatrix}0&0&1&1&0&0&1\\0&0&1&1&1&0&0\\1&1&0&0&0&0&0\\1&1&0&0&1&1&1\\0&1&0&1&0&0&1\\0&0&0&1&0&0&1\\1&0&0&1&1&1&0\end{bmatrix}$$

问题13.3*　考虑图13.14中的两个图。有多少种方式可在3步和7步内从节点1走到节点2？

问题13.4　$\boldsymbol{A}^2$(见图13.4(c))中的对角线包含连接到每个对应节点的边数。解释这一现象。

问题13.5　哪个排列矩阵负责图13.5(a)~(c)和图13.5(d)~(f)之间的图的转换？

问题13.6　证明：

$$\text{sig}[\boldsymbol{\beta}_K+\boldsymbol{\omega}_K\boldsymbol{H}_K\boldsymbol{1}]=\text{sig}[\boldsymbol{\beta}_K+\boldsymbol{\omega}_K\boldsymbol{H}_K\boldsymbol{P}\boldsymbol{1}] \tag{13.27}$$

其中$\boldsymbol{P}$是一个$N\times N$的排列矩阵(一个除了每行每列恰好有一个条目是1，其余都是0的矩阵)，$\boldsymbol{1}$是一个$N\times 1$的全1矩阵。

问题13.7*　考虑简单的GNN层：

$$\begin{aligned}\boldsymbol{H}_{k+1}&=\text{GraphLayer}\left[\boldsymbol{H}_k,\boldsymbol{A}\right]\\&=\boldsymbol{a}\left[\boldsymbol{\beta}_k\boldsymbol{1}^{\text{T}}+\boldsymbol{\Omega}_k\begin{bmatrix}\boldsymbol{H}_k\\\boldsymbol{H}_k\boldsymbol{A}\end{bmatrix}\right]\end{aligned} \tag{13.28}$$

其中$\boldsymbol{H}$是一个$D\times N$矩阵，包含在其列中的N个节点嵌入，$\boldsymbol{A}$是$N\times N$的邻接矩阵，$\boldsymbol{\beta}$是偏置向量，$\boldsymbol{\Omega}$是权重矩阵。证明这一层对节点顺序的排列具有等变性，以使：

$$\text{GraphLayer}[\boldsymbol{H}_k,\boldsymbol{A}]\boldsymbol{P}=\text{GraphLayer}[\boldsymbol{H}_k\boldsymbol{P},\boldsymbol{P}^{\text{T}}\boldsymbol{A}\boldsymbol{P}] \tag{13.29}$$

其中$\boldsymbol{P}$是一个$N\times N$的排列矩阵。

问题13.8　图13.14中每个图的度矩阵$\boldsymbol{D}$是什么？

问题13.9　GraphSAGE的作者(Hamilton等，2017a)提出了一种池化方法，其中节点嵌入与其邻居平均在一起，以使：

$$\text{agg}[n]=\frac{1}{1+|ne[n]|}\left(\boldsymbol{h}_n+\sum_{m\in ne[n]}\boldsymbol{h}_m\right) \tag{13.30}$$

展示如何使用线性代数同时对$D \times N$嵌入矩阵$\boldsymbol{H}$中的所有节点执行嵌入计算。你将需要使用邻接矩阵$\boldsymbol{A}$和度矩阵$\boldsymbol{D}$。

问题13.10* 设计一个基于点积自注意力的图注意力机制，并以图13.12的风格绘制其机制。

问题13.11* 绘制图13.15(a)的边图。

问题13.12* 绘制图13.15(b)的边图对应的节点图。

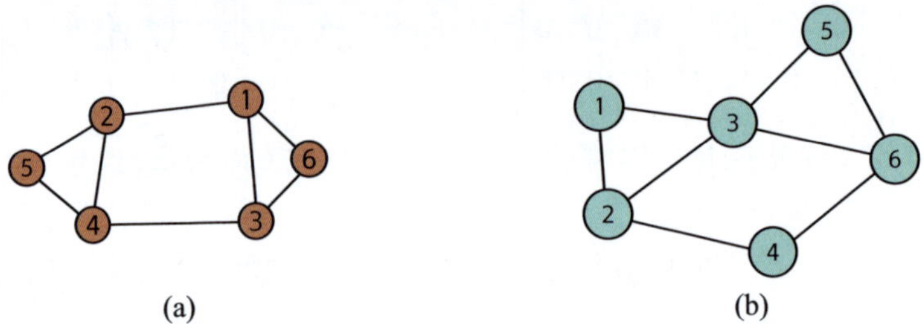

图13.15 问题13.11~问题13.13的图

问题13.13 对于一个通用的无向图，描述节点图的邻接矩阵与相应边图的邻接矩阵之间的关系。

问题13.14* 设计一个根据其邻近节点嵌入$\{\boldsymbol{h}_m\}_{m \in ne[n]}$和邻近边嵌入$\{\boldsymbol{e}_m\}_{m \in nee[n]}$更新节点嵌入$\boldsymbol{h}_n$的层。你应该考虑边嵌入的大小与节点嵌入的大小不同的可能性。

第14章 无监督学习

本书第2~9章介绍了监督学习的基本流程。我们把观测数据$\boldsymbol{x}$映射到输出标签$\boldsymbol{y}$的模型定义为监督学习模型，并介绍了用于评价模型在训练集$\{\boldsymbol{x}_i, \boldsymbol{y}_i\}$上映射效果的损失函数。然后，讨论了如何训练模型和评估模型性能。第10~13章介绍了更复杂的模型架构，这些架构引入了参数共享机制和并行计算。

无监督学习模型(unsupervised learning model)的特性是能够在没有标签的情况下，仅使用观测数据$\{\boldsymbol{x}_i\}$完成模型训练。所有的无监督模型都具备上述特性，但是不同的无监督模型的训练目标互不相同。既可以用于根据数据集生成类似的新样本，也可以应用于数据的调整、去噪、差值、压缩。此外，可用于揭示数据集的内部结构(如数据聚类)，或区分新样本是同源数据还是离群数据。

本章首先介绍无监督学习模型的分类，然后讨论模型的理想特性及性能评估方法。接下来的四章将介绍四个典型的模型：生成式对抗网络(Generative Adversarial Networks，GAN)、标准化流(normalizing flow)、变分自编码器(Variational Autoencoders，VAE)和扩散模型(diffusion model)。

14.1 无监督学习模型分类

无监督学习的常见策略是构建数据样本$\boldsymbol{x}$和一组不可见的隐变量$\boldsymbol{z}$之间的映射。这些隐变量能够捕获数据集中的潜在结构，并且通常数据维度低于原始数据。从这个意义上说，可以认为隐变量$\boldsymbol{z}$是数据样本$\boldsymbol{x}$在保留关键特征的前提下的压缩版本。

原则上，观测变量和隐变量之间的映射可以是双向的。一部分模型是将观测数据$\boldsymbol{x}$映射到隐变量$\boldsymbol{z}$上。例如，著名的k-means算法就是将观测数据$\boldsymbol{x}$映射到簇分

配向量 $z \in \{1,2,\ldots,K\}$ 上。另一部分模型则将隐变量z映射到观测数据$\boldsymbol{x}$上。这类模型会先定义隐变量空间中的数据分布 $Pr(z)$，然后通过先从 $Pr(z)$ 中抽取隐变量样本，再将隐变量样本映射到数据空间$\boldsymbol{x}$的方式生成新样本。因此，这类模型统称为生成模型(见图14.1)。

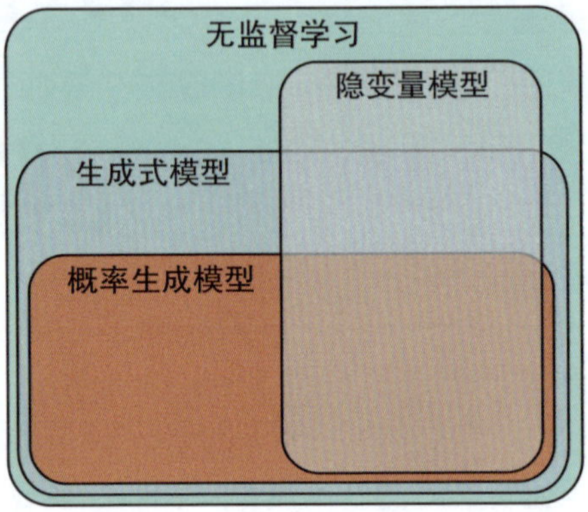

图14.1　无监督学习模型的分类。无监督学习模型包含所有能够在无标签数据集下训练的模型。生成模型能够合成(生成)与训练数据具有相似统计特性的新样本。这些模型的子集是概率模型，定义了数据上的概率分布。我们从这个分布中抽取样本来生成新的样本。隐变量模型定义了隐变量和观测数据之间的映射。它们可能属于上述任一类别

第15~18章介绍的四个模型都是基于将隐变量z映射到数据$\boldsymbol{x}$的思路构建的生成模型。生成式对抗网络(第15章)通过最小化生成样本与真实样本差异的损失函数，学习将隐变量z映射到数据样本 $\boldsymbol{x}^*$ 的模型(图14.2(a))。

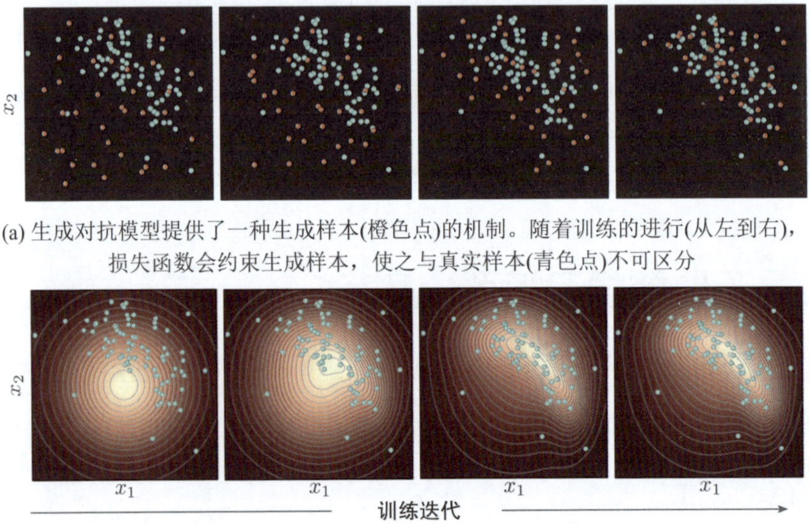

(a) 生成对抗模型提供了一种生成样本(橙色点)的机制。随着训练的进行(从左到右)，损失函数会约束生成样本，使之与真实样本(青色点)不可区分

(b) 概率生成模型(包括变分自编码器、标准化流和扩散模型)学习训练数据的概率分布。随着训练的进行(从左到右)，真实样本分布下的概率会增加，这可以用来抽取新样本并评估新样本的概率

图14.2　训练生成模型

标准化流、变分自编码器和扩散模型(第16~18章)是概率生成模型。这些模型除了生成新样本，还会为每个样本$\boldsymbol{x}$生成一个概率$Pr(\boldsymbol{x}|\phi)$。这个概率与模型参数ϕ有关。在训练过程中，我们的目标是最大化观测数据$\{\boldsymbol{x}_i\}$的概率，因此模型的损失函数是所有观测数据的对数似然概率的总和的负值：

$$L[\phi]=-\sum_{i=1}^{I}\log[Pr(\boldsymbol{x}_i|\phi)] \tag{14.1}$$

由于所有样本的概率总和必须为1，这会导致远离观测数据的样本的概率偏低。概率不仅提供了训练标准，其本身也有其他应用；测试集中的数据概率可用于定量比较两个模型的性能，通过概率是否超过阈值还能判断某一样本是同源数据还是离群数据。

14.2　什么是好的生成模型?

基于隐变量的生成模型应具备以下特性。

- 高效的样本生成能力：使用模型生成样本的计算成本低廉，并且模型能充分利用硬件的并行计算能力。
- 高质量的样本生成能力：生成的样本应与训练模型的真实数据无法区分。
- 生成样本的多样性：生成的样本应能代表整个训练集的数据空间。仅生成与训练集子集相似的数据样本是没有意义的。
- 表现良好的隐空间：每个隐变量$\boldsymbol{z}$应该对应一个符合预设条件的数据样本$\boldsymbol{x}$。当隐变量$\boldsymbol{z}$发生平滑变化时，生成的数据样本$\boldsymbol{x}$也应当产生对应的平滑变化。
- 解耦的隐空间：隐变量$\boldsymbol{z}$的每个维度都对应着生成样本的一个可解释属性。例如，在语言模型中，调整隐变量的不同维度可能改变输出文本的主题、时态和长度。
- 高效的似然计算：对于概率生成模型，模型需要能够高效、准确地计算新样本的似然概率。

这自然引出了一个问题：我们介绍的生成模型是否具备这些特性？这类问题的答案通常是主观的，但图14.3提供了指导性说明。虽然具体内容尚有争议，但大多数从业者都会同意，没有任何一个模型能同时具备上述所有特性。

模型	是否高效	样本质量	覆盖率	良好的潜在空间	解耦潜在空间	高效似然
生成式对抗网络(GAN)	✓	✓	✗	✓	?	n/a
变分自编码器(VAE)	✓	✗	?	✓	?	✗
标准化流模型(Flow)	✓	✗	?	✓	?	✓
扩散模型(Diffusion)	✗	✓	?	✗	✗	✗

图14.3 四种生成模型的属性。无论是生成式对抗网络(GAN)、变分自编码器(VAE)、标准化流(Flow)还是扩散(Diffusion)模型，都不能具备全部的理想特性

14.3 量化评估指标

上一节讨论了生成模型的理想特性。本节将讨论生成模型性能的量化评估方法。由于数据可用性较高且易于定性比较，许多生成模型都采用图像数据进行实验验证。因此，下文中的一些指标仅适用于图像数据。

测试集似然概率评估：比较概率模型的一种方法是测量它们对于测试数据集的似然度。测量训练数据似然度是无效的，因为模型可能为每个训练点分配非常高的概率，而在它们之间分配非常低的概率。这个模型将具有非常高的训练似然度，但只能复现训练数据。测试似然度捕捉了模型从训练数据泛化得有多好，以及覆盖范围；如果模型只为训练数据的一个子集分配了高概率，它必须在其他地方分配较低的概率，因此一部分测试样本将具有较低的概率。

测试似然度是量化概率模型的一种合理方式，但遗憾的是，它与生成对抗模型(不分配概率)是不相关的，并且对于变分自编码器和扩散模型来说，估算成本很高(尽管可以计算对数似然的下界)。归一化流是唯一一种可以精确且高效计算似然度的模型类型。

初始评分(Inception Score，IS)：IS是一种仅适用于图像生成模型的评估方法，尤其适合评估在ImageNet数据集上训练的生成模型。该方法基于一个预训练分类模型(通常被称为Inception Model，这也是Inception Score名称的由来)。首先，每个生成图像$\boldsymbol{x}^*$应属于且仅属于ImageNet数据集中定义的1000个类别中的一个。因此，概率分布$Pr(y_i \mid \boldsymbol{x}_i^*)$应该在正确的类别上高度集中。其次，所有的生成图像应该被平均分配到各个类别中，因此所有生成样本的分类结果的平均值$Pr(y)$应该是平坦的。

IS评分可用于评估上述两个概率分布的平均距离，当前者陡峭后者平坦时，IS就会很大(图14.4)。更准确地说，它计算的是$Pr(y_i \mid \boldsymbol{x}_i^*)$和$Pr(y)$两个分布的KL散度的期望指数。

$$IS = \exp\left[\frac{1}{I}\sum_{i=1}^{I} D_{KL}[Pr(y_i \mid \boldsymbol{x}_i^*) \| Pr(y)]\right] \tag{14.2}$$

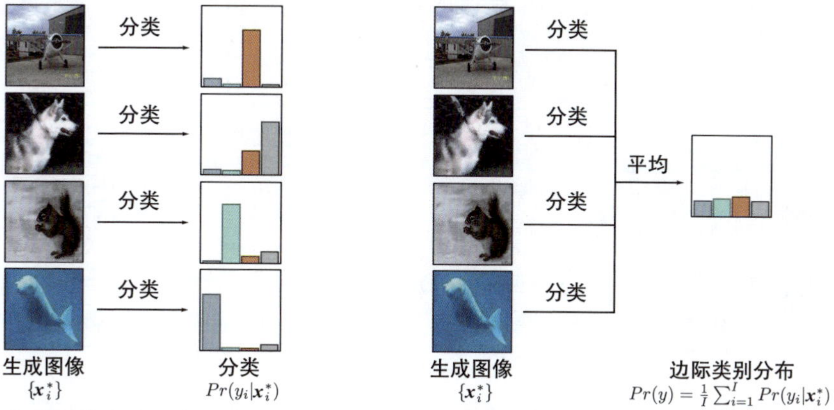

(a)一个预训练分类网络对生成的图像进行分类。如果图像非常逼真，那么分类结果 $Pr(y_i \mid \boldsymbol{x}_i^*)$ 应该在正确类别上出现峰值

(b)如果模型等概率地生成所有类别，那么边际类别概率(即平均值)应该是相对平坦的

图14.4 初始评分(Inception Score，IS)。IS衡量了(a)中分布与(b)中分布间的平均距离(Deng等，2009)

其中，I是生成样本的数量，且：

$$Pr(y) = \frac{1}{I}\sum_{i=1}^{I} Pr(y_i \mid \boldsymbol{x}_i^*) \tag{14.3}$$

该指标仅对基于ImageNet数据集的生成模型有意义，并且对分类模型的变化很敏感，重新训练分类模型将导致评估结果被改变。此外，该指标不会奖励生成结果在类内的多样性，如果模型只对每个类生成一个样本，这个指标也会很高。

弗雷谢距离(Fréchet Inception Distance，FID)：FID也仅适用于图像模型，通过计算生成样本分布和真实样本分布的对称距离进行评估。由于这两个分布都很难准确描述(事实上，描述真实样本的分布正是生成模型的工作)，因此必须采用近似估计的方法。因此，FID使用多元高斯分布近似这两个分布，并使用弗雷谢距离估计二者的距离。

在实际评估中，FID没有基于原始数据建模并进行距离度量，而是对预训练分类网络的最深层激活层的输出值进行建模。这一层的输出值与分类结果的关联最密切，因此距离度量时更侧重于语义而会忽略图像中的细粒度细节。这一指标考虑了类内多样性，但非常依赖预训练分类网络计算出的特征所保留的信息，分类网络推理过程中丢失的信息将无法作用于结果，但丢失的信息中可能存在对生成真实样本有正向作用的部分。

流形精确率/召回率(manifold precision/recall)：FID同时考虑样本的真实性和多

样性，但不能分别控制这两种特性。为了理清模型对二者的影响，我们考虑了数据流形(即真实样本所在的数据空间子集)和模型流形(即生成样本所在的数据空间位置)之间的重叠。此时，精确率是落入数据流形的生成样本比例，它衡量了生成样本的真实性比例。召回率是落入模型流形的真实样本比例，它能评估模型生成的真实数据的比例(图14.5)。

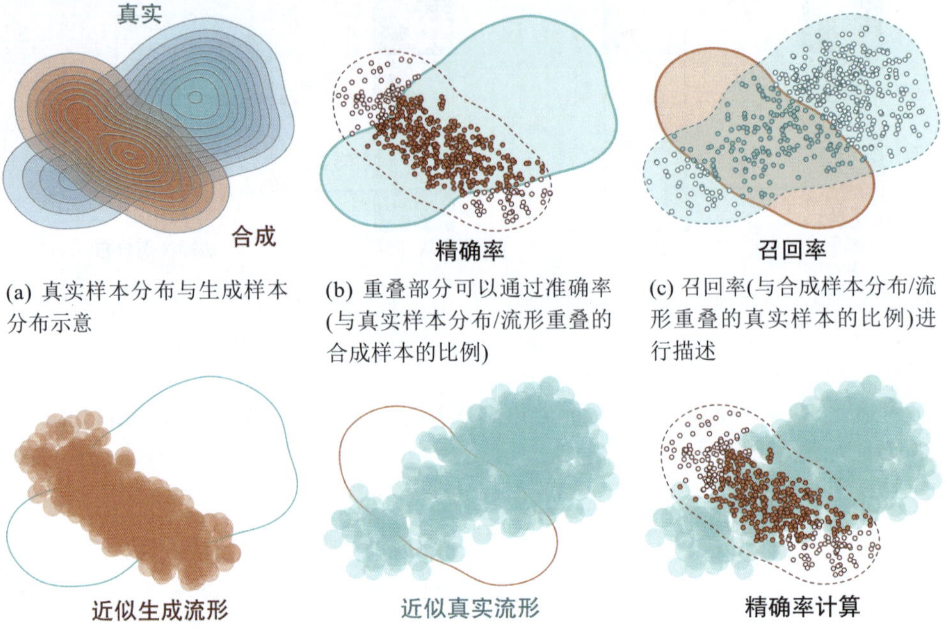

(a) 真实样本分布与生成样本分布示意

(b) 重叠部分可以通过准确率(与真实样本分布/流形重叠的合成样本的比例)

(c) 召回率(与合成样本分布/流形重叠的真实样本的比例)进行描述

(d) 以样本为中心的超球体的并集，可以逼近合成样本的流形。图中超球体具有相同的半径，通常情况下，半径等于样本到第k个最近邻样本的距离

(e) 真实样本的流形采用类似的方式近似

(f) 准确率等于位于合成样本流形中真实样本的比例。召回率等于位于真实样本流形中合成样本的比例(未显示)

图14.5 流形准确率/召回率(Kynkäänniemi等，2019)

在估算流形时，可以每个数据样本为中心，生成一个超球体，其半径是到第k个最近邻样本的距离，这些球的并集就是流形的近似。此时，我们能够很容易地确定一个新样本是否已落入流形中。流形估计通常也在分类器的特征空间中计算，同时会受到分类器性能的影响。

14.4 本章小结

无监督模型能在没有标签的情况下学习数据集的结构。其中一类模型具有生成能力，能够生成新的数据样本。另一类模型是概率生成模型，既能生成新的数据样本，又能为观察到的数据分配概率。接下来的四章将从基于已知分布的隐变量z模型开始，依次介绍能将隐变量映射到观测数据空间的深度神经网络模型。我们考虑了生成模型的理想特性，并尝试引入了量化评估模型性能的方法。

14.5 注释

主流的生成式模型包含生成式对抗网络(Goodfellow等，2014)、变分自编码器(Kingma和Welling，2014)、标准化流(Rezende和Mohamed，2015)、扩散模型(Sohl-Dickstein等，2015；Ho等，2020)、自回归模型(Bengio等，2000；Van den Oord等，2016b)及能量模型(LeCun等，2006)。本书介绍了除能量模型外的所有模型。Bond-Taylor等人(2022)对生成式模型进行了最新的综述。

评估：Salimans等人(2016)引入了IS评分，Heusel等人(2017)引入了FID，两者计算评分时都使用了Inception V3模型Pool-3层的输出(Szegedy等，2016)。Nash等人(2021)使用相同网络的较早层进行评分计算，以保留更多空间信息，确保评分充分考虑图像的空间统计信息。Kynkäänniemi等人(2019)提出了流形精确度/召回方法。Barratt和Sharma(2018)对IS评分进行了详细分析，并指出了它的缺点。Borji(2022)讨论了评估生成模型的不同方法的优缺点。

第15章 生成式对抗网络

生成式对抗网络(generative adversarial network，GAN)是一种旨在生成与训练样本集无法区分的新样本的无监督模型。GAN只是一种生成新样本的机制，它并不会构建模型数据的概率分布，因此无法评估新数据点属于相同分布的概率。

GAN包含生成器(generator)和判别器(discriminator)两部分。生成器能够将随机噪声映射到输出数据空间以生成新样本。如果判别器无法区分生成样本和真实样本，则表明生成样本是合理的。反之，判别器将生成一个通过反馈来改善样本生成质量的训练信号。上述思路很简单，但实际的训练过程非常困难。学习算法可能不够稳定，而且虽然GAN最终可以生成逼真的样本，但这并不意味着它具备生成所有可能样本的能力。

GAN可应用于多种数据类型，包括音频、3D 模型、文本、视频和图形。其中，GAN在图像领域的效果最显著，能生成与真实图片几乎无法区分的样本。因此，本章的示例将主要围绕图像合成任务。

15.1 判别作为信号

我们的目标是生成与真实训练数据 $\{x_i\}$ 属于相同分布的新样本 $\{x_j^*\}$ 。新样本的生成步骤如下：首先从一个简单的基础分布(如标准正态分布)中选择一个隐变量 z_j ，将其作为网络模型 $x^* = g[z_j, \theta]$ 的输入。该网络模型被称为生成器，其中 θ 为网络参数。学习目标是找到使生成样本 $\{x_j^*\}$ 与 $\{x_i\}$ 最相似的参数 θ(见图14.2(a))。

相似性的定义方式有很多，GAN采用的原则是使样本在统计层面与真实数据无法区分。为此，GAN引入了具有参数 ϕ 的网络模型 $f[\bullet, \phi]$ ，称为判别器。判别器是一个判定输入数据是真实样本还是生成样本的二分类模型。对于生成样本，若判别器将其判定成真实样本，视为生成成功。反之，判别器会生成一个训练信号，用于优化生成器参数。

图15.1对上述过程进行了详细描述。图中青色箭头代表从1D真实样本集 $\{x_i\}$ 中抽取的一组样本 $\{x_i\}_{i=1}^{10}$。为获得生成样本 $\{x_j^*\}$，可构建一个简单的生成器：

$$x_j^* = g[z_j, \theta] = z_j + \theta \tag{15.1}$$

其中隐变量 $\{z_j\}$ 从标准正态分布中抽取，参数 θ标识生成样本沿x轴的平移量(图15.1)。

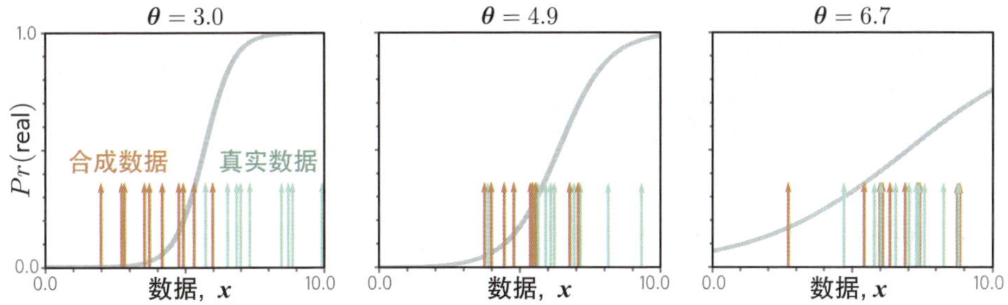

(a) 给定一个参数化的函数(生成器)，基于该函数的生成样本(橙色箭头)和真实样本(青色箭头)。可以训练一个判别器来区分真实样本和生成样本(sigmoid曲线表示估计数据点为真实的概率)

(b) 先通过优化参数的方式训练生成器，使得判别器越来越无法准确区分生成样本和真实样本(橙色样本逐渐移动到右侧)。然后用相同的策略训练判别器

(c) 交替训练生成器和判别器使生成样本与真实样本更难区分，更新生成器的动力(即sigmoid函数的斜率)也会逐渐减弱

图15.1　GAN机制

在初始化时，$\theta = 3.0$，生成样本(橙色箭头)位于真实样本(青色箭头)的左边。判别器将用于区分生成样本和真实样本(sigmoid函数的值表示数据点是真实的概率)。在训练过程中，优化生成器参数 θ以增加生成样本被归类为真实样本的概率。此时，若 θ增大，样本将右移，从而获得更大的sigmoid值。

如图15.1(b)~(c)所示，通过交替更新判别器和生成器，数据分类会变得越来越难，更新生成器参数 θ的动力也逐渐减弱(即sigmoid函数变平)。训练结束时刻，生成样本和真实样本将被无法区分，判别器由于失去了判别能力而被丢弃，只剩下一个具有较好生成性能的生成器。

15.1.1　GAN 损失函数

本节将更精确地定义用于训练GAN的损失函数。判别器 $f[x, \phi]$ 参数为 ϕ，输入为x，输出为表示输入样本可能为真实样本的概率。判别器面向一个二分类任务，因此可以使用二元交叉熵损失函数(见第5.4节)，其原始形式为：

$$\hat{\phi}=\underset{\phi}{\operatorname{argmin}}\left[\sum_i -(1-y_i)\log\left[1-\text{sig}\left[f[x_i,\phi]\right]\right]-y_i\log\left[\text{sig}\left[f[x_i,\phi]\right]\right]\right] \tag{15.2}$$

其中标签 $y_i\in\{0,1\}$， $\text{sig}[\bullet]$ 是logistic sigmoid函数(图5.7)。

这种情况下，我们假设真实样本x的标签为$y=1$，生成样本x^*的标签为$y=0$，则：

$$\hat{\phi}=\underset{\phi}{\operatorname{argmin}}\left[\sum_j -\log\left[1-\text{sig}\left[f[x_j^*,\phi]\right]\right]-\sum_i\log\left[\text{sig}\left[f[x_i,\phi]\right]\right]\right] \tag{15.3}$$

其中i和j分别代表真实样本和生成样本的索引。

接下来将定义的生成器$x_j^*=g\left[z_j,\theta\right]$代入，由于希望生成样本被误分类为真实样本(即负对数似然尽可能大)，因此优化目标为最大化θ：

$$\hat{\theta}=\underset{\theta}{\operatorname{argmax}}\left[\min_{\phi}\left[\sum_j -\log\left[1-\text{sig}\left[f\left[g[z_j,\theta],\phi\right]\right]\right]-\sum_i\log\left[\text{sig}\left[f[x_i,\phi]\right]\right]\right]\right] \tag{15.4}$$

15.1.2 训练 GAN

式(15.4)是本书到目前为止最复杂的损失函数之一。判别器参数ϕ将被更新以最小化损失函数，生成器参数θ将被更新以最大化损失函数。因此GAN的训练过程是一个最小-最大博弈(minimax game)，其中生成器试图生成更逼真的样本以欺骗判别器，而判别器试图增强其区分生成样本与真实样本的能力。从技术角度看，解决方案是纳什均衡(Nash equilibrium)，即优化算法寻找一个同时保证一个函数能够最小化，而另一个函数最大化的点。理想情况下，训练收敛时生成器$g[z,\theta]$生成的样本应该属于真实样本分布，并且判别器$\text{sig}[f[\bullet,\phi]]$的输出处于随机状态。

为训练GAN，可将式(15.4)拆分成两个损失函数：

$$\begin{aligned}L[\phi]&=\sum_j -\log\left[1-\text{sig}\left[f\left[g[z_j,\theta],\phi\right]\right]\right]-\sum_i\log\left[\text{sig}\left[f[x_i,\phi]\right]\right]\\L[\theta]&=\sum_j\log\left[1-\text{sig}\left[f\left[g[z_j,\theta],\phi\right]\right]\right]\end{aligned} \tag{15.5}$$

其中，为了获得第二个函数，我们将原函数乘以 -1以转换为最小化问题，并移除了与θ无关的第二项。最小化第一个损失函数意味着训练判别器。最小化第二个损失函数意味着训练生成器。

在每个交替轮次中，我们先从基础分布中抽取一批隐变量$\mathbf{z}_j$作为生成器的输入，以获得生成样本$x_j^*=g[z_j,\theta]$。然后选择一批真实的训练样本x_i。基于这两组样本，可以对两个损失函数分别执行一次或多次梯度下降(图15.2)。

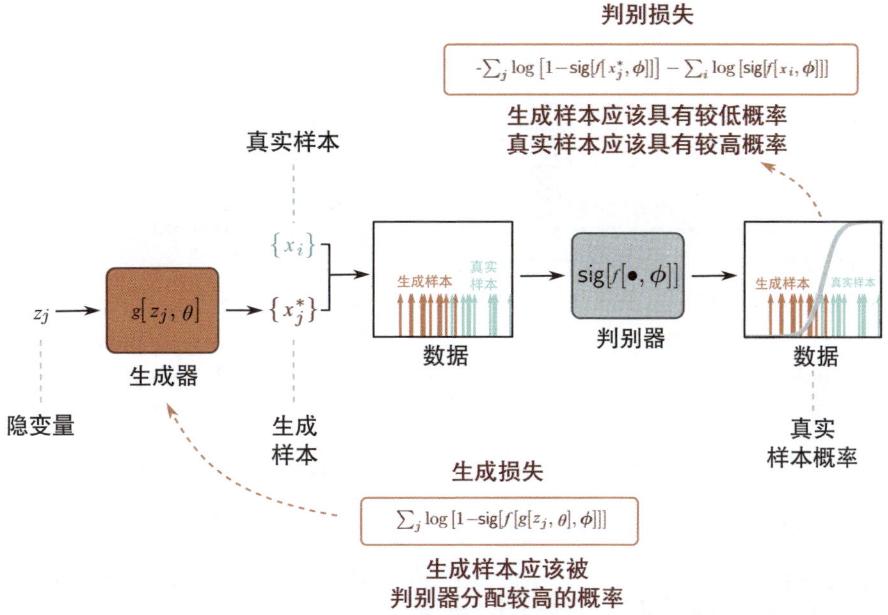

图15.2　GAN损失函数。从基本分布中抽取一个隐变量 z_j，并通过生成器生成样本 x^*。生成样本 $\{x_j^*\}$ 和真实样本 $\{x_i\}$ 被输入判别器，由判别器判断每个样本为真实样本的概率。判别器参数 ϕ 的优化方向是为真实样本分配较高的概率，为生成样本分配较低的概率。生成器参数 θ 的优化方向是使判别器为生成样本分配较高的概率，从而欺骗判别器

15.1.3　DCGAN

基于深度卷积的生成式对抗网络(deep convolutional GAN，DCGAN)是一种经典的GAN模型，专门用于生成图像(见图15.3)。生成器 $g[z,\theta]$ 的输入是从均匀分布中采样的100维隐变量z。通过线性变换，它将映射到具有1024个通道的4×4空间表示。随后，经过4个使用分数步长卷积(fractionally-strided convolution)的卷积层，使其分辨率加倍(步长为0.5)。在最后一层，$64\times64\times3$的特征通过一个tanh函数，生成范围在 $[-1,1]$ 的输出图像 x^*。判别器 $f[\bullet,\phi]$ 是一个标准的卷积神经网络，其最后一个卷积层的输出仅包含一个通道，尺度减小为1×1。其输出结果将通过sigmoid函数 sig[•]，得到最终输出概率。

训练完成后，判别器将被丢弃。生成新样本时仅需要在基础分布中抽取隐变量z，作为生成器的输入即可。图15.4展示了输出结果。

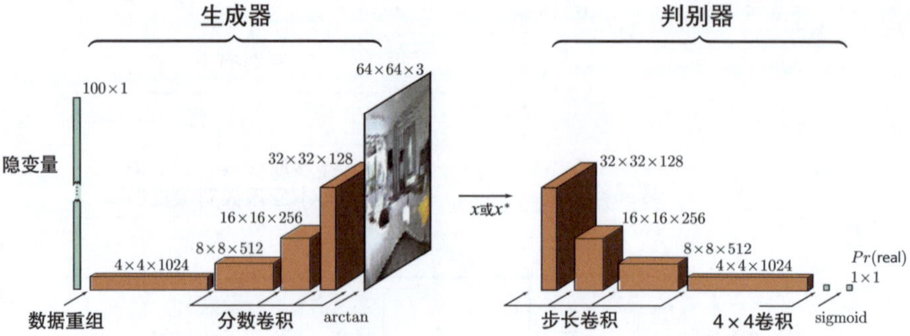

图15.3 DCGAN架构。生成器从均匀分布中抽取一个100维的隐变量z，并通过线性变换映射为一个具有1024个通道4×4的特征表示。然后通过一系列卷积层逐渐进行上采样操作并减少通道数。最后通过tanh函数将64×64×3的特征表示映射为一张图片。判别器是一个标准的卷积神经网络，能够根据输入数据判断其是真实样本还是生成样本

(a) 基于faces数据集训练的DCGAN模型随机生成的图像

(b) 基于ImageNet数据集(见图10.15)训练的DCGAN模型随机生成的图像

(c) 基于LSUN数据集训练的DCGAN模型随机生成的图像

图15.4 DCGAN模型的图像生成结果(Radford et al，2015)

15.1.4 GAN训练的难点

从理论层面来说，GAN的设计思路相当简单，但其训练过程却相当困难。例如，为了保证DCGAN的训练过程稳定，必须满足以下条件：①使用步长卷积进行上采样和下采样；②除第一层和最后一层外，生成器和判别器中各层都使用BatchNorm；③在判别器中使用Leaky ReLU激活函数(图3.13)；④使用Adam优化器，其中动量系数会比通常情况下小。大多数深度学习模型的训练都不需要限定这么多条件。

GAN训练失败的一种现象是，生成样本看上去比较合理，但只能代表数据的一个子集(如虽然能生成相对真实的人脸，但永远不会生成有胡子的脸)。这种情况被称为模式丢失(mode dropping)。在最极端的情况下(见图15.5)，生成器几乎会完全忽略输入的隐变量z，所有生成样本将坍缩到一个或几个点上，这种情况被称为模式崩溃(mode collapse)。

图15.5　模式崩溃问题。基于LSUN数据集训练与DCGAN参数规模类似的MLP模型作为生成器，其生成的图像质量较低且相似度较高(Arjovsky et al，2017)

15.2　提高稳定性

为了理解为什么GAN的训练如此困难，我们需要准确理解其损失函数。

15.2.1　GAN 损失函数分析

如果将式(15.3)中的两项分别除以真实样本数量I和生成样本数量J之后求和，则损失函数可转化为数学期望：

$$\begin{aligned}L[\phi]&=-\frac{1}{J}\sum_{j=1}^{J}\left(\log\left[1-\text{sig}\left[f[x_j^*,\phi]\right]\right]\right)-\frac{1}{I}\sum_{i=1}^{I}\left(\log\left[\text{sig}\left[f[x_i,\phi]\right]\right]\right)\\&\approx-\mathbb{E}_{x^*}\left[\log\left[1-\text{sig}\left[f[x^*,\phi]\right]\right]\right]-\mathbb{E}_{x}\left[\log\left[\text{sig}\left[f[x,\phi]\right]\right]\right]\\&=-\int Pr(x^*)\log\left[1-\text{sig}\left[f[x^*,\phi]\right]\right]\mathrm{d}x^*-\int Pr(x)\log\left[\text{sig}\left[f[x,\phi]\right]\right]\mathrm{d}x\end{aligned}\tag{15.6}$$

其中$Pr(x^*)$是生成样本的概率分布，$Pr(x)$是真实样本的概率分布。
对于样本$\tilde{x}$的最优判别器取决于其潜在概率：

$$\begin{aligned}Pr(\text{real}\mid\tilde{x})=\text{sig}\left[f[\tilde{x},\phi]\right]&=\frac{Pr(\tilde{x}\mid\text{real})}{Pr(\tilde{x}\mid\text{generated})+Pr(\tilde{x}\mid\text{real})}\\&=\frac{Pr(x)}{Pr(x^*)+Pr(x)}\end{aligned}\tag{15.7}$$

在右侧，我们根据生成分布$Pr(x^*)$和真实分布$Pr(x)$评估$\tilde{x}$。
将上式代入式(15.6)，可得

$$\begin{aligned}L[\phi]&=-\int Pr(x^*)\log\left[1-\text{sig}\left[f[x^*,\phi]\right]\right]\mathrm{d}x^*-\int Pr(x)\log\left[\text{sig}\left[f[x,\phi]\right]\right]\mathrm{d}x\\&=-\int Pr(x^*)\log\left[1-\frac{Pr(x)}{Pr(x^*)+Pr(x)}\right]\mathrm{d}x^*-\int Pr(x)\log\left[\frac{Pr(x)}{Pr(x^*)+Pr(x)}\right]\mathrm{d}x\\&=-\int Pr(x^*)\log\left[\frac{Pr(x^*)}{Pr(x^*)+Pr(x)}\right]\mathrm{d}x^*-\int Pr(x)\log\left[\frac{Pr(x)}{Pr(x^*)+Pr(x)}\right]\mathrm{d}x\end{aligned}\tag{15.8}$$

忽略加法和乘法常数，上式等价于生成分布 $Pr(x^*)$ 和真实分布 $Pr(x)$ 之间的 Jensen-Shanno距离：

$$
\begin{aligned}
&D_{JS}[Pr(x^*)\,\|\,Pr(x)] \\
&=\frac{1}{2}D_{KL}\left[Pr(x^*)\left\|\frac{Pr(x^*)+Pr(x)}{2}\right.\right]+\frac{1}{2}D_{KL}\left[Pr(x)\left\|\frac{Pr(x^*)+Pr(x)}{2}\right.\right] \\
&=\underbrace{\frac{1}{2}\int Pr(x^*)\log\left[\frac{2Pr(x^*)}{Pr(x^*)+Pr(x)}\right]\mathrm{d}x^*}_{\text{质量}}+\underbrace{\frac{1}{2}\int Pr(x)\log\left[\frac{2Pr(x)}{Pr(x^*)+Pr(x)}\right]\mathrm{d}x}_{\text{覆盖率}}
\end{aligned}
\tag{15.9}
$$

其中 $D_{KL}[\bullet\|\bullet]$ 是 Kullback-Leibler 距离。

第一项说明，对于生成样本概率密度 $Pr(x^*)$ 较高的位置，混合分布 $(Pr(x)+Pr(x))/2$ 概率较高，距离就会较小。表现为惩罚有生成样本 x^* 但没有真实样本x的区域，它保证了生成样本的质量(quality)。第二项说明，如果真实样本概率密度 $Pr(x)$ 较高的位置，混合分布 $(Pr(x^*)+Pr(x))/2$ 概率较高，距离也会较小。表现为惩罚有真实样本但没有生成样本的区域，它保证了生成样本的覆盖率(coverage)。式(15.6)中第二项并不依赖生成器，因此生成器并不关心覆盖率指标，只关注生成样本的质量，这就是模式丢失的原因。

15.2.2 梯度消失

在上一节的描述中，当判别器最优时，损失函数最大化生成样本和真实样本之间的距离。但使用概率分布之间距离作为优化GAN的标准可能导致一个潜在问题，如果两个概率分布完全不相交，则这个距离是无穷大的，会导致生成器的损失无法降低。从另一个角度也可以推导出相同结论，如果判别器具备完美区分生成样本和真实样本的能力，那么无论生成结果如何都无法改变判别器的分类结果(图15.6)。

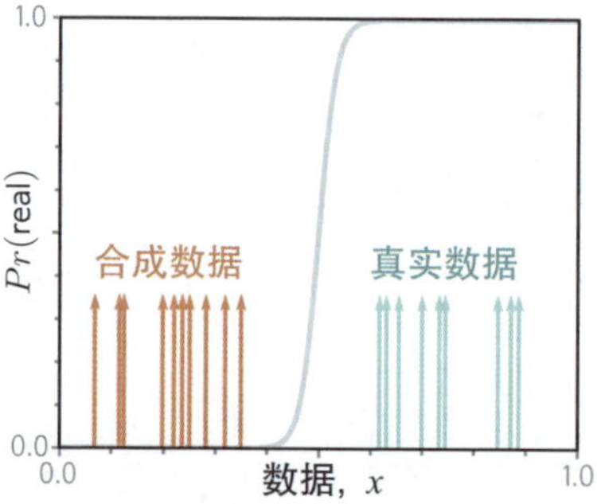

图15.6 GAN损失函数的问题。如果生成的样本(橘色箭头)和真实样例(青色箭头)很容易区分，则判别器(sigmoid)在样本位置可能具有非常小的斜率，此时更新生成器参数的梯度可能很小

在真实场景中，生成样本和真实样本的分布极可能是不相交的。比如生成样本位于一个与隐变量大小相同的子空间中，真实样本受其创建数据物理过程的影响，位于另一个低维子空间中。上述两个子空间之间可能几乎没有或根本没有重叠，这会导致训练时梯度非常小甚至为零。

图15.7提供了支持这一假设的证据。先冻结DCGAN的生成器，反复训练判别器以提升其分类性能，则生成器计算的梯度会减小。可以将这看作判别器和生成器之间的一个微妙平衡，当判别器过于优秀，反而会制约生成器的提升。

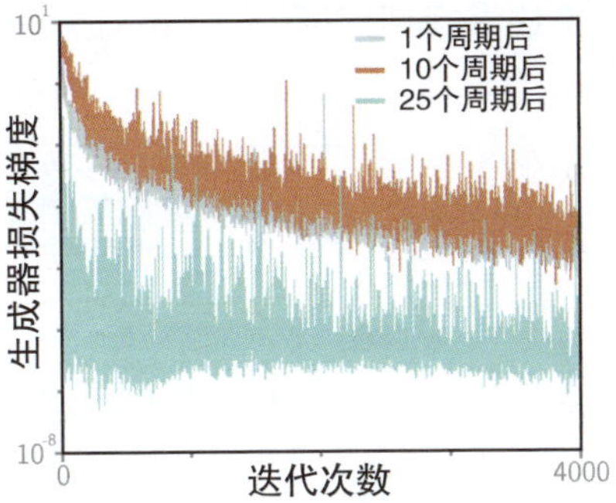

图15.7 DCGAN生成器的梯度消失问题。生成器在进行了1、10和25次迭代后被冻结，判别器继续训练。生成器的梯度迅速减小(图中纵轴取对数表示)，如果判别器变得灵敏，生成器的梯度将消失(Arjovsky & Bottou，2017)

15.2.3 Wasserstein距离

前几节依次说明了GAN的损失函数可以解释为概率分布之间的距离，以及当生成样本与真实样本太容易区分时，会出现梯度消失的情况。

为了解决上述问题，显而易见的方法是改进概率分布之间距离度量方式。Wasserstein距离(或离散分布的Earth Mover距离)描述了将一个分布转换成另一个分布所需的工作量。此处的“工作”定义为概率质量乘以移动距离。

根据其定义可知，该方法即使在分布不相交的情况下也可以正常描述距离，并且距离会随着分布的接近而平滑地减小。

15.2.4 离散分布的Wasserstein距离

Wasserstein距离在离散分布下非常容易理解(见图15.8)。在K个分组上定义分布 $Pr(x=i)$ 和 $q(x=j)$ 。假设将一个质量单元从第一个分布的分组i移动到第二个分布的分组j中会产生成本 C_{ij}，该成本可以视为索引之间差的绝对值 $|i-j|$ 。整个迁移过程中的移动成本将被存储在矩阵$\boldsymbol{P}$中。

因此Wasserstein距离可定义为：

$$D\omega\left[Pr(x)\|q(x)\right]=\min_{P}\left[\sum_{i,j}P_{ij}\,|i-j|\right] \tag{15.10}$$

上式受以下约束：

$$
\begin{aligned}
&\sum\nolimits_{j} P_{ij} = Pr(x=i) && Pr(x)\text{的初始分布} \\
&\sum\nolimits_{i} P_{ij} = q(x=j) && q(x)\text{的初始分布} \\
&P_{ij} \geqslant 0 && \text{非负值}
\end{aligned}
\tag{15.11}
$$

即Wasserstein距离是将一个分布映射到另一个分布的有约束的最小化问题解决方案。该方案的难点在于每次计算距离时，都必须解决 P_{ij} 下的最小化问题。通常情况下可将其简化成一个线性规划问题(linear programming problem)。

原始形式	对偶形式
最小化 $\boldsymbol{c}^{\mathrm{T}}\boldsymbol{p}$, 以使 $\boldsymbol{A}\boldsymbol{p} = \boldsymbol{b}$ 且 $\boldsymbol{p} \geqslant \boldsymbol{0}$	最大化 $\boldsymbol{b}^{\mathrm{T}}\boldsymbol{f}$, 以使 $\boldsymbol{A}^{\mathrm{T}}\boldsymbol{f} \leqslant \boldsymbol{c}$

其中 $\boldsymbol{p}$ 包含所有描述移动成本的向量元素 P_{ij}，$\boldsymbol{c}$ 包含其对应的移动距离，$\boldsymbol{A}\boldsymbol{p}=\boldsymbol{b}$ 包含初始分布约束，$\boldsymbol{p}\geqslant 0$ 的条件保证移动成本非负。

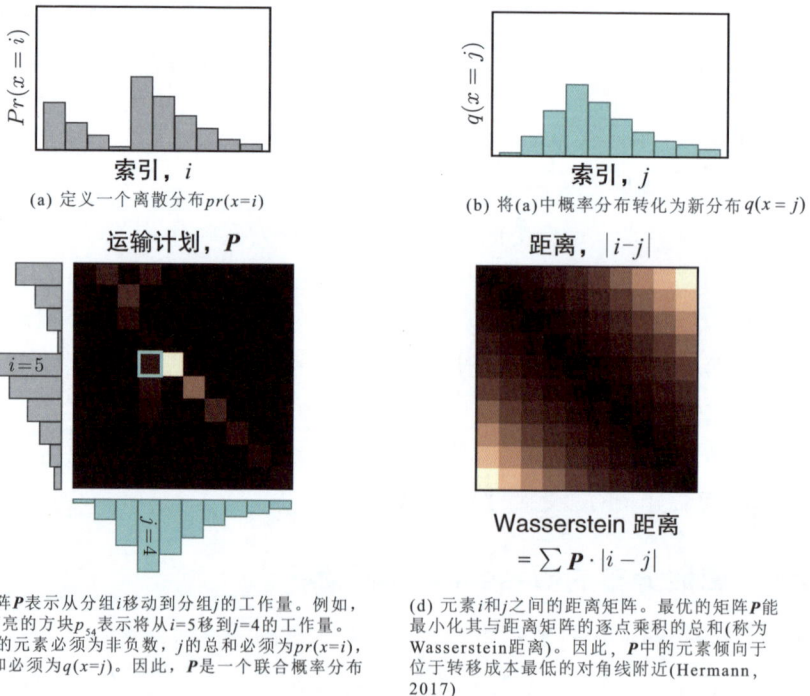

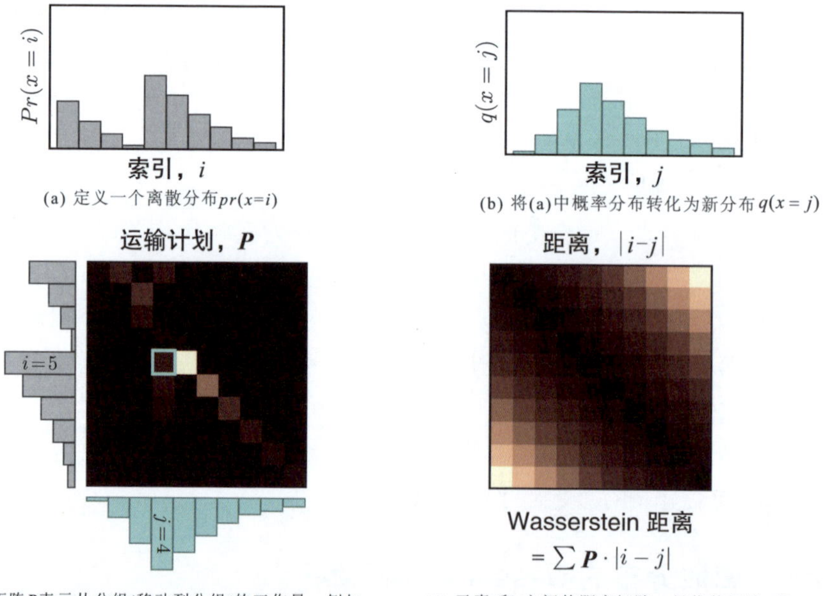

(a) 定义一个离散分布 $pr(x=i)$

(b) 将(a)中概率分布转化为新分布 $q(x=j)$

(c) 矩阵 $\boldsymbol{P}$ 表示从分组 i 移动到分组 j 的工作量。例如，青色高亮的方块 p_{54} 表示将从 i=5移到 j=4的工作量。矩阵 $\boldsymbol{P}$ 的元素必须为非负数，j 的总和必须为 $pr(x=i)$，i 的总和必须为 $q(x=j)$。因此，$\boldsymbol{P}$ 是一个联合概率分布

(d) 元素 i 和 j 之间的距离矩阵。最优的矩阵 $\boldsymbol{P}$ 能最小化其与距离矩阵的逐点乘积的总和(称为Wasserstein距离)。因此，$\boldsymbol{P}$ 中的元素倾向于位于转移成本最低的对角线附近(Hermann，2017)

图15.8 Wasserstein距离

对于所有线性规划问题，都存在一个和它具有相同解的等价对偶问题(dual problem)。

我们最大化用于初始化分布的变量 $\boldsymbol{f}$，该变量受距离 $\boldsymbol{c}$ 约束。该问题的解为：

$$D\omega\left[Pr(x)\|q(x)\right]=\max_{f}\left[\sum_{i}Pr(x=i)f_i-\sum_{j}q(x=j)f_j\right] \tag{15.12}$$

前提是：

$$|f_{i+1}-f_i|<1 \tag{15.13}$$

换句话说，我们在一组新的变量 $\{f_i\}$ 上进行优化，其中相邻值的变化不能超过1。

15.2.5　连续分布的Wasserstein距离

将上述结论扩展到多维连续空间中，式(15.10)可以表示为：

$$D\omega\left[Pr(\boldsymbol{x}),q(\boldsymbol{x})\right]=\min_{\pi[\cdot,\cdot]}\left[\iint\pi(\boldsymbol{x}_1,\boldsymbol{x}_2)\|\boldsymbol{x}_1-\boldsymbol{x}_2\|\mathrm{d}\boldsymbol{x}_1\mathrm{d}\boldsymbol{x}_2\right] \tag{15.14}$$

其中 $\pi(\boldsymbol{x}_1,\boldsymbol{x}_2)$ 是描述从位置 $\boldsymbol{x}_1$ 移动到 $\boldsymbol{x}_2$ 的联合概率分布。式(15.12)的对偶形式为：

$$D\omega\left[Pr(\boldsymbol{x}),q(\boldsymbol{x})\right]=\max_{f[x]}\left[\int Pr(\boldsymbol{x})f[\boldsymbol{x}]\mathrm{d}\boldsymbol{x}-\int Pr(\boldsymbol{x}^*)f[\boldsymbol{x}]\mathrm{d}\boldsymbol{x}\right] \tag{15.15}$$

上式中函数 $f[\boldsymbol{x}]$ 受Lipschitz常数小于1的约束(即函数的绝对梯度不大于1)。

15.2.6　Wasserstein GAN损失函数

在基于神经网络的GAN模型中，我们通过优化神经网络模型 $f[\boldsymbol{x},\phi]$ 中的参数 ϕ 的方式在函数 $f[\boldsymbol{x}]$ 的空间内找到最大化的解。可使用生成样本和真实样本之间的运算近似这些积分：

$$\begin{aligned}L[\phi]&=\sum_{j}f[\boldsymbol{x}_j^*,\phi]-\sum_{i}f[\boldsymbol{x}_i,\phi]\\&=\sum_{j}f[\boldsymbol{g}[\boldsymbol{z}_j,\boldsymbol{\theta}],\phi]-\sum_{i}f[\boldsymbol{x}_i,\phi]\end{aligned} \tag{15.16}$$

其中必须对判别器 $f[\boldsymbol{x}_i,\phi]$ 进行约束，约束其对于每个 $\boldsymbol{x}$ 都具有小于1的绝对梯度范数：

$$\left|\frac{\partial f[\boldsymbol{x},\phi]}{\partial\boldsymbol{x}}\right|<1 \tag{15.17}$$

实现这一目标的一种方法是截断判别器权重，使其保持在一个较小范围内，如 $[-0.01,0.01]$。另一种方法是使用WGAN-GP损失函数，它通过增加正则化项的方式使损失函数随梯度范数偏离量而增大。

15.3 提升生成图像质量的方法

Wasserstein损失函数能使GAN的训练更加稳定。但为了生成高质量图像，还需要其他一些辅助方案。本节将依次介绍渐进增长(progressive growing)、批次判别(minibatch discrimination)和截断(truncation)。

渐进增长(图15.9)方法在训练GAN的过程中，会首先使用类似DCGAN的架构合成 4×4的低分辨率图像。然后通过逐步在生成器添加后续层(包含上采样操作和进一步处理的操作)，使其逐步生成8×8甚至更高分辨率的图像。同时，判别器也会添加额外的层以接收更高分辨率的输入图像，并在判别过程中区分不同分辨率下的生成样本和真实样本。在实践中，具有更高分辨率的层会逐渐“淡入”，直接上采样的高分辨率结果和经过多层处理后的高分辨率结果会通过残差连接融合。

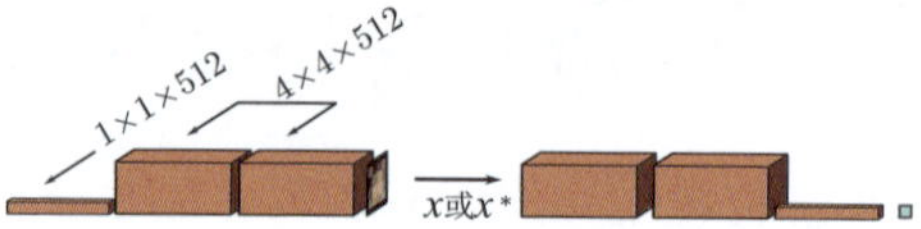

(a) 生成器最初被训练用于生成非常小的图像(4×4)，判别器用于区分合成图像和降采样的真实图像

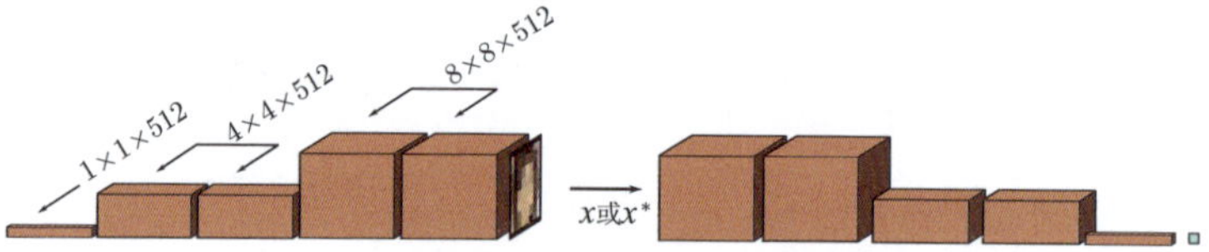

(b) 在低分辨率训练结束后，向生成器添加后续层以生成8×8图像，并采用判别器进行区分

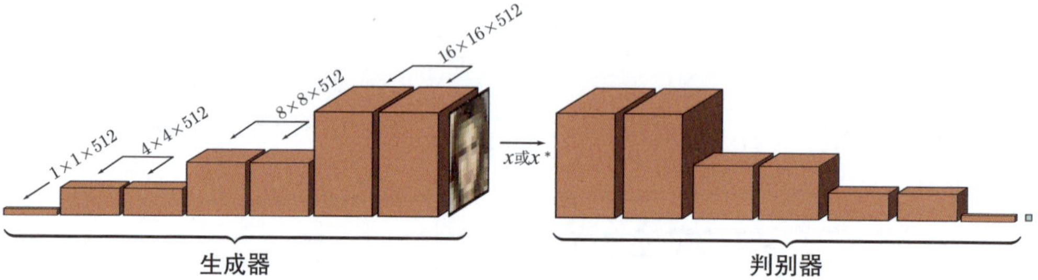

(c) 继续增大分辨率至16×16，以此类推。通过这种方式，可以训练出能够生成非常逼真的高分辨率图像的GAN

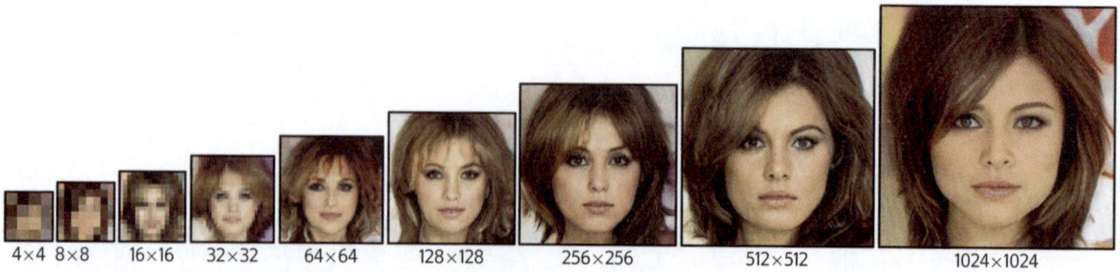

(d) 使用相同的隐变量在不同阶段生成的不同分辨率图像(Wolf，2021；Karras等，2018)

图15.9 渐进增长

批次判别能够确保样本具有足够的多样性，从而帮助防止模式崩溃。这可以通过计算合成数据和真实数据批次之间的特征统计结果来实现。统计过程可以在判别器的末端完成，作用于末端层输出的特征图。这一改进使判别器向生成器发送的信号能够激励生成器包含与原始数据集相似的变化量。

另一个改善生成结果的技巧是截断(见图15.10)，即仅选择具有高概率(接近均值)的隐变量z。这一方案通过降低输入隐变量的变异性提高了生成数据的质量。引入归一化和正则化方案也能提升生成样本质量。将以上方法结合，GAN可以生成多样化且真实的图像(见图15.11)。在隐空间中平滑地改变隐变量也能促使生成图像产生平滑的变化，类似于插值效果(见图15.12)。

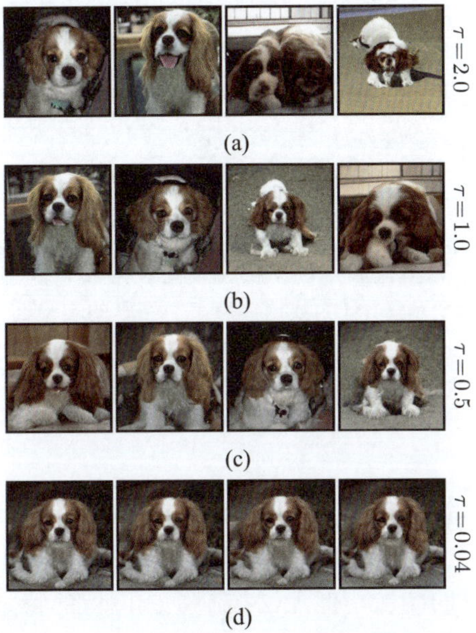

图15.10　截断。通过以τ个标准差为距离阈值对隐变量z进行截断后，可以在生成样本的质量和多样性之间进行权衡。(a)如果该阈值很大($\tau = 2.0$)，样本在视觉上具有多样性，但可能存在缺陷。(b)~(c) 随着阈值的降低，图像质量得到改善，但多样性减少。(d)当阈值非常小时，生成样本几乎看起来没有区别。通过谨慎选择阈值，可以提高GAN生成图像的平均质量(Brock等，2019)

图15.11 渐进增长。使用该方法能够使经过CELEBA-HQ数据集训练的生成模型生成逼真的人脸图像，在LSUN类别上训练时生成更复杂、变化多样的物体图像(Karras等，2018)

图15.12 渐进调整隐变量在LSUN数据集汽车类别下的实验结果。通过平滑调整隐变量值可以产生平滑变化的汽车图像。通常情况下，只能进行小范围的数值调整，调整过多会影响图像质量(Karras等，2018)

15.4 条件生成

GAN可以生成逼真的图像，但无法控制生成图像的特定属性，如头发颜色、种族或人物年龄，除非为每个特征组合训练单独的GAN。为了解决该问题，研究者提出了条件生成(conditional generation)模型。

15.4.1 cGAN

cGAN(Conditional GAN)能将属性向量$\boldsymbol{c}$同时传递给生成器$\mathbf{g}[\boldsymbol{z},\boldsymbol{c},\boldsymbol{\theta}]$和判别器$\mathbf{f}[\boldsymbol{x},\boldsymbol{c},\phi]$。生成器的目标是将隐变量$\boldsymbol{z}$转换为具有正确属性$\boldsymbol{c}$的生成样本$\boldsymbol{x}$。判别器的目标是区分带有目标属性的生成样本和带有真实属性的真实样本(见图15.13(a))。

对于生成器，属性$\boldsymbol{c}$可以添加到隐变量$\boldsymbol{z}$中。对于判别器，如果数据是一维的，它可能会添加到输入中。如果是图像数据，属性可以线性转换为二维表示并追加到判别器输入或其他隐藏层中。

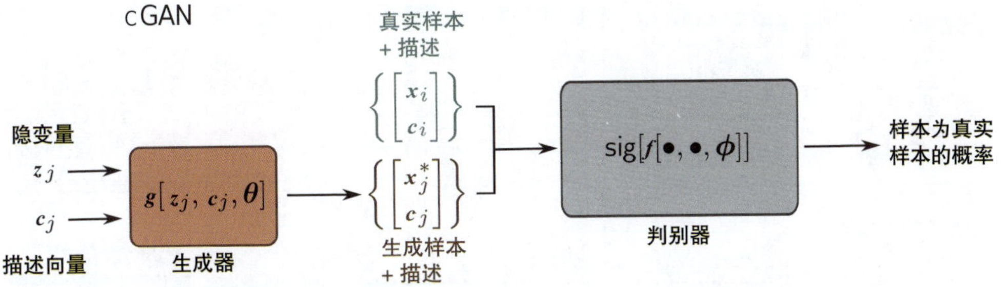

(a) cGAN的生成器还接收描述图像属性的向量c。判别器的输入除了真实样本和生成样本，还包含属性向量，这能激励样本既逼真又具备特定属性

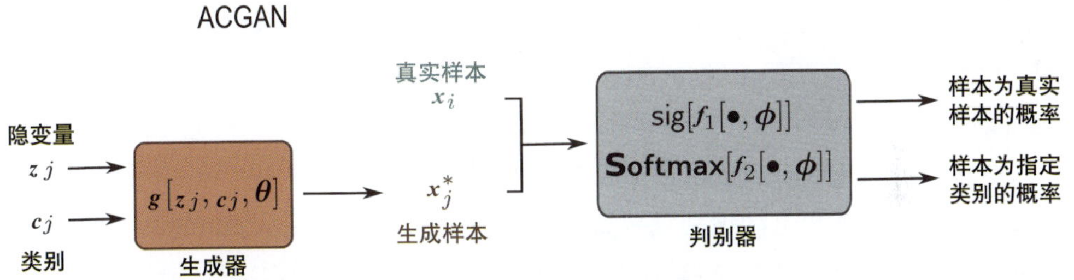

(b) ACGAN的生成器采用离散属性变量。判别器除了区分真实样本和生成样本，还需要准确识别类别

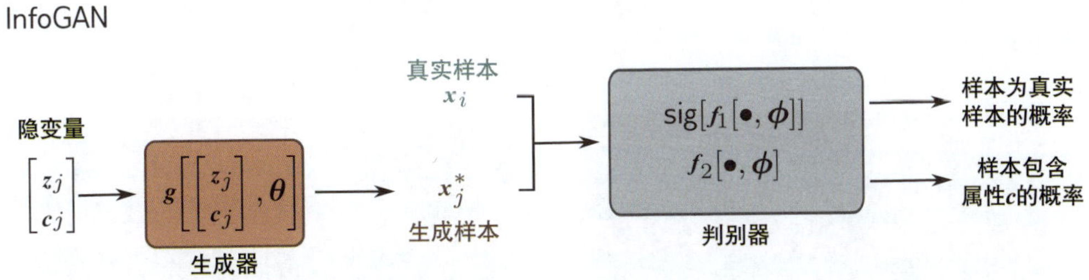

(c) InfoGAN将隐变量分为噪声z和属性c。判别器需要额外评估图像属性。在实践中，这意味着变量c需要对应于现实世界中的描述属性

图15.13 条件生成

15.4.2 ACGAN

ACGAN(Auxiliary classifier GAN)中判别器需要正确预测属性(见图15.13(b))。当样本包含C个类别时，判别器以真实或生成样本图像作为输入，产生C+1个输出。其中第一个输出通过sigmoid函数，最终预测样本是生成的还是真实的。其余输出通过Softmax函数，预测数据属于各个类别的概率。使用这种方法，基于ImageNet数据集训练的模型，可以生成多个类别的图像(见图15.14)。

图15.14　ACGAN生成样本。生成器接收类别标签和隐向量。判别器需要同时确定输入数据是否真实并预测类别标签。模型使用ImageNet数据集中10个类别的样本训练。生成样本从左到右为：帝王蝴蝶、金翅雀、雏菊、红脚鹬和灰鲸(Odena等，2017)

15.4.3　InfoGAN

cGAN和ACGAN都具备生成指定属性样本的能力。相比而言，InfoGAN(见图15.13(c))更侧重于自动识别重要属性。生成器接收一个包含随机噪声变量$\boldsymbol{z}$和随机属性变量$\boldsymbol{c}$的向量。判别器既需要预测图像是否真实，也需要估计属性变量。

其核心思想是，可解释的真实世界属性是最容易描述的，因此将其体现在属性变量$\boldsymbol{c}$中。$\boldsymbol{c}$中的属性可以是离散的(使用二元或多分类交叉熵损失函数)，也可以是连续的(使用最小二乘损失函数)。离散变量表示数据中的类别，连续变量表示渐变的模式(见图15.15)。

(a) MNIST数据集中的训练样本，包含28×28的手写数字图像

(b) 第一个属性$\boldsymbol{c}_1$表示生成图像的类别，即0~9。各列代表不同类别的生成样本。InfoGAN分别生成了10个数字。属性向量$\boldsymbol{c}_2$和$\boldsymbol{c}_3$是连续的

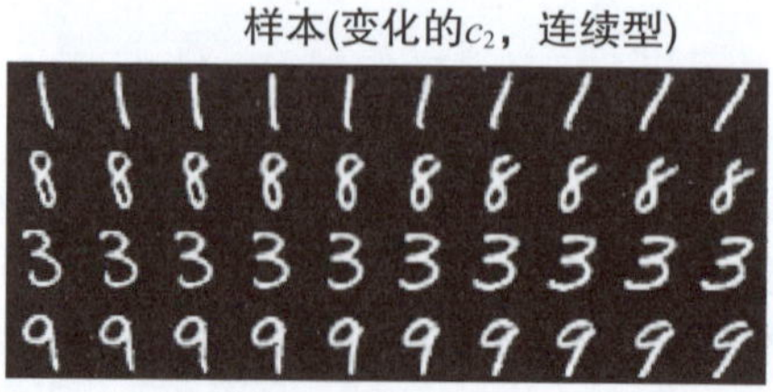

(c) 从左到右的每一列都使用了不同的$\boldsymbol{c}_2$值，但其他隐变量保持不变。这个属性描述了字符方向

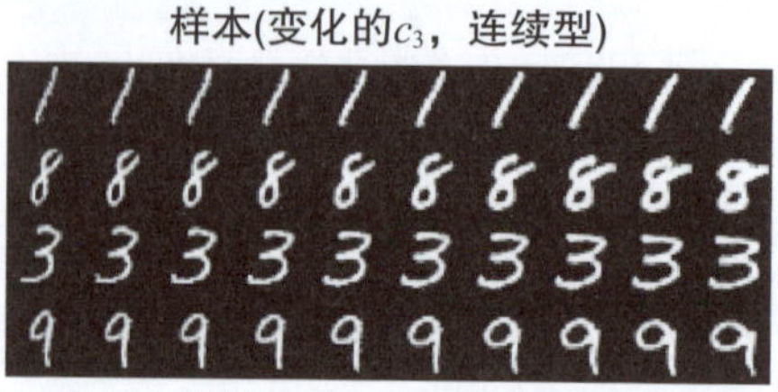

(d) 第三个属性描述了笔画的粗细(Chen等，2016b)

图15.15　使用MNIST数据集训练的InfoGAN模型结果

15.5　图像翻译

虽然对抗性判别器最初在GAN的背景下应用于生成随机样本，但它也可用于将数据样本“翻译”成另一个样本。例如在图像处理任务中，将灰度图像转换成彩色图像，将含噪声图像转换成无噪声图像，将模糊图像转换成清晰图像，或将草图转换成照片级图像。

本节讨论了三种图像翻译模型。Pix2Pix模型使用转换前后的数据对进行训练。具有对抗性损失的模型使用转换前后的数据对训练主模型，但在判别器中也使用了未配对的转换后数据。CycleGAN模型使用未配对图像进行训练。

15.5.1　Pix2Pix

Pix2Pix模型(见图15.16)基于U-Net(见图11.10)，可以表示为能够将图像$\boldsymbol{c}$映射到另一张不同风格图像$\boldsymbol{x}$的模式$\boldsymbol{x}=\mathbf{g}[\boldsymbol{c},\boldsymbol{\theta}]$，其参数为$\boldsymbol{\theta}$。该方法可应用于图像着色任务，其中输入是灰度图像，输出是彩色图像。为了保证输出和输入内容层面尽可能保持一致，需要引入内容损失(content loss)，该损失惩罚输入和输出之间的ℓ_1范数$\|\boldsymbol{x}-\mathbf{g}[\boldsymbol{c},\boldsymbol{\theta}]\|_1$。

同时，为了保证输出看上去是输入图像的真实转换结果，需要引入对抗性判别器$\mathbf{f}[\boldsymbol{c},\boldsymbol{x},\phi]$。在每个训练步骤中，判别器都会试图区分真实图像和生成图像。如果区分成功，判别器会将信号反馈给生成器，使其输出内容更真实。内容损失确保了图像内容大致是正确的，因此判别器主要用于确保局部纹理是合理的。为达到该目标，PatchGAN使用全卷积网络作为分类器，其最后一层的输出标识对应于感受野内的内容是真实的还是合成的，最终输出为这些响应的均值。

该模型也可以被视为一个cGAN，其中生成器采用U-Net，其条件是图像而非只是一个标签。但由于U-Net的输入不包含噪声，因此它并不是传统意义上的“生成器”。在实验中，原作者尝试在U-Net中添加噪声$\boldsymbol{z}$，但最终模型忽略了噪声。

15.5.2　对抗性损失

在图像翻译任务中，Pix2Pix模型的判别器试图区分翻译前后图像对是否合理。其缺点是为了计算判别器损失，需要成对地翻译前后图像。为了解决该问题，可以尝试针对未成对数据进行对抗性训练，此过程需要引入对抗性损失。

对抗性损失(adversarial loss)会在监督模型的输出与真实样本无法区分时对其进行惩罚。因此，监督模型会调整其输出以最小化惩罚。类似于Pix2Pix模型，它也可在大分辨率图像或图像分区级别下进行。该方法有助于提高复杂结构输出的真实性，但相较于原始损失函数，不一定能产生最佳效果。

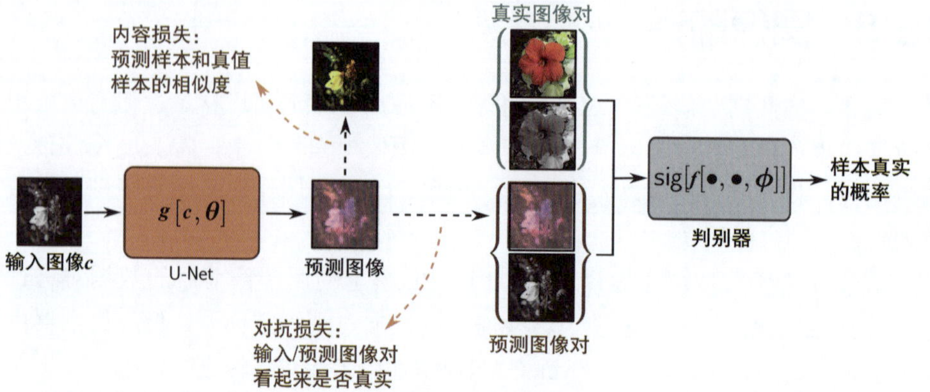

(a) 该模型使用U-Net(见图11.10)将输入图像翻译成不同风格的图像。示例任务为将灰度图像映射为对应的彩色图像。训练过程包含两个损失函数，其中内容损失激励输出图像与输入图像具有相似的内容，对抗损失激励灰度/彩色图像对在每个局部区域与真实图像对无法区分

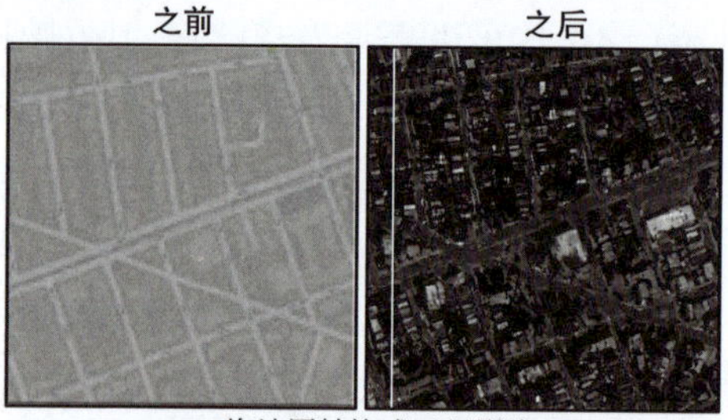

(b) 将地图转换成卫星影像

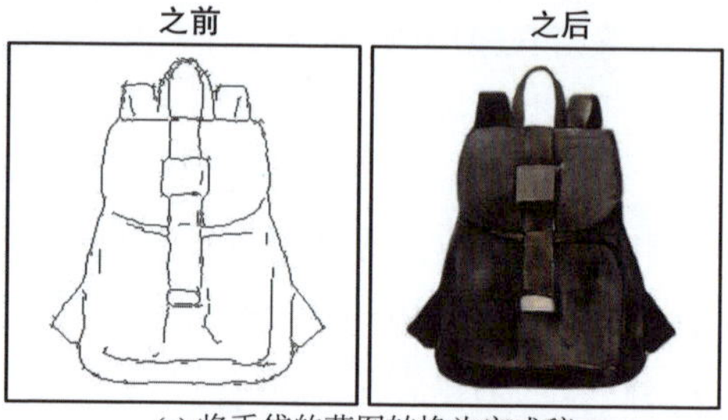

(c) 将手袋的草图转换为完成稿

(d) 上色

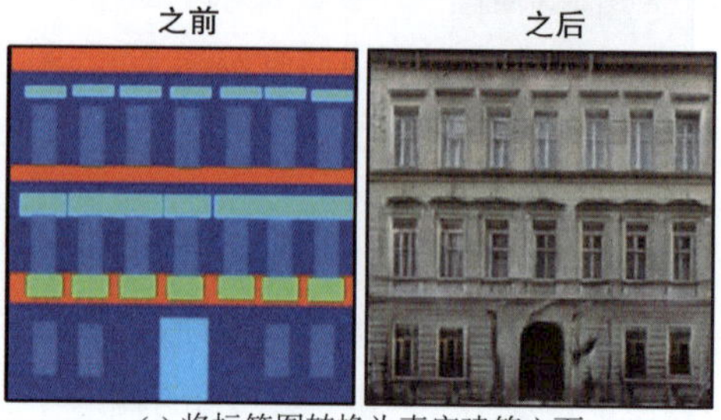

(e) 将标签图转换为真实建筑立面

图15.16　Pix2Pix模型(Isola等，2017)

SRGAN(super-resolution GAN)使用了该方法(见图15.17)。主模型是一个带有残差连接的卷积神经网络，以低分辨率图像作为输入，通过上采样层转换为高分辨率图像。该模型使用了三个损失函数进行训练，其中内容损失评估输出图像与真实高分辨率图像之间的平方差。感知损失(perceptual loss，又称VGG损失)将输出图像与真实高分辨率图像输入VGG网络，评估输出和激活值之间的平方差，激励二者间的语义保持一致。最后，对抗性损失基于判别器，尝试区分真实的高分辨率图像和主模型的生成图像，能激励生成图像与真实图像无法被区分。

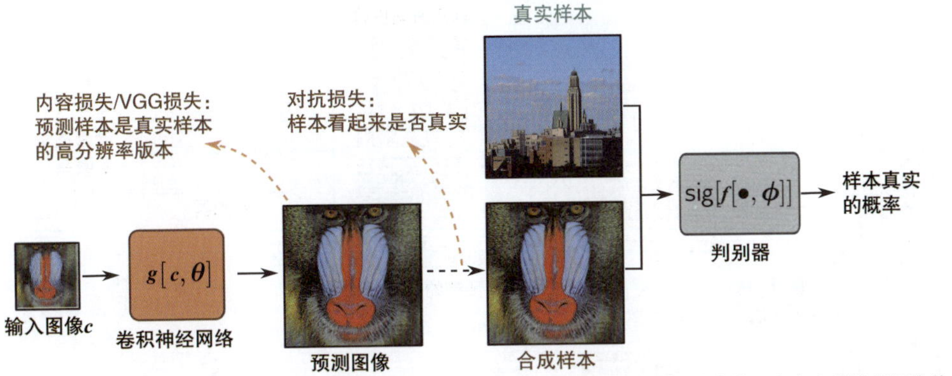

(a) 使用包含残差连接的卷积神经网络将图像分辨率提高4倍。训练过程包含激励内容接近真实高分辨率图像的损失函数，也包含使用判别器区分生成图像和真实图像的对抗损失

(b) 使用双三次插值上采样得到的图像　(c) 使用SRGAN上采样得到的图像　(d) 使用双三次插值上采样得到的图像　(e) 使用SRGAN上采样得到的图像

图15.17　SRGAN

15.5.3　CycleGAN

对抗性损失仍然需要匹配的转换前后数据对。当我们具有两组风格不同但无法一一匹配的数据时，则需要使用CycleGAN算法。例如在图像风格迁移任务中，我们可以搜集很多照片和莫奈的很多画作，但它们之间没有对应关系。CycleGAN建立在如下假设之上：如果先将图像沿一个方向转换(照片→莫奈)，然后将其反向转换回去，应该可以恢复出原始图像。CycleGAN损失函数是三个损失的加权和(图15.18)。其中内容损失基于 ℓ_1 范数，激励转换前后图像内容相似。对抗性损失使用判别器来激励输出与目标域的真实图像无法被区分。循环一致性损失(cycle-consistency)激励映射是可逆的。

CycleGAN算法会同时训练两个模型。一个用于将图像从第一个域映射到第二个域，另一个执行与之相反的操作。如果转换后的图像可以成功地恢复为原始域中的图像，那么循环一致性损失会很低。

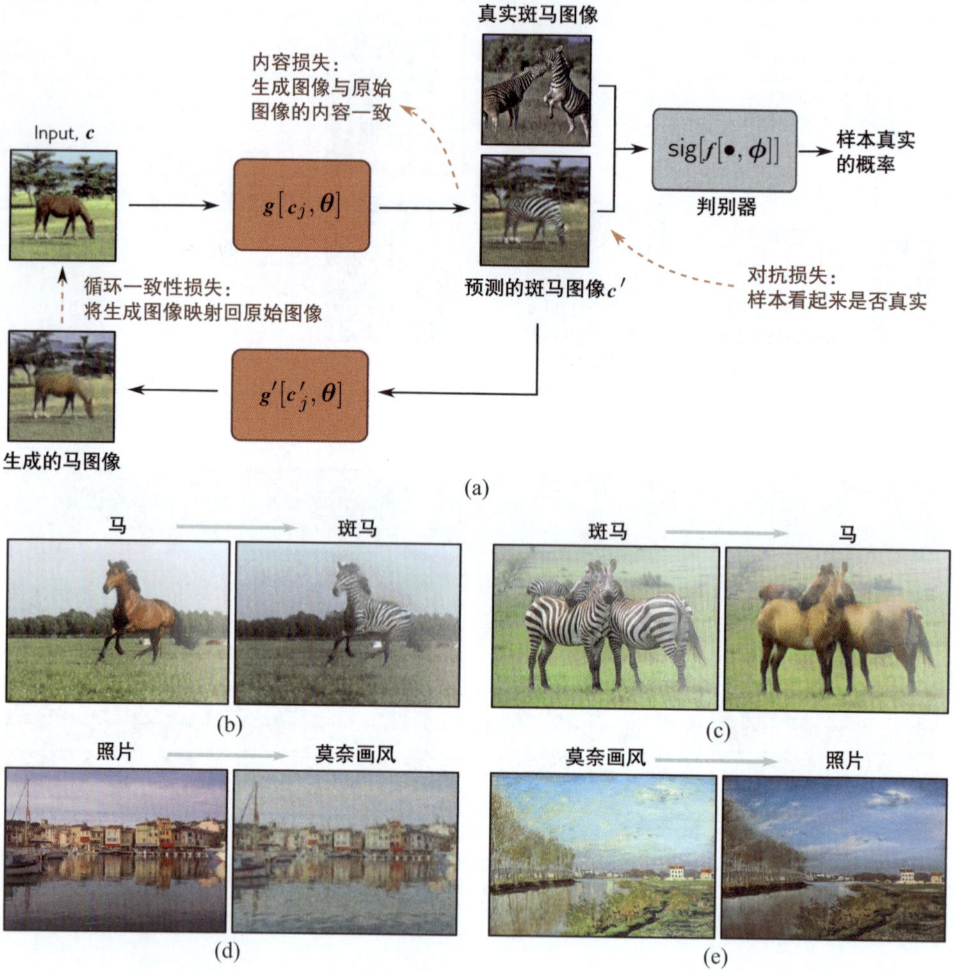

图15.18　CycleGAN。两个模型同时进行训练。第一个模型 $c' = g\left[c_j, \theta\right]$ 从第一种风格(马)的图像c转换成第二种风格(斑马)的图像 c'。第二个模型 $c = g'\left[c', \theta\right]$ 学习了相反的映射。如果两个模型无法成功将图像转换到另一个域并恢复到原始域，则会被循环一致性损失施加惩罚。此外，两个对抗性损失会约束转换后的图像，使其看起来较接近目标域的真实示例(图中仅展示斑马)。两个内容损失会激励映射前后图像的内容相似(斑马与马的位置和姿势相同，且包含相同背景)

15.6　StyleGAN

StyleGAN是一种较新的GAN模型，它将数据不同维度的变化拆分，用一组独立的隐变量控制。同时，StyleGAN将噪声和风格属性分离，风格属性将在不同图像尺度下影响输出图像。例如对于人脸图像，脸型和头部姿势可视为大尺度变化，面部特征的形状和细节可视为中等尺度变化，头发和肤色可视为小尺度变化。风格属性代表视觉上显著的部分，噪声代表不关键的部分，例如头发的确切位置、雀斑或皮肤毛孔。

到目前为止，GAN都需要先从一个基础分布中抽取隐变量$\mathbf{z}$。然后通过一系列卷积层传递，最终生成图像。但实际上隐变量可以在网络模型的任何阶段以多种方式引入。StyleGAN会慎重选择引入隐变量的位置和时机，以保证将风格与噪声分离(见图15.19)。

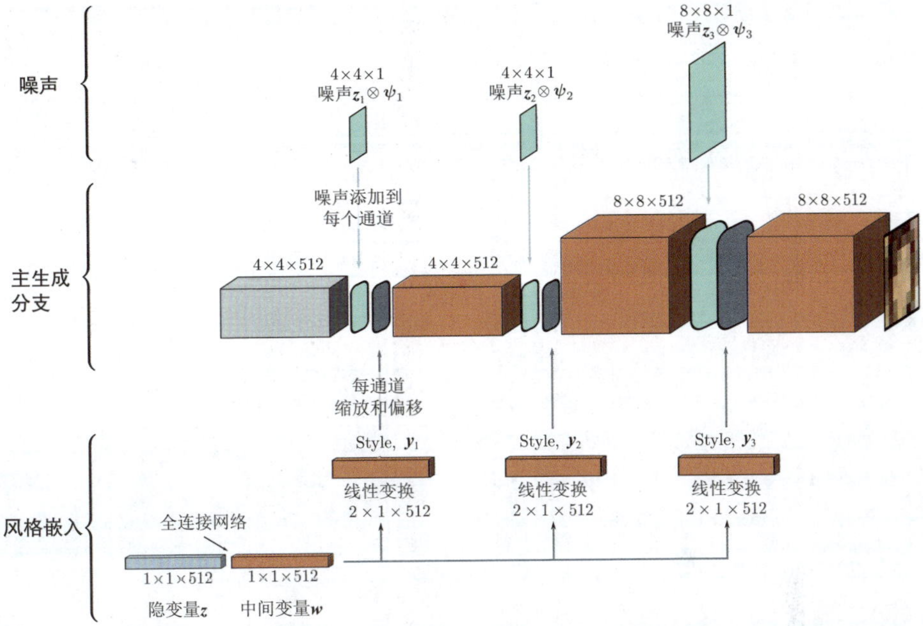

图15.19　StyleGAN。主分支(中间行)以一个经过学习的恒定特征表示(灰色方框)开始，经过一系列卷积层和上采样操作后产生最终输出。噪声(顶行)被周期性地添加到不同尺度中，包含高斯变量$\mathbf{z}_{\bullet}$和每个通道的缩放因子$\boldsymbol{\psi}_{\bullet}$。高斯风格变量$\mathbf{z}$通过一个全连接网络输出中间变量$\mathbf{w}$(底行)。这用于在流程中的不同位置约束每个通道的均值和方差

StyleGAN的主生成分支从一组具有512个通道的4×4特征表示开始，通过一系列卷积层进行上采样，最终生成具有目标分辨率的图像。算法在每个尺度上引入两组代表风格和噪声的隐变量。引入位置越接近输出，意味着其代表的尺度越小。

代表噪声的隐变量是独立采样的高斯向量$\mathbf{z}_1, \mathbf{z}_2 \cdots$，它们会在每次卷积操作后加性地引入模型中。针对不同的通道，模型会生成缩放因子$\boldsymbol{\psi}_1, \boldsymbol{\psi}_2 \cdots$与噪声相乘，以控制噪声对不同通道的贡献量。随着网络分辨率的增加，这种噪声在更细的尺度上产生影响。

代表风格的隐变量由$1\times1\times512$的噪声向量开始，通过7层全连接网络之后产生了中间变量$\boldsymbol{w}$。$\boldsymbol{w}$的每个维度可以代表一个独立的现实世界因素，如头部姿势或头发颜色。中间变量$\boldsymbol{w}$还随后会被线性转换为$2\times1\times512$的张量$\boldsymbol{y}$，它将作用于主分支添加噪声操作之后，标识每个空间位置点上的各通道均值和方差。这类操作被称为自适应实例归一化(adaptive instance normalization)(见图11.14(e))。一系列向量$\boldsymbol{y}_1,\boldsymbol{y}_2\cdots$以这种方式引入主分支的不同位置中，在不同尺度上影响输出结果。图15.20展示了在不同尺度调整风格和噪声向量的影响。

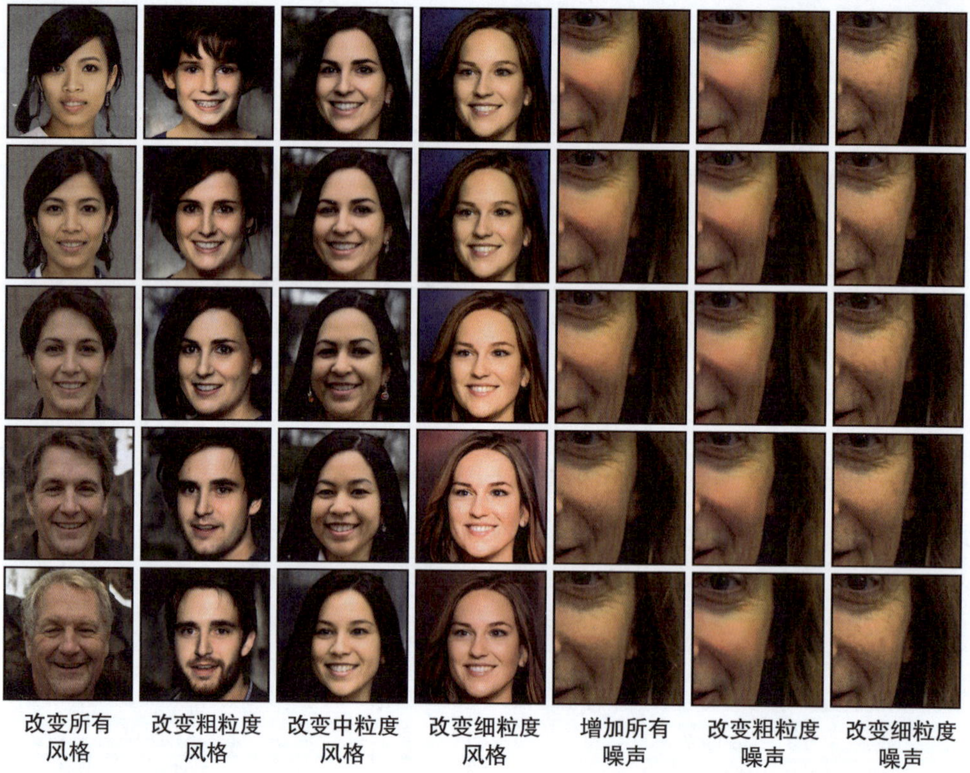

图15.20 StyleGAN生成结果。前4列展示了调整不同维度风格属性后人脸图像的变化。第5列展示了增加噪声幅度的影响。最后两列展示了两个不同尺度下添加不同噪声向量的影响

15.7 本章小结

GAN的目标是学习一个能够基于随机噪声生成与真实样本无法区分的数据的生成器。为此，引入判别器参与训练，以区分真实样本和生成样本，进而指导生成器的更新，使其生成样本更趋近于“真实”。该方法的原始式存在一个缺陷，即当区分样本真实性的任务很简单时，训练信号很弱。因此研究者提出了

Wasserstein GAN，以提供更一致的训练信号。

本章回顾了用于生成图像的DCGAN和一系列提升生成图像质量的技巧，包含渐进增长、批次判别和截断。cGAN引入了用于控制输出类别的辅助向量。图像翻译任务以图像的形式描述条件信息，同时不需要引入随机噪声。此时判别器通常作为一个附加损失项发挥作用，使生成图像看起来更“真实”。最后，本章介绍了StyleGAN，它使用移动的策略将噪声引入生成器，以在不同尺度下控制风格和噪声。

15.8 注释

Goodfellow等人(2014)提出了生成式对抗网络，早期GAN模型的发展详见Goodfellow(2016)。近期的发展综述包括Creswell等人(2018)和Gui等人(2021)的工作。Park等人(2021)针对GAN在计算机视觉任务中的应用进行了综述。Hindupur(2022)列举了当时的所有GAN模型，包含ABC-GAN(Susmelj等，2017)、ZipNet-GAN(Zhang等，2017b)等501个模型。Odena(2019)列出了与GAN有关的所有问题。

数据：由于GAN主要应用于图像数据，如DCGAN(Radford等，2015)、progressive GAN(Karras等，2018)和StyleGAN(Karras等，2019)，因此大多数GAN都基于卷积层搭建的。最近研究者也尝试基于Transformere构建生成器和判别器(SAGAN；Zhang等，2019b)。同时，GAN也被用于生成分子图(DeCao和Kipf，2018)、语音数据(Saito等，2017；Donahue等，2018b；Kaneko和Kameoka，2017；Fang等，2018)、脑电图数据(Hartmann等，2018)、文本(Lin等，2017a；Fedus等，2018)、音乐(Mogren，2016；Guimaraes等，2017；Yu等，2017)、3D模型(Wu等，2016)、DNA(Killoran等，2017)和视频数据(Vondrick等，2016；Wang等，2018a)。

GAN损失函数：在初期研究中，我们认为GAN在训练过程中收敛到纳什均衡。但近期的研究成果标识并非总是如此(Farnia和Ozdaglar，2020；Jin等，2020；Berard等，2019)。Arjovsky等人(2017)、Metz等人(2017)和Qi(2020)发现原始GAN损失函数不稳定，因此提出了不同的改进方式。Mao等人(2017)提出了最小二乘GAN。在参数选择过程中，它隐式地最小化了Pearson x^2 散度。Nowozin等人(2016)认为Jensen-Shannon散度是f-散度家族的一个特例，并证明了任何f-散度都可用于训练GAN。Jolicoeur-Martineau(2019)提出了Relativistic GAN，其中判别器能够估计真实数据样本比生成样本更真实的概率，而不是绝对真实概率。Zhao等人(2017a)使用能量模型改进GAN，其中判别器将低能量分配给真实数据，将更高能量分配给其他数据。通常使用自编码器作为判别器并基于重建误差计算能量。

Arjovsky和Bottou(2017)分析了GAN中梯度消失的问题并提出了Wasserstein GAN(Arjovsky等，2017)，它通过评估分布间转换所需的工作量解决了上述问题。为了保证判别器的Lipschitz常数小于1，原始论文提出了裁剪判别器中权重的方案，其他研究者提出可以通过施加梯度惩罚(Gulrajani等，2016)或应用频谱归一化(Miyato等，2018)的方式达到相同效果。Wu等人(2018a)、Bellemare等人(2017b)、Adler和Lunz(2018)提出了Wasserstein GAN的其他改进方案。Hermann(2017)针对Wasserstein GAN及其对偶性展开了讨论。关于分布转换过程中的最优路径问题，详见Peyré等人(2019)的文章。Lucic等人(2018)介绍了当时GAN损失函数的对比结果。

GAN的训练技巧：许多启发式方法可以提高GAN训练的稳定性和最终结果的质量。Marchesi(2017)首次使用截断技巧(见图15.10)来平衡GAN输出的质量和多样性。Pieters、Wiering(2018)和Brock等人(2019)通过添加正则项解决该问题，正则项激励生成器中的权重矩阵正交，从而截断输出方差，最终改善了生成样本质量。

也可以只使用来自最真实的K个图像的梯度(Sinha等，2020)，使用判别器中的标签平滑(Salimans等，2016)，使用生成的历史图像(而不是最新图像)来更新判别器，以免模型“振荡”(Salimans等人，2016)，向判别器输入添加噪声(Arjovsky和Bottou，2017)。Kurach等人(2019)概述了GAN中的归一化和正则化。Chintala等人(2020)提供了进一步训练GAN的建议。

生成样本多样性：原始GAN论文(Goodfellow等，2014)认为，如果给定足够的模型容量、训练样本和训练时间，GAN模型可以最小化生成样本和真实分布之间的Jensen-Shannon散度。但后续不断有论文质疑该结论。Arora等人(2017)表明，即使判别器的容量有限导致其输出分布的变化有限，GAN训练结果也可以接近其最佳值。Wu等人(2017)使用退火重要性采样近似计算了GAN生成的分布和真实分布的对数似然，发现其存在不匹配的情况。Arora和Zhang(2017)让人类观察者识别接近或重复的生成样本，并通过重复样本出现频率判断图像的多样性。实验结果表明，DCGAN在样本数量为400时，重复发生的概率超过50%。实验结果还表明，多样性随着判别器大小的增加而增加。Bau等人(2019)采用不同的方法证明了数据空间中存在GAN无法生成的部分。

增加多样性和防止模式崩溃：缺乏多样性的极端情况是模式崩溃，模型会反复生成相同的图像(Salimans等，2016)。这对cGAN来说较为特殊，该模型有时会完全忽略隐变量，仅考虑条件信息。Mao等人(2019)引入了防止模式崩溃的正则化项，该项最大化生成图像与对应隐变量距离的比例，从而激励模型输出更多样的数据。其他旨在避免模式崩溃的工作包括VEEGAN(Srivastava等，2017)，它引入了将生成图像映射回原始噪声的重建网络，从而避免噪声到图像的多对一映射。

Salimans等人(2016)提出计算整个生成批次的统计数据，并使用判别器确保其与真实图像的统计数据无法区分。该方法被称为批次判别，可通过在判别器末端添加一层来实现，该层为每个图像生成一个描述统计数据的张量。Karras等人(2018)简化了这一方法，仅计算每个批次中各空间位置上的特征标准差，计算均值作为估计值。最后将其复制以获得特征图，用于追加到判别器网络末端层上。Lin等人(2018)将成对的样本作为判别器输入，并通过理论分析说明了向判别器提供多个样本如何增加多样性。MAD-GAN(Ghosh等，2018)通过使用多个生成器并要求判别器识别样本由哪个生成器创建的方式增强了生成样本的多样性，在训练过程中，判别器可向各生成器反馈训练信号以便各生成器生成彼此不同的样本。

多尺度：Wang等人(2018b)在不同尺度下构建了多个判别器，以确保不同分辨率下的图像质量。其他研究者也尝试在不同分辨率下定义生成器和判别器(Denton等，2015；Zhang等，2017d；Huang等，2017c)。Karras等人(2018)提出了渐进增长方法(见图15.9)，这种方法相对简单且训练速度更快。

StyleGAN：Karras等人(2019)提出了StyleGAN框架(见第15.6节)。在随后的工作中，他们重新设计生成器中的归一化层以消除斑点伪影，并且改变渐进增长框架以减少细节处伪影，从而提高生成图像的质量。其他改进方法包含：在有限数据下训练GAN的方法(Karras等，2020a)和修复混叠伪影(Karras等，2021)。还有大量的研究围绕着调整StyleGAN中的隐变量以实现图像编辑(Abdal等，2021；Collins等，2020；Härkönen等，2020；Patashnik等，2021；Shen等，2020b；Tewari等，2020；Wu等，2021；Roich等，2022)。

cGAN：cGAN由Mirza和Osindero(2014)提出，ACGAN由Odena等人(2017)提出，InfoGAN由Chen等人(2016b)提出。这些模型通常将条件信息附加到判别器的输入(Mirza和Osindero，2014；Denton等，2015；Saito等，2017)或判别器的中间层(Reed等，2016a；Zhang等，2017d；Perarnau等，2016)。Miyato和Koyama(2018)尝试了将条件信息与判别器的一层作内积操作。针对多种条件形式，GAN都能生成对应的图像，如类别(Odena等，2017)、输入文本(Reed等，2016a；Zhang等，2017d)、属性(Yan等，2016；Donahue等，2018a；Xiao等，2018b)、边界框、关键点(Reed等，2016b)及图像(Isola等，2017)。

图像翻译：Isola等人(2017)提出了Pix2Pix算法(见图15.16)，随后Wang等人(2018b)提出了能够生成更高分辨率图像的算法。StarGAN(Choi等，2018)使用单一模型进行多域的图像到图像的转换。循环一致性损失的概念由Zhou等人(2016b)在DiscoGAN中和Zhu等人(2017)在CycleGAN中提出(见图15.18)。

对抗损失：在许多图像翻译任务中，不存在真正的“生成器”。主模型可以被视为监督学习模型，而其中对抗损失函数仅用来增强输出结果的真实性，如Ledig等人(2017)提出的超分辨率算法(见图15.17)。Esser等人(2021)在自编码器模型中引入对抗损失函数。该模型将输入图像的特征表示的尺度缩小，然后根据低尺度特征表示重建图像，整个架构类似于编码器-解码器结构(见图10.19)。训练完成后，自编码器能够生成与图像逼近的图像。该方法对自编码器中编码器输出进行矢量量化(离散化)，然后使用基于Transformer的解码器学习离散变量的概率分布。通过解码器可以生成大量的高质量图像。

反转GAN：图像编辑的一种思路是将其投影到隐空间，对隐变量进行操作后再将其重新投影到图像空间。这个过程被称为重新合成(resynthesis)。由于GAN只从隐变量映射到观测数据，因此研究者提出了反转GAN(找到与观测图像尽可能对应的隐变量)。该方法分为两类。第一种通过学习网络使其具备反方向映射的能力(Donahue等，2018b；Luo等，2017a；Perarnau等，2016；Dumoulin等，2017；Guan等，2020)。这被称为编码器。第二种方法是从某个隐变量z开始，对其进行优化，直到它尽可能精确地重建图像(Creswell和Bharath，2018；Karras等，2020b；Abdal等，2019；Lipton和Tripathi，2017)。Zhu等人(2020a)将这两种方法结合起来。

由于StyleGAN能在不同尺度上控制图像并生成逼真的图像，因此研究者花费大量时间研究它的反转过程。Abdal等人(2020)证明了不可能在没有伪影的情况下反转StyleGAN，并提出了将其逆转到扩展风格空间的方法，Richardson等人(2021)训练了一个编码器，可以可靠地完成空间映射。即使反转到扩展空间后，编辑超出域的图像可能仍然无法很好地工作。Roich等人(2022)通过微调StyleGAN的生成器来精确重建图像并获得了较好的编辑结果。该算法还添加了额外的项以精确地重建修改区域附近的像素点。Xia等人(2022)综述了反转GAN技术。

使用GAN编辑图像：iGAN(Zhu等，2016)允许用户通过涂鸦或扭曲现有图像的部分进行交互式编辑。该工具能够调整输出图像使其既真实又符合约束要求。最终生成的图像与现有的相似，并在追加线条处满足编辑条件。编辑过程中通常会添加一个遮罩，保证只有遮罩内的部分才会被改变。EditGAN(Ling等，2021)联合建模图像及其语义分割掩码，并允许编辑该掩码。

15.9 问题

问题15.1 当$Pr(\mathbf{x}^*) = Pr(\mathbf{x})$时，式(15.9)中的损失函数是什么？

问题15.2* 推导式将式(15.8)中的损失函数L与式(15.9)中的Jensen-Shannon距离$D_{JS}\left[Pr(\mathbf{x}^*) \| Pr(\mathbf{x})\right]$联系起来。

问题15.3 使用原始形式的线性规划计算 $Pr(x=i)$ 和 $q(x=j)$ 之间的距离，其中 $x=1,2,3,4$ 且：

$$b=\left[Pr(x=1),Pr(x=2),Pr(x=3),Pr(x=4),q(x=1),q(x=2),q(x=3),q(x=4)\right]^{\mathrm{T}} \tag{15.18}$$

写出8×16的矩阵$\boldsymbol{A}$。此时假设$\boldsymbol{P}$可向量化为列向量$\boldsymbol{p}$。

问题15.4* 分别计算下面的分布之间的KL散度、反向KL散度、Jensen-Shannon散度和Wasserstein距离：

$$Pr(z)=\begin{cases}0 & z<0\\ 1 & 0\leqslant z\leqslant 1\\ 0 & z>1\end{cases} \quad 和 \quad Pr(z)=\begin{cases}0 & z<a\\ 1 & a\leqslant z\leqslant a+1\\ 0 & z>a\end{cases} \tag{15.19}$$

为了计算 $a\in[-3,3]$ 时的Wasserstein距离，需要考虑必须移动的总概率质量，并将其乘以它必须移动的平方距离。

问题15.5 单变量高斯分布之间的KL距离和Wasserstein距离如下式所示：

$$D_{kl}=\log\left[\frac{\sigma_2}{\sigma_1}\right]+\frac{\sigma_1^2+(\mu_1-\mu_2)^2}{2\sigma_2^2}-\frac{1}{2} \tag{15.20}$$

$$D_{\omega}=(\mu_1-\mu_2)^2+\sigma_1+\sigma_2-2\sqrt{\sigma_1\sigma_2}, \tag{15.21}$$

请绘制 $\sigma_1=\sigma_2=1$ 时，距离关于 $\mu_1-\mu_2$ 的函数曲线。

问题15.6 定义一个100维隐变量 $\boldsymbol{z}\sim\mathrm{Norm}[0,I]$。如果将该变量的值按照以下阈值截断：$\tau=2.0$、$\tau=1.0$、$\tau=0.5$、$\tau=0.04$ 个标准差。各个情况下分别忽略了原始概率分布的哪个部分？

第16章 标准化流

第15章介绍了生成式对抗网络(GAN)。该方法将隐变量作为深度神经网络的输入，以通过网络前向传递生成新样本。GAN以使生成样本与真实样本无法区分的目标进行训练。但由于此过程并未定义真实样本的分布，很难评估生成样本是否与真实样本属于相同数据空间。

本章介绍了标准化流(normalizing flows)。该方法使用深度神经网络将简单分布转换为更复杂的分布，从而学习概率模型。标准化流既可以从训练分布中进行采样，也可以评估生成样本的概率。但是该方法需要模型架构能够保证每一层操作必须可逆，即能双向转换数据。

16.1 一维示例

标准化流是一种概率生成模型：它能将概率分布拟合到训练数据(图14.2(b))。标准化流使用 $x = f[z,\phi]$ 将关于隐变量z的简单可处理的基本分布 $Pr(z)$ 映射到一维分布 $Pr(x)$ 中。其中 ϕ 为保证输出数据分布满足 $Pr(x)$ 的参数(见图16.1)。为了生成新示例 x^*，只需要从基本概率密度函数中抽取样本 z^* 并将其通过函数传递以得到 $x^* = f\left[z^*,\phi\right]$。

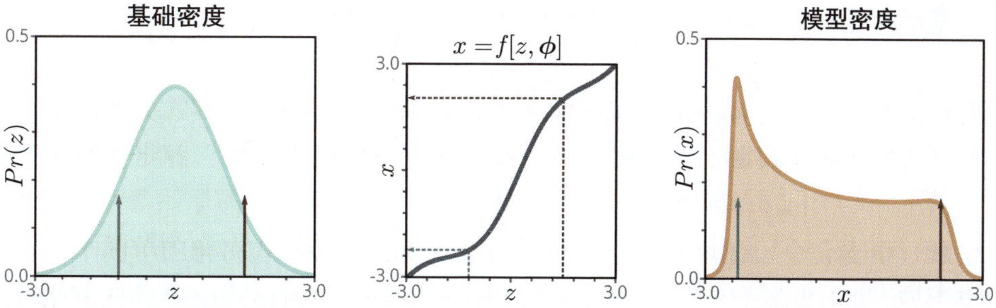

(a) 基本概率密度函数是在隐变量z上定义的标准正态分布

(b) 通过函数 $x = f\left[z,\phi\right]$ 将此变量转化为新变量x

(c) 新变量x具有新的分布

图16.1 概率分布的转换。为从这个模型中进行采样，我们从基本概率密度函数中抽取两个z值，如(a)中的绿色和棕色箭头。(b)中的虚线箭头可表示函数传递过程，最终生成的x值如图(c)中的箭头所示

16.1.1 计算概率

计算数据点x的概率十分具有挑战性。当使用具有已知基础密度 $Pr(z)$ 的随机变量z作为函数$f\left[z,\phi\right]$的输入时，在函数拉伸的区域(梯度大于1)，x的概率密度将减小；在函数压缩的区域(梯度小于1)，x的概率密度将增大。函数拉伸或压缩的程度取决于其梯度幅度(图16.2)。

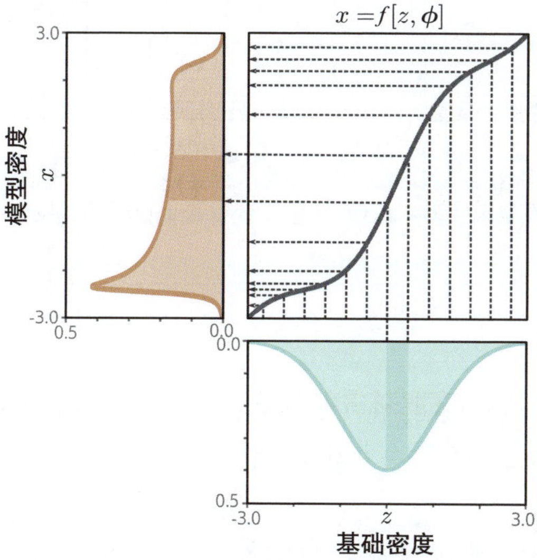

图16.2 转换分布。基础密度(青色)通过函数(蓝色曲线)转化为模型密度(橙色)。将基础密度等距离拆分成若干区间，需要保证转换前后相邻线之间的概率质量保持一致。青色阴影区域通过的函数区域梯度大于1，因此该区域被拉伸，为了保证青色阴影区域和橙色阴影区域面积相同，橙色阴影区域的高度降低。在梯度小于1的位置(如 $z = -2$)，模型密度相对于基础密度增加

基于上述描述，转换分布下输出x的概率可表示为：

$$Pr(x|\phi)=\left|\frac{\partial f[z,\phi]}{\partial z}\right|^{-1}\cdot Pr(z) \tag{16.1}$$

其中$z=f^{-1}[x,\phi]$是用于生成x的隐变量。$Pr(z)$是隐变量的原始概率密度。输出x与函数导数的幅度相关。如果导数大于1，则模型概率变小。如果小于1，则模型概率增大。

16.1.2 正向和反向映射

从分布中抽取样本时，我们需要计算正向映射$x=f[z,\phi]$。在计算似然时，我们需要计算反向映射$z=f^{-1}[x,\phi]$。因此在选择$f[z,\phi]$时，需要保证其可逆。

正向映射过程使用隐变量z生成数据x，因此也可称为生成方向(generative direction)。反向映射过程将x上的复杂分布转换为z上的标准正态分布，因此反向映射也被称为标准化方向，如图16.3所示。

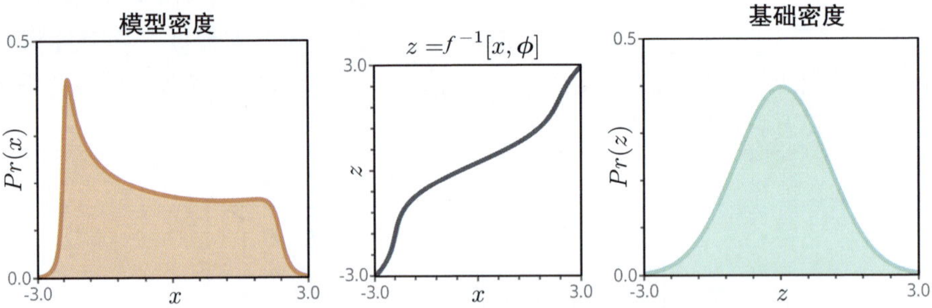

图16.3 反向映射(标准化方向)。如果函数是可逆的，那么可以将模型密度转换回原始基础密度。在模型密度下，点x的概率部分取决于在基础密度下等价点z的概率(见式(16.1))

16.1.3 学习

为学习分布，我们需要找到使训练数据$\{x_i\}_{i=1}^{I}$的似然最大化的参数ϕ，此过程可视为最小化负对数似然的优化任务：

$$\begin{aligned}\hat{\phi}&=\underset{\phi}{\operatorname{argmax}}\left[\prod_{i=1}^{I}Pr(x_i|\phi)\right]\\&=\underset{\phi}{\operatorname{argmax}}\left[\sum_{i=1}^{I}-\log[Pr(x_i|\phi)]\right]\\&=\underset{\phi}{\operatorname{argmax}}\left[\sum_{i=1}^{I}\log\left[\left|\frac{\partial f[z_i,\phi]}{\partial z_i}\right|\right]-\log[Pr(z_i)]\right]\end{aligned} \tag{16.2}$$

其中第一行假设数据是独立同分布的，第三行使用了式(16.1)中对似然的定义。

16.2　一般情况

上一节讨论了一维情况下的示例，本节将扩展到多元分布 $Pr(\boldsymbol{z})$ 和 $Pr(\boldsymbol{x})$，其转换函数由更复杂的深度神经网络定义。

若使用基础密度 $Pr(\boldsymbol{z})$ 下的随机变量 $\boldsymbol{z}\in\mathbb{R}^D$ 作为函数 $\boldsymbol{x}=\boldsymbol{f}[\boldsymbol{z},\phi]$ 的输入，其中 $\boldsymbol{f}[\boldsymbol{z},\phi]$ 由一个深度神经网络定义。对于从基础密度中抽取的样本 $\boldsymbol{z}^*$，通过神经网络前向传递可获得新样本 $\boldsymbol{x}^*=\boldsymbol{f}[\boldsymbol{z}^*,\phi]$，此时输出的变量 $\boldsymbol{x}\in\mathbb{R}^D$ 具有新的分布。

类似于式(16.1)，样本在其分布下的似然为：

$$Pr(\boldsymbol{x}\,|\,\phi)=\left|\frac{\partial\boldsymbol{f}[\boldsymbol{z},\phi]}{\partial\boldsymbol{z}}\right|^{-1}\cdot Pr(\boldsymbol{z}) \tag{16.3}$$

其中 $\boldsymbol{z}=\boldsymbol{f}^{-1}[\boldsymbol{x},\phi]$ 是用于生成 $\boldsymbol{x}$ 的隐变量。第一项是 $D\times D$ 维雅可比矩阵 $\partial\boldsymbol{f}[\boldsymbol{z},\phi]/\partial\boldsymbol{z}$ 的行列式的逆，其中位置 (i,j) 处的项为 $\partial\boldsymbol{f}_j[\boldsymbol{z},\phi]/\partial z_i$。在一维示例下，函数导数能够描述面积的变化；基于类似的原理，行列式的值能够描述多元函数中体积的变化。第二项是基础密度下隐变量的概率。

16.2.1　基于深度神经网络的正向映射

在实践中，正向映射函数 $\boldsymbol{f}[\boldsymbol{z},\phi]$ 通常由神经网络定义，该网络由一系列具有参数 ϕ_K 的层 $\boldsymbol{f}_K^{-1}[\bullet,\phi_K]$ 组成，并按以下方式组合：

$$\boldsymbol{x}=\boldsymbol{f}[\boldsymbol{z},\phi]=\boldsymbol{f}_K[\boldsymbol{f}_{K-1}[\cdots\boldsymbol{f}_2[\boldsymbol{f}_1[\boldsymbol{z},\phi_1],\phi_2],\ldots\phi_{K-1}],\phi_K] \tag{16.4}$$

反向映射(标准化方向)由每个层的逆运算 $f_k^{-1}[\bullet,\phi_k]$ 以相反的顺序组合：

$$\boldsymbol{z}=\boldsymbol{f}^{-1}[\boldsymbol{x},\phi]=\boldsymbol{f}_1^{-1}[\boldsymbol{f}_2^{-1}[\cdots\boldsymbol{f}_{K-1}^{-1}[\boldsymbol{f}_K^{-1}[\boldsymbol{x},\phi_K],\phi_{K-1}],\ldots\phi_2],\phi_1] \tag{16.5}$$

基础密度 $Pr(\boldsymbol{z})$ 通常定义为多元标准正态分布(即均值为零，协方差为单位矩阵)。因此，反向映射过程中每一层的逆运算都使数据密度更接近这个正态分布(见图16.4)。这就是“标准化流”名称的由来。

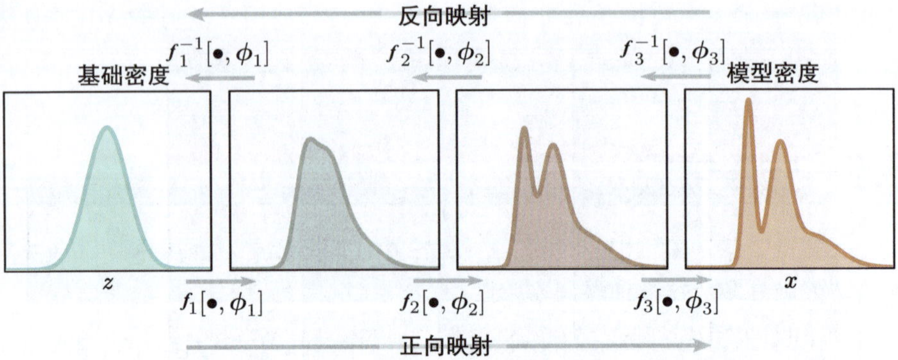

图16.4 深度神经网络的正向和反向映射。正向过程中，基础密度(左侧)通过网络各层函数，逐步转换为模型密度。如果每个层的运算都是可逆的，那么我们可等价地将反向映射过程看作将模型密度逐步转换为基础密度

正向映射的雅可比矩阵可以表示为：

$$\frac{\partial \boldsymbol{f}[z,\phi]}{\partial z}=\frac{\partial \boldsymbol{f}_1[z,\phi_1]}{\partial z}\cdot\frac{\partial \boldsymbol{f}_2[\boldsymbol{f}_1,\phi_2]}{\partial \boldsymbol{f}_1}\cdots\frac{\partial \boldsymbol{f}_{K-1}[\boldsymbol{f}_{K-2},\phi_{K-1}]}{\partial \boldsymbol{f}_{K-2}}\cdot\frac{\partial \boldsymbol{f}_K[\boldsymbol{f}_{K-1},\phi_K]}{\partial \boldsymbol{f}_{K-1}} \tag{16.6}$$

其中$\boldsymbol{f}_K$代表函数$\boldsymbol{f}_K[\bullet,\phi_K]$的输出。可用下式计算雅可比矩阵的行列式绝对值：

$$\left|\frac{\partial \boldsymbol{f}[z,\phi]}{\partial z}\right|=\left|\frac{\partial \boldsymbol{f}_K[\boldsymbol{f}_{K-1},\phi_K]}{\partial \boldsymbol{f}_{K-1}}\right|\cdot\left|\frac{\partial \boldsymbol{f}_{K-1}[\boldsymbol{f}_{K-2},\phi_{K-1}]}{\partial \boldsymbol{f}_{K-2}}\right|\cdots\left|\frac{\partial \boldsymbol{f}_2[\boldsymbol{f}_1,\phi_2]}{\partial \boldsymbol{f}_1}\right|\cdot\left|\frac{\partial \boldsymbol{f}_1[z,\phi_1]}{\partial z}\right| \tag{16.7}$$

反向映射的雅可比行列式绝对值可以使用类似式(16.5)的方式推导得出，是正向映射行列式绝对值的倒数。

使用数据集$\{\boldsymbol{x}_i\}$中的I个训练示例，通过负对数似然准则训练标准化流模型：

$$\begin{aligned}\hat{\phi}&=\underset{\phi}{\operatorname{argmax}}\left[\prod_{i=1}^{I}Pr(z_i)\cdot\left|\frac{\partial \boldsymbol{f}[z_i,\phi]}{\partial z_i}\right|^{-1}\right]\\&=\underset{\phi}{\operatorname{argmax}}\left[\sum_{i=1}^{I}\log\left[\left|\frac{\partial \boldsymbol{f}[z_i,\phi]}{\partial z_i}\right|\right]-\log[Pr(z_i)]\right]\end{aligned} \tag{16.8}$$

其中，$z_i=\boldsymbol{f}^{-1}[\boldsymbol{x}_i,\phi]$，$Pr(z_i)$在基础分布中计算，行列式绝对值的计算方式详见式(16.7)。

16.2.2 对网络层的要求

标准化流的理论很简单。然而为了在现实场景中应用，神经网络层$\boldsymbol{f}_K$需要具备以下四个特性。

(1) 表达能力：神经网络模型必须具有足够的表达能力，即将多元标准正态分布映射到任意模型密度分布。需要具备通过非线性方式使数据分布扭曲和变形的能力。

(2) 可逆性：网络各层的操作必须是可逆的。每个层必须定义从任意输入点到另一个输出点间具有唯一性的一对一映射。如果多个输入映射到相同的输出，则反向映射会变得模糊不清。

(3) 高效的反向映射：由于每次计算似然时都要进行反向映射的运算，因此模型必须能够高效地执行每个层的逆运算。此时模型函数必须存在封闭解或支持快速进行逆运算的算法。

(4) 雅可比行列式计算：模型在正向映射和反向映射的过程中必须高效地支持雅可比矩阵行列式的计算。雅可比矩阵中包含了输入和输出空间之间的体积变化信息，对于计算似然至关重要。

16.3　可逆网络层

本节将描述在标准化流模型中应用到的可逆网络层或流。首先将介绍线性流和逐元素流，它们易于求逆且易于计算雅可比行列式，但它们的表达能力有限。因此接下来将介绍更具表达能力的耦合、自回归和残差流。

16.3.1　线性流

线性流模型(linear flows)可表示为$\mathbf{f}[\mathbf{h}]=\boldsymbol{\beta}+\boldsymbol{\Omega}\mathbf{h}$的形式。如果矩阵$\boldsymbol{\Omega}$可逆，则线性变换是可逆的。对于$\boldsymbol{\Omega}\in\mathbb{R}^{D\times D}$，其求逆计算的复杂度为$\mathcal{O}[D^3]$。雅可比行列式刚好是$\boldsymbol{\Omega}$的行列式，计算复杂度也是$\mathcal{O}[D^3]$。这意味着随着维度$D$的增加，线性流模型的计算成本会很高。

如果采用特殊形式的矩阵$\boldsymbol{\Omega}$，则求逆和计算行列式会更加高效，但变换能力的通用性会降低。例如，对角矩阵求逆和计算行列式只需要$\mathcal{O}[D]$的计算复杂度，但模型将无法描述$\mathbf{h}$元素之间的相互影响。同样，正交矩阵支持高效求逆并且行列式是固定的，但使用正交矩阵后模型将无法在各个维度上缩放。三角矩阵更实用，行列式为对角值乘积。由于可以使用后向回代法(back substitution)求逆，计算复杂度为$\mathcal{O}[D^2]$。

LU分解是一种对线性流模型计算雅可比行列式的高效且通用的方法：

$$\boldsymbol{\Omega}=\mathbf{PL}(\mathbf{U}+\mathbf{D}) \tag{16.9}$$

其中$\boldsymbol{P}$是预先确定的置换矩阵，$\boldsymbol{L}$是下三角矩阵，$\boldsymbol{U}$是对角线为零的上三角矩阵，$\boldsymbol{D}$是对角矩阵，为$\boldsymbol{U}$缺少的对角元素赋值。其求逆的计算复杂度仅为$\mathcal{O}[D^2]$，对数行列式只是$\boldsymbol{L}$和$\boldsymbol{D}$对角线上绝对值的对数之和。

但是，线性流模型的表示能力还不够强大。将线性函数$\boldsymbol{f}[\boldsymbol{h}]=\boldsymbol{\beta}+\boldsymbol{\Omega h}$应用于正态分布输入$\text{Norm}_{\boldsymbol{h}}[\boldsymbol{\mu},\boldsymbol{\Sigma}]$时，输出结果也服从正态分布，其均值和方差分别为$\boldsymbol{\beta}+\boldsymbol{\Omega\mu}$和$\boldsymbol{\Omega}\boldsymbol{\Sigma}\boldsymbol{\Omega}^{\text{T}}$。因此，仅使用线性流无法将正态分布映射到任意分布。

16.3.2 逐元素流

由于线性流模型表示能力有限，因此需要继续探索非线性流模型，其中最简单的一种是逐元素流(elementwise flows)。逐元素流将参数为ϕ的非线性函数$\boldsymbol{f}[\bullet,\phi]$逐点应用于各个输入元素，从而得到：

$$\boldsymbol{f}[\boldsymbol{h}]=[\boldsymbol{f}[\boldsymbol{h}_1,\phi],\boldsymbol{f}[\boldsymbol{h}_2,\phi],\ldots\boldsymbol{f}[\boldsymbol{h}_D,\phi]]^{\text{T}} \tag{16.10}$$

因为$\boldsymbol{f}[\boldsymbol{h}]$的第$d$个输入只影响第$d$个输出，雅可比矩阵$\partial\boldsymbol{f}[\boldsymbol{h}]/\partial\boldsymbol{h}$是对角矩阵，其行列式是对角线上元素的乘积，因此：

$$\left|\frac{\partial\boldsymbol{f}[\boldsymbol{h}]}{\partial\boldsymbol{h}}\right|=\prod_{d=1}^{D}\left|\frac{\partial\boldsymbol{f}[\boldsymbol{h}_d]}{\partial\boldsymbol{h}_d}\right| \tag{16.11}$$

函数$f[\bullet,\phi]$是可逆非线性函数。它可以不包含任何参数，例如leaky ReLU函数(图3.13)。也可以是任何参数化的可逆函数，例如一个具有K个区域的分段线性函数(图16.5)，它能将$[0,1]$映射到$[0,1]$：

$$\boldsymbol{f}[\boldsymbol{h},\phi]=\left(\sum_{k=1}^{b-1}\phi_k\right)+(K\boldsymbol{h}-b+1)\phi_b \tag{16.12}$$

其中参数$\phi_1,\phi_2,\ldots,\phi_K$为正数且和为1，$b=[Kh]+1$是包含$h$的分箱索引。第一项是所有历史参数之和，第二项表示$h$在当前分享中的位置。这个函数易于求逆和计算梯度。很多方案都可以创建类似的平滑函数，通常使用含参的样条函数以确保函数是单调且可逆的。

逐元素流是非线性的，但不会混合各个输入维度，因此无法创建变量之间的相关性。当其与线性流(混合维度)交替使用时，可以模拟更复杂的变换。但在实践中，逐元素流通常作为更复杂层的组件，如耦合流(coupling flows)。

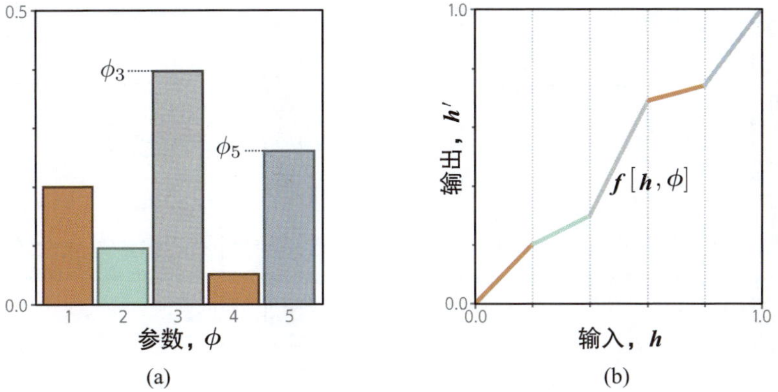

图16.5　分段线性映射。可通过将输入域 $\boldsymbol{h}\in[0,1]$ 拆分成等距的 $K=5$ 个区域的方式构建一个可逆的分段线性映射 $\boldsymbol{f}[\boldsymbol{h},\phi]$。每个区域都有一个斜率参数 ϕ_k。(a) 如果这些参数是正的且总和为1，那么(b)函数将是可逆的，并将映射到输出域 $\boldsymbol{h}'\in[0,1]$

16.3.3　耦合流

耦合流(coupling flows)将输入 $\boldsymbol{h}$ 分成两部分，即 $\boldsymbol{h}=[\boldsymbol{h}_1^{\mathrm{T}},\boldsymbol{h}_2^{\mathrm{T}}]^{\mathrm{T}}$，并定义流 $\boldsymbol{f}[\boldsymbol{h},\phi]$ 为：

$$\begin{aligned}\boldsymbol{h}_1'&=\boldsymbol{h}_1\\ \boldsymbol{h}_2'&=\boldsymbol{g}[\boldsymbol{h}_2,\phi[\boldsymbol{h}_1]]\end{aligned}\tag{16.13}$$

其中 $\boldsymbol{g}[\bullet,\phi]$ 是逐元素流(或其他可逆层)，其参数 $\phi[\boldsymbol{h}_1]$ 是关于输入 $\boldsymbol{h}_1$ 的非线性函数(图16.6)。$\phi[\bullet]$ 函数通常是某种神经网络，因此并不需要可逆。原始变量可以通过以下方式恢复：

$$\begin{aligned}\boldsymbol{h}_1&=\boldsymbol{h}_1'\\ \boldsymbol{h}_2&=\boldsymbol{g}^{-1}[\boldsymbol{h}_2',\phi[\boldsymbol{h}_1]]\end{aligned}\tag{16.14}$$

如果函数 $\boldsymbol{g}[\bullet,\phi]$ 是一个逐元素流，则雅可比矩阵将是下三角矩阵，左上角象限为单位矩阵，右下角为逐元素变换的导数。其行列式是这些对角值的乘积。

按如上方式设计的耦合流模型可以实现高效计算，但该方法只能单向地使 $\boldsymbol{h}_1$ 部分影响 $\boldsymbol{h}_2$ 部分。为进行更通用的转换，在层之间需要使用置换矩阵随机打乱 $\boldsymbol{h}$ 的元素，使得每个输出变量片段都包含其他所有输入变量片段的转换结果。但在实践中，这些置换矩阵很难学习。因此，它们通常被随机初始化然后冻结。对于像图像这样的结构化数据，通常会按通道将数据分为 $\boldsymbol{h}_1$ 和 $\boldsymbol{h}_2$ 两个部分，并在层之间使用 1×1 卷积进行置换。

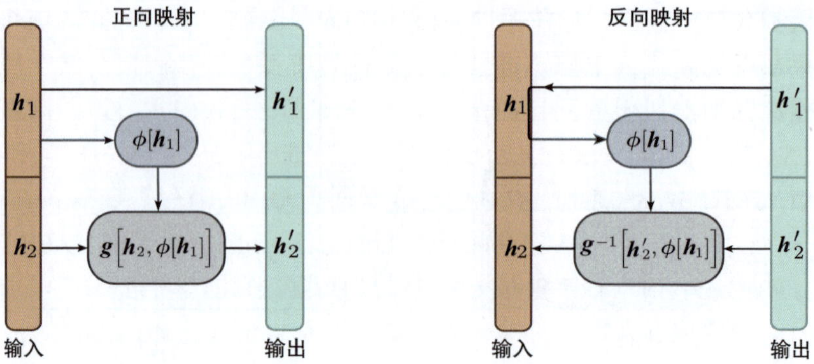

(a) 输入(橙色向量)被分成 $\boldsymbol{h}_1$ 和 $\boldsymbol{h}_2$ 两部分。输出的第一部分 $\boldsymbol{h}_1'$ (青色向量)是 $\boldsymbol{h}_1$ 的一个副本。输出的第二部分 $\boldsymbol{h}_2'$ 将可逆变换 $\boldsymbol{g}[\bullet,\phi]$ 应用于 $\boldsymbol{h}_2$，其中参数 ϕ 本身是一个关于 $\boldsymbol{h}_1$ 的函数(不一定可逆)

(b) 在反向映射中，$\boldsymbol{h}_1 = \boldsymbol{h}_1'$。这使我们能够计算参数 $\phi[\boldsymbol{h}_1]$，然后应用逆变换 $\boldsymbol{g}^{-1}[\boldsymbol{h}_2',\phi]$ 来恢复 $\boldsymbol{h}_2$

图16.6　耦合流

16.3.4　自回归流

自回归流是耦合流的一般化模型，它将每个输入维度都视为一个单独的拆分单元(见图16.7)，基于输入$\boldsymbol{h}$的前 $d-1$ 个维度计算输出 $\boldsymbol{h}'$ 的第d个维度：

$$\boldsymbol{h}_d' = \boldsymbol{g}[\boldsymbol{h}_d, \phi[\boldsymbol{h}_{1:d-1}]] \tag{16.15}$$

函数 $\boldsymbol{g}[\bullet,\bullet]$ 被称为转换器(transformer)，参数 $\phi, \phi[h_1], [h_1, h_2], \ldots$ 被称为调节器(conditioners)。和耦合流一样，转换器 $\boldsymbol{g}[\bullet,\phi]$ 必须是可逆的，但调节器 $\phi[\bullet]$ 可以采用任何形式(通常是神经网络)。如果转换器和调节器足够灵活，自回归流就是万能近似器(universal approximators)，具备表示任何概率分布的能力。

通过添加适当掩码的方式，可以使用网络并行计算出所有的 $\boldsymbol{h}'$，这类方法被称为掩码自回归流(masked autoregressive flow)。这种情况下，位置d处的参数 ϕ 只依赖于先前的位置。这与掩码自注意力机制非常相似(见第12.7.2节)。

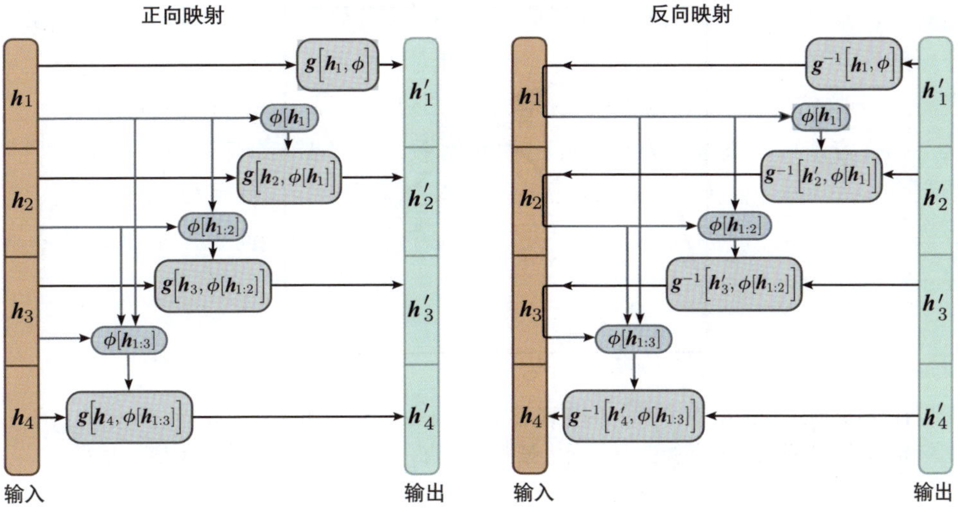

(a) 输出 h'_1 是输入 h_1 的可逆变换结果。输出 h'_2 是输入 h_2 由可逆函数计算而来，其参数取决于 h_1。输出 h'_3 是输入 h_3 由可逆函数计算而来，其中参数取决于先前的输入 h_1 和 h_2，以此类推。所有输出都不相互依赖，因此可以并行计算

(b) 计算自回归流的反向过程使用了与耦合流类似的方法。由于计算 h_2 时需要 h_1，计算 h_3 时需要 h_1 和 h_2，以此类推。因此反向过程无法并行计算

图16.7　自回归流。输入 h (橙色列)和输出 h' (青色列)按照其维度分成四个分片

先考虑正向映射过程：

$$
\begin{aligned}
h'_1 &= g[h_1, \phi] \\
h'_2 &= g[h_2, \phi[h_1]] \\
h'_3 &= g[h'_3, \phi[h_{1:2}]] \\
h'_4 &= g[h'_4, \phi[h_{1:3}]]
\end{aligned}
\tag{16.16}
$$

使用与耦合流类似的原则进行顺序反转：

$$
\begin{aligned}
h_1 &= g^{-1}[h'_1, \phi] \\
h_2 &= g^{-1}[h'_2, \phi[h_1]] \\
h_3 &= g^{-1}[h'_3, \phi[h_{1:2}]] \\
h_4 &= g^{-1}[h'_4, \phi[h_{1:3}]]
\end{aligned}
\tag{16.17}
$$

由于 h_d 的计算取决于 $h_{1:d-1}$ (其他分支的计算结果)，因此无法并行执行。这导致输入维度较高时反向映射操作会耗费大量时间。

16.3.5　反向自回归流

掩码自回归流是在标准化方向定义的，这是为了高效计算似然以训练模型。

但同时，采样的过程在生成方向定义，这意味着必须按顺序依次计算每个变量，这一过程会耗费大量时间。如果使用自回归流进行生成方向的变换，则采样效率很高，但训练速度很慢，这被称为反向自回归流(inverse autoregressive flow)。

如下方法可以兼顾学习和采样过程的效率。先构建一个掩码自回归流模型来学习分布(老师)，然后用它来训练一个可以高效采样的反向自回归流(学生)。上述方法需要不同的标准化流式，它不是从样本中学习，而是向另一个函数学习(见16.5.3节)。

16.3.6 残差流：iRevNet

残差流(Residual flows)借鉴了残差网络的思想。该方法将输入分成两部分 $\mathbf{h}=[\mathbf{h}_1^T,\mathbf{h}_2^T]^T$ (与耦合流类似)，并定义输出为：

$$\begin{aligned}\mathbf{h}_1' &= \mathbf{h}_1 + \mathbf{f}_1[\mathbf{h}_2,\phi_1] \\ \mathbf{h}_2' &= \mathbf{h}_2 + \mathbf{f}_2[\mathbf{h}_1',\phi_2]\end{aligned} \tag{16.18}$$

其中 $\mathbf{f}_1[\bullet,\phi_1]$ 和 $\mathbf{f}_2[\bullet,\phi_2]$ 是并不一定要可逆(见图16.8)。反向映射过程可以通过反转计算顺序的方式实现：

$$\begin{aligned}\mathbf{h}_2 &= \mathbf{h}_2' - \mathbf{f}_2\left[\mathbf{h}_1',\phi_2\right] \\ \mathbf{h}_1 &= \mathbf{h}_1' - \mathbf{f}_1\left[\mathbf{h}_2,\phi_1\right]\end{aligned} \tag{16.19}$$

与耦合流一样，将输入分组限制了模型可以表示的变换。因此需要在层之间进行随机重排，使变量可以任意混合。

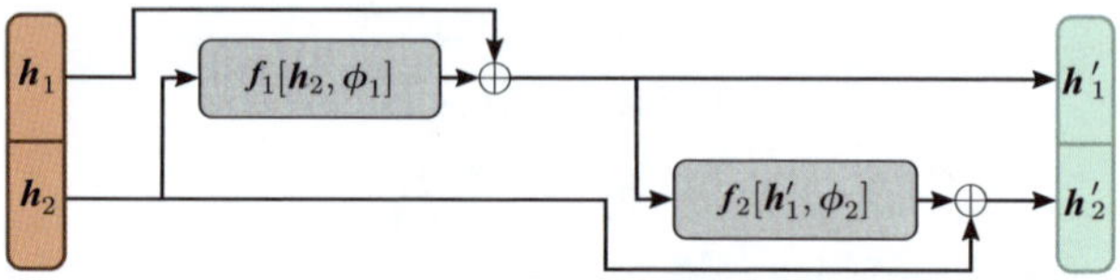

(a) 通过将输入分成 $\mathbf{h}_2$ 和 $\mathbf{h}_2$，并创建两个残差层来计算可逆函数。在第一个残差层中，$\mathbf{h}_2$ 被处理并添加到 $\mathbf{h}_2$ 上。在第二个残差层中，处理结果后，$\mathbf{h}_2$ 被添加到其中

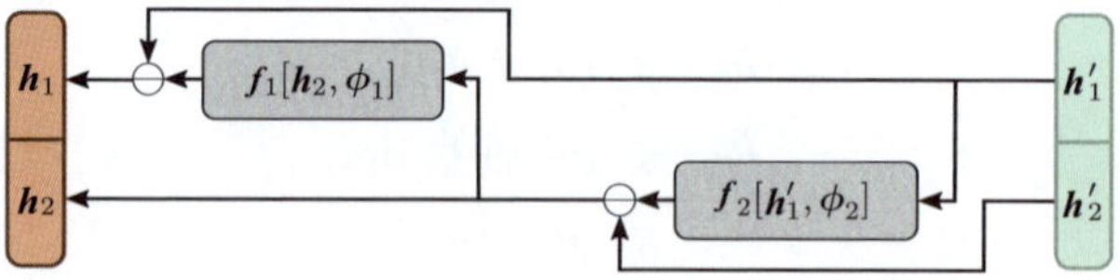

(b) 在反向机制中，函数按相反的顺序计算，并且加法操作变为减法

图16.8 残差流

该方法的反向映射过程非常简单，但对于一般的函数 $\mathbf{f}_1[\bullet,\phi_1]$ 和 $\mathbf{f}_2[\bullet,\phi_2]$ 来说，没有有效的方法计算雅可比矩阵。该方法有时被用于在训练残差网络时节省内存；因为网络是可逆的，所以在前向传递过程中不必存储每一层的激活值。

16.3.7　残差流和收缩映射：iResNet

基于残差网络的思路，还扩展出了Banach不动点定理或收缩映射定理(contraction mapping theorem)。该定理证明了每个收缩映射都存在一个不动点。收缩映射$f[\bullet]$具有以下性质：

$$\text{dist}\left[f[z'], f[z]\right] < \beta \cdot \text{dist}\left[z', z\right] \qquad \forall z, z' \tag{16.20}$$

其中$\text{dist}[\bullet,\bullet]$是距离度量函数，$\beta \in (0,1)$。当具有此特性的函数进行迭代计算时(即输出反复作为输入传递回原函数)，结果将收敛到一个不动点，其中$f[z]=z$(图16.9)。为了理解这一点，可以先定义一个随机起始点，尽管不动点始终保持静态，但二者之间的距离需要变小，所以起始点在迭代过程中必然不断接近不动点。

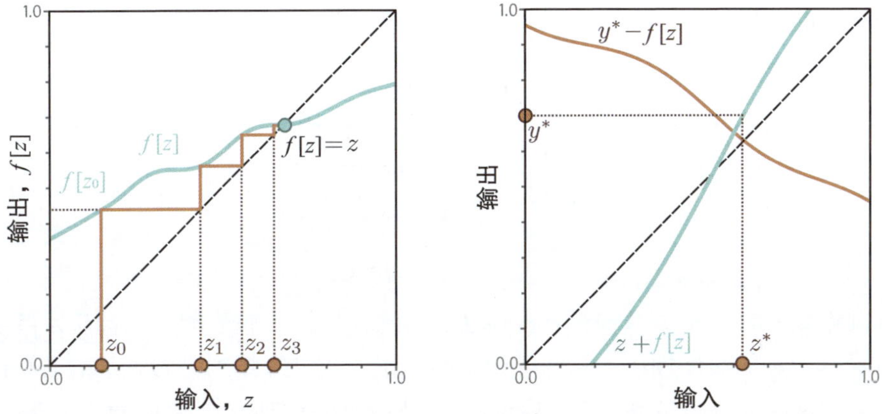

(a) 从z_0开始，先计算$z_1=f[z_0]$。然后将z_1传回函数并进行迭代。最终迭代过程会收敛到函数与虚线相交的点，即$f[z]=z$

(b) 对于函数$y=z+f[z]$，通过不动点为$y^*-f[z]$(橙色线与虚线相交的点)与$y^*=z+f[z]$相同位置的值y^*来反转式子

图16.9　收缩映射。如果函数的各个位置的绝对斜率小于1，迭代该函数会收敛到一个不动点$f[z]=z$

这个定理可用反转形式表示为：

$$y = z + f[z] \tag{16.21}$$

如果$f[z]$是一个收缩映射，上式就可以使用给定值的y^*找到对应的z^*。我们可以从任意点z_0开始，迭代计算$z_{k+1}=y^*-f[z_k]$来实现，它在$z+f[z]=y^*$处存在一个不动点(见图16.9(b))。

如果能确保$\boldsymbol{f}[\boldsymbol{h},\phi]$是一个收缩映射，则可以使用相同的原理来反转残差网络层$\boldsymbol{h}'=\boldsymbol{h}+\boldsymbol{f}[\boldsymbol{h},\phi]$。在实践中，这意味着网络的Lipschitz常数必须小于1。在激活函数的斜率不大于1的前提下，还需要确保每个权重矩阵$\boldsymbol{\Omega}$的最大奇异值小于1。可以通过裁剪

的方式确保权重 $\boldsymbol{\Omega}$ 的绝对值较小。

对于上述函数，虽然无法高效计算雅可比行列式，但可使用一系列技巧近似其对数。

$$\begin{aligned}\log\left[\left|\boldsymbol{I}+\frac{\partial \boldsymbol{f}[\boldsymbol{h},\phi]}{\partial \boldsymbol{h}}\right|\right] &= \text{trace}\left[\log\left[\boldsymbol{I}+\frac{\partial \boldsymbol{f}[\boldsymbol{h},\phi]}{\partial \boldsymbol{h}}\right]\right] \\ &= \sum_{k=1}^{\infty}\frac{(-1)^{k-1}}{k}\text{trace}\left[\frac{\partial \boldsymbol{f}[\boldsymbol{h},\phi]}{\partial \boldsymbol{h}}\right]^{k}\end{aligned} \tag{16.22}$$

其中第一行使用了 $\log[|\boldsymbol{A}|]=\text{trace}[\log[\boldsymbol{A}]]$ 的恒等式，并在第二行将其展开成幂级数。

即使我们截断这个序列，计算各项的迹的计算量仍然很大。因此，我们使用Hutchinson迹估计器进行近似。定义一个均值为0，方差为$\boldsymbol{I}$的正态随机变量 ϵ。矩阵$\boldsymbol{A}$的迹可以估计为：

$$\begin{aligned}\text{trace}[\boldsymbol{A}] &= \text{trace}[\boldsymbol{A}\mathbb{E}[\epsilon\epsilon^{\mathrm{T}}]] \\ &= \text{trace}[\mathbb{E}[\boldsymbol{A}\epsilon\epsilon^{\mathrm{T}}]] \\ &= \mathbb{E}[\text{trace}[\boldsymbol{A}\epsilon\epsilon^{\mathrm{T}}]] \\ &= \mathbb{E}[\text{trace}[\epsilon^{\mathrm{T}}\boldsymbol{A}\epsilon]] \\ &= \mathbb{E}[\epsilon^{\mathrm{T}}\boldsymbol{A}\epsilon]\end{aligned} \tag{16.23}$$

其中第一行的推导基于 $\mathbb{E}[\epsilon\epsilon^{\mathrm{T}}]=\boldsymbol{I}$。第二行的推导基于期望的性质。第三行的推导基于迹的线性性质。第四行的推导基于迹对循环排列无关。最后一行的推导是因为第四行中的参数是一个标量。通过从 $Pr(\epsilon)$ 中抽取样本 ϵ_i 来估计迹：

$$\begin{aligned}\text{trace}[\boldsymbol{A}] &= \mathbb{E}[\epsilon^{\mathrm{T}}\boldsymbol{A}\epsilon] \\ &\approx \frac{1}{I}\sum_{i=1}^{I}\epsilon_i^{\mathrm{T}}\boldsymbol{A}\epsilon_i\end{aligned} \tag{16.24}$$

通过这种方式，可近似泰勒展开式(式(16.22))的幂的迹并估计对数概率。

16.4 多尺度流

上述标准化流模型通常建立在隐空间$\boldsymbol{z}$与数据空间$\boldsymbol{x}$的大小相同的前提下。但在实际场景中，数据往往可用较少的基础变量描述。某些情况下，我们必须引入所有变量，但这会导致计算效率低下。这就引出了多尺度流(multi-scale flows)的概念(图16.10)。

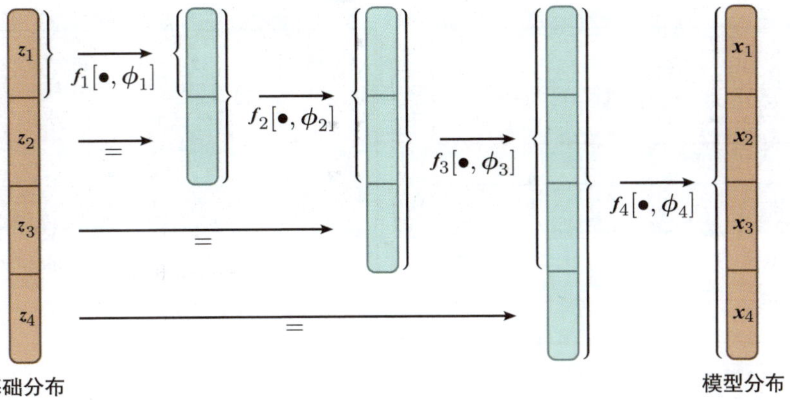

图16.10　多尺度流。隐空间z必须与标准化流的模型密度大小相同。通过将其分组，在不同层逐渐引入计算可以使采样和密度估计速度提升。在反向映射过程中黑色箭头所代表的运算方向将被反转，每个层的最后一部分计算结果不会被进一步处理。如$f_3^{-1}[\bullet, \phi 3]$只作用于前三组数据上，第四组数据作为$z_4$参与基础密度评估

在生成方向，多尺度流将隐变量分为$z=[z_1, z_2, \ldots, z_N]$。第一部分$z_1$由一系列可逆层处理，这些层的维度与$z_1$相同。随后，$z_2$将与$z_1$合并，以此类推，最终网络输出将与$x$保持一致。在标准化方向，网络从完整的$x$开始，当它到达与$z_n$相关的位置时，会参与基础密度评估。

16.5　应用

本节将描述标准化流的三种应用。包含对概率密度进行建模、图像合成(GLOW模型)、近似其他分布。

16.5.1　密度建模

本书介绍的四种生成模型中，标注化流是唯一一个能够计算新样本的精确对数似然的模型。生成式对抗网络是非概率性的，变分自编码器和扩散模型都只能返回似然的下界。图16.11使用i-ResNet描绘了两个简单示例问题中的概率分布。密度估计可以应用于异常检测，即使用标准化流模型描述正常数据的分布。此时概率低的新样本将被标记为异常值。但使用该方法时必须十分谨慎，真实场景中极可能存在概率很高的异常值(见图8.13)。

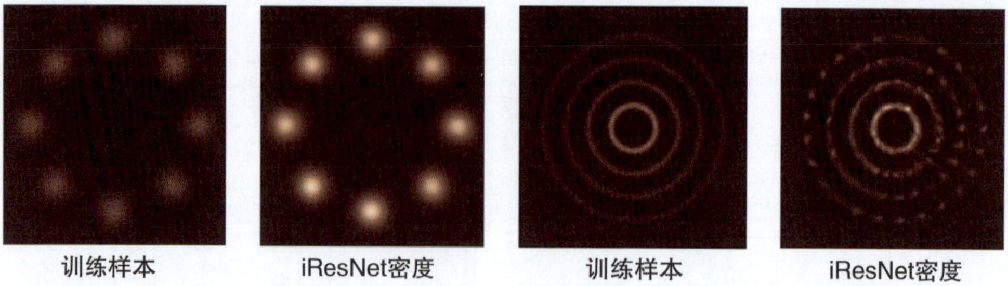

(a) (b) (c) (d)

图16.11 密度建模。(a) Toy 2D数据样本。(b) 使用iResNet建模的密度分布。(c)~(d) 第二个例子(Behrmann等，2019)

16.5.2 图像合成

生成流(generative flows，GLOW)是一种融合多种方案的标准化流模型，具备生成高质量图像的能力(见图16.12)。在标准化方向，GLOW会将256×256×3的RGB 图像作为输入。首先使用耦合层将通道分成两部分。第二部分的每个空间位置都会进行不同的仿射变换，其变换参数取决于第一部分经二维卷积神经网络计算的结果。耦合层会与1×1卷积交替使用，以混合各通道信息。这些卷积都会被参数化为LU分解。

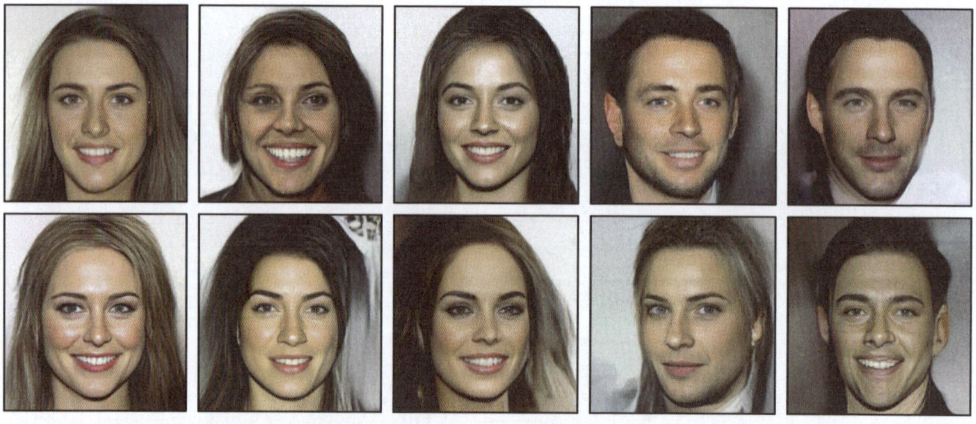

图16.12 基于CelebA HQ数据集训练的GLOW模型的生成结果(Karras等，2018)。虽然不如GAN和扩散模型，但也获得了较高的图像质量(Kingma和Dhariwal，2018)

模型会周期性地通过将2×2分块合并成具有四通道的单点位置的方式，将分辨率减半。GLOW是一个多尺度流，因此一些通道会被周期性地移除，成为隐变量$\boldsymbol{z}$的一部分。由于 RGB图像的像素值本身是离散的，因此图像输入之前通常会添加噪声，以防止训练似然无限制地增加。这一操作也被称为去量化(dequantization)。

为生成更真实的图像，GLOW 型从正幂次方的基础密度进行采样。这样会更倾向于选择靠近密度中心的样本，而不是靠近边缘的样本。这类似于GAN中的截断技巧(见图15.10)。目前GLOW的生成样本质量不如GAN或扩散模型，尚不清楚这是由于可逆层本身的性能限制，还是因为该方向的研究者较少。

图16.13展示了使用 GLOW进行插值的示例。首先在标准化方向对两个真实图像进行变换，计算出两个隐变量。然后对隐变量进行线性插值计算，再在生成方向将插值后的隐变量映射回图像空间。最终可获得同时包含两个不同比例原始图像信息的插值图像。

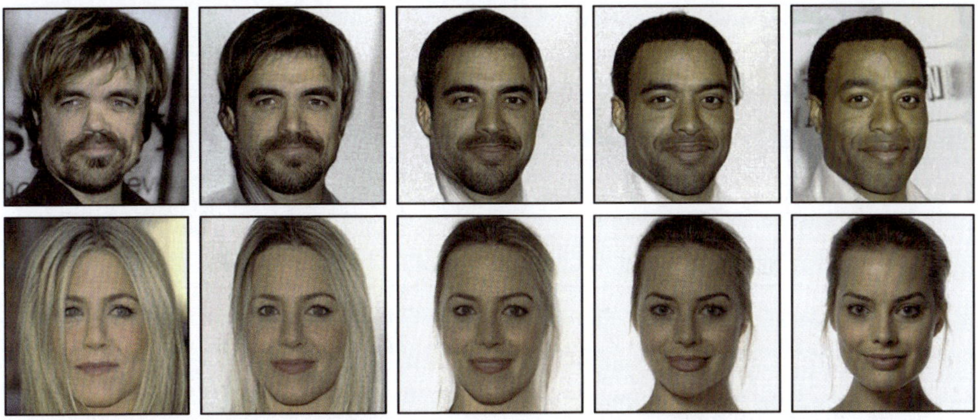

图16.13　使用GLOW模型进行插值。左边和右边的图像是真实的人物图像。中间的图像是通过将真实图像映射到隐空间，并进行插值，然后将插值点重新映射到图像空间得到的(Kingma和Dhariwal，2018)

16.5.3　近似其他密度模型

标准化流也可以学习生成样本，近似一个现有的密度模型。该模型易于评估但难以用于生成。这种场景下，我们将标准化流 $Pr(\boldsymbol{x}|\phi)$ 视为学生，目标密度 $\boldsymbol{q}(\boldsymbol{x})$ 视为教师。

我们使用标准化流生成样本 $\boldsymbol{x}_i = \boldsymbol{f}[z_i, \phi]$，并且不需要反向映射就可以计算它们的似然。此过程可以选择反向映射计算较慢的模型，如掩码自回归流。我们定义一个基于反向KL散度的损失函数，以鼓励学生和老师的似然相同，并用它来训练学生模型(图16.14)。

$$\hat{\phi} = \underset{\phi}{\operatorname{argmin}}\left[\mathrm{KL}\left[\frac{1}{I}\sum_{i=1}^{I}\delta[\boldsymbol{x} - \boldsymbol{f}[z_i, \phi]]\middle\|\boldsymbol{q}(\boldsymbol{x})\right]\right] \tag{16.25}$$

此方法与使用标准化流构建数据概率模型 $Pr(\boldsymbol{x}_i, \phi)$ 的常规做法不同，这些数据来自未知分布，使用最大似然估计和正向KL散度的交叉熵项(见第5.7节)：

$$\hat{\phi} = \underset{\phi}{\operatorname{argmin}}\left[\mathrm{KL}\left[\frac{1}{I}\sum_{i=1}^{I}\delta[\boldsymbol{x}-\boldsymbol{x}_i]\middle\| Pr(\boldsymbol{x}_i,\phi)\right]\right] \tag{16.26}$$

使用这个技巧，标准化流可以模拟VAE中的后验分布(见第17章)。

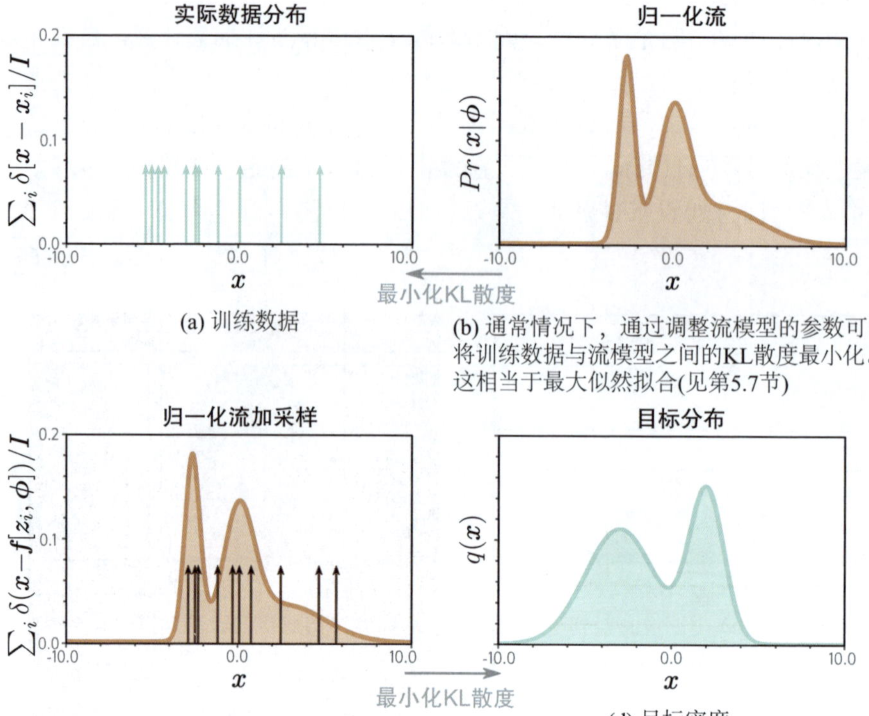

(a) 训练数据

(b) 通常情况下，通过调整流模型的参数可以将训练数据与流模型之间的KL散度最小化。这相当于最大似然拟合(见第5.7节)

(c) 也可调整流模型参数 ϕ，以最小化流样本 $\boldsymbol{x}_i = \boldsymbol{f}[\boldsymbol{z}_i,\phi]$ 与目标密度之间的KL散度

(d) 目标密度

图16.14　近似密度模型

16.6　本章小结

标准化流模型通过对基础分布(通常是标准正态分布)进行转换来构造新的模型密度分布。此类方法既能计算样本似然，又能生成新样本。但是它必须建立在每一层的运算完全可逆的前提下，以便在正向映射中可以生成样本，在反向映射中可以计算似然。在学习概率密度的过程中，需要反复计算似然，因此有必要高效地计算雅可比行列式的值。即使无法高效计算雅可比行列式，可逆层本身仍然有其作用，它可以将K层网络的训练内存需求从$\mathcal{O}[K]$降到$\mathcal{O}[1]$。

本章介绍了多种标准化流模型。首先是线性流和逐元素流，它们相对简单但表示能力不足。然后介绍了更复杂的流，如耦合流、自回归流和残差流。最后，本章介绍了如何使用标准化流估计似然、生成和插值图像及近似其他分布。

16.7　注释

标准化流最早由Rezende & Mohamed(2015)提出，但其思路最早可以追溯到Tabak & Vanden-Eijnden(2010)、Tabak & Turner(2013)和Rippel & Adams(2013)的工作。标准化流的综述，可以参见Kobyzev等人(2020)和Papamakarios等人(2021)的文章。Kobyzev等人(2020)对多种标准化流模型进行了定量比较，Flow++模型(基于耦合流和逐元素转换)取得了最好的效果。

可逆网络层(invertible network layers)：可逆层降低了反向传播算法的内存需求，由于正向传递的激活值可以在反向传递过程中被重新计算，因此正向传递过程不再需要存储激活值。除本章讨论的常规网络层和残差层(Gomez等，2017；Jacobsen等，2018)，可逆层还被应用于图神经网络(Li等，2021a)、循环神经网络(MacKay等，2018)、掩码卷积(Song等，2019)、U-Net(Brügger等，2019；Etmann等，2020)和 Transformer(Mangalam等，2022)。

径向和平面流(radial and planar flows)：原始标准化流论文(Rezende & Mohamed，2015)使用了平面流(沿着某些维度压缩或扩展分布)和径向流(围绕某个点扩展或收缩)。这些流的反函数不容易计算，但对于生成速度慢或隐空间分布缩放系数未知的分布很有用(见图16.14)。

应用：应用包括图像生成(Ho等，2019；Kingma & Dhariwal，2018)、噪声建模(Abdelhamed等，2019)、视频生成(Kumar等，2019b)、音频生成(Esling等，2019；Kim等，2018；Prenger等，2019)、图生成(Madhawa等，2019)、图像分类(Kim等，2021；Mackowiak等，2021)、图像隐写术(Lu 等，2021)、超分辨率(Yu等，2020；Wolf等，2021；Liang等，2021)、风格迁移(An等，2021)、运动风格迁移(Wen等，2021)、3D 形状建模(Paschalidou等，2021)、压缩(Zhang等，2021b)、sRGB到 RAW图像转换(Xing 等，2021)、去噪(Liu 等，2021b)、异常检测(Yu等，2021)、图像到图像翻译(Ardizzone等，2020)、在不同分子干预下合成细胞显微镜图像(Yang等，2021)和光传输模拟(Müller等，2019b)。对于使用图像数据的应用，由于输入是量化且离散的，因此必须在学习之前添加噪声(Theis等，2016)。

Rezende & Mohamed(2015)使用标准化流来模拟VAE中的后验分布。Abdal等人(2021)使用标准化流模拟StyleGAN隐空间中属性的分布，然后使用这些分布改变真实图像中指定的属性。Wolf等人(2021)使用标准化流基于干净图像生成含噪图像，生成的数据将用于训练其他去噪或超分辨率模型。

标准化流也在物理学(Kanwar等，2020；Köhler等，2020；Noé等，2019；

Wirnsberger 等，2020；Wong等，2020)、自然语言处理(Tran等，2019；Ziegler & Rush，2019；Zhou等，2019；He等人，2018；Jin等，2019)和强化学习(Schroecker等，2019；Haarnoja等，2018a；Mazoure等，2020；Ward等，2019；Touati等，2020)等领域得到广泛应用。

线性流(linear flows)：对角线性流可以表示为Batch-Norm(Dinh等，2016)和ActNorm(Kingma & Dhariwal，2018)等标准化变换。Tomczak & Welling(2016)研究了组合三角矩阵和Householder变换的正交变换。Kingma & Dhariwal(2018)提出了第 16.5.2节描述的LU参数化。Hoogeboom等人(2019b)提议改用QR分解，不需要预设置换矩阵。卷积是深度学习中广泛使用的线性变换(见图10.4)，但其反函数和行列式不容易计算。Kingma & Dhariwal(2018)使用1×1卷积实现了对每个位置的完整线性变换。Zheng等人(2017)针对一维卷积引入了ConvFlow。Hoogeboom等人(2019b)提出了一些更通用的解决方案，用于通过堆叠掩码自回归卷积或在傅里叶域中操作来建模2D卷积。

逐元素流和耦合函数(elementwise flows and coupling functions)：逐元素流使用相同的函数独立转换每个变量(每个变量对应的转换参数不同)。相同的流可用来形成耦合和自回归流中的耦合函数；这种情况下，它们的参数取决于前面的变量。为了保证可逆，这些函数必须是单调的。

加法耦合函数(Dinh等，2015)仅向变量添加一个偏移量。仿射耦合函数缩放变量并添加偏移量，该方法被 Dinh等人(2015)、Dinh等人(2016)、Kingma & Dhariwal(2018)、Kingma等人(2016)和 Papamakarios等人(2017)使用。Ziegler & Rush(2019)提出了非线性平方流，它包含5个参数。连续混合CDF(Ho等，2019)基于K个逻辑混合的累积密度函数(CDF)的单调变换，然后由逆logistic sigmoid进行后处理、缩放和偏移。

分段线性耦合函数(见图16.5)由Müller等人(2019b)提出。此后，研究者又提出了基于三次样条(Durkan等，2019a)和有理二次样条(Durkan等，2019b)的方法。Huang等人(2018a)提出了神经自回归流，其中单调函数由神经网络表示，网络中所有权重均为正，激活函数均单调。由于训练所有权重均为正的网络非常困难，Wehenkel & Louppe(2019)提出了无约束单调神经网络，对正函数进行数值积分操作以获得单调函数。Jaini等人(2019)基于基本定理(所有正单变量多项式都是多项式平方的和)构建了可以封闭积分的正函数。最后，Dinh等人(2019)研究了分段单调耦合函数。

耦合流(coupling flows)：Dinh等人(2015)提出了耦合流，其中输入维度被分成两部分(见图16.6)。Dinh等人(2016)提出了RealNVP，它通过对调像素或通道块对图像输入进行拆分。Das等人(2019)提出以导数的幅度作为映射部分的选择特征。Dinh 等人(2016)将多尺度流(维度逐渐引入)解释为耦合流，其中参数 ϕ 与数据的另一半无关。Kruse等人(2021)定义了耦合流的分层式，其中每个分组递归地分成两部分。GLOW(图16.12~图16.13)由Kingma & Dhariwal(2018)设计，类似于NICE(Dinh等，2015)、RealNVP(Dinh等，2016)、FloWaveNet(Kim等，2018)、WaveGlOW(Prenger 等，2019)和 Flow++(Ho等，2019)，它们都使用了耦合流。

自回归流(autoregressive flows)：Kingma等人(2016)将自回归模型用于标准化流。Germain等人(2015)设计了一种掩盖先前变量的通用方法。Papamakarios等人(2017)利用这一点在掩码自回归流中并行计算所有输出。Kingma等人(2016)引入了逆自回归流。Parallel WaveNet(Van den Oord等，2018)将WaveNet(Van den Oord等，2016a)改进成一个逆自回归流，使其采样速度更快(见图16.14(c)~(d))。

残差流(residual flows)：残差流基于残差网络(He等，2016a)。RevNets(Gomez等，2017)和 iRevNets(Jacobsen等，2018)将输入分成两部分(见图16.8)，每个部分都经过一个残差网络。这些网络是可逆的，但雅可比行列式不易计算。残差连接可以解释为普通微分式的离散化，从这个观点衍生出了不同的可逆架构(Chang等，2018, 2019a)，但这些模型依然无法高效计算雅可比行列式。Behrmann等人(2019)指出，如果网络的Lipschitz常数小于 1，则可以使用不动点迭代反转网络。基于此思路提出了iResNet，该方法可以使用Hutchinson迹估计器(Hutchinson，1989)估计雅可比行列式的对数。Chen等人(2019)通过使用Russian Roulette估计器消除了式(16.22)中幂级数截断引起的偏差。

无限小流(infinitesimal flows)：如果残差网络可以看作普通微分式(ODE)的离散化，那么ODE能够表示变量的变化。Chen 等人(2018e)提出了Neural ODE算法，其中包含利用ODE进行正向和反向传播的标准方法。该方法中不再需要通过估计似然计算雅可比行列式；它由另一个ODE表示，其中对数概率的变化与正向传播导数的迹有关。Grathwohl等人(2019)使用Hutchinson估计器估计迹并进一步简化计算过程。Finlay等人(2020)在损失函数中添加了正则化项，使训练更加容易，Dupont等人(2019)增强了表示能力，允许Neural ODE表示更广泛的微分同态类。Tzen & Raginsky(2019)和Peluchetti & Favaro(2020)用随机微分式替换了ODE。

通用性(Universality)：通用性指标准化流准确地模拟其他概率分布的能力。一些流(如平面流、逐元素流)没有这个特性。当耦合函数基于单调神经网络(Huang等，2018a)、单调多项式(Jaini等，2020)或样条(Kobyzev等，2020)时，自回归流具有普遍性。对于维度D，一系列D个耦合流可形成一个自回归流。将输入分组为 $\boldsymbol{h}_1$ 和 $\boldsymbol{h}_2$ 意味着无论在任何层中，$\boldsymbol{h}_2$ 都只取决于前面的变量(见图16.6)。因此，如果我们在每一层将 $\boldsymbol{h}_1$ 的大小增加1，仍然可以重现一个自回归流。目前尚不清楚耦合流是否可以在少于D层的情况下具有普遍性。但在实际应用中，它们的效果较好(如 GLOW)。

其他工作：标准化流的研究热点领域包括离散流(Hoogeboom等，2019a；Tran等，2019)、非欧式流形上的标准化流(Gemici等，2016；Wang&Wang，2019)和旨在对变换族创建不变密度的等变流(Köhler等，2020；Rezende等，2019)。

16.8 问题

问题16.1　定义作用于均匀基础密度分布 $z \in [0,1]$ 的函数 $x = f[z] = z^2$。找到变换后的分布 $Pr(x)$ 的表达式。

问题 16.2*　定义标准正态分布：

$$Pr(z) = \frac{1}{\sqrt{2\pi}} \exp\left[\frac{-z^2}{2}\right] \tag{16.27}$$

使用如下函数进行变换：

$$x = f[z] = \frac{1}{1+\exp[-z]} \tag{16.28}$$

找到变换后的分布 $Pr(x)$ 的表达式。

问题16.3*　使用类似于式(16.6)和式(16.7)的形式，写出反向映射 $\mathbf{z} = \boldsymbol{f}^{-1}[\mathbf{x},\phi]$ 的雅可比行列式和该雅可比行列式的绝对值表达式。

问题16.4　手动计算以下矩阵的逆和行列式：

$$\boldsymbol{\Omega}_1 = \begin{bmatrix} 2 & 0 & 0 & 0 \\ 0 & -5 & 0 & 0 \\ 0 & 0 & 1 & 0 \\ 0 & 0 & 0 & 2 \end{bmatrix} \quad \boldsymbol{\Omega}_2 = \begin{bmatrix} 1 & 0 & 0 & 0 \\ 2 & 4 & 0 & 0 \\ 1 & -1 & 2 & 0 \\ 4 & -2 & -2 & 1 \end{bmatrix} \tag{16.29}$$

问题16.5　定义一个随机变量$\mathbf{z}$，其均值为$\boldsymbol{\mu}$，协方差矩阵为$\boldsymbol{\Sigma}$，使用函数 $\mathbf{x} = \mathbf{A}\mathbf{z} + \mathbf{b}$ 进行变换。证明$\mathbf{x}$的期望为$\mathbf{A}\boldsymbol{\mu} + \mathbf{b}$，$\mathbf{x}$的协方差矩阵为$\mathbf{A}\boldsymbol{\Sigma}\mathbf{A}^{\mathrm{T}}$。

问题16.6*　已知 $\mathbf{x} = \boldsymbol{f}[\mathbf{z}] = \mathbf{A}\mathbf{z} + \mathbf{b}$，同时存在 $Pr(\mathbf{z}) = \mathrm{Norm}_{\mathbf{z}}[\boldsymbol{\mu}, \boldsymbol{\Sigma}]$，请证明 $Pr(\mathbf{x}) = \mathrm{Norm}_{\mathbf{x}}[\mathbf{A}\boldsymbol{\mu} + \mathbf{b}, \mathbf{A}\boldsymbol{\Sigma}\mathbf{A}^{\mathrm{T}}]$。其中：

$$Pr(\mathbf{x}) = Pr(\mathbf{z}) \cdot \left|\frac{\partial \boldsymbol{f}[\mathbf{z}]}{\partial \mathbf{z}}\right|^{-1} \tag{16.30}$$

问题16.7　Leaky ReLU 定义为：

$$\mathrm{LReLU}[z] = \begin{cases} 0.1z & z < 0 \\ z & z \geqslant 0 \end{cases} \tag{16.31}$$

写出Leaky ReLU的逆的表达式。对于逐元素变换 $\boldsymbol{x}=\boldsymbol{f}[z]$ ，写出雅可比矩阵的绝对行列式的逆的表达式 $\left|\partial\boldsymbol{f}[\boldsymbol{z}]/\partial\boldsymbol{z}\right|^{-1}$ ，其中：

$$\boldsymbol{f}[\boldsymbol{z}]=\left[\text{LReLU}[z_1],\text{LReLU}[z_2],\ldots,\text{LReLU}[z_D]\right]^{\text{T}} \tag{16.32}$$

问题16.8　对于域 $h'\in\left[0,1\right]$ ，将定义在式(16.12)中的分段线性函数 $\boldsymbol{f}\left[\boldsymbol{h},\phi\right]$ 应用于输入 $\boldsymbol{h}=[h_1,h_2,\ldots,h_D]^{\text{T}}$ ，使得 $\boldsymbol{f}[\boldsymbol{h}]=\left[f[h_1,\phi],f[h_2,\phi],\ldots,f[h_D,\phi]\right]$ 。请计算雅可比矩阵 $\partial f[\boldsymbol{h}]/\partial\boldsymbol{h}$ 和雅可比行列式。

问题16.9*　构造一个逐元素流：

$$\boldsymbol{h}'=\boldsymbol{f}[\boldsymbol{h},\phi]=\sqrt{[K\boldsymbol{h}-b+1]\phi_b}+\sum_{k=1}^{b}\sqrt{\phi_k} \tag{16.33}$$

其中 b 是 h 所在的分箱索引，参数 ϕ_k 为正且总和为1。当 $K=5$ 且 $\phi_1=0.1$, $\phi_2=0.2,\phi_3=0.5,\phi_4=0.1,\phi_5=0.1$ 时。绘制函数 $\boldsymbol{f}\left[\boldsymbol{h},\phi\right]$ 及其逆函数 $\boldsymbol{f}^{-1}\left[\boldsymbol{h}',\phi\right]$ 。

问题16.10　对于图16.8中残差流的前向映射过程，当 $\boldsymbol{f}_1[\bullet,\phi_1]$ 和 $\boldsymbol{f}_2[\bullet,\phi_2]$ 为全连接神经网络或逐元素时，分别绘制雅可比行列式的结构(指示哪些元素为零)。

问题16.11*　写出式(16.25)中KL散度的表达式。解释为什么概率 $\boldsymbol{q}[\boldsymbol{x}]$ 的缩放因子 κ 与计算KL散度无关？为了最小化这个损失函数，网络是否需要可逆？

第17章

变分自编码器

生成式对抗网络能生成与训练数据 $\{\boldsymbol{x}_i\}$ 在统计上无法区分的生成样本。相较于生成式对抗网络，变分自编码器(variational autoencoders，VAE)的思路与标准化流更接近，它们都是概率生成模型(probabilistic generative model)。概率生成模型旨在学习数据上的分布 $Pr(\boldsymbol{x})$ (见图14.2)。训练后，可从这个分布中抽取(生成)样本。VAE的缺点是无法准确评估新样本 $\boldsymbol{x}^*$ 的概率。

通常将 $Pr(\boldsymbol{x})$ 对应的模型称为VAE，但这并不准确。VAE是一种帮助学习 $Pr(\boldsymbol{x})$ 的神经网络架构。$Pr(\boldsymbol{x})$ 的最终模型既不包含“变分”部分，也不包含“自编码器”部分，更准确地描述应该为非线性隐变量模型(nonlinear latent variable model)。

本章首先介绍一般隐变量模型，然后讨论非线性隐变量模型这一特殊情况。对于该模型，估计最大似然并完成训练是困难的。一种简化方式是定义似然下限，VAE架构使用蒙特卡罗(采样)方法近似似然下限。最后介绍VAE的几种应用。

17.1 隐变量模型

隐变量模型间接描述了多维变量$\boldsymbol{x}$上的概率分布 $Pr(\boldsymbol{x})$。模型并不能直接得出 $Pr(\boldsymbol{x})$ 的表达式，而是需要先对数据$\boldsymbol{x}$和隐变量z的联合分布 $Pr(\boldsymbol{x}, z)$ 进行建模。然后使用联合概率的边缘化(marginalization)结果描述 $Pr(\boldsymbol{x})$，即：

$$Pr(\boldsymbol{x}) = \int Pr(\boldsymbol{x}, z)\mathrm{d}z \tag{17.1}$$

通常，联合概率 $Pr(\boldsymbol{x}, z)$ 使用条件概率规则分解为数据相对于隐变量的似然项 $Pr(\boldsymbol{x} \mid z)$ 和先验概率 $Pr(z)$：

$$Pr(\boldsymbol{x}) = \int Pr(\boldsymbol{x}\,|\,\boldsymbol{z})Pr(\boldsymbol{z})\mathrm{d}\boldsymbol{z} \tag{17.2}$$

通过这种间接的描述方式，我们可使用简单的 $Pr(\boldsymbol{x}\,|\,\boldsymbol{z})$ 和 $Pr(\boldsymbol{z})$ 定义复杂的 $Pr(\boldsymbol{x})$ 分布。

例子：高斯混合模型

在一维高斯混合模型中(图17.1(a))，隐变量z是离散的，先验 $Pr(z)$ 是一个分类分布(图5.9)，对于z的每个可能值都存在一个概率 λ_n。当 $z=n$ 时，数据x的似然 $Pr(x\,|\,z=n)$ 服从均值为 μ_n、方差为 σ_n^2 的正态分布：

$$\begin{aligned} Pr(z=n) &= \lambda_n \\ Pr(x\,|\,z=n) &= \mathrm{Norm}_x\left[\mu_n, \sigma_n^2\right] \end{aligned} \tag{17.3}$$

根据式(17.2)可知，似然 $Pr(x)$ 由联合概率对隐变量z进行边缘化后得到(图17.1(b))。由于本例中隐变量是离散的，因此可以对它的可能值求和以进行边缘化：

$$\begin{aligned} Pr(x) &= \sum_{n=1}^{N} Pr(x, z=n) \\ &= \sum_{n=1}^{N} Pr(x\,|\,z=n)\cdot Pr(z=n) \\ &= \sum_{n=1}^{N} \lambda_n \cdot \mathrm{Norm}_x[\mu_n, \sigma_n^2] \end{aligned} \tag{17.4}$$

上式中我们实现了使用两个简单的似然和先验表达式，描述复杂的多峰概率分布。

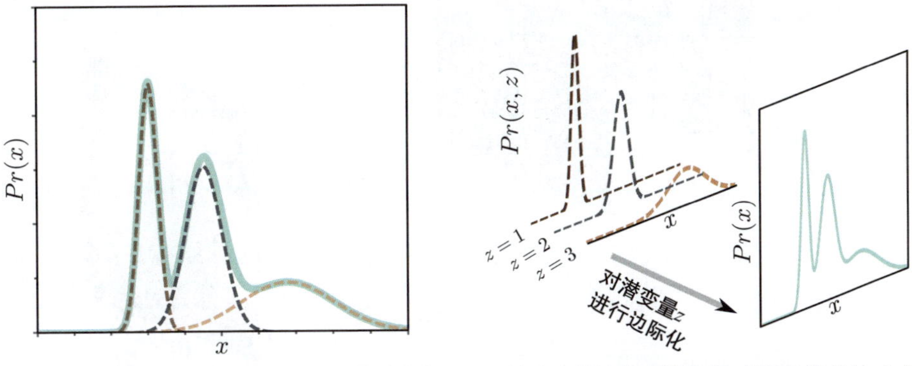

(a) MoG将复杂的概率分布(青色曲线)描述为高斯分量(虚线曲线)的加权和

(b) 这个和是连续观测数据x和离散隐变量z之间联合概率密度 $Pr(x,z)$ 的边缘化结果

图17.1　高斯混合模型(MoG)

17.2 非线性隐变量模型

在非线性隐变量模型中，数据$\boldsymbol{x}$和隐变量$\boldsymbol{z}$都是连续的多变量。先验 $Pr(\boldsymbol{z})$ 是标准多元正态分布：

$$Pr(\boldsymbol{z}) = \text{Norm}_{z}\left[\boldsymbol{0}, \boldsymbol{I}\right] \tag{17.5}$$

似然 $Pr(\boldsymbol{x} \mid \boldsymbol{z}, \phi)$ 也服从正态分布，其均值是隐变量的非线性函数$\boldsymbol{f}[\boldsymbol{z}, \phi]$，协方差为 $\sigma^2 \boldsymbol{I}$ 是球形的：

$$Pr(\boldsymbol{x} \mid \boldsymbol{z}, \phi) = \text{Norm}_{x}[\boldsymbol{f}[\boldsymbol{z}, \phi], \sigma^2 \boldsymbol{I}] \tag{17.6}$$

函数$\boldsymbol{f}\left[\boldsymbol{z}, \phi\right]$对应具有参数 ϕ 的深度神经网络。隐变量$\boldsymbol{z}$的维度比数据$\boldsymbol{x}$低。数据的主要特性由模型$\boldsymbol{f}[\boldsymbol{z}, \phi]$描述，其余未建模部分归因于噪声 $\sigma^2 \boldsymbol{I}$。

通过对隐变量$\boldsymbol{z}$边缘化可得到数据概率 $Pr(\boldsymbol{x} \mid \phi)$：

$$\begin{aligned} Pr(\boldsymbol{x} \mid \phi) &= \int Pr(\boldsymbol{x}, \boldsymbol{z} \mid \phi) \text{d}\boldsymbol{z} \\ &= \int Pr(\boldsymbol{x} \mid \boldsymbol{z}, \phi) \cdot Pr(\boldsymbol{z}) \text{d}\boldsymbol{z} \\ &= \int \text{Norm}_{x}[\boldsymbol{f}[\boldsymbol{z}, \phi], \sigma^2 \boldsymbol{I}] \cdot \text{Norm}_{z}[0, \boldsymbol{I}] \text{d}\boldsymbol{z} \end{aligned} \tag{17.7}$$

上式可视为由无限个高斯分布加权混合而成的球形高斯分布，其加权权重为先验 $Pr(\boldsymbol{z})$，均值为网络输出$\boldsymbol{f}[\boldsymbol{z}, \phi]$ (图17.2)。

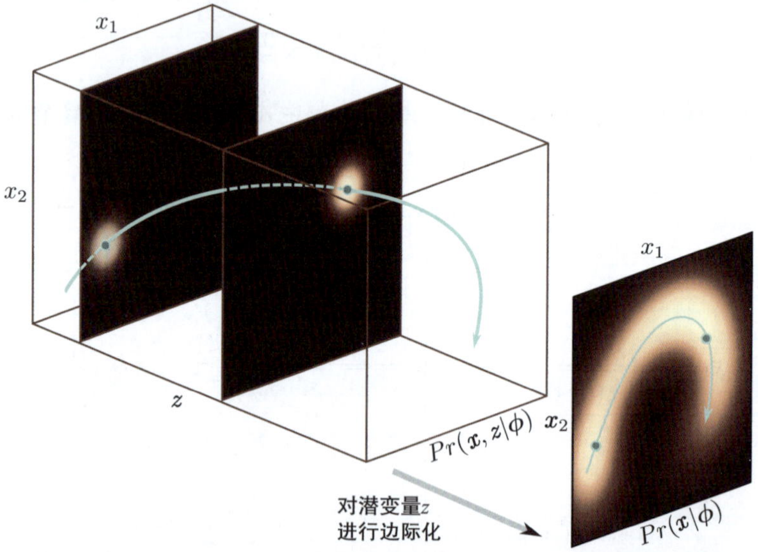

图17.2 非线性隐变量模型。复杂的二维分布 $Pr(\boldsymbol{x})$ (右侧)是通过在隐变量$\boldsymbol{z}$上对联合分布 $Pr(\boldsymbol{x}, \boldsymbol{z})$ (左侧)进行边缘化得到的。为创建 $Pr(\boldsymbol{x})$，需要在维度$\boldsymbol{z}$上对三维体积进行积分。对于每个 $\boldsymbol{z}$，$\boldsymbol{x}$上的分布是一个球面高斯分布(只显示了两个切片)，其均值$\boldsymbol{f}[\boldsymbol{z}, \phi]$ 是$\boldsymbol{z}$的非线性函数，且受参数 ϕ 的影响。分布 $Pr(\boldsymbol{x})$ 是这些高斯分布的加权和

生成

可以使用图17.3中的祖先采样(ancestral sampling)方法生成新样本 $\boldsymbol{x}^*$。我们从先验 $Pr(\boldsymbol{z})$ 中采样获得 $\boldsymbol{z}^*$，然后使用网络模型 $\boldsymbol{f}[\boldsymbol{z}^*,\phi]$ 计算似然 $Pr(\boldsymbol{x}|\boldsymbol{z}^*,\phi)$ 均值(式(17.6))，最终采样获得 $\boldsymbol{x}^*$。由于先验和似然都是正态分布，该方法非常直接。

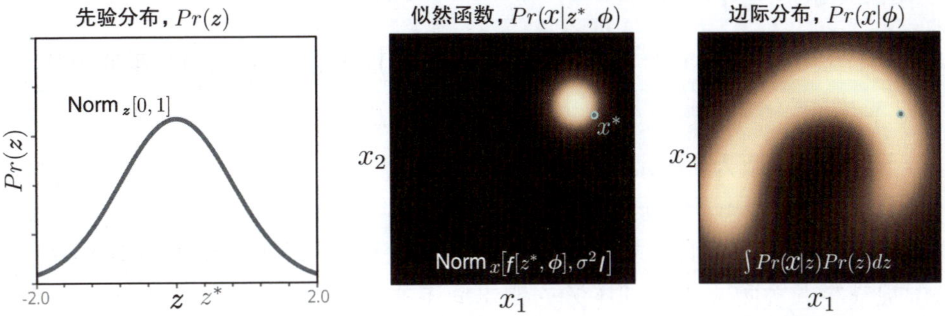

(a) 我们从隐变量的先验概率 $Pr(z)$ 中采样得到一个样本 $\boldsymbol{z}^*$

(b) 然后从 $Pr(\boldsymbol{x}|\boldsymbol{z}^*,\phi)$ 中抽取一个样本 $\boldsymbol{x}^*$。该分布是一个球面高斯分布，其均值为关于 $\boldsymbol{z}^*$ 的非线性函数 $\boldsymbol{f}[\bullet,\phi]$，方差为 $\sigma^2\boldsymbol{I}$

(c) 多次重复这个过程，可以还原出概率密度 $Pr(\boldsymbol{x}|\phi)$

图17.3　非线性隐变量模型的生成过程

17.3　训练

我们采用最大化训练数据集 $\{\boldsymbol{x}_i\}_{i=1}^{I}$ 相对于模型参数的对数似然的方式训练模型。出于简化考虑，我们假设似然表达式中的方差项 σ^2 是已知的，学习过程聚焦在参数 ϕ 上：

$$\hat{\phi} = \underset{\phi}{\operatorname{argmax}}\left[\sum_{i=1}^{I}\log[Pr(\boldsymbol{x}_i|\phi)]\right] \tag{17.8}$$

其中：

$$Pr(\boldsymbol{x}_i|\phi) = \int \text{Norm}_{\boldsymbol{x}_i}[\boldsymbol{f}[\boldsymbol{z},\phi],\sigma^2\boldsymbol{I}]\cdot\text{Norm}_{\boldsymbol{z}}[\boldsymbol{0},\boldsymbol{I}]\text{d}\boldsymbol{z} \tag{17.9}$$

但上式是不可解的。即上式无法用封闭形式的积分表示，也无法用简单方法评估特定$\boldsymbol{x}$下的值。

17.3.1　证据下界 (ELBO)

为了能够训练模型，我们定义了对数似然的下界(lower bound)，该函数对于

任意给定的参数 ϕ，值总是小于或等于对数似然，同时会依赖于其他参数 θ。最终，将构建一个网络模型来计算这个下界并对其进行优化。为了定义这个下界，需要使用Jensen不等式。

17.3.2 Jensen 不等式

Jensen不等式指出，数据 y 期望的凹函数 $g[\bullet]$ 大于或等于函数的期望：

$$g[\mathbb{E}[y]] \geqslant \mathbb{E}[g[y]] \tag{17.10}$$

此时，凹函数为对数函数，因此：

$$\log[\mathbb{E}[y]] \geqslant \mathbb{E}[\log[y]] \tag{17.11}$$

或者使用完整的期望表达式，即：

$$\log\left[\int Pr(y)y\mathrm{d}y\right] \geqslant \int Pr(y)\log[y]\mathrm{d}y \tag{17.12}$$

图17.4~图17.5对此进行了探讨。事实上，扩展表示也是正确的：

$$\log\left[\int Pr(y)h[y]\mathrm{d}y\right] \geqslant \int Pr(y)\log[h[y]]\mathrm{d}y \tag{17.13}$$

其中 $h[y]$ 是y的函数。由于我们从未指定 $Pr(y)$，因此无论 $h[y]$ 是怎样的分布，上式的关系始终成立。

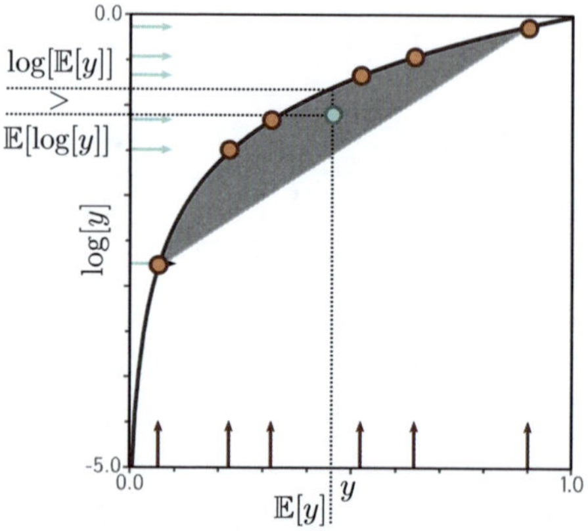

图17.4 Jensen不等式(离散情况)。对数函数(黑色实线)是一个凹函数(任选曲线上两个点绘制直线，直线总是在曲线下方)。由此可知，对数函数上的任何凸组合(使用和为1的权重，对任意点计算加权和的结果)必定位于曲线下方的灰色区域内。若将所有橙色点等权重加权(取均值)，可以得到青色点。由于这个点位于曲线下方，所以 $\log[\mathbb{E}[y]] > \mathbb{E}[\log[y]]$

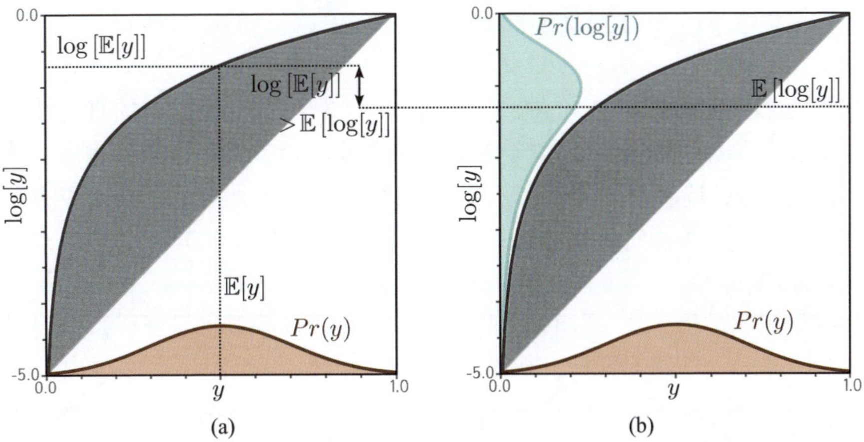

图17.5　Jensen不等式(连续情况)。对于凹函数，计算分布 $Pr(y)$ 的期望并通过函数转换得到的结果，该结果将始终大于或等于使用函数对变量y进行转换后的新变量的期望。对于对数函数，可知有 $\log[\mathbb{E}[y]] \geqslant \mathbb{E}[\log[y]]$。左图对应不等式的左边，右图对应不等式右边。此过程可视为对定义在 $y \in [0,1]$ 上的橙色分布中的点进行凸组合。根据图17.4的结论，结果必然位于曲线下方。此时可将凹函数视为对较高的y值进行压缩，因此通过函数转换后的期望值较低

17.3.3　推导下界

使用Jensen不等式推导对数似然的下界，首先需要将对数似然乘以一个任意隐变量概率分布 $\boldsymbol{q}(\boldsymbol{z})$ 并除以它本身：

$$
\begin{aligned}
\log[Pr(\boldsymbol{x}\mid\boldsymbol{\phi})] &= \log\left[\int Pr(\boldsymbol{x},\boldsymbol{z}\mid\boldsymbol{\phi})\mathrm{d}\boldsymbol{z}\right] \\
&= \log\left[\int \boldsymbol{q}(\boldsymbol{z})\frac{Pr(\boldsymbol{x},\boldsymbol{z}\mid\boldsymbol{\phi})}{\boldsymbol{q}(\boldsymbol{z})}\mathrm{d}\boldsymbol{z}\right]
\end{aligned} \tag{17.14}
$$

然后我们使用对数形式的Jensen不等式(式(17.12))找到一个下界：

$$
\log\left[\int \boldsymbol{q}(\boldsymbol{z})\frac{Pr(\boldsymbol{x},\boldsymbol{z}\mid\boldsymbol{\phi})}{\boldsymbol{q}(\boldsymbol{z})}\mathrm{d}\boldsymbol{z}\right] \geqslant \int \boldsymbol{q}(\boldsymbol{z})\log\left[\frac{Pr(\boldsymbol{x},\boldsymbol{z}\mid\boldsymbol{\phi})}{\boldsymbol{q}(\boldsymbol{z})}\right]\mathrm{d}\boldsymbol{z} \tag{17.15}
$$

其中右侧部分被称为证据下界(evidence lower bound，ELBO)。这样命名是因为 $Pr(\boldsymbol{x}\mid\boldsymbol{\phi})$ 在贝叶斯定理中被称为证据(evidence)。

实际上，分布 $\boldsymbol{q}(\boldsymbol{z})$ 还包含参数 θ，因此ELBO可以进一步表示为：

$$
\mathrm{ELBO}[\theta,\phi] = \int \boldsymbol{q}(\boldsymbol{z}\mid\theta)\log\left[\frac{Pr(\boldsymbol{x},\boldsymbol{z}\mid\phi)}{\boldsymbol{q}(\boldsymbol{z}\mid\theta)}\right]\mathrm{d}\boldsymbol{z} \tag{17.16}
$$

为了训练非线性隐变量模型，我们最大化这个包含参数 ϕ 和 θ 的函数。此过程中需要用到的神经网络架构就是VAE。

17.4 ELBO 的性质

为了更形象地理解ELBO的概念，本节会介绍一些关于ELBO的直观性质。我们定义数据的原始对数似然是关于参数 ϕ 的函数，希望找到它的最大值。当 θ 固定时，ELBO仍然是参数 ϕ 的函数，但它必须低于原始似然函数。当调整 θ 时，这个函数也会改变，下界可能会接近或远离对数似然。当调整 ϕ 时，ELBO会沿着下界函数移动(图17.6)。

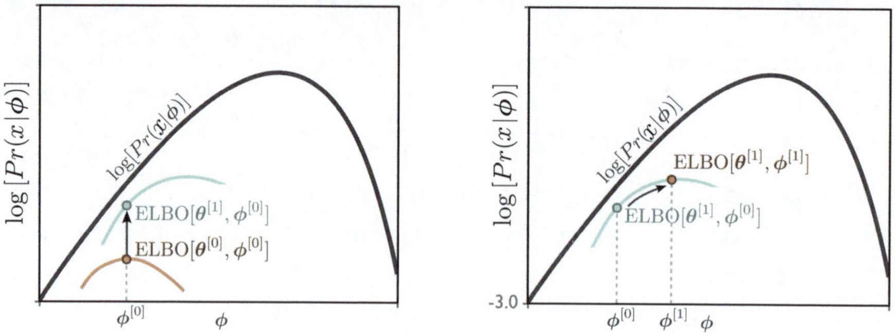

(a) (b)

图17.6 证据下界(ELBO)。目标是最大化关于参数 ϕ 的对数似然 $\log[Pr(\mathbf{x}|\phi)]$ (黑色曲线)。ELBO式位于对数似然下方的函数，与参数 ϕ 和 θ 有关。若固定参数 θ，可以得到关于 ϕ 的函数(对于不同 θ 值的两条有颜色的曲线)。因此，可通过改善(a)参数 θ (从橙色的曲线到蓝色的曲线移动)或(b)参数 ϕ (沿着当前蓝色的曲线移动)来增加对数似然

17.4.1 下界的紧密性

当 ϕ 值固定时，如果ELBO和似然函数完全一致，则称ELBO为紧密的(tight)。为找到使下界紧密的分布 $\mathbf{q}(\mathbf{z}|\theta)$，我们使用条件概率的性质对ELBO对数项的分子进行分解：

$$
\begin{aligned}
\text{ELBO}[\theta,\phi] &= \int \mathbf{q}(\mathbf{z}|\theta)\log\left[\frac{Pr(\mathbf{x},\mathbf{z}|\phi)}{\mathbf{q}(\mathbf{z}|\theta)}\right]\mathrm{d}\mathbf{z} \\
&= \int \mathbf{q}(\mathbf{z}|\theta)\log\left[\frac{Pr(\mathbf{z}|\mathbf{x},\phi)Pr(\mathbf{x}|\phi)}{\mathbf{q}(\mathbf{z}|\theta)}\right]\mathrm{d}\mathbf{z} \\
&= \int \mathbf{q}(\mathbf{z}|\theta)\log[Pr(\mathbf{x}|\phi)]\mathrm{d}\mathbf{z} + \int \mathbf{q}(\mathbf{z}|\theta)\log\left[\frac{Pr(\mathbf{z}|\mathbf{x},\phi)}{\mathbf{q}(\mathbf{z}|\theta)}\right]\mathrm{d}\mathbf{z} \\
&= \log[Pr(\mathbf{x}|\phi)] + \int \mathbf{q}(\mathbf{z}|\theta)\log\left[\frac{Pr(\mathbf{z}|\mathbf{x},\phi)}{\mathbf{q}(\mathbf{z}|\theta)}\right]\mathrm{d}\mathbf{z} \\
&= \log[Pr(\mathbf{x}|\phi)] - D_{KL}[\mathbf{q}(\mathbf{z}|\theta)\|Pr(\mathbf{z}|\mathbf{x},\phi)]
\end{aligned}
\tag{17.17}
$$

其中，第一行中的积分在第三行到第四行的推导中消失，因为 $\log[Pr(\mathbf{x}\mid\phi)]$ 与z无关，并且概率分布 $\mathbf{q}(z\mid\theta)$ 的积分是1。最后一行的推导中使用了KL散度的定义。

上式表明，ELBO是原始对数似然减KL散度 $D_{KL}[\mathbf{q}(z\mid\theta)\|Pr(z\mid\mathbf{x},\phi)]$。KL散度能够描述分布之间的“距离”，只能取非负值。因此，ELBO是 $\log[Pr(\mathbf{x}\mid\phi)]$ 的下界。当 $\mathbf{q}(z\mid\theta)=Pr(z\mid\mathbf{x},\phi)$ 时，KL散度将为零，此时下界是紧密的。图17.7中表示了给定观测数据$\mathbf{x}$下，隐变量z的后验分布，指示了哪些隐变量可能是数据点。

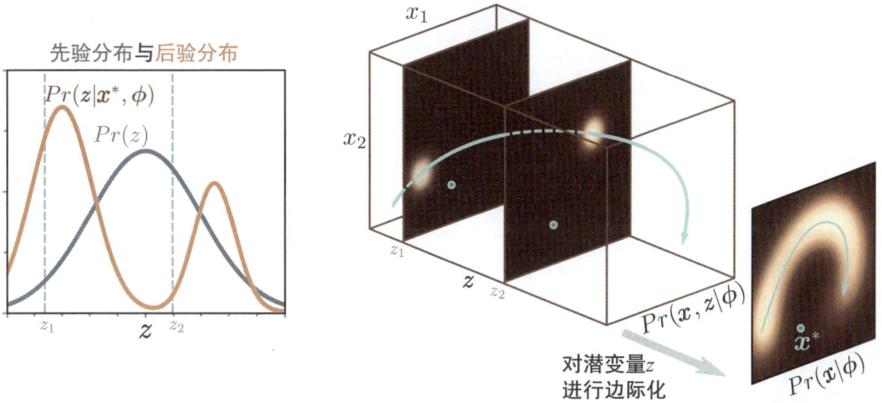

(a) 后验分布 $Pr(z\mid\mathbf{x}^*,\phi)$ 是隐变量z可能对应的数据点$\mathbf{x}^*$的分布。可通过贝叶斯定理计算分布 $Pr(z\mid\mathbf{x}^*,\phi)\propto Pr(\mathbf{x}^*\mid z,\phi)Pr(z)$

(b) 通过评估$\mathbf{x}^*$与每个z值关联的对称高斯分布的概率来计算右侧的第一项(似然)。在图的例子中，$\mathbf{x}^*$更可能是由z_1(而非z_2)创建的。第二项是隐变量的先验概率$Pr(z)$。将这两个因素结合并进行归一化，使其分布求和为1，就可以得到后验分布 $Pr(z\mid\mathbf{x}^*,\phi)$

图17.7　隐变量的后验分布

17.4.2　ELBO的第三种表示方式

式(17.16)和式(17.17)是ELBO的两种不同表示方式。此外，可将其表示为重建误差和先验距离的差：

$$
\begin{aligned}
\mathrm{ELBO}[\theta,\phi] &= \int \mathbf{q}(z\mid\theta)\log\left[\frac{Pr(\mathbf{x},z\mid\phi)}{\mathbf{q}(z\mid\theta)}\right]\mathrm{d}z \\
&= \int \mathbf{q}(z\mid\theta)\log\left[\frac{Pr(\mathbf{x}\mid z,\phi)Pr(z)}{\mathbf{q}(z\mid\theta)}\right]\mathrm{d}z \\
&= \int \mathbf{q}(z\mid\theta)\log[Pr(\mathbf{x}\mid z,\phi)]\mathrm{d}z + \int \mathbf{q}(z\mid\theta)\log\left[\frac{Pr(z)}{\mathbf{q}(z\mid\theta)}\right]\mathrm{d}z \\
&= \int \mathbf{q}(z\mid\theta)\log[Pr(\mathbf{x}\mid z,\phi)]\mathrm{d}z - D_{KL}[\mathbf{q}(z\mid\theta)\|Pr(z)]
\end{aligned}
\tag{17.18}
$$

其中，联合分布 $Pr(\boldsymbol{x},z|\phi)$ 在第一行和第二行之间分解为条件概率 $Pr(\boldsymbol{x}|z,\phi)Pr(z)$，最后一行再次引入了KL散度。

上式中，第一项表示隐变量和数据的平均一致性 $Pr(\boldsymbol{x}|z,\phi)$，称为重建损失(reconstruction loss)。第二项表示辅助分布 $\boldsymbol{q}(z|\theta)$ 与先验的匹配程度。该式将应用于变分自编码器(VAE)中。

17.5 变分近似

在式(17.17)中，当 $\boldsymbol{q}(z|\theta)$ 等于后验 $Pr(z|\boldsymbol{x},\phi)$ 时，ELBO是紧密的。原则上，我们可使用贝叶斯定理计算后验：

$$Pr(z|\boldsymbol{x},\phi)=\frac{Pr(\boldsymbol{x}|z,\phi)Pr(z)}{Pr(\boldsymbol{x}|\phi)} \tag{17.19}$$

但由于我们无法计算分母中的数据似然(参见第17.3节)，上式是不可解的。

一种方案是对上式进行变分近似，即先选择一个简单的参数形式的 $\boldsymbol{q}(z|\theta)$，然后用它来近似真正的后验。例如可以选择一个均值为 $\boldsymbol{\mu}$，对角协方差为 $\boldsymbol{\Sigma}$ 的多元正态分布。由于并不是所有的参数选择都能够与后验匹配，因此训练过程中需要找到“最接近”真实后验 $Pr(z|\boldsymbol{x})$ 的分布参数(见图17.8)。这相当于最小化式(17.17)中的KL散度，并将图17.6 中的彩色曲线向上移动。

由于 $\boldsymbol{q}(z|\theta)$ 的最优结果是后验 $Pr(z|\boldsymbol{x})$，其中后验取决于数据样本 $\boldsymbol{x}$。因此变分近似应该实现相同的目标，所以我们选择：

$$\boldsymbol{q}(z|\boldsymbol{x},\theta)=\mathrm{Norm}_z[\boldsymbol{g}_{\mu}[\boldsymbol{x},\theta],\boldsymbol{g}_{\Sigma}[\boldsymbol{x},\theta]] \tag{17.20}$$

其中，$\mathbf{g}[\boldsymbol{x},\theta]$ 是第二个参数为 θ 的神经网络，用于预测正态变分近似的均值 $\boldsymbol{\mu}$ 和方差 $\boldsymbol{\Sigma}$。

17.6 变分自编码器

最后，可描述什么是VAE。首先构建一个计算ELBO的网络模型：

$$\mathrm{ELBO}[\theta,\phi]=\int \boldsymbol{q}(z|\boldsymbol{x},\theta)\log[Pr(\boldsymbol{x}|z,\phi)]\mathrm{d}z-D_{KL}[\boldsymbol{q}(z|\boldsymbol{x},\theta)\|Pr(z)] \tag{17.21}$$

其中，分布 $\boldsymbol{q}(z|\boldsymbol{x},\theta)$ 是来自式(17.20)的近似值。

第一项仍然是一个不可解的积分，但由于它是 $\boldsymbol{q}(z|\boldsymbol{x},\theta)$ 的期望，我们仍可以通过采样来近似它。对于任何函数 $a[\bullet]$，我们有：

$$\mathbb{E}_z[a[z]] = \int a[z]\boldsymbol{q}(z \mid \boldsymbol{x}, \theta)\mathrm{d}z \approx \frac{1}{N}\sum_{n=1}^{N} a[z_n^*] \tag{17.22}$$

其中 z_n^* 是来自 $\boldsymbol{q}(\boldsymbol{z} \mid \boldsymbol{x}, \theta)$ 的第n个样本。这一过程被称为蒙特卡罗估计(Monte Carlo estimate)。

对于非常粗略的估计问题，也可使用单一的来自 $\boldsymbol{q}(\boldsymbol{z} \mid \boldsymbol{x}, \theta)$ 的样本 z^*。

$$\mathrm{ELBO}[\theta, \phi] \approx \log[Pr(\boldsymbol{x} \mid z^*, \phi)] - D_{KL}[\boldsymbol{q}(\boldsymbol{z} \mid \boldsymbol{x}, \theta) \,\|\, Pr(\boldsymbol{z})] \tag{17.23}$$

第二项是变分分布 $\boldsymbol{q}(\boldsymbol{z} \mid \boldsymbol{x}, \theta) = \mathrm{Norm}_z[\boldsymbol{\mu}, \boldsymbol{\Sigma}]$ 和先验 $Pr(\boldsymbol{z}) = \mathrm{Norm}_z[\boldsymbol{0}, \boldsymbol{I}]$ 之间的KL散度。两个正态分布之间的KL散度可以封闭形式计算。对于一个分布的参数为$\boldsymbol{\mu}$和$\boldsymbol{\Sigma}$，另一个分布是标准正态分布的特殊情况，其计算式为：

$$D_{KL}[\boldsymbol{q}(\boldsymbol{z} \mid \boldsymbol{x}, \theta) \,\|\, Pr(\boldsymbol{z})] = \frac{1}{2}(\mathrm{Tr}[\boldsymbol{\Sigma}] + \boldsymbol{\mu}^{\mathrm{T}}\boldsymbol{\mu} - D_z - \log[\det[\boldsymbol{\Sigma}]]) \tag{17.24}$$

其中 D_z 是隐空间的维数。

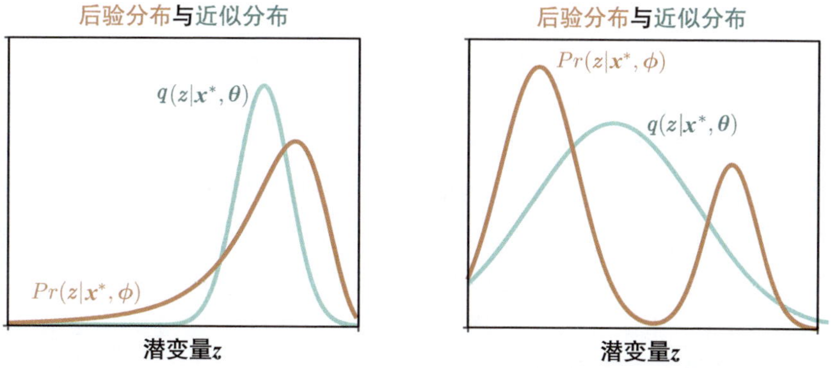

(a) 有时候，近似结果(青色曲线)能够接近真实后验分布(橙色曲线)

(b) 但如果后验分布是多峰的(图17.7中的情况)，那么高斯近似结果将是很差的

图17.8　变分近似。后验分布 $Pr(z \mid x^*, \phi)$ 无法以封闭形式计算。变分近似选择了一个分布族 $\boldsymbol{q}(z \mid \boldsymbol{x}, \theta)$ (图中为高斯分布)，并试图找到这个分布族中最接近真实后验分布的成员

VAE算法

综上所述，我们的目标是构建一个模型，以实现为数据点$\boldsymbol{x}$计算证据下界。然后使用优化算法在数据集下最大化下界，从而最大化对数似然。为了计算ELBO，我们需要依次进行：使用网络 $\mathbf{g}[\boldsymbol{x}, \theta]$ 为每个数据点$\boldsymbol{x}$计算变分后验分布 $\boldsymbol{q}(\boldsymbol{z} \mid \theta, \boldsymbol{x})$ 的均值 $\boldsymbol{\mu}$ 和方差 $\boldsymbol{\Sigma}$；从后验分布中采样得到一个样本 z^*；使用式(17.23)计算ELBO。

相关架构如图17.9 所示。此时可以解释为什么称该模型为“变分自编码

器”。“变分”是因为在计算后验分布时，采用了变分近似的方法。“自编码器”是因为它基于数据点$\mathbf{x}$开始，计算出了一个低维度的隐向量$\mathbf{z}$，然后使用这个向量尽可能准确地重建数据点$\mathbf{x}$。这种情况下，网络$\mathbf{g}[\mathbf{x},\theta]$将数据映射到隐变量，被称为编码器(encoder)。网络$f[\mathbf{z},\phi]$将隐变量映射到数据，被称为解码器(decoder)。

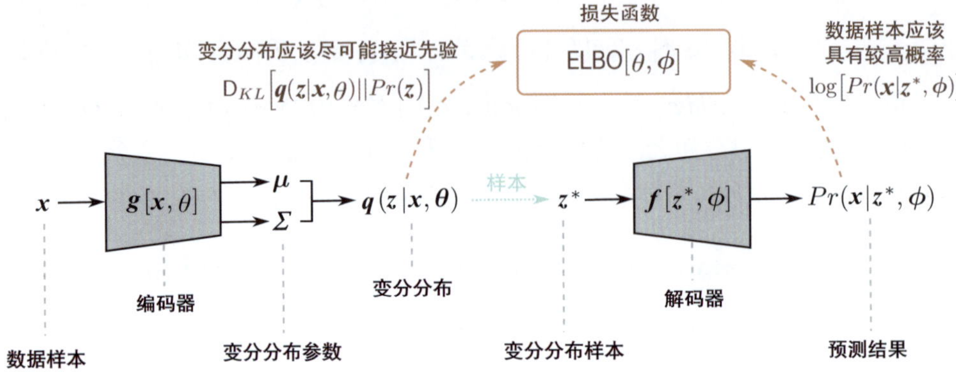

图17.9 变分自编码器。编码器$\mathbf{g}[\mathbf{x},\theta]$接收一个训练样本$\mathbf{x}$，并预测变分分布$\mathbf{q}(\mathbf{z}\,|\,\mathbf{x},\theta)$的参数$\boldsymbol{\mu}$、$\boldsymbol{\Sigma}$。我们从这个分布中进行采样，然后使用解码器$\mathbf{f}[\mathbf{z},\phi]$重建数据$\mathbf{x}$。损失函数是负的ELBO，它取决于预测的准确性以及变分分布$q(\mathbf{z}\,|\,\mathbf{x},\theta)$与先验分布$Pr(\mathbf{z})$的相似程度(式(17.21))

VAE将ELBO定义为关于ϕ和θ的函数。为了最大化这个下界，我们以小批次样本作为网络输入，用诸如SGD或Adam的优化算法更新这些参数。ELBO相对于参数的梯度使用自动微分进行计算。在这个过程中，我们既在图17.10的彩色曲线之间移动(调整θ)，也在沿着它们移动(改变ϕ)。在这个过程中，参数ϕ的改变能使数据在非线性隐变量模型中具有更高的似然。

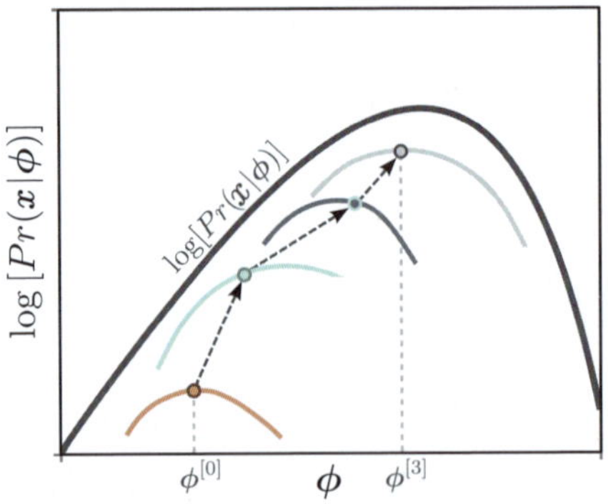

图17.10 影响VAE在每次迭代中更新的两个因素。通过调整解码器的参数ϕ和编码器的参数θ来增加下界

17.7 重参数化技巧

上述解决方案中还存在一个复杂问题未被讨论：编码器和解码器之间存在隐变量采样的步骤，该过程很难直接进行微分。但为了更新编码器参数 θ，必须进行微分。

一个简单的解决方案是：可以将随机部分移动到网络的一个分支中，该分支从标准正态分布 $\text{Norm}_{\epsilon}[\boldsymbol{0},\boldsymbol{I}]$ 中抽取一个样本 ϵ^*，然后使用以下式计算：

$$z^* = \boldsymbol{\mu} + \boldsymbol{\Sigma}^{1/2}\epsilon^* \tag{17.25}$$

基于上式可以实现从高斯分布中抽取样本。因为反向传播算法不需要向下传递随机分支，因此可以和往常一样计算导数，这被称为重参数化技巧(reparameterization trick)，详细步骤见图17.11。

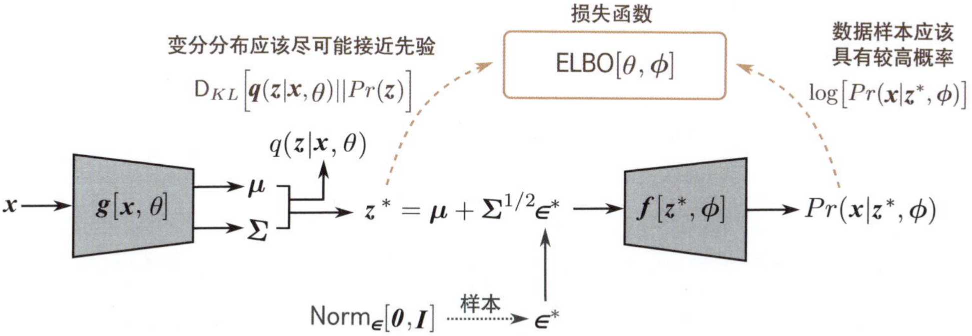

图17.11　重参数化技巧。在原始架构下(见图17.9)，我们无法反向传播采样过程。重参数化技巧将采样步骤从主要流程中移除，更换为从标准正态分布中进行抽样，并将其与预测的均值和协方差组合起来，从而得到一个从变分分布中抽取的样本

17.8 应用

变分自编码器有许多用途，包括去噪、异常检测和压缩。本节将回顾VAE在图像数据上的应用。

17.8.1 估计样本概率

在17.3节中，我们认为使用VAE精确评估样本概率是不可行的，它将这个概率描述为：

$$
\begin{aligned}
Pr(\boldsymbol{x}) &= \int Pr(\boldsymbol{x}\mid z)Pr(z)\mathrm{d}z \\
&= \mathbb{E}_z[Pr(\boldsymbol{x}\mid z)] \\
&= \mathbb{E}_z[\mathrm{Norm}_x[\boldsymbol{f}[z,\phi],\sigma^2\boldsymbol{I}]]
\end{aligned}
\tag{17.26}
$$

理论上，可使用式(17.22)通过从 $Pr(z)=\mathrm{Norm}_z\left[\boldsymbol{0},\boldsymbol{I}\right]$ 中抽取样本并计算以下内容来近似这个概率：

$$
Pr(\boldsymbol{x}) \approx \frac{1}{N}\sum_{n=1}^{N} Pr(\boldsymbol{x}\mid z_n)
\tag{17.27}
$$

然而，维数灾难意味着我们抽取的大多数 $\boldsymbol{z}_n$ 只能具有非常低的概率，需要进行大量采样才能获得可靠的估计。一种更好的方法是使用重要性采样(importance sampling)，即从辅助分布 $\boldsymbol{q}(z)$ 中抽取$\boldsymbol{z}$，计算 $Pr(\boldsymbol{x}\mid z_n)$，并将结果值按新分布下的 $\boldsymbol{q}(z)$ 概率进行重新缩放：

$$
\begin{aligned}
Pr(\boldsymbol{x}) &= \int Pr(\boldsymbol{x}\mid z)Pr(z)\mathrm{d}z \\
&= \int \frac{Pr(\boldsymbol{x}\mid z)Pr(z)}{\boldsymbol{q}(z)}\boldsymbol{q}(z)\mathrm{d}z \\
&= \mathbb{E}_{q(z)}\left[\frac{Pr(\boldsymbol{x}\mid z)Pr(z)}{\boldsymbol{q}(z)}\right] \\
&\approx \frac{1}{N}\sum_{n=1}^{N}\frac{Pr(\boldsymbol{x}\mid z_n)Pr(z_n)}{\boldsymbol{q}(z_n)}
\end{aligned}
\tag{17.28}
$$

随后从 $\boldsymbol{q}(z)$ 中抽取样本。如果 $\boldsymbol{q}(z)$ 接近 $Pr(\boldsymbol{x}\mid z)$ 高似然区域，就可将采样集中在相关区域，从而更有效地估计 $Pr(\boldsymbol{x})$。

上式中 $Pr(\boldsymbol{x}\mid z)Pr(z)$ 与后验分布 $Pr(z\mid \boldsymbol{x})$ 成正比(根据贝叶斯定理)。因此，辅助分布 $\boldsymbol{q}(z)$ 的合理选择是编码器计算的变分后验 $\boldsymbol{q}(z\mid \boldsymbol{x})$。

通过这种方式，可计算新样本的近似概率。如果使用足够多的样本，该方法将比下界提供更好的估计，并可用于通过评估测试集下的对数似然来评估模型的质量。也可以用于判断新样本是否属于分布。

17.8.2 生成

VAE构建了一个概率模型。通过该模型可以很容易地从隐变量的先验 $Pr(z)$ 中抽样，并将其通过解码器 $\boldsymbol{f}[z,\phi]$ 传递，并根据 $Pr(\boldsymbol{x}\mid \boldsymbol{f}[z,\phi])$ 添加噪声。但由于选择了球形高斯噪声模型，并且先验和变分后验都采用高斯模型，原始VAE生成的样本通常质量较低，见图17.12(a)~(c)。一个提升生成质量的技巧是从聚合后验 $\boldsymbol{q}(z\mid\theta)=(1/\boldsymbol{I})\sum_i \boldsymbol{q}(z\mid \boldsymbol{x}_i,\theta)$ 中抽样，而不是从先验中抽样。聚合后验是所有样本的平均后验，是一个更能代表隐空间中真实分布的高斯混合模型。

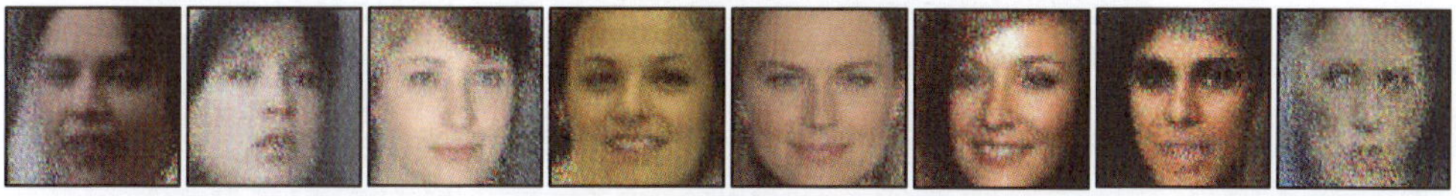

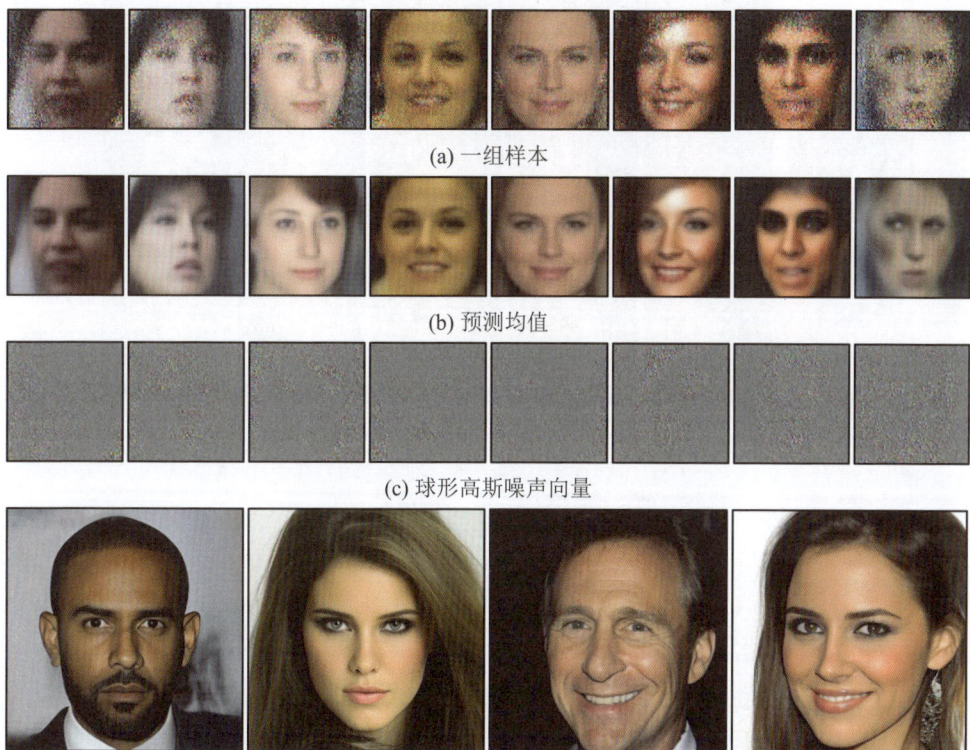

(a) 一组样本

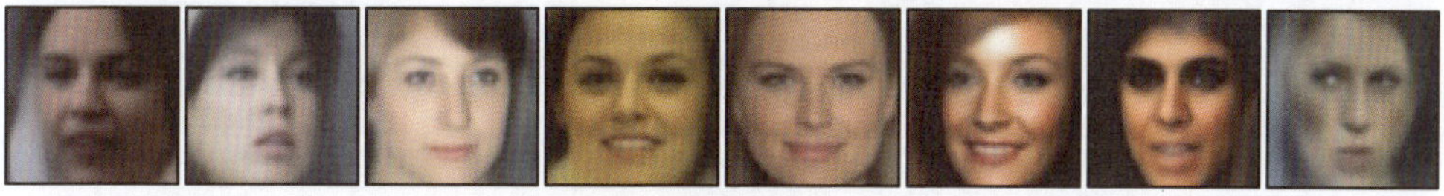

(b) 预测均值

(c) 球形高斯噪声向量

(d) 目前，通过分层先验、特殊模型架构和正则化等手段，我们已经能够应用VAE生成高质量图像

图17.12　从基于CELEBA数据集训练的VAE模型中进行采样。每一列代表一个隐变量z^*和通过模型预测得到的添加高斯噪声之前的图像均值$f[z^*,\phi]$(详见图17.3)。(a)中的一组样本是(b)中预测均值和(c)中球形高斯噪声向量的和。添加噪声之前图像过于平滑，但添加噪声后又过于嘈杂。通常我们显示无噪声版本，因为噪声仅代表图像中未被建模的部分(Dorta等，2018；Vahdat和Kautz，2020)

经过改进的VAE模型可以生成高质量的样本(见图17.12(d))，但只有通过使用分层先验、专门的网络架构和正则化技术才能实现。扩散模型(见第18章)可以被视为具有分层先验的VAE。

17.8.3　重合成

VAE也可以用来修改真实数据。数据点$\mathbf{x}$可以通过以下两种方式投影到隐空间：取编码器预测分布的均值，或使用优化算法找到最大化后验概率的隐变量$\mathbf{z}$，贝叶斯定理表明这与$Pr(\mathbf{x}\,|\,\mathbf{z})Pr(\mathbf{z})$成正比。

在图17.13中，标记为“中性”或“微笑”的多张图像被投影到隐空间。通过在隐空间中取这两组均值之间的差异，可以估计代表这一变化的向量。采用同样的方式可以估计代表“嘴巴开闭”的向量。

图17.13 重合成。左侧的原始图像通过编码器投影到隐空间中，并选择预测高斯分布的均值来表示图像。图右侧图像是在表示微笑/中性(水平方向)和嘴巴开/闭(垂直方向)的隐空间中进行操作后的重构图像(White，2016)

接下来，可以将其他图像投影到隐空间中，然后通过添加或减去这些向量以修改图像表示。生成中间图像时通常使用球面线性插值(spherical linear interpolation，Slerp)而不是线性插值。在三维空间中，图像之间的区别类似于沿球体表面插值和插值到球体内部。

编码(可能还包含修改)输入数据然后再次解码的过程被称为重合成(resynthesis)。该操作也可以用GAN和标准化流来完成。但由于GAN不包含编码器，必须使用单独的流程找到对应观测数据的隐变量。

17.8.4 解耦

在上述重合成示例中，代表可解释属性的空间向量需要使用有标签的训练数据进行估计。一些其他的研究尝试改善隐空间的特性，使其各个维度分别与现实世界的属性对应，即解耦(disentangled)。例如在人脸图像建模时，我们希望将头部姿势和头发颜色作为两个独立的属性。

为了实现解耦，通常会在损失函数中添加隐变量z的后验$\boldsymbol{q}(\boldsymbol{z}\mid\boldsymbol{x},\theta)$或聚合后验$\boldsymbol{q}(\boldsymbol{z}\mid\theta)=(1/I)\sum_i\boldsymbol{q}(\boldsymbol{z}\mid\boldsymbol{x}_i,\theta)$作为正则化项：

$$L_{new}=-\text{ELBO}[\theta,\phi]+\lambda_1\mathbb{E}_{Pr(\boldsymbol{x})}[r_1[\boldsymbol{q}(\boldsymbol{z}\mid\boldsymbol{x},\theta)]]+\lambda_2 r_2[\boldsymbol{q}(\boldsymbol{z}\mid\theta)] \tag{17.29}$$

其中正则项$r_1[\bullet]$是后验的函数，权重为λ_1。正则项$r_2[\bullet]$是聚合后验的函数，权重为λ_2。

例如，beta VAE提高了ELBO中的第二项(式(17.18))的权重：

$$\mathrm{ELBO}[\theta,\phi] \approx \log[Pr(\boldsymbol{x} \mid \boldsymbol{z}^{*},\phi)] - \beta \cdot D_{KL}[\boldsymbol{q}(\boldsymbol{z} \mid \boldsymbol{x},\theta) \| Pr(\boldsymbol{z})] \tag{17.30}$$

其中 $\beta > 1$ 决定了与重建误差相比，偏离先验 $Pr(\boldsymbol{z})$ 的程度有多大。由于先验通常是具有球形协方差矩阵的多元正态分布，其各个维度是独立的。因此，增加这一权重将激励后验分布之间的相关性更低。另一种变体是总相关性VAE，它增加了一个项来减少隐空间中变量之间的总相关性(图17.14)，并最大化隐变量的一个小子集与观测样本之间的互信息。

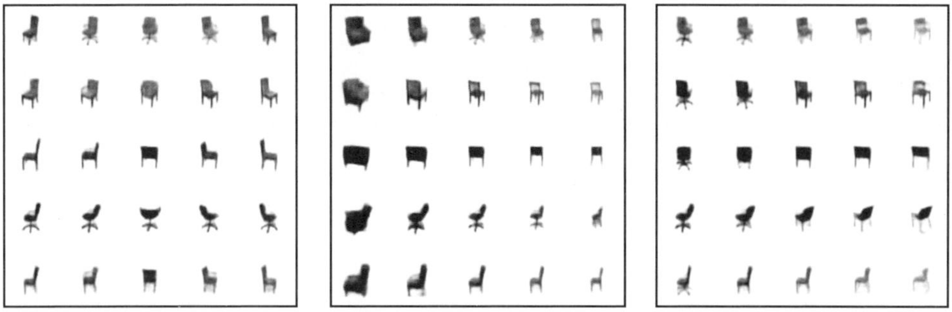

(a) 旋转方向　(b) 整体大小　(c) 腿的数量

图17.14　总相关性VAE中的解耦效果。通过调整VAE的损失函数，能够激励最小化隐变量的总相关性，从而促进解耦。在椅子图像数据集上进行训练时，有几个维度具有明确的现实世界解释，包括旋转、整体大小及腿部(旋转椅与普通椅子)。每种情况下，中间列为模型生成的样本；当我们在隐空间减去或加上隐向量时，会分别生成左侧或右侧的图像(Chen等，2018)

17.9　本章小结

变分自编码器 (VAE) 是一种能够训练关于$\boldsymbol{x}$的非线性隐变量模型的架构。该模型通过对隐变量进行采样、经由深度网络传递结果、添加独立的高斯噪声的方式生成新样本。

直接计算数据点的似然是不可能的。为了基于最大似然准则进行模型训练，可以定义似然的下限并使用最大化下限的方式训练模型。但为使这个下限具有紧密性，我们还需要计算给定观测数据的隐变量的后验概率，这一概率也不可能准确计算。解决方案是将其变分近似为一个简单分布(通常是高斯分布)。它近似于后验，参数由另一个编码器计算。

为使用VAE创建高质量的样本，需要使用比高斯先验和后验更复杂的概率分布来建模隐空间。其中一个方案是层次先验(使用一个隐变量生成另一个)。下一章将重点讨论扩散模型；扩散模型是层次化的VAE模型，具备生成优质样本的能力。

17.10 注释

VAE最初由Kingma&Welling(2014)提出。其综述详见Kingma等人(2019)的文章。

应用：VAE及其变体已广泛应用于图像(Kingma&Welling，2014；Gregor等，2016；Gulrajani等，2016；Akuzawa等，2018)、语音(Hsu等，2017b)、文本(Bowman等，2015；Hu等，2017；Xu等，2020)、分子(Gómez-Bombarelli等，2018；Sultan等，2018)、图(Kipf&Welling，2016；Simonovsky&Komodakis，2018)、机器人(Hernández等，2018；Inoue等，2018；Park等，2018)、强化学习(Heess等，2015；VanHoof等，2016)、3D场景(Eslami等，2016，2018；RezendeJimenez等，2016)和手写体(Chung等，2015)等场景。

应用还包括再合成和插值(White，2016；Bowman等，2015)、协同过滤(Liang等，2018)和压缩(Gregor等，2016)等场景。Gómez-Bombarelli等人(2018)使用VAE构建化学结构的连续表示，然后对其进行优化以获得具有指定特性的化学结构。Ravanbakhsh等人(2017)模拟天文观测结果对测量值进行校准。

与其他模型的关系：自编码器(Rumelhart等，1985；Hinton&Salakhutdinov，2006)将数据通过编码器传递到bottleneck层，然后使用解码器进行重建。bottleneck类似于VAE中的隐变量，但二者目标不同。这里的目标不是学习概率分布，而是创建一个低维表示来捕捉数据的特征。自编码器也有各种应用，包括去噪(Vincent等，2008)和异常检测(Zong等，2018)。

如果编码器和解码器是线性变换，则自编码器就是主成分分析(PCA)。因此，非线性自编码器是PCA的推广。此外，Tipping和Bishop(1999)提出了概率PCA，在重建过程中添加球形高斯噪声以创建概率模型，Rubin和Thayer(1982)提出的因子分析算法添加了对角高斯噪声。如果我们将这些概率变体的编码器和解码器变为非线性，就重新得到了变分自编码器。

架构变化：条件VAE(Sohn等，2015)将类别信息c传递到编码器和解码器中，隐空间不需要编码类别信息。例如，当MNIST数据集以数字为条件时，隐变量仅对数字的方向和宽度(而非数字类别本身)编码。Sønderby等人(2016a)提出了梯度变分自编码器，它使用与数据相关的近似似然项递归地修正生成分布。

修改似然：一些研究探讨了更复杂的似然模型 $Pr(\boldsymbol{x}|\boldsymbol{z})$。Pixel VAE(Gulrajani等，2016)定义了输出变量上的自回归模型。Dorta等人(2018)同时对解码器输出的协方差和均值进行建模。Lamb等人(2016)通过添加额外的正则项提高重建质量，这些正则项激励重建图像和原始图像在分类模型的激活值相似。该模型能够充分保留语义信息，生成结果如图17.13所示。Larsen等人(2016)使用对抗损失进行重建，也提升了效果。

隐变量空间、先验和后验：研究者已经提出了许多用于后验变分近似的方法，包括标准化流(Rezende&Mohamed，2015；Kingma等，2016)、有向图模型(Maaløe等，2016)、无向模型(Vahdat等，2020)和用于时间数据的递归模型(Gregor等，2016，2019)。

其他研究者还提出了使用离散隐空间(Van Den Oord等，2017；Razavi等，2019b；Rolfe，2017；Vahdat等，2018a，2018b)。例如，Razavi等人(2019b)使用矢量量化的隐空间并使用自回归模型对先验进行建模(式(12.15))。这种方法采样速度慢，但可以描述非常复杂的分布。

Jiang等人(2016)使用高斯混合模型作为后验用于聚类。该分层隐变量模型添加了离散隐变量以提高后验的灵活性。其他研究者(Salimans等，2015；Ranganath等，2016；Maaløe等，2016；Vahdat&Kautz，2020)尝试了使用连续变量的分层模型。这些模型的思路与扩散模型(见第18章)密切相关。

与其他模型的结合：Gulrajani等人(2016)将VAE与自回归模型结合以生成更逼真的图像。Chung等人(2015)将VAE与循环神经网络结合以建模时变数据。

上文中提到对抗损失可直接用于似然项，与此同时，GAN的思想还可以通过其他方式与VAE结合。Makhzani等人(2015)在隐空间中使用对抗损失，他们认为判别器将确保聚合后验分布 $\boldsymbol{q}(z)$ 与先验分布 $Pr(z)$ 无法区分。Tolstikhin等人(2018)将其推广到更广泛的先验和聚合后验之间的距离度量任务中。Dumoulin等人(2017)提出了对抗性学习推断，使用对抗损失区分两对隐/观测数据点。其中一组隐变量是从隐后验分布中抽取的，另一组则是从先验中抽取的。Larsen等人(2016)、Brock等人(2016)和Hsu等人(2017a)还提出了结合VAE和GAN的其他思路。

后验崩溃：由于编码器总是预测先验分布，因此训练过程中可能出现后验崩溃问题。Bowman等人(2015)发现了这一问题并提出可通过在训练过程中逐渐增加激励最小化后验和先验之间KL散度的项来缓解。为防止后验崩溃，研究者还提出其他几种方法(Razavi等，2019a；Lucas等，2019b，2019a)，这也是使用离散隐空间的动机之一(Van Den Oord等，2017)。

重建后模糊的问题：Zhao等人(2017c)证明了重建后模糊一部分是因为高斯噪声，另一部分原因是变分近似导致的后验分布不理想。大量实验结果表明，能够生成高质量样本的方法一部分使用了复杂的自回归模型建模的离散隐空间(Razavi等，2019b)，或使用分层隐空间(Vahdat&Kautz，2020；见图17.12(d))。图17.12(a)~(c)使用了在CELEBA数据集(Liu，2015)上训练的VAE。图17.12(d)使用了在CELEBA HQ数据集(Karras，2018)上训练的分层VAE。

其他问题：Chen等人(2017)发现当似然项足够复杂时，如PixelCNN (Van den Oord等，2016c)，输出可能完全不依赖于隐变量。他们将此现象称为信息偏好(information preference)。Zhao等人(2017b)在InfoVAE中通过增加最大化隐分布和观测分布间互信息的项解决了此问题。

VAE的另一个问题是，隐空间中可能存在“空洞”，这些空洞无法对应现实中的样本。Xu等人(2020)提出了约束后验VAE，通过添加正则项防止隐空间中出现空洞。这样能保证真实样本在插值过程中保持稳定。

解耦隐表示：用于“解耦”隐表示的方法包括beta VAE(Higgins等，2017)和其他方法(Kim&Mnih，2018；Kumar等，2018)。Chen等人(2018d)进一步分解了ELBO，提出了衡量隐变量之间总相关性的项(聚合后验和其累积之间的距离)。并通过最小化该项的方式激励总相关VAE。Factor VAE(Kim&Mnih，2018)使用不同的方法最小化总体关联性。Mathieu等人(2019)讨论了解耦表示的重要因素。

重参数化技巧：当计算某个函数的期望值时，其期望值所采用的概率分布受参数影响。重参数化技巧会先计算这个期望值相对于这些参数的导数。本章将其作为一种通过采样近似计算期望值并进行微分的工具。虽然也存在其他能解决该问题的方法(见问题17.5)，但重参数化技巧的方差的估计量更低。Rezende等人(2014)、Kingma等人(2015)和Roeder等人(2017)讨论了这个问题。

下界和EM算法：VAE训练基于优化证据下界(有时也称为ELBO、变分下限或负变分自由能量)。Hoffman和Johnson(2016)及Lücke等人(2020)用几种方式重新表示了下界，以阐明其特性。其他研究旨在使下界更紧密(Burda等，2016；Li&Turner，2016；Bornschein等，2016；Masrani等，2019)。例如，Burda等人(2016)使用基于近似后验的多重要性加权样本形成目标函数的优化下界。

当分布 $\mathbf{q}(\mathbf{z}|\theta)$ 与后验 $Pr(\mathbf{z}|\mathbf{x},\phi)$ 匹配时，ELBO是紧密的。这是期望最大化(expectation maximization，EM)算法的基础(Dempster等，1977)。在当前任务中，我们交替执行调整 θ 使 $\mathbf{q}(\mathbf{z}|\theta)$ 等于后验 $Pr(\mathbf{z}|\mathbf{x},\phi)$ 和调整 ϕ 以最大化下界(图17.15)两个操作。对于高斯混合模型，这种方法是可行的，因为我们可以计算封闭形式的后验分布。但对于非线性隐变量模型，该方法无法使用。

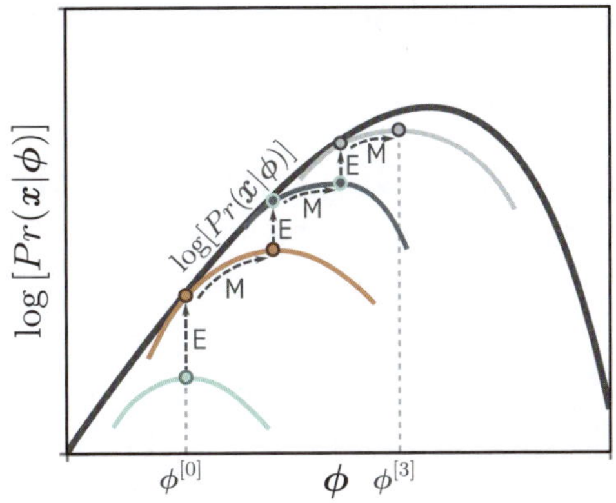

图17.15　EM(期望最大化)算法。EM算法交替调整辅助参数 θ(沿着彩色曲线移动)和模型参数 ϕ(沿着彩色曲线移动)，直到达到最大值。这些调整分别被称为E步骤和M步骤。由于E步骤使用后验分布 $Pr(h \mid \boldsymbol{x}, \phi)$ 来估计 $q(h \mid \boldsymbol{x}, \theta)$，所以下界是紧密的。每个E步骤后，彩色曲线都会与黑色似然曲线相交

17.11　问题

问题17.1　对于式(17.4)，当 $n=5$ 时创建一个一维高斯混合模型需要多少参数？指出每个参数可能取值的范围。

问题17.2　如果一个函数的二阶导数在任何地方都小于零，则它是凸函数。在函数 $g[x]=\log[x]$ 中验证上述结论。

问题17.3　对于凹函数，Jensen不等式的反向也是成立的：

$$g\big[\mathbb{E}[y]\big] \leqslant \mathbb{E}\big[g[y]\big] \tag{17.31}$$

如果一个函数的二阶导数在任何地方都大于零，则它是凹函数。证明函数 $g[x]=x^{2n}$ 对于任意 $n \in [1,2,3,\ldots]$ 都是凹函数。将此结论与Jensen不等式结合起来，证明分布 $Pr(x)$ 的均值 $\mathbb{E}[x]$ 的平方必须小于或等于其二阶矩 $\mathbb{E}[x^2]$。

问题17.4*　证明ELBO(式(17.18))还可以通过变分分布 $\boldsymbol{q}(\boldsymbol{z} \mid \boldsymbol{x})$ 和真实后验分布 $Pr(\boldsymbol{z} \mid \boldsymbol{x}, \phi)$ 之间的KL散度表示：

$$D_{KL}\big[\boldsymbol{q}(\boldsymbol{z} \mid \boldsymbol{x}) \,\|\, Pr(\boldsymbol{z} \mid \boldsymbol{x}, \phi)\big] = \int \boldsymbol{q}(\boldsymbol{z} \mid \boldsymbol{x}) \log\left[\frac{\boldsymbol{q}(\boldsymbol{z} \mid \boldsymbol{x})}{Pr(\boldsymbol{z} \mid \boldsymbol{x}, \phi)}\right] \mathrm{d}\boldsymbol{z} \tag{17.32}$$

优先使用贝叶斯定理(式(17.19))。

问题17.5　重参数化技巧计算函数 $f[x]$ 的期望值的导数：

$$\frac{\partial}{\partial \phi} \mathbb{E}_{Pr(x|\phi)}[f[x]] \tag{17.33}$$

其中期望是基于关于分布 $Pr(x|\phi)$ 的参数 ϕ 计算得来的。证明这个导数也可以计算为：

$$\begin{aligned}\frac{\partial}{\partial\phi}\mathbb{E}_{Pr(x|\phi)}[f[x]]&=\mathbb{E}_{Pr(x|\phi)}\left[f[x]\frac{\partial}{\partial\phi}\log[Pr(x|\phi)]\right]\\&\approx\frac{1}{I}\sum_{i=1}^{I}f[x_i]\frac{\partial}{\partial\phi}\log\big[Pr(x_i|\phi)\big]\end{aligned}\tag{17.34}$$

这种方法被称为 REINFORCE 算法或score function estimator。

问题17.6　隐空间中的点进行移动时，为什么使用球面线性插值比使用常规线性插值更好？提示，可参见图8.13。

问题17.7*　推导具有N个分量的一维高斯混合模型算法的EM算法。为此需要：①找到数据点x的隐变量 $z\in\{1,2,\ldots,N\}$ 的后验分布 $Pr(z|x)$；②找到一个能够根据所有数据点的后验分布更新证据下界的表达式。需要使用拉格朗日乘数来确保高斯权重 $\lambda_1,\ldots,\lambda_N$ 的总和为1。

第18章 扩散模型

第15章描述了生成式对抗网络，它可以生成看似合理的样本，但没有定义数据的概率分布。第16章讨论了标准化流，该方法定义了数据的概率分布，但其网络架构的每一层必须是可逆的，且需要支持高效的雅可比行列式计算。第17章介绍了变分自编码器，该方法也能描述概率分布，但由于似然的计算过程是不可解的，因此需要使用下界近似。

本章将介绍扩散模型。与标准化流类似，扩散模型定义了从隐变量到观测数据的非线性映射，其中输入输出维度相同。与变分自编码器类似，扩散模型使用将输入数据映射到隐空间的编码器近似数据似然。但扩散模型中的编码器是预先确定的，它的目标是训练一个解码器，是编码器过程的逆过程，可用于生成样本。扩散模型易于训练，可以生成非常高质量的样本，其真实性超过GAN。在阅读本章之前需要先充分熟悉变分自编码器(见第17章)。

18.1 概述

扩散模型由编码器(encoder)和解码器(decoder)组成。编码器将数据样本$\boldsymbol{x}$映射到一系列中间隐变量$\boldsymbol{z}_1 \ldots \boldsymbol{z}_T$。解码器则逆转这个过程；它从$\boldsymbol{z}_T$开始，反向依次映射回$\boldsymbol{z}_{T-1}, \ldots, \boldsymbol{z}_1$，直到重建数据样本$\boldsymbol{x}$。在编码器和解码器中，映射都是随机的，而非确定性的。

编码器被预设为：逐渐将输入添加白噪声(图18.1)。经过足够多的步骤，最终隐变量的条件分布$\boldsymbol{q}(\boldsymbol{z}_T \mid \boldsymbol{x})$和边缘分布$\boldsymbol{q}(\boldsymbol{z}_T)$都变成标准正态分布。由于这个过程是预设的，所有扩散模型的待训练参数都在解码器中。

在解码器中，会训练一系列网络模型实现相邻隐变量$\boldsymbol{z}_T$和$\boldsymbol{z}_{T-1}$之间的映射。

损失函数激励每个模型都能反转对应的编码器处理过程。最终，噪声将被逐渐从特征表示中移除，仅留下看起来真实的数据样本。在生成样本时，我们仅需要从 $\boldsymbol{q}(\boldsymbol{z}_T)$ 中抽取一个样本，并使用解码器进行传递即可。

第18.2节将展开介绍编码器。它的特性虽然并不明显，但它对训练过程至关重要。第18.3节将讨论解码器的原理。第18.4节推导训练算法，随后第18.5节将其重新表述为更实用的形式。第18.6节介绍扩散模型的实现细节，包括如何使用文本提示作为生成条件。

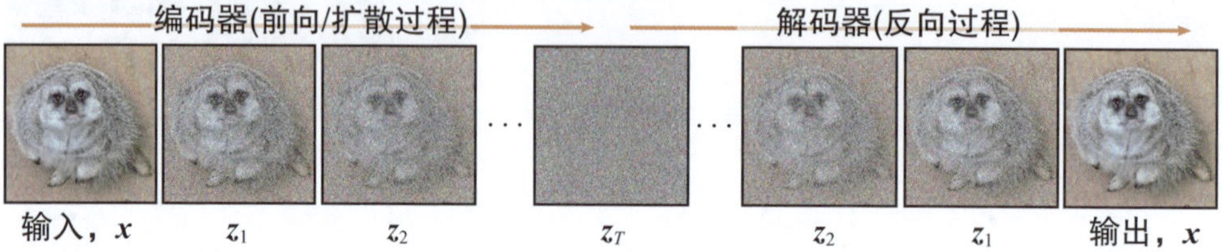

图18.1　扩散模型。预设的编码器(前向或扩散过程)将输入$\boldsymbol{x}$映射为一系列隐变量 $\boldsymbol{z}_1 \ldots \boldsymbol{z}_T$，过程中逐渐将数据与噪声混合，直到仅剩下噪声。解码器(反向过程)是通过训练得到的，隐变量在反向传递过程中逐渐消除噪声。通过将采样得到的噪声向量 $\boldsymbol{z}_T$ 作为输入，训练后的模型解码器可以进行正向传递以生成新的样本

18.2 编码器(前向过程)

扩散(diffusion)或前向(forward)过程(图18.2)根据下式将数据样本$\boldsymbol{x}$沿着序列 $\boldsymbol{z}_1, \boldsymbol{z}_2, \ldots, \boldsymbol{z}_T$ 依次映射，其中序列中的隐变量与$\boldsymbol{x}$大小相同：

$$
\begin{aligned}
\boldsymbol{z}_1 &= \sqrt{1-\beta_1} \cdot \boldsymbol{x} + \sqrt{\beta_1} \cdot \boldsymbol{\epsilon}_1 \\
\boldsymbol{z}_t &= \sqrt{1-\beta_t} \cdot \boldsymbol{z}_{t-1} + \sqrt{\beta_t} \cdot \boldsymbol{\epsilon}_t \qquad \forall t \in 2, \ldots, T
\end{aligned}
\tag{18.1}
$$

式(18.1)中 $\boldsymbol{\epsilon}_t$ 是服从标准正态分布的噪声。第一项对数据和历史噪声进行了衰减，第二项叠加了新的噪声。超参数 $\beta_t \in [0,1]$ 决定了噪声混合的比例，被称为噪声计划(noise schedule)。前向过程可以等价地表示为：

$$
\begin{aligned}
\boldsymbol{q}(\boldsymbol{z}_1 \mid \boldsymbol{x}) &= \text{Norm}_{\boldsymbol{z}_1}\left[\sqrt{1-\beta_1}\boldsymbol{x}, \beta_1 \boldsymbol{I}\right] \\
\boldsymbol{q}(\boldsymbol{z}_t \mid \boldsymbol{z}_{t-1}) &= \text{Norm}_{\boldsymbol{z}_t}\left[\sqrt{1-\beta_t}\boldsymbol{z}_{t-1}, \beta_t \boldsymbol{I}\right] \qquad \forall t \in 2, \ldots, T
\end{aligned}
\tag{18.2}
$$

若执行了足够多的步骤 T，原始数据的痕迹会被完全消除，$\boldsymbol{q}(\boldsymbol{z}_T \mid \boldsymbol{x}) = \boldsymbol{q}(\boldsymbol{z}_T)$ 变为标准正态分布。

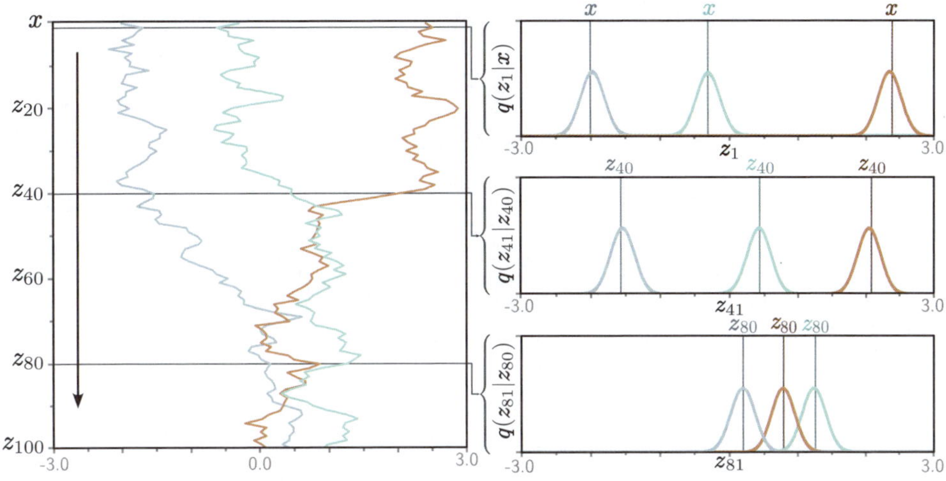

(a) 定义一维数据$\boldsymbol{x}$及其对应的 $T=100$ 个隐变量 $z_1,\ldots z_{100}$，每个步骤的 $\beta=0.03$ 。三个$\boldsymbol{x}$值(橙色、绿色和灰色)初始化为顶部行的值，这些值通过 $z_1,\ldots,z_{100}$ 进行正向传递。每一步传递过程都使用 $\sqrt{1-\beta}$ 作为衰减系数，并添加均值为0、方差为β的噪声(式(18.1))。这三个样本以有噪声的方式前向传递，最终趋近于0

(b) 条件概率 $Pr(z_1\,|\,\boldsymbol{x})$ 和 $Pr(z_t\,|\,z_{t-1})$ 是正态分布，其均值比当前点更接近0，并具有固定方差 β_t (式(18.2))

图18.2 前向过程

对于给定输入$\boldsymbol{x}$，所有隐变量 $z_1,z_2,\ldots,z_T$ 的联合分布为：

$$\boldsymbol{q}(z_{1\ldots T}\,|\,\boldsymbol{x})=\boldsymbol{q}(z_1\,|\,\boldsymbol{x})\prod_{t=2}^{T}\boldsymbol{q}(z_t\,|\,z_{t-1}) \tag{18.3}$$

18.2.1 扩散核 $q(z_t|x)$

为训练解码器来反转这一过程，我们针对同一个样本$\boldsymbol{x}$，在时间t使用多个样本z_t。然而，当 t 很大时，使用式(18.1)的顺序生成这些样本非常耗时。幸运的是，对于$\boldsymbol{q}(z_t|\boldsymbol{x})$ 存在一个封闭表达式，它允许我们直接根据初始数据点$\boldsymbol{x}$绘制样本z_t，而不必计算中间变量$z_1\ldots z_{t-1}$；这称为扩散核(如图18.3所示)。

要推导$\boldsymbol{q}(z_t|\boldsymbol{x})$的表达式，可考虑前向过程的前两步：

$$\begin{aligned}z_1&=\sqrt{1-\beta_1}\cdot\boldsymbol{x}+\sqrt{\beta_1}\cdot\epsilon_1\\z_2&=\sqrt{1-\beta_2}\cdot z_1+\sqrt{\beta_2}\cdot\epsilon_2\end{aligned} \tag{18.4}$$

将第一个式子代入第二个式子：

$$\begin{aligned} z_2 &= \sqrt{1-\beta_2}\left(\sqrt{1-\beta_1}\cdot x + \sqrt{\beta_1}\cdot \epsilon_1\right) + \sqrt{\beta_2}\cdot \epsilon_2 \\ &= \sqrt{1-\beta_2}\left(\sqrt{1-\beta_1}\cdot x + \sqrt{1-(1-\beta_1)}\cdot \epsilon_1\right) + \sqrt{\beta_2}\cdot \epsilon_2 \\ &= \sqrt{(1-\beta_2)(1-\beta_1)}\cdot x + \sqrt{1-\beta_2-(1-\beta_2)(1-\beta_1)}\cdot \epsilon_1 + \sqrt{\beta_2}\cdot \epsilon_2 \end{aligned} \tag{18.5}$$

最后两项分别是来自均值为0的正态分布的独立样本，方差分别为 $1-\beta_2-(1-\beta_2)(1-\beta_1)$ 和 β_2。二者之和的均值为零，方差是各组成部分方差之和(问题18.2)，因此：

$$z_2 = \sqrt{(1-\beta_2)(1-\beta_1)}\cdot x + \sqrt{1-(1-\beta_2)(1-\beta_1)}\cdot \epsilon \tag{18.6}$$

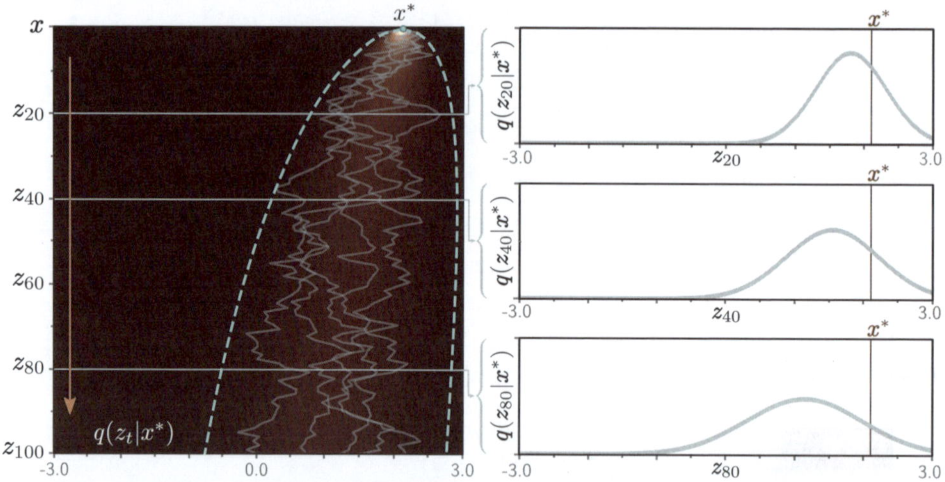

(a) 使用式(18.1)将点 $x^* = 2.0$ 转换为隐变量(5条灰色路径)。扩散核 $q(z_t \mid x^*)$ 是给定从 x^* 开始的变量 z_t 的概率分布。它可以通过封闭形式计算，并且是一个正态分布，其均值向零移动，方差随着t的增加而增加。热力图显示了每个变量的 $q(z_t \mid x^*)$。青色线之间的范围为均值±2个标准差

(b) 扩散核 $q(z_t \mid x^*)$ 在 $t = 20, 40, 80$ 时的扩散核表示。实际上，扩散核允许我们在不计算中间变量 $z_1, \ldots, z_{t-1}$ 的情况下对应于给定 x^* 的隐变量 z_t 进行采样。当t变得非常大时，扩散核将变成一个标准正态分布

图18.3 扩散核

其中 ϵ 也是标准正态分布的一个样本。

如果我们继续将这个式子代入 z_3 的表达式中，以此类推，我们可以得到：

$$z_t = \sqrt{\alpha_t}\cdot x + \sqrt{1-\alpha_t}\cdot \epsilon \tag{18.7}$$

其中 $\alpha_t = \prod_{s=1}^{t}(1-\beta_s)$。也可将其等价地转换成概率形式：

$$q(z_t \mid x) = \text{Norm}_{z_t}\left[\sqrt{\alpha_t}\cdot x, (1-\alpha_t)I\right] \tag{18.8}$$

对于任何起始数据点$\boldsymbol{x}$，变量$\boldsymbol{z}_t$服从一个已知均值和方差的正态分布。因此，如果我们不关心通过中间变量$\boldsymbol{z}_1 \ldots \boldsymbol{z}_{t-1}$的变化过程，则很容易从$\boldsymbol{q}(\boldsymbol{z}_t \mid \boldsymbol{x})$中生成样本。

18.2.2　边缘分布

边缘分布$\boldsymbol{q}(\boldsymbol{z}_t)$是在给定可能的起始点$\boldsymbol{x}$的分布和每个起始点的可能扩散路径的情况下，观测到$\boldsymbol{z}_t$值的概率(图18.4)。它可通过针对联合分布$\boldsymbol{q}(\boldsymbol{x}, \boldsymbol{z}_{1\ldots t})$，对除$\boldsymbol{z}_t$之外的所有变量进行边缘化操作的方式来计算：

$$\begin{aligned} \boldsymbol{q}(\boldsymbol{z}_t) &= \iint \boldsymbol{q}(\boldsymbol{z}_{1\ldots t}, \boldsymbol{x}) \mathrm{d}\boldsymbol{z}_{1\cdots t-1} \mathrm{d}\boldsymbol{x} \\ &= \iint \boldsymbol{q}(\boldsymbol{z}_{1\ldots t} \mid \boldsymbol{x}) Pr(\boldsymbol{x}) \mathrm{d}\boldsymbol{z}_{1\ldots t-1} \mathrm{d}\boldsymbol{x} \end{aligned} \tag{18.9}$$

其中$\boldsymbol{q}(\boldsymbol{z}_{1\ldots t} \mid \boldsymbol{x})$在式(18.3)中定义。

由于扩散核$\boldsymbol{q}(\boldsymbol{z}_t \mid \boldsymbol{x})$的存在，我们可以“跳过”中间变量计算，上式可以等价为：

$$\boldsymbol{q}(\boldsymbol{z}_t) = \int \boldsymbol{q}(\boldsymbol{z}_t \mid \boldsymbol{x}) Pr(\boldsymbol{x}) \mathrm{d}\boldsymbol{x} \tag{18.10}$$

因此，如果我们反复从数据分布$Pr(\boldsymbol{x})$中采样，并在每个样本上叠加扩散核$\boldsymbol{q}(\boldsymbol{z}_t \mid \boldsymbol{x})$，最终可以得到边缘分布$\boldsymbol{q}(\boldsymbol{z}_t)$(图18.4)。由于无法得知原始数据分布$Pr(\boldsymbol{x})$，因此边缘分布无法用封闭形式表示。

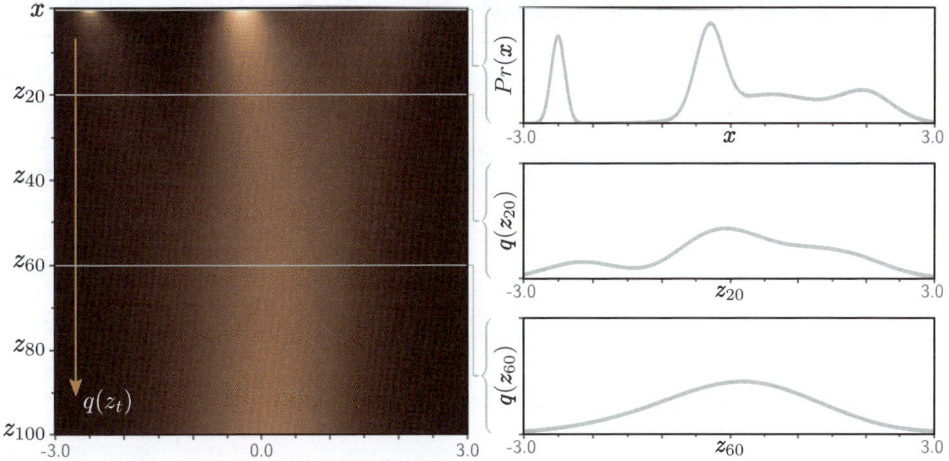

(a) 给定初始密度$Pr(\boldsymbol{x})$(顶行)，扩散过程中分布逐渐模糊，通过隐变量$\boldsymbol{z}_t$使其向标准正态分布移动。热力图中每个水平切面都代表一个边缘分布$\boldsymbol{q}(\boldsymbol{z}_t)$

(b) 最上方的图为初始分布$Pr(\boldsymbol{x})$。其他两个图为边缘分布$\boldsymbol{q}(\boldsymbol{z}_{20})$和$\boldsymbol{q}(\boldsymbol{z}_{60})$

图18.4　边缘分布

18.2.3 条件分布

我们将条件概率 $q(z_t \mid z_{t-1})$ 定义为混合过程(式(18.2))。

为了逆转这个过程，我们应用贝叶斯定理：

$$q(z_{t-1} \mid z_t) = \frac{q(z_t \mid z_{t-1})q(z_{t-1})}{q(z_t)} \tag{18.11}$$

由于无法计算边缘分布 $q(z_{t-1})$，上式很难进一步推导。

对于这个简单的一维样本，可以用数值方法估计 $q(z_{t-1} \mid z_t)$ (图18.5)。虽然该分布相当复杂，但大多数情况都可以使用正态分布很好地近似它们。构建解码器时，将使用正态分布来近似逆过程。

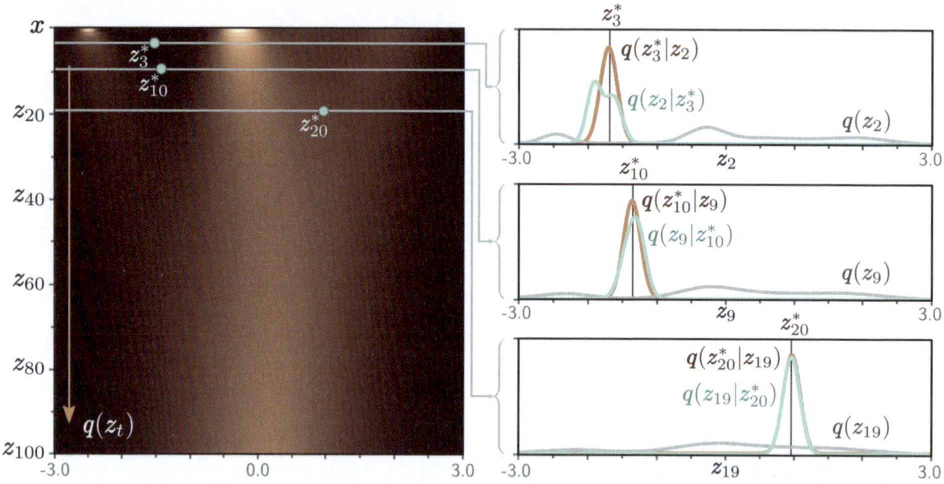

(a) 边缘密度 $q(z_t)$ 及其中的三个高亮点 z_t^*

(b) 使用贝叶斯定理可以计算概率 $q(z_{t-1} \mid z_t^*)$ (青色曲线)，并且与 $q(z_t^* \mid z_{t-1})q(z_{t-1})$ 成正比。一般情况下它不是正态分布(顶部图)，但正态分布是很好的近似(底部两张图)。第一个似然项 $q(z_t^* \mid z_{t-1})$ 在 z_{t-1} 中是正态分布(式18.2)，其均值略微偏离零点，大于 z_t^* (棕色曲线)。第二项是边缘密度 $q(z_{t-1})$ (灰色曲线)

图18.5 条件分布 $q(z_{t-1} \mid z_t)$

18.2.4 条件扩散分布

编码器相关的分布还有条件扩散分布。上文中，因为我们不知道边缘分布 $q(z_{t-1})$，所以无法得到条件分布 $q(z_{t-1} \mid z_t)$。但如果我们知道起始变量x，就可以得到之前时间点的分布 $q(z_{t-1} \mid x)$。这恰好是扩散核(图18.3)，它服从正态分布。

因此，可以封闭形式计算条件扩散分布 $q(z_{t-1} \mid z_t, x)$ (图18.6)。该分布将用于训练解码器，能够描述已知隐变量 z_t 和训练数据样本x时的 z_{t-1} 的分布。

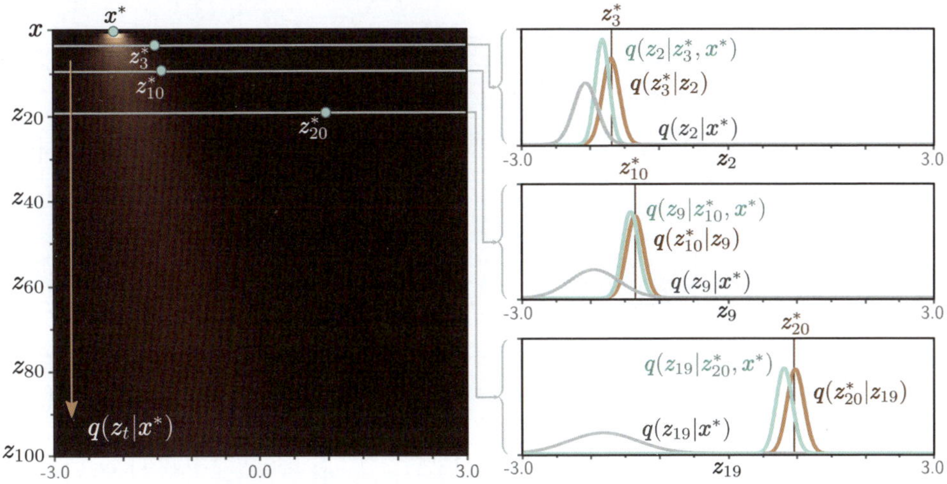

(a) $x^* = -2.1$ 时的扩散核机器中的三个高亮点 z_t^*

(b) 使用贝叶斯定理计算概率 $q(z_{t-1} | z_t^*, x^*)$，并且与 $q(z_t^* | z_{t-1})q(z_{t-1} | x^*)$ 成正比。这是一个正态分布，可以通过闭合形式计算。第一个似然项 $q(z_t^* | z_{t-1})$ 在 z_{t-1} 中是正态分布(式(18.2))，其均值略微偏离零点，大于 z_t^* (棕色曲线)。第二个项是扩散核 $q(z_{t-1} | x^*)$ (灰色曲线)

图18.6　条件扩散分布 $q(z_{t-1} | z_t, x)$

要计算 $q(z_{t-1} | z_t, x)$ 的表达式，我们从贝叶斯定理开始：

$$
\begin{aligned}
q(z_{t-1} | z_t, x) &= \frac{q(z_t | z_{t-1}, x)q(z_{t-1} | x)}{q(z_t | x)} \\
&\propto q(z_t | z_{t-1})q(z_{t-1} | x) \\
&= \text{Norm}_{z_t}\left[\sqrt{1-\beta_t} \cdot z_{t-1}, \beta_t I\right]\text{Norm}_{z_{t-1}}\left[\sqrt{\alpha_{t-1}} \cdot x, (1-\alpha_{t-1})I\right] \\
&\propto \text{Norm}_{z_{t-1}}\left[\frac{1}{\sqrt{1-\beta_t}} z_t, \frac{\beta_t}{1-\beta_t} I\right]\text{Norm}_{z_{t-1}}\left[\sqrt{\alpha_{t-1}} \cdot x, (1-\alpha_{t-1})I\right]
\end{aligned}
\tag{18.12}
$$

其中，推导过程的前两行中，由于扩散过程是马尔可夫过程，z_t 的所有信息完全来源于 z_{t-1}，我们认为 $q(z_t | z_{t-1}, x) = q(z_t | z_{t-1})$。推导过程的后两行中，使用了高斯变量变换恒等式：

$$
\text{Norm}_v\left[Aw, B\right] \propto \text{Norm}_w\left[(A^{\mathrm{T}}B^{-1}A)^{-1}A^{\mathrm{T}}B^{-1}v, (A^{\mathrm{T}}B^{-1}A)^{-1}\right] \tag{18.13}
$$

将第一个分布改写为关于 z_{t-1} 的形式。然后第二次使用高斯恒等式：

$$
\begin{aligned}
&\text{Norm}_w[a, A] \cdot \text{Norm}_w[b, B] \propto \\
&\qquad \text{Norm}_w\left[(A^{-1}+B^{-1})^{-1}(A^{-1}a + B^{-1}b), (A^{-1}+B^{-1})^{-1}\right]
\end{aligned}
\tag{18.14}
$$

将两个关于$\boldsymbol{z}_{t-1}$的正态分布结合起来，得到：

$$\boldsymbol{q}(\boldsymbol{z}_{t-1}\mid\boldsymbol{z}_t,\boldsymbol{x})=\mathrm{Norm}_{\boldsymbol{z}_{t-1}}\left[\frac{(1-\alpha_{t-1})}{1-\alpha_t}\sqrt{1-\beta_t}\,\boldsymbol{z}_t+\frac{\sqrt{\alpha_{t-1}}\beta_t}{1-\alpha_t}\boldsymbol{x},\frac{\beta_t(1-\alpha_{t-1})}{1-\alpha_t}\boldsymbol{I}\right] \tag{18.15}$$

式18.12、式18.13和式18.14中的比例常数会相互抵消，最终得到归一化的概率分布。

18.3 解码器模型(反向过程)

扩散模型的学习过程是反向过程(reverse process)，即学习$\boldsymbol{z}_T\to\boldsymbol{z}_{T-1}$、$\boldsymbol{z}_{T-1}\to\boldsymbol{z}_{T-2}$等反向映射，直到映射到$\boldsymbol{x}$。扩散过程的真实反向分布$\boldsymbol{q}(\boldsymbol{z}_{t-1}\mid\boldsymbol{z}_t)$是复杂的、依赖于数据分布$Pr(\boldsymbol{x})$的多峰分布(图18.5)。实际训练过程中我们将其近似为正态分布：

$$\begin{aligned}Pr(\boldsymbol{z}_T)&=\mathrm{Norm}_{\boldsymbol{z}_T}[0,\boldsymbol{I}]\\Pr(\boldsymbol{z}_{t-1}\mid\boldsymbol{z}_t,\phi_t)&=\mathrm{Norm}_{\boldsymbol{z}_{t-1}}[\boldsymbol{f}_t[\boldsymbol{z}_t,\phi_t],\sigma_t^2\boldsymbol{I}]\\Pr(\boldsymbol{x}\mid\boldsymbol{z}_1,\phi_1)&=\mathrm{Norm}_{\boldsymbol{x}}[\boldsymbol{f}_1[\boldsymbol{z}_1,\phi_1],\sigma_1^2\boldsymbol{I}]\end{aligned} \tag{18.16}$$

其中$\boldsymbol{f}_t[\boldsymbol{z}_t,\phi_t]$是神经网络，计算从$\boldsymbol{z}_t$到前一个隐变量$\boldsymbol{z}_{t-1}$的映射中正态分布的均值。$\{\sigma_t^2\}$是预先确定的。如果扩散过程中的超参数$\beta_t$接近于零(重复次数$T$很大)，那么这种正态近似是合理的。

我们使用祖先采样从$Pr(\boldsymbol{x})$中生成新的样本。首先，从$Pr(\boldsymbol{z}_T)$中抽取$\boldsymbol{z}_T$。然后，依次从$Pr(\boldsymbol{z}_{T-1}\mid\boldsymbol{z}_T,\phi_T)$、$Pr(\boldsymbol{z}_{T-2}\mid\boldsymbol{z}_{T-1},\phi_{T-1})$中采样得到$\boldsymbol{z}_{T-1}$和$\boldsymbol{z}_{T-2}$，直到最后从$Pr(\boldsymbol{x}\mid\boldsymbol{z}_1,\phi_1)$生成$\boldsymbol{x}$。

18.4 训练

观测变量$\boldsymbol{x}$和隐变量$\{\boldsymbol{z}_T\}$的联合分布为：

$$Pr(\boldsymbol{x},\boldsymbol{z}_{1\ldots T}\mid\phi_{1\ldots T})=Pr(\boldsymbol{x}\mid\boldsymbol{z}_1,\phi_1)\prod_{t=2}^{T}Pr(\boldsymbol{z}_{t-1}\mid\boldsymbol{z}_t,\phi_t)\cdot Pr(\boldsymbol{z}_T) \tag{18.17}$$

通过对隐变量进行边缘化可以计算得到观测数据的似然$Pr(\boldsymbol{x}\mid\phi_{1\ldots T})$：

$$Pr(\boldsymbol{x}\mid\phi_{1\ldots T})=\int Pr(\boldsymbol{x},\boldsymbol{z}_{1\ldots T}\mid\phi_{1\ldots T})\mathrm{d}\boldsymbol{z}_{1\ldots T} \tag{18.18}$$

为了训练模型，我们最大化训练数据$\{\boldsymbol{x}_i\}$的对数似然，以实现对参数ϕ的优化：

$$\hat{\phi}_{1...T} = \underset{\phi_{1...T}}{\operatorname{argmax}}\left[\sum_{i=1}^{I}\left[\log\left[Pr(\boldsymbol{x}_i \mid \phi_{1...T})\right]\right]\right] \tag{18.19}$$

由于式(18.18)很难进行边缘化，因此我们无法直接最大化，需要使用Jensen不等式定义似然下界，并按照VAE的思路(见第17.3.1节)，针对参数 $\phi_{1...T}$ 优化下界。

18.4.1 证据下界 (ELBO)

为了推导出下界，我们将对数似然函数的分子分母分别乘以编码器分布 $\boldsymbol{q}(\boldsymbol{z}_{1...T} \mid \boldsymbol{x})$ 并应用Jensen不等式(见第17.3.2节)：

$$\begin{aligned}
\log\left[Pr(\boldsymbol{x} \mid \phi_{1...T})\right] &= \log\left[\int Pr(\boldsymbol{x}, \boldsymbol{z}_{1...T} \mid \phi_{1...T})\mathrm{d}\boldsymbol{z}_{1...T}\right] \\
&= \log\left[\int \boldsymbol{q}(\boldsymbol{z}_{1...T} \mid \boldsymbol{x})\frac{Pr(\boldsymbol{x}, \boldsymbol{z}_{1...T} \mid \phi_{1...T})}{\boldsymbol{q}(\boldsymbol{z}_{1...T} \mid \boldsymbol{x})}\mathrm{d}\boldsymbol{z}_{1...T}\right] \\
&\geqslant \int \boldsymbol{q}(\boldsymbol{z}_{1...T} \mid \boldsymbol{x})\log\left[\frac{Pr(\boldsymbol{x}, \boldsymbol{z}_{1...T} \mid \phi_{1...T})}{\boldsymbol{q}(\boldsymbol{z}_{1...T} \mid \boldsymbol{x})}\right]\mathrm{d}\boldsymbol{z}_{1...T}
\end{aligned} \tag{18.20}$$

由此可推导出证据下界(ELBO)：

$$\mathrm{ELBO}\left[\phi_{1...T}\right] = \int \boldsymbol{q}(\boldsymbol{z}_{1...T} \mid \boldsymbol{x})\log\left[\frac{Pr(\boldsymbol{x}, \boldsymbol{z}_{1...T} \mid \phi_{1...T})}{\boldsymbol{q}(\boldsymbol{z}_{1...T} \mid x)}\right]\mathrm{d}\boldsymbol{z}_{1...T} \tag{18.21}$$

在VAE中，编码器 $\boldsymbol{q}(\boldsymbol{z} \mid \boldsymbol{x})$ 逼近于隐变量的后验分布以保证边界紧密，同时解码器将最大化这个边界(见图17.10)。由于扩散模型的编码器没有参数，解码器必须承担所有工作，即需要通过改变其参数使静态编码器逼近于后验 $Pr(\boldsymbol{z}_{1...T} \mid \boldsymbol{x}, \phi_{1...T})$，又要针对该边界优化参数使边界更紧密(参见图17.6)。

18.4.2 简化 ELBO

接下来对ELBO中的对数项进行化简。首先使用式(18.17)和式(18.3)分别替换分子和分母：

$$\begin{aligned}
\log\left[\frac{Pr(\boldsymbol{x}, \boldsymbol{z}_{1...T} \mid \phi_{1...T})}{\boldsymbol{q}(\boldsymbol{z}_{1...T} \mid \boldsymbol{x})}\right] &= \log\left[\frac{Pr(\boldsymbol{x} \mid \boldsymbol{z}_1, \phi_1)\prod_{t=2}^{T} Pr(\boldsymbol{z}_{t-1} \mid \boldsymbol{z}_t, \phi_t) \cdot Pr(\boldsymbol{z}_T)}{\boldsymbol{q}(\boldsymbol{z}_1 \mid \boldsymbol{x})\prod_{t=2}^{T}\boldsymbol{q}(\boldsymbol{z}_t \mid \boldsymbol{z}_{t-1})}\right] \\
&= \log\left[\frac{Pr(\boldsymbol{x} \mid \boldsymbol{z}_1, \phi_1)}{\boldsymbol{q}(\boldsymbol{z}_1 \mid \boldsymbol{x})}\right] + \log\left[\frac{\prod_{t=2}^{T} Pr(\boldsymbol{z}_{t-1} \mid \boldsymbol{z}_t, \phi_t)}{\prod_{t=2}^{\mathrm{T}}\boldsymbol{q}(\boldsymbol{z}_t \mid \boldsymbol{z}_{t-1})}\right] + \log\left[Pr(\boldsymbol{z}_T)\right]
\end{aligned} \tag{18.22}$$

然后展开第二个项的分母：

$$q(z_t \mid z_{t-1}) = q(z_t \mid z_{t-1}, x) = \frac{q(z_{t-1} \mid z_t, x) q(z_t \mid x)}{q(z_{t-1} \mid x)} \tag{18.23}$$

第一个等式的成立是因为变量 z_t 的所有信息都包含在 z_{t-1} 中，与额外的条件 x 无关。第二个等式基于贝叶斯定理。

将式(18.23)代入式(18.22)可得：

$$\begin{aligned}
&\log\left[\frac{Pr(x, z_{1\ldots T} \mid \phi_{1\ldots T})}{q(z_{1\ldots T} \mid x)}\right] \\
&= \log\left[\frac{Pr(x \mid z_1, \phi_1)}{q(z_1 \mid x)}\right] + \log\left[\frac{\prod_{t=2}^{T} Pr(z_{t-1} \mid z_t, \phi_t) \cdot q(z_{t-1} \mid x)}{\prod_{t=2}^{T} q(z_{t-1} \mid z_t, x) \cdot q(z_t \mid x)}\right] + \log[Pr(z_T)] \\
&= \log[Pr(x \mid z_1, \phi_1)] + \log\left[\frac{\prod_{t=2}^{T} Pr(z_{t-1} \mid z_t, \phi_t)}{\prod_{t=2}^{T} q(z_{t-1} \mid z_t, x)}\right] + \log\left[\frac{Pr(z_T)}{q(z_T \mid x)}\right] \\
&\approx \log[Pr(x \mid z_1, \phi_1)] + \sum_{t=2}^{T} \log\left[\frac{Pr(z_{t-1} \mid z_t, \phi_t)}{q(z_{t-1} \mid z_t, x)}\right]
\end{aligned} \tag{18.24}$$

在式(18.24)第二行到第三行的推导中，累乘项 $q(z_{t-1} \mid x) / q(z_t \mid x)$ 相互抵消，最终只剩下 $q(z_1 \mid x)$ 和 $q(z_T \mid x)$。由于前向过程 $q(z_T \mid x)$ 的结果和先验 $Pr(z_T)$ 都是标准正态分布，因此第三行的最后一项等于0。

综上，化简后的ELBO为：

$$\begin{aligned}
&\text{ELBO}[\phi_{1\ldots T}] \\
&= \int q(z_{1\ldots T} \mid x) \log\left[\frac{Pr(x, z_{1\ldots T} \mid \phi_{1\ldots T})}{q(z_{1\ldots T} \mid x)}\right] dz_{1\ldots T} \\
&\approx \int q(z_{1\ldots T} \mid x) \left(\log[Pr(x \mid z_1, \phi_1)] + \sum_{t=2}^{T} \log\left[\frac{Pr(z_{t-1} \mid z_t, \phi_t)}{q(z_{t-1} \mid z_t, x)}\right]\right) dz_{1\ldots T} \\
&= \mathbb{E}_{q(z_1 \mid x)}\left[\log\left[Pr(x \mid z_1, \phi_1)\right]\right] - \sum_{t=2}^{T} \mathbb{E}_{q(z_t \mid x)}\left[\mathrm{D}_{KL}[q(z_{t-1} \mid z_t, x) \,\|\, Pr(z_{t-1} \mid z_t, \phi_t)]\right]
\end{aligned} \tag{18.25}$$

其中第二行和第三行的推导中边缘化了 $q(z_{1\ldots T} \mid x)$ 中的无关变量，并且引入了KL散度的定义(见问题18.7)。

18.4.3 分析ELBO

ELBO中的第一个概率项在式(18.16)中定义：

$$Pr(x \mid z_1, \phi_1) = \text{Norm}_x[f_1[z_1, \phi_1], \sigma_1^2 I] \tag{18.26}$$

它等价于VAE中的重构项。如果模型预测与观察数据匹配，则ELBO会更大。VAE中使用蒙特卡罗估计近似这个值的对数期望(式(17.22)~式(17.23))，其中使用来自 $\boldsymbol{q}(\boldsymbol{z}_1 \mid \boldsymbol{x})$ 的样本估计期望。

ELBO中的KL散度项衡量了 $Pr(\boldsymbol{z}_{t-1} \mid \boldsymbol{z}_t, \phi_t)$ 和 $\boldsymbol{q}(\boldsymbol{z}_{t-1} \mid \boldsymbol{z}_t, \boldsymbol{x})$ 之间的距离，它们分别在式(18.16)和式(18.15)中定义：

$$
\begin{aligned}
Pr(\boldsymbol{z}_{t-1} \mid \boldsymbol{z}_t, \phi_t) &= \text{Norm}_{\boldsymbol{z}_{t-1}}[\boldsymbol{f}_t[\boldsymbol{z}_t, \phi_t], \sigma_t^2 \boldsymbol{I}] \\
\boldsymbol{q}(\boldsymbol{z}_{t-1} \mid \boldsymbol{z}_t, \boldsymbol{x}) &= \text{Norm}_{\boldsymbol{z}_{t-1}}\left[\frac{(1-\alpha_{t-1})}{1-\alpha_t}\sqrt{1-\beta_t}\,\boldsymbol{z}_t + \frac{\sqrt{\alpha_{t-1}}\beta_t}{1-\alpha_t}\boldsymbol{x}, \frac{\beta_t(1-\alpha_{t-1})}{1-\alpha_t}\boldsymbol{I}\right]
\end{aligned} \tag{18.27}
$$

因为两个正态分布之间的KL散度具有封闭形式表达式，又因为上式中的许多项与参数 ϕ 无关(见问题18.8)。因此KL散度的表达式可以简化为均值之间的平方差加上一个常数C的形式：

$$
\begin{aligned}
&D_{KL}\big[\boldsymbol{q}(\boldsymbol{z}_{t-1} \mid \boldsymbol{z}_t, \boldsymbol{x}) \,\|\, Pr(\boldsymbol{z}_{t-1} \mid \boldsymbol{z}_t, \phi_t)\big] = \\
&\qquad \frac{1}{2\sigma_t^2}\left\|\frac{(1-\alpha_{t-1})}{1-\alpha_t}\sqrt{1-\beta_t}\,\boldsymbol{z}_t + \frac{\sqrt{\alpha_{t-1}}\beta_t}{1-\alpha_t}\boldsymbol{x} - \boldsymbol{f}_t[\boldsymbol{z}_t, \phi_t]\right\|^2 + C
\end{aligned} \tag{18.28}
$$

18.4.4　扩散损失函数

为了训练模型，我们相对于参数 $\phi_{1\ldots T}$ 最大化ELBO。将其乘1并使用样本近似期望值，可以将其转换为一个最小化问题，得到损失函数：

$$
\begin{aligned}
L[\phi] = \sum_{i=1}^{I}\Bigg(&\overbrace{-\log[\text{Norm}_{\boldsymbol{x}_i}[\boldsymbol{f}_1[\boldsymbol{z}_{i1}, \phi_1], \sigma_1^2 \boldsymbol{I}]]}^{\text{重构的项}} \\
&+ \sum_{t=2}^{T}\frac{1}{2\sigma_t^2}\Bigg\|\underbrace{\frac{(1-\alpha_{t-1})}{1-\alpha_t}\sqrt{1-\beta_t}\,\boldsymbol{z}_{it} + \frac{\sqrt{\alpha_{t-1}}\beta_t}{1-\alpha_t}\boldsymbol{x}_i}_{\boldsymbol{q}(\boldsymbol{z}_{t-1} \mid \boldsymbol{z}_t, \boldsymbol{x})\text{的目标均值}} - \underbrace{\boldsymbol{f}_t[\boldsymbol{z}_{it}, \phi_t]}_{\text{预测的}\,\boldsymbol{z}_{t-1}}\Bigg\|^2\Bigg)
\end{aligned} \tag{18.29}
$$

其中 $\boldsymbol{x}_i$ 是第i个数据点，$\boldsymbol{z}_{it}$ 是与扩散步骤t相关的隐变量。

18.4.5　训练过程

上述损失函数可用于在各个扩散步骤下训练网络模型。它最小化了在给定去噪数据$\boldsymbol{x}$的情况下，隐变量在前一个步骤的估计值 $\boldsymbol{f}_t[\boldsymbol{z}_t, \phi_t]$ 与其最可能的取值之间的差异。

图18.7和图18.8显示了简单一维示例的训练过程的逆过程。训练模型首先需要

从原始分布中获取大量样本$\boldsymbol{x}$构建数据集，然后使用扩散核在每个时间步骤预测多组隐变量$\boldsymbol{z}_t$，最后，通过最小化损失函数(式(18.29))训练模型$\boldsymbol{f}_t[\boldsymbol{z}_t,\phi_t]$。这些模型通常是深度神经网络。

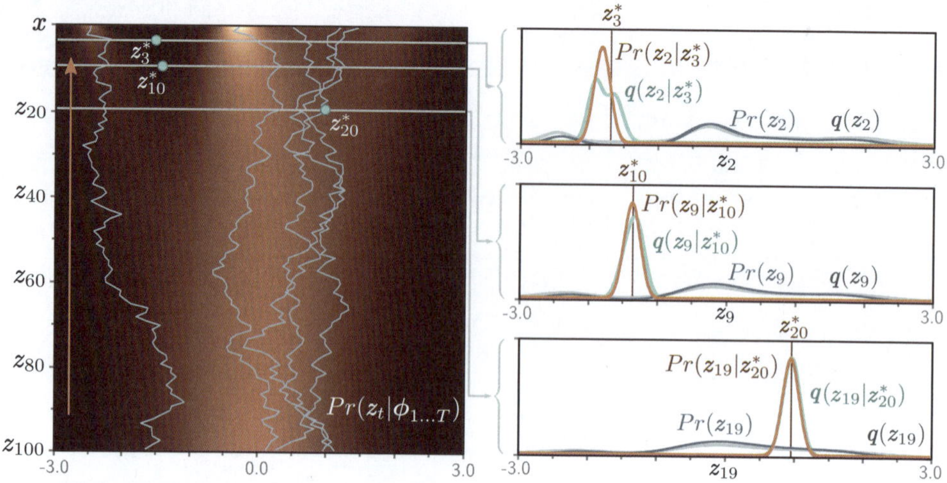

(a) 可依次从标准正态分布$Pr(\boldsymbol{z}_t)$(底部行)中进行抽样，然后从$Pr(\boldsymbol{z}_{T-1}\,|\,\boldsymbol{z}_T)=\text{Norm}_{\boldsymbol{z}_{T-1}}\left[f_T[\boldsymbol{z}_T,\phi_T],\sigma_T^2\boldsymbol{I}\right]$中抽样$Pr(\boldsymbol{z}_{t-1})$，直至$\boldsymbol{x}$显示了5条路径。估计的边缘密度(热力图)是这些样本的聚合，与真实的边缘密度(见图18.4)相似

(b) 估计的分布$Pr(\boldsymbol{z}_{t-1}\,|\,\boldsymbol{z}_t)$(棕色曲线)是扩散模型的真实后验$\boldsymbol{q}(\boldsymbol{z}_{t-1}\,|\,\boldsymbol{z}_t)$(青色曲线，细节见图18.5)的合理近似。估计模型和真实模型的边缘分布$Pr(\boldsymbol{z}_t)$和$\boldsymbol{q}(\boldsymbol{z}_t)$(分别为深蓝色和灰色曲线)也很相似

图18.7 训练模型

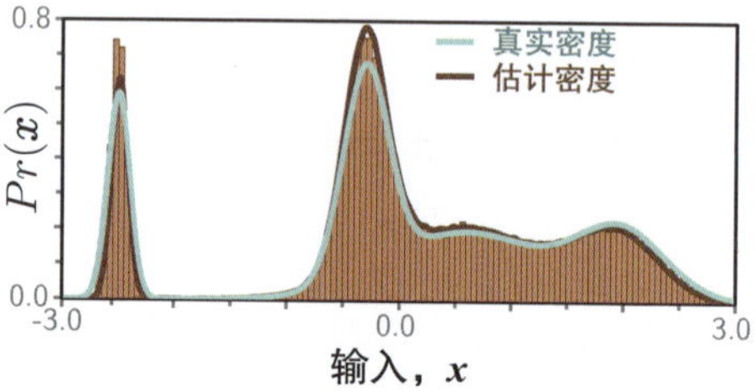

图18.8 模型训练结果。青色和棕色曲线分别代表图18.4和图18.7的顶部行的原始和估计分布。垂直条是模型生成的分组样本，通过从$Pr(\boldsymbol{z}_T)$中进行采样并通过$\boldsymbol{z}_{T-1}$、$\boldsymbol{z}_{T-2}$等变量进行传递，如图18.7中的5个路径所示

18.5 损失函数的重参数化

虽然可直接使用式(18.29)中的损失函数，但研究结果表明，引入不同的参数化方法可以提升扩散模型效果。调整后的损失函数使模型更好地预测与原始数据样本混合的噪声，以创建当前变量。18.5.1节讨论目标值的重参数化(式(18.29)第

二行前两项)，18.5.2节讨论网络的重参数化(式(18.29)第二行最后一项)。

18.5.1　目标值的参数化

原始的扩散更新式为：

$$z_t = \sqrt{\alpha_t} \cdot x + \sqrt{1-\alpha} \cdot \epsilon \tag{18.30}$$

此时式(18.28)中的数据项x可表示为扩散图像与噪声的差：

$$x = \frac{1}{\sqrt{\alpha_t}} \cdot z_t - \frac{\sqrt{1-\alpha_t}}{\sqrt{\alpha_t}} \cdot \epsilon \tag{18.31}$$

将上式替换到式(18.29)中的目标项可得到：

$$\begin{aligned}
&\frac{(1-\alpha_{t-1})}{1-\alpha}\sqrt{1-\beta_t}\,z_t + \frac{\sqrt{\alpha_{t-1}}\beta_t}{1-\alpha_t}x \\
&\qquad = \frac{(1-\alpha_{t-1})}{1-\alpha_t}\sqrt{1-\beta_t}\,z_t + \frac{\sqrt{\alpha_{t-1}}\beta_t}{1-\alpha_t}\left(\frac{1}{\sqrt{\alpha_t}}z_t - \frac{\sqrt{1-\alpha_t}}{\sqrt{\alpha_t}}\epsilon\right) \\
&\qquad = \frac{(1-\alpha_{t-1})}{1-\alpha_t}\sqrt{1-\beta_t}\,z_t + \frac{\beta_t}{1-\alpha_t}\left(\frac{1}{\sqrt{1-\beta_t}}z_t - \frac{\sqrt{1-\alpha_t}}{\sqrt{1-\beta_t}}\epsilon\right)
\end{aligned} \tag{18.32}$$

其中第二行和第三行之间的推导过程中利用了 $\sqrt{\alpha_t} / \sqrt{\alpha_{t-1}} = \sqrt{1-\beta_t}$ 的事实。进一步化简可以得到：

$$\begin{aligned}
&\frac{(1-\alpha_{t-1})}{1-\alpha_t}\sqrt{1-\beta_t}\,z_t + \frac{\sqrt{\alpha_{t-1}}\beta_t}{1-\alpha_t}x \\
&\qquad = \left(\frac{(1-\alpha_{t-1})\sqrt{1-\beta_t}}{1-\alpha_t} + \frac{\beta_t}{(1-\alpha_t)\sqrt{1-\beta_t}}\right)z_t - \frac{\beta_t}{\sqrt{1-\alpha}\sqrt{1-\beta_t}}\epsilon \\
&\qquad = \left(\frac{(1-\alpha_{t-1})(1-\beta_t)}{(1-\alpha_t)\sqrt{1-\beta_t}} + \frac{\beta_t}{(1-\alpha_t)\sqrt{1-\beta_t}}\right)z_t - \frac{\beta_t}{\sqrt{1-\alpha_t}\sqrt{1-\beta_t}}\epsilon \\
&\qquad = \frac{(1-\alpha_{t-1})(1-\beta_t)+\beta_t}{(1-\alpha_{t-1})\sqrt{1-\beta_t}}z_t - \frac{\beta_t}{\sqrt{1-\alpha_t}\sqrt{1-\beta_t}}\epsilon \\
&\qquad = \frac{1-\alpha_t}{(1-\alpha_t)\sqrt{1-\beta_t}}z_t - \frac{\beta_t}{\sqrt{1-\alpha_t}\sqrt{1-\beta_t}}\epsilon \\
&\qquad = \frac{1}{\sqrt{1-\beta_t}}z_t - \frac{\beta_t}{\sqrt{1-\alpha_t}\sqrt{1-\beta_t}}\epsilon
\end{aligned} \tag{18.33}$$

第二行和第三行之间的推导过程中将第一项的分子和分母同时乘以$\sqrt{1-\beta_t}$，展开各项并对第一项的分子进行化简。

将上式替换回损失函数(式(18.29))中，可得：

$$L[\phi]=\sum_{i=1}^{I}\Bigg(-\log\Big[\text{Norm}_{x_i}\Big[\boldsymbol{f}_1[\boldsymbol{z}_{i1},\phi_1],\sigma_1^2\boldsymbol{I}\Big]\Big] + \sum_{t=2}^{T}\frac{1}{2\sigma_t^2}\left\|\left(\frac{1}{\sqrt{1-\beta_t}}\boldsymbol{z}_{it}-\frac{\beta_t}{\sqrt{1-\alpha}\sqrt{1-\beta_t}}\boldsymbol{\epsilon}_{it}\right)-\boldsymbol{f}_t[\boldsymbol{z}_{it},\phi_t]\right\|^2\Bigg) \tag{18.34}$$

18.5.2 网络的重参数化

现在，我们用一个新的模型$\hat{\epsilon}=\boldsymbol{g}_t[\boldsymbol{z}_t,\phi_t]$替换模型$\hat{\boldsymbol{z}}_{t-1}=\boldsymbol{f}_t[\boldsymbol{z}_t,\phi_t]$，该模型能预测与$\boldsymbol{x}$混合以创建$\boldsymbol{z}_t$的噪声$\boldsymbol{\epsilon}$：

$$\boldsymbol{f}_t[\boldsymbol{z}_t,\phi_t]=\frac{1}{\sqrt{1-\beta_t}}\boldsymbol{z}_t-\frac{\beta_t}{\sqrt{1-\alpha_t}\sqrt{1-\beta_t}}\boldsymbol{g}_t[\boldsymbol{z}_t,\phi_t] \tag{18.35}$$

将新模型代入式(18.34)可得：

$$L[\phi]=\sum_{i=1}^{I}-\log\Big[\text{Norm}_{x_i}\Big[\boldsymbol{f}_1[\boldsymbol{z}_{i1},\phi_1],\sigma_1^2\boldsymbol{I}\Big]\Big] + \sum_{t=2}^{T}\frac{\beta_t^2}{(1-\alpha_t)(1-\beta_t)2\sigma_t^2}\left\|\boldsymbol{g}_t\left[\boldsymbol{z}_{it},\phi_t\right]-\boldsymbol{\epsilon}_{i_t}\right\|^2 \tag{18.36}$$

对数正态分布可等价地表示为最小二乘损失加一个常数C_i(见第5.3.1节)：

$$L[\phi]=\sum_{i=1}^{I}\frac{1}{2\sigma_1^2}\left\|\boldsymbol{x}_i-\boldsymbol{f}_1[\boldsymbol{z}_{il},\phi_1]\right\|^2+\sum_{t=2}^{T}\frac{\beta_t^2}{(1-\alpha_t)(1-\beta_t)2\sigma_t^2}\left\|\boldsymbol{g}_t[\boldsymbol{z}_{it},\phi_t]-\boldsymbol{\epsilon}_{it}\right\|^2+C_i$$

用式(18.31)和式(18.35)中的$\boldsymbol{x}$和$\boldsymbol{f}_1\left[\boldsymbol{z}_1,\phi_1\right]$的表达式替换，第一项可化简为：

$$\frac{1}{2\sigma_1^2}\left\|\boldsymbol{x}_i-\boldsymbol{f}_1[\boldsymbol{z}_{i1},\phi_1]\right\|^2=\frac{1}{2\sigma_1^2}\left\|\frac{\beta_1}{\sqrt{1-\alpha_1}\sqrt{1-\beta_1}}\boldsymbol{g}_1[\boldsymbol{z}_{i1},\phi_1]-\frac{\beta_1}{\sqrt{1-\alpha_1}\sqrt{1-\beta_1}}\boldsymbol{\epsilon}_{i1}\right\|^2 \tag{18.37}$$

将上述表达式代入最终损失函数，可得：

$$L[\phi]=\sum_{i=1}^{I}\sum_{t=1}^{T}\frac{\beta_t^2}{(1-\alpha_t)(1-\beta_t)2\sigma_t^2}\left\|\boldsymbol{g}_t[\boldsymbol{z}_{it},\phi_t]-\boldsymbol{\epsilon}_{it}\right\|^2 \tag{18.38}$$

其中忽略了加性常数C_i。

实际上，如果忽略缩放因子(在每个时间步长可能不同)，可推导出更简单的表达式：

$$\begin{aligned} L[\phi] &= \sum_{i=1}^{I}\sum_{t=1}^{T}\left\|\mathbf{g}_t[\mathbf{z}_{it},\phi_t]-\epsilon_{it}\right\|^2 \\ &= \sum_{i=1}^{I}\sum_{t=1}^{T}\left\|\mathbf{g}_t\left[\sqrt{\alpha_t}\cdot\mathbf{x}_i+\sqrt{1-\alpha}\cdot\epsilon_{it},\phi_t\right]-\epsilon_{it}\right\|^2 \end{aligned} \tag{18.39}$$

其中在第二行使用扩散核(式(18.30))表示了 $\mathbf{z}_t$。

18.6 实现

扩散模型的训练和采样过程采用不同的算法(算法18.1和算法18.2)。训练算法的优点是易于实现且可以通过在不同步骤嵌入不同噪声 ϵ 的方式扩充原始数据 $\mathbf{x}_i$。采样算法的缺点在于它需要连续处理多个神经网络 $\mathbf{g}_t[\mathbf{z}_t,\phi_t]$，因此十分耗时。

18.6.1 应用于图像

扩散模型在建模图像数据方面非常成功。在该任务中需要构建能够接受噪声图像并预测每一步添加的噪声的模型。对于这种图像到图像的映射问题，一般都会选用U-Net架构(见11.10节)。我们可使用单一的U-Net处理多个扩散阶段，并引入时间编码作为输入，标识当前扩散阶段(见图18.9)。在实践中，时间编码的尺度会被调整成与U-Net各阶段通道数相匹配，并用于偏移和缩放每个空间位置的特征。

算法18.1： 扩散模型训练

输入： 训练数据 $\mathbf{x}$

输出： 模型参数 ϕ_t

```
repeat
    for i ∈ B do                                          // 针对批次中的每个训练样本的索引
        t ~ Uniform[1,...T]                               // 采样随机时间步
        ϵ ~ Norm[0, I]                                    // 采样噪声
        ℓ_i = ‖g_t[√α_t x_i + √(1−α_t) ϵ, ϕ_t] − ϵ‖²     // 计算单个损失
    累加批次损失，并计算梯度
until 收敛
```

算法18.2：采样

输入： Model $\mathbf{g}_t[\bullet,\phi_t]$

输出： Sample, $\mathbf{x}$

$\mathbf{z}_T \sim \text{Norm}_z[\mathbf{0},\mathbf{I}]$ // 采样最后的隐变量

for $t = T...2$ do

$$\hat{\mathbf{z}}_{t-1} = \frac{1}{\sqrt{1-\beta_t}}\mathbf{z}_t - \frac{\beta_t}{\sqrt{1-\alpha_t}\sqrt{1-\beta_t}}\mathbf{g}_t[\mathbf{z}_t,\phi_t]$$ // 预测前一个隐变量

$\epsilon \sim \text{Norm}_\epsilon[\mathbf{0},\mathbf{I}]$ // 绘制新的噪声向量

$\mathbf{z}_{t-1} = \hat{\mathbf{z}}_{t-1} + \sigma_t \epsilon$ // 将噪声添加到前一个隐变量

$$\mathbf{x} = \frac{1}{\sqrt{1-\beta_1}}\mathbf{z}_1 - \frac{\beta_1}{\sqrt{1-\alpha_1}\sqrt{1-\beta_1}}\mathbf{g}_1[\mathbf{z}_1,\phi_1]$$ // 从$\mathbf{z}_1$生成没有噪声的样本

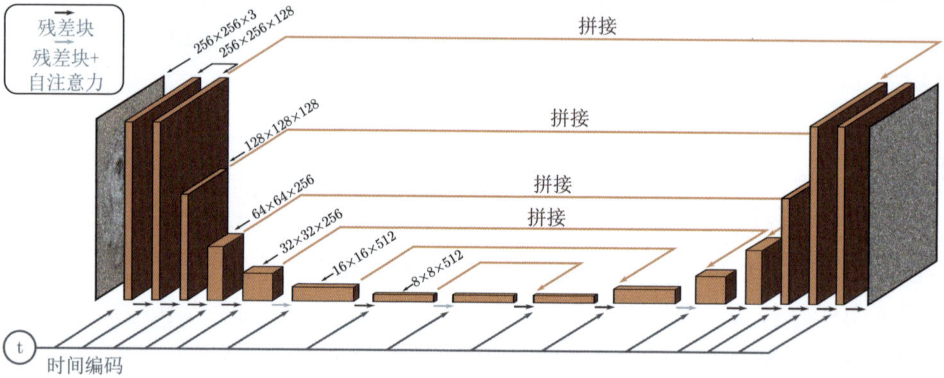

图18.9　基于U-Net架构的图像扩散模型。该模型由编码器和解码器组成，旨在预测添加到图像中的噪声。其中编码器不断减小尺度并增加通道数，解码器增加尺度并减少通道数。编码器的中间层特征与解码器对应的中间层特征连接在一起。相邻特征表示之间由残差块连接，并周期性引入了全局自注意力机制。正弦时间编码(见图12.5)通过一个浅层神经网络后，输出结果会被添加到U-Net的每个阶段的各个通道中，然后模型将处理所有扩散阶段

只有当超参数β_t接近零时，条件概率$q(\mathbf{z}_{t-1}|\mathbf{z}_t)$才会接近正态分布，且与解码器分布$Pr(\mathbf{z}_{t-1}|\mathbf{z}_t,\phi_t)$匹配。这需要大量的扩散步骤，因此会导致采样速度很慢，采样时可能不得不多次运行U-Net模型以生成高质量的图像。

18.6.2 提高生成速度

损失函数(式(18.39))要求具有如下形式的扩散核：$q(\mathbf{z}_t|\mathbf{x}) = \text{Norm}\left[\sqrt{\alpha_t}\mathbf{x}, \sqrt{1-\alpha_t}\cdot\mathbf{I}\right]$。对于任何满足上述条件的前向过程，相同的损失函数都是有效的，并且存在一系列兼容的扩散过程。这些扩散过程都通过相同的损失函

数进行优化，但在前向过程中使用不同的策略，用估计的噪声 $\mathbf{g}[\mathbf{z}_t, \phi_t]$ 来预测 $\mathbf{z}_{t-1}$ 到 $\mathbf{z}_t$ 的逆过程(图18.10)。

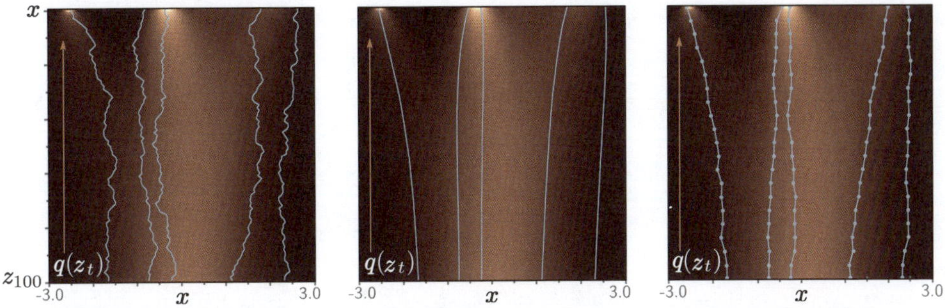

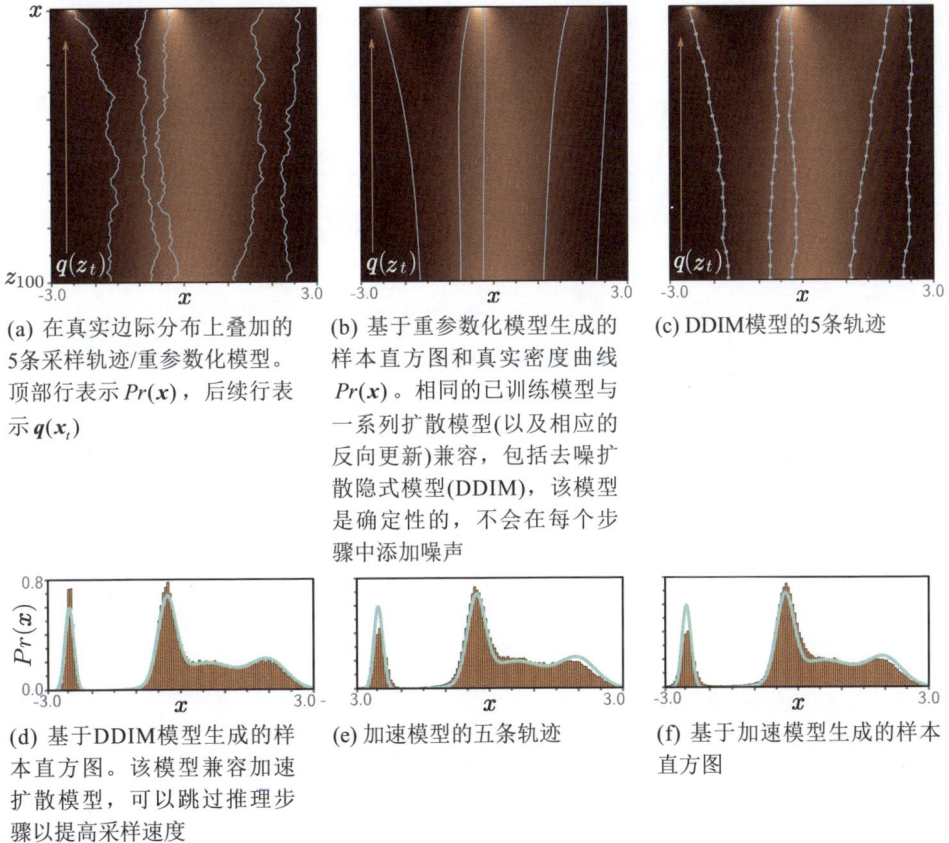

(a) 在真实边际分布上叠加的5条采样轨迹/重参数化模型。顶部行表示 $Pr(\mathbf{x})$，后续行表示 $\mathbf{q}(\mathbf{x}_t)$

(b) 基于重参数化模型生成的样本直方图和真实密度曲线 $Pr(\mathbf{x})$。相同的已训练模型与一系列扩散模型(以及相应的反向更新)兼容，包括去噪扩散隐式模型(DDIM)，该模型是确定性的，不会在每个步骤中添加噪声

(c) DDIM模型的5条轨迹

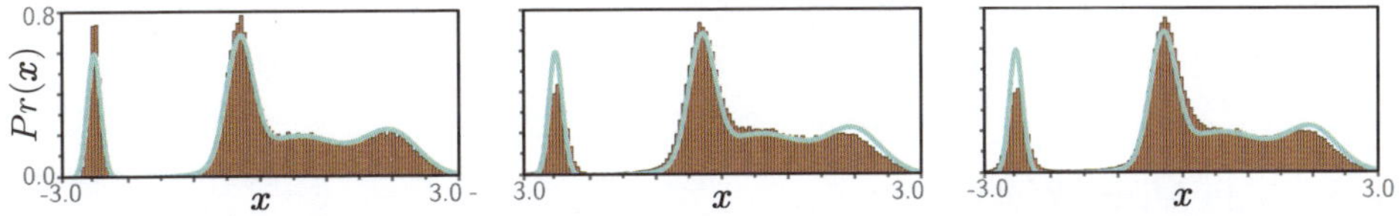

(d) 基于DDIM模型生成的样本直方图。该模型兼容加速扩散模型，可以跳过推理步骤以提高采样速度

(e) 加速模型的五条轨迹

(f) 基于加速模型生成的样本直方图

图18.10 与相同模型兼容的不同扩散过程

提高生成速度的方案包含：去噪扩散隐式模型(denoising diffusion implicit models)，其中 $\mathbf{x}$ 到 $\mathbf{z}_1$ 的转换之后将不再执行随机过程；加速采样(accelerated sampling)模型，其前向过程仅在时间步骤的子序列上定义。这样可以跳过扩散阶段的反向过程，使采样更加高效。当正向过程不再随机的时候，可以在50个扩散阶段内生成高质量的样本。这大大提升了生成速度，但仍慢于其他大多数生成模型。

18.6.3 条件生成

如果数据带有类别标签 c，则可以利用这些标签来控制生成过程。该思路在GAN模型下有效，因此我们认为在扩散模型下也应该有效。也就是说如果知道图像包含哪些信息，则更容易对其进行去噪。一种面向扩散模型的条件合成方法是分类器引导(classifier guidance)，该方法在 z_t 到 z_{t-1} 的去噪更新过程中引入了类别标签c。在实践中，这意味着在式(18.2)的最后更新步骤中需要添加一个额外项：

$$z_{t-1} = \hat{z}_{t-1} + \sigma_t^2 \frac{\partial \log\left[Pr(c \mid z_t)\right]}{\partial z_t} + \sigma_t \epsilon \tag{18.40}$$

新项受基于隐变量 z_t 的分类器 $Pr(c \mid z_t)$ 的梯度影响，它将U-Net下采样部分的特征映射到类别c。与常规基于U-Net的模型架构类似，条件生成扩散模型也会引入时间编码作为输入，且新项在所有时间阶段中共享。引入条件后，从 z_t 到 z_{t-1} 的更新将更侧重于指定类别$\boldsymbol{c}$。

无分类器引导(Classifier-free guidance)方法不需要单独训练分类器 $Pr(c \mid z_t)$，而是将类别信息纳入主模型 $\mathbf{g}_t[z_t, \phi_t, c]$ 中。在实践中，通常采用类似于添加时间编码的方式将基于c的类别编码嵌入U-Net中(见图18.9)。该方法通过在训练过程中随机丢弃类别信息，以实现同时训练条件和非条件样本，因此在测试时也可以生成非条件或条件样本，甚至是两者之间的加权组合。如果条件信息权重过大，模型往往会生成质量非常高但略显刻板的样本。加权策略类似于GAN中的截断策略(见图15.10)。

18.6.4 提高生成质量

与其他生成模型一样，通过一系列小技巧可以提升生成质量。第一，估计逆过程的方差 σ_t^2 及均值(图18.7中棕色正态分布的宽度)在采样步骤较少时能够提升生成质量。第二，通过修改前向过程中的噪声添加策略，可以使 β_t 在每一步都不相同，这也可以改善结果。第三，为了生成高分辨率图像，可以使用一系列扩散模型。开始的模型旨在生成一个低分辨率的图像(受类别信息引导)。随后的扩散模型以低分辨率图像及其他类别信息作为U-Net的输入(见图18.11)，在保证类别的前提下逐渐提高生成图像的分辨率。

结合上述所有技巧，可以显著提升生成图像质量。图18.12显示了基于ImageNet数据集训练的条件扩散模型的生成结果，使用单一模型能够生成多样化类别的样本。图18.13显示了根据文本条件生成图像的模型生成结果。文本条件使用类BERT的语言模型编码，并使用与时间编码类似的方式插入模型(见图18.9和图18.11)。该模型生成了与文本描述相符且真实的图像。扩散模型本质上是随机的，因此模型可基于同一描述生成多个图像。

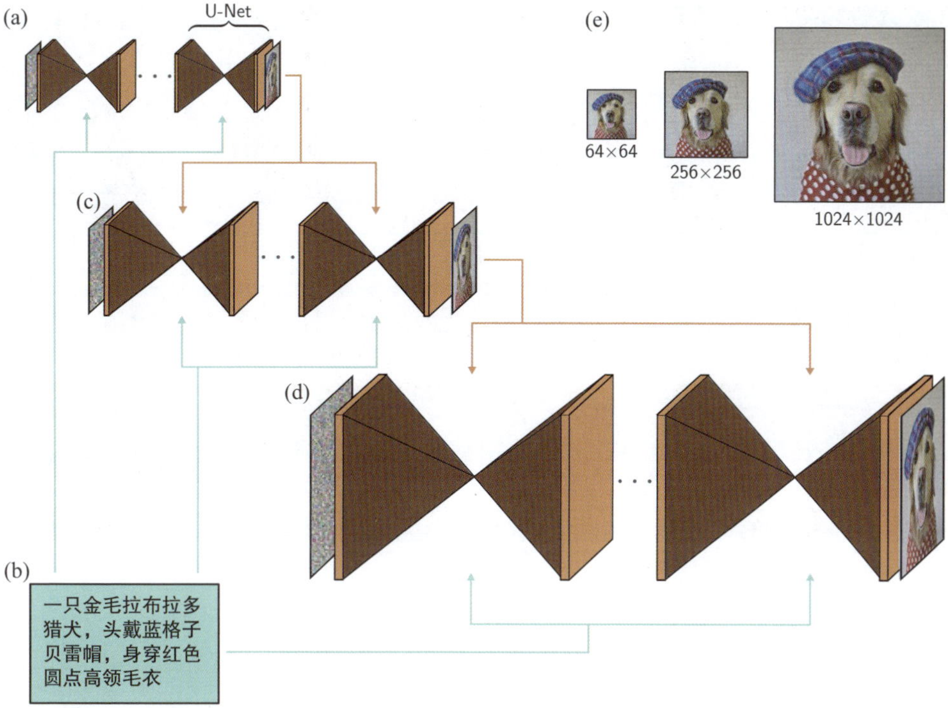

图18.11　基于文本提示的级联条件生成。(a)使用一系列U-Net扩散模型生成64像素×64像素的图像。(b)生成过程的输入为语言模型计算得到的文本编码。(c)基于较小的图像和文本编码，生成更高分辨率的256像素×256像素图像。(d)重复上述过程以创建1024像素×1024像素的高分辨率图像。(e)各阶段生成的图像序列(Saharia等，2022b)

图18.12　使用分类器引导的条件生成。以不同的ImageNet类别为条件的图像样本。同一模型能够产生高质量且多样化的图像类别样本(Dhariwal和Nichol，2021)

使用玻璃制作的透明鸭子模型
一只在健身房举重的愤怒的鸭子
搭乘火箭前往月亮的大脑
Hello World
桌面上的一对玻璃杯
用烟花写出Hello World的纽约天空

图18.13 使用文本提示的条件生成。以大型语言模型编码的文本作为条件，使用级联生成框架生成的图像。随机模型能够基于一套文本生成不同的图像。该模型可以对描述中的物体计数并体现在生成的图像中(Saharia等，2022b)

18.7 本章小结

扩散模型通过一系列隐变量映射数据样本，以及反复将当前特征表示与随机噪声混合，经过足够的步骤后，特征表示将无限接近白噪声。由于每个扩散步骤变动较小，因此每个去噪过程可以用正态分布近似并由深度学习模型预测。损失函数基于证据下界(ELBO)，最终可化简为一个最小二乘式。

对于图像生成，每个去噪步骤使用U-Net实现，因此采样速度相比其他生成模型慢。为了提高生成速度，可以将扩散模型改为确定性式，使用较少的采样步骤就能获得较好的生成效果。研究者已提出基于类别信息、图像和文本信息的条件扩散模型，上述方法都取得了令人印象深刻的图像生成结果。

18.8 注释

Sohl-Dickstein等人于2015年提出了降噪扩散模型，早期Song和Ermon(2019)围绕基于分数匹配的方法展开研究。Ho等人(2020)使用扩散模型生成的图像的真实性接近甚至超越了GAN，这一工作在图像生成领域掀起一股新热潮。本章的大部分内容(包括原始式和重参数化)都源于这篇论文。Dhariwal和Nichol(2021)提高了生成样本的质量，并首次证明扩散模型生成的图像在Fréchet Inception Distance指标下获得了优于GAN的定量结果。Karras等人(2022)使用扩散模型实现了条件图像合成。有关降噪扩散模型的综述可详见Croitoru等人(2022)、Cao等人(2022)、Luo(2022)和Yang等人(2022)的文章。

图像应用：扩散模型的应用包括文本到图像生成(Nichol等，2022；Ramesh等，2022；Saharia等，2022b)、图像到图像任务(如着色、修复、取消裁剪和修复；Saharia等，2022a)、超分辨率(Saharia等，2022c)、图像编辑(Hertz等，2022；Meng等，2021)、去除对抗性扰动(Nie等，2022)、语义分割(Baranchuk等，2022)和医学图像(Song等，2021b；Chung & Ye，2022；Chung等，2022；Peng等，2022；Xie & Li，2022；Luo等，2022)。其中扩散模型有时用作先验。

不同数据类型：扩散模型还可应用于视频数据的生成，包含对过去和未来帧预测及插值(Ho等，2022b；Harvey等，2022；Yang等，2022；Höppe等，2022；Voleti等，2022)。也可用于生成3D形状(Zhou等，2021；Luo & Hu，2021)，Poole等人(2023)提出了使用2D“文本到图像”扩散模型生成3D模型的方法。Austin等人(2021)和Hoogeboom等人(2021)研究了用于离散数据的扩散模型。Kong等人(2021)和Chen等人(2021d)将扩散模型应用于音频数据。

降噪替代方法：本章中的扩散模型将噪声与数据混合，并构建模型逐步去除噪声。但使用噪声降低图像质量的过程并不是必要的。Rissanen等人(2022)设计了一种逐步模糊图像的方法，Bansal等人(2022)证明了其他图像退化手段也能起到相同的效果，退化手段包含遮挡、变形、模糊和像素化。

与其他生成模型的比较：扩散模型生成的图像比其他生成模型质量更高，并且更易于训练。可将其视为具有固定编码器和隐空间与原始空间尺度相同的分层VAE的特例(Vahdat & Kautz，2020；Sønderby，2016b)。它们都是概率模型，但基本形式只能计算数据点似然下界。Kingma等人(2021)表明，对于来自标准化流和自回归模型的测试数据，这种下界比精确的对数似然更好。扩散模型的似然可以通过转换为常微分式(Song等，2021c)或通过使用基于扩散的连续标准化流模型进行计算(Lipman等，2022)。扩散模型的主要缺点是速度较慢且隐空间没有语义解释。

提高质量：网络重参数化(见第18.5节)和等权重损失项(Ho等，2020)等方法都能提高图像质量。Choi等人(2022)探索了损失函数中不同项的权重对生成质量的影响。

Kingma等人(2021)通过学习去噪权重β_t提高了模型的测试对数似然。相反，

Nichol和Dhariwal(2021)除了学习均值外，还学习了每个扩散步骤去噪估计的方差σ^2来提高性能。Bao等人(2022)展示了如何在训练模型后学习方差。

Ho等人(2022a)提出了用于生成超高分辨率图像的级联方法(见图18.11)。为防止低分辨率图像中的伪影传播到更高分辨率，他们引入了噪声条件增强(noise conditioning augmentation)。该方法在每个扩散步骤都对低分辨率条件图像添加噪声进行降级。这减少了训练过程中对低分辨率图像的精确细节的依赖。该思路也可用于推理。

提高速度：扩散模型的一个主要缺点是训练和采样都需要很长时间。稳定扩散(Stable diffusion)方法(Rombach等人，2022)使用传统自动编码器将原始数据投影到更小的隐空间，然后在该较小空间中执行扩散过程。这样做的好处在于减少了扩散过程训练数据的维度，并且允许扩散模型描述其他数据类型(文本、图等)。Vahdat等人(2021)也应用了类似的方法。

Song等人(2021a)表明整个扩散过程中大多数步骤是非马尔科夫的(即扩散步骤不仅取决于上一步的结果)。其中一个模型是去噪扩散隐式模型(DDIM)，更新不是随机的(图18.10(b))。该模型在选择较大步长时不会引起较大的误差(图18.10(b))。它有效地将模型转换为一个常微分式(ODE)，其轨迹具有低曲率，并允许应用有效的数值方法来求解ODE。

Song等人(2021c)提出将底层随机微分式转换为概率流ODE，该式与原始过程具有相同的边缘分布。Vahdat等人(2021)、Xiao等人(2022b)和Karras等人(2022)都利用了求解ODE的方法来加速生成。Karras等人(2022)确定了用于采样的最佳时间离散化，并评估了不同的采样器调度。这些改进及其他改进结果使合成过程中所需的步骤大大减少。

采样速度慢是因为需要许多小扩散步骤才能确保后验分布$\boldsymbol{q}(\boldsymbol{z}_{t-1}|\boldsymbol{z}_t)$接近高斯分布(见图18.5)，因此在解码器中定义高斯分布是合适的。如果我们尝试在每个去噪步骤描述更复杂的分布，那么对应的扩散步骤可以减少。为此，Xiao等人(2022b)提出使用条件GAN模型，Gao等人(2021)提出使用条件能量模型。虽然这些模型无法描述原始数据分布，但足以预测(更简单的)反向扩散步骤。

Salimans和Ho(2022)将去噪过程的相邻步骤合并成一个步骤以加速合成。Dockhorn等人(2022)在扩散过程中引入了动量，这使轨迹更加平滑，因此更适合粗略采样。

条件生成：Dhariwal和Nichol(2021)提出了分类器引导方法，其中分类器学习在每个步骤识别生成对象的所属类别，并激励去噪更新结果偏向该类别。该方法很有效，但单独训练分类器的成本较高。无分类器引导(Ho & Salimans，2022)使用随机丢弃的思想，在训练过程中随机丢弃部分阶段的类别信息，同时训练有条件和无条件去噪模型。该方法允许控制条件和无条件的权重，条件部分权重增大使模型产生更典型、更真实的样本。

生成图像条件化的基础方法是将(调整大小的)图像添加到U-Net的不同层上。例如，它可用于超分辨率的级联生成过程(Ho等，2022a)。Choi等人(2021)提供了一种将隐变量和条件图像进行匹配，从而在无条件扩散模型中根据图像进行条件化的方法。对文本进行条件化的基础方法是将文本编码线性变换为与U-Net层相同的尺寸，然后将其添加到特征表示中，类似于时间编码的引入思路(见图18.9)。

扩散模型还可以使用控制网络(control network)进行微调，使其可以根据边缘图、关节位置、分割、深度图等进行条件化(Zhang & Agrawala，2023)。

文本到图像：在扩散模型出现之前，最先进的文本到图像系统基于Transformer架构(Ramesh等，2021)。GLIDE(Nichol等，2022)和Dall-E2(Ramesh等，2022)都依赖CLIP模型(Radford等，2021)的编码进行条件化，该模型为文本和图像数据生成联合编码。Imagen(Saharia等，2022b)表明，来自大型语言模型的文本编码可以产生更好的结果(见图18.13)。同一作者提出DrawBench评估模型渲染颜色、物体数量、空间关系等特性的能力。冯等人(2022)开发了基于中文文本生成图像的模型。

与其他模型的联系：本章将扩散模型描述为分层变分自编码器，因为这种方法与本书其他部分的联系最密切。然而，扩散模型也与随机微分式(见图18.5的路径)和分数匹配(Song & Ermon，2019，2020)密切相关。Song等人(2021c)提出一种基于随机微分式的框架，涵盖了去噪和分数匹配解释。扩散模型也与标准化流密切相关(Zhang & Chen，2021)。Yang等人(2022)概述了扩散模型与其他生成方法之间的关系。

18.9 问题

问题18.1 证明如果 $\text{Cov}[\boldsymbol{x}_{t-1}]=\boldsymbol{I}$，在使用如下更新策略时：

$$\boldsymbol{x}_t=\sqrt{1-\beta_t}\cdot\boldsymbol{x}_{t-1}+\sqrt{\beta_t}\cdot\boldsymbol{\epsilon}_t \tag{18.41}$$

$\text{Cov}[\boldsymbol{x}_t]=\boldsymbol{I}$，即方差保持不变。

问题18.2 定义变量：

$$z=a\cdot\epsilon_1+b\cdot\epsilon_2 \tag{18.42}$$

其中 ϵ_1 和 ϵ_2 都来自独立的均值为0，方差为1的标准正态分布。证明:

$$\begin{aligned}\mathbb{E}[z]&=0\\ \text{Var}[z]&=a^2+b^2\end{aligned} \tag{18.43}$$

此时可知 $z=\sqrt{a^2+b^2}\cdot\epsilon$，其中 ϵ 也是从标准正态分布中抽取的。

问题18.3　继续式(18.5)的推导过程，证明：

$$z_3 = \sqrt{(1-\beta_3)(1-\beta_2)(1-\beta_1)}\cdot \boldsymbol{x} + \sqrt{1-(1-\beta_3)(1-\beta_2)(1-\beta_1)}\cdot \epsilon' \tag{18.44}$$

其中 ϵ' 来自标准正态分布。

问题18.4　证明：

$$\text{Norm}_{\boldsymbol{v}}[\boldsymbol{A}\boldsymbol{w},\boldsymbol{B}] \propto \text{Norm}_{\boldsymbol{w}}\left[(\boldsymbol{A}^{\text{T}}\boldsymbol{B}^{-1}\boldsymbol{A})^{-1}\boldsymbol{A}^{\text{T}}\boldsymbol{B}^{-1}\boldsymbol{v},(\boldsymbol{A}^{\text{T}}\boldsymbol{B}^{-1}\boldsymbol{A})^{-1}\right] \tag{18.45}$$

问题18.5　证明：

$$\text{Norm}_{\boldsymbol{x}}\left[\boldsymbol{a},\boldsymbol{A}\right]\text{Norm}_{\boldsymbol{x}}[\boldsymbol{b},\boldsymbol{B}] \propto \text{Norm}_{\boldsymbol{x}}[(\boldsymbol{A}^{-1}+\boldsymbol{B}^{-1})^{-1}(\boldsymbol{A}^{-1}\boldsymbol{a}+\boldsymbol{B}^{-1}\boldsymbol{b}),(\boldsymbol{A}^{-1}+\boldsymbol{B}^{-1})^{-1}] \tag{18.46}$$

问题18.6　推导式(18.15)。

问题18.7　推导式(18.25)中第二行到第三行的部分。

问题18.8　两个D维正态分布均值分别为$\boldsymbol{a}$和$\boldsymbol{b}$，协方差矩阵分别为$\boldsymbol{A}$和$\boldsymbol{B}$。它们之间的KL散度由下式给出：

$$D_{\text{KL}}\left[\text{Norm}_{\boldsymbol{w}}[\boldsymbol{a},\boldsymbol{A}]\,\|\,\text{Norm}_{\boldsymbol{w}}[\boldsymbol{b},\boldsymbol{B}]\right] = \frac{1}{2}\left(\text{tr}[\boldsymbol{B}^{-1}\boldsymbol{A}] - d + (\boldsymbol{a}-\boldsymbol{b})^{\text{T}}\boldsymbol{B}^{-1}(\boldsymbol{a}-\boldsymbol{b}) + \log\left[\frac{|\boldsymbol{B}|}{|\boldsymbol{A}|}\right]\right) \tag{18.47}$$

将式(18.27)代入该表达式，并证明唯一依赖参数 ϕ 的项是式(18.28)的第一项。

问题18.9　若 $\alpha_t = \prod_{s=1}^{t}(1-\beta_s)$，证明：

$$\sqrt{\frac{\alpha_t}{\alpha_{t-1}}} = \sqrt{1-\beta_t} \tag{18.48}$$

问题18.10　若 $\alpha_t = \prod_{s=1}^{t}(1-\beta_s)$，证明：

$$\frac{(1-\alpha_{t-1})(1-\beta_t)+\beta_t}{(1-\alpha_t)\sqrt{1-\beta_t}} = \frac{1}{\sqrt{1-\beta_t}} \tag{18.49}$$

问题18.11　证明式(18.37)。

问题18.12　无分类器引导允许我们创建更加典型/标准化的“规范”图像。当我们描述Transformer 解码器、生成对抗网络和GLOW算法时，我们还讨论了减少多样性和产生更多标准化输出的方法。这些方法是什么？你认为以这种方式限制生成模型的输出是不可避免的吗？

第19章 强化学习

强化学习(RL)是一个序列决策框架，其中智能体学习在环境中执行动作，目标是最大化所获得的奖励。例如，一个RL算法可能会控制视频游戏中角色(智能体)的移动(动作)，旨在最大化得分(奖励)。在机器人技术中，一个RL算法可能会控制机器人(智能体)在世界(环境)中的移动(动作)来执行任务(获得奖励)。在金融领域，一个RL算法可能会控制一个虚拟交易员(智能体)，在交易平台上买卖资产(动作)以最大化利润(奖励)。

考虑学习下棋。这里，如果智能体赢了、输了或平局，游戏结束时分别会有一个+1、-1或0的奖励，并且在其他所有时间步骤中为0。这展示了RL的挑战。首先，奖励是稀疏的；我们必须玩完整个游戏才能获得反馈。其次，奖励在时间上与导致它的行动相偏移；胜利前三十步可能获得了决定性优势。我们必须将奖励与这一关键行动联系起来。这被称为时间信用分配问题。再次，环境是随机的；对手并不总是在相同的情况下做出相同的移动，所以很难知道一个行动是真的好还是只是幸运。最后，智能体必须在探索环境(例如，尝试新的开局动作)与利用它已经知道的(例如，坚持使用以前成功的开局)之间取得平衡。这被称为探索-利用权衡。

强化学习是一个总体框架，并不一定需要深度学习。然而，在实践中，最先进的系统通常使用深度网络。它们编码环境信息(视频游戏显示、机器人传感器、金融时间序列或棋盘)并将此直接或间接地映射到下一个动作(见图1.13)。

19.1 马尔可夫决策过程、回报和策略

强化学习将对环境的观察映射为动作，旨在最大化与所接收奖励相关的数

值。在最常见的情况下，我们学习一个策略，该策略最大化马尔可夫决策过程中的预期回报。本节将解释这些术语。

19.1.1 马尔可夫过程

马尔可夫过程假设世界始终处于一组可能状态之一。马尔可夫这个词意味着处于某个状态的概率仅取决于前一个状态，而不依赖于之前的状态。状态之间的变化由转移概率$Pr(s_{t+1}|s_t)$捕捉，即在给定当前状态s_t的情况下，转移到下一个状态s_{t+1}的概率，其中t表示时间步。因此，马尔可夫过程是一个演化系统，它产生了一个状态序列$s_1, s_2, s_3, \ldots$(图19.1)。

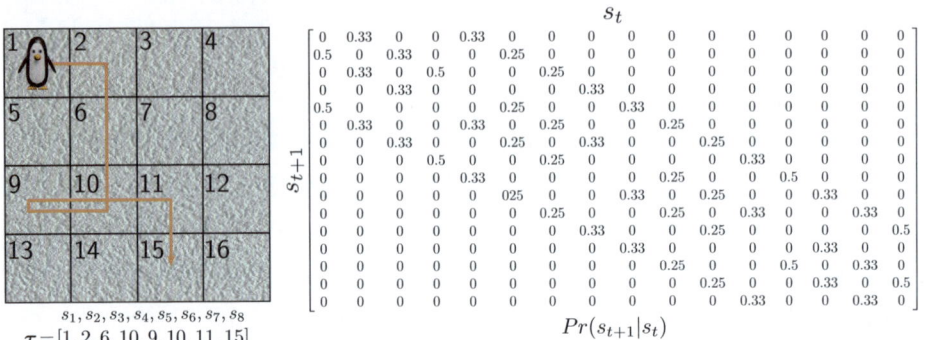

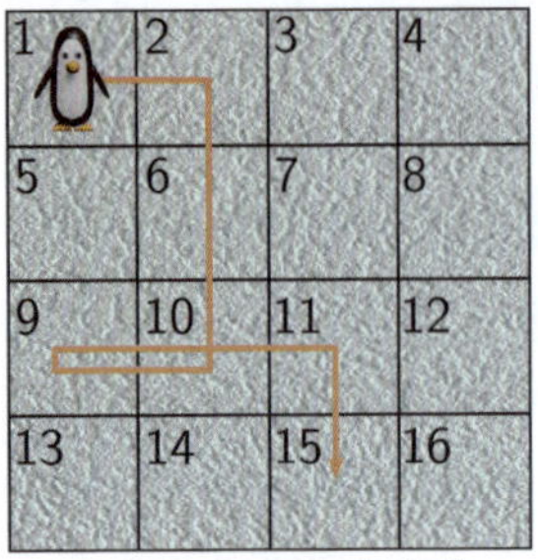

$s_1, s_2, s_3, s_4, s_5, s_6, s_7, s_8$

$\tau = [1, 2, 6, 10, 9, 10, 11, 15]$

(a) 企鹅可在冰上的16个不同位置(状态)上活动

$$
s_{t+1}\ \overset{s_t}{\begin{bmatrix}
0 & 0.33 & 0 & 0 & 0.33 & 0 & 0 & 0 & 0 & 0 & 0 & 0 & 0 & 0 & 0 & 0 \\
0.5 & 0 & 0.33 & 0 & 0 & 0.25 & 0 & 0 & 0 & 0 & 0 & 0 & 0 & 0 & 0 & 0 \\
0 & 0.33 & 0 & 0.5 & 0 & 0 & 0.25 & 0 & 0 & 0 & 0 & 0 & 0 & 0 & 0 & 0 \\
0 & 0 & 0.33 & 0 & 0 & 0 & 0 & 0.33 & 0 & 0 & 0 & 0 & 0 & 0 & 0 & 0 \\
0.5 & 0 & 0 & 0 & 0 & 0.25 & 0 & 0 & 0.33 & 0 & 0 & 0 & 0 & 0 & 0 & 0 \\
0 & 0.33 & 0 & 0 & 0.33 & 0 & 0.25 & 0 & 0 & 0.25 & 0 & 0 & 0 & 0 & 0 & 0 \\
0 & 0 & 0.33 & 0 & 0 & 0.25 & 0 & 0.33 & 0 & 0 & 0.25 & 0 & 0 & 0 & 0 & 0 \\
0 & 0 & 0 & 0.5 & 0 & 0 & 0.25 & 0 & 0 & 0 & 0 & 0.33 & 0 & 0 & 0 & 0 \\
0 & 0 & 0 & 0 & 0.33 & 0 & 0 & 0 & 0 & 0.25 & 0 & 0 & 0.5 & 0 & 0 & 0 \\
0 & 0 & 0 & 0 & 0 & 025 & 0 & 0 & 0.33 & 0 & 0.25 & 0 & 0 & 0.33 & 0 & 0 \\
0 & 0 & 0 & 0 & 0 & 0 & 0.25 & 0 & 0 & 0.25 & 0 & 0.33 & 0 & 0 & 0.33 & 0 \\
0 & 0 & 0 & 0 & 0 & 0 & 0 & 0.33 & 0 & 0 & 0.25 & 0 & 0 & 0 & 0 & 0.5 \\
0 & 0 & 0 & 0 & 0 & 0 & 0 & 0 & 0.33 & 0 & 0 & 0 & 0 & 0.33 & 0 & 0 \\
0 & 0 & 0 & 0 & 0 & 0 & 0 & 0 & 0 & 0.25 & 0 & 0 & 0.5 & 0 & 0.33 & 0 \\
0 & 0 & 0 & 0 & 0 & 0 & 0 & 0 & 0 & 0 & 0.25 & 0 & 0 & 0.33 & 0 & 0.5 \\
0 & 0 & 0 & 0 & 0 & 0 & 0 & 0 & 0 & 0 & 0 & 0.33 & 0 & 0 & 0.33 & 0
\end{bmatrix}}
$$

$Pr(s_{t+1}|s_t)$

(b) 冰面很滑，因此在每个时间点，它有相等的概率移动到任何相邻状态。例如，在位置6，它有25%的概率移动到状态2、5、7和10。从这个过程产生的轨迹$\tau = [s_1, s_2, s_3, \ldots]$由一系列状态组成

图19.1 马尔可夫过程。一个马尔可夫过程由一组状态和转移概率$Pr(s_{t+1}|s_t)$组成，这些转移概率定义了在当前状态为s_t时转移到状态s_{t+1}的概率

19.1.2 马尔可夫奖励过程

马尔可夫奖励过程还包括一个概率分布$Pr(r_{t+1}|s_t)$，它定义了在给定我们处于状态s_t的情况下，在下一个时间步获得的可能的奖励r_{t+1}。这产生了一个状态和相关奖励的序列：$s_1, r_2, s_2, r_3, s_3, r_4 \ldots$(见图19.2)。

马尔可夫奖励过程还包括一个折扣因子$\gamma \in (0,1]$，它用于计算时间t的回报G_t：

$$
G_t = \sum_{k=0}^{\infty} \gamma^k r_{t+k+1} \tag{19.1}
$$

回报是累积的未来奖励的总和，它衡量了在此轨迹上的未来收益。小于1的折扣因子使得时间上近的奖励比时间上远的奖励更有价值。

$$G_1 = 0 + \gamma \cdot 0 + \gamma^2 \cdot 0 + \gamma^3 \cdot 0$$
$$+ \gamma^4 \cdot 1 + \gamma^5 \cdot 0 + \gamma^6 \cdot 1 + \gamma^7 \cdot 0 = 1.19$$

$$G_2 = 0 + \gamma \cdot 0 + \gamma^2 \cdot 0 + \gamma^3 \cdot 1$$
$$+ \gamma^4 \cdot 0 + \gamma^5 \cdot 1 + \gamma^6 \cdot 0 = 1.31$$

$$G_3 = 0 + \gamma \cdot 0 + \gamma^2 \cdot 1 + \gamma^3 \cdot 0$$
$$+ \gamma^4 \cdot 1 + \gamma^5 \cdot 0 = 1.47$$

$$s_1\ r_2\ s_2\ r_3\ s_3\ r_4\ s_4\ r_5\ s_5\ r_6\ s_6\ r_7\ s_7\ r_8\ s_8\ r_9$$
$$\tau = [1, 0, 2, 0, 6, 0, 10, 0, 9, 1, 10, 0, 11, 1, 15, 0]$$

(a)　　　　　　　　　　　(b)　　　　　　　　　　　(c)

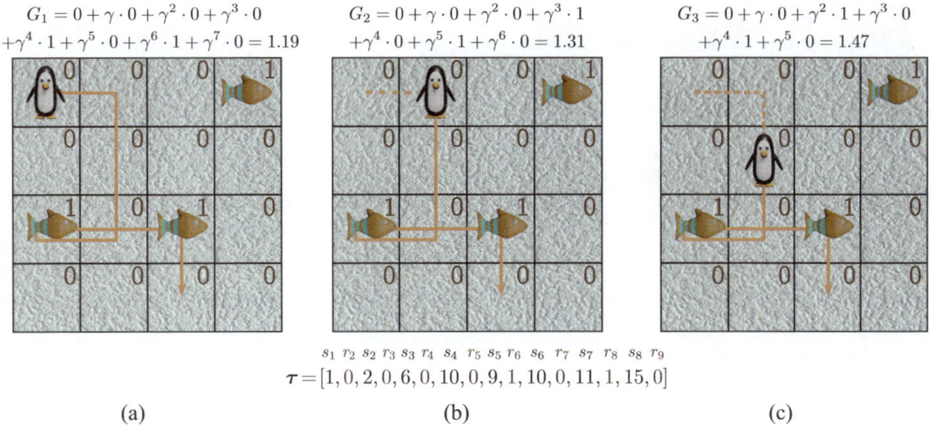

图19.2　马尔可夫奖励过程。这将奖励 r_{t+1} 的概率分布 $Pr(r_{t+1} | s_t)$ 与每个状态 s_t 相关联。(a) 这里，奖励是确定性的；如果企鹅落在鱼上，它将获得+1的奖励，否则为0。现在，轨迹 τ 由交替的状态和奖励序列 $s_1, r_2, s_2, r_3, s_3, r_4 \ldots$ 组成，在8步后终止。序列的回报 G_t 是未来奖励的折现总和，这里使用折扣因子 $\gamma = 0.9$。(b)~(c) 当企鹅沿着轨迹前进并接近获得奖励时，回报会增加

19.1.3　马尔可夫决策过程

马尔可夫决策过程(MDP)在每个时间步增加了一组可能的动作。动作 a_t 改变了转移概率，现在写作 $Pr(s_{t+1} | s_t, a_t)$。奖励也可以依赖于动作，现在写作 $Pr(r_{t+1} | s_t, a_t)$。MDP产生了一系列状态、动作和奖励的序列 $(s_1, a_1, r_2), (s_2, a_2, r_3), (s_3, a_3, r_4) \ldots$ (图19.3)。执行动作的实体被称为智能体。

19.1.4　部分可观测马尔可夫决策过程

在部分可观测马尔可夫决策过程(POMDP)中，状态不是直接可见的(见图19.4)。相反，智能体接收到从 $Pr(o_t | s_t)$ 中抽取的观测 o_t。因此，POMDP生成了一系列状态、观测、动作和奖励的序列 $s_1, o_1, a_1, r_2, s_2, o_2, a_2, r_3, o_3, a_3, s_3, r_4 \ldots$。通常，每个观测与某些状态更兼容，但不足以确定唯一状态。

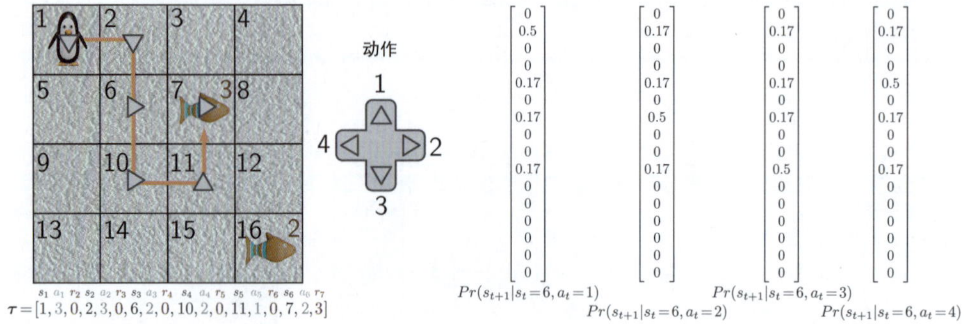

(a) 智能体(企鹅)可以在每个状态执行一组动作中的一个。这个动作影响着移动到后继状态的概率以及接收奖励的概率

(b) 这里，四个动作对应于向上、向右、向下和向左移动

(c) 对于任何状态(这里，状态6)，动作改变了移动到下一个状态的概率

图19.3 马尔可夫决策过程。企鹅以50%的概率朝预期方向移动，但冰面很滑，所以它可能以相等的概率滑到其他相邻的位置。相应地，在面板(a)中，采取的动作(灰色箭头)并不总是与轨迹(橙色线)对齐。这里，动作不影响奖励，所以 $Pr(r_{t+1}|s_t,a_t)=Pr(r_{t+1}|s_t)$。MDP中的轨迹$\tau$由交替的状态$s_t$、动作$a_t$和奖励$r_{t+1}$的序列$s_1, a_1, r_2, s_2, a_2, r_3, s_3, a_3, r_4 ...$组成。注意，在这里，企鹅在离开有鱼的状态时接收奖励(即，无论企鹅是否故意到达那里，只要通过鱼的方格就会收到奖励)

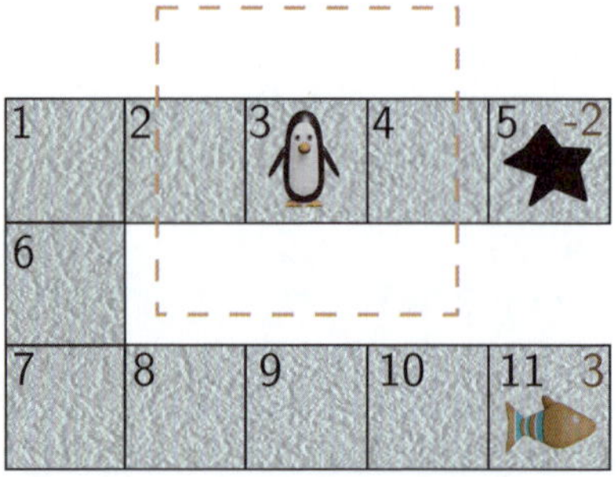

图19.4 部分可观测马尔可夫决策过程(POMDP)。在POMDP中，智能体无法获取整个状态。这里，企鹅处于第三状态，并且只能看到虚线框内的区域。这与它在第九状态时看到的情况无法区分。在第一种情况下，向右移动会导致掉入冰洞(奖励为-2)，而在后一种情况下，则会到达鱼的位置(奖励为+3)

19.1.5 策略

确定智能体在每个状态下采取的动作的规则被称为策略(图19.5)。这可能是随机的(策略为每个状态定义了动作的概率分布)或确定性的(智能体在给定状态下总是采取相同的动作)。随机策略 $\pi[a|s]$ 返回每个可能动作a对于状态s的概率分布，从中可以采样一个新的动作。确定性策略 $\pi[a|s]$ 对于选择的状态s的动作a返回1，

否则返回0。一个静态策略仅依赖于当前状态。一个非静态策略还依赖于时间步。

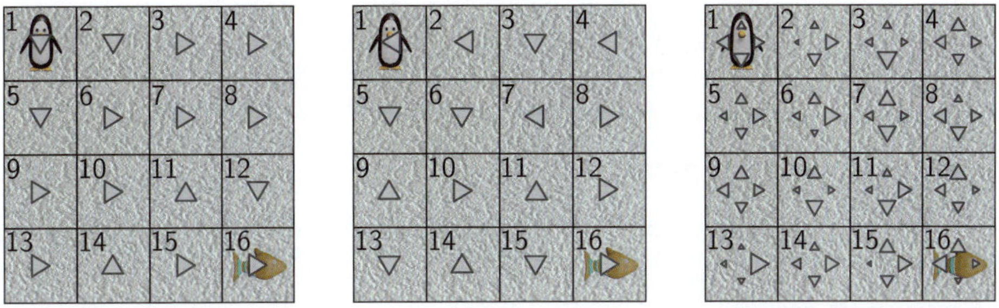

(a) 确定性策略在每个状态下总是选择相同的动作(由箭头指示)。一些策略比其他策略更好。这个策略不是最优的，但通常仍然可以将企鹅从左上角引导到右下角，那里有奖励

(b) 这个策略更随机

(c) 随机策略对每个状态都有动作的概率分布(概率由箭头的大小表示)。这有其优势，因为智能体可以更彻底地探索状态，并且在部分可观测马尔可夫决策过程中，这可能是实现最优性能所需的

图19.5 策略

环境和智能体形成一个循环(图19.6)。智能体接收到最后时间步的状态 s_t 和奖励 r_t。基于此，如果需要，它可以修改策略 $\pi[a_t\,|\,s_t]$ 并选择下一个动作 a_t。然后，环境根据 $Pr(s_{t+1}\,|\,s_t,\,a_t)$ 分配下一个状态，并根据 $Pr(r_{t+1}\,|\,s_t,\,a_t)$ 分配奖励。

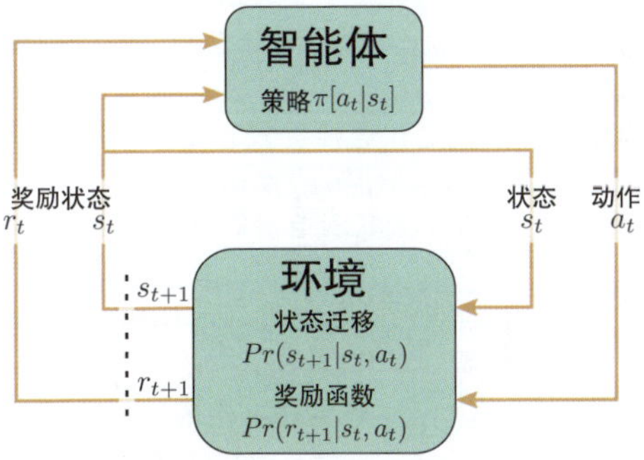

图19.6 强化学习循环。智能体根据当前状态s_t按照策略$\pi[a_t|s_t]$在时间t采取动作a_t。这触发了新状态s_{t+1}(通过状态转移函数)及奖励r_{t+1}(通过奖励函数)的生成。两者都反馈给智能体，然后智能体选择一个新的动作

19.2 预期回报

上一节介绍了马尔可夫决策过程及智能体根据策略执行动作的概念。我们希望选择一个策略，以最大化预期回报。在本节中，我们将这个概念精确地数学化。为此，我们为每个状态s_t和状态-动作对$\{s_t,a_t\}$分配一个值。

19.2.1 状态和动作价值

回报 G_t 取决于状态 s_t 和策略 $\pi[a|s]$。从这个状态开始，智能体将通过一系列状态，采取动作并接收奖励。由于一般而言，策略 $\pi[a_t|s_t]$、状态转移 $Pr(s_{t+1}|s_t,a_t)$ 及发出的奖励 $Pr(r_{t+1}|s_t,a_t)$ 都是随机的，因此每次智能体从同一位置开始时，这个序列都会有所不同。

我们可以通过考虑在给定策略π下的预期回报 $v[s_t|\pi]$ 来表征一个状态在策略下有多"好"。这是从这个状态开始的序列平均会接收到的回报，称为状态价值或状态价值函数(图19.7(a))：

$$v[s_t|\pi]=\mathbb{E}[G_t|s_t,\pi] \tag{19.2}$$

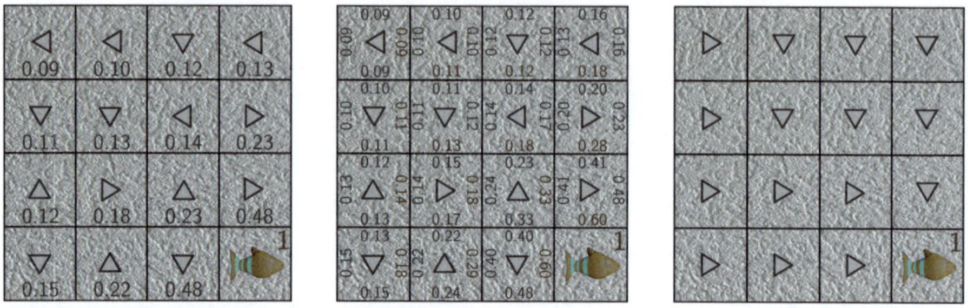

(a) 状态s_t的价值$v[s_t|\pi]$(每个位置的数字)是给定策略π(灰色箭头)下这个状态的预期回报。它是从这个状态开始的许多轨迹上收到的折现奖励的平均总和。这里，靠近鱼的状态更有价值

(b) 在状态 s_t 中采取动作 a_t 的价值 $q[s_t,a_t,\pi]$ (每个位置/状态的四个数字，对应于四个动作)是在这种状态下采取这一特定动作时的预期回报。这种情况下，当我们靠近鱼时，它的值会变大，并且对于那些朝向鱼的方向的动作来说，它的值更大

(c) 如果我们知道一个状态下的动作价值，那么可以修改策略，使其选择这些价值中的最大值((b)中的红色数字)

图19.7 状态和动作价值

通俗地说，状态价值告诉我们，如果从这个状态开始并随后遵循指定的策略，预期可以获得的平均长期回报。假设折扣因子 γ 小于1，那么对于很可能很快就会带来大回报的后续转移的状态，其价值最高。

同样，动作价值或状态-动作价值函数 $q[s_t,a_t|\pi]$ 是在状态 s_t 中执行动作 a_t 的预期回报(图19.7b)：

$$q[s_t,a_t|\pi]=\mathbb{E}[G_t|s_t,a_t,\pi] \tag{19.3}$$

动作价值告诉我们，如果我们从这个状态开始，采取这个动作，并随后遵循指定的策略，可以预期获得的平均长期回报。通过这个量，强化学习算法将未来的奖励与当前动作联系起来(即，解决时间信用分配问题)。

19.2.2　最优策略

我们希望有一个策略能够最大化预期回报。对于MDP(但不是POMDP)，总是存在一个确定性的、静态的策略，能够最大化每个状态的价值。如果我们知道了这个最优策略，就能得到最优状态价值函数 $v^*[s_t]$：

$$v^*\left[s_t\right]=\max_{\pi}\left[\mathbb{E}\left[G_t \mid s_t,\pi\right]\right] \tag{19.4}$$

同样，在最优策略下，最优状态-动作价值函数是这样获得的：

$$q^*\left[s_t,a_t\right]=\max_{\pi}\left[\mathbb{E}\left[G_t \mid s_t,a_t,\pi\right]\right] \tag{19.5}$$

反过来说，如果我们知道了最优动作价值 $q^*[s_t,a_t]$，可以通过选择具有最高价值的动作 a_t 来推导出最优策略(见图19.7(c))：

$$\pi\left[a_t \mid s_t\right]\leftarrow \underset{a_t}{\operatorname{argmax}}\left[\mathbb{E}\left[q^*\left[s_t,a_t\right]\right]\right] \tag{19.6}$$

实际上，一些强化学习算法就是基于交替估计动作价值和策略(见19.3节)。

19.2.3　贝尔曼式

我们可能不知道任何策略的状态值 $v[s_t]$ 或动作值 $q[s_t,a_t]$。然而，我们知道它们彼此必须是一致的，并且可以很容易地写出这些量之间的关系。状态值 $v[s_t]$ 可以通过对动作值 $q[s_t,a_t]$ 的加权和得到，其中权重取决于在策略 $\pi[a_t \mid s_t]$ 下采取该动作的概率(图19.8)：

$$v\left[s_t\right]=\sum_{a_t}\pi\left[a_t \mid s_t\right]q\left[s_t,a_t\right] \tag{19.7}$$

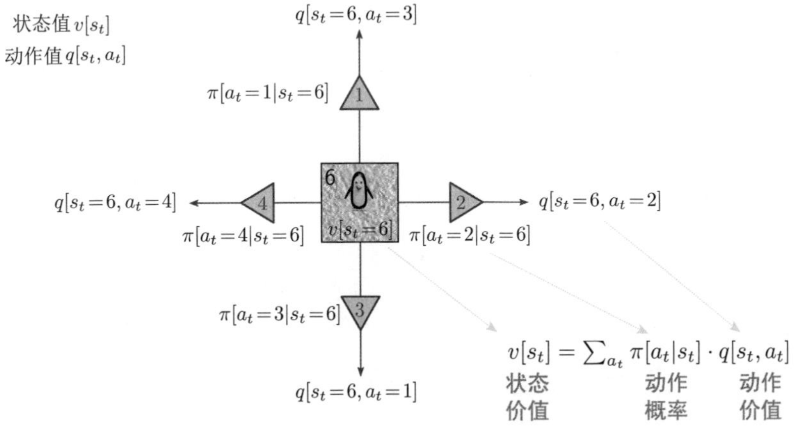

图19.8　状态值和动作值之间的关系。状态6的值 $v[s_t=6]$ 是状态6的动作值 $q[s_t=6,a_t]$ 的加权和，其中权重是采取该动作的策略概率 $\pi[a_t \mid s_t=6]$

同样，一个动作的值是通过采取该动作产生的即时奖励 $r_{t+1}=r[s_t,a_t]$，加上随后的状态 s_{t+1} 中的值 $v[s_{t+1}]$，并使用折扣因子 γ(图19.9)。由于 s_{t+1} 的分配不是确定性的，我们根据转移概率 $Pr(s_{t+1}|s_t,a_t)$ 对值 $v[s_{t+1}]$ 进行加权：

$$q[s_t,a_t]=r[s_t,a_t]+\gamma\cdot\sum_{s_{t+1}}Pr(s_{t+1}|s_t,a_t)v[s_{t+1}] \tag{19.8}$$

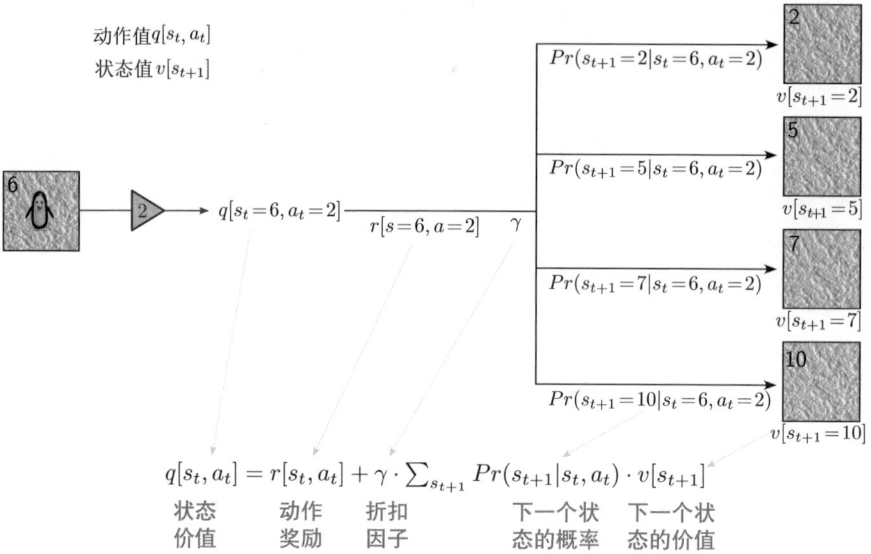

图19.9　动作值和状态值之间的关系。在状态6中采取动作2的值 $q[s_t=6,a_t=2]$ 是通过采取该动作获得的奖励 $r[s_t=6,a_t=2]$ 加上折扣后处于后继状态的值 $v[s_{t+1}]$ 的加权和，其中权重是转移概率 $Pr(s_{t+1}|s_t=6,a_t=2)$ 。贝尔曼式将这一关系与图19.8中的关系连接起来，以关联当前和下一个状态值及动作值

将式(19.8)代入式(19.7)提供了时间t和t+1之间状态值的关系：

$$v[s_t]=\sum_{a_t}\pi[a_t|s_t]\left(r[s_t,a_t]+\gamma\cdot\sum_{s_{t+1}}Pr(s_{t+1}|s_t,a_t)v[s_{t+1}]\right) \tag{19.9}$$

同样地，将式(19.7)代入式(19.8)提供时间 t 和 $t+1$ 之间动作值的关系：

$$q[s_t,a_t]=r[s_t,a_t]+\gamma\cdot\sum_{s_{t+1}}Pr(s_{t+1}|s_t,a_t)\left(\sum_{a_{t+1}}\pi[a_{t+1}|s_{t+1}]q[s_{t+1},a_{t+1}]\right) \tag{19.10}$$

后两种关系就是贝尔曼式，它们是许多强化学习方法的基础。简而言之，它们表明状态(动作)值必须自洽。因此，当我们更新一个状态(动作)值的估计时，这会产生连锁效应，导致所有其他值发生变化。

19.3 表格型强化学习

表格型强化学习算法(即那些不依赖于函数近似的算法)分为基于模型的方法和无模型的方法。基于模型的方法会明确使用马尔可夫决策过程(MDP)结构，并从转移矩阵 $Pr(s_{t+1}|s_t,a_t)$ 和奖励结构 $r[s,a]$ 中找到最佳策略。如果这些是已知的，就是一个可以用动态规划解决的直接优化问题。如果这些是未知的，则必须首先从观察到的MDP轨迹中进行估计。

相反，无模型的方法摒弃了MDP的模型，分为两类。

(1) 价值估计方法：估计最优的状态-动作价值函数，然后根据每个状态中具有最大价值的动作来指定策略。

(2) 策略估计方法：使用梯度下降技术直接估计最优策略，而无需中间步骤来估计模型或值。

在每个类别中，蒙特卡罗方法通过给定策略模拟许多MDP轨迹来收集信息，从而改进此策略。有时，在更新策略之前模拟许多轨迹是不可行或不现实的。时序差分(TD)方法会在代理遍历MDP时更新策略。

我们现在简要描述动态规划方法、蒙特卡罗价值估计方法和TD价值估计方法。第19.4节将描述如何在TD价值估计方法中使用深度网络。我们将在第19.5节回到策略估计。

19.3.1 动态规划

动态规划算法假设我们完全了解转移和奖励结构。在这方面，它们区别于大多数强化学习算法，这些算法通过观察代理与环境的交互来间接收集这些量的信息。

状态值 $v[s]$ 被任意初始化(通常为零)。确定性策略 $\pi[a|s]$ 也被初始化(例如，为每个状态随机选择一个动作)。然后算法交替进行当前策略的状态值计算(策略评估)和策略改进。

策略评估： 我们遍历状态s_t，更新它们的值：

$$v[s_t] \leftarrow \sum_{a_t} \pi[a_t|s_t]\left(r[s_t,a_t]+\gamma\cdot\sum_{s_{t+1}} Pr(s_{t+1}|s_t,a_t)v[s_{t+1}]\right) \tag{19.11}$$

其中 s_{t+1} 是后续状态，$Pr(s_{t+1}|s_t,a_t)$ 是状态转移概率。每次使用贝尔曼状态值式(式(19.9))更新，都会使 $v[s_t]$ 与后续状态 s_{t+1} 的值保持一致。这称为引导(bootstrapping)。

策略改进： 为了更新策略，我们可以遵循贪婪原则选择每个状态下使值最大的动作：

$$\pi\left[a_t \mid s_t\right] \leftarrow \underset{a_t}{\operatorname{argmax}}\left[r\left[s_t, a_t\right]+\gamma \cdot \sum_{s_{t+1}} Pr\left(s_{t+1} \mid s_t, a_t\right) v\left[s_{t+1}\right]\right] \tag{19.12}$$

根据策略改进定理，这保证了策略的改进。这两个步骤重复进行，直到策略收敛(图19.10)。

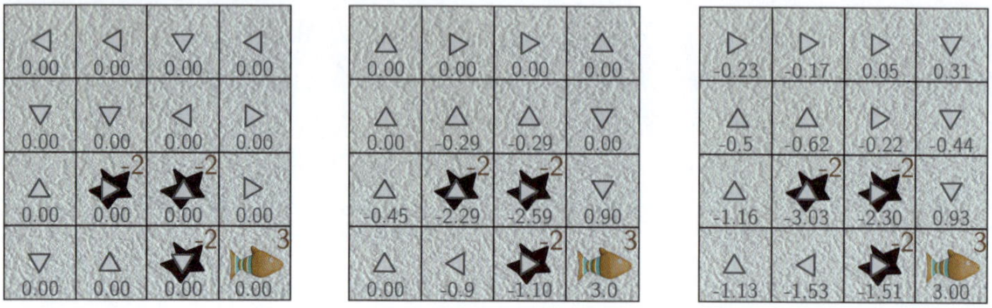

(a) 状态值初始化为零，策略(箭头)随机选择

(b) 状态值更新为与其邻居一致(式(19.11)，显示经过两次迭代后的结果)。策略更新为将代理移动到具有最高值的状态(式(19.12))

(c) 经过几次迭代后，算法收敛到最优策略，其中企鹅尝试避开洞并到达鱼的位置

图19.10 动态规划

这种方法有很多变体。在策略迭代中，迭代策略评估步骤，直到收敛，然后进行策略改进。值可以在每次遍历中就地更新或同步更新。在值迭代中，策略评估程序在策略改进前只遍历一次值。异步动态规划算法不必在每一步系统地遍历所有值，但可以按任意顺序就地更新状态的子集。

19.3.2 蒙特卡罗方法

与动态规划算法不同，蒙特卡罗方法不假设已知MDP的转移概率和奖励结构。相反，它们通过重复从MDP中采样轨迹并观察奖励来获得经验。它们在计算动作价值(基于这种经验)和更新策略(基于动作价值)之间交替进行。

为了估计动作价值 $q[s,a]$，运行一系列事件。每个事件都从给定的状态和动作开始，然后按照当前策略进行，产生一系列动作、状态和回报(图19.11(a))。在当前策略下，给定状态-动作对的动作价值被估计为在每次观察到状态-动作对之后的经验回报的平均值(图19.11(b))。然后通过在每个状态下选择具有最大价值的动作来更新策略(图19.11(c))：

$$\pi[a \mid s] \leftarrow \underset{a}{\operatorname{argmax}}[q[s,a]] \tag{19.13}$$

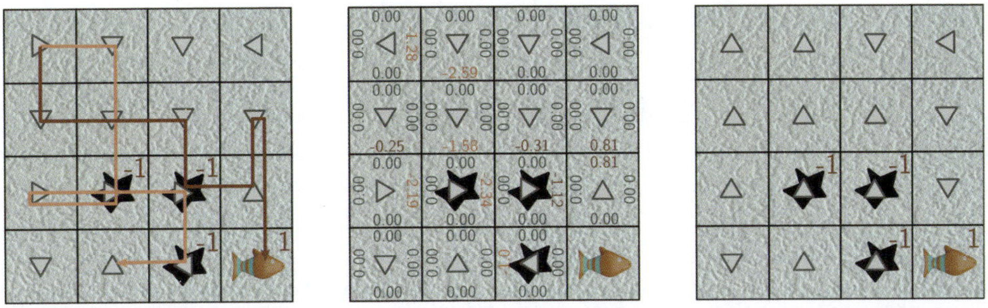

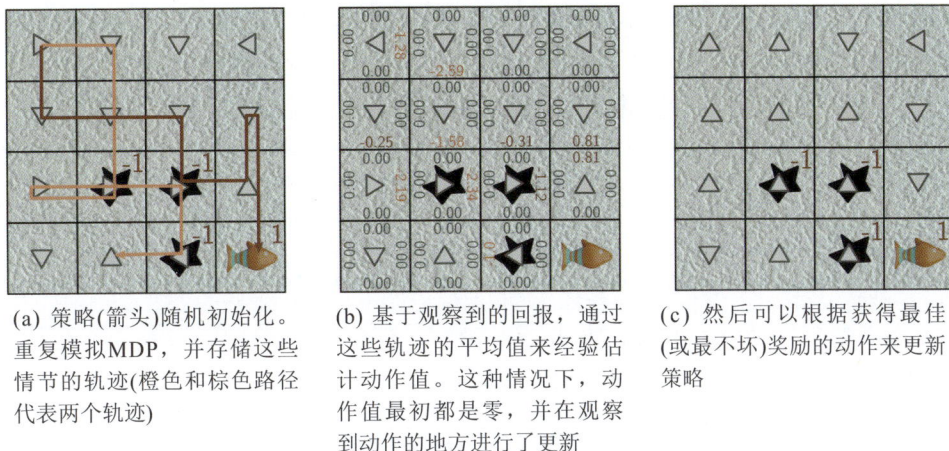

(a) 策略(箭头)随机初始化。重复模拟MDP，并存储这些情节的轨迹(橙色和棕色路径代表两个轨迹)

(b) 基于观察到的回报，通过这些轨迹的平均值来经验估计动作值。这种情况下，动作值最初都是零，并在观察到动作的地方进行了更新

(c) 然后可以根据获得最佳(或最不坏)奖励的动作来更新策略

图19.11　蒙特卡罗方法

这是一种on-policy方法；当前最佳策略用于指导智能体通过环境。这个策略基于每个状态下观察到的动作价值，当然，不可能估计未使用的动作的价值，也没有东西鼓励算法探索这些。一种解决方案是使用探索性开始。在这里，启动包含所有可能的状态-动作对的情节，以便至少观察到每种组合一次。然而，如果状态数量很大或无法控制起始点，这是不切合实际的。另一种方法是使用 $\in$贪婪(epsilon greedy)策略，在这种策略中，以概率 $\in$采取随机动作，并将剩余的概率分配给最优动作。 $\in$的选择在利用和探索之间进行权衡。在这里，on-policy方法将从这个 $\in$贪婪系列中寻找最佳策略，而这通常不是最佳的整体策略。

相反，在off-policy方法中，基于由不同的行为策略 π' 生成的情节来学习最优策略 π(目标策略)。通常，目标策略是确定性的，而行为策略是随机的(例如，epsilon-greedy策略)。因此，行为策略可以探索环境，但学习的目标策略保持高效。一些off-policy方法明确使用重要性采样(见第17.8.1节)来使用来自 π' 的样本估计策略 π 下的动作价值。对于其他方法，如Q-learning(在下一节中描述)，即使这不一定是必需的，也基于贪婪动作估计值。

19.3.3　时间差分方法

动态规划方法使用自举过程来更新值，使它们在当前策略下自我一致。蒙特卡罗方法对MDP进行采样以获取信息。时间差分(TD)方法结合了自举和采样。然而，与蒙特卡罗方法不同，它们在智能体遍历MDP的状态时更新值和策略，而不是之后更新。

SARSA(状态-动作-奖励-状态-动作)是一种基于当前策略的算法，更新如下：

$$q[s_t,a_t] \leftarrow q[s_t,a_t]+\alpha\left(r[s_t,a_t]+\gamma\cdot q[s_{t+1},a_{t+1}]-q[s_t,a_t]\right) \tag{19.14}$$

其中 $\alpha \in \mathbb{R}^{+}$ 是学习率。括号内的项称为TD误差，它衡量了估计的动作价值 $q[s_t, a_t]$ 和采取单一步骤后估计的 $r[s_t, a_t] + \gamma \cdot q[s_{t+1}, q_{t+1}]$ 之间的一致性。

相比之下，Q学习(Q-Learning)是一种非基于当前策略的算法，更新如下(见图19.12)：

$$q\left[s_t, a_t\right] \leftarrow q\left[s_t, a_t\right] + \alpha\left(r\left[s_t, a_t\right] + \gamma \cdot \max_{a}\left[q\left[s_{t+1}, a\right]\right] - q\left[s_t, a_t\right]\right) \tag{19.15}$$

现在，每一步的动作选择是从不同的行为策略 π' 中派生出来的。

在这两种情况下，策略是通过在每个状态下取动作价值的最大值来更新的(见式(19.13))。可以证明，这些更新是收缩映射(见式(16.20))；假设每个状态-动作对被无限次访问，动作价值最终会收敛。

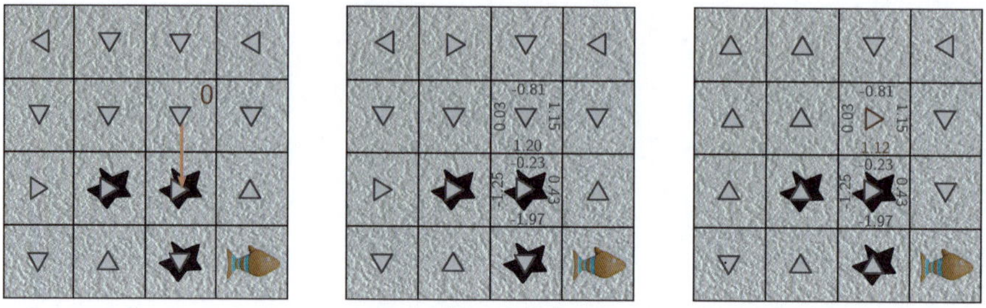

$$q[s_t, a_t] \leftarrow q[s_t, a_t] + \alpha\Big(r[s_t, a_t] + \gamma \cdot \max_a\big[q[s_{t+1}, a]\big] - q[s_t, a_t]\Big)$$

$$1.12 \leftarrow 1.20 + 0.1\Big(0.0 + 0.9 \cdot \max\big[-0.23, 0.43, -1.97, -1.25\big] - 1.20\Big)$$

(a) 智能体从状态 s_t 开始，并根据策略采取动作 $a_t = 2$。它在冰上没有滑倒，向下移动，因为离开原始状态而获得奖励 $r[s_t, a_t] = 0$

(b) 在新状态中找到最大动作价值(这里为0.43)

(c) 原始状态中动作2的动作价值根据下一个状态的最大动作价值的当前估计、奖励、折扣因子 $\gamma = 0.9$ 和学习率 $\alpha = 0.1$ 更新为1.12。这改变了原始状态的最高动作价值，因此策略发生了变化

图19.12 Q学习

19.4 拟合Q学习

上述描述的表格型蒙特卡罗和TD算法需要反复遍历整个MDP并更新动作价值。然而，这只有在状态-动作空间较小时才可行。不幸的是，情况很少如此；即使是在国际象棋棋盘的受限环境，也有超过 10^{40} 种可能的合法状态。

在拟合Q学习中，动作价值的离散表示 $q[s_t, a_t]$ 被一个机器学习模型 $q[s_t, a_t, \phi]$ 所取代，现在状态由 s_t (可以是向量)表示，而不仅是一个索引。然后我们基于相邻动作价值的一致性定义了一个最小二乘损失(类似于Q学习，见式(19.15))：

$$L[\phi]=\left(r[s_t,a_t]+\gamma\cdot\max_a\left[q[s_{t+1},a,\phi]\right]-q[s_t,a_t,\phi]\right)^2 \tag{19.16}$$

这反过来又导致了更新：

$$\phi\leftarrow\phi+\alpha\left(r[s_t,a_t]+\gamma\cdot\max_a\left[q[s_{t+1},a,\phi]\right]-q[s_t,a_t,\phi]\right)\frac{\partial q[s_t,a_t,\phi]}{\partial\phi} \tag{19.17}$$

拟合Q学习与Q学习的不同之处在于不再保证收敛性。参数的更改可能会同时修改目标 $r[s_t,a_t]+\gamma\cdot\max_{a_{t+1}}\left[q[s_{t+1},a_{t+1},\phi]\right]$(最大值可能会变化)和预测 $q[s_t,a_t,\phi]$。这在理论和实验上都可能损害收敛性。

19.4.1 用于玩ATARI游戏的深度Q网络

深度网络非常适合从高维状态空间进行预测，因此它们是拟合Q学习中模型的自然选择。原则上，它们可以将状态和动作作为输入并预测价值，但在实践中，网络只接收状态，并同时预测每个动作的价值。

深度Q网络是一种突破性的强化学习架构，它利用深度网络来学习玩ATARI 2600游戏。观察到的数据包括220×160像素的图像，每个像素有128种可能的颜色(见图19.13)。这些图像被调整为84×84的尺寸，并且只保留了亮度值。不幸的是，从单个帧中无法观察到完整状态。例如，游戏对象的速度是未知的。为了帮助解决这个问题，网络在每个时间步骤中摄取最后四帧以形成s_t。它将这些帧通过三个卷积层，然后通过一个全连接层来预测每个动作的价值(见图19.14)。

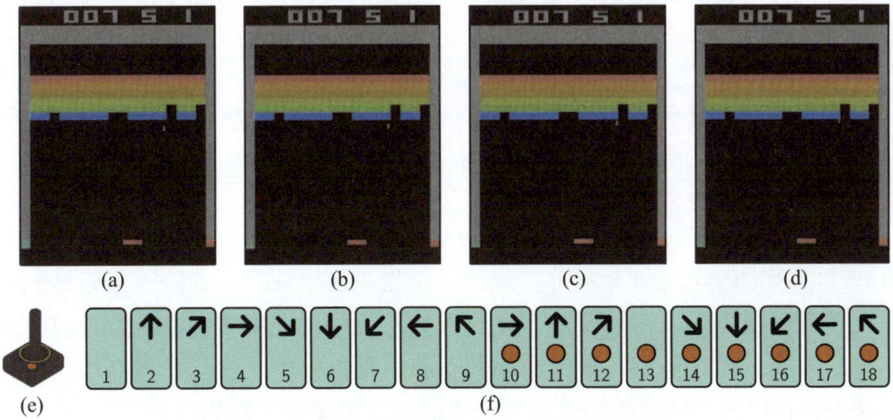

图19.13 Atari基准测试。Atari基准测试包括49款Atari 2600的游戏，包括Breakout(如图)、Pong，以及各种射击、平台和其他类型的游戏。(a)~(d) 即使对于只有一个屏幕的游戏，状态也不能从单个帧中完全被观察到，因为物体的速度是未知的。因此，通常使用几个相邻帧(这里为4个)来表示状态。(e) 动作通过摇杆模拟用户输入。(f) 有18个动作，对应于8个方向的移动或不移动，以及对于这9种情况中的每一种按钮是否被按下

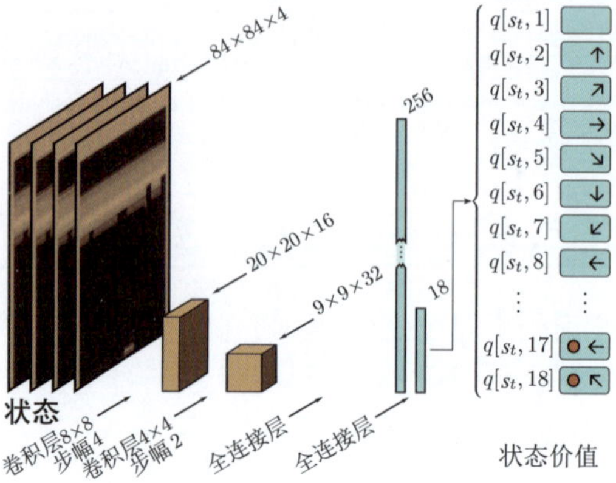

图19.14 深度Q网络架构。输入 s_t 由ATARI游戏的四个相邻帧组成。每个帧被调整为84×84大小并转换为灰度。这些帧作为四个通道，并由一个步长为4的8×8卷积处理，随后是一个步长为2的4×4卷积，再经过两个全连接层。最终输出预测这种状态下每种18个动作的动作价值 $q[s_t, a_t]$

对标准训练过程进行了几项修改。首先，奖励(由游戏中的得分驱动)被剪辑到-1表示负变化，+1表示正变化。这补偿了不同游戏之间得分的巨大变化，并允许使用相同的学习率。其次，系统利用了经验回放。不是基于当前步骤的元组 $<s_t,a_t,r_{t+1},s_{t+1}>$ 或最后一批(I个元组)来更新网络，而是将所有最近的元组存储在缓冲区中。这个缓冲区在每个步骤中被随机采样以生成一批。这种方法多次重用数据样本，并减少了由于相邻帧的相似性而在批次中样本之间产生的相关性。

最后，通过将目标参数固定为值 ϕ 并仅定期更新它们来解决拟合Q网络中的收敛问题。这给出了更新：

$$\phi \leftarrow \phi + \alpha\left(r\left[s_t,a_t\right] + \gamma \cdot \max_a\left[q\left[s_{t+1},a,\phi^-\right]\right] - q\left[s_t,a_t,\phi\right]\right)\frac{\partial q\left[s_t,a_t,\phi\right]}{\partial \phi} \tag{19.18}$$

现在网络不再追逐移动目标，并且不太可能振荡。使用这些和其他启发式方法，以及 ϵ 贪婪策略，仅使用相同的网络(针对每个游戏分别训练)，深度Q网络在一组49款游戏中的表现与专业游戏测试员相当。应该注意，训练过程是数据密集型的。学习每款游戏大约需要38个完整天数的经验。在某些游戏中，该算法超过了人类的表现。在其他游戏如《Montezuma的复仇》中，它几乎没有取得任何进展。这个游戏以稀疏的奖励和具有相当不同外观的多个屏幕为特点。

19.4.2 双Q学习和双深度Q网络

Q学习的一个潜在缺陷是，在更新中对动作进行最大化：

$$q[s_t,a_t] \leftarrow q[s_t,a_t] + \alpha\left(r[s_t,a_t] + \gamma \cdot \max_a\left[q[s_{t+1},a]\right] - q[s_t,a_t]\right) \tag{19.19}$$

会导致估计的状态价值 $q[s_t,a_t]$ 存在系统性偏差。考虑两个提供相同平均奖励的动作，但一个是随机的，另一个是确定性的。随机奖励大约有一半的时间会超过平均值，并被最大操作选择，导致相应的动作价值 $q[s_t,a_t]$ 被高估。对于网络输出的随机不准确性 $q[s_t, a_t, \phi]$ 或q函数的随机初始化，也可以提出类似的论点。

潜在的问题是，同一个网络既选择目标(通过最大化操作)，又更新价值。双Q学习通过同时训练两个模型 $q_1[s_t,a_t,\pi_1]$ 和 $q_2[s_t, a_t, \pi_2]$ 来解决这个问题：

$$\begin{aligned}
q_1[s_t,a_t] &\leftarrow q_1[s_t,a_t] + \alpha\left(r[s_t,a_t] + \gamma \cdot q_2\left[s_{t+1}, \underset{a}{\operatorname{argmax}}\left[q_1[s_{t+1},a]\right]\right] - q_1[s_t,a_t]\right) \\
q_2[s_t,a_t] &\leftarrow q_2[s_t,a_t] + \alpha\left(r[s_t,a_t] + \gamma \cdot q_1\left[s_{t+1}, \underset{a}{\operatorname{argmax}}\left[q_2[s_{t+1},a]\right]\right] - q_2[s_t,a_t]\right)
\end{aligned} \tag{19.20}$$

现在，目标的选择和目标本身被解耦，这有助于防止这些偏差。在实践中，新的元组 $< s, a, r, s' >$ 被随机分配用来更新一个模型或另一个模型。这被称为双Q学习。双深度Q网络或双DQN使用深度网络 $q[s_t, a_t, \phi_1]$ 和 $q[s_t, a_t, \phi_2]$ 来估计动作价值，更新变为：

$$\begin{aligned}
\phi_1 &\leftarrow \phi_1 + \alpha\left(r[s_t,a_t] + \gamma \cdot q\left[s_{t+1}, \underset{a}{\operatorname{argmax}}\left[q[s_{t+1},a,\phi_1]\right], \phi_2\right] - q[s_t,a_t,\phi_1]\right)\frac{\partial q[s_t,a_t,\phi_1]}{\partial \phi_1} \\
\phi_2 &\leftarrow \phi_2 + \alpha\left(r[s_t,a_t] + \gamma \cdot q\left[s_{t+1}, \underset{a}{\operatorname{argmax}}\left[q[s_{t+1},a,\phi_2]\right], \phi_1\right] - q[s_t,a_t,\phi_2]\right)\frac{\partial q[s_t,a_t,\phi_2]}{\partial \phi_2}
\end{aligned} \tag{19.21}$$

19.5　策略梯度方法

Q学习首先估计动作价值，然后使用这些价值来更新策略。相反，基于策略的方法直接学习一个随机策略 $\pi[a_t \mid s_t, \theta]$。这是一个具有可训练参数 θ 的函数，它将状态s_t映射到动作 a_t 的分布 $Pr(a_t \mid s_t)$，我们可以从中采样。在MDP中，总是存在一个最优的确定性策略。然而，我们有以下三个原因使用随机策略。

(1) 随机策略自然有助于空间的探索；我们不必在每个时间步都采取最佳动作。

(2) 修改随机策略时，损失变化是平滑的。这意味着我们可以使用梯度下降方法，即使奖励是离散的。这类似于在离散分类问题中使用最大似然。随着模型参数的变化，真实类别变得更有可能，损失变化是平滑的。

(3) MDP假设通常是错误的；我们通常不完全了解状态。例如，考虑一个智能体在一个环境中导航，它只能观察到附近的地点(如图19.4)。如果两个地点看起来相同，但附近的奖励结构不同，随机策略允许在解决这种歧义之前采取不同行动的可能性。

19.5.1 梯度更新的推导

考虑通过MDP的一条轨迹 $\tau=[s_1,a_1,s_2,a_2,\ldots,s_T,a_T]$。这条轨迹的概率 $\Pr(\tau|\theta)$ 取决于状态演化函数 $Pr(s_{t+1}|s_t,\ a_t)$ 和当前随机策略 $\pi[a_t|s_t,\theta]$：

$$Pr(\tau|\theta)=Pr(s_1)\prod_{t=1}^{T}\pi[a_t|s_t,\theta]Pr(s_{t+1}|s_t,a_t) \tag{19.22}$$

策略梯度算法的目标是在许多这样的轨迹上最大化预期回报$r[\tau]$：

$$\theta=\underset{\theta}{\operatorname{argmax}}\left[\mathbb{E}_\tau\left[r[\tau]\right]\right]=\underset{\theta}{\operatorname{argmax}}\left[\int Pr(\tau|\theta)r[\tau]\mathrm{d}\tau\right] \tag{19.23}$$

其中回报是沿着轨迹收到的所有奖励的总和。为了最大化这个量，我们使用梯度上升更新：

$$\begin{aligned}\theta&\leftarrow\theta+\alpha\cdot\frac{\partial}{\partial\theta}\int Pr(\tau|\theta)r[\tau]\mathrm{d}\tau\\&=\theta+\alpha\cdot\int\frac{\partial Pr(\tau|\theta)}{\partial\theta}r[\tau]\mathrm{d}\tau\end{aligned} \tag{19.24}$$

其中α是学习率。

我们想要用经验观察到的轨迹的总和来近似这个积分。这些轨迹是从分布$Pr(\tau|\theta)$中抽取的，因此为了取得进展，我们乘以再除以这个分布：

$$\begin{aligned}\theta&\leftarrow\theta+\alpha\cdot\int\frac{\partial Pr(\tau|\theta)}{\partial\theta}r[r]\mathrm{d}\tau\\&=\theta+\alpha\cdot\int Pr(\tau|\theta)\frac{1}{Pr(\tau|\theta)}\frac{\partial Pr(\tau|\theta)}{\partial\theta}r[\tau]\mathrm{d}\tau\\&\approx\theta+\alpha\cdot\frac{1}{I}\sum_{i=1}^{I}\frac{1}{Pr(\tau_i|\theta)}\frac{\partial Pr(\tau_i|\theta)}{\partial\theta}r[\tau_i]\end{aligned} \tag{19.25}$$

该式有一个简单的解释(图19.15)；更新改变了参数θ，以增加观察到的轨迹τ_i的概率$Pr(\tau_i|\theta)$，从而与该轨迹的回报$r[\tau_i]$成比例。然而，它也通过首先观察到该轨迹的概率进行归一化，以补偿某些轨迹比其他轨迹更频繁地被观察到的事实。如果一条轨迹已经很普遍并且产生了高回报，那么我们不需要做太多改变。最大的更新将来自那些不常见但创造大回报的轨迹。

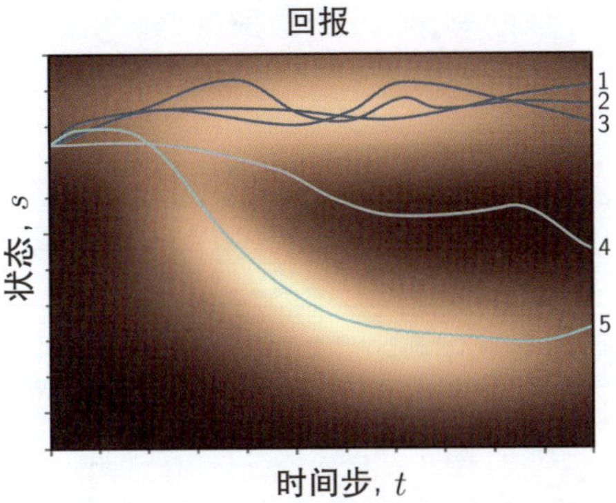

图19.15 策略梯度。相同策略下的五段轨迹(越亮表示回报越高)。轨迹1、2和3产生了一致的高回报，但这种类似的轨迹已经频繁地出现，因此没有改变的动力。轨迹4获得的回报很低，所以应该修改策略以避免产生类似的轨迹。轨迹5获得了高回报且不寻常。这将在式(19.25)下引起策略的最大变化

可使用似然比率技巧来简化这个表达式：

$$\frac{\partial \log\left[f[z]\right]}{\partial z}=\frac{1}{f[z]}\frac{\partial f[z]}{\partial z} \tag{19.26}$$

这产生了更新：

$$\theta \leftarrow \theta+\alpha \cdot \frac{1}{I}\sum_{i=1}^{I}\frac{\partial \log[Pr(\tau_i \mid \theta)]}{\partial \theta}r[\tau_i] \tag{19.27}$$

轨迹τ的对数概率 $\log[Pr(\tau \mid \theta)$ 由下式给出：

$$\begin{aligned}\log[Pr(\tau \mid \theta)]&=\log\left[Pr(s_1)\prod_{t=1}^{T}\pi[a_t \mid s_t,\theta]Pr(s_{t+1} \mid s_t,a_t)\right]\\&=\log[Pr(s_1)]+\sum_{t=1}^{T}\log\left[\pi[a_t \mid s_t,\theta]\right]+\sum_{t=1}^{T}\log[Pr(s_{t+1} \mid s_t,a_t)]\end{aligned} \tag{19.28}$$

并注意到只有中间项依赖于 θ，我们可以将式(19.27)中的更新重写为：

$$\theta \leftarrow \theta+\alpha \cdot \frac{1}{I}\sum_{i=1}^{I}\sum_{t=1}^{T}\frac{\partial \log\left[\pi[a_{it} \mid s_{it},\theta]\right]}{\partial \theta}r[\tau_i] \tag{19.29}$$

其中 s_{it} 是第i集的t时刻的状态，a_{it} 是第i集的t时刻采取的动作。请注意，由于与状态演化相关的项 $Pr(s_{t+1} \mid s_t,a_t)$ 消失了，因此不经过马尔可夫时间演化过程就可更新该参数。

可通过以下方式进一步简化：

$$r[\tau_i]=\sum_{t=1}^{T}r_{i,t+1}=\sum_{k=1}^{t-1}r_{ik}+\sum_{k=t}^{T}r_{i,k+1} \tag{19.30}$$

其中 r_{it} 是第i集的t时刻的奖励。第一项(t时刻之前的奖励)不影响t时刻的更新，因此我们可以写为：

$$\theta \leftarrow \theta + \alpha \cdot \frac{1}{I}\sum_{i=1}^{I}\sum_{t=1}^{T}\frac{\partial \log\left[\pi\left[a_{it} \mid s_{it},\theta\right]\right]}{\partial\theta}\sum_{k=t}^{T} r_{i,k+1} \tag{19.31}$$

19.5.2 REINFORCE算法

REINFORCE是一种早期的策略梯度算法，它利用了这一结果并引入了折扣因子。它是一种蒙特卡罗方法，根据当前策略 $\pi\left[a \mid s,\theta\right]$ 生成轨迹 $\tau_i = [s_{i1}, a_{i1}, r_{i2}, s_{i2}, a_{i2}, r_{i3}, ..., r_{iT}]$。对于离散动作，这个策略可能由一个神经网络 $\pi\left[s \mid \theta\right]$ 决定，该网络接收当前状态s并为每个可能的动作返回一个输出。这些输出通过softmax函数传递以创建动作上的概率分布，该分布在每个时间步被采样。

对于每一个情节i，我们循环遍历每个时间步t，并计算从时间t开始的部分轨迹 τ_{it} 的经验折扣回报：

$$r[\tau_{it}] = \sum_{k=t+1}^{T}\gamma^{k-t-1} r_{i,k+1} \tag{19.32}$$

然后我们更新每个轨迹中每个时间步t的参数：

$$\theta \leftarrow \theta + \alpha \cdot \gamma^{t}\frac{a \log\left[\pi_{a_{it}}[s_{it},\theta]\right]}{\partial\theta} r[\tau_{it}] \qquad \forall i,t \tag{19.33}$$

其中 $\pi_{a_t}[s_t,\theta]$ 是在给定当前状态 s_t 和参数 θ 的情况下，由神经网络产生 a_t 的概率，α是学习率。额外的项 γ^t 确保了相对于序列开始时的奖励会被折扣，因为我们最大化整个序列(式(19.23))的回报的对数概率。

19.5.3 基线

策略梯度方法的一个缺点是它们表现出高方差；可能需要很多轨迹数据才能获得导数的稳定更新。减少这种方差的一种方法是从一个基线b中减去轨迹回报 $r[\tau]$：

$$\theta \leftarrow \theta + \alpha \cdot \frac{1}{I}\sum_{i=1}^{I}\sum_{t=1}^{T}\frac{\partial \log\left[\pi_{a_{it}}[s_{it},\theta]\right]}{\partial\theta}\left(r[\tau_{it}] - b\right) \tag{19.34}$$

只要基线b不依赖于动作：

$$\mathbb{E}_{\tau}\left[\sum_{t=1}^{T}\frac{\partial\log\left[\pi_{a_{it}}[s_{it},\theta]\right]}{\partial\theta}\cdot b\right]=0 \tag{19.35}$$

且期望值不会改变。然而，如果基线与增加不确定性的不相关因素共同变化，那么减去它可以减少方差(见图19.16)。这是一个特殊的控制变量方法(见问题19.7)。

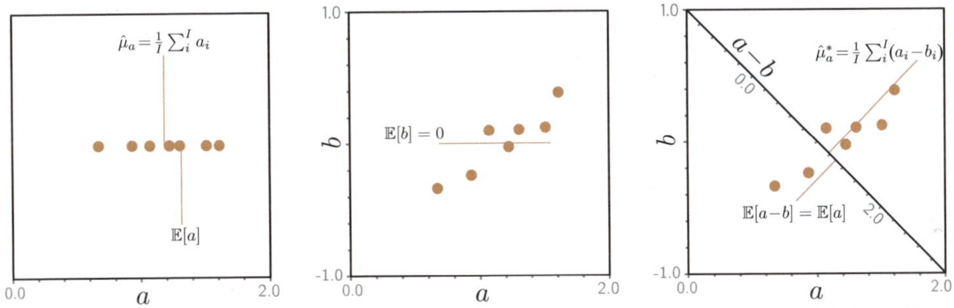

(a) 考虑尝试从少量样本中估计 $\mathbb{E}[a]$。估计值(样本的平均值)将根据样本数量和样本的方差而变化

(b) 现在考虑观察另一个与a共同变化的变量b，且 $\mathbb{E}[b]=0$，与a具有相同的方差

(c) $a-b$ 的样本方差远小于 a 的方差，但期望值 $\mathbb{E}[a-b]=\mathbb{E}[a]$，因此我们得到了一个方差更低的估计器

图19.16　使用控制变量减少估计的方差

这就提出了我们应该如何选择b的问题。我们可以通过编写方差的表达式，对b求导，将结果设为零，并解出最小化方差的b值：

$$b=\sum_{i}\frac{\sum_{t=1}^{T}\left(\partial\log\left[\pi_{a_{it}}[s_{it},\theta]\right]/\partial\theta\right)^{2}r[\tau_{it}]}{\sum_{t=1}^{T}\left(\partial\log\left[\pi a_{it}[s_{it},\theta]\right]/\partial\theta\right)^{2}} \tag{19.36}$$

在实践中，这通常近似为：

$$b=\frac{1}{I}\sum_{i}r\left[\tau_{i}\right] \tag{19.37}$$

减去这个基线可以排除由于所有轨迹的回报 $r[\tau_i]$ 都大于典型值而产生的变异，因为它们碰巧通过了回报高于平均水平的状态，不论我们采取什么动作。

19.5.4　状态依赖的基线

一个更好的选择是使用一个依赖于当前状态 s_{it} 的基线 $b[s_{it}]$。

$$\theta\leftarrow\theta+\alpha\cdot\frac{1}{I}\sum_{i=1}^{I}\sum_{t=1}^{T}\frac{\partial\log\left[\pi_{a_{it}}[s_{it},\theta]\right]}{\partial\theta}(r[\tau_{it}]-b[s_{it}]) \tag{19.38}$$

在这里，无论我们执行什么动作，都在补偿由某状态比其他状态具有更高的总体回报所带来的方差

一个合理的选择是基于当前状态的预期未来奖励，也就是状态价值 $v[s]$。这种情况下，经验观察到的回报与基线之间的差额被称为优势估计。由于我们处于蒙特卡罗环境中，这可以通过一个神经网络参数化 $b[s]=v[s, \phi]$，参数为 ϕ，我们可使用最小二乘损失来拟合观察到的回报：

$$L[\phi]=\sum_{i=1}^{I}\sum_{t=1}^{T}\left(v[s_{it},\phi]-\sum_{j=t}^{T}r_{i,j+1}\right)^2 \tag{19.39}$$

19.6 演员-评论家方法

演员-评论家算法是时间差分(TD)策略梯度算法。它们可以在每一步更新策略网络的参数。这与蒙特卡罗REINFORCE算法不同，后者必须等待一个或多个情节完成后才能更新参数。

在TD方法中，我们无法获取到未来奖励 $r[\tau_t]=\sum_{k=t}^{T}r_k$ 这个轨迹的值。演员-评论家算法用观察到的当前奖励加上下一个状态的折扣价值来近似所有未来奖励的总和：

$$r[\tau_{it}]\approx r_{i,t+1}+\gamma\cdot v[s_{i,t+1},\phi] \tag{19.40}$$

这里的价值 $v\left[s_{i,t+1},\phi\right]$ 由第二个神经网络估计，参数为 ϕ。

将其代入式(19.38)得到更新：

$$\theta\leftarrow\theta+\alpha\cdot\frac{1}{I}\sum_{i=1}^{I}\sum_{t=1}^{T}\frac{\partial\log\left[Pr\left(a_{it}\middle|s_{it},\theta\right)\right]}{\partial\theta}\left(r_{i,t+1}+\gamma\cdot v[s_{i,t+1},\phi]-v[s_{i,t},\phi]\right) \tag{19.41}$$

同时，我们通过自举使用损失函数更新参数 ϕ：

$$L[\phi]=\sum_{i=1}^{I}\sum_{t=1}^{T}\left(r_{i,t+1}+\gamma\cdot v[s_{i,t+1},\phi]-v[s_{i,t},\phi]\right)^2 \tag{19.42}$$

预测 $Pr(a|s_t)$ 的策略网络 $\pi\left[s_t,\theta\right]$ 被称为演员。价值网络 $v\left[s_t,\phi\right]$ 被称为评论家。通常同一个网络代表演员和评论家，有两组输出分别预测策略和价值。注意，尽管演员-评论家方法可以在每一步更新策略参数，但实际上很少这样做。代理通常会在更新策略之前收集多个时间步的经验批次。

19.7 离线强化学习

与环境的交互是强化学习的核心。然而，在某些场景中，将一个初级智能体送入环境中去探索不同动作的效果并不契合实际。这可能是因为环境中的不稳定行为(例如，驾驶自动驾驶汽车)是危险的，或者因为数据收集耗时过长或成本高昂(例如，进行金融交易)。

然而，无论哪种情况，都可从人类智能体中收集历史数据。离线 RL 或批量 RL 的目标是通过观察过去的序列 $s_1,a_1,r_2,s_2,a_2,r_3,\ldots$，不必与环境交互，学习如何在未来情节中采取行动以最大化奖励。离线RL与模仿学习不同，模仿学习是一种相关技术，离线RL无法访问奖励，并且尝试复制历史智能体的表现而不是改进它。

尽管存在基于Q学习和策略梯度的离线RL方法，但这种范式开启了新的可能性。特别是，我们可将其视为序列学习问题，其中的目标是根据给定状态、奖励和动作的历史来预测下一个动作。决策变换器利用Transformer解码器框架(第12.7节)进行这些预测(见图19.17)。

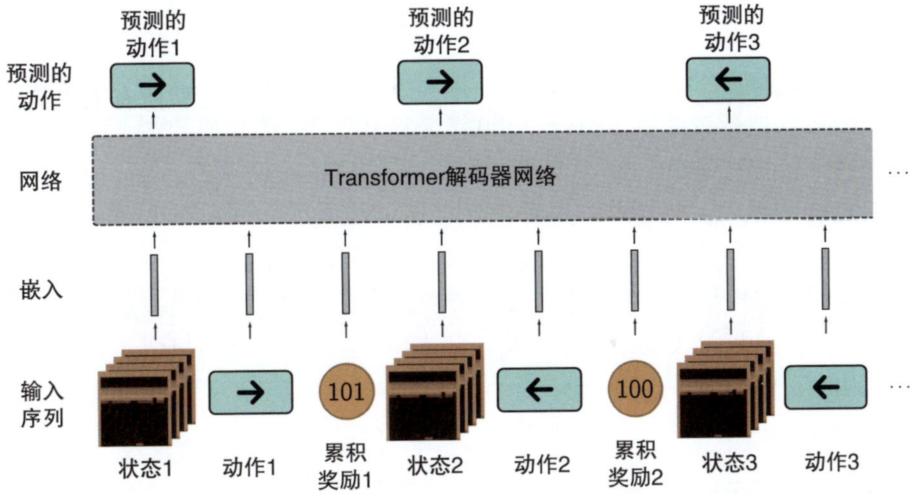

图19.17 决策变换器(decision transformer)。决策变换器将离线强化学习视为序列预测任务。输入是状态、动作和累积奖励(情节中剩余的奖励)序列，每个序列都映射到固定大小的嵌入。在每个时间步，网络预测下一个动作。在测试期间，累积奖励是未知的；在实践中，会先进行初始估计，然后从中减去随后观察到的奖励

然而，目标是基于未来奖励预测动作，而这些奖励在标准的s,a,r序列中并未被捕获。因此，决策变换器用累积奖励 $R_{t:T}=\sum_{t'=t}^{T} r_{t'}$(即，经验观察到的未来奖励的总和)替换了奖励$r_t$。剩余的框架与标准Transformer解码器非常相似。状态、动作和收益回归通过学习映射转换为固定大小的嵌入。对于Atari游戏，状态嵌入可

能通过类似于图19.14中的卷积网络进行转换。动作和收益回归的嵌入可以像单词嵌入一样学习(图12.9)。Transformer通过掩蔽自注意力和位置嵌入进行训练。

这种表述在训练期间很自然，但在推理期间造成了困惑，因为我们不知道累积奖励。这可以通过在第一步使用期望的总回报并随着收到奖励而递减来解决。例如，在Atari游戏中，期望的总回报将是赢得比赛所需的总分数。

决策变换器也可以从在线经验中微调，因此可以随着时间学习。它们的优势在于摆脱了大部分强化学习机制及其相关的不稳定性，取而代之的是标准的监督学习。Transformer可以从大量数据中学习，并在长时间上下文中整合信息(使时间信用分配问题更容易处理)。这代表了强化学习的一个有趣的新方向。

19.8 本章小结

强化学习是马尔可夫决策过程和类似系统的顺序决策框架。本章回顾了RL的表格方法，包括动态规划(其中环境模型已知)、蒙特卡罗方法(其中运行多个轨迹，然后根据收到的奖励改变动作价值和策略)和时间差分方法(在情节进行中更新这些值)。

深度Q学习是一种时间差分方法，它使用深度神经网络预测每个状态的动作价值。它可以训练智能体在Atari 2600游戏上达到与人类相似的水平。策略梯度方法直接优化策略而不是给动作分配价值。它们产生随机策略，当环境部分可观测时是非常重要的。更新是有噪声的，并且已经引入了许多改进来减少它们的方差。

当我们无法与环境交互但必须从历史数据中学习时，使用离线强化学习。决策变换器利用深度学习的最新进展构建状态-动作-奖励序列的模型，并预测使奖励最大化的动作。

19.9 注释

Sutton & Barto (2018) 深入介绍了基于表格的强化学习方法。Li (2017)、Arulkumaran 等人 (2017)、François-Lavet 等人 (2018) 和 Wang 等人 (2022c) 都提供了深度强化学习的概述。Graesser & Keng (2019) 是一个包括 Python 代码的优秀入门资源。

深度强化学习的里程碑：强化学习的主要成就大多数是在视频游戏或现实世界游戏中取得的，因为这些提供了有限动作和固定规则的受限环境。深度Q学习 (Mnih 等人，2015) 在 ATARI 游戏基准上实现了人类级别的性能。AlphaGo (Silver

等人，2016) 在围棋比赛中击败了世界冠军。此前，人们认为这个游戏对计算机来说非常困难。Berner等人(2019) 构建了一个系统，在需要玩家间合作的五对五玩家游戏《远古防御2》中击败了世界冠军队。Ye 等人 (2021) 构建了一个系统，可以在Atari 游戏中用有限的数据击败人类玩家(与以往需要比人类更多经验的系统形成对比)。最近，Cicero 系统在需要玩家之间自然语言协商和协调的《外交》游戏中展示了人类级别的性能 (FAIR，2022)。

强化学习也已成功应用于组合优化问题(Mazyavkina等，2021)。例如，Kool 等人 (2019) 训练了一个模型，其性能与旅行商问题的最优启发式算法相似。最近，AlphaTensor (Fawzi 等，2022) 将矩阵乘法视为一种游戏，并训练使用更少的乘法运算来加速矩阵乘法的方法。由于深度学习严重依赖矩阵乘法，这是人工智能自我改进的第一个例子。

传统强化学习方法：Thompson (1933) 和 Thompson (1935) 对 MDP 理论做出了非常早期的贡献。Bellman (1966) 引入了 Bellman 递归。Howard (1960) 引入了策略迭代。Sutton & Barto (2018) 认为 Andreae (1969)第一个使用 MDP 形式化描述了RL 的工作。

现代强化学习时代可以说起源于 Sutton (1984) 和 Watkins (1989) 的博士论文。Sutton (1988) 引入了时间差分学习这个术语。Watkins (1989) 和 Watkins & Dayan (1992) 引入了 Q 学习，并证明了它通过 Banach 定理收敛到一个固定点，因为 Bellman 算子是一个压缩映射。Watkins (1989) 首次明确将动态规划与强化学习联系起来。SARSA 由 Rummery & Niranjan (1994) 开发。Gordon (1995) 引入了拟合Q学习，使用机器学习模型来预测每对状态-动作的动作价值。Riedmiller (2005) 引入了神经拟合 Q 学习，使用神经网络从一个状态预测所有的动作价值。Singh & Sutton (1996) 进行了早期的蒙特卡罗方法的工作，并由 Sutton & Barto (1999) 引入了探索起始算法。注意，这是对五十多年来工作的极度简略总结。在 Sutton & Barto (2018) 中可以找到更全面的处理方法。

深度Q网络：深度 Q 学习由 Mnih 等人 (2015) 设计，是神经拟合Q学习的智力后裔。它利用了当时卷积网络的成功，发展了一种拟合Q学习方法，该算法能够在 ATARI 游戏基准上实现人类级别的性能。深度Q学习受到三重致命问题的干扰(Sutton & Barto，2018)：在任何结合了自举、离线学习和函数逼近的方案中，训练可能是不稳定的。随后的许多工作旨在使训练更稳定。Mnih等人(2015)引入了经验回放缓冲区(Lin，1992)，后来由 Schaul 等人 (2016) 改进，以支持更重要的元组，从而提高学习速度。这被称为优先级经验回放。

原始的 Q 学习论文合并了四帧图像，以便网络能够观察对象的速度，使底层过程更接近完全可观测。Hausknecht & Stone (2015) 引入了深度循环 Q 学习，它使用了一种循环网络架构，每次只使用一帧图像，因为它可以“记住”之前的状态。Van Hasselt (2010) 确定了由于 max 操作导致的系统性过高估计状态价值，并提出了双重 Q 学习，同时训练两个模型以解决此问题。这后来被应用在深度 Q 学习的背景下 (Van Hasselt 等，2016)。Wang 等人 (2016) 引入了深度对决网络，其中同一个网络的双头可以预测状态价值和每个动作的优势(相对价值)。这里的观点是，有时重要的是状态价值，而采取哪个动作并不重要，解耦这些估计可以提高稳定性。

Fortunato 等人 (2018) 引入了带噪声的深度 Q 网络，其中 Q 网络中的一些权重乘以噪声以增加预测的随机性并鼓励探索。随着网络收敛到合理的策略，它可以学会减少噪声的幅度。分布 DQN (Bellemare 等，2017a；Dabney 等，2018；Morimura 等，2010) 旨在估计关于回报分布的更完整信息而不仅仅是期望。这可能允许网络减轻最坏情况的结果，也可以提高性能，因为预测更高阶的矩提供了更丰富的训练信号。Rainbow (Hessel 等，2018) 结合了对原始深度 Q 学习算法的6项改进，包括对决网络、分布 DQN 和带噪声的 DQN，以提高 ATARI 基准的训练速度和最终性能。

策略梯度：Williams (1992) 引入了 REINFORCE 算法。“策略梯度方法”这个术语可以追溯到 Sutton 等人 (1999)的成果。Konda & Tsitsiklis (1999) 引入了演员-评论家算法。Greensmith 等人 (2004) 和 Peters & Schaal (2008) 讨论了通过使用不同的基线来降低方差。

策略梯度已经被调整以产生确定性策略 (Silver 等人，2014；Lillicrap 等人，2016；Fujimoto 等人，2018)。最直接的方法是在可能的动作上进行最大化，但如果动作空间是连续的，这就需要在每一步进行优化过程。深度确定性策略梯度算法 (Lillicrap 等人，2016) 将策略朝动作价值的梯度方向移动(这意味着使用演员-评论家方法)。

现代策略梯度：我们以参数更新的形式介绍了策略梯度。然而，它们也可以被看作基于当前策略参数的轨迹，通过重要性采样优化一个替代损失。这种观点允许我们有效地执行多个优化步骤。然而，这可能导致非常大的策略更新。在监督学习中，过度更新是个小问题，因为轨迹以后可以被纠正。然而，在强化学习中，它会影响未来的数据收集，并且可能是极具破坏性的。

已经提出了几种方法来适度地更新这些更新。自然策略梯度 (Kakade, 2001) 基于自然梯度 (Amari，1998)，通过 Fisher 信息矩阵修改下降方向。这提供了一个更好的更新，不太可能陷入局部高原。然而，在许多参数的模型中，Fisher 矩阵是不切合实际的。在信任域策略优化或 TRPO (Schulman 等，2015) 中，替代目标在旧策略和新策略之间的 KL 分散约束下被最大化。Schulman 等人 (2017) 提出了一个更简单的式子，其中这个 KL 分散作为一个正则化项出现。正则化权重根据 KL 分散和目标的距离进行调整，这表明我们希望策略改变多少。近端策略优化或

PPO (Schulman 等，2017) 是更简单的方法，其中损失被剪辑以确保较小的更新。

演员-评论家：在第 19.6 节中描述的演员-评论家算法 (Konda & Tsitsiklis, 1999) 中，评论家用了 1 步估计器。也可以使用 k 步估计器(我们观察 k 个折扣奖励，并用状态价值的估计来近似后续奖励)。随着 k 的增加，估计的方差增加，但偏差减少。广义优势估计 (Schulman 等，2016) 将多个步骤的估计加权在一起，并通过单一的项来参数化加权，该项在偏差和方差之间进行权衡。Mnih 等人 (2016) 引入了异步演员-评论家或 A3C，其中多个代理在并行环境中独立运行并更新相同的参数。策略和价值函数每 T 个时间步使用 k 步回报的混合进行更新。Wang 等人 (2017) 引入了几种旨在使异步演员-评论家更有效的方法。软演员-评论家 (Haarnoja 等，2018b) 在代价函数中增加了一个熵项，这鼓励了探索并减少了过拟合，因为鼓励策略不要太自信。

离线 RL：在离线强化学习中，策略是通过观察其他代理的行为(包括这些代理接收到的奖励)来学习的，而没有能力改变策略。这与模仿学习有关，模仿学习的目标是在没有奖励的情况下复制另一个代理的行为(Hussein 等，2017)。一种方法是像处理离线策略强化学习一样处理离线 RL。然而，在实践中，观察到的策略和应用策略之间的分布变化表现为过于乐观的动作价值估计和不良性能(Fujimoto 等，2019；Kumar 等，2019a；Agarwal 等，2020)。保守 Q 学习 (Kumar 等，2020b) 通过规范 Q 值来学习保守的、价值函数的下限估计。决策变换器 (Chen 等，2021c) 是一种简单的离线学习方法，利用了研究良好的自注意力架构。它随后可以在在线训练中进行微调 (Zheng 等，2022)。

强化学习和聊天机器人：聊天机器人可以使用一种称为强化学习与人类反馈或 RLHF 的技术进行训练 (Christiano 等，2018；Stiennon 等，2020)。例如，InstructGPT(ChatGPT 的前身；Ouyang 等，2022)从标准Transformer解码器模型开始。然后根据提示-响应对进行微调，其中响应是由人类注释者编写的。在这个训练步骤中，模型被优化以预测真实响应中的下一个词。

但是，得到高质量性能模型所需要的训练数据的生产成本很高。为了解决这个问题，人类标注者随后会指出他们更喜欢几个模型响应中的哪一个。这些便宜得多的数据被用来训练奖励模型。这是第二个Transformer网络，它接收提示和模型响应，并返回一个标量，指示响应有多好。最后，进一步训练经过微调的聊天机器人模型以使用奖励模型作为监督产生高奖励。在这里，不能使用标准梯度下降，因为在聊天机器人输出的采样过程中无法计算导数。因此，模型使用近端策略优化(一种不需要导数的策略梯度方法)进行训练，以生成更高的奖励。

RL 的其他领域：强化学习是一个宏大的领域。我们没有讨论的其他值得注意的 RL 领域包括基于模型的 RL，其中状态转移概率和奖励函数被建模(Moerland 等，2023)。这允许前向规划，并具有同一个模型可以重复用于不同奖励结构的优势。像 AlphaGo (Silver 等，2016) 和 MuZero (Schrittwieser 等，2020) 这样的混合方法为状态的动态、策略和未来位置的价值分别设立单独的模型。

本章仅讨论了简单的探索方法，如 epsilon-greedy 方法、带噪声的 Q 学习和通过添加熵项以惩罚过于自信的策略。内在动机是指为探索添加奖励的方法，从而赋予代理“好奇心”(Barto，2013；Aubret 等，2019)。分层强化学习(Pateria 等，2021)是指将最终目标分解为子任务的方法。多智能体强化学习(Zhang 等，2021a)考虑了多个智能体共存于共享环境中的情况，即存在竞争或合作的情况。

19.10 问题

问题19.1 图19.18展示了示例MRP的单一轨迹。给定折扣因子 γ 为0.9，请计算轨迹中每一步的回报。

图19.18 通过MRP的一条轨迹。企鹅在到达第一条鱼瓦片时获得+1的奖励，在掉入洞中时获得-2，在到达第二条鱼瓦片时获得+1的奖励。折扣因子 γ 为0.9

问题19.2* 证明策略改进定理。考虑从策略 π 转变为策略 π'，其中对于状态 s_t，新策略 π' 选择最大化预期回报的动作：

$$\pi'[a_t|s_t] \leftarrow \underset{a_t}{\operatorname{argmax}}\left[r[s_t,a_t]+\gamma\cdot\sum_{s_{t+1}}Pr(s_{t+1}|s_t,a_t)v[s_{t+1}|\pi]\right] \tag{19.43}$$

而对于所有其他状态，策略是相同的。证明原始策略的价值 $v[s_t|\pi]$ 必须小于或等于新策略的 $v[s_t|\pi']=q\left[s_t,\pi'[a|s_t]|\pi\right]$：

$$v[s_t|\pi]\leqslant q\left[s_t,\pi'[a_t|s_t]|\pi\right]=\mathbb{E}_{\pi'}\left[r_{t+1}+\gamma\cdot v[s_{t+1}|\pi]\right] \tag{19.44}$$

提示：首先用新策略写出 $v[s_{t+1}|\pi]$ 这一项。

问题19.3 证明当状态价值和策略按照图19.10(a)初始化时，经过两次迭代后进行策略评估(基于当前价值更新所有状态，然后替换旧值)和策略改进，它们会变成图19.10(b)中的样子。状态转移将一半的概率分配给策略指示的方向，并将剩余概率平均分配给其他有效动作。奖励函数在企鹅离开洞时无论动作如何都会返回-2。当企鹅离开鱼瓦片并且情节结束时，奖励函数无论动作如何都会返回+3，因此鱼瓦片有一个价值+3。

问题19.4　玻尔兹曼策略通过基于当前状态-动作奖励函数 $q[s, a]$ 来平衡探索和利用：

$$\pi\left[a \mid s\right]=\frac{\exp\left[q\left[s,a\right]/\tau\right]}{\sum_{a'}\exp\left[q\left[s,a'\right]/\tau\right]} \tag{19.45}$$

解释如何通过改变温度参数τ来优先考虑探索或利用。

问题19.5*　当学习率α为1时，Q-Learning更新由下式给出：

$$f\left[q\left[s,a\right]\right]=r\left[s,a\right]+\gamma\cdot\max_{a}\left[q\left[s',a\right]\right] \tag{19.46}$$

证明这是一个收缩映射(式(16.30))，以便：

$$\left\|f\left[q_1\left[s,a\right]\right]-f\left[q_2\left[s,a\right]\right]\right\|_{\infty}<\left\|q_1\left[s,a\right]-q_2\left[s,a\right]\right\|_{\infty}\qquad\forall q_1,q_2 \tag{19.47}$$

其中$\|\bullet\|_{\infty}$表示ℓ_{∞}范数。由此可得，根据Banach定理将存在一个固定点，并且更新最终会收敛。

问题19.6　证明：

$$\mathbb{E}_{\tau}\left[\frac{\partial}{\partial\theta}\log[Pr(\tau\mid\theta)]b\right]=0 \tag{19.48}$$

因此，添加基线更新不会改变预期的策略梯度更新。

问题19.7*　假设我们想要从样本 $a_1, a_2 \ldots a_I$ 估计一个量 $\mathbb{E}[a]$。考虑我们也拥有配对样本 $b_1, b_2 \ldots b_I$，它们是与a共同变化的样本，其中 $\mathbb{E}[b]=\mu_b$。我们定义一个新变量：

$$a'=a-c(b-\mu_b) \tag{19.49}$$

证明当常数c被谨慎选择时，$\mathrm{Var}[a']\leqslant\mathrm{Var}[a]$。找到最优$c$值的表达式。

问题19.8　式(19.34)中的梯度估计可写成：

$$\mathbb{E}_{\tau}\left[g\left[\theta\right](r\left[\tau_t\right]-b)\right] \tag{19.50}$$

其中

$$g\left[\theta,\tau\right]=\sum_{t=1}^{T}\frac{\partial\log\left[Pr(a_t\mid s_t,\theta)\right]}{\partial\theta} \tag{19.51}$$

和

$$r\left[\tau_t\right]=\sum_{k=t}^{T} r_k \tag{19.52}$$

证明使梯度估计的方差最小化的b值由下式给出：

$$b=\frac{\mathbb{E}\left[g\left[\theta,\tau\right]^2 r\left[\tau\right]\right]}{\mathbb{E}\left[g\left[\tau\right]^2\right]} \tag{19.53}$$

第 20 章 为什么深度网络有效

这一章与前面的章节不同。它不是展示已有的成果，而是提出关于深度学习为何如此有效的问题。这些问题很少在教科书中被讨论。然而，重要的是有必要意识到我们对深度学习的理解仍然有限。

我们认为，深度网络易于训练并且能够泛化是令人惊讶的。然后我们依次考虑这些主题。我们列举影响训练成功的因素，并讨论深度网络的损失函数的已知情况。接着我们考虑影响泛化的因素。最后讨论网络是否需要过度参数化和过度深化。

20.1 质疑深度学习的案例

MNIST-1D 数据集(见图8.1)只有四十个输入维度和十个输出维度。每层有足够的隐藏单元，一个两层全连接网络可以完美分类 10 000 个 MNIST-1D 训练数据点，并能合理地泛化到未见过的示例(图8.10(a))。实际上，我们现在认为，只要有足够的隐藏单元，深度网络几乎可以完美地分类任何训练集。我们还认为，拟合模型将泛化到新数据。然而，训练过程应该成功及得到的模型应该泛化，这一点并不是显而易见的。这一节论证了这两种现象多么令人惊讶。

20.1.1 训练

如果每层有43个隐藏单元(约 4000 个参数)，一个两层的全连接网络在 10 000 个 MNIST-1D 训练样本上的分类就表现得很完美。然而，找到任意非凸函数的全局最小值是个NP难题(Murty & Kabadi，1987)，对于某些神经网络损失函数也是如此(Blum & Rivest，1992)。令人惊讶的是，无论处于何处，拟合算法都没有陷入局部最小值或在鞍点附近停滞，而是能够有效地利用额外的模型容量来拟合任何位置的未解释训练数据。

也许当参数远多于训练数据时，这种成功就不太令人惊讶了。然而，这是不是普及情况还有待商榷。AlexNet有大约6000万个参数，并且用大约100万个数据点进行了训练。然而，为了使训练数据复杂化，每个训练示例都增加了2048种变换。GPT-3有1750亿个参数，并且用3000亿个词元(token)进行训练。没有明确的理由认为这两个模型中的任何一个是过度参数化的，然而它们都被成功训练了。

简而言之，我们能够可靠且高效地拟合深度网络是令人惊讶的。数据、模型、训练算法，或者这三者的某种组合，必定具有一些特殊属性，才使得这成为可能。

20.1.2 泛化

如果神经网络的有效拟合令人震惊，那么它们对新数据的泛化能力则更加令人难以置信。

首先，先验上并不明显的典型数据集是否足以描述输入/输出的映射。维度的诅咒意味着训练数据集与可能的输入相比是微不足道的；如果MNIST-1D数据的40个输入每个都被量化为10个可能的值，将有10^{40}个可能的输入，这比训练样本的数量多出10^{36}倍。

其次，深度网络描述了非常复杂的函数。对于MNIST-1D数据集，具有两个每层400神经元的隐藏层的全连接网络可以创建多达10^{42}个线性区域的映射。大约每个训练样本对应的是10^{37}个区域，在训练过程中的任何阶段，很少区域包含数据点；尽管如此，那些确实遇到数据点的区域却有效限制了其余区域从而使网络的表现很合理。

最后，随着参数数量的增加，泛化能力会提高(见图8.10)。前一段中提到的模型有177 201个参数。假设它可以为每个参数拟合一个训练样本，那么它有167 201个额外的自由度。这种过剩赋予了模型在训练数据之间几乎可以做任何事情的灵活性，然而它仍然表现得很合理。

20.1.3 看似不合理的有效性

总体来说，我们并不能明显地拟合深度网络，也不能明显地泛化深度网络。事先看来，深度学习本不应该有效。然而，它确实有效。这一章将探讨为什么。第20.2节和20.3节将描述我们对拟合深度网络及其损失函数的了解。第20.4~20.6节将探讨泛化。

20.2　影响拟合性能的因素

图6.4显示了非线性模型的损失函数可以同时具有局部最小值和鞍点。然而，我们可以可靠地将深度网络拟合到复杂的训练集上。例如，图8.10展示了在MNIST-1D、MNIST和CIFAR-100上的完美训练表现。这一节将考虑可能解决这一矛盾的因素。

20.2.1　数据集

重要的是要意识到我们学习不到任何函数。考虑一个完全随机的映射，将每个可能的28×28二进制图像映射到十个类别中的一个。由于这个函数没有结构，唯一的办法就是记住2784个赋值。然而，在MNIST数据集上训练一个模型(图8.10和图15.15)却很容易，该数据集包含60 000个标记为十个类别之一的28×28图像。这种矛盾的一个解释可能是，由于我们近似的真实世界函数相对简单，因此很容易找到全局最小值。

这一假设由Zhang等人(2017a)通过AlexNet在CIFAR10数据集上进行了研究，他们主要方法是：①每个图像被高斯噪声替换，②十个类别的标签被随机排列后再训练(图20.1)。这些变化减慢了学习速度，但网络仍然可以很好地拟合这个有限的数据集。这意味着数据集的属性并非关键因素。

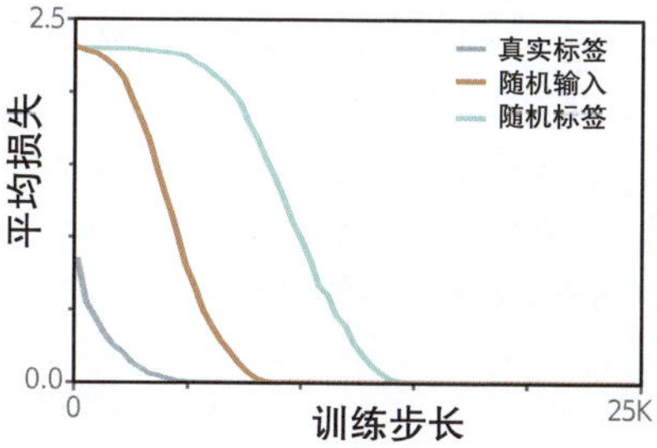

图20.1　拟合随机数据。使用SGD在CIFAR10数据集上训练的AlexNet架构的损失。当像素数据从与原始图像数据集具有相同均值和方差的高斯随机分布中抽取时，模型仍然可以拟合(尽管更慢)。当标签被随机化时，模型仍然可以拟合但拟合速度更慢(Zhang等，2017a)

20.2.2　正则化

模型容易训练的另一种解释可能是正则化使损失面变得更平坦、更凸。然而，Zhang等人(2017a)发现，拟合随机数据既不需要显式正则化也不需要随机丢弃(Dropout)。这并没有排除由于拟合算法的有限步长(第9.2节)导致的隐式正则化。然而，这种效应随着学习率的增加而增加(式(9.9))，而模型拟合并不随着更大的学习率而变得更容易。

20.2.3 随机训练算法

第6章认为SGD算法可能允许优化轨迹在训练期间在“山谷”之间移动。然而，Keskar等人(2017)表明，包括全连接和卷积网络在内的几种模型可以使用非常大的5000~6000张图像的批次，这几乎完美地拟合了许多数据集(包括CIFAR100和MNIST)。这消除了大部分随机性，但训练仍然成功。

图20.2显示了使用全批次(即非随机)梯度下降拟合到带有随机标签的4000个MNIST-1D示例的四个全连接模型的训练结果。训练没有显式正则化，学习率设置为小的恒定值0.0025，这样的设置最小化了隐式正则化。这里，数据到标签的真实映射没有结构，训练是确定性的，没有正则化，但训练误差仍然减少到零。这表明这些损失函数可能确实没有局部最小值。

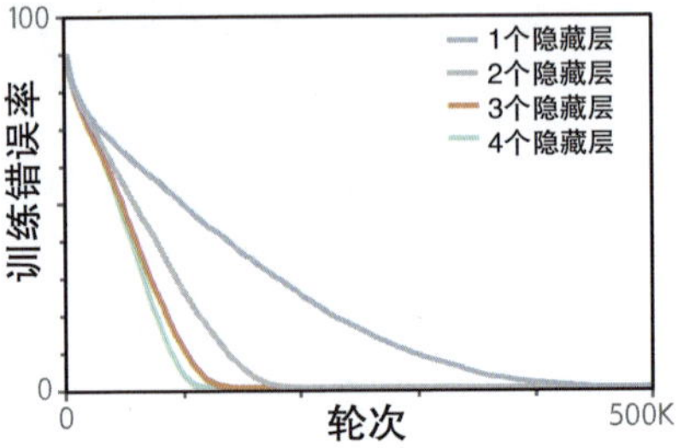

图20.2 MNIST-1D训练。四个全连接网络使用全批次梯度下降拟合到带有随机标签的4000个MNIST-1D示例，使用He初始化(He initialization 或Kaiming initialization)，没有动量或正则化，学习率为0.0025。具有1、2、3、4层的模型分别每层有298、100、75和63个隐藏单元，参数数量分别为15 208、15 210、15 235和15 139。所有模型都被成功训练，但更深的模型需要较少的周期

20.2.4 过度参数化

过度参数化几乎可以肯定是导致容易训练的一个重要因素。它意味着存在大量退化的解，因此可能总是存在一个方向，可以在这个方向上修改参数以减少损失。Sejnowski(2020)指出：“……解的退化性改变了问题的本质，从大海捞一根针变成了捞一堆针。”

在实践中，网络经常过度参数化一个或两个数量级(图20.3)。然而，数据增强使得精确度量变得很困难。增强可能使数据量增加几个数量级，但这些是对现有样本(而不是独立的新数据点)的操作。此外，图8.10显示，在某些情况下，即使参数数量与数据数量相同或更少，神经网络也能很好地拟合训练数据。这可能是由于来自相同底层函数的训练样本中的冗余。

一些理论收敛结果表明，在特定情况下，当网络足够过度参数化时，SGD(随机梯度下降)会收敛到全局最小值。例如，Du等人(2019b)展示了随机初始化的SGD在足够多的隐藏单元下，对于具有最小二乘损失的浅层全连接ReLU网络，会收敛到全局最小值。类似地，Du等人(2019a)在激活函数是平滑且Lipschitz的情况下，探讨了深度、残差和卷积网络。Zou等人(2020)分析了使用铰链(hinge)损失的深度全连接网络的梯度下降的收敛性。Allen-Zhu等人(2019)探讨了具有ReLU函数的深度网络。

如果一个神经网络足够过度参数化，以至于它可以记忆任何固定大小的数据集，那么所有静止点都成为全局最小值(Livni等，2014；Nguyen & Hein，2017，2018)。其他结果表明，如果网络足够宽，那么损失高于全局最小值的局部最小值是罕见的(Choromanska等，2015；Pascanu等，2014；Pennington & Bahri，2017)。Kawaguchi等人(2019)证明，随着网络变得更深、更宽或两者兼有，局部最小值处的损失会接近于平方损失函数下的全局最小值。

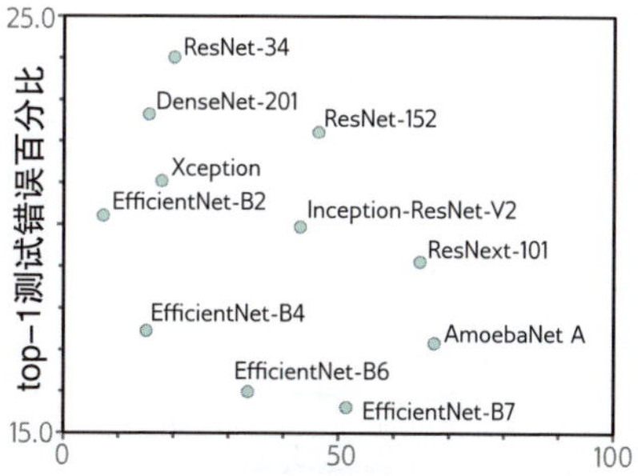

图20.3 过度参数化。用ImageNet性能作为卷积网络过度参数化(以数据集大小的倍数计)度量的函数。大多数模型的参数数量是训练样本数量的10~100倍。参与比较的模型包括ResNet(He等，2016a,b)、DenseNet(Huang等，2017b)、Xception(Chollet，2017)、EfficientNet(Tan & Le，2019)、Inception(Szegedy等，2017)、ResNeXt(Xie等，2017)和AmoebaNet(Cubuk等，2019)

这些理论结果是引人入胜的，但通常会对网络结构做出不切合实际的假设。例如，Du等人(2019a)展示了当网络宽度D(即隐藏单元的数量)为$\Omega[I^4K^2]$时，残差网络会收敛到零训练损失，其中I是训练数据的数量，K是网络的深度。类似地，Nguyen & Hein(2017)假设网络的宽度大于数据集，这在大多数实际场景中是不现实的。过度参数化似乎很重要，但理论还无法解释经验拟合性能。

20.2.5 激活函数

已知激活函数也会影响训练的难度。激活函数仅在输入范围的一小部分内变化的网络中，其拟合难度比ReLU(在输入范围的一半内变化)或Leaky ReLU(在整个输入范围内变化)要大；例如，sigmoid和tanh的非线性(图3.13(a))在其尾部有浅梯度；在激活函数接近恒定的地方，训练梯度接近于零，因此改进模型的机制极其微弱。

20.2.6 初始化

另一个可能的解释是，Xavier/He初始化将参数设置为易于优化的值。当然，对于更深层的网络，这种初始化是必要的，以避免梯度爆炸和梯度消失，因此从某种意义上说，初始化对训练成功至关重要。然而，对于较浅的网络，权重的初始方差不那么重要。Liu等人(2023c)在1000个MNIST数据上训练了一个每层有200个隐藏单元的3层全连接网络。他们发现，随着方差的大小增加，拟合训练数据所需的迭代次数更多(见图20.4)，但这最终并没有阻碍拟合。因此，初始化并没有揭示为什么拟合神经网络是容易的，尽管梯度爆炸/消失确实揭示了使训练变得困难的初始化。

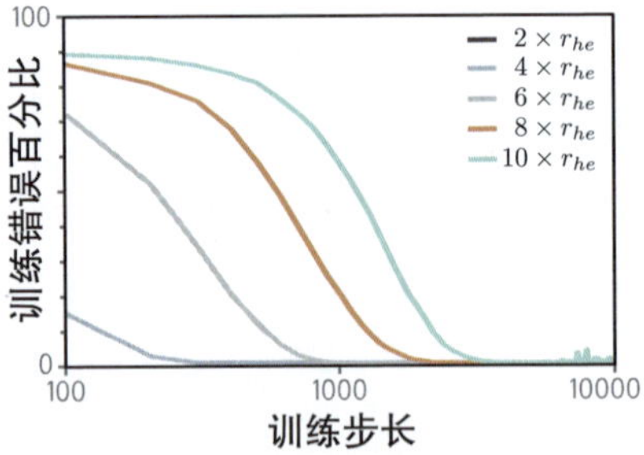

图20.4 初始化与拟合。一个每层有200个隐藏单元的三层全连接网络，在1000个MNIST样本上使用AdamW进行训练，目标是独热编码，损失函数是均方误差损失。当使用He初始化的较大倍数时，拟合网络需要更长时间，但这不会改变结果。这可能仅仅是反映了权重需要额外移动的距离(Liu等，2023c)

20.2.7 网络深度

当网络深度变得非常大时，由于梯度爆炸和梯度消失(图7.7)及梯度破碎(图11.3)，神经网络更难拟合。然而，这些可以说是实际的数值问题。没有明确的证据表明，随着网络深度的增加，底层损失函数本质上更凸或更不凸。图20.2确实显示，对于具有随机标签和He初始化的MNIST数据，更深的网络可以经过更少的迭代进行训练。然而，这可能是因为：①更深网络中的梯度更陡峭，②He初始化只是让较浅的网络从更远的地方开始优化参数。

Frankle & Carbin(2019)表明，对于VGG这样的小型网络，如果训练网络，剪枝最小幅度的权重，然后从相同的初始权重重新训练，可以获得相同或更好的性能。如果权重被随机重新初始化，这就不起作用了。他们得出的结论是，原始的过度参数化网络包含足够性能的小型可训练子网络。他们将这个假设称为彩票假设，并将这些子网络称为中奖彩票。这表明有效的子网络数量在拟合中可能起着关键作用。这也许对于固定参数数量的网络深度有所不同，但还缺乏对这个想法的精确描述。

20.3　损失函数的性质

上一节讨论了促进神经网络易于训练的因素。参数数量(过度参数化的程度)和激活函数的选择都很重要。令人惊讶的是，数据集的选择、拟合算法的随机性及正则化的使用似乎并不重要。没有明确的证据表明(对于固定的参数数量)网络的深度(除了由于梯度爆炸/消失和梯度粉碎引起的数值问题)很重要。这一节通过考虑损失函数的经验属性，从不同角度探讨了同一主题。大部分证据来自全连接网络和CNN；Transformer网络的损失函数尚不十分清楚。

20.3.1　多个全局最小值

我们期望深度网络的损失函数具有大量的等价全局最小值。在全连接网络中，每层的隐藏单元及其相关权重可以重新排列而不影响输出。在卷积网络中，适当地重新排列通道和卷积核也不会改变输出。我们可以在任何ReLU函数之前的权重乘以一个正数，然后在ReLU之后的权重除以一个正数，而不改变输出。使用BatchNorm引入了另一组冗余，因为每个隐藏单元或通道的均值和方差会被重置。

上述修改对于每个输入都产生相同的输出。然而，全局最小值仅取决于训练数据点的输出。在过度参数化网络中，也将存在行为在数据点上相同但实际不同的解决方案族。所有这些也都是全局最小值。

20.3.2　到达最小值的路径

Goodfellow等人(2015b)考虑了初始参数和最终值之间的一条直线。他们表明沿着这条直线的损失函数通常单调递减(除了有时在起点附近有小的凸起)。这一现象在几种不同类型的网络和激活函数中都被观察到，见图20.5(a)。

当然，实际的优化轨迹不会以直线进行。然而，Li等人(2018b)发现它们确实位于低维子空间中。他们将此归因于损失地形中存在的大的、近乎凸的区域，这些区域早期捕获了轨迹，并将其引导至几个重要的方向。令人惊讶的是，Li等人(2018a)展示了即使优化被限制在随机的低维超平面上，只要其维度足够，网络仍然能够很好地被训练(见图20.6)。

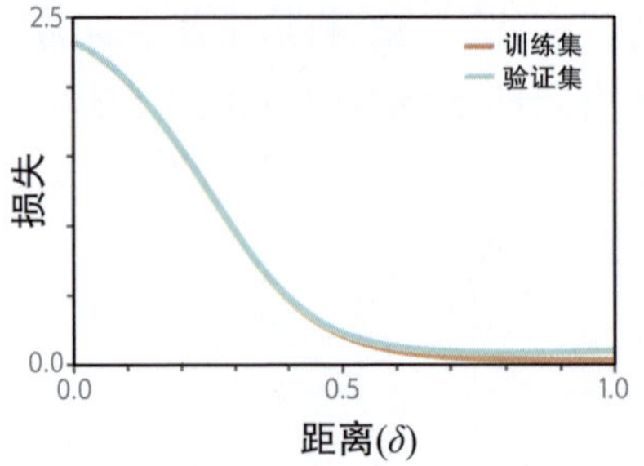

(a) 在MNIST数据集上训练了一个两层全连接ReLU网络。从初始参数($\delta=0$)开始到训练后的参数($\delta=1$)结束的直线上的损失值是单调下降的

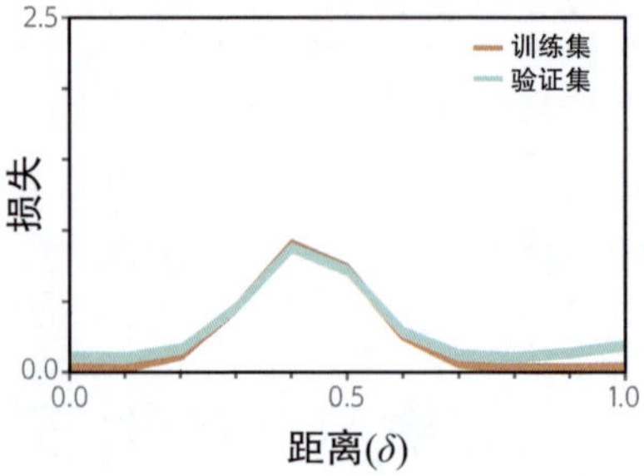

(b) 然而，在这个MNIST上的两层全连接MaxOut网络中，从一种解($\delta=0$)到另一种解($\delta=1$)的直线上的损失值有所增加(Goodfellow等，2015b)

图20.5 损失函数的线性切片

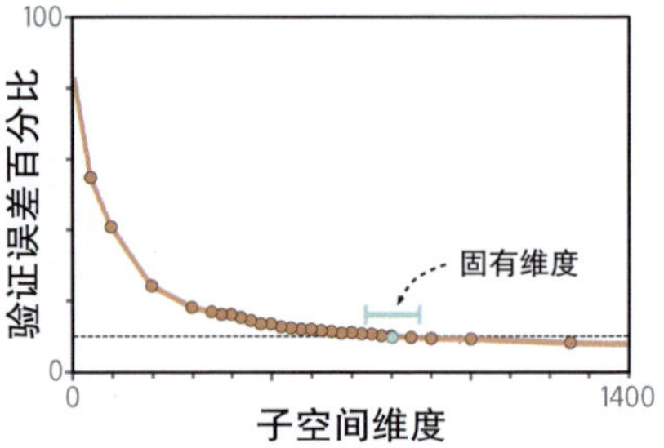

图20.6 子空间训练。一个具有两个隐藏层的全连接网络，每层有200个单元，在MNIST数据集上进行了训练。参数使用标准方法初始化，但随后被限制在随机子空间内。当这个子空间为750维(称为内在维度)时，性能达到无约束水平的90%，这是原始参数的0.4%(Li等，2018a)

Li和Liang(2018)展示了随着网络宽度的增加，训练过程中参数的相对减少；对于更大的网络宽度，参数被初始化为更小的值，变化的比例更小，并且在较少的训练步骤中收敛。

20.3.3 最小值之间的联系

Goodfellow等人(2015b)研究了两个独立找到的最小值之间的直线上的损失函数。他们发现在这两个最小值之间的损失显著增加(图20.5(b))；好的最小值通常不是线性连接的。然而，Frankle等人(2020)展示了如果网络最初被以相同的方式训练，然后通过使用不同的SGD噪声和增强来允许它们发散，这种增加就会消失。这表明训练初期的解是被约束的，并且一些最小值族是线性连接的。

Draxler等人(2018)在CIFAR10数据集上发现了具有良好(但不同)性能的最小值。然后他们展示了如何构建从一个最小值到另一个最小值的路径，在这个路

径上保持较低的损失函数。他们得出结论，存在一个单一的低损失的连通流形(图20.7)。随着网络宽度和深度的增加，这一点似乎越来越正确。Garipov等人(2018)和Fort & Jastrzebski(2019)提出了连接最小值的其他方案。

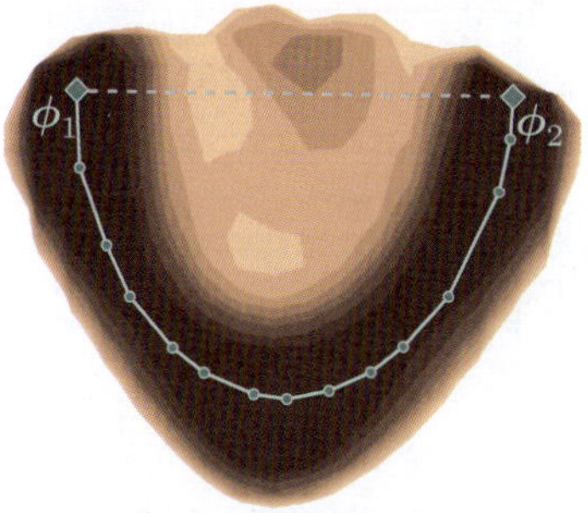

图20.7　最小值之间的连接。DenseNet在CIFAR10上的损失函数的一个剖面。参数 ϕ_1 和 ϕ_2 是两个独立发现的最小值。这些参数之间的线性插值揭示了一个能量障碍(虚线)。然而，对于足够深和宽的网络，可能找到一条连接两个最小值的低能量曲线路径，即青色线(Draxler等，2018)

20.3.4　损失面的曲率

随机高斯函数(其中点是联合分布的，协方差由它们距离的核函数给出)有一个有趣的属性：对于梯度为零的点，函数向下弯曲的方向的比例随着高度的降低而减少(Bahri等，2020)。Dauphin等人(2014)在神经网络损失函数中寻找鞍点，并发现了损失与负特征值数量之间的类似相关性(见图20.8)。Baldi和Hornik(1989)分析了一个浅层网络的错误表面，并发现没有局部最小值，只有鞍点。这些结果表明，几乎没有或完全没有不良的局部最小值。

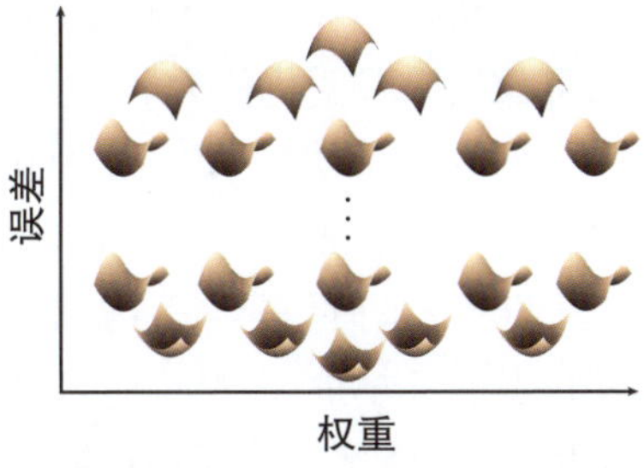

(a) 在随机高斯函数中，函数向下弯曲的方向数量随着高度的降低而减少，因此所有最小值都出现在函数的底部附近

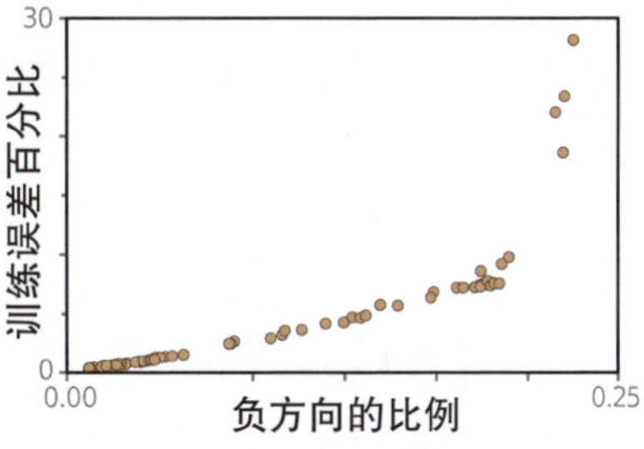

(b) Dauphin等人(2014)在神经网络损失表面上找到了临界点(即梯度为零的点)。他们展示了负特征值的比例(指向下方的方向)随着损失的减少而减少。这意味着所有的最小值(梯度为零且没有方向指向下方的点)都有较低的损失

图20.8　临界点与损失(Dauphin等，2014；Bahri等，2020)

Fort和Scherlis(2019)测量了神经网络损失表面上随机点的曲率；他们展示了当权重的l2范数在某个特定范围内时，表面的曲率异常地全为正(见图20.9)，他们称之为“宜居带”。He和Xavier初始化就处于这个范围。

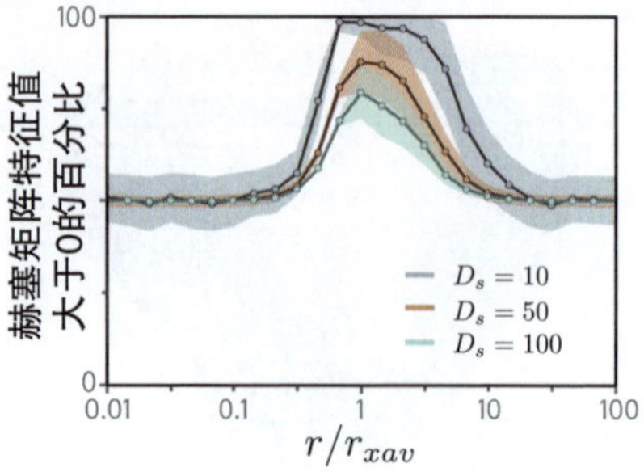

图20.9 宜居带(Goldilocks zone)。在对MNIST应用ReLU函数的两层全连接网络中，赫塞(Hessian)矩阵的特征值大于零的比例(正曲率/凸性的度量)，在维度为D_s的随机子空间内，作为相对于Xavier初始化点的平方半径(r^2)的函数。存在一个明显的正曲率区域，称为“宜居带”(Fort & Scherlis，2019)

20.4 决定泛化的因素

最后两节将探讨决定网络是否成功训练的因素及关于神经网络损失函数的已知信息。这一节研究决定网络泛化程度的因素。这补充了正则化(第9章)的讨论，正则化明确鼓励泛化。

20.4.1 训练算法

由于深度网络通常都是过度参数化的，训练过程的细节决定了算法收敛到退化最小值族中的哪一个。这些细节中的一些可以可靠地改善泛化能力。

LeCun等人(2012)表明，随机梯度下降(SGD)比全批次梯度下降泛化得更好。有人认为SGD比Adam泛化得更好(Wilson等，2017；Keskar & Socher，2017)，但最近的研究表明，当仔细进行超参数搜索时，两者之间的差异很小(Choi等，2019)。Keskar等人(2017)的研究显示，当不使用其他形式的正则化时，较小批次大小的深度网络泛化得更好。众所周知，较大的学习率倾向于泛化得更好(如图9.5)。Jastrzębski等人(2018)、Goyal等人(2018)和He等人(2019)认为批次大小/学习率比率很重要。He等人(2019)展示了这个比率与泛化程度之间的显著相关性，并证明了与这个比率正相关的神经网络泛化界限(见图20.10)。

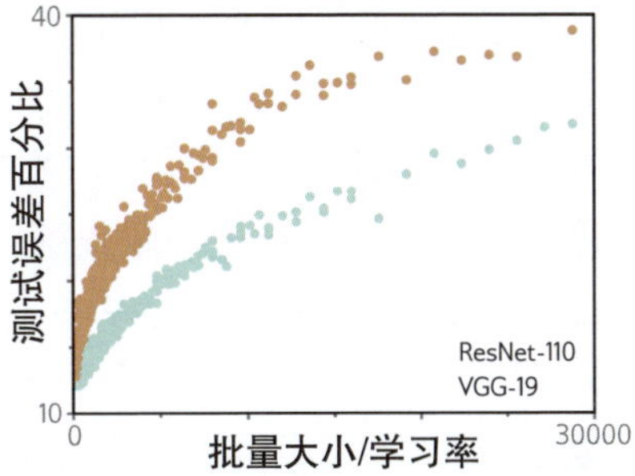

图20.10　批次大小与学习率比率。两个模型在CIFAR 10数据库上的泛化能力取决于批次大小与学习率的比率。随着批次大小的增加，泛化能力降低。随着学习率的增加，泛化能力提高(He等，2019)

这些观察结果与SGD隐式地向损失函数中添加正则化项的发现相一致(第9.2节)，其大小取决于学习率。正则化改变了参数的轨迹，使它们收敛到泛化良好的损失函数部分。

20.4.2　最小值的平坦度

至少从Hochreiter和Schmidhuber(1997a)开始就有推测认为，在损失函数中，平坦的最小值比尖锐的最小值泛化得更好(见图20.11)。非正式地说，如果最小值更平坦，那么在估计参数中的小误差就不太重要。这也可以根据不同的理论观点来论证。例如，最小描述长度理论表明，由较少比特指定的模型泛化得更好(Rissanen，1983)。对于宽平的最小值，存储权重所需的精度较低，因此它们应该泛化得更好。

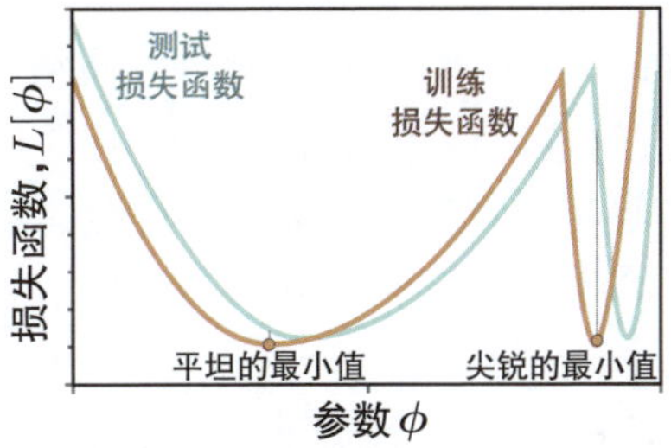

图20.11　平坦与尖锐最小值。预计平坦的最小值泛化能力更好。在平坦区域，估计参数的小误差或训练和测试损失函数对齐的小误差问题较少(Keskar等，2017)

平坦度可以通过以下方式衡量：①最小值周围相连区域的大小，该区域内训练损失相似(Hochreiter和Schmidhuber，1997a)；②最小值周围的二阶曲率(Chaudhari等，2019)；③最小值邻域内的最大损失(Keskar等，2017)。然而，需要小心；由于ReLU函数的非负齐次性质，估计的平坦度可能受到网络的重新参数化的影响(Dinh等，2017)。

尽管如此，Keskar等人(2017)改变了批次大小和学习率，并展示了平坦度与泛化的关联。Izmailov等人(2018)将学习轨迹中多个点的权重平均在一起。这不仅使得在最小值处测试和训练表面的平坦度更高，而且改善了泛化。其他正则化技术也可以通过这个视角来看待。例如，平均模型输出(集成)也可能使测试损失表面更平坦。Kleinberg等人(2018)表明，训练期间的大梯度方差有助于避免尖锐区域。这可能解释了为什么减小批量大小并添加噪声有助于泛化。

上述研究考虑了单一模型和训练集的平坦度。然而，尖锐度不是预测不同数据集之间泛化能力的良好标准；当CIFAR数据集的标签被随机化(使得泛化变得不可能)时，最小值的平坦度并没有相应减少(Neyshabur等，2017)。

20.4.3 架构

网络的归纳偏差由其架构决定，而模型选择得当可以显著提高泛化能力。第10章介绍了卷积网络，它们被设计用于处理规则网格上的数据；它们隐含地假设输入统计量在输入范围内是相同的，因此它们在各个位置间共享参数。同样，Transformer(transformers)适用于对排列不变的数据进行建模，图神经网络适用于在不规则图上表示的数据。将架构与数据属性相匹配，比通用的全连接架构有更好的泛化能力(见图10.8)。

20.4.4 权重的范数

第20.3.4节回顾了Fort和Scherlis(2019)的发现，即当权重的l2范数处于特定范围内时，损失表面的曲率异常地为正。这两位作者提供的证据表明，当l2权重范数落在这个宜居带(Goldilocks zone)内时，泛化能力也很好(见图20.12)。这或许并不令人惊讶。权重的范数(间接地)与模型的Lipschitz常数有关。如果这个范数太小，那么模型将无法快速变化以捕捉底层函数的变化。如果范数太大，那么模型在训练点之间的变化将是不必要的，并且不会平滑地插值。

Liu等人(2023c)利用这一发现来解释“顿悟(grokking)”现象(Power等，2022年)，在这种现象中，泛化的突然改善可能发生在训练误差已经为零的许多个epoch之后(见图20.13)。他们提出，当权重的范数初始过大时，会发生顿悟现象；训练数据拟合得很好，但模型在数据点之间的变化很大。随着时间的推移，隐式或显式的正则化减少了权重的范数，直到它们达到宜居带，泛化能力突然提高。

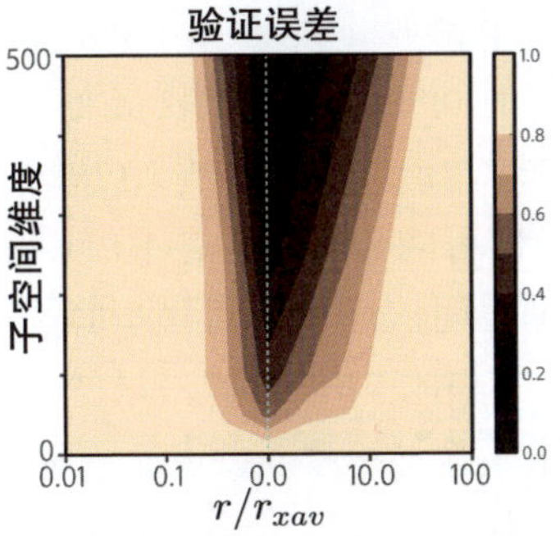

图20.12　超球面上的泛化。一个具有两个隐藏层的全连接网络，每层有200个单元(共199 210个参数)，在MNIST数据库上进行了训练。参数被初始化为给定的 ℓ_2 范数，然后被限制以维持这个范数并位于一个子空间内(垂直方向)。在由Xavier初始化定义的半径r周围的小范围内，网络泛化得很好，见青色虚线(Fort & Scherlis，2019)

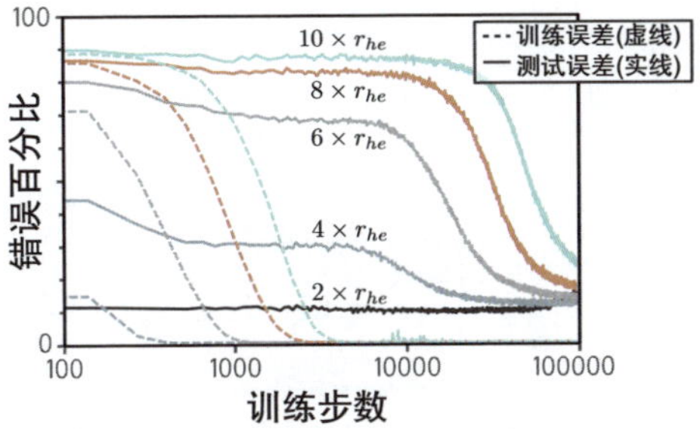

图20.13　顿悟现象。当参数被初始化为它们的 ℓ_2 范数(参数半径)远大于He初始化所指定的值时，训练时间会更长(虚线)，泛化则需要更长的时间(实线)。泛化上的滞后被认为是由于权重范数需要时间来减少回到宜居带(Liu等，2023c)

20.4.5　过度参数化

图8.10显示，泛化性能随着过度参数化程度的提高而趋于改善。与偏差/方差权衡曲线结合时，这导致了双重下降。这种现象的假设性解释是，当模型过度参数化时，网络在训练数据点之间变得更平滑的可能性更大。

随之而来的是，权重的范数也可以用来解释双重下降。当参数数量与数据点数量相似时(因为模型扭曲自身以完全拟合这些点)，权重的范数会增加，导致泛化减少。随着网络变得更宽，权重数量增加，这些权重的整体范数会减少；权重以与宽度成反比的方差初始化(即，使用He或Glorot初始化)，并且权重从原始值变化很小。

20.4.6　离开数据流形

到目前为止，我们已经讨论了模型如何泛化到与训练数据来自相同分布的新数据。这对于实验来说是一个合理的假设。然而，在现实世界中部署的系统可能遇到由于噪声、数据统计随时间变化或蓄意攻击而导致的意外数据。当然，对于这种情况很难做出明确的判断，但D'Amour等人(2020)表明，用不同种子在损坏数据上训练的相同模型的变异性可能非常巨大且不可预测。

Goodfellow等人(2015a)表明，深度学习模型容易受到对抗性攻击。考虑对一张被网络正确分类为“狗”的图像进行微扰，以便正确分类的概率尽快下降，直到类别翻转。如果现在这张图像被分类为飞机，你可能会期望被微扰的图像看起来像是狗和飞机的混合体。然而，在实践中，被微扰的图像看起来几乎与原始的狗图像无法区分(类似于图20.14)。

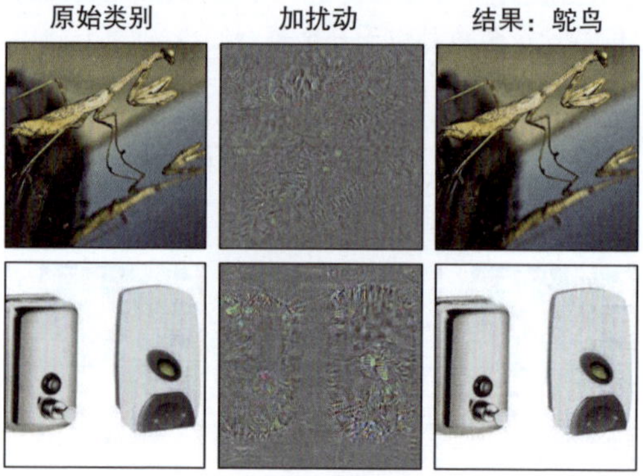

图20.14 对抗性示例。每种情况下，左侧的图像都被AlexNet正确分类。通过考虑网络输出相对于输入的梯度，可以找到一个小的扰动(中间，为了可见性放大了10倍)，当将其添加到原始图像(右侧)时，会导致网络将其错误分类为鸵鸟。尽管原始图像和被扰动的图像对人类来说几乎无法区分(Szegedy等，2014)

结论是，有些位置接近但不在数据流形上，这些位置会被错误分类。这些被称为对抗性示例。它们的存在令人惊讶；对网络输入的如此小的变化怎么可能导致输出产生如此巨大的变化？目前最好的解释是，对抗性示例不是因为对训练数据流形之外的数据缺乏鲁棒性。相反，它们正在利用在训练分布中的信息源，但这些信息源具有小范数，并且对人类来说是不可感知的(Ilyas等，2019)。

20.5 我们需要这么多参数吗

第20.4节论述了模型在过参数化时泛化能力更好。实际上，在复杂数据集上几乎没有达到最优秀测试性能的模型例子，即模型的参数数量明显少于训练数据点的数量。

然而，第20.2节回顾的证据表明，随着参数数量的增加，训练变得更加容易。因此，尚不清楚是较小模型的某些基本属性阻止了它们表现良好，还是训练算法无法为小模型找到好的解决方案。剪枝和蒸馏是减少训练模型大小的两种方法。本节探讨这些方法是否能够产生保留过度参数化模型性能的欠参数化模型。

20.5.1　剪枝

剪枝训练好的模型可以减小它们的体积，从而降低存储需求(见图20.15)。最简单的方法是移除个别权重。这可以基于损失函数的二阶导数来完成(LeCun等，1990；Hassibi和Stork，1993)，或者(更实际地)基于权重的绝对值来完成(Han等，2016，2015)。其他工作剪枝隐藏单元(Zhou等，2016a；Alvarez和Salzmann，2016)、卷积网络中的通道(Li等，2017a；Luo等，2017b；He等，2017年；Liu等，2019a)或残差网络中的整个层(Huang和Wang，2018)。通常，在剪枝后会微调网络，有时还会重复这个过程。

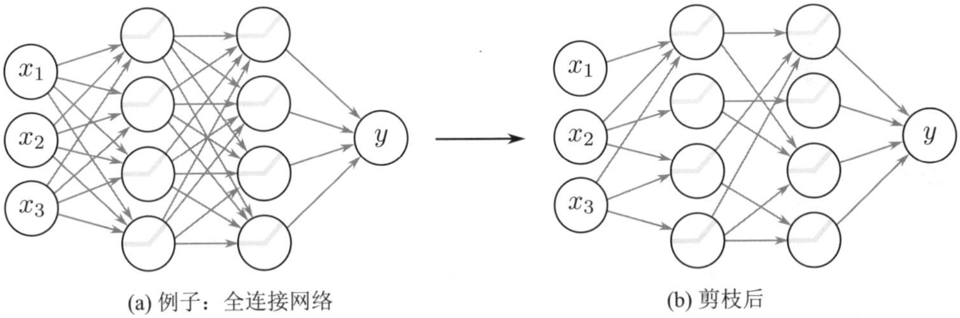

图20.15　剪枝神经网络。目标是在不降低性能的情况下尽可能多地移除权重。这通常只基于权重的大小来完成。通常，在剪枝后会对网络进行微调

总的来说，模型越小，剪枝可以在不显著损害性能的情况下进行得越多。例如，Han等人(2016年)在只保留8%权重的情况下，保持了VGG网络在ImageNet分类上的良好性能。这时模型显著减少，但不足以证明不需要过度参数化；VGG网络的参数数量大约是ImageNet训练样本数量的100倍(不考虑数据增强)。

剪枝是一种架构搜索的形式。在他们关于彩票(见第20.2.7节)的工作中，Frankle和Carbin(2019)训练了一个网络，剪枝了最小幅度的权重，并从相同的初始权重重新训练剩余的网络。通过迭代这个过程，他们在CIFAR-10数据库(60 000个样本)上将VGG-19网络的大小(原本1.38亿参数)减少了98.5%，同时保持了良好的性能。对于ResNet 50(2560万参数)，在不降低ImageNet(128万个样本)上的性能的情况下，减少了80%的参数。这些演示给人留下深刻印象，但不考虑数据增强，这些网络在剪枝后仍然是过度参数化。

20.5.2 知识蒸馏

减少参数还可以通过训练一个较小的网络(学生模型)来复制一个较大网络(教师模型)的性能来实现。这被称为知识蒸馏，至少可以追溯到Buciluǎ等人(2006)。Hinton等人(2015)证明，跨输出类别的信息模式很重要，并训练一个较小的网络来近似较大网络的pre-softmax logits(图20.16)。

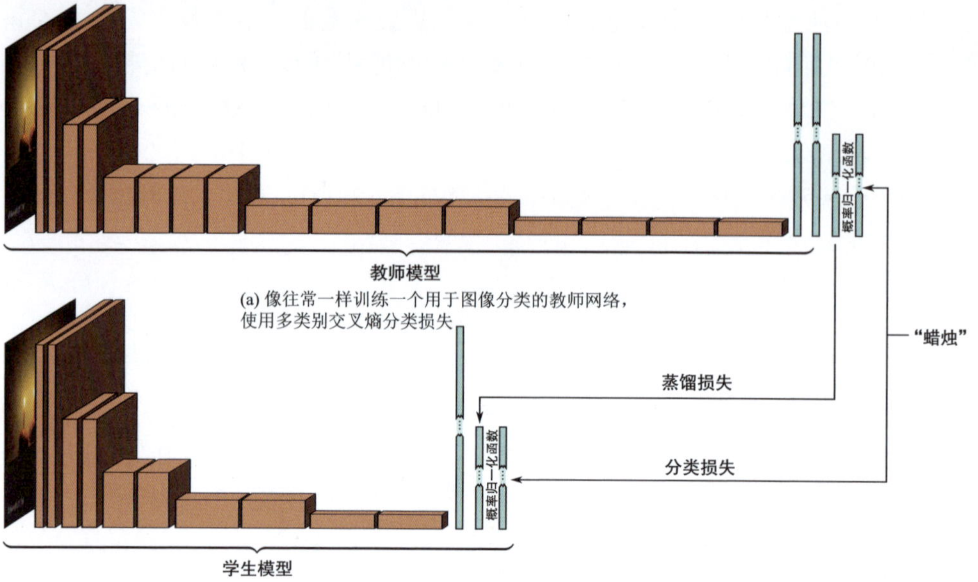

(b) 训练一个较小的学生网络，使用相同的损失，再加上一个蒸馏损失，鼓励pre-softmax激活与教师网络相同

图20.16 知识蒸馏

Zagoruyko和Komodakis(2017)进一步鼓励学生网络的激活空间图在不同点上与教师网络相似。他们使用这种注意力转移方法，用一个18层的残差网络(约1100万个参数)来近似一个34层残差网络(约6300万个参数)在ImageNet分类任务上的性能。然而，这仍然比训练样本的数量(约100万张图像)要大。现代方法(Chen等，2021a)可以改进这个结果，但是蒸馏尚未提供令人信服的证据，证明欠参数化模型可以表现良好。

20.5.3 讨论

目前的证据表明，为了泛化，需要过度参数化——至少对于目前使用的数据处理的大小和复杂性是这样。在参数数量明显少于训练样本的复杂数据集上，还没有达到最先进性能的演示。通过剪枝或蒸馏训练网络来减少模型大小的尝试并没有改变这一局面。

此外，近期的理论显示，模型的Lipschitz常数和过度参数化之间存在权衡；

Bubeck和Sellke(2021)证明了在D维空间中，平滑插值需要的参数是简单插值的D倍。他们认为，对于大型数据集(如ImageNet)的当前模型还不够过度参数化；进一步提高模型容量可能是提高性能的关键。

20.6 网络必须很深吗?

第3章讨论了万能逼近定理。该定理指出，只要有足够的隐藏单元，浅层神经网络可以逼近任意函数到任意精度。这引发了一个明显的问题：网络是否需要是深层的。

首先，让我们考虑深度是必需的证据。从历史上看，性能和深度之间存在明确的相关性。例如，在ImageNet基准测试中，性能最初随着网络深度的增加而提高，直到训练变得困难。随后，残差连接和批量归一化(见第11章)允许训练更深层次的网络，并在性能上取得了相应的提升。在撰写本书时，几乎所有最先进的应用，包括图像分类(如视觉Transformer)、文本生成(如GPT3)和文本引导的图像合成(如DALL·E-2)都基于有数十或数百层的深层网络。

尽管有这一趋势，但人们还是努力使用较浅的网络。Zagoruyko和Komodakis(2016)构建了较浅但更宽的残差神经网络，并实现了与ResNet相似的性能。最近，Goyal等人(2021)构建了一个使用并行卷积通道的网络，并且仅用12层就实现了与更深层网络相似的性能。此外，Veit等人(2016)表明，在残差网络中，主要是5~17层的较短路径推动了性能。

尽管如此，证据的平衡表明深度是关键的；即使是具有良好图像分类性能的最浅网络也需要超过10层。然而，对于为什么需要深度没有明确解释。三种可能的解释是：①深层网络可以表示比浅层网络更复杂的函数，②深层网络更容易训练，③深层网络施加了更好的归纳偏差。

20.6.1 建模函数的复杂性

第4章展示了对于相同参数数量，深层网络比浅层网络能够构建更多线性区域的函数。我们还看到，已经识别出一些“病态”函数，这些函数需要用比深层网络多指数级数量的隐藏单元来用浅层网络建模(Eldan和Shamir，2016；Telgarsky，2016)。实际上，Liang和Srikant(2016)发现相当普遍的函数族可以更高效地被深层网络建模。然而，Nye和Saxe(2018)发现，这些函数中的一些在实践中不容易被深层网络拟合。此外，很少有证据表明我们正在逼近的真实世界函数具有这些病态特性。

20.6.2 训练的可行性

一个替代性的解释是，具有实际数量隐藏单元的浅层网络可能支持最先进的性能，但找到既适合训练数据又能合理插值的良好解决方案是很难的。

展示这一点的一种方法是将成功的深层网络蒸馏到更浅(但更宽)的学生模型中，看看是否可以保持性能。Urban等人(2017)将一个由16个卷积网络组成的集成，用于CIFAR10数据集上的图像分类，蒸馏到不同深度的学生模型中。他们发现浅层网络无法复制更深层次教师的性能，并且对于固定的参数预算，学生的性能随着深度的增加而提高。

20.6.3 归纳偏差

当前的大多数模型都依赖于卷积块或Transformer。这些网络在输入数据的局部区域共享参数，并且通常逐渐将这些信息整合到整个输入中。这些约束意味着这些网络能够表示的函数不是通用的。一种解释深层网络优势的说法是，这些约束具有很好的归纳偏好，而且很难强迫浅层网络遵守这些约束。

即使是未经训练的多层卷积架构本质上也有是有帮助的。Ulyanov等人(2018)证明，未经训练的CNN的结构可以用作去噪和超分辨率等低级任务中的先验。Frankle等人(2021)通过随机初始化核，固定它们的值，并且只训练批量归一化偏移和缩放因子，在图像分类中取得了良好的性能。Zhang等人(2017a)展示了随机初始化的卷积滤波器的特征可以支持随后使用核模型的图像分类。

Urban等人(2017)提供了额外的证据，表明卷积网络提供了有用的归纳偏好，他们尝试将卷积网络蒸馏到更浅的网络中。他们发现，蒸馏到卷积架构系统地优于蒸馏到全连接网络。这表明卷积架构具有一些天然的优势。由于卷积网络的顺序局部处理不容易被更浅的网络复制，这就证明了深度确实是重要的。

20.7 本章小结

本章阐述了深度学习成功的出人意料之处。讨论了优化高维损失函数的挑战，并认为过度参数化和激活函数的选择是使深度网络优化变得可行的两个最重要因素。我们看到，在训练期间，参数通过低维子空间移动到一组连通的全局最小值之一，而局部最小值并不明显。

神经网络的泛化能力也随着过参数化而提高，尽管其他因素(如最小值的平坦度和架构的归纳偏好)也很重要。显然，大量的参数和多个网络层对于良好的泛化是必需的，尽管我们还不知道为什么。

许多问题仍然没有答案。我们目前没有任何规范性理论，可以让我们预测训练和泛化将在什么情况下成功或失败。我们不知道深度网络学习的限制，或者是否可能存在更高效的模型。我们不知道是否有参数能在相同模型中带来更好的泛化。深度学习的研究仍然由经验验证驱动。这些经验研究无疑是令人印象深刻的，但它们还没有与我们对深度学习机制的理解相匹配。

20.8　问题

问题20.1　考虑ImageNet图像分类任务，其中输入图像包含224×224×3的RGB值。考虑将这些输入粗略量化为每个RGB值的十个区间，并使用大约10^7个训练样本进行训练。每个训练数据点有多少可能的输入？

问题20.2　考虑图20.1。为什么当像素随机化时，算法比标签随机化时能更快速地拟合数据？

问题20.3　图20.2展示了一个具有固定学习率的非随机拟合过程成功拟合了随机数据。这是否意味着损失函数没有局部最小值？这是否意味着该函数是凸的？如果你认为其中任何一个陈述是错误的，请给出一个反例。

第21章

深度学习和伦理

本章由Travis LaCroix和Simon J.D. Prince共同撰写。

人工智能正逐步改变社会，其影响既可能带来积极变革，也可能潜藏不容忽视的负面效应。这些技术具有巨大的社会利益潜力(Taddeo & Floridi，2018；Tomašev等，2020)，包括在医疗保健(Rajpurkar等，2022)和对抗气候变化(Rolnick，2023)中的重要作用。然而，它们也可能被滥用或造成意外伤害。这导致了人工智能伦理学领域的出现。

深度学习的现代时代始于2012年的AlexNet，但学术界内对人工智能伦理的持续兴趣并没有立即随之而来。实际上，一个关于机器学习中公平性的研讨会因缺乏材料而被2013年的NeurIPS拒绝。直到2016年，人工智能伦理才有了它的“AlexNet时刻”，这得益于ProPublica对COMPAS再犯预测模型偏见的曝光(Angwin等，2016)和Cathy O’Neil的书《数学的毁灭性武器》(O’Neil，2016)。从那时起，学术界对于人工智能伦理的兴趣一直在增长；自2018年FAccT成立以来，提交到FAccT的论文数量增加了近十倍。

与此同时，许多组织提出了负责任人工智能的政策建议。Jobin等人(2019)发现了84份包含人工智能伦理原则的文件，其中88%是在2016年之后发布的。这种非立法性政策协议的激增依赖于自愿的、非约束性的合作，由此也引发了对其效力的质疑(McNamara等，2018；Hagendorff，2020；LaCroix & Mohseni，2022)。简而言之，人工智能伦理学仍处于起步阶段，伦理考量往往是反应性的而不是主动性的。

本章考虑了由人工智能系统的设计和使用引起的潜在危害。这些包括算法偏见、缺乏可解释性、数据隐私侵犯、军事化、欺诈和环境问题。它的目的不是提供更道德的建议。相反，其目标是在哲学、政治科学和更广泛的社会科学中受到关注的一些关键领域表达想法并开始对话。

21.1　价值一致性

设计人工智能系统时，我们希望确保它们的“价值观”(目标)与人类的价值观相一致。这有时被称为价值观一致性问题(Russell，2019；Christian，2020；Gabriel, 2020)。然而实现该设想具有挑战性，原因有三。首先，完全且正确地定义我们的价值观是困难的。其次，将这些价值观编码为人工智能模型的目标是困难的；最后，确保模型学习执行这些目标也是困难的。

在机器学习模型中，损失函数是真正目标的代理(proxy)，两者之间的不一致被称为外部一致性问题(Hubinger等，2019)。如果这个代理不充分，则系统可以利用“漏洞”，即在最小化其损失函数的同时仍不满足预期目标。例如，考虑训练一个强化学习(RL)代理下棋。如果代理因捕获棋子而获得奖励，这可能导致许多平局游戏，而不是期望的行为(赢得游戏)。相反，内部一致性问题是要确保即使损失函数被很好地指定，人工智能系统的行为也不会偏离预期目标。如果学习算法未能找到全局最小值或训练数据不具代表性，训练可能会收敛到一个与真正目标不一致的解决方案，导致不良行为(Goldberg，1987；Mitchell等，1992；Lehman & Stanley，2008)。

Gabriel (2020) 将价值一致性问题分为技术性和规范性组成部分。技术组成部分涉及我们如何将价值观编码到模型中，以便它们可靠地做它们应该做的事情。一些具体问题，如避免奖励黑客攻击和安全探索，可能具有纯粹的技术解决方案(Amodei等，2016)。相比之下，规范性组成部分涉及首先确认什么是正确的价值观。鉴于不同文化和社会所重视的广泛的事物范围，这个问题可能没有单一的答案。重要的是编码的价值观要代表每个人，而不仅仅是社会上占主导地位的文化子集。

另一种思考价值观一致性的方式是将其作为一个结构问题，当一个主体人将任务委托给一个人工代理时就会出现这个问题(LaCroix，2022)。这类似于经济学中的委托-代理问题(Laffont & Martimort，2002)，该问题指出在任何一个期望某方为另一方最佳利益行事的关系中，存在固有的激励冲突。在人工智能的背景下，当目标被错误指定或主体(被代理人)与代理之间的信息不对称时，就可能出现利益冲突(见图21.1)。

人工智能伦理学中的许多主题都可以从价值一致性的这种结构性视角来理解。以下各节讨论了偏见和公平性问题、人工道德代理问题(两者都涉及指定目标)及透明度和可解释性问题(两者都与信息不对称有关)。

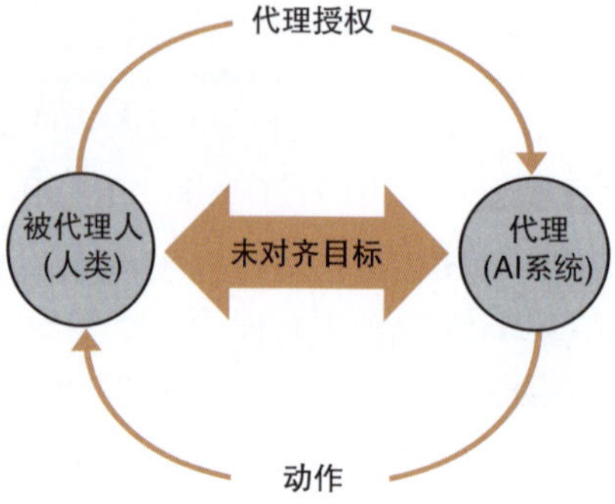

(a) 目标不一致(例如，偏见)

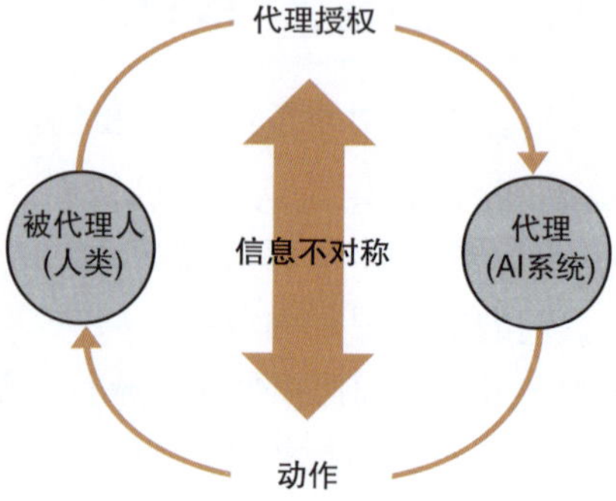

(b) 人类主体和人工代理之间的信息不对称(例如，缺乏可解释性)。

图21.1 价值一致性问题的结构性描述。问题可能出现在(a)或(b)中(LaCroix，2023)

21.1.1 偏见与公平性

从纯粹的科学角度看，偏见指的是与某些标准的统计偏差。

在人工智能中，当这种偏差依赖于影响输出的非法因素时，它可能是有害的。例如，性别与工作表现无关，因此以性别为基础来招聘候选人是不合理的。同样，种族与犯罪性无关，因此以种族作为再犯预测的特征也是不合理的。

人工智能模型中的偏见可以通过多种方式引入(Fazelpour & Danks，2021)。

- 问题规范：选择一个模型的目标需要对我们认为重要的事情进行价值判断，这可能导致偏见的产生(Fazelpour & Danks，2021)。如果我们未能成功实施这些选择，并且问题规范未能捕捉到我们的预期目标，可能会进一步产生偏见(Mitchell等，2021)。
- 数据：当数据集不具代表性或不完整时，可能导致算法偏见(Danks & London，2017)。例如，PULSE面部超分辨率算法(Menon等，2020)是在主要包含白人名人照片的数据库上训练的。当应用于巴拉克·奥巴马的低分辨率肖像时，它生成了一张白人男性的照片(Vincent，2020)。

如果生成训练数据的社会对边缘化社区存在结构性的偏见，即使完整和具有代表性的数据显示也会引发偏见(Mayson，2018)。例如，在美国，黑人比白人更频繁地受到警察监管和监禁。因此，用于训练再犯预测模型的历史数据已经对黑人社区存在偏见。

- 建模和验证：选择数学定义来衡量模型公平性需要价值判断。价值判断存在不同但同样直观的定义，它们在逻辑上是不一致的(Kleinberg等，2017；Chouldechova，2017；Berk等，2017)。这表明需要从纯粹的数学概念化公平性转向更实质性的评估，即算法是否在实践中促进了正义(Green，2022)。

- 部署：部署的算法可能与社会中的其他算法、结构或机构相互作用，形成复杂的反馈循环，从而加深现有偏见(O’Neil, 2016)。例如，像GPT 3这样的大型语言模型(Brown等，2020)是通过网络上的数据进行训练的。然而，当GPT 3的输出在线发布时，未来模型的训练数据就会退化。这可能加剧偏见并产生新的社会伤害(Falbo & LaCroix，2022)。

不公平性可以通过交叉性考虑而加剧；社会类别可以结合在一起，形成重叠和相互依赖的压迫系统。例如，一个有色人种的女同性恋者所经历的歧视不仅仅是她作为女同性恋者、性别化或种族化可能经历的歧视的总和(Crenshaw，1991)。在人工智能领域，Buolamwini & Gebru (2018) 表明，主要在较浅肤色面孔上训练的面部分析算法在较深肤色面孔上的表现不佳。然而，它们在肤色和性别等特征组合上的表现甚至比单独考虑这些特征时预期的还要差。

当然，可以采取措施确保数据的多样化、代表性和完整性。但如果生成训练数据的社会对边缘化社区存在结构性的偏见，即使完全准确的数据集也会引发偏见。

鉴于上述算法偏见的潜力和训练数据集中代表性的缺乏，还需要考虑这些系统的输出故障率如何加剧对已经边缘化的社区的歧视(Buolamwini & Gebru, 2018；Raji & Buolamwini，2019；Raji等，2022)。

由此产生的模型可能会编纂和巩固权力或压迫系统，包括性别主义、厌女症和父权制，殖民主义和帝国主义，种族主义和白人至上主义。对偏见的视角，要保持对权力动态的敏感性，需要考虑数据中编码的历史不平等和劳动条件(Micelli等，2022)。

为了防止这种情况，我们必须积极地确保我们的算法是公平的。一种天真的方法是通过不知情实现公平，简单地从输入特征中移除受保护的属性(例如，种族、性别)。遗憾的是，这是无效的；剩余的特征仍然可以携带有关受保护属性的信息。更实际的方法首先定义一个数学标准来衡量公平性。例如，在二元分类中，分离度量要求预测 $\hat{y}$ 在给定真实标签y的条件下与受保护变量a(例如，种族)条件独立。然后以各种方式进行干预，以最小化与此度量的偏差(图21.2)。

数据收集	预处理	训练	后处理
• 识别示例并收集	• 修改标签 • 修改输入数据 • 修改输入/输出对	• 对抗性训练 • 公平性原则 • 公平性约束	• 更改阈值 • 在准确性和公平性之间权衡

图21.2 偏见缓解。针对训练流程的各个阶段，已经提出了一些方法来补偿偏见，从数据收集到对已经训练好的模型进行后处理(Barocas等，2023；Mehrabi等，2022)

一个进一步的复杂因素是，除非我们能够确定社区成员身份，否则无法判断算法是否对某个社区不公平或是否采取措施避免这种情况。大多数关于算法偏见和公平性的研究都集中在表面上的可观察的特征上，这些特征可能存在于训练数据中(例如，性别)。然而，边缘化社区的特征可能是不可观察的，这使得偏见缓解更加困难。例子包括酷儿性(Tomasev等，2021)、残疾状态、神经类型、阶级和宗教。当为了避免模型利用它们而从训练数据中移除了可观察的特征时，也会出现类似的问题。

21.1.2 人工道德代理

许多决策空间并不包括具有道德权重的行动。例如，选择下一步棋并没有明显的道德后果。然而，在其他地方，行动可以具有道德权重。例如，包括自动驾驶车辆(Awad等，2018；Evans等，2020)、致命自主武器系统(Arkin，2008a，2008b)及用于儿童保育、老年人护理和医疗保健的专业服务机器人(Anderson & Anderson, 2008；Sharkey & Sharkey，2012)的决策制定。随着这些系统的自主性增加，它们可能需要在没有人类输入的情况下做出道德决策。

这引出了人工道德代理的概念。人工道德代理是一个能够做出道德判断的自主人工智能系统。道德代理可以根据复杂性递增进行分类(Moor，2006)：

(1) 伦理影响代理是指其行动具有伦理影响的代理。因此，几乎任何部署在社会中的技术都可能被视为伦理影响代理。

(2) 隐含伦理代理是指包含一些内置安全特性的伦理影响代理。

(3) 显式伦理代理是指能够根据具体情境遵循一般道德原则或伦理规则的代理。

(4) 完全伦理代理是指具有信仰、愿望、意图、自由意志和行动具有意识的代理。

机器伦理领域在寻求创建人工道德代理的方法。这些方法可以被归类为自上而下、自下而上或混合方法(Allen等，2005)。自上而下(理论驱动)的方法直接实现并层次化地安排基于某些道德理论的具体规则以指导道德行为。阿西莫夫的“机器人三定律”是这种方法的一个简单例子。

在自下而上(学习驱动)的方法中，模型从数据中学习道德规律而无需显式编程(Wallach等，2008)。例如，Noothigattu等人(2018) 设计了一个基于投票的道德决策系统，该系统使用从道德困境中收集的人类偏好数据来学习社会偏好；然后系统总结和汇总结果以做出“道德”决策。混合方法结合了自上而下和自下而上的方法。

一些研究人员对人工道德代理的概念本身提出了质疑，并认为道德代理对于确保安全是不必要的(van Wynsberghe & Robbins，2019)。有关人工道德代理的最新综述，请参阅Cervantes等人(2019)的研究，以及Tolmeijer等人(2020)对人工道德代理技术方法的最新综述。

21.1.3 透明度与不透明度

如果一个复杂的计算系统的操作细节都是已知的，它就是透明的。如果人类能够理解系统是如何做出决策的，系统就是可解释的。在缺乏透明度或可解释性的情况下，用户和人工智能系统之间存在信息不对称，这使得确保价值观一致性变得很困难。

Creel (2020) 在几个粒度层面上描述了透明度。功能透明度指的是了解系统算法功能的知识(将输入映射到输出的逻辑规则)。本书中的方法在这个细节层面上进行了描述。结构透明度涉及知道程序是如何执行算法的。用高级编程语言编写的命令由机器代码执行时，这可能变得模糊不清。最后，运行透明度要求理解程序在特定实例中是如何执行的。对于深度网络，这包括对硬件、输入数据、训练数据及其相互作用的知识。这些都不能通过审查代码来确定。

例如，GPT3 在功能上是透明的；它的架构在 Brown 等人的研究中有所描述。然而，由于我们无法访问代码，它并不展示结构透明度，并且由于我们无法访问学习到的参数、硬件或训练数据，它也不展示运行透明度。随后的版本 GPT4 则是根本不透明的。这个商业产品的工作原理的细节是未知的。

21.1.4 可解释性

即使一个系统是透明的，这并不意味着我们能够理解决策是如何做出的，或者这个决策的产生基于什么信息。深度网络可能包含数十亿个参数，因此我们无法仅通过检查来理解它们的工作原理。然而，在某些司法管辖区，公众可能获得解释的权利。欧盟通用数据保护条例第22条建议，在决策完全基于自动化流程的情况下，所有数据主体都应该有权“获得决策的解释”。

这些困难导致了可解释人工智能子领域的发展。一个相对成功的领域是生成局部解释。尽管我们无法解释整个系统，但有时我们可以描述特定输入是如何被分类的。例如，LIME(Ribeiro等，2016)在输入附近对模型输出进行采样，并使用这些样本构建一个更简单的模型(见图21.3)。即使原始模型既不透明也不可解释，这也为分类决策提供了“洞见”。

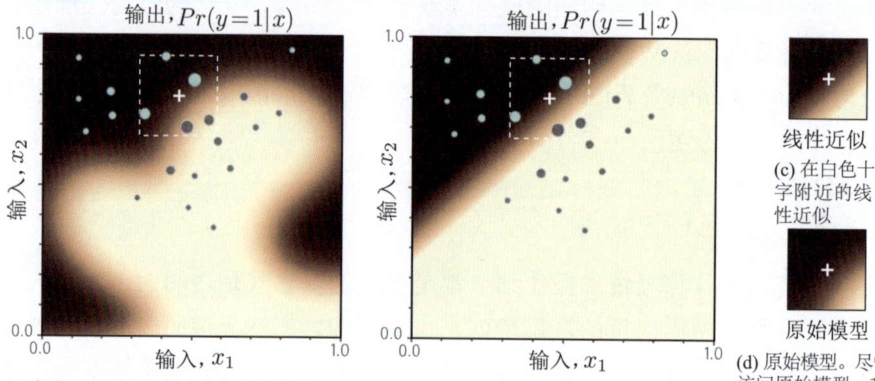

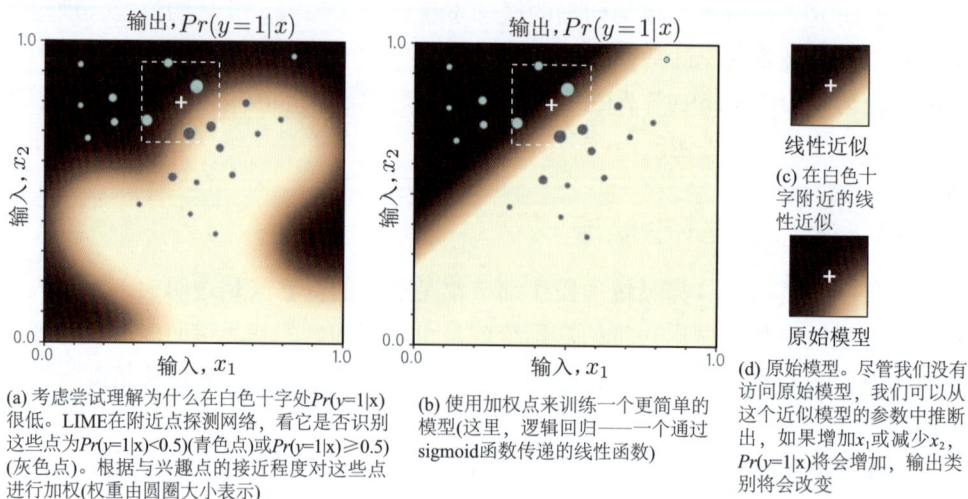

(a) 考虑尝试理解为什么在白色十字处$Pr(y=1|x)$很低。LIME在附近点探测网络，看它是否识别这些点为$Pr(y=1|x)<0.5$)(青色点)或$Pr(y=1|x)\geqslant 0.5$)(灰色点)。根据与兴趣点的接近程度对这些点进行加权(权重由圆圈大小表示)

(b) 使用加权点来训练一个更简单的模型(这里，逻辑回归——一个通过sigmoid函数传递的线性函数)

(c) 在白色十字附近的线性近似

(d) 原始模型。尽管我们没有访问原始模型，我们可以从这个近似模型的参数中推断出，如果增加x_1或减少x_2，$Pr(y=1|x)$将会增加，输出类别将会改变

图21.3 LIME。深度网络的输出函数很复杂；在高维空间中，如果没有模型的访问权限，很难知道为什么做出某个决策，或者如何修改输入来改变它

我们是否能够构建用户甚至创造者完全理解的复杂决策系统，还有待观察。关于系统可解释、可理解或可解释性的含义也存在持续的辩论(Erasmus等，2021)；目前这些概念尚无具体定义(Molnar，2022)。

21.2 故意滥用

上一节的问题源于目标不明确和信息不对称。然而，即使系统正常运作，也可能涉及不道德的行为或被故意滥用。本节突出了一些特定的由人工智能系统滥用引起的伦理问题。

21.2.1 面部识别和分析

这些技术通常并不像它们声称的那样有效(Raji等，2022)。例如，纽约大都会交通管理局在概念验证试验报告中指出面部识别在可接受参数内检测面部的失败率是100%的情况下，依然推进并扩大了面部识别的使用(Berger，2019)。同样，面部分析工具常常夸大其能力(Raji & Fried，2020)，可疑地声称能够推断出个人的性取向(Leuner，2019)、情感(Stark & Hoey，2021)、可雇佣性(Fetscherin等，2020)或犯罪性(Wu & Zhang，2016)。

21.2.2 军事化和政治干预

致命自主武器系统因其易于想象而受到重大关注，实际上许多这类系统正在

开发中(Heikkilä，2022)。同时，人工智能也促进了网络攻击和虚假信息宣传(即以欺骗为目的分享的不准确或误导性信息)。人工智能系统允许创建高度逼真的假内容，并能针对特定受众(Akers等，2018)进行大规模(Bontridder & Poullet，2021)的信息传播。

Kosinski等人(2013)表明可以通过社交媒体上的“点赞”单独预测包括性取向、种族、宗教观点、政治观点、个性特征、智力、幸福感、使用成瘾物质、父母分手、年龄和性别在内的敏感变量。从这些信息中，像“开放性”这样的个性特征可用于操纵目的(例如，改变投票行为)。

21.2.3　欺诈

遗憾的是，人工智能是自动化欺诈活动的有用工具(例如，发送大量电子邮件或文本消息，诱使人们泄露敏感信息或汇款)。生成性人工智能可以用来欺骗人们，让他们认为自己正在与合法实体互动，或生成误导或欺骗人们的假文件。此外，人工智能可能增加网络攻击的复杂性，例如生成更有说服力的钓鱼邮件或适应目标组织的防御措施。

这突出了机器学习系统中呼吁透明度的缺点：这些系统越开放和透明，就越容易受到安全风险或不良行为者的利用。例如，像ChatGPT这样的生成型语言模型已被用来编写可能用于间谍活动、勒索软件和其他恶意软件的程序和电子邮件(Goodin，2023)。

将计算机行为拟人化，特别是将意义投射到符号串上的趋势，被称为ELIZA效应(Hofstadter，1995)。这导致与复杂的聊天机器人互动时产生虚假的安全感，使人们更容易受到基于文本的欺诈，如浪漫骗局或商业电子邮件泄露方案(Abrahams，2023)。Véliz (2023) 强调，一些聊天机器人中使用的表情符号本质上是操纵性的，利用对情感图像的本能反应。

21.2.4　数据隐私

现代深度学习方法依赖于庞大的众包数据集，这些数据集可能包含敏感或私人信息。即使敏感信息被移除，辅助知识和冗余编码仍可用来对数据集进行去匿名化(Narayanan & Shmatikov，2008)。事实上，这在1997年就发生在马萨诸塞州州长威廉·韦尔德身上。在一家保险公司发布了已经去除明显个人信息(如患者姓名和地址)的健康记录后，一位有抱负的研究生通过与公共选民名册交叉引用，成功地“去匿名化”出哪些记录属于州长韦尔德。

因此，隐私优先的设计对于确保个人信息的安全至关重要，尤其是在将深度学习技术应用于高风险领域，如医疗保健和金融时。差分隐私和语义安全(同态加密或安全多方计算)方法可用于确保模型训练期间的数据安全(Mireshghallah等，2020；Boulemtafes等，2020)。

21.3 其他社会、伦理和专业问题

上一节确定了人工智能可能被故意滥用的领域。本节描述广泛采用人工智能的其他潜在副作用。

21.3.1 知识产权

知识产权(IP)可以被定义为非物质财产，是原创思想的产物(Moore & Himma, 2022)。在实践中，许多人工智能模型是在受版权保护的材料上训练的。因此，这些模型的部署可能带来法律和道德风险，并违反知识产权(Henderson等，2023)。

有时，这些问题是明确的。当语言模型被提示使用受版权保护的材料的摘录时，它们的输出可能包括逐字逐句的版权文本，类似的问题也适用于扩散模型中的图像生成(Henderson等，2023; Carlini等，2022，2023)。即使训练属于“合理使用”，在某些情况下，这可能侵犯内容创作者的道德权利(Weidinger等，2022)。

更微妙的是，生成型模型(第12章，第14~18章)提出了关于人工智能和知识产权的新问题。机器学习模型的输出(例如，艺术、音乐、代码、文本)是否可以受到版权或专利保护？在道德上或法律上是否可以接受对特定艺术家的作品进行微调以再现该艺术家的风格？知识产权法是一个突显现有立法没有考虑机器学习模型的领域。尽管政府和法院可能在不久的将来设立判例，但在撰写本书时，这些问题仍然是悬而未决的。

21.3.2 自动化偏见和道德技能退化

随着社会对人工智能系统的依赖增加，自动化偏见的风险也在增加(即，因为它们是“客观的”，所以预期模型的输出是正确的)。这导致了量化方法比定性方法更好的观点。

社会学中的技能退化概念指的是在自动化面前技能的多余和贬值(Braverman，1974)。例如，将记忆等认知技能卸载到技术上可能导致我们记忆事物的能力下降。

类似地，人工智能在道德负载决策中的自动化可能导致我们道德能力的下降(Vallor，2015)。例如，在战争背景下，武器系统的自动化可能导致战争迫害者的非人化(Asaro，2012；Heyns，2017)。同样，在老年人、儿童或医疗保健环境中的护理机器人可能减少我们之间相互照顾的能力(van Wynsberghe，2011)。

21.3.3　环境影响

训练深度网络需要大量的计算能力，因此会消耗大量能源。Strubell等人(2019，2020)估计，训练一个具有2.13亿个参数的Transformer模型(Transformer Model)排放了大约284吨二氧化碳。Luccioni等人(2022)为训练BLOOM语言模型产生的排放提供了类似的估计。遗憾的是，封闭的、专有模型的日益普及意味着我们对这类训练的环境影响一无所知(Luccioni，2023)。

21.3.4　就业和社会

技术创新的历史就是工作岗位被替代的历史。2018年，麦肯锡全球研究所估计，到2030年，人工智能可能通过自动化替代劳动力，使经济产出增加约13万亿美元(Bughin等，2018)。麦肯锡全球研究所的另一项研究表明，由于人工智能，高达30%的全球劳动力(10亿人)的工作可能会在2016年至2030年之间被替代(Manyika等，2017；Manyika & Sneader，2018)。

然而，预测本质上是困难的，尽管人工智能的自动化可能导致短期的工作岗位损失，但技术失业的概念被描述为"暂时的不适应阶段"(Keynes，2010)。这是因为财富的增长可以通过增加对产品和服务的需求来抵消生产力的增长。此外，新技术可以创造新的工作类型。

即使从长远来看自动化不会导致总体就业净损失，短期内可能需要新的社会计划。因此，无论一个人对人工智能带来的失业可能性是乐观的(Brynjolfsson & McAfee，2016；Danaher，2019)、中立的(Metcalf等，2016；Calo，2018；Frey，2019)还是悲观的(Frey & Osborne，2017)，很明显，社会都将发生显著变化。

21.3.5　权力集中

随着深度网络规模的增加，训练这些模型所需的数据量和计算能力也相应增加。在这方面，小型公司和初创公司可能无法与大型、成熟的科技公司竞争。这可能导致权力和财富越来越集中在少数公司手中的反馈循环。最近的一项研究发现，大型科技公司和"精英"大学与中层或低层大学的主要人工智能成果存在越来越大的差异(Ahmed & Wahed, 2016)。在许多观点中，这种财富和权力的集中与社会中的公正分配是不兼容的(Rawls，1971)。

这引发了要求通过让每个人都能创建此类系统来民主化人工智能的呼声(Li，2018；Knight，2018；Kratsios，2019；Riedl，2020)。这一过程需要通过开源和开放科学使深度学习技术更广泛地可用和更易于使用，以便更多的人能够从中受益。这降低了进入门槛，增加了对人工智能的访问，同时降低了成本，确保了模型的准确性，并增加了参与和包容性(Ahmed等，2020)。

21.4 案例研究

现在我们描述一个案例研究，它涉及我们在本章讨论的许多问题。2018年，流行媒体报道了一个有争议的面部分析模型——被称为“同性恋雷达AI”(Wang & Kosinski，2018)，标题耸人听闻，如“人工智能可以告诉你是不是同性恋：人工智能从一张照片中以惊人的准确性预测性取向”(Ahmed，2017)，“一个令人恐惧的人工智能可以91%的准确率判断一个人是不是同性恋”(Matsakis，2017)，以及“人工智能系统可以告诉你是不是同性恋”(Fernandez，2017)。

这项工作存在许多问题。第一，训练数据集存在高度偏见且不具有代表性，主要由白人图像组成。第二，考虑到性别和性的流动性，建模和验证也是值得质疑的。第三，这样一个模型最明显的用例是针对性的歧视。第四，关于透明度、可解释性及更广泛的价值观一致性，“同性恋雷达”模型似乎捕捉到了由于修饰、呈现和生活方式的模式而产生的似是而非的相关性，而不是作者所声称的面部结构。第五，关于数据隐私，从约会网站爬取“公共”照片和性取向标签引发了伦理问题。第六，关于科学沟通，研究人员以一种肯定会登上头条新闻的方式传达了他们的结果：甚至论文的标题也夸大了模型的能力：“深度神经网络可以从面部检测性取向”。

还应该清楚的是，一个用于确定性取向的面部分析模型对LGBTQ+社区没有任何好处。如果它要造福社会，最重要的问题是，一个特定的研究、实验、模型、应用或技术是否符合它所涉及的社区的利益。

21.5 科学的价值中立理想

本章列举了人工智能系统的目标可能无意中(或由于滥用)而偏离人类价值观的多种方式。我们现在认为，科学家并不是中立的行动者，他们的价值观不可避免地影响着他们的工作。

也许这令人惊讶。人们普遍认为科学应该是客观的。这通过科学的价值中立理想得到了体现。许多人可能认为机器学习是客观的，因为算法只是数学。然而，类似于算法偏见(第21.1.1节)，人工智能从业者的价值观可以在四个阶段影响他们的工作(Reiss & Sprenger，2017)：

(1) 研究问题的选择。

(2) 收集与研究问题相关的证据。

(3) 接受科学假设作为问题的答案。

(4) 应用科学研究的结果。

或许无可争议的是，价值观在这些阶段的第一步和最后一步中扮演了重要角色。研究问题的初始选择和随后应用的选择受到科学家、机构和资助机构的利益的影响。然而，科学的价值中立理想要求将道德、个人、社会、政治和文化价值观的影响在科学研究过程中最小化。这一理念预设了价值中立论，它表明科学家可以(至少在原则上)在不做出以上价值判断的情况下关注阶段(2)和(3)。

然而，无论是不是有意的，价值观都被嵌入机器学习研究中。这些价值观中的大多数将被归类为认识论(如性能、泛化、建立在过去的工作上、效率、新颖性)。但决定一组价值观本身就是一个充满价值观的决策；很少有论文明确讨论社会需求，更少的论文讨论潜在的负面影响(Birhane等，2022b)。科学哲学家已经质疑了科学价值中立理想的可实现性或可取性。例如，Longino(1990，1996)认为这些认识论价值观并非纯粹是认识论的。

Kitcher(2011a，2011b)认为，科学家通常并不关心真理本身；相反，他们追求与他们的目标和兴趣相关的真理。

机器学习依赖于归纳推理，因此容易受到归纳风险的影响。模型只在训练数据点上受到限制，而维数的诅咒意味着这是一个极小比例的输入空间；输出总是可能出错，无论我们使用多少数据来训练模型。因此，选择接受或拒绝模型预测需要价值判断：例如我们在接受时出错的风险低于我们在拒绝时出错的风险。

因此，归纳推理的使用意味着机器学习模型深受价值观的影响(Johnson，2022)。事实上，如果它们不受价值观的影响，将没有应用的价值：正是因为它们带有价值观，它们才是有用的。因此，接受算法被用于现实世界中的排名、排序、过滤、推荐、分类、标记、预测等，意味着这些过程将受现实世界的影响。随着机器学习系统越来越多地被商业化和应用，它们在我们关心的事物中变得更加根深蒂固。

这些见解对于那些认为算法比人类决策者更客观的研究人员具有重要意义。

21.6　负责任的人工智能研究作为集体行动问题

推卸责任很容易。阅读本章的学生和专业人士可能认为他们的工作与现实世界相距甚远或只是更大机器的一小部分，因此他们的行动不可能产生影响。然而，这是错误的。研究人员通常可以选择他们投入时间的项目、他们工作的公司或机构、他们寻求的知识、他们互动的社会和知识圈子及他们的沟通方式。

做正确的事情，无论这可能包括什么，通常表现为一种社会困境；最好的结果取决于合作，尽管合作不一定符合个体的利益：负责任的人工智能研究是一个集体行动的问题。

21.6.1 科学沟通

一个积极的步骤是负责任地沟通。在许多类型的社交网络中，错误信息比真相传播得更快，也容易更持久(LaCroix等，2021；Ceylan等，2023)。因此，不要夸大机器学习系统的能力(见上面的案例研究)并尽量避免误导性的拟人化是很重要的。同样重要的是要意识到机器学习技术误用的可能性。例如，颅相学和面相学等伪科学实践在人工智能中意外地复兴了(Stark & Hutson，2022)。

21.6.2 多样性和异质性

另一个积极的步骤是鼓励多样性。当社会群体是同质的(主要由相似的成员组成)或具有同质性(包括倾向于与气味相投者联系的成员)时，占主导地位的群体往往会重述并稳定其传统(O'Connor & Bruner，2019)。减轻压迫系统的一种方式是确保考虑不同的观点。这可以通过公平、多样性、包容性和可访问性倡议(在机构层面)，通过研究层面的参与性和基于社区的方法，以及提高对社交、政治和道德问题的认识(在个人层面)来实现。

立场认识论的理论(Harding，1986)表明，知识是社会定位的(即，取决于一个人在社会中的社会地位)。技术圈的同质性可能导致有偏见的技术(Noble，2018；Eubanks，2018；Benjamin，2019；Broussard, 2023)。缺乏多样性意味着创造这些技术个体的视角将渗透到数据集、算法和代码中，成为默认视角。Broussard(2023)认为，由于许多技术是由身体健全、白人、顺性别、美国男性开发的，因此这些技术是为身体健全、白人、顺性别、美国男性优化的，他们的视角被视为现状。要确保技术惠及历史上被边缘化的社区，研究人员需要理解这些社区的需求、愿望和视角(Birhane等，2022a)。“设计正义”及基于参与和社区的人工智能研究方法主张：受技术影响的社区应该积极参与它们的设计(Constanza-Chock，2020)。

21.7 未来的方向

不可否认，无论如何人工智能将彻底改变社会。然而，应该谨慎对待由人工智能驱动的未来乌托邦社会的乐观愿景，并进行健康的批判性反思。人工智能的许多被吹捧的好处只有在特定情境下，对一部分社会才是有益的。例如，Green(2019)强调，一个使用人工智能增强警察问责和替代监禁的项目，另一个旨在通过预测性警务增加安全性的项目，都被宣传为“人工智能造福社会”。赋予这个标签是一种缺乏任何基本原则的价值判断；一个社区的福音是另一个社区的伤痛。

当考虑新兴技术为社会带来利益的潜力时，有必要反思这些好处是否会被平等或公平地分配。人们常常假设技术最先进的解决方案是最好的——所谓的技术沙文主义(Broussard，2018)。然而，许多社会问题源于潜在的社会问题，不需要技术解决方案。

本章出现了一些共同的主题，我们希望向读者强调四个关键点。

(1) 机器学习的研究无法避免伦理问题。历史上，研究人员可以在受控的实验室环境中专注于工作的基本原理。然后，由于将人工智能商业化会带来巨大的经济激励，以及学术工作在多大程度上由行业资助(Abdalla & Abdalla，2021)，这种奢侈的自由正在减少；即使是理论研究也可能对社会产生影响，因此研究人员必须考虑他们工作的社会和伦理因素。

(2) 即使是纯粹的技术决策也可能充满价值观。人们仍然普遍认为人工智能本质上只是数学，因此它是“客观的”，伦理无关紧要。当我们考虑人工智能系统的创建或部署时，这种假设是不正确的。

(3) 我们应该质疑使用人工智能进行工作的结构。关于人工智能伦理的许多研究集中在特定情况下，而不是质疑将部署人工智能的更大的社会结构。例如，确保算法公平性引起了相当大的兴趣，但在现有的社会和政治结构内，可能不总是能够实现公平、正义或公平的概念。因此，技术本质上是政治的。

(4) 社会和伦理问题不一定需要技术解决方案。围绕人工智能技术的许多潜在伦理问题主要是社会和结构性的，因此单纯的技术创新不能解决这些问题；如果科学家要使用新技术实现积极的变化，那么他们必须有政治和道德立场。

这对普通科学家意味着什么？也许有以下要求：有必要反思自己工作的道德和社会维度。这可能需要积极接触可能受新技术影响最大的社区，从而培养研究人员和社区之间的关系并赋予这些社区权力。同样，这可能涉及参与自己学科之外的文献。对于哲学问题，斯坦福哲学百科全书(Stanford Encyclopedia of Philosophy)是一个宝贵的资源。跨学科会议在这方面也很有用，FAccT和AIES会议发表了许多领先的成果。

21.8　本章小结

本章考虑了深度学习和人工智能的伦理含义。价值一致性问题的任务是确保人工智能系统的目标与人类目标一致。偏见、可解释性、人工道德代理等主题可以通过这个镜头来查看。人工智能可能被故意滥用，本章详细说明了这种情况可能发生的一些方式。在知识产权法和气候变化等不同领域，人工智能的进展有进一步的影响。

伦理人工智能是一个集体行动问题，本章最后呼吁科学家考虑他们工作的道德和伦理影响。并不是每个计算机科学家都能把控每一个伦理问题。这意味着研究人员有责任去考虑(并在可能的情况下减轻)他们所创造的系统被滥用的可能性。

21.9 问题

问题21.1 有人建议，人工智能价值观一致性问题最常见的规范是“确保人工智能系统的价值观与人类的价值观一致”的问题。讨论这个问题陈述的不足之处。

讨论资源：LaCroix (2023)。

问题21.2 古德哈特定律(Goodhart’s law)指出，“当一个度量成为目标时，它就不再是一个好的度量。” 考虑到损失函数只是我们真正目标的代理，思考这个定律如何被重新构思以符合人工智能的价值一致性。

问题21.3 假设一所大学使用过去学生的数据来构建预测“学生成功”的模型，这些模型可以支持政策和实践的知情变更。考虑偏见如何影响这个模型的开发和部署的四个阶段。

讨论资源：Fazelpour & Danks (2021)。

问题21.4 我们可能认为功能性透明度、结构性透明度和运行透明度是正交的。提供一个例子，说明一种透明度的增加可能不会导致另一种透明度的相应增加。

讨论资源：Creel (2020)。

问题21.5 如果计算机科学家写了一篇关于人工智能的研究论文或将代码推送到公共代码库，你认为他们是否应对其工作的未来滥用负责？

问题21.6 你认为人工智能的军事化在多大程度上是不可避免的？

问题21.7 鉴于第21.2节强调的人工智能可能的滥用，为深度学习研究的开源文化提出支持和反对的论点。

问题21.8 一些人建议，个人数据是拥有者的权力来源。讨论个人数据对利用深度学习的公司的价值，并考虑隐私损失是集体体验而非个体体验的说法。

讨论资源：Véliz (2020)。

问题21.9 生成型人工智能对创意产业有何影响？你认为知识产权法应该如何修改以应对这一新发展？

问题21.10　一个好的预测必须：①足够具体，以知道它何时是错误的，②考虑可能的认知偏见，③允许合理地更新信念。考虑最近媒体上关于未来人工智能的任何声明，并讨论它是否满足这些标准。

讨论资源：Tetlock & Gardner (2016)。

问题21.11　一些批评家认为，对人工智能民主化的呼声过于强调了民主的参与方面，这可能增加集体感知、推理和代理中的错误风险，导致不良的道德结果。反思以下各点：人工智能的哪些方面应该被民主化？为什么要民主化人工智能？应该如何民主化人工智能？

讨论资源：Himmelreich (2022)。

问题21.12　2023年3月，生命未来研究所发布了一封公开信，“暂停巨型人工智能实验”，其中他们呼吁所有人工智能实验室立即暂停比GPT-4更强大的人工智能系统的训练，至少六个月。讨论作者写这封信的动机，公众反应，以及这样的暂停的影响。将这一事件与人工智能伦理可以被视为集体行动问题的观点(第21.6节)联系起来。

讨论资源：Gebru et al. (2023)。

问题21.13　讨论第21.7节中四点的正确性。你同意这些观点吗？

附录A

符号表示

附录A详细说明了本书中使用的符号表示。尽管它们主要遵循计算机科学中的标准惯例，但由于深度学习适用于许多不同的领域，因此本章做了完整的阐释。此外，有一些本书的特定符号表示惯例，包括函数的表示法以及参数和变量之间的系统区分。

标量、向量、矩阵和张量

标量由小写或大写字母a、A、α表示。列向量(即，数字的一维数组)由小写粗体字母$\mathbf{a}$、$\boldsymbol{\phi}$表示，行向量作为列向量的转置表示为$\mathbf{a}^{\mathrm{T}}$，$\boldsymbol{\phi}^{\mathrm{T}}$。矩阵和张量(即，数字的二维和$N$维数组)都由粗体大写字母$\boldsymbol{B}$、$\boldsymbol{\Phi}$表示。

变量和参数

变量(通常是指函数的输入、输出或中间计算)始终由罗马字母a、b、C表示。参数(函数内或概率分布中的)始终由希腊字母α、β、Γ表示。通用的、未指定的参数由ϕ表示。本书中除了强化学习中的策略，按照惯例用π表示之外，一直保持这种区分。

集合

集合由花括号表示，例如$\{0,1,2\}$表示非负数字0、1和2。符号$\{0, 1, 2, ...\}$表示正整数集合。有时，我们想要指定一组变量，$\{x_i\}_{i=1}^{I}$表示I个变量$x_1, ..., x_I$。当不需要指定集合中有多少项时，这被简化为$\{x\}$。符号$\{x_i, y_i\}_{i=1}^{I}$表示I对x_i，y_i的集合。集合的命名惯例是使用花体字母。值得注意的是，$\mathcal{B}_t$用来表示在训练过程中第t次迭代的批次索引集合。集合$\mathcal{S}$中元素的数量由$|\mathcal{S}|$表示。

集合$\mathbb{R}$表示实数集。集合$\mathbb{R}^+$表示非负实数集。符号$\mathbb{R}^D$表示包含实数的

D维向量集。符号 $\mathbb{R}^{D_1 \times D_2}$ 表示尺寸为 $D_1 \times D_2$ 的矩阵集。符号 $\mathbb{R}^{D_1 D_2 D_3}$ 表示大小为 $D_1 \times D_2 \times D_3$ 的张量集，以此类推。

符号 $[a, b]$ 表示包括a和b在内的从a到b的实数。当方括号被圆括号替换时，这意味着相邻的值不包含在集合中。例如，集合 $(-\pi, \pi]$ 表示从$-\pi$到π的实数，但不包括$-\pi$。

集合成员资格由符号 $\in$表示，所以 $x \in \mathbb{R}^+$ 意味着变量x是非负实数，而符号 $\Sigma \in \mathbb{R}^{D \times D}$ 表示Σ是$D \times D$大小的矩阵。有时，我们想要系统地逐个处理集合中的每个元素，符号 $\forall \{1, ..., K\}$ 意味着从1到K的所有整数。

函数

函数以名称开始，后跟包含函数参数的方括号。例如，$\log[x]$ 返回变量x的对数。当函数返回一个向量时，它以粗体小写字母开始。例如，函数 $\mathbf{y} = \mathbf{mlp}[\mathbf{x}, \phi]$ 返回向量$\mathbf{y}$并有向量参数$\mathbf{x}$和 ϕ。当函数返回一个矩阵或张量时，它以粗体大写字母开始。例如，函数 $\mathbf{Y} = \mathbf{Sa}[\mathbf{X}, \phi]$ 返回矩阵$\mathbf{Y}$并有参数$\mathbf{X}$和 ϕ。当我们想故意让函数的参数保持模糊时，我们使用小圆点符号(例如，$\mathbf{mlp}[\bullet, \phi]$)。

最小化和最大化

全书反复使用一些特殊函数：

- 函数 $\min_x[f[x]]$ 返回变量x所有可能值上的函数$f[x]$ 的最小值。这种符号经常在不指定如何找到这个最小值的细节的情况下使用。
- 函数 $\text{argmin}\, x[f[x]]$ 返回使 $f[x]$ 最小化的 x 的值，所以如果 $y = \text{argmin}\, x[f[x]]$，那么 $\min x[f[x]] = f[y]$ 。
- 函数 $\max x[f[x]]$ 和 $\text{argmax}\, x[f[x]]$ 执行等效的操作以最大化函数的值。

概率分布

概率分布应写作 $Pr(x = a)$，表示随机变量x取值为a。然而，这种符号很笨重。因此，我们通常简化为只写 $Pr(x)$，其中x表示随机变量或根据方程的意义所取的值。给定x的条件下y的条件概率写为 $Pr(y \mid x)$。y和x的联合概率写为 $Pr(y, x)$。这两种形式可以结合，所以 $Pr(\mathbf{y} \mid \mathbf{x}, \phi)$ 表示在我们知道x和 ϕ 的情况下变量y的概率。类似地，$Pr(y, x \mid \phi)$ 表示在我们知道 ϕ 的情况下变量y和x的概率。当我们需要同一变量上的两个概率分布时，我们写 $Pr(x)$ 表示第一个分布，$q(x)$ 表示第二个。更多关于概率分布的信息可以在附录C中找到。

渐进符号

渐进符号用于比较不同算法在输入大小增加D时所做的工作量。这可以通过多种方式完成，但本书只使用大O符号，它表示算法中计算增长的严格上界。如果存在一个常数 $c > 0$ 和整数 n_0 使得对于所有 $n > n_0$ 有 $f[n] < c * g[n]$，则函数 $f[n]$

是 $O[g[n]]$。

这种符号提供了算法最糟运行情况的时间的界限。例如，当我们说一个$D\times D$矩阵的求逆计算是$O[D^3]$时，我们的意思是一旦D足够大，计算将不会比某个常数乘以D^3 的增长速度更快。这让我们对求逆不同大小的矩阵的可行性有一个概念性的认知。如果$D=10^3$，那么可能需要 10^9次操作来求它的逆。

其他

数学方程中的小点旨在提高阅读的便利性，没有实际意义(或只是意味着乘法)。例如，$a\cdot f[x]$与$af[x]$是相同，但前者更容易阅读。为了避免歧义，点积写作$\boldsymbol{a}^{\mathrm{T}}\boldsymbol{b}$(见附录B.3.4)。左箭头符号$\leftarrow$表示赋值，所以$x\leftarrow x+2$意味着我们正在给$x$的当前值加上2。

附录B 数学

附录B回顾了正文中使用的一些数学概念。

B.1 函数

函数定义了一个从集合X(例如，实数集)到另一个集合Y的映射。单射是每个在第一个集合中的元素都映射到第二个集合的一个位置上的函数(但第二个集合中可能有未被映射到的元素)。满射是第二个集合中的每个元素都从第一个集合接收一个映射的函数(但第一个集合中的多个元素可能映射到第二个集合中的同一个元素)。双射或双射映射是同时具有单射和满射特性的函数。它在两个集合的成员之间具有一一对应的关系。微分同胚是一个特殊的双射，其中正向和反向映射都是可微的。

B.1.1 利普希茨常数

如果对于所有的z_1, z_2，函数$f[z]$满足以下条件，则称该函数是利普希茨(Lipschitz)连续的：

$$\| f[z_1] - f[z_2] \| \leqslant \beta \| z_1 - z_2 \| \tag{B.1}$$

其中β被称为利普希茨常数，它确定了根据距离变化度量的函数的最大梯度(即函数变化的速度)。如果利普希茨常数小于1，那么该函数是一个压缩映射，我们可使用巴拿赫定理(Banach's theorem)找到任意点的逆(见图16.9)。

两个具有利普希茨常数β_1和β_2的函数组合，会得到一个新的利普希茨连续函数，其常数小于或等于$\beta_1\beta_2$。将两个具有利普希茨常数β_1和β_2的函数相加，会得到一个新的利普希茨连续函数，其常数小于或等于$\beta_1+\beta_2$。线性变换

$\boldsymbol{f}[\boldsymbol{z}]=\boldsymbol{A}\boldsymbol{z}+\boldsymbol{b}$ 的利普希茨常数等于矩阵$\boldsymbol{A}$的最大特征值。

B.1.2 凸性

如果可在函数上任意两点之间画一条直线，并且这条直线始终位于函数之上，则该函数是凸的。类似地，如果任意两点之间的直线始终位于函数之下，则该函数是凹的。根据定义，凸(凹)函数最多只有一个最小(最大)值。

如果可以画出区域$\mathbb{R}^D$边界上任意两点之间的一条直线，而这条直线不会在另一处与边界相交，则该区域是凸的。梯度下降保证能找到任何既是凸的又定义在凸区域上的函数的全局最小值。

B.1.3 特殊函数

正文中使用了以下函数：

- 指数函数 $y=\exp[x]$ (图B.1(a))将实变量 $x\in\mathbb{R}$ 映射到非负数 $y\in\mathcal{R}^+$，即 $y=\mathrm{e}^x$。
- 对数 $x=\log[y]$ (图B.1(b))是指数函数的逆函数，将非负数 $y\in\mathcal{R}^+$ 映射到实变量 $x\in\mathbb{R}$。注意，本书中所有的对数都是自然对数(即以e为底)。
- 伽马函数 $\Gamma[x]$ (图B.1(c))定义为：

$$\Gamma[x]=\int_0^\infty t^{x-1}\mathrm{e}^{-t}\mathrm{d}t \tag{B.2}$$

  这将阶乘函数扩展到连续值，使得当 $x\in\{1,2,\ldots\}$ 时，$\Gamma[x]=(x-1)!$。
- 狄拉克 δ 函数 $\delta[z]$ 的总面积为1，全部集中在位置 $z=0$。一个包含N个元素的数据集可看作由N个中心在每个数据点x_i处，并且按$1/N$缩放的δ函数组成的概率分布。δ函数通常被画成箭头形状(如图5.12)。δ函数具有一个关键属性：

$$\int f[x]\delta[x-x_0]\mathrm{d}x=f[x_0] \tag{B.3}$$

B.1.4 斯特林公式

斯特林公式(Stirling's formula)(图B.2)使用下式近似阶乘函数(因此也近似伽马函数)：

$$x!\approx\sqrt{2\pi x}\left(\frac{x}{\mathrm{e}}\right)^x \tag{B.4}$$

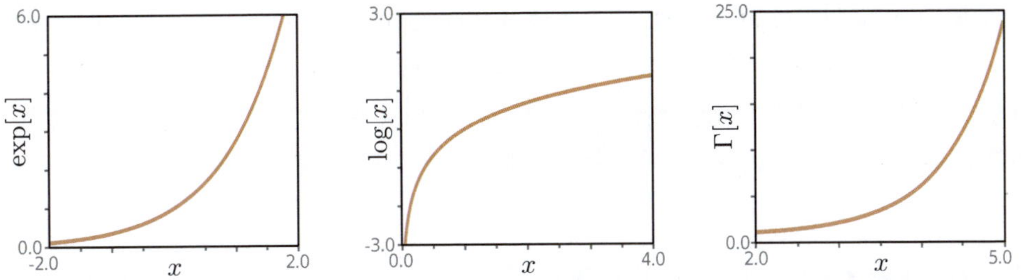

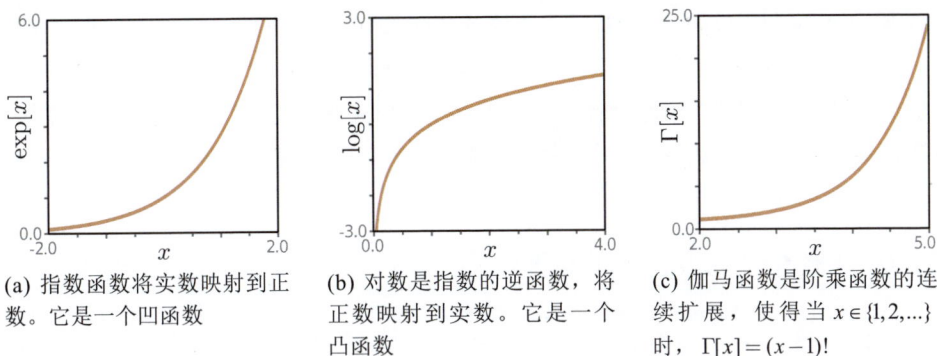

(a) 指数函数将实数映射到正数。它是一个凹函数

(b) 对数是指数的逆函数，将正数映射到实数。它是一个凸函数

(c) 伽马函数是阶乘函数的连续扩展，使得当 $x \in \{1,2,...\}$ 时，$\Gamma[x]=(x-1)!$

图B.1　指数函数、对数和伽马函数

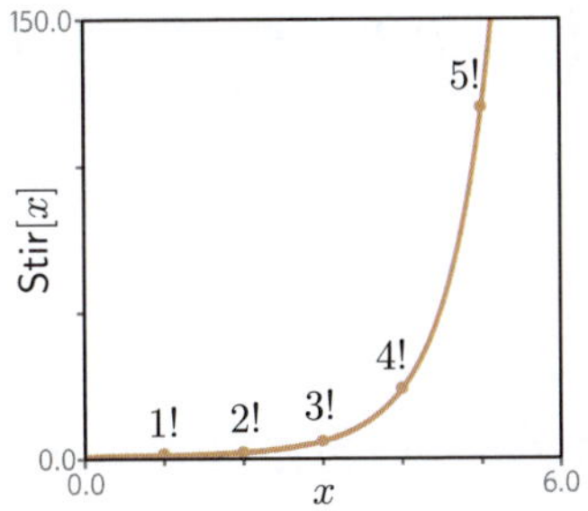

图B.2　斯特林公式。阶乘函数 $x!$ 可以通过斯特林公式 $\text{Stir}[x]$ 近似，该公式对所有实数值定义

B.2　二项式系数

二项式系数写作 $\binom{n}{k}$，读作“从n中选取k”。它们是正整数，表示从n个元素的集合中不重复地选择一个包含k个元素的无序子集的方式的数量。二项式系数可使用以下简单公式计算：

$$\binom{n}{k}=\frac{n!}{k!(n-k)!} \tag{B.5}$$

B.2.1　自相关

连续函数 $f[z]$ 的自相关 $r[\tau]$ 定义为：

$$r[\tau]=\int_{-\infty}^{\infty} f[t+\tau]f[t]\mathrm{d}t \tag{B.6}$$

其中 τ 是时间滞后。有时，这会被 $r[0]$ 标准化，以便时间滞后为零时自相关为1。自相关函数是衡量函数与自身作为偏移量(即时间滞后)函数的相关性的一种度量。如果一个函数变化缓慢且可预测，则自相关函数会随着时间滞后从零增加而缓慢减小。如果函数变化快且不可预测，则它会迅速减小到零。

B.3 向量、矩阵和张量

在机器学习中，向量 $\mathbf{x}\in\mathbb{R}^{D}$ 是一个一维数组，包含D个数字，我们假设它们以列的形式组织。类似地，矩阵 $\mathbf{y}\in\mathbb{R}^{D_1\times D_2}$ 是一个二维数组，包含 D_1 行和 D_2 列的数字。张量 $\mathbf{z}\in\mathbb{R}^{D_1\times D_2\ldots\times D_N}$ 是一个N维数组。令人困惑的是，在深度学习API(如PyTorch和TensorFlow)中，这三个量都被存储在被称为“张量”的对象中。

B.3.1 转置

矩阵 $\mathbf{A}\in\mathbb{R}^{D_1\times D_2}$ 的转置 $\mathbf{A}^{\mathrm{T}}\in\mathbb{R}^{D_2\times D_1}$ 是通过围绕主对角线反射形成的，使得第k列变成第k行，反之亦然。如果对矩阵乘积$\mathbf{AB}$取转置，那么取原始矩阵的转置，但顺序相反，即：

$$(\mathbf{AB})^{\mathrm{T}}=\mathbf{B}^{\mathrm{T}}\mathbf{A}^{\mathrm{T}} \tag{B.7}$$

列向量$\mathbf{a}$的转置是行向量 $\mathbf{a}^{\mathrm{T}}$，反之亦然。

B.3.2 向量和矩阵范数

对于向量$\mathbf{z}$，ℓ_p 范数定义为：

$$\|\mathbf{z}\|_p=\left(\sum_{d=1}^{D}|z_d|^p\right)^{1/p} \tag{B.8}$$

当$p=2$时，这返回向量的长度，被称为欧几里得范数。在深度学习中，这种情况最常用，通常省略指数p，欧几里得范数简写为$\|\mathbf{z}\|$。当$p=\infty$时，操作符返回向量中的最大绝对值。

矩阵的范数也可用类似的方式计算。例如，矩阵$\mathbf{Z}$的 ℓ_2 范数(被称为Frobenius范数)计算为：

$$\|\mathbf{Z}\|_F=\left(\sum_{i=1}^{I}\sum_{j=1}^{J}|z_{ij}|^2\right)^{1/2} \tag{B.9}$$

B.3.3 矩阵乘积

两个矩阵 $\boldsymbol{A}\in\mathbb{R}^{D_1\times D_2}$ 和 $\boldsymbol{B}\in\mathbb{R}^{D_2\times D_3}$ 的乘积 $\boldsymbol{C}=\boldsymbol{AB}$ 是一个第三矩阵 $\boldsymbol{C}\in\mathbb{R}^{D_1\times D_3}$，其中：

$$C_{ij}=\sum_{d=1}^{D_2}A_{id}B_{dj} \tag{B.10}$$

B.3.4 向量的点积

两个向量 $\boldsymbol{a}\in\mathbb{R}^D$ 和 $\boldsymbol{b}\in\mathbb{R}^D$ 的点积 $\boldsymbol{a}^{\mathrm{T}}\boldsymbol{b}$ 是一个标量，定义为：

$$\boldsymbol{a}^{\mathrm{T}}\boldsymbol{b}=\boldsymbol{b}^{\mathrm{T}}\boldsymbol{a}=\sum_{d=1}^{D}a_d b_d \tag{B.11}$$

点积也可以表示为第一个向量的欧几里得范数乘以第二个向量的欧几里得范数乘以它们之间的角度 θ 的余弦值：

$$\boldsymbol{a}^{\mathrm{T}}\boldsymbol{b}=\|\boldsymbol{a}\|\|\boldsymbol{b}\|\cos[\theta] \tag{B.12}$$

可以证明，点积与第一个向量的欧几里得范数成比例。

B.3.5 逆矩阵

一个方阵 $\boldsymbol{A}$ 可能有(也可能没有)一个逆矩阵 $\boldsymbol{A}^{-1}$，使得 $\boldsymbol{A}^{-1}\boldsymbol{A}=\boldsymbol{A}\boldsymbol{A}^{-1}=\boldsymbol{I}$。如果一个矩阵没有逆矩阵，它被称为奇异矩阵。如果我们对矩阵乘积 $\boldsymbol{AB}$ 取逆矩阵，那么也可分别对每个矩阵取逆矩阵，并反转乘法的顺序。

$$(\boldsymbol{AB})^{-1}=\boldsymbol{B}^{-1}\boldsymbol{A}^{-1} \tag{B.13}$$

一般来说，对一个 $D\times D$ 矩阵求逆需要 $\mathcal{O}[D^3]$ 次操作。然而，对于特殊类型的矩阵，包括对角矩阵、正交矩阵和三角矩阵(见B.4节)，求逆更高效。

B.3.6 子空间

考虑一个矩阵 $\boldsymbol{A}\in\mathbb{R}^{D_1\times D_2}$。如果矩阵的列数 D_2 小于行数 D_1，即矩阵是“纵向”的)，那么乘积 $\boldsymbol{Ax}$ 无法到达 D_1 维输出空间中的所有可能位置。这个乘积由 $\boldsymbol{A}$ 的 D_2 列和 $\boldsymbol{x}$ 的 D_2 个元素加权组成，只能到达由这些列扩张成的线性子空间。这称为矩阵的列空间。无法到达的空间的其余部分(即对于所有的 $\boldsymbol{x}$，都有 $\boldsymbol{Ax}=0$)被称为矩阵的零空间。

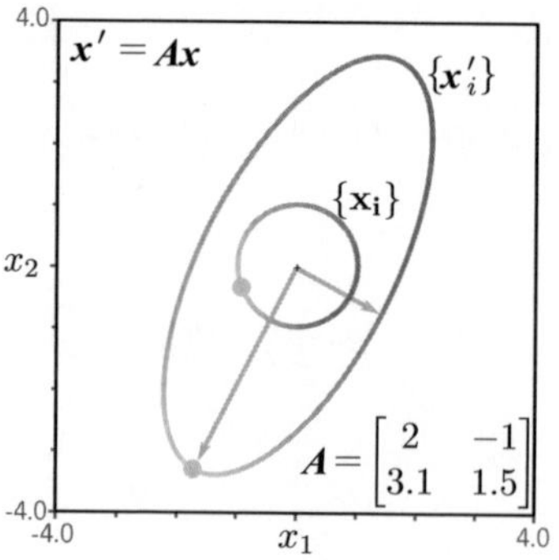

图B.3 特征值。当单位圆上的点 $\{x_i\}$ 通过线性变换 $x'_i = Ax_i$ 被转换为点 $\{x'_i\}$ 时，它们被映射到一个椭圆上。例如，单位圆上的浅蓝色点被映射到椭圆上的浅蓝色点。椭圆的主轴(最长轴，长灰箭头)的长度是矩阵的第一个特征值的大小，椭圆的次轴(最短轴，短灰箭头)的长度是矩阵的第二个特征值的大小

B.3.7 特征谱

如果将单位圆上的一组二维点乘以一个 2×2 矩阵 A，它们会被映射到一个椭圆上(见图B.3)。这个椭圆的主轴和次轴(即最长和最短的方向)对应于矩阵的奇异值 λ_1 和 λ_2 的大小。在更高维度中，相同的概念也适用。一个 D 维的旋转椭球体通过一个 $D\times D$ 矩阵 A 映射到一个 D 维的椭球体。这个椭球体的 D 个主轴的半径决定了奇异值的大小。对于对称方阵，特征值捕获相同的信息，在这种情况下与奇异值相同。

方阵的谱范数是最大的绝对特征值。它捕捉了当矩阵应用于单位长度向量时可能发生的最大变化量。因此，它告诉我们关于变换的利普希茨常数。特征值的集合有时被称为特征谱，它告诉我们矩阵在所有方向上应用的缩放大小。这些信息可以通过矩阵的行列式和迹来总结。

B.3.8 行列式和迹

每个方阵 A 都有一个与之关联的标量，称为行列式，记作 $|A|$ 或 $\det[A]$，它是特征值的乘积。因此，它与矩阵对不同输入应用的平均缩放有关。行列式绝对值小的矩阵倾向于在乘法后减小向量的范数。行列式绝对值大的矩阵倾向于增加范数。如果一个矩阵是奇异的，行列式将为零，并且至少有一个空间方向在应用矩阵时被映射到原点。矩阵表达式的行列式遵循以下规则：

$$
\begin{aligned}
|A^{\mathrm{T}}| &= |A| \\
|AB| &= |A||B| \\
|A^{-1}| &= 1/|A|
\end{aligned}
\tag{B.14}
$$

方阵的迹是其对角线值的和(矩阵本身不必是对角的)或特征值的和。迹遵循这些规则：

其中在最后一个关系中，迹仅对循环置换是不变的，因此一般来说。

$$\begin{aligned} tr[\mathbf{A}^{\mathrm{T}}] &= tr[\mathbf{A}] \\ tr[\mathbf{AB}] &= tr[\mathbf{BA}] \\ tr[\mathbf{A}+\mathbf{B}] &= tr[\mathbf{A}]+tr[\mathbf{B}] \\ tr[\mathbf{ABC}] &= tr[\mathbf{BCA}] = tr[\mathbf{CAB}] \end{aligned} \tag{B.15}$$

B.4 特殊类型的矩阵

计算一个方阵 $\mathbf{A}\in\mathbb{R}^{D\times D}$ 的逆矩阵的复杂度为 $\mathcal{O}[D^3]$，行列式的计算也是如此。然而，对于一些具有特殊属性的矩阵，这些计算可以更加高效。

B.4.1 对角矩阵

对角矩阵在主对角线上有非零值，其他地方都是零。如果这些对角线上的条目都不为零，那么它的逆矩阵也是一个对角矩阵，其中每个对角条目 d_{ii} 被替换为 $1/dii$。行列式是对角线上值的乘积。一个特殊情况是单位矩阵，其对角线上的值都为1。因此，它的逆矩阵也是单位矩阵，行列式为1。

B.4.2 三角矩阵

下三角矩阵在主对角线及其下方的位置上只包含非零值。上三角矩阵在主对角线及其上方的位置上只包含非零值。这两种情况下，矩阵可在 $\mathcal{O}[D^2]$ 的复杂度内被求逆(见问题16.4)，行列式仅仅是对角线上值的乘积。

B.4.3 正交矩阵

正交矩阵表示围绕原点的旋转和反射，因此在图B.3中，圆会被映射到另一个单位半径的圆，但可能被旋转和/或反射。相应地，特征值的绝对值都必须为1，行列式必须是1或-1。正交矩阵的逆矩阵是其转置，所以 $\mathbf{A}^{-1}=\mathbf{A}^{\mathrm{T}}$。

B.4.4 置换矩阵

置换矩阵在每一行和每一列中恰好有一个非零项，所有这些项的值都为1。它是正交矩阵的一个特殊情况，所以它的逆矩阵是它自己的转置，其行列式总是 ± 1。

顾名思义，它的作用是置换向量的条目。例如：

$$\begin{bmatrix}0&1&0\\0&0&1\\1&0&0\end{bmatrix}\begin{bmatrix}a\\b\\c\end{bmatrix}=\begin{bmatrix}b\\c\\a\end{bmatrix} \tag{B.16}$$

B.4.5 线性代数

线性代数是线性函数的数学，形式如下：

$$f[z_1,z_2,\ldots,z_D]=\phi_1 z_1+\phi_2 z_2+\ldots\phi_D z_D \tag{B.17}$$

其中 $\phi_1,\ldots,\phi_D$ 是定义函数的参数。我们经常在等式右边加上一个常数项 ϕ_0。技术上讲这是一个仿射函数，但在机器学习中通常被称为线性。我们全文采用这个约定。

B.4.6 矩阵形式的线性方程

考虑一组线性函数：

$$\begin{aligned}y_1&=\phi_{10}+\phi_{11}z_1+\phi_{12}z_2+\phi_{13}z_3\\y_2&=\phi_{20}+\phi_{21}z_1+\phi_{22}z_2+\phi_{23}z_3\\y_3&=\phi_{30}+\phi_{31}z_1+\phi_{32}z_2+\phi_{33}z_3\end{aligned} \tag{B.18}$$

这些可以写成如下的矩阵形式：

$$\begin{bmatrix}y_1\\y_2\\y_3\end{bmatrix}=\begin{bmatrix}\phi_{10}\\\phi_{20}\\\phi_{30}\end{bmatrix}+\begin{bmatrix}\phi_{11}&\phi_{12}&\phi_{13}\\\phi_{21}&\phi_{22}&\phi_{23}\\\phi_{31}&\phi_{32}&\phi_{33}\end{bmatrix}\begin{bmatrix}z_1\\z_2\\z_3\end{bmatrix} \tag{B.19}$$

或者简写为 $\mathbf{y}=\boldsymbol{\phi}_0+\boldsymbol{\Phi}\mathbf{z}$，其中 $y_i=\phi_{i0}+\sum_{j=1}^{3}\phi_{ij}z_j$。

B.5 矩阵微积分

本书的大多数读者应该已经习惯了这样一个概念：如果有一个函数 $\mathbf{y}=\mathbf{f}[\mathbf{x}]$，可以计算导数 $\partial\mathbf{y}/\partial\mathbf{x}$，这表示当我们对$\mathbf{x}$做微小改变时$\mathbf{y}$如何变化。这个概念扩展到函数 $\mathbf{y}=\mathbf{f}[\mathbf{x}]$ 将向量$\mathbf{x}$映射到标量$\mathbf{y}$、函数 $\mathbf{y}=\mathbf{f}[\mathbf{x}]$ 将向量$\mathbf{x}$映射到向量$\mathbf{y}$、函数 $\mathbf{y}=\mathbf{f}[\mathbf{X}]$ 将矩阵$\mathbf{X}$映射到向量$\mathbf{y}$等。矩阵微积分的规则帮助我们计算这些量的导数。导数具有以下形式：

- 对于一个函数 $\mathbf{y}=f[\mathbf{x}]$，其中 $\mathbf{y}\in\mathbb{R}$ 且 $\mathbf{x}\in\mathbb{R}^D$，导数 $\partial\mathbf{y}/\partial\mathbf{x}$ 也是一个D维向

量，其中第i个元素计算为$\partial \boldsymbol{y} / \partial \boldsymbol{x}_i$。

- 对于一个函数$\boldsymbol{y} = \boldsymbol{f}[\boldsymbol{x}]$，其中$\boldsymbol{y} \in \mathbb{R}^{D_y}$且$\boldsymbol{x} \in \mathbb{R}^{D_x}$，导数$\partial \boldsymbol{y} / \partial \boldsymbol{x}$是一个$D_x \times D_y$矩阵，其中元素$(i, j)$包含导数$\partial y_j / \partial x_i$。这被称为雅可比矩阵，有时在其他文档中写作$\nabla_{\boldsymbol{x}} \boldsymbol{y}$。
- 对于一个函数$\boldsymbol{y} = \boldsymbol{f}[\boldsymbol{X}]$，其中$\boldsymbol{y} \in \mathbb{R}^{D_y}$且$\boldsymbol{X} \in \mathbb{R}^{D_1 \times D_2}$；导数$\partial \boldsymbol{y} / \partial \boldsymbol{X}$是一个3维张量，包含导数$\partial y_i / \partial x_{jk}$。

通常，这些矩阵和向量导数在形式上与标量情况相似。例如，我们有：

$$y = ax \rightarrow \frac{\partial y}{\partial x} = a \tag{B.20}$$

与

$$\boldsymbol{y} = \boldsymbol{A}\boldsymbol{x} \rightarrow \frac{\partial \boldsymbol{y}}{\partial \boldsymbol{x}} = \boldsymbol{A}^{\mathrm{T}} \tag{B.21}$$

附录C

概率

概率对于深度学习是至关重要的。在监督学习中，深度网络隐性地依赖于损失函数的概率公式。在无监督学习中，生成模型旨在产生与训练数据相同的概率分布的抽样样本。强化学习是在按概率分布定义的马尔可夫决策过程中进行的。本附录提供了用于机器学习的入门级概率知识。

C.1 随机变量和概率分布

随机变量x表示一个不确定的数。它可以是离散的(只取某些值)或连续的(在某个范围内取任何值)。如果我们观察到随机变量x的几个实例，它的取值是不同的，并且不同取值的相对倾向由概率分布 $Pr(x)$ 描述。

对于离散变量，该分布将每个可能的结果 k 与概率 $Pr(x=k)\in[0,1]$ 关联，并且这些概率的总和为1。对于连续变量，与x的定义域中的每个值a都有一个关联的非负的概率密度 $Pr(x=a)\geqslant 0$，并且这个概率密度函数(PDF)在该定义域上的积分必须为1。对于任何点a，这个密度可以大于1。从这里开始，我们假设随机变量是连续的。对于离散分布，想法同上，只是用求和代替积分。

C.1.1 联合概率

考虑有两个随机变量x和y的情况。联合分布 $Pr(x,y)$ 告诉我们x和y以特定值组合出现的倾向(图C.1(a))。现在，每对值 $x=a$ 和 $y=b$ 都有一个非负的概率密度 $Pr(x=a, y=b)$ 与之相关，且必须满足以下条件：

$$\iint Pr(x,y)\cdot \mathrm{d}x\mathrm{d}y=1 \tag{C.1}$$

这个概念可以扩展到超过两个变量，比如x、y和z的联合密度写作$Pr(x, y, z)$。有时，我们将多个随机变量存储在一个向量$\mathbf{x}$中，将它们的联合密度写作$Pr(\mathbf{x})$。扩展这个概念，可将两个向量$\mathbf{x}$和$\mathbf{y}$中所有变量的联合密度写作$Pr(\mathbf{x}, \mathbf{y})$。

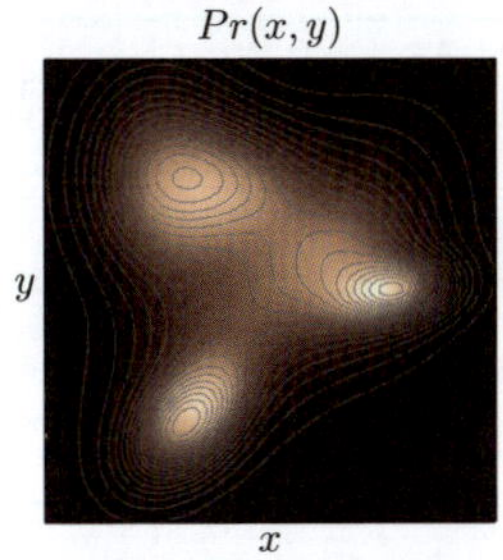

(a) 联合分布$Pr(x, y)$捕捉了变量x和y以不同值组合出现的倾向。在这里，概率密度由颜色图表示，因此颜色越亮的位置可能性越大。例如，观察到组合$x=6, y=6$比组合$x=5, y=0$的可能性要小得多

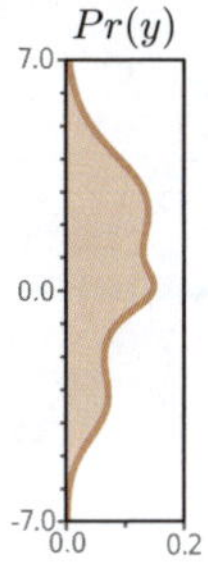

(c) 变量y的边缘分布$Pr(y)$可通过对x进行积分来恢复

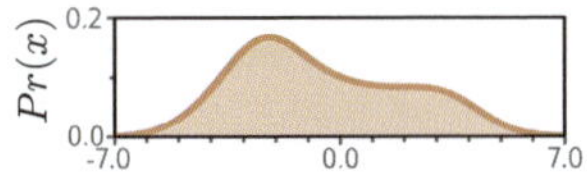

(b) 变量x的边缘分布$Pr(x)$可通过对y进行积分来恢复

图C.1　联合分布和边缘分布

C.1.2　边缘化

如果我们知道了两个变量的联合分布$Pr(x, y)$，可通过对另一个变量进行积分来恢复边缘分布$Pr(x)$和$Pr(y)$（图C.1(b)~(c)）：

$$\begin{aligned}\int Pr(x, y)\cdot dx &= Pr(y)\\ \int Pr(x, y)\cdot dy &= Pr(x)\end{aligned} \tag{C.2}$$

这个过程被称为边缘化，它意味着我们正在计算一个变量的分布，而不考虑另一个变量所取的值。边缘化的概念可以扩展到更高维度，所以如果有一个联合分布$Pr(x, y, z)$，我们可通过对y进行积分来恢复联合分布$Pr(x, z)$。

C.1.3　条件概率和似然

条件概率$Pr(x|y)$是假设我们知道y的值时变量x取某个特定值的概率。垂直线读作英文单词“given”，所以$Pr(x|y)$是给定y的情况下x的概率。条件概率$Pr(x|y)$可以通过在固定y的联合分布$Pr(x, y)$中取一个切片来找到。然后这个切

片除以y发生的那个值的概率(切片下的总面积)，以便条件分布总和为1(图C.2)。

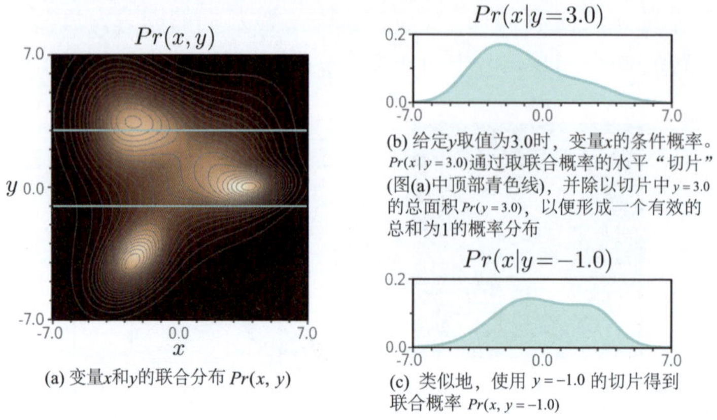

(a) 变量x和y的联合分布 $Pr(x, y)$

(b) 给定y取值为3.0时，变量x的条件概率。$Pr(x\,|\,y=3.0)$通过取联合概率的水平“切片”(图(a)中顶部青色线)，并除以切片中$y=3.0$的总面积$Pr(y=3.0)$，以便形成一个有效的总和为1的概率分布

(c) 类似地，使用 $y=-1.0$ 的切片得到联合概率 $Pr(x, y=-1.0)$

图C.2 条件分布

$$Pr(x\,|\,y)=\frac{Pr(x,y)}{Pr(y)} \tag{C.3}$$

同样，

$$Pr(y\,|\,x)=\frac{Pr(x,y)}{Pr(x)} \tag{C.4}$$

将条件概率 $Pr(x\,|\,y)$ 作为x的函数考虑时，总和必须为1。将相同的 $Pr(x\,|\,y)$ 作为y的函数考虑时，它被称为给定y的x的似然，总和不必为1。

C.1.4 贝叶斯定理

根据式(C.3)和式(C.4)，我们得到了联合概率 $Pr(x,y)$ 的两个表达式：

$$Pr(x,y)=Pr(x\,|\,y)Pr(y)=Pr(y\,|\,x)Pr(x) \tag{C.5}$$

我们可以重新排列这个表达式来得到：

$$Pr(x\,|\,y)=\frac{Pr(y\,|\,x)Pr(x)}{Pr(y)} \tag{C.6}$$

这个表达式将给定y时x的条件概率 $Pr(x\,|\,y)$ 与给定x时y的条件概率 $Pr(y\,|\,x)$ 联系起来，被称为贝叶斯定理。

贝叶斯定理中的每个项都有一个名称。项 $Pr(y\,|\,x)$ 是给定x时y的似然，项 $Pr(x)$ 是x的先验概率。分母 $Pr(y)$ 被称为证据，左边的 $Pr(x\,|\,y)$ 被称为给定y时x的后验概率。该式将先验 $Pr(x)$ (在观察y之前我们对x的了解)映射到后验 $Pr(x\,|\,y)$ (在观察y之后我们对x的了解)。

C.1.5　独立性

如果随机变量y的值对x没有任何信息，反之亦然，我们说x和y是独立的，我们可以写成 $Pr(x|y)=Pr(x)$ 和 $Pr(y|x)=Pr(y)$ 。由此可知，所有的条件分布 $Pr(y|x=\bullet)$ 都是相同的，条件分布 $Pr(x|y=\bullet)$ 也是如此。

从式(C.5)中联合概率的第一个表达式开始，我们看到当变量是独立(图(C.3))时，联合分布变成了边缘分布的乘积：

$$Pr(x,y)=Pr(x|y)Pr(y)=Pr(x)Pr(y) \tag{C.7}$$

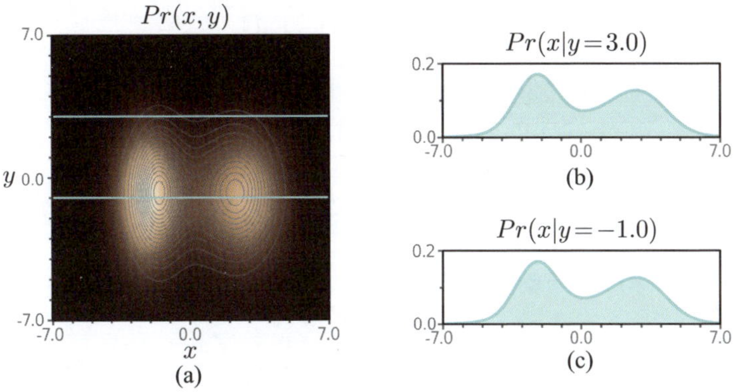

图C.3　独立性。(a) 当两个变量x和y相互独立时，联合分布会分解为边缘分布的乘积，所以 $Pr(x,y)=Pr(x)Pr(y)$ 。独立性意味着知道一个变量的值不会告诉我们关于另一个变量的任何信息。(b)~(c) 相应地，所有的条件分布 $Pr(x|y=\bullet)$ 都是相同的，且等于边缘分布 $Pr(x)$

C.2　期望

考虑一个函数 $f[x]$ 和一个定义在x上的概率分布 $Pr(x)$ 。一个随机变量x的函数$f[\bullet]$ 相对于概率分布 $Pr(x)$ 的期望值定义为：

$$\mathbb{E}_{x,y}\left[f\left[x\right]\right]=\int f\left[x\right]Pr(x)\mathrm{d}x \tag{C.8}$$

顾名思义，这是考虑到看到x不同值对应的概率后，$f[x]$ 的期望或平均值。这个概念推广到涉及多个随机变量的函数$f[\bullet,\bullet]$：

$$\mathbb{E}_{x,y}\left[f\left[x,y\right]\right]=\iint f\left[x,y\right]Pr(x,y)\mathrm{d}x\mathrm{d}y \tag{C.9}$$

期望总是相对于一个或多个变量的分布来计算的。然而，当分布的选择显而易见时，我们通常不会明确指出它，而是将其表示为 $\mathbb{E}[f[x]]$ 而不是 $\mathbb{E}_x[f[x]]$ 。

如果我们从 $Pr(x)$ 中抽取了大量I个样本 $\{x_i\}_{i=1}^{I}$，对每个样本计算了 $f[x_i]$，并得出计算结果的平均值，那么结果将近似于函数的期望 $\mathbb{E}[f[x]]$：

$$\mathbb{E}_x\left[f\left[x\right]\right] \approx \frac{1}{I}\sum_{i=1}^{I} f\left[x_i\right] \tag{C.10}$$

C.2.1 计算期望的规则

计算期望有四个规则：

$$\begin{aligned} \mathbb{E}\left[k\right] &= k \\ \mathbb{E}\left[k \cdot f\left[x\right]\right] &= k \cdot \mathbb{E}\left[f\left[x\right]\right] \\ \mathbb{E}\left[f\left[x\right] + g\left[x\right]\right] &= \mathbb{E}\left[f\left[x\right]\right] + \mathbb{E}\left[g\left[x\right]\right] \\ \mathbb{E}_{x,y}\left[f\left[x\right] \cdot g\left[y\right]\right] &= \mathbb{E}_x\left[f\left[x\right]\right] \cdot \mathbb{E}_y\left[g\left[y\right]\right] \end{aligned} \tag{C.11}$$

其中k是一个任意常数。下面是针对上述表达式的连续情况证明。

规则1：常数值k的期望 $\mathbb{E}[k]$ 就是k。

$$\begin{aligned} \mathbb{E}\left[k\right] &= \int k \cdot Pr(x)\mathrm{d}x \\ &= k \cdot \int Pr(x)\mathrm{d}x \\ &= k \end{aligned} \tag{C.12}$$

规则2：常数k乘以变量x的函数$f[x]$ 的期望 $\mathbb{E}[k \cdot f[x]]$ 是k乘以函数$f[x]$ 的期望 $\mathbb{E}[f[x]]$：

$$\begin{aligned} \mathbb{E}\left[k \cdot f\left[x\right]\right] &= \int k \cdot f\left[x\right] Pr(x)\mathrm{d}x \\ &= k \cdot \int f\left[x\right] Pr(x)\mathrm{d}x \\ &= k \cdot \mathbb{E}\left[f\left[x\right]\right] \end{aligned} \tag{C.13}$$

规则3：$\mathbb{E}[f[x]+g[x]]$ 的期望是 $\mathbb{E}[f[x]]+\mathbb{E}[g[x]]$ 的和：

$$\begin{aligned} \mathbb{E}\left[f\left[x\right] + g\left[x\right]\right] &= \int \left(f\left[x\right] + g\left[x\right]\right) \cdot Pr(x)\mathrm{d}x \\ &= \int \left(f\left[x\right] \cdot Pr(x) + g\left[x\right] \cdot Pr(x)\right)\mathrm{d}x \\ &= \int f\left[x\right] \cdot Pr(x)\mathrm{d}x + \int g\left[x\right] \cdot Pr(x)\mathrm{d}x \\ &= \mathbb{E}\left[f\left[x\right]\right]\mathbb{E}\left[g\left[x\right]\right] \end{aligned} \tag{C.14}$$

规则4：如果x和y是独立的，那么 $E[f[x] \cdot g[y]]$ 乘积的期望是 $\mathbb{E}[f[x]] \cdot \mathbb{E}[g[y]]$ 期望的乘积，

$$\begin{aligned}\mathbb{E}\big[f[x]\cdot g[y]\big]&=\iint f[x]\cdot g[y]Pr(x,y)\mathrm{d}x\mathrm{d}y\\&=\iint f[x]\cdot g[y]Pr(x)Pr(y)\mathrm{d}x\mathrm{d}y\\&=\int f[x]\cdot Pr(x)\mathrm{d}x\int g[y]\cdot Pr(y)\mathrm{d}y\\&=\mathbb{E}\big[f[x]\big]\mathbb{E}\big[g[y]\big]\end{aligned}\tag{C.15}$$

在前两行之间我们应用了独立性的定义(式(C.7))。

以上四个规则可以推广到多变量的情况：

$$\begin{aligned}&\mathbb{E}[\boldsymbol{A}]=\boldsymbol{A}\\&\mathbb{E}\big[\boldsymbol{A}\cdot\boldsymbol{f}[\boldsymbol{x}]\big]=\boldsymbol{A}\mathbb{E}\big[\boldsymbol{f}[\boldsymbol{x}]\big]\\&\mathbb{E}\big[\boldsymbol{f}[\boldsymbol{x}]+\boldsymbol{g}[\boldsymbol{x}]\big]=\mathbb{E}\big[\boldsymbol{f}[\boldsymbol{x}]\big]+\mathbb{E}\big[\boldsymbol{g}[\boldsymbol{x}]\big]\\&\mathbb{E}_{\boldsymbol{x},\boldsymbol{y}}\Big[\boldsymbol{f}[\boldsymbol{x}]^{\mathrm{T}}\boldsymbol{g}[\boldsymbol{y}]\Big]=\mathbb{E}_{\boldsymbol{x}}\Big[\boldsymbol{f}[\boldsymbol{x}]\Big]^{\mathrm{T}}\mathbb{E}_{\boldsymbol{y}}\Big[\boldsymbol{g}[\boldsymbol{y}]\Big]，\text{如果}x\text{和}y\text{是独立的}\end{aligned}\tag{C.16}$$

现在$\boldsymbol{A}$是一个常数矩阵，$\boldsymbol{f}[\boldsymbol{x}]$是向量$\boldsymbol{x}$的函数，返回一个向量，$\boldsymbol{g}[\boldsymbol{y}]$是向量$\boldsymbol{y}$的函数，也返回一个向量。

C.2.2　均值、方差和协方差

对于某些特定的期望函数$f[\bullet]$是有固定名称的。这些量通常用于总结复杂分布的特性。例如，当$f[x]=x$时，得到的期望$\mathbb{E}[x]$被称为均值μ。它是分布中心的一种度量。同样，均值的期望平方偏差$\mathbb{E}\big[(x-\mu)^2\big]$被称为方差$\sigma^2$。这是分布扩散的一种度量。标准差$\sigma$是方差的正平方根。它也度量分布的扩散，但它的优点是与变量x表示的单位相同。

顾名思义，两个变量x和y的协方差$\mathbb{E}[(x-\mu_x)(y-\mu_y)$度量了它们共同变化的程度。这里$\mu_x$和$\mu_y$分别代表变量$x$和$y$的均值。当两个变量的方差都很大，并且当$y$的值增加时$x$的值也倾向于增加，协方差会很大。

如果两个变量是独立的，那么它们的协方差是零。然而，协方差为零并不意味着独立性。例如，考虑一个分布$Pr(x, y)$，其中概率在以x, y平面原点为中心，半径为1的圆上均匀分布。平均而言，x增加时y并没有增加的倾向，反之亦然。然而，知道$x=0$告诉我们y有相等的机会取值± 1，所以这些变量不是独立的。

存储在列向量$\boldsymbol{x}\in\mathbb{R}^D$中的多个随机变量的协方差可以通过$D\times D$协方差矩阵$\mathbb{E}\big[(\boldsymbol{x}-\boldsymbol{\mu}_{\boldsymbol{x}})(\boldsymbol{x}-\boldsymbol{\mu}_{\boldsymbol{x}})^{\mathrm{T}}\big]$来表示，其中向量$\boldsymbol{\mu}_{\boldsymbol{x}}$包含均值$\mathbb{E}[\boldsymbol{x}]$。这个矩阵中位置$(i, j)$的元素表示变量$\boldsymbol{x}_i$和$\boldsymbol{x}_j$之间的协方差。

C.2.3 方差恒等式

期望的计算规则(附录C.2.1)可以用来证明以下恒等式，它允许我们以不同的形式写出方差：

$$\mathbb{E}\left[(x-\mu)^2\right]=\mathbb{E}\left[x^2\right]-\mathbb{E}[x]^2 \tag{C.17}$$

证明：

$$\begin{aligned}\mathbb{E}\left[(x-\mu)^2\right]&=\mathbb{E}\left[x^2-2\mu x+\mu^2\right]\\&=\mathbb{E}\left[x^2\right]-\mathbb{E}[2\mu x]+\mathbb{E}\left[\mu^2\right]\\&=\mathbb{E}\left[x^2\right]-2\mu\cdot\mathbb{E}[x]+\mu^2\\&=\mathbb{E}\left[x^2\right]-2\mu^2+\mu^2\\&=\mathbb{E}\left[x^2\right]-\mu^2\\&=\mathbb{E}\left[x^2\right]-\mathbb{E}[x]^2\end{aligned} \tag{C.18}$$

在这里，我们在第1行和第2行之间使用了规则3，在第2行和第3行之间使用了规则1和规则2，在剩余的两行中使用了定义：$\mu=\mathbb{E}[x]$。

C.2.4 标准化

标准化就是将一个随机变量的均值设为0，方差设为1的变换操作。这是通过以下变换实现的：

$$z=\frac{x-\mu}{\sigma} \tag{C.19}$$

其中μ是x的均值，σ是标准差。

新分布z的均值由下式给出：

$$\begin{aligned}\mathbb{E}[z]&=\mathbb{E}\left[\frac{x-\mu}{\sigma}\right]\\&=\frac{1}{\sigma}\mathbb{E}[x-\mu]\\&=\frac{1}{\sigma}\left(\mathbb{E}(x)-\mathbb{E}[\mu]\right)\\&=\frac{1}{\sigma}(\mu-\mu)=0\end{aligned} \tag{C.20}$$

在这里，我们再次使用了计算期望的四个规则。新分布的方差由下式给出：

$$\begin{aligned}\mathbb{E}\left[\left(z-\mu_z\right)^2\right] &= \mathbb{E}\left[\left(z-\mathbb{E}[z]\right)^2\right] \\ &= \mathbb{E}\left[z^2\right] \\ &= \mathbb{E}\left[\left(\frac{x-\mu}{\sigma}\right)^2\right] \\ &= \frac{1}{\sigma^2}\cdot\mathbb{E}\left[\left(x-\mu\right)^2\right] \\ &= \frac{1}{\sigma^2}\cdot\sigma^2 = 1\end{aligned} \tag{C.21}$$

通过类似的论证，我们可以将均值为零、单位方差的标准化变量 z 转换成均值为 μ、方差为 σ^2 的变量x，使用：

$$x = \mu + \sigma z \tag{C.22}$$

在多变量情况下，我们可使用以下方式标准化均值为 $\boldsymbol{\mu}$、协方差矩阵为 $\boldsymbol{\Sigma}$的变量$\boldsymbol{x}$：

$$\boldsymbol{z} = \boldsymbol{\Sigma}^{-1/2}(\boldsymbol{x}-\boldsymbol{\mu}) \tag{C.23}$$

结果将有均值 $\mathbb{E}[\boldsymbol{z}]=0$ 和单位协方差矩阵 $\mathbb{E}[(\boldsymbol{z}-\mathbb{E}[\boldsymbol{z}])(\boldsymbol{z}-\mathbb{E}[\boldsymbol{z}]^{\mathrm{T}})]=\boldsymbol{I}$。要逆转这个过程，我们使用：

$$\boldsymbol{x} = \boldsymbol{\mu} + \boldsymbol{\Sigma}^{1/2}\boldsymbol{z} \tag{C.24}$$

C.3　正态概率分布

本书中使用的概率分布包括伯努利分布(图5.6)、多项分布(图5.9)、泊松分布(图5.15)、冯·米塞斯分布(图5.13)和高斯混合分布(图5.14)。然而，在机器学习中最常见的分布是正态或高斯分布。

C.3.1　单变量正态分布

单变量正态分布(图5.3)在标量变量x上有两个参数，均值 μ 和方差 σ^2，定义如下：

$$Pr(x) = \text{Norm}_x\left[\mu,\sigma^2\right] = \frac{1}{\sqrt{2\pi\sigma^2}}\exp\left[-\frac{(x-\mu)^2}{2\sigma^2}\right] \tag{C.25}$$

毫不意外，正态分布变量的均值 $\mathbb{E}[x]$ 由均值参数μ给出，方差 $\mathbb{E}[(x-E[x])^2$ 由方差参数 σ^2 给出。当均值为0且方差为1时，我们称之为标准正态分布。

可以从以下的论证中推断正态分布的形状：

项 $-(x-\mu)^2/2\sigma^2$ 是一个二次函数，当 $x=\mu$ 时从零开始下降，并且当 σ 变小时下降速度加快。通过指数函数(图B.1)，我们得到一个钟形曲线，该曲线在 $x=\mu$ 处的值为1，并向两侧下降。除以常数 $\sqrt{2\pi\sigma^2}$ 确保函数积分为1，是一个有效的分布。由此论证可知，均值 μ 控制钟形曲线中心的位置，方差的平方根 σ (标准差)控制钟形曲线的宽度。

C.3.2 多变量正态分布

多变量正态分布将正态分布推广到描述长度为D的向量$\boldsymbol{x}$的概率。它由一个$D\times 1$的均值向量 $\boldsymbol{\mu}$ 和一个对称正定的$D\times D$协方差矩阵 $\boldsymbol{\Sigma}$定义：

$$\operatorname{Norm}_{\boldsymbol{x}}[\boldsymbol{\mu},\boldsymbol{\Sigma}]=\frac{1}{(2\pi)^{D/2}|\boldsymbol{\Sigma}|^{1/2}}\exp\left[-\frac{(\boldsymbol{x}-\boldsymbol{\mu})^{\mathrm{T}}\boldsymbol{\Sigma}^{-1}(\boldsymbol{x}-\boldsymbol{\mu})}{2}\right] \tag{C.26}$$

它的解释与单变量情况类似。二次项 $-(\boldsymbol{x}-\boldsymbol{\mu})^{\mathrm{T}}\boldsymbol{\Sigma}^{-1}(\boldsymbol{x}-\boldsymbol{\mu})/2$ 返回一个标量，当$\boldsymbol{x}$远离均值 $\boldsymbol{\mu}$ 时，该标量减少，减少的速率取决于矩阵 $\boldsymbol{\Sigma}$。这通过指数函数被转换成钟形曲线，而除以 $(2\pi)^{D/2}|\boldsymbol{\Sigma}|^{1/2}$ 确保分布积分为1。

协方差矩阵可以采取球形、对角形和完全形：

$$\boldsymbol{\Sigma}_{\text{spher}}=\begin{bmatrix}\sigma^2 & 0\\ 0 & \sigma^2\end{bmatrix} \qquad \boldsymbol{\Sigma}_{\text{diag}}=\begin{bmatrix}\sigma_1^2 & 0\\ 0 & \sigma_2^2\end{bmatrix} \qquad \boldsymbol{\Sigma}_{\text{full}}=\begin{bmatrix}\sigma_{11}^2 & \sigma_{12}^2\\ \sigma_{21}^2 & \sigma_{22}^2\end{bmatrix} \tag{C.27}$$

在二维情况下(图C.4)，球形协方差产生圆形等概率密度轮廓，对角协方差产生与坐标轴对齐的椭圆形等概率密度轮廓。完全协方差产生一般椭圆形等概率密度轮廓。当协方差是球形或对角形时，各个变量是独立的：

$$\begin{aligned}
Pr(x_1,x_2)&=\frac{1}{2\pi\sqrt{|\boldsymbol{\Sigma}|}}\exp\left[-0.5(x_1\ \ x_2)\boldsymbol{\Sigma}^{1}\begin{pmatrix}x_1\\ x_2\end{pmatrix}\right]\\
&=\frac{1}{2\pi\sigma_1\sigma_2}\exp\left[-0.5\left(x_1\ \ x_2\right)\begin{pmatrix}\sigma_1^{-2} & 0\\ 0 & \sigma_2^{-2}\end{pmatrix}\begin{pmatrix}x_1\\ x_2\end{pmatrix}\right]\\
&=\frac{1}{\sqrt{2\pi\sigma_1\sigma^2}}\exp\left[-\frac{x_1^2}{2\sigma_1^2}\right]\cdot\frac{1}{\sqrt{2\pi\sigma_2^2}}\exp\left[-\frac{x_2^2}{2\sigma_2^2}\right]\\
&=Pr(x_1)\cdot Pr(x_2)
\end{aligned} \tag{C.28}$$

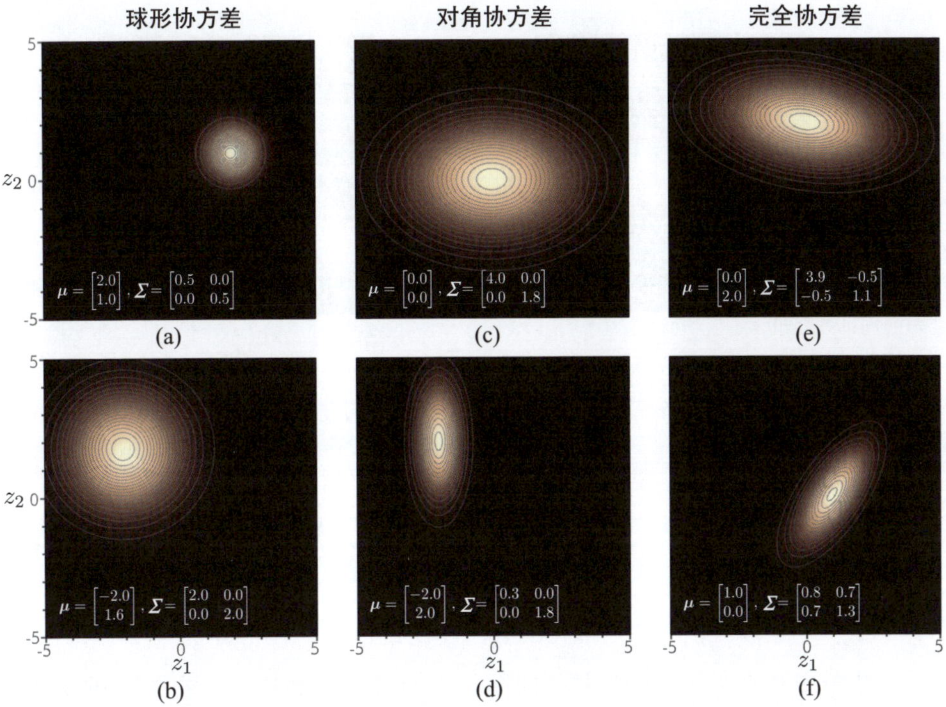

图C.4 双变量正态分布。(a)~(b) 当协方差矩阵是对角矩阵的倍数时，等概率密度轮廓是圆，我们称之为球形协方差。(c)~(d) 当协方差是任意对角矩阵时，等概率密度轮廓是对齐轴的椭圆，我们称之为对角协方差。(e)~(f) 当协方差是任意对称正定矩阵时，等概率密度轮廓是一般椭圆，我们称之为完全协方差

C.3.3 两个正态分布的乘积

两个正态分布的乘积与第三个正态分布成比例，根据以下关系：

$$\text{Norm}_{\boldsymbol{x}}[\boldsymbol{a},\boldsymbol{A}]\text{Norm}_{\boldsymbol{x}}[\boldsymbol{b},\boldsymbol{B}] \propto \text{Norm}_{\boldsymbol{x}}((\boldsymbol{A}^{-1}+\mathbf{B}^{-1})^{-1}(\boldsymbol{A}^{-1}\boldsymbol{a}+\boldsymbol{B}^{-1}\boldsymbol{b}),(\boldsymbol{A}^{-1}+\boldsymbol{B}^{-1})^{-1}) \quad \text{(C.29)}$$

这可通过将指数项展开并计算平方值来轻松证明(见问题18.5)。

C.3.4 变量变换

当多变量正态分布的均值是$\boldsymbol{x}$关于第二个变量$\boldsymbol{y}$的线性函数$\boldsymbol{Ay}+\boldsymbol{b}$时，这与$\boldsymbol{y}$的另一个正态分布成比例，其中均值是$\boldsymbol{x}$的线性函数：

$$\text{Norm}_{\boldsymbol{x}}[\boldsymbol{Ay}+\boldsymbol{b},\boldsymbol{\Sigma}] \propto \text{Norm}_{\boldsymbol{x}}[(\boldsymbol{A}^{T}\boldsymbol{\Sigma}^{-1}\boldsymbol{A})^{-1}\boldsymbol{A}^{\mathrm{T}}\boldsymbol{\Sigma}^{-1}(\boldsymbol{x}-\boldsymbol{b}),(\boldsymbol{A}^{\mathrm{T}}\boldsymbol{\Sigma}^{-1}\boldsymbol{A})^{-1}] \quad \text{(C.30)}$$

乍一看，这个关系相当晦涩，但图C.5展示了标量x和y的情况，这很容易理解。与之前的关系一样，这可以通过展开指数项中的二次乘积并通过完成平方来证明，使其成为$\boldsymbol{y}$的分布(见问题18.4)。

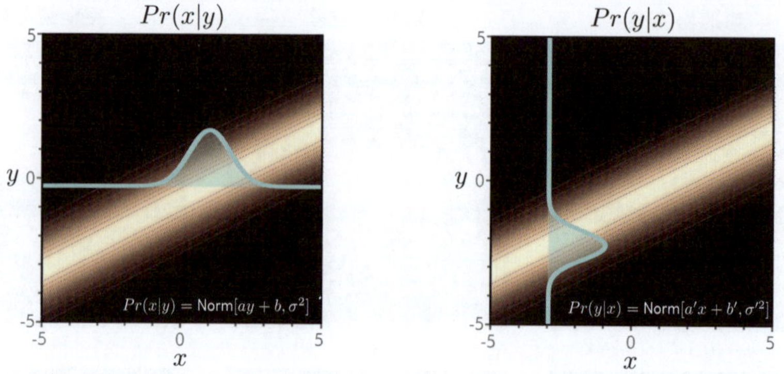

(a) 条件分布 $Pr(x\,|\,y)$ 是一个具有恒定方差和线性依赖于y的均值的正态分布。青色分布展示了一个 $y=-0.2$ 的例子

(b) 这与条件概率 $Pr(y\,|\,x)$ 成比例，它是一个具有恒定方差和线性依赖于x的均值的正态分布。青色分布展示了一个 $x=-3$ 的例子

图C.5 变量变换

C.4 抽样

要从单变量分布 $Pr(x)$ 中进行抽样，我们首先计算累积分布 $F[x]Pr(x)$ 的积分)。然后从范围在 [0, 1] 上的均匀分布中抽取一个样本 z^*，并将其评估为累积分布的逆，因此创建了样本 x^*：

$$x^* = F^{-1}[z^*] \tag{C.31}$$

C.4.1 从正态分布中抽样

上述方法可以用来从单变量标准正态分布中生成样本 x^*。然后可以使用式(C.18)创建具有均值 μ 和方差 σ^2 的正态分布样本。类似地，可以通过独立地抽取D个单变量的标准正态变量来创建D维多变量标准分布的样本 $\mathbf{x}^*$。然后可以使用式(C.20)创建具有均值 $\boldsymbol{\mu}$ 和协方差 $\boldsymbol{\Sigma}$的多变量正态分布样本。

C.4.2 祖先抽样

当联合分布可以分解为一系列条件概率时，我们可以使用祖先抽样来生成样本。基本思想是从根变量生成一个样本，然后基于这个实例从后续的条件分布中抽样。这个过程称为祖先抽样，通过一个例子最容易理解。考虑一个关于三个变量x、y和z的联合分布，该分布可以分解为：

$$Pr(x, y, z) - Pr(x)Pr(y\,|\,x)Pr(z\,|\,y) \tag{C.32}$$

要从这个联合分布中抽样，我们首先从 $Pr(x)$ 中抽取一个样本 x^*。然后从

$Pr(y|x^*)$ 中抽取一个样本 y^*。最后，从 $Pr(z|y^*)$ 中抽取一个样本 z^*。

C.5 概率分布之间的距离

监督学习可以被理解为最小化模型所隐含的概率分布与样本所隐含的离散概率分布之间的距离(见第5.7节)。无监督学习通常可以被理解为最小化真实样本的概率分布与模型数据的分布之间的距离。这两种情况下，我们需要一个度量两个概率分布之间距离的方法。本节考虑了几种不同的概率分布距离度量的性质(另见图15.8，了解Wasserstein距离)。

C.5.1 Kullback-Leibler 散度

概率分布 $p(x)$ 和 $q(x)$ 之间最常见的距离度量是Kullback-Leibler或KL散度，定义如下：

$$D_{KL}\left[p(x)\|q(x)\right]=\int p(x)\log\left[\frac{p(x)}{q(x)}\right]\mathrm{d}x \tag{C.33}$$

这个距离总是大于或等于零，这可以通过 $-\log[y]\geqslant 1-y$ (见图C.6)来轻易证明：

$$\begin{aligned}D_{KL}\left[p(x)\|q(x)\right]&=\int p(x)\log\left[\frac{p(x)}{q(x)}\right]\mathrm{d}x\\&=-\int p(x)\log\left[\frac{q(x)}{p(x)}\right]\mathrm{d}x\\&\geqslant\int p(x)\left(1-\frac{q(x)}{p(x)}\right)\mathrm{d}x\\&=\int(p(x)-q(x))\mathrm{d}x\\&=1-1=0\end{aligned} \tag{C.34}$$

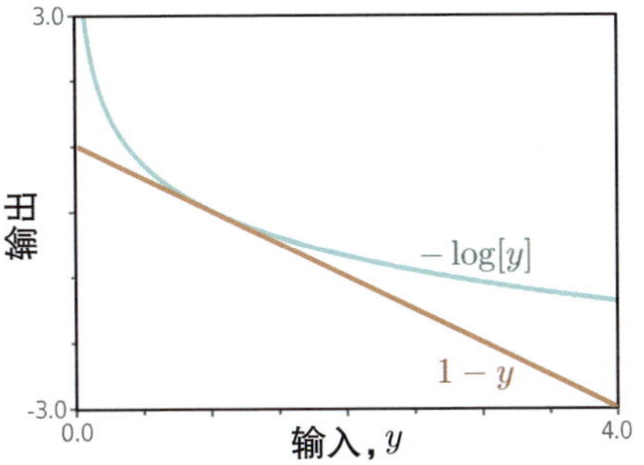

图C.6 负对数函数的下界。函数 $1-y$ 总是小于函数 $-\log[y]$。这个关系被用来证明Kullback-Leibler散度总是大于或等于零

所以 KL 散度在 $q(x)$ 为零但 $p(x)$ 非零的地方是无限的。

于是当我们基于这个距离最小化一个函数时，这可能会产生问题。

C.5.2 Jensen-Shannon 散度

KL 散度不是对称的(即 $D_{KL}\left[p(x)\|q(x)\right]\neq D_{KL}\left[q(x)\|p(x)\right]$)。Jensen-Shannon散度是一种通过构造实现对称的距离度量：

$$D_{JS}\left[p(x)\|q(x)\right]=\frac{1}{2}D_{KL}\left[p(x)\left\|\frac{p(x)+q(x)}{2}\right.\right]+\frac{1}{2}D_{KL}\left[q(x)\left\|\frac{p(x)+q(x)}{2}\right.\right] \quad \text{(C.35)}$$

它是 $p(x)$ 和 $q(x)$ 相对于两个分布的平均值的平均散度。

C.5.3 Fréchet 距离

两个分布 $p(x)$ 和 $q(x)$ 之间的Fréchet距离 D_{Fr} 由下式给出：

$$D_{Fr}\left[p(x)\|q(y)\right]=\sqrt{\min_{\pi(x,y)}\left[\iint\pi(x,y)|x-y|^2\,\mathrm{d}x\mathrm{d}y\right]} \quad \text{(C.36)}$$

它是累积概率曲线之间的最大距离的度量。

C.5.4 正态分布之间的距离

通常我们需要计算两个具有均值 $\boldsymbol{\mu}_1$ 和 $\boldsymbol{\mu}_2$ 以及协方差 $\boldsymbol{\Sigma}_1$ 和 $\boldsymbol{\Sigma}_2$ 的多变量正态分布之间的距离。这种情况下，可以封闭形式写出各种距离度量。

KL 散度可以计算为：

$$\begin{aligned}D_{KL}&\left[\mathrm{Norm}[\boldsymbol{\mu}_1,\boldsymbol{\Sigma}_1]\|\mathrm{Norm}[\boldsymbol{\mu}_2,\boldsymbol{\Sigma}_2]\right]=\\&\frac{1}{2}\left(\log\left[\frac{|\boldsymbol{\Sigma}_2|}{|\boldsymbol{\Sigma}_1|}\right]-D+\mathrm{tr}\left[\boldsymbol{\Sigma}_2^{-1}\boldsymbol{\Sigma}_1\right]+(\boldsymbol{\mu}_2-\boldsymbol{\mu}_1)^{\mathrm{T}}\boldsymbol{\Sigma}_2^{-1}(\boldsymbol{\mu}_2-\boldsymbol{\mu}_1)\right)\end{aligned} \quad \text{(C.37)}$$

其中 $\mathrm{tr}[\bullet]$ 是矩阵参数的迹。Fréchet和Wasserstein距离都由下式给出：

$$D^2_{Fr/W}\left[\mathrm{Norm}[\boldsymbol{\mu}_1,\boldsymbol{\Sigma}_1]\|\mathrm{Norm}[\boldsymbol{\mu}_2,\boldsymbol{\Sigma}_2]\right]=|\boldsymbol{\mu}_1-\boldsymbol{\mu}_2|^2+\mathrm{tr}[\boldsymbol{\Sigma}_1+\boldsymbol{\Sigma}_2-2(\boldsymbol{\Sigma}_1\boldsymbol{\Sigma}_2)^{1/2}] \quad \text{(C.38)}$$